ABHANDLUNGEN DER DEUTSCHEN AKADEMIE
DER WISSENSCHAFTEN ZU BERLIN

Klasse für Chemie, Geologie und Biologie
Jahrgang 1961 Nr. 2

Dr. h. c. PAUL BLÜTHGEN

DIE FALTENWESPEN MITTELEUROPAS

(HYMENOPTERA, DIPLOPTERA)

Mit 72 Abbildungen

AKADEMIE-VERLAG · BERLIN
1961

Zum Druck genehmigt lt. Klassenbeschluß vom 11. September 1958,
ausgegeben am 15. September 1961

Erschienen im Akademie-Verlag GmbH, Berlin W 8, Leipziger Straße 3—4

Lizenznummer: 202 · 100/434/61
Gesamtherstellung: VEB Druckerei „Thomas Müntzer" Bad Langensalza
Bestellnummer: 2001/61/II/2
Preis: DM 26,50
Printed in Germany
ES 18 G 3

Meinem Sohne

Hans-Georg Blüthgen

zum Gedächtnis

INHALTSÜBERSICHT

EINLEITUNG

Die Deutsche Akademie der Wissenschaften zu Berlin hat mich beauftragt, eine Bearbeitung der Wespen Deutschlands in Bestimmungstabellen zu verfassen.

Die Kenntnis der in Deutschland vorkommenden Faltenwespen liegt in der Tat noch sehr im argen.[1]) Der Hauptgrund hierfür scheint mir folgender zu sein: Die Ordnung der Hautflügler hat, verglichen mit den Schmetterlingen und den Käfern, in Deutschland von jeher nur eine recht beschränkte Gemeinde von Liebhabern gefunden. Schon die bloße Sammeltätigkeit vernachlässigte sie, man konnte diejenigen Entomologen, die sie auch auf Hymenopteren ausdehnten, sozusagen an den Fingern abzählen. Ganz besonders gilt das für die Faltenwespen, die auch von vielen der Sammler, die sich für Hymenopteren interessierten, nur gelegentlich oder überhaupt nicht erfaßt wurden und Liebhaber, die ihre Systematik zum Spezialstudium gemacht hätten, in Deutschland in den letzten 100 Jahren nicht gefunden haben. So erklärt es sich, daß im Gegensatz zu Schmetterlingen und Käfern die in Deutschland vorkommenden Faltenwespenarten wahrscheinlich noch nicht vollzählig ermittelt sind und daß über die Verbreitung der festgestellten Arten im Gebiet noch sehr wenig bekannt geworden ist. Einige Beispiele mögen die Sachlage erläutern: Mitte der 60er Jahre des vorigen Jahrhunderts hat der russische Arzt Dr. F. Morawitz bei Bad Kreuznach eine ganze Anzahl für Deutschland neuer mediterraner Hymenopteren, darunter auch die Faltenwespe *Allodynerus floricola* (Sauss.) aufgefunden und darüber berichtet. Man hätte annehmen sollen, daß das für deutsche Hymenopterologen ein Ansporn gewesen wäre, das untere Nahetal und ähnliche Gegenden, z. B. das Mosel- und das Ahrtal, planmäßig faunistisch zu erforschen. Das ist jedoch nicht der Fall gewesen, und so ist der bald 100 Jahre zurückliegende Morawitzsche Fund bislang der einzige Nachweis von *Allodynerus floricola* aus Deutschland geblieben. Schenck hat Stücke von *Eumenes arbustorum* (Panz.) und *Pseudepipona variegata* (H.-Sch.) aus „Thüringen" gesehen, — den genauen Fundort und den Verbleib der Belegstücke, die in seiner Sammlung nicht vorhanden sind, anzugeben, hat er leider verabsäumt, — bis heute sind aber diese beiden ansehnlichen und durch ihre Körperform oder durch ihre Färbung ins Auge fallenden Arten noch nicht wieder aus Thüringen gemeldet worden. Bis zum Jahre 1947/53 hat es gedauert, bis der bis dahin nur aus den Hochalpen der Schweiz, Frankreichs und Südtirols bekannte *Oplomerus alpinus* (Schulth.) aus dem Allgäu nachgewiesen wurde. Erst 1951 wurde der mediterrane *Microdynerus longicollis* F. Mor. im Elsaß aufgefunden.

Diese Verhältnisse haben sich noch verschlechtert. Die alten deutschen Hymenopterologen sind größtenteils durch Tod weggefallen, — ich nenne nur J. D. Alfken (1945),

[1]) In der Schausammlung des Museums in Freiburg i. Br. fand ich 1941 ein Nest von *Odynerus murarius* (L.) oder von *Odyn. crassicornis* (Panz.), kenntlich an den eingetragenen Larven von *Melasoma populi*, als „Nest einer Mordwespe" beschriftet, eine Nestanlage von *Oplomerus spinipes* (L.) oder von *Opl. reniformis* (Gmel.) dem *Ancistrocerus parietum* (L.) und eine Nestwabe von *Polistes biglumis bimaculatus* (Geoffr. in Fourcr.) dem *Polistes gallicus* (L.) zugeschrieben.

H. HEDICKE (1949), P. EIGEN (1947), H. LEININGER (1954), R. MEYER (1944), A. MÖSCHLER (1945), H. MÜLLER (1945) und E. STÖCKHERT (1946), — die wenigen Überlebenden sind vielfach bereits durch ihre Alter genötigt, die Sammeltätigkeit einzuschränken oder einzustellen. An Nachwuchs fehlt es aber so gut wie ganz. Was FR. PEUS in Dtsch. Ent. Zeitschr., N.F., 1, 1954, S. 125/126 über die Verhältnisse in der Dipterologie gesagt hat, gilt genau so für die Hymenopterologie.

Was zur Förderung unseres Wissens über die deutsche Vespidenfauna vor allem nottut, ist die sammlerische Erfassung des Gesamtgebietes. Diese setzt aber voraus, daß sich eine möglichst große Zahl deutscher Entomologen dazu bewegen läßt, auch Vespiden zu sammeln, wenn auch nur zur Abgabe an ein Museum. (Was auf diesem Wege erreicht werden kann, haben mir Aufsammlungen an Vespiden bewiesen, die von E. SCHMIDT [Bonn] und G. SEIDENSTÜCKER [Eichstätt] in den letzten Jahren in Syrien und Kleinasien nebenher zusammengebracht wurden und erfreulich viel an seltenen oder neuen Arten enthalten.) Sehr große Teile Deutschlands sind noch völlig oder so gut wie unerforscht. Was will es schon heißen, wenn weiträumige Gebiete im Umfange unserer früheren Provinzen in 100 Jahren 2 oder 3 oder nur einen einzigen Bearbeiter gefunden haben, die ihre Tätigkeit überdies häufig nur auf die Umgebung ihres Wohnsitzes erstreckten ? Der Thüringer Wald ist in bezug auf die Faltenwespen überhaupt noch nicht erforscht worden; auch SCHMIEDEKNECHT und G. JÄNNER (Gotha) haben dazu nichts von wesentlichem Belang beigetragen. Vom Harz und den anderen Mittelgebirgen wissen wir auch verschwindend wenig oder nichts. Diese Beispiele mögen genügen.

F. RUDOW hat in „Die Hymenoptera anthophila (Blumenwespen) des Unterharzes" gesagt: „Sowie große oder doch praktische Sammelwerke über eine Gruppe erschienen sind, wird auch dieselbe weiter erforscht, wie man nach dem Erscheinen von HARTIGS Werk über die Blattwespen an diesen und nach DAHLBOMS Grabwespen-Untersuchungen auch hier wahrnahm, denn bald darauf erschienen aus allen Gegenden Bearbeitungen der Lokalfaunen, die manches Neue brachten.". Daran ist sicher viel Wahres. Wie anregend eine Veröffentlichung über schwierige und vordem vernachlässigte Insektengruppen wirken kann, zeigen sehr instruktiv die Polistinae: Die Untersuchung von KL. ZIMMERMANN „Zur Systematik der paläarktischen *Polistes*" 1930 veranlaßte alsbald verschiedene Forscher, sich dieser schwierigen Materie zuzuwenden, und das Ergebnis war die Veröffentlichung einer ganzen Anzahl wertvoller Arbeiten über dieses Gebiet. Für einen Entomologen, der kein Anfänger mehr ist, hat es sicher wenig Reiz, Insekten zu sammeln, deren Bestimmung ihm mangels genügender Literatur nicht oder nur mit unsicheren Ergebnissen möglich ist und die er deshalb, wenn ihm an ihrer Identifizierung liegt, einem Spezialisten vorlegen muß, (wobei es vorgekommen ist, daß ihm unliebsame Erfahrungen nicht erspart blieben.) Will man also einen Sammler dafür gewinnen, in seine Tätigkeit eine ihm noch nicht vertraute andere Insektengruppe einzubeziehen, so ist es vor allem erforderlich, sein Interesse für sie zu erwecken und zu erhalten, indem man ihm die entsprechende Literatur in die Hand gibt, und zwar in erster Linie zuverlässige Bestimmungsschlüssel, mit denen er etwas anfangen kann.

Dem deutschen Hymenopterologen standen als neuzeitliche Hilfsmittel zur Bestimmung von Faltenwespen bisher nur zwei zur Verfügung: in erster Linie der von A. VON SCHULTHESS für die 2. Auflage von SCHMIEDEKNECHTS „Hymenopteren Nord- und Mitteleuropas" (Jena, G. Fischer, 1930) gefertigte Bestimmungsschlüssel und ferner die Bearbeitung der Vespidae durch H. HEDICKE in Bd. V 2. Teil von „Die Tierwelt Mitteleuropas" von P. BROHMER u. a.(Quelle & Meyer, Leipzig, 1930). Der v. SCHULTHESS'sche Schlüssel enthielt schon von vornherein verschiedene Unrichtigkeiten, namentlich in der Nomenklatur, und ist inzwischen in großen Teilen überholt und veraltet. Dasselbe gilt für die in ihrem systematischen Teil im wesentlichen kompilatorische HEDICKEsche Zusammenstellung. Nachdem ich mich, um diese Lücken ausfüllen zu können, seit 1937 dem Studium der paläarktischen und namentlich der in Deutschland vorkommenden Faltenwespen gewidmet hatte, habe ich 1943 als vorläufige Zusammenfassung der Ergebnisse „Taxonomische und biologische Notizen über paläarktische Faltenwespen" veröffentlicht[1]). Diese haben manchem eine Anregung gegeben, sich mit diesem Gebiet zu beschäftigen (wenn das auch bei einigen dieser Autoren keine Erwähnung gefunden hat).

Der gute Bestimmungsschlüssel für die holländischen Eumenidae in „De Nederlandse Metselwespen" von FR. WILCKE[2]) ist für deutsche Verhältnisse nur bedingt verwertbar, da er die deutsche Fauna von 65 Eumenidae-Arten (ohne Unterarten) mit 37 Arten nur teilweise erfaßt. Die bekannte sorgfältige Bearbeitung der Faltenwespen Frankreichs durch L. BERLAND 1928[3]) wiederum umfaßt wesentlich mehr Arten als in Deutschland bisher nachgewiesen sind. Sie ist zudem in vielen Beziehungen überholt und veraltet, da seit ihrem Erscheinen viele durchgreifende taxonomische und nomenklatorische Veränderungen eingetreten sind, ganz abgesehen davon, daß sie manche Unrichtigkeiten enthält.

Bei den sozialen Vespidae, die wegen ihrer Biologie, namentlich wegen ihres Nestbaues, schon immer eine bevorzugte Stellung unter den Faltenwespen eingenommen haben, liegen die Verhältnisse besser. Über die Vespinae ist 1944 die auch auf Deutschland zutreffende Bearbeitung „Les Guêpes (*Vespa* L.s.l.) de la Suisse" von J. DE BEAUMONT (Lausanne) erschienen, die uneingeschränkt als vorbildlich bezeichnet werden kann.[4]) Dieselbe Anerkennung verdienen die Arbeit von DELFA GUIGLIA (Genova) „Le Vespe d'Italia"[5]) und die von Z. BOUČEK und O. ŠUSTERA (Prag) „Vosy Československé republiky — Wespen der Tschechoslowakei"[6]), die beide außer den Vespinae auch die Polistinae zum Gegenstand haben.

Bei den Vespidae sind es, wie gesagt, besonders der Nestbau und das staatliche Leben, die von jeher allgemeineres Interesse gefunden und zu sehr vielen Veröffentlichungen Anlaß gegeben haben. Von deutschen Forschern ist es namentlich W. WEYRAUCH, der hierüber sehr gründliche und sehr wertvolle Beobachtungen angestellt hat. Das Leben der nichtsozialen Faltenwespen, das sich (mit wenigen Ausnahmen, die sich auf einige an besonders geeigneten Stellen oft in sehr großer Individuenzahl vergesellschaftete *Oplomerus*-Arten beschränken) ziemlich verborgen und unauffällig abspielt, ist sehr viel schwieriger zu ergründen, und es sind auch nur verhältnismäßig wenige Forscher, die ihm nachgegangen sind, so daß hier noch ein großes Betätigungsfeld offen steht.

Voraussetzung für ein erfolgreiches Arbeiten in dieser Richtung ist aber das Vorhandensein sicherer taxonomischer Kenntnisse. Zu welchen Fehlergebnissen deren Mangel führen kann, zeigen die Angaben über die Biologie der Lehmwespen in dem Buch „Bienen und Wespen" von R. SCHOLZ (Quelle & Meyer, Leipzig, 1913).[7]) Auch die biologischen Mit-

[1]) Stett. ent. Ztg., 104, 1943, S. 149—158.

[2]) „De levende Natuur" 1952, pp. 190—199, 210—220, 233—239. Der taxonomische Teil beruht wohl weitgehend auf meiner vorerwähnten Arbeit, die biologischen Angaben sind überwiegend aus BERLAND 1928 übernommen.

[3]) Faune de France, 19, Hym. vespif. II, Paris (P. Lechevalier), 1928.

[4]) Bull. Soc. Vaud. Sci. Natur., 62, 1944, n. 261, p. 329—362.

[5]) Mem. Soc. Ent. Ital., 27, 1948, p. 5—84.

[6]) Přírodovědecký sborník Ostravského kraje, 17, 1956, čis 4, S. 482—497. (Ich erhielt diese Arbeit erst nach Abschluß des Manuskripts.)

[7]) Abgesehen davon, daß man die verdeutschten Artnamen (wobei Irrtümer vorgekommen sind, wie „leichtfüßige Lehmwespe" für *Gymnomerus laevipes* [SHUCK.] = Odynerus lēvipes [SHUCK.] D.T., aber nicht = lēvipes!) erst in die wissenschaftliche Benennung zurückübersetzen muß, um zu wissen, welche Art gemeint ist, besteht z. B. die „Gemeine Wandwespe" (*parietum* [L.]) nach der angegebenen

teilungen von C. VERHOEFF 1891 und 1892 sind vielfach infolge unzureichender Vertrautheit mit der Systematik der Eumenidae unrichtig und irreführend. Um so wertvoller sind Arbeiten, die, getragen von zuverlässigem taxonomischem Wissen, sorgfältig und gewissenhaft die Lebensweise dieser Insekten klarstellen. Hier sind neben anderen Veröffentlichungen namentlich solche von CHR. AURIVILLIUS 1888, G. ADLERZ 1907, S. J. MALYSHEV 1911, A. GUTBIER 1915, E. T. NIELSEN 1932 und die Untersuchungen von E. ENSLIN über die Rubus-Bewohner zu nennen. Neuerdings bietet die fortgeschrittene photographische Technik in dieser Richtung eine hervorragende Unterstützung. Ich denke hierbei besonders an die Schriften des Biologen G. OLBERG (Niemegk), die auch aus dem Leben einiger Faltenwespen vorzügliche Aufnahmen enthalten[1]), und an eine ganz ausgezeichnete Bilderfolge über den *Eumenes*-Nestbau, die in der westdeutschen Monatsschrift „Aus der Heimat" 1954, Heft 3, Taf. 11—16 veröffentlicht ist.

Ich habe mich nicht streng an den mir erteilten Auftrag gehalten und mich nicht darauf beschränkt, Bestimmungsschlüssel zusammenzustellen, mit denen auch der mit den Faltenwespen nicht Vertraute zum Ziel kommen muß, wenn er sich nicht zu ungeschickt anstellt, sondern ich habe es für zweckmäßig gehalten, auch kurze Erörterungen über Nomenklatur, Bibliographie, Variationsbreite und (soweit bekannt) Verbreitung und Lebensweise der einzelnen Arten beizufügen.

Das in der vorliegenden Arbeit behandelte Gebiet wird im Westen von den Niederlanden, Belgien und Frankreich begrenzt, schließt aber Elsaß ein, und erstreckt sich im Süden bis zur Grenze gegen die Schweiz, Österreich und die CSSR; im Osten umfaßt es Schlesien und erreicht im Nordosten die Neman (Memel). Die Nordgrenze bilden Nord- und Ostsee sowie die deutsch-dänische Grenze. Es handelt sich damit um einen Raum in Mitteleuropa, der heute von Deutschland, Teilen Polens, der Sowjetunion und Frankreichs eingenommen wird. Durch Veränderungen in der Grenzziehung innerhalb des Gebietes haben sich teilweise Ortsbezeichnungen gewandelt. Eine Zusammenstellung der gültigen Namen, für die im Text noch frühere Bezeichnungen enthalten sind, befindet sich auf S. 251. Soweit nicht anders vermerkt, beziehen sich alle Angaben auf das vorstehend gekennzeichnete Gebiet.

Es erschien mir indessen angezeigt, in die Bearbeitung auch einige Faltenwespen-Arten und -unterarten einzubeziehen, die zwar aus dem Gebiet noch nicht nachgewiesen sind, aber in den benachbarten Ländern vorkommen, in der Erwägung, daß es mit ± hoher Wahrscheinlichkeit im Bereich der Möglichkeit liegt, daß sie bei weiterer Erforschung des Gebietes künftig auch bei uns aufgefunden werden. Hierfür gibt einen bemerkenswerten Hinweis die Verbreitung einer recht großen Zahl mediterraner Bienenarten, die in den letzten Jahrzehnten in Baden (namentlich im Kaiserstuhl) oder im Elsaß nachgewiesen sind, aber unter Überspringung des dazwischenliegenden Raums erst wieder in der Süd-

---

Nistweise offensichtlich aus einer Vermengung von *Oplomerus spinipes* (L.), *Ancistrocerus oviventris* (WESM.) und weiteren *Ancistrocerus*-Arten; von der „Dreibinden-Lehmwespe" (also wohl *Ancistrocerus trifasciatus* [MÜLL.]) heißt es, daß sie eiförmige Einzellennester an Mauern anbringe, und unter Berufung auf FR. RUDOW, dessen Unzuverlässigkeit bekannt ist, daß sie „eiförmige Mehrzellennester an Lehmwänden baue, die nur ein kurzes Eingangsrohr hätten", aber auch (was zutrifft) Zellen in alten Bohrlöchern anlege; die „schwarzköpfige Lehmwespe" (also wohl *Oplomerus melanocephalus* [GMEL.]) soll gesellig in Ziegelmauern nisten, und zwar ihre Niströhre in dem Mörtel zwischen den Mauersteinen bohren, was bei *melanocephalus* nicht vorkommt, wohl aber bei *Oplomerus spinipes* (L.); die „dornfüßige Lehmwespe" (also *Oplomerus spinipes* [L.]) soll „im Sande nisten, oft gesellig", und Raupen von Kleinschmetterlingen eingetragen, was auf *Pterocheilus phaleratus* (PANZ.) paßt, aber niemals auf *spinipes*.

[1]) Z. B. in „Tierfotografie" (Halle, S., Wilhelm Knapp, 1955) p. 131 (*Eumenes*-Arten) und p. 145 (*Oplomerus*-Arten) sowie ganz besonders in „Verhalten der solitären Wespen (Vespidae, Pompilidae, Sphecidae) Mitteleuropas" (Berlin, Deutscher Verlag der Wissenschaften, 1959) mit über 100 Aufnahmen von Faltenwespen.

schweiz (im Tessin oder im Rhonetal) erscheinen[1]). Ebenso der erst vom 9. 8. 55 datierende Nachweis der Ameise *Plagiolepis xene* STAERCKE am viel besammelten Badberg im Kaiserstuhl durch H. WOLF (Mitt. Dtsch. Ent. Ges., **16**, 1957, S. 13). Die in Betracht kommenden Arten sind im Text durch Petitdruck gekennzeichnet.

Aus dem Gebiet sind bisher 81 Faltenwespenarten bekannt geworden. (Hierbei sind Unterarten und 2 als eigene Arten beschriebene und als solche bisher geführte Monstrositäten nicht mitgezählt; andernfalls würde sich die Zahl entsprechend erhöhen.) Hinzukommen für die Schweiz 10 Arten und 2 Unterarten, für Böhmen, Mähren und Österreich weitere 6 und für die Slowakei und Ungarn weitere 8 Arten und 1 Unterart. Insgesamt werden also durch die folgenden Bestimmungsschlüssel 105 mitteleuropäische Faltenwespenarten erfaßt (vgl. Zusammenfassung S. 224).

---

[1]) Beispiele: *Halictus albomaculatus* LUC., *Hal. marginatus* BRULLÉ, *Hal. buccalis* PÉR., *Hal. smaragdulus* VACH.; *Sphecodes ruficrus* ERICHS.; *Nomia diversipes* LATR.; *Andrena hypopolia* SCHMIED.; *Andr.* (*Biareolina*) *lagopus* (LATR.); *Nomada bispinosa* MOCS.; *Tetralonia ruficornis* (F.); *Anthophora crassipes* LEP.; *Xylocopa iris* (CHRIST); *Chelostoma foveolatum* (MOR.).

BESONDERER TEIL

Die Faltenwespen (Superfamilie Diploptera) sind in der Hauptsache durch folgende Merkmale gekennzeichnet:

1. Die Vorderflügel sind (außer bei einigen im Gebiet nicht vertretenen paläarktischen Masariden-Gattungen wie *Ceramius* LATR. und *Paraceramius* SAUSS.) in der Ruhelage der Länge nach einmal gefaltet, indem sich ihre hintere Hälfte unter die vordere legt, so daß ihr Hinterrand in die Nähe des Vorderrandes des Flügels zu liegen kommt, wobei die Hinterflügel mit ihm durch die Häkchenverankerung verbunden bleiben. Diese Eigentümlichkeit, die sich sonst nur bei der Chalcidiergattung *Leucospis* F. findet, ist beim frischgeschlüpften Insekt noch nicht vorhanden, sondern entwickelt sich, wie man bei gezüchteten Individuen sehen kann, erst im Laufe des 1. oder 2. Tages des Imaginaldaseins. Die gefalteten Flügel werden, wenn das Tier umherläuft oder sonstwie angeregt ist, meist nicht dem Körper horizontal angelegt, sondern schräg nach hinten angehoben getragen (z. B. Abb. 65 und 66).

2. Das mitten in der Regel sehr kurze Pronotum reicht seitlich bis zu den Flügelschuppen, so daß es den größten Teil des Mesonotums umschließt (Abb. 1).

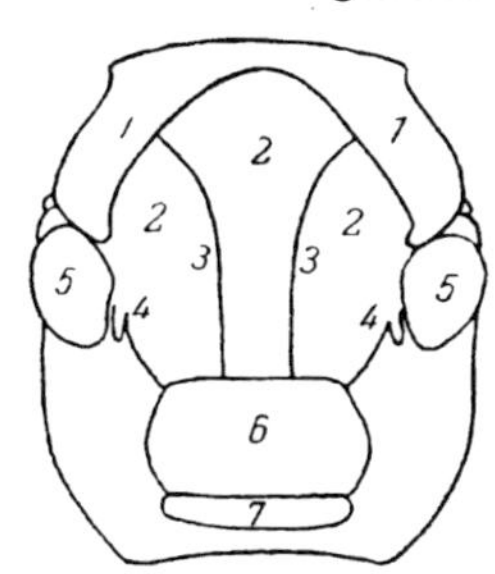

Abb. 1. Thorax von oben: 1 Pronotum, 2 Mesonotum, 3 Parapsidenfurchen, 4 Parategulae, 5 Flügelschuppen (Tegulae), 6 Schildchen, 7 Hinterschildchen. (Original)

3. Die Netzaugen sind auf der Stirnseite ± tief ausgebuchtet und haben dadurch nierenförmigen Umriß. Diese Eigentümlichkeit ist unter den Aculeaten sonst nur bei einigen Grabwespengattungen (*Trypoxylon* LATR., *Pison* SPIN.) zu finden.

Die immer vorhandenen halbkugelförmigen Nebenaugen sind in einem Dreieck angeordnet.

4. Die Spitzen der Zunge oder der beiden Zungenlappen und der Seitenzipfel der Zunge (Paraglossen) sind auf der Unterseite mit einer als elliptisches oder lanzettliches, braunes, glänzendes Plättchen ausgebildeten Chitinisierung versehen. Diese fehlt nur bei *Nannopterochilus phaleratus* (PANZ.).

5. Die Labialtaster bestehen bei der Gattung *Pterocheilus* s.l. aus 3, bei allen anderen Eumenidae und bei den Vespidae aus 4 Gliedern, die Maxillartaster in der Regel aus 6 Gliedern. Hiervon macht die Masaridengattung *Celonites* eine Ausnahme mit je 3 Labial- und Maxillartastergliedern beim ♀ und 1 Labial- und 2 Maxillartastergliedern beim ♂.[1])

6. Die Fühler sind „gekniet", d. h. der Schaft ist stark entwickelt (mindestens so lang wie das 1. und 2. Geißelglied zusammen). Die Geißel besteht beim ♀ aus 11, beim ♂ aus

[1]) Auf die Verschiedenheit der Tastergliederzahl bei den Geschlechtern hat zuerst BRADLEY 1922, p. 402 aufmerksam gemacht; seine Angabe für das ♂ "the apical portion of the labial palpus is partially marked off as a short incomplete second segment" trifft nach briefl. Mitteilung von H. BISCHOFF, der sie nachgeprüft hat, nicht zu.

12 Gliedern, und verdickt sich vom 2. Gliede ab endwärts allmählich; bei den ♂♂ der Eumenidae — außer bei der Gattung *Odynerus* — sind entweder die 2 letzten Glieder hakenartig zurückgeschlagen und in der Ruhelage der Unterseite der vorhergehenden Glieder angedrückt oder es ist (bei den Gattungen *Oplomerus, Paragymnomerus, Gymnomerus, Tropidodynerus* und *Pterocheilus* s.l.) das Geißelende zu einer ± vollständigen Spirale eingerollt.

Auch hier macht *Celonites* eine Ausnahme, indem der Fühlerschaft sehr klein (nur so lang wie das 1. Geißelglied) ist und die Geißel auch beim ♂ nur 11 Glieder hat; außerdem hat die Geißel bei beiden Geschlechtern eine ganz ungewöhnliche Form, da ihre ersten 6 Glieder fadenförmig dünn, die letzten 5 Glieder dagegen zu einer dicken, ovalen Keule verschmolzen sind (Abb. 2).

7. Hinterleib beim ♀ mit 6, beim ♂ mit 7 freien (sichtbaren) Segmenten.

Die einheimischen Faltenwespen haben bei regelmäßig schwarzer Grundfärbung zusätzlich eine ± entwickelte und individuell veränderliche gelbe oder weiße Zeichnung; bei einigen Arten ist die schwarze Pigmentierung auf dem Thorax oder auch auf dem Kopf oder auf dem 1. oder dem 2. Tergit in wechselnder Ausdehnung und Tönung durch rote ersetzt. Die gelbe Zeichnung wird durch Einlagerung von Xanthopterin erzeugt, die schwarze, braune und rote durch Melanine.[1]) Durch zu lange Einwirkung von KCN-Dämpfen im Tötungsglas verwandelt sich das Gelb in ± intensives Tomatenrot. Das kann zu Irrtümern Anlaß geben, und es haben sich in der Tat verschiedentlich Autoren täuschen lassen und bei der Beschreibung tatsächlich oder vermeintlich neuer Arten diese rote Zeichnung für die natürliche, dem lebenden Insekt eigene gehalten.[2]) Für den Anfänger sei deshalb hier hervorgehoben, daß in Deutschland Faltenwespen mit roter Zusatzpigmentierung (also in erster Linie mit roten Hinterleibsbinden) nicht vorkommen.

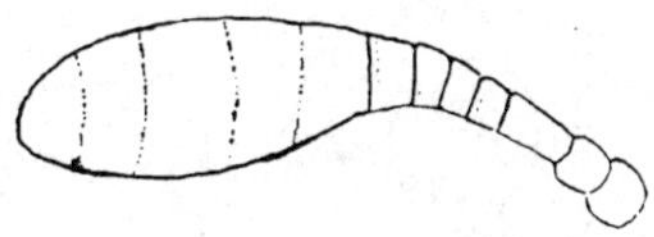

Abb. 2. *Celonites*: Fühler. (Original)

Den Faltenwespen scheint die Fähigkeit innezuwohnen, individuell zusätzliche Zeichnungselemente zu entwickeln, die über die reichsten Färbungsphasen der regelmäßigen arteigenen Variationsbreite hinausgehen, vgl. die bei *Dolichovespula norwegica, Microdynerus exilis, Leptochilus alpestris, Odynerus murarius nidulator, Odynerus cr. crassicornis, Odynerus mutinensis, Odynerus connexus, Ancistrocerus renimacula, Ancistrocerus claripennis, Ancistrocerus dusmetiolus* und einigen *Euodynerus*-Arten mitgeteilten Fälle. Es ist bei dem heutigen mangelhaften Stand unserer Kenntnisse schwer zu entscheiden, ob es sich hierbei noch um eine durch bestimmte örtliche Umwelteinflüsse hervorgerufene Erweiterung der Variationsbreite mit subspecifischer Bedeutung handeln kann. Bei den Fällen, die sich auf gewisse begrenzte Teilgebiete des Artverbreitungsareals beschränken und dort ± häufig sind, wie z. B. bei *Leptochilus alpestris* und *Ancistrocerus renimacula*, könnte das zutreffen. Das Auftreten solcher Fälle an weit voneinander getrennten und ungleichartigen Örtlichkeiten und als sehr seltene Ausnahmen, z. B. bei *Dolichovespula norwegica, Odynerus mutinensis* und *Euodynerus nigripes*, scheint mir eher für ihre Beurteilung als Individualaberrationen[3]) zu sprechen.

[1]) Hierzu wird im übrigen Bezug genommen auf die sehr interessante Arbeit von Erich Becker „Über das Pterinpigment bei Insekten und die Färbung und Zeichnung von *Vespa* im besonderen" in Z. Morph. & Ök. Tiere, **32**, 1937, p. 672—751.

[2]) Namentlich ist das Ed. André 1884 mehrfach passiert: bei *Odynerus humeralis* ♀, *Odynerus rubripes* ♀ (= *Odontodynerus orbitalis* [H.-Sch. 1839]), *Odynerus rubrosignatus* ♀ (= *Pterocheilus rubrosignatus*), *Pterocheilus punicus* ♀ (= *Cephalochilus grandis* [Lep. 1841]).

[3]) Als Varietät (var.) bezeichne ich die innerhalb der regelmäßigen Variationsbreite liegenden Färbungsphasen, auch extreme Varianten; als Aberration (aberr.) die außerhalb dieser Variationskurve

Aus der Morphologie der Faltenwespen sind für die systematische Einteilung der einheimischen Gattungen und Arten hauptsächlich folgende Einzelheiten des Körperbaues von Bedeutung:

1. Am Kopf:

Das Vorhandensein oder Fehlen von „Scheitelgruben“, d. h. von ± scharf ausgeprägten, in der Regel runden, häufig dicht behaarten Vertiefungen auf dem Scheitel hinter dem Nebenaugenfeld, ihre Anzahl, Form und Stellung zueinander; bei den Nebenaugen ihre Stellung, die durch den Abstand zwischen dem hinteren Paar (POL), den Abstand der hinteren Nebenaugen vom oberen Augenende (OOL) und den Abstand der hinteren Nebenaugen vom hinteren Scheitelrande (OOc) bestimmt wird; die Entwicklung der Wangen, d. h. des Abstandes zwischen dem unteren Augenende und der Oberkiefereinlenkung; die allgemeine Form, Struktur und Bezahnung der Oberkiefer.

2. Am Thorax:

Die Ausbildung des Pronotums (Vorderrand abgerundet oder total oder teilweise scharfkantig, Seitenecken [„Schultern“] abgestumpft oder ± scharf zugespitzt); die Entwicklung von Parapsidenfurchen auf dem Mesonotum (Abb. 1); das Vorhandensein oder Fehlen einer scharfen Epicnemialkante, d. h. die Art der Ausbildung des Übergangs zwischen den Ruhelagern der Vorderschenkel (Epicnemien) und dem unteren Abschnitt des Mesepisternum der Mesopleuren (Abb. 3), ferner das Vorhandensein oder Fehlen einer Fortsetzung der Epicnemialkante quer über den Vorderrand der Mittelbrust; die Ausbildung oder das Fehlen von Parategulae, d. h. kleinen, hakenförmigen, etwas aufgebogenen Auswüchsen der hinteren Mesonotumecken, denen die Tegulae mit dem flach konkaven distalen Teil ihres Innenrandes anliegen (Abb. 1), und die Form und Skulptur der Flügelschuppen (Tegulae).

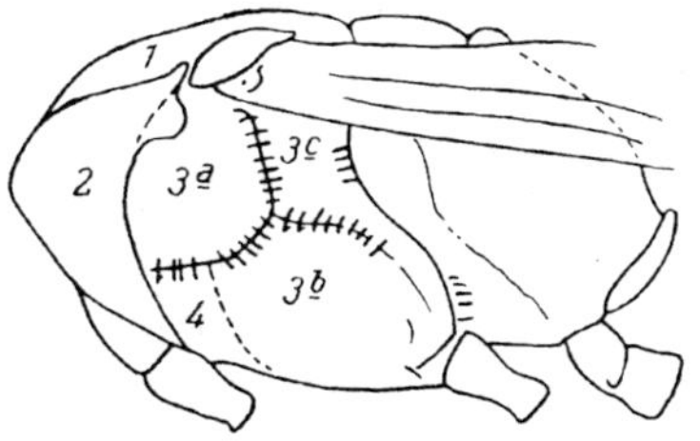

Abb. 3. Thorax-Seitenwand (*Odynerus crassicornis* [Panz.] ♀): 1 Mesonotum, 2 Prothorax, 3 a oberer, 3 b unterer, 3 c hinterer Abschnitt des Mesepisternums, 4 vorderes Epicnemium, dahinter (gestrichelt) Epicnemial-Kante. (Original)

3. Am Mittelsegment:

Hier sind zu unterscheiden: der dem Hinterschildchen seitlich anliegende in der Regel kurze und ± abschüssige Teil (die „Seitenfelder“), die von der hinteren vertikalen Fläche („Rückwand“) durch eine ± entwickelte, manchmal leistenartig gehobenen Kante getrennt sein, aber auch in flacher Rundung in sie übergehen können; die hinter den Metapleuren liegenden vertikalen „Seitenwände“, die mit der Rückwand eine scharfe Kante bilden und meistens eine quer von der Hinterflügelbasis bis zur Mitte des Rückwandseitenrandes verlaufende ± entwickelte dachförmige Auftreibung haben, deren First abgerundet, stumpfkantig oder scharfkantig bis leistenartig dorsoventral komprimiert sein kann („Schrägleisten“), wobei das Ende dieser Kante zu einem im Profil über die Rückwand hinausragenden Zahn oder Dorn ausgezogen sein kann; die Rückwand trägt an ihren Seitenkanten unten eine dem Schutz der Hinterleibseinlenkung dienende ± ohrenförmige Chitinspange, deren Form verschieden ist („Schutzspangen“, die „squamulae apicales metathoracis“ bei Thomson), eine Einrichtung, die nur den Vespinae fehlt.

4. Flügel:

Was die Benennung des Geäders und der durch dieses gebildeten Zellen betrifft, so habe ich es für zweckmäßig gehalten, darin Schmiedeknecht (1930 S. 6) zu folgen. Zwar sind

liegenden Färbungsphasen; als Monstrosität (monstr.) körperliche Abnormitäten, insbes. solche, die auf Entwicklungsstörungen beruhen.

in den letzten 60 Jahren verschiedene andere Systeme mit z. T. stark abweichenden Benennungen aufgestellt worden, die auf vergleichend morphologischen Gesichtspunkten beruhen und wohl mit ± Berechtigung als natürlicher und richtiger bewertet werden können. Von ihnen hat sich aber bisher keines in Deutschland allgemein durchzusetzen und die SCHMIEDEKNECHTsche Nomenklatur zu verdrängen vermocht, und deshalb erschien es mir richtig, diese beizubehalten, um Verwirrung zu vermeiden und den Leser nicht zu nötigen, erst umzulernen; der „SCHMIEDEKNECHT 1930" ist wohl in der Hand jedes deutschen Entomologen, der sich mit den Hymenopteren beschäftigt.

5. Hinterleib:
Bei den Faltenwespen, bei denen es nicht vorn stielartig ausgezogen ist, gliedert sich der Umriß des 1. Hinterleibstergits im Profil in einen abfallenden vorderen („Basis") und einen ± horizontalen Teil („Scheibe"), die miteinander in der Regel einen im Scheitel ± abgerundeten Winkel („Wölbung"), bei einigen Gattungen einen ± scharfkantigen Winkel bilden.

6. Behaarung:
Diese, die bei den meisten Autoren keine oder nur ungenügende Berücksichtigung als Unterscheidungsmerkmal gefunden hat, ist als solches vielfach von wesentlicher Bedeutung und deshalb von mir beim Aufbau der Bestimmungsschlüssel weitgehend verwendet worden. Allerdings nutzt sie sich beim lebenden Insekt im Laufe der Flugzeit meist ± stark ab, besonders auf dem Kopfschild und der Thoraxoberseite, aber es finden sich auch bei stark abgeschabten Individuen immer noch Stellen, an denen sie noch soweit erhalten geblieben ist, daß ihre normale Beschaffenheit offenkundig wird.

7. Kopulationsorgan:
Sicher hat man erwartet, daß der Bau des männlichen Begattungsorgans, der in der entomologischen Taxonomie in immer steigendem Maße zur sicheren Differenzierung der Arten herangezogen wird, auch von mir zur Unterscheidung der Faltenwespengattungen und -Arten verwandt worden sei. Wenn das (außer bei den Vespinae) nicht geschehen ist, so ist der Grund der: Außer L. MÓCZÁR (1937) hat sich bisher niemand mit der Untersuchung der Kopulationsorgane der paläarktischen Eumeniden befaßt. (Mir selbst hat es dazu an Zeit gefehlt.) Die von MÓCZÁR veröffentlichten Abbildungen beweisen aber eindringlich, daß diese Körperteile auch für die Eumenidensystematik ein ausgezeichnetes Hilfsmittel bedeuten. Nur leidet seine Arbeit stark darunter, daß er sich mangels genügender Vorkenntnisse in der Taxonomie der Eumeniden weitgehend auf die Zuverlässigkeit der Determination des Museumsmaterials, das er seinen Untersuchungen zu Grunde legte, verlassen mußte und daß es in vielen Fällen sehr zweifelhaft ist, ob diese Determination richtig war. So habe ich schon an anderer Stelle (Mitt. Münchn. Ent. Ges., 41, 1951, S. 160 Nr. 111) mitgeteilt, daß das vermeintliche ♂ von „*Odynerus luteolus* LEP. 1841" sich als ein ♂ von *Pterocheilus phaleratus* (PANZ.) erwies. Es ist also erforderlich, die artmäßige Zugehörigkeit der von MÓCZÁR abgebildeten Kopulationsorgane sämtlich nachzuprüfen. Das war im Rahmen dieser Arbeit nicht möglich.

Die einzelnen Arten sind nur mit ihrem wissenschaftlichen Namen bezeichnet. Ich habe es bewußt unterlassen, ihnen auch deutsche Benennungen beizulegen. Einen allgemein bekannten und angewandten Trivialnamen hat nur *Vespa crabro*: die Hornisse. Alle übrigen Vespinae und vermutlich auch die Polistinae fallen für den Laien unter den Sammelbegriff „Wespen". Selbst der *Dolichovespula media* von SCHENCK beigelegte treffende Name „Kleine Hornisse" hat sich nicht eingebürgert, nicht einmal in der Wissenschaft. Die Eumeniden kennt niemand. Die großen Arten davon gehen wegen ihrer schwarz-gelben Färbung als „Wespen" schlechthin, die kleinen hält der Laie, wenn er sie überhaupt sieht, für geflügelte Ameisen oder für Fliegen. Der Name „Lehmwespen" für die meisten Eumeniden, der wohl von SCHENCK stammt, führt sein Dasein auch nur im Schrifttum. Die bloße Übersetzung der wissenschaftlichen Namen ins Deutsche, wie es verschiedene Autoren getan haben, ist wenig sinnvoll.

Mit Namen wie „Dornfüßige Lehmwespe" (noch genauer wäre „Dornfüßiger Waffenschenkel") für *Oplomerus spinipes* oder „Furchtsame Zwerglehmwespe" für *Microdynerus timidus* bringt man diese Insekten dem Laien nicht näher und macht sie nicht populär, sondern setzt nur die Wissenschaft der Gefahr aus, für eine lächerliche Angelegenheit gehalten zu werden, zumal das Laienpublikum ja keine Vorstellung davon hat, zu welchen Wortbildungen ein Autor manchmal greifen muß, um Homonymie zu verhüten. Die Schaffung frei gewählter deutscher Namen aber, wie sie in sehr ansprechender Weise H. Schiemenz für Libellen vorgenommen hat[1]), paßt nicht für die unauffälligen, ungekannten Faltenwespen.

KLASSIFIKATION

Die Faltenwespen wurden früher in die 3 Familien Vespidae, Eumenidae und Masaridae eingeteilt, die man unter dem übergeordneten Begriff der Diploptera oder Vesparia zusammenfaßte. Hierfür war in der Hauptsache die Verschiedenheit der Lebensweise maßgebend, daneben morphologische Unterschiede.

Die moderne USA-Systematik erkennt nur eine einzige Familie, die Vespidae, an, die sie in zahlreiche gleichberechtigte Unterfamilien gliedert. (Hiervon kommen für unser Gebiet nur die Vespinae, Polistinae, Zethinae, Eumeninae und Masaridinae in Betracht.) Die Ansicht dieser Autoren, von denen hier J. Ch. Bradley[2]), J. Bequaert[3]) und R. M. Bohart[4]) genannt sein mögen, legt das entscheidende Gewicht auf die Anordnung des Flügelgeäders und auf den Schnitt der Hinterflügel, aus denen sie Schlüsse auf die Entwicklungsgeschichte ziehen zu können glaubt; die Lebensweise findet bei dieser Klassifikation keine Berücksichtigung. Diese Einteilung hat sich im europäischen Schrifttum keine allgemeine Geltung verschafft. Soweit ich sehe, hat sie nur A. Giordani Soika (Venedig) übernommen, während L. Berland in seiner Bearbeitung der Faltenwespen Frankreichs 1928 und der russische Vespidenspezialist G. Kostylev (noch 1940) bei dem alten Herkommen verblieben sind. J. Wilcke hat in seiner Bearbeitung der Lehmwespen (Eumenidae) Hollands (1952) einen anderen Weg eingeschlagen, indem er die Diploptera in 4 Unterfamilien Vespinae, Polistinae, Eumenidinae (für die Gattungen *Eumenes* und *Discoelius*) und Odynerinae (für die übrigen bisher zu den Eumeninae gerechneten Gattungen) einteilt, wobei er die Verschiedenheit des Habitus der Imagines zugrunde legt.

Eine Erörterung dieser Systeme wurde den Rahmen dieser Arbeit überschreiten. Ich ziehe es vor, die alte Einteilung in die 3 Familien Vespidae, Eumenidae und Masaridae beizubehalten, da ich der (wenn auch vielleicht veralteten) Ansicht bin, daß auch die Lebensweise Berücksichtigung verdient.

Bestimmungsschlüssel für die Familien und Unterfamilien[5])

1. Nur 2 Kubitalzellen im Vorderflügel. Fühler nicht gekniet: Schaft kaum länger als das 1. Geißelglied (Wendeglied); Geißel in beiden Geschlechtern 11gliedrig und aus fadenförmiger Basis zu einer dicken, ovalen Keule jäh erweitert (Abb. 2). ♀ mit je 3 Labial- und Maxillartastergliedern, ♂ mit 1 Labial- und 2 Maxillartastergliedern. Innerer Sporn der Hinterschienen am Ende gabelförmig aufgespalten. Hinterleib mit konvexer Ober-

[1]) „Die Libellen unserer Heimat", Jena, Urania-Verlag, 1953.

[2]) Univ. Californ. Publ., Entomol., 1, 1922, n. p, p. 379—380.

[3]) Bull. Amer. Mus. Nat. Hist., 39, 1918, p. 13—17.

[4]) In „Hymenoptera of America North of Mexico, Synoptic Catalog" von C. F. W. Muesebeck u. a., Washington 1951, p. 875 ff.

[5]) Der Schlüssel ist seiner Zweckbestimmung entsprechend nur auf den Unterscheidungsmerkmalen aufgebaut, welche die im Gebiet vertretenen Gattungen dieser Familien und Unterfamilien aufweisen.

und konkaver Unterseite, die Tergite seitlich scharfkantig, die distalen mit zahnartigen Hinterecken, beim ♂ das 7. durch 2 tiefe Ausrandungen dreilappig, der mittlere Lappen tief aufgespalten.

Die hierher gehörenden Arten verfertigen auf beliebigem Substrat röhrenförmige Zellen aus feinem Mörtel, die sie mit einem Gemisch aus Blütennektar und Pollen als ausschließlicher Larvennahrung füllen.

Familie **Masaridae**, Unterfamilie **Masaridinae**, Gattung *Celonites* LATR. (S. 221)

3 Kubitalzellen im Vorderflügel. Fühler gekniet: Schaft mindestens so lang wie das 1. und 2. Geißelglied zusammen, Geißel anders geformt. ♀ ♂ mit mindestens 5 Maxillartastergliedern und (außer bei der Gattung *Pterocheilus* s.l.) mit 4 Labialtastergliedern. Innerer Sporn der Hinterschienen nicht aufgespalten. Hinterleibsform anders. 2.

2. Fußkrallen ungezähnt. Schienen des mittleren Beinpaares mit 2 Sporen. Außenfläche der Oberkiefer nicht durch Leisten oder Furchen gegliedert. Unterer Augenlappen nach unten verschmälert, sein unteres Ende schmaler als die Oberkieferbasis.

Die hierher gehörenden Arten leben entweder nach Art der Honigbienen und Hummeln in selbst hergestellten Nestern aus „Wespenpapier" gesellig in einjährigen „Staaten", die von einem überwinterten ♀ gegründet werden und eine Arbeiterkaste besitzen, oder nach Art der Schmarotzerhummeln als Kommensalen bei staatenbildenden Arten. Die Larven werden von den Arbeitern gefüttert, und zwar teils mit tierischen, teils mit pflanzlichen Stoffen. Der Stachel des ♀ und des ☿ dient lediglich zur Abwehr.

Familie **Vespidae** (S. 20) 3.

Fußkrallen an der Unterseite gezähnt oder an der Spitze aufgespalten. Schienen des mittleren Beinpaares (außer bei der Gattung *Discoelius*) nur mit 1 Sporn. Außenfläche der Oberkiefer ± ausgeprägt durch Leisten oder Furchen gegliedert. Unterer Augenlappen nicht nach unten verschmälert, sein unteres Ende viel breiter als die Oberkieferbasis.

Die hierher gehörenden Arten leben nicht in „Staaten", sondern das einzelne ♀ verfertigt für seine Nachkommenschaft unter Verwendung mineralischer Stoffe (Lehm, Sand) oder pflanzlichen Materials Zellen, die es mit durch Stiche gelähmten Schmetterlingsraupen oder Blattwespen- oder Käferlarven oder Käferpuppen als Larvenfutter versorgt; nach der Fertigstellung der Nestanlage kümmert es sich um diese nicht mehr.[1]) Die Larven überwintern in der Regel als sog. Ruhelarven, die sich nach Eintritt der wärmeren Jahreszeit zur Puppe verwandeln, aus denen nach kurzer Zeit die Vollkerfe schlüpfen; gelegentlich findet ein Überliegen bis zum nächsten Jahre statt. (Nur einige *Eumenes*- und *Ancistrocerus*-Arten machen hiervon eine Ausnahme, indem sie 2 Generationen in demselben Jahr bilden; bei einer *Ancistrocerus*-Art überwintern die ♀♀ der 2. Generation als befruchtete Vollkerfe.) Der Stachel dient dem ♀ außer zur Abwehr zur Lähmung der Larvennahrung.

Familie **Eumenidae** (S. 60) 4.

3. Hinterleib (wie der übrige Körper) lang borstig behaart, annähernd kegelförmig, das 1. Segment (von oben gesehen) nach vorn nicht oder ganz wenig verschmälert, vorn gerade abgestutzt, von der Seite gesehen ungefähr rechtwinklig gebogen (Abb. 4). Mittelsegment hinten fast senkrecht abfallend, ohne Querleisten, unten beiderseits der Einlenkung des Hinterleibs ohne ohrenförmigen Anhang. Oberkiefer distal kräftig verbreitert, an dem schräg abgeschnittenen Ende oben mit einem größeren ungezähnten, geraden oder geschweiften Teil (Kauleiste), unten mit 3 Zähnen, die zusammen weniger Raum einnehmen als die Kauleiste. Hinterflügel nach der Wurzel stielartig verschmälert, ihr von

[1]) Wenn frühere Autoren von den nicht-sozialen Arten gesagt haben, sie lebten „paarweise", so ist das schief ausgedrückt, denn die ♂♂ kümmern sich weder um die ♀♀, mit denen sie sich gepaart haben, noch um den Nestbau noch um die Versorgung der Zellen mit Larvenfutter.

der Mitte zur Basis flach konkav verlaufender Hinterrand an der Basis ohne abgetrennten Lappen. Fühlergeißel des ♂ nicht am Ende gebogen.

Die Vollnester der staatengründenden Arten bestehen aus mehreren stets horizontal untereinander angeordneten Waben und sind von Papierhüllen umschlossen.

Unterfamilie **Vespinae** (Gattungsschlüssel S. 20).

Hinterleib (wie der übrige Körper) ohne abstehende Beborstung, spindelförmig, das 1. Segment (von oben gesehen) nach vorn stark verschmälert (ungefähr dreieckig), im Profil nach vorn konvex abfallend (Abb. 5). Mittelsegment schräg nach hinten abschüs sig, in ganzer Ausdehnung mit flachen Querleisten besetzt, die nur bei monströsen Stücken fehlen können; unten beiderseits der Einlenkung des Hinterleibs mit ohrenförmigem Anhang. Oberkiefer distal nicht verbreitert, am quer abgeschnittenen Ende nehmen die 3 starken Zähne fast die ganze Breite ein. Hinterflügel nach der Wurzel zu nicht verschmälert, der konvexe Hinterrand an der Basis mit einem tief abgetrennten kleinen Lappen. Fühlergeißel des ♂ mit hakenförmig zurückgebogener Endhälfte (Abb. 6).

Die Nester der staatengründenden Arten bestehen aus einer einzigen (sehr selten 2) horizontal oder vertikal angeordneten Wabe ohne Hülle (Abb. 7).

Abb. 4. *Paravespula germanica* (F.) ♀. (BOUČEK & ŠUSTERA 1956)

Abb. 5. *Polistes nimpha* (CHRIST) ♀. (BOUČEK & ŠUSTERA 1956)

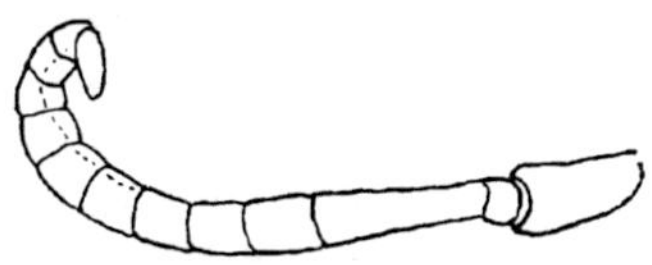

Abb. 6. *Polistes* ♂ Fühler. (BOUČEK & ŠUSTERA 1956)

Abb. 7. *Polistes nimpha* (CHRIST): Nest. (G. OLBERG phot.)

Unterfamilie **Polistinae** (Gattungsschlüssel S. 48)

4. Schienen des mittleren Beinpaares mit 2 Sporen. Oberkiefer kurz und endwärts breit, sie überdecken sich in Ruhestellung nur mit den Spitzen und nur schmal, kreuzen sich

aber niemals, ihr mäßig schräg abgeschnittenes Ende hat 4[1]) derbe Zähne, die seine ganze Breite einnehmen. Die 2. (äußere) rücklaufende Ader trifft die Kubitalader in der Mitte der 2. Kubitalzelle. Hinterleib oben und unten mit bürstenartig dichter, kurzer, brauner Behaarung. ♀: ohne Scheitelgrube. ♂: mit hakenartig zurückgeschlagenen 2 letzten Geißelgliedern.

Die hierher gehörenden Arten verwenden zum Nestbau pflanzliches Material (teils zu einer Paste zerkaute, teils unbearbeitete Blattabschnitte).

Unterfamilie **Discoeliinae**

(im Gebiet nur durch die Gattung *Discoelius* LATR. vertreten S.: 216)

Schienen des mittleren Beinpaares mit 1 Sporn. Oberkiefer anders geformt (ihre Form nicht einheitlich, sondern gattungsmäßig verschieden). Die 2. rücklaufende Ader trifft die Kubitalader weit jenseits der Mitte der 2. Kubitalzelle. Hinterleibsbehaarung (soweit vorhanden) anders.

Die hierher gehörenden Arten verwenden als Baustoff mineralische Bestandteile (Erde, Sand, Lehm, Ziegelmehl u. dgl.), die in der Regel zu einem Mörtel verarbeitet werden.

Unterfamilie **Eumeninae** (Gattungsschlüssel S. 61)

---

[1]) So auch THOMSON 1874 S. 32. Weshalb v. SCHULTHESS 1887 S. 22 nur 3 Zähne angibt, ist nicht ersichtlich (vermutlich hat er die Oberkieferspitze nicht mitgezählt).

I. Familie Vespidae

1. Unterfamilie Vespinae

Die verschiedenen Auffassungen über die Klassifikation dieser Unterfamilie sind hinten S. 226, Anm. 1 erörtert.

Abgesehen von *Polistes gallicus* sind die Vespinae (mit Ausnahme der *Dolichovespula*- und der als Kommensalen lebenden Arten) die einzigen Faltenwespen, die dem Menschen Schaden zufügen können und bei denen eine Abwägung von Schaden und Nutzen in Betracht kommt. Eine eingehendere Erörterung dieser sehr komplizierten Frage liegt nicht im Rahmen dieser Arbeit und wäre hier auch gar nicht möglich, weil sie ein sehr umfängliches Sonderstudium erfordert; immerhin mag auf einige Gesichtspunkte hingewiesen werden: Die Einwirkungen auf den menschlichen Körper durch Stiche und deren Folgen für Gesundheit (die übrigens nicht immer schädlicher Art sind, sondern bekanntlich, ebenso wie das Bienengift, auf Rheuma und gewisse allergische Zustände heilend wirken) und Leben müssen außer Betracht bleiben, denn es handelt sich dabei nicht um notwendige, unvermeidbare Vorkommnisse, sondern zumeist um die Folgen eigener Unvorsichtigkeit des Verletzten.

Die wirtschaftlichen Schäden, die Hornissen und *Paravespula*-Arbeiterinnen an Obst stiften, sowie die forstlichen Schäden durch Hornissen, die beide recht erheblich sein können, sind augenfällig und können in Geld abgeschätzt werden. Der Nutzen aber, den dieselben Wespen dem Menschen durch die Vertilgung schädlichen oder lästigen Getiers wie Fliegen und Raupen bringen, entzieht sich der Beobachtung durch die große Masse und bleibt in seinem Umfang der Erfassung verborgen. Eine zutreffende objektive Beurteilung der Frage, ob jene Vespinae in dem Maße regelmäßig überwiegend Schädlinge sind, daß der von einzelnen Interessentengruppen geforderte Vernichtungskrieg gegen sie ein allgemein berechtigtes Verlangen sei, ist deshalb garnicht möglich. Die Sache liegt im wesentlichen nicht anders als bei vielen anderen Tierarten, z. B. bei den Tag- und den Nachtgreifvögeln, bei dem kleinen Haarraubwild, den Saatkrähen und den Sperlingen. So sind Mauswiesel, Iltis, Fuchs und Igel für den Bauern die besten Helfer, während die Jagdnutzungsberechtigten sie am liebsten ausgerottet hätten. Sehr zutreffend hat Fr. Kluge („Wild und Hund" 1924 S. 450) gesagt: „Gar viele, ja die meisten Zusammenhänge im Haushalt der Natur sind noch ungeklärt und werden je nach dem Standpunkt, von dem wir Nutzen und Schaden betrachten, selbst dann noch umstritten bleiben, wenn es der biologischen Forschung in langer, mühseliger Arbeit gelungen ist, sie in hellerem Licht zu erfassen". Wenn kürzlich („Mitt. Dtsch. Ent. Ges." 1956 S. 15) K. Mayer auf Grund eigener Beobachtungen den Vespinae die Bedeutung einer „Naturpolizei" zuerkannt hat, so scheint mir diese Beurteilung richtig.

Die Nester der Vespinae werden, wenn sie am oder im Boden errichtet sind, häufig durch Fuchs, Dachs und Wespenbussard zerstört.

A. Bestimmungsschlüssel für die Gattungen und Untergattungen

1. Hinterkopf stark entwickelt: Schläfen (von oben gesehen) geschwollen, Scheitel (im Profil) hinter den Nebenaugen (bei ♀ ☿ stark, beim ♂ schwächer) ansteigend; die hinteren Nebenaugen liegen mit ihrer vorderen Rundung auf einer Linie, welche die Mitte der oberen Augenlappen verbindet, ihr Abstand von der Scheitelhinterkante ist bei

♀ ☿ fünfmal, beim ♂ doppelt so groß wie ihr Abstand voneinander. Geißelglieder des ♂ von der Endhälfte des 2. ab mit stark entwickelten Tyloiden. Kopf und Thorax ± reich gezeichnet.

Staatenbildende Nestbauer mit Arbeiterkaste.

1. Gattung *Vespa* L. (S. 27)

Hinterkopf normal entwickelt: höchstens die Schläfen geschwollen, Scheitel (im Profil) hinter den Nebenaugen nicht oder ganz wenig ansteigend; die hinteren Nebenaugen werden von einer die hinteren Enden der oberen Augenlappen verbindenden Linie geschnitten oder am Hinterrande berührt. Geißelglieder des ♂ mit oder ohne Tyloiden. Kopf und Thorax (außer bei *Dolichovespula media*) nicht rot gezeichnet. 2.

2. Abstand des unteren Augenendes von der Oberkiefereinlenkung mindestens so groß wie die größte Breite der Fühlerschäfte. Vorderrand des Pronotums (seitlich) und der Propleuren mit erhabener Kante. Schienen III an der Hinterkante mit langen Borsten besetzt. ♀: Mittlere Geißelglieder unten deutlich geschwollen; Fühlerschäfte unten stets gelb. ♂: Geißelglieder mit oder ohne Tyloiden. 3.

Abstand des unteren Augenendes von der Oberkiefereinlenkung höchstens = ¼ der größten Fühlerschaftbreite. Vorderrand des Prothorax ohne Quer- und vertikale Kante. ♀: Mittlere Geißelglieder nicht oder ganz gering geschwollen; Zahnpartie des Oberkieferendes nicht oder wenig kürzer als der Kaurand. ♂: Geißelglieder ohne Tyloiden. 6.

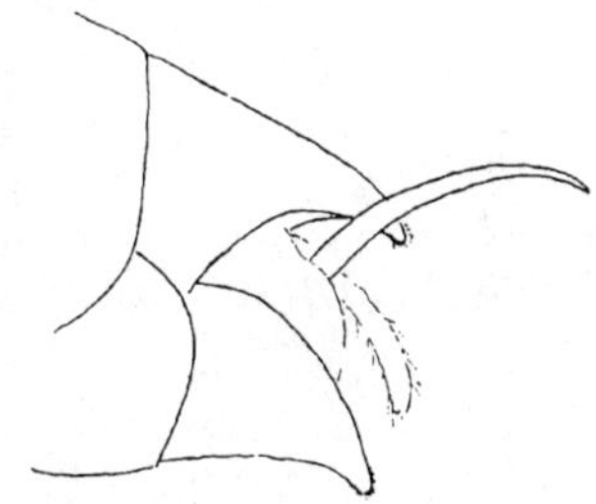

Abb. 8. *Pseudovespula omissa* (BISCH.) ♀: Hinterleibsende. (Original)

3. Mittelteil des Kopfschildendes seitlich beim ♀ (vgl. Abb. 10) mit zahnartig ausgezogenen und etwas aufgebogenen, rundlich spitzwinkligen, beim ♂ mit abgerundet rechtwinkligen Ecken. ♀: Tergit 6 im Profil sehr deutlich am Ende nach unten gebogen, Profillinie des 6. Sternits im ganzen konkav; Stachel dick und flach, nach unten gekrümmt (Abb. 8); Schläfen geschwollen; Oberkiefer kürzer, mit stärkeren Zähnen, Zahnpartie wenig oder nicht kürzer als der Kaurand des drittletzten Zahnes; Chitinisierung des Körpers derber, Skulptur gröber und Behaarung dichter. ♂: Geißelglieder ohne Tyloiden; Kopulationsglied nach dem Schema von *Boreovespula*.

Kommensalen bei sozialen Arten, ohne Arbeiterkaste.

3. Gattung *Pseudovespula* BISCH. (S. 40)

Die Ecken des Mittelteils des Kopfschildendes bilden beim ♀ ☿ einen abgerundeten stumpfen Winkel oder einen solchen von kaum weniger als 90°, beim ♂ einen weit abgerundeten stumpfen Winkel. ♀ ☿ : Tergit 6 im Profil geradlinig, Profillinie des 6. Sternits schwach konvex, nur am Ende konkav; Stachel dünn, nadelförmig, gerade; Oberkiefer gestreckter, mit merklich schwächer entwickelten Zähnen, die Zahnpartie viel kürzer als der Kaurand des drittletzten Zahnes; Chitinisierung des Körpers schwächer. ♂: Geißelglieder mit oder ohne Tyloiden.

Staatenbildende Nestbauer mit Arbeiterkaste; die Nester bei einigen Arten stets, bei anderen überwiegend oberirdisch.

2. Gattung *Dolichovespula* ROHWER (S. 30) 4.

4. Propleuren auf der unteren Hälfte dicht mit unregelmäßigen, erhabenen Querrunzeln besetzt. Wangenlänge nur = Fühlerschaftsbreite. POL sehr viel kleiner als OOL (beim ♀ = 8:13, OOc = 16). ♀: Scheitel am Übergang zur hinteren Abdachung mit 2 Grübchen,

die etwa ½ so groß wie ein Nebenauge und voneinander durch einen Abstand, der etwas größer als POL ist, getrennt und nach hinten innen furchenartig ausgezogen sind. Die Ecken des Kopfschildmittelteils bilden einen Winkel von etwas weniger als 90°. ♂: Sternit 7 am Ende mitten halbkreisförmig ausgeschnitten; Geißelglieder 3—12 mit kräftig entwickelten Tyloiden. Große Art: ♀ = *Vespa* ☿, ☿ ♂ = *Paravespula* ♀; ♀ (seltener auch ☿ ♂) auf dem Thorax oder auch auf dem Scheitel mit ± ausgedehnter roter Grundpigmentierung.

Nester stets oberirdisch.

Untergattung *Dolichovespula* Rohwer (S. 30)

Propleuren nicht quergesteift, sondern auf chagriniertem Grunde zerstreut punktiert. Wangenlänge größer als die Fühlerschaftsbreite. POL wenig kleiner als OOL. ♀: Scheitel ohne Grübchen. ♂: Sternit 7 nicht ausgeschnitten; Tyloiden viel schwächer entwickelt oder fehlend. Kleinere Arten von der Größe der *Paravespula*-Arten; Kopf und Thorax nie rot pigmentiert. 5.

5. Die Ecken des Mittelteils des Kopfschildendes bilden bei ♀ ☿ einen Winkel von etwas weniger als 90°, Endrand des Mittelteils flach konkav; Kopfschild vor dem Ende mitten zerstreut punktiert (weniger dicht und viel stärker als seitlich). ♂: Der Penis ist nicht von den Zangen überdeckt; diese berühren sich nirgends, ihr Innenrand verläuft von der Basis bis zu der nach innen vorspringenden Ecke konkav, und zwar nimmt dieser Teil etwa ¾ der Zangenlänge ein; der hinter dieser Ecke folgende Teil des Innenrandes der Zangen ist nach außen geschweift-abgeschrägt; Pinsel dicht und lang behaart (Abb. 9). Geißelglieder des ♂ mit schwach entwickelten, manchmal fast zurückgebildeten Tyloiden. Chagrinierung des Körpers stärker entwickelt, dieser deshalb matter.

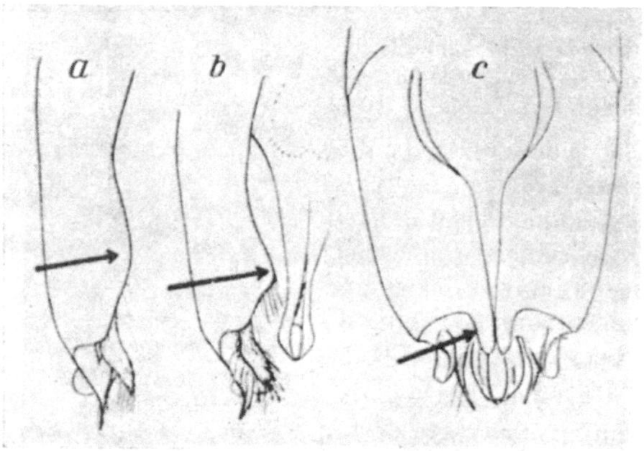

Abb. 9. Kopulationsorgan von: a *Boreovespula norwegica* (F.) ♂, b *Boreovespula saxonica* (F.) ♂, c *Metavespula sylvestris* (Scop.) ♂. (Bouček & Šustera 1956)

Untergattung *Boreovespula* Blüthg. (S. 34)

Die Ecken des Mittelteils des Kopfschildendes bilden bei ♀ ☿ einen stumpfen Winkel, Endrand des Mittelteils nur mitten und nur ganz gering konkav; Kopfschild vor dem Ende mitten runzlig dicht punktiert (sehr viel dichter, aber nicht viel stärker als seitlich). Die hinteren Nebenaugen werden von einer das hintere Ende der oberen Augenlappen verbindenden Linie am Hinterrande berührt. ♂: der Penis ist (mit Ausnahme der Basis und des Endes) von den Zangen verdeckt, die sich auf etwa ½ ihrer Länge mit ihren geraden Innenseiten berühren; Ende der Zangen in Verlängerung des geraden Innenrandes nach hinten lang und scharf zahnartig ausgezogen, außen daneben tief konkav; Pinsel kahl (Abb. 9c), Geißelglieder des ♂ ohne Tyloiden. Chagrinierung des Körpers schwächer entwickelt, dieser deshalb merklich glänzender.

Untergattung *Metavespula* Blüthg. (S. 39)

6. Form des Kopfschildes beider Geschlechter und (beim ♀) des 6. Tergits und 6. Sternits wie bei *Pseudovespula* (oben Ziff. 3), die Kopfschildzähne noch länger, schmaler und spitzer, der Raum zwischen ihnen tief muldig konkav. Schienen III beider Geschlechter

mit langen, welligen, schwarzen Haaren besetzt. ♀: Zahnpartie des Oberkieferendes kaum kürzer als der Kaurand des drittletzten Zahnes; Fühlerschaft in der Regel unterseits ± gelb. ♂: 7. Tergit distal weder eingedrückt noch ausgerandet, 7. Sternit mit abgerundetem Ende.

Kommensalen bei sozialen Arten, ohne Arbeiterkaste.

5. Gattung *Vespula* THOMS. (S. 47)

Form des Kopfschilds beider Geschlechter und (bei ♀ ☿) des 6. Tergits und 6. Sternits sowie des Stachels ungefähr wie bei *Boreovespula* (oben Ziff. 5). Schienen III ohne lange Haarfranse. ♀ ☿: Zahnpartie des Oberkieferendes ± deutlich kürzer als der Kaurand des drittletzten Zahnes; Fühlerschaft bei normalen Stücken unterseits stets ohne gelbe Zeichnung. ♂: Sternit 7 oder auch Tergit 7 anders geformt.

Staatenbildende Nestbauer mit Arbeiterkaste, die Nester in der Regel unterirdisch.

4. Gattung *Paravespula* BLÜTHG. (S. 43) 7.

7. Tergite mit ganz oberflächlicher, in der dichten Chagrinierung der glanzlosen Fläche kaum erkennbarer Punktierung. Hinterleib nie mit roter Pigmentierung. Schläfen vom Hinterkopf der ganzen Länge nach (bis zu den Oberkiefern) durch eine Furche abgegrenzt. ♀: Sinus gelb ausgefüllt; Mesonotum mitten der Länge nach mit einer im Licht weißlich schimmernden Linie gelblicher Pubeszenz. ♂: Fühlerschaft in der Regel unterseits ± ausgedehnt gelb; 7. Tergit mit stark eingedrückter Endhälfte und mitten ± ausgerandetem Endsaum, 7. Sternit am Ende breit quer abgeschnitten; Penis kochlöffelförmig.

Untergattung *Paravespula* BLÜTHG. (S. 43)

Tergite mit sehr deutlicher, kräftiger Punktierung, die sich scharf vom oberflächlicher chagrinierten, glänzenden Grunde abhebt. Hinterleibsbasis bei normalen Stücken ± ausgedehnt rot pigmentiert. Schläfen nur in der oberen Hälfte vom Hinterkopf durch eine Furche geschieden. ♀: Sinus nur gelb gestreift; Mesonotum ohne Pubeszenzstreifen, überhaupt ohne Unterbehaarung. ♂: Fühlerschaft in der Regel unten nicht gelb gezeichnet; 7. Tergit distal nicht eingedrückt, (im Profil gleichmäßig konvex), am Ende nicht ausgerandet, 7. Sternit nach dem Ende stark verschmälert. letzteres sehr schmal und flach konkav ausgeschnitten; Penis anders geformt, breit.

Untergattung *Allovespula* BLÜTHG. (S. 46)

B. Bestimmungsschlüssel für die Arten aller Gattungen der Vespinae

1. Thorax wenigstens auf dem Pronotum (häufig auch auf dem Schildchen, Hinterschildchen oder auch auf dem Mesonotum) mit ± ausgedehnter roter Grundpigmentierung. 2.

Thorax total schwarz (mit gelber Zeichnung). 6.

2. Thorax ohne gelbe Zeichnung; Scheitel und Wangen kupferrot, nur bei den ♂♂ nicht selten ± ausgedehnt orangegelb; Tergit 1 dreifarbig: vertikale Basis und der Vorderrand der Scheibe rot, der Rest der letzteren schokoladenbraun mit gelber Endbinde. (Im übrigen siehe Gattungsschlüssel Ziff. 1). ♀ 25—35 mm, ☿ 18 bis 24 cm, ♂ 21—28 mm. 3.

Pronotum vorn mit gelbem Querkiel und mit gelben Längsbinden; Tergit 1 zweifarbig: braunschwarz mit gelber Endbinde. (Im übrigen siehe Gattungsschlüssel Ziff. 4). 4.

3. Mesonotum ohne rote Zeichnung. ♀: Stirn und Nebenaugenfeld meistens gebräunt. ♂: die rote Färbung des Pronotums ist häufig ± stark geschrumpft, der Scheitel häufig ± ausgedehnt dunkelbraun, auch die Geißeloberseite in der Regel stärker gebräunt. *Vespa cr. crabro* L.

Mesonotum mitten mit 2 ± entwickelten, vorn divergierenden, hinten nicht bis zum Schildchen reichenden roten Längsstreifen. *Vespa crabro germana* CHRIST.

4. Mesonotum ± ausgedehnt rot gezeichnet (hinten unmittelbar vor dem Schildchen mit einem ungefähr rechteckigen Querfleck, von dem in der Regel entlang den Parapsidenfurchen 2 gabelförmig divergierende Streifen nach vorn verlaufen). 18—22 mm. *Dolichovespula*(*D.*) *media* (RETZ.) var. ♀.

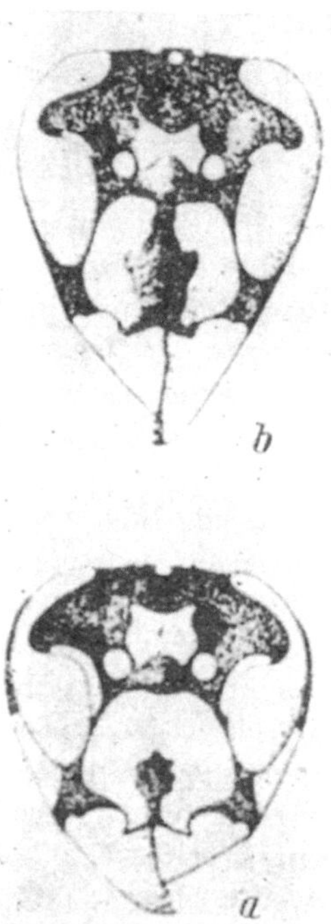

Abb. 10. Gesicht von: a *Pseudovespula adulterina* (BUYSS.) ♀, b *Boreovespula saxonica* (F.) ♀. (DE BEAUMONT 1944)

Mesonotum ohne rote Zeichnung. 5.

5. Großes Tier von der Größe einer Hornissenarbeiterin. *Dolichovespula* (*D.*) *media* (RETZ.) ♀

Kleinere Tiere von der Größe einer *Paravespula*-Nestmutter. Rote Zeichnung des Pronotums gering. 15—19 mm. *Dolichovespula* (*D.*) *media* (RETZ.) var. ☿♂

6. Abstand der Oberkieferbasis vom unteren Augenende mindestens so groß wie die größte Breite der Fühlerschäfte. 7.

Abstand der Oberkieferbasis vom unteren Augenende höchstens so groß wie ¼ der Schaftbreite. 13.

7. Propleuren im unteren Teil quergerunzelt. ♂: Geißelglieder (besonders das 6.—11.) mit kräftig entwickelten Tyloiden; Sternit 7 am Ende mitten halbkreisförmig ausgerandet. Körpergröße einer *Paravespula*-Nestmutter (15—19 mm). *Dolichovespula* (*D.*) *media* (RETZ.) ☿♂.

Propleuren unten nicht quergerunzelt, sondern zerstreut punktiert. ♂: Geißelglieder mit schwach entwickelten oder ohne Tyloiden; Sternit 7 nicht ausgeschnitten. 8.

8. Endpartie des Kopfschilds mitten zerstreut und unregelmäßig stark punktiert, die Punkte hier weniger dicht und viel gröber als seitlich. Kopfschildbehaarung schwarz, distal mitten nicht dichter als im übrigen. Kopfschild beim ♀ mitten mit einer vollständigen oder abgekürzten, ± zackigen schwarzen Längsbinde, beim ♂ ebenso, aber manchmal nur mit einem Punktfleck, selten ohne Zeichnung. 9.

Kopfschild mit kräftiger, dichter, distal mitten runzlig dichter Punktierung, die Punkte hier nicht viel stärker als seitlich. Kopfschildbehaarung bei ♀ ☿ gelblich, höchstens oben seitlich einige dunkle Haare dazwischengemischt, distal mitten büschelartig dicht; beim ♂ größtenteils schwarz. Kopfschild bei ♀ ♂ völlig gelb oder höchstens mit einem oder mehreren schwarzen Punkten, beim ♂ in der Regel mitten mit abgekürzter schwarzer Längsbinde. 12.

9. Kopfschildfläche zwischen den Punkten (außer ganz seitlich) ohne Punktulierung, nur mikroskopisch netzartig chagriniert; Ecken des Mittelteils des Kopfschildendes beim ♀ zahnartig spitzwinklig ausgezogen und etwas aufgebogen (Abb. 10[a]), beim ♂ abgerundet rechtwinklig. ♀: Pronotumquerkante seitlich und der oberste Teil der Propleurenkante linear gelb gestreift. (Im übrigen siehe Gattungsschlüssel Ziff. 3). ♀ 14—17 mm, ♂ 12—15 mm. *Pseudovespula a. adulterina* (BUYSS.) ♀ ♂.

Kopfschildfläche zwischen den Punkten mit dichter Punktulierung (ganz mitten weitläufiger als seitlich); Ecken des Mittelteiles des Kopfschildendes beim ♀ einen abgerundeten Winkel von nur etwas weniger als 90° bildend, beim ♂ abgerundet stumpfwinklig. Pronotum nur bei *saxonica* ♀ ♂ nicht selten mit abgekürzten gelben Kielstreifen. (Im übrigen siehe Gattungsschlüssel Ziff. 5: Untergattung *Boreovespula*). ♀ 15—18 mm, ☿ 11—14 mm, ♂ 13—15 mm. 10.

10. Nebenaugen in flacherem Dreieck angeordnet: beim ♀ Abstand der hinteren voneinander = 9, vom vorderen = 5, vom Scheitelhinterrand = 5,5; der Übergang vom Scheitel zum Hinterhaupt vollzieht sich in kurzer, scharfer Krümmung Behaarung der Thoraxseiten schwarz. ♂: Geißelunterseite schwarz, der Glieder mit kaum bemerkbaren Spuren von Tyloiden. 11.

Nebenaugendreieck weniger flach: beim ♀ Abstand der hinteren Nebenaugen voneinander = 7,5, vom vorderen = 6, vom Scheitelhinterrand = 9; der Übergang vom Scheitel zum Hinterhaupt vollzieht sich in weiter, flacher Rundung. Behaarung der Thoraxseiten gelblich. ♂: Unterseite der Fühlergeißel in der Regel ± deutlich gelbbraun; die Glieder mit feinen, aber deutlichen linearen Tyloiden.
Dolichovespula (*Boreovespula*) *saxonica* (F.) ♀ ☿ ♂.

11. Auf dem 2. oder auch auf dem 1. Tergit ist die schwarze Grundpigmentierung seitlich ± ausgedehnt durch rote ersetzt.
Dolichovespula (*Boreovespula*) *n. norwegica* (F.) ♀ ☿ ♂.

Solche rote Grundpigmentierung fehlt.
Dolichovespula (*Boreovespula*) *n. norwegica* (F.) var. *Zetterstedti* Blüthgen.

12. Kopfschildbildung wie bei *Pseudovespula adulterina* (Ziff. 9). ♀: Hinterkopf länger, von oben gesehen, nach hinten verbreitert, hier deutlich breiter als die Augenpartie; Kopfschildende rundlich stumpfwinklig ausgerandet (Abb. 11^{a}); Zahnpartie der Oberkiefer so lang wie der Kaurand des drittletzten Zahnes, letzterer am Ende geschweift, so daß der Zahn länger und spitzer erscheint (ungefähr wie bei *Paravespula germanica* ♀); Kopfschildpunktierung zerstreuter; Mesonotum matter; Kopfschild mitten mit ovalem schwarzem Punktfleck; Pronotumlängsbinden in der Regel außen verbreitert; Hinterschildchen gelb gefleckt; 3.—5. Tergit hinter der Basalbinde mit je 2 isolierten braunschwarzen Punkt- oder Querflecken; Sternite 3—5 mit dreieckigen Seitenflecken, von 6 die Basalhälfte schwarz. ♂: Tergit 7 ohne lange, abstehende Borstenhaare, nur gleichmäßig und sehr kurz bürstenartig dicht gelblich behaart; Kopulationsglied ähnlich dem von *Pseudovespula adulterina* ♂, aber der Zahn der Innenkante der Zangen viel stärker ausgezogen und das Ende der sagittae erweitert; Kopfschild mit Punktfleck oder kurzer Längsbinde oder völlig gelb; Geißelglied 12 länger und spitzer als bei *sylvestris* ♂; Behaarung der Schläfen, Pleuren und Schenkel schwarz. ♀ 15—18 mm, ♂ 14—16 mm. *Pseudovespula omissa* (Bisch.)

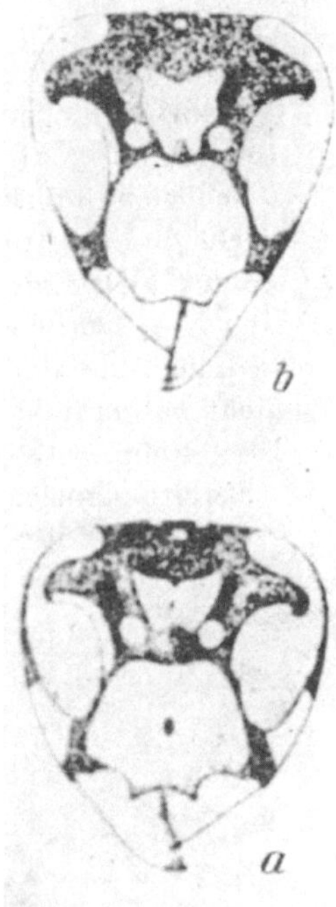

Abb. 11. Gesicht von: a *Pseudovespula omissa* Bisch. ♀, b *Metavespula sylvestris* (Scop.) ♀. (de Beaumont 1944)

Mittelteil des Kopfschildendes mit abgerundet stumpfwinkligen Ecken. ♀: Hinterkopf (von oben gesehen) kürzer, nach hinten zu rundlich konvergierend, kaum breiter als die Augenpartie; Kopfschildende (Abb. 11^{b}) nur mitten und sehr schwach ausgerandet; Zahnpartie der Oberkiefer viel kürzer als der Kaurand des drittletzten

Zahnes, letzterer ungefähr wie bei *Paravespula vulgaris* ♀ geformt; Kopfschildpunktierung dicht; Mesonotum merklich glänzender; Kopfschild mitten mit schwarzem Punkt oder (seltener) mit kurzer Längsstrieme oder völlig gelb; Pronotumlängsbinden außen nicht erweitert (außer ganz vorn, wo sie häufig längs des Vorderrandes einen sehr kurzen Streifen nach außen abzweigen); Hinterschildchen seltener gelb gefleckt; 3.—5. Tergit ohne isolierte Flecke; Sternite 2—5 mit vollständigen Binden, 6 fast völlig gelb. ♂: Tergit 7 außer der dichten Unterbehaarung reichlich mit langen, feinen, abstehenden Haaren besetzt; Kopulationsglied anders (siehe Gattungsschlüssel Ziff. 5); Kopfschild häufig mit schwarzem Längsstriemen; Geißelglied 12 kürzer und stumpfer; Behaarung der Schläfen, Pleuren und Schenkel hell (überwiegend gelblich). ♀ 15—19 mm, ☿ 13—15 mm, ♂ 14—16 mm.

Dolichovespula (Metavespula) s. sylvestris (Scop.)

13. Schienenhinterkante reichlich mit langen, schwarzen Haaren besetzt. Schaftunterseite auch beim ♀ häufig ausgedehnt gelb. Kopfschildzeichnung wie bei *Paravespula germanica*. (Im übrigen siehe Gattungsschlüssel Ziff. 6). ♀: Zahnpartie der Oberkiefer länger als der Kaurand des drittletzten Zahnes, die Zähne stark. ♀ 15—19 mm, ♂ 13—16 mm. *Vespula austriaca* (Panz.).

Schienenhinterkante ohne lange Borsten (höchstens an der Basis mit einzelnen solchen). Schaftunterseite ♀ ☿ bei normalen Stücken nie gelb gezeichnet. 14.

14. Tergite glänzend, mit deutlicher, kräftiger Punktierung. 1. und 2. Tergit in der Regel ± ausgedehnt rot gefärbt. ♀: Mesonotum ohne Unterbehaarung und grau schimmernde flaumige Mittellinie. ♂: 7. Tergit auch distal gewölbt und am Ende nicht ausgerandet. (Im übrigen siehe Gattungsschlüssel Ziff. 7). ♀ 16—20 mm, ☿ 10—14 mm, ♂ 13—16 mm. *Paravespula (Allovespula) r. rufa* (L.).

Tergite glanzlos, ohne deutliche Punktierung. Kein Tergit rot gefärbt. ♀: Auf der Vorderhälfte des Mesonotums ist die winzige Unterbehaarung mitten längs in eine auffällige gelblich-graue Linie zusammengeschlossen. ♂: Endhälfte des 7. Tergits stark niedergedrückt. (Im übrigen siehe Gattungsschlüssel Ziff. 7 1. Alternative). 15.

Abb. 12. *Paravespula vulgaris* (L.) ♀: Oberkiefer. (Original)

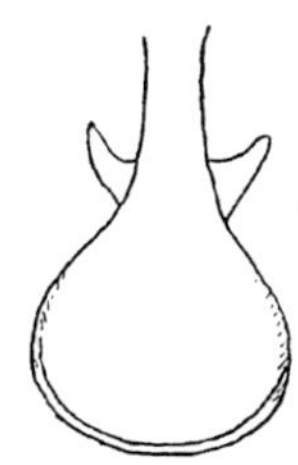

Abb. 13. *Paravespula vulgaris* (L.) ♂: Penis. (Bouček & Šustera 1956)

15. Der Kaurand des drittletzten Oberkieferzahnes verläuft von seiner Basis bis zur Spitze des Zahnes fast geradlinig (nur ganz distal kaum merklich geschweift), so daß die Spitze wenig vorgezogen ist und einen Winkel von etwa 75° bildet (Abb. 12). Längsbinden des Pronotums schmal, außen nicht erweitert, aber beim ☿ manchmal vorn außen auf dem Pronotum neben der Binde ein gelber Fleck, der isoliert sein oder mit der Binde zusammenfließen kann. ♀ ☿: Geißelglieder gestreckter als bei *germanica*; Kopfschild mit breiter, distal ± erweiterter schwarzer Längsbinde, die an der Basis beginnt, aber fast stets distal abgekürzt ist; die gelben Längsbinden der Schläfen entlang den Augen sind mitten in der Regel unterbrochen; Tergit 1 beim ♀ stets, beim ☿ häufig, mit vollständiger, hinten stumpfwinklig begrenzter, schwarzer Basalbinde, beim ☿ ist diese Binde aber häufig beiderseits ihrer Mitte ± ausgedehnt durch Einsprengung gelber Pigmentierung unterbrochen, wodurch ± ausgeprägt die Zeichnung von *germanica* ☿ entsteht (var. *pseudogermanica* Stolfa); Behaarung der Tergite meistens reichlicher und länger als bei *germanica*. ♂: der gewölbte Basal-

teil des 7. Tergits nimmt (im Profil) weniger als ½ der Tergitlänge ein; die Endpartie ist eben, der Ausschnitt des Tergits schmal und seicht konkav; die rundliche distale Erweiterung des Penis hat an der Basis beiderseits einen widerhakenartig schräg nach hinten-außen gerichteten spitzwinkligen Anhang und ist am Ende breit abgestutzt (Abb. 13). ♀ 16—19 mm, ☿ 11—14 mm, ♂ 13—17 mm.

Paravespula (*Paravespula*) *vulgaris* (L.).

Der Kaurand des drittletzten Oberkieferzahnes verläuft mit konkav geschweifter Endhälfte zur Spitze des Zahnes, die dadurch kräftig vorgezogen und viel schärfer als bei *vulgaris* erscheint (etwa 50°) (Abb. 14). Längsbinden des Pronotums in der Regel außen stumpfwinklig erweitert. ♀☿: Geißelglieder kürzer; Kopfschild mitten mit ± entwickeltem Punktfleck, der in einen die Kopfschildbasis erreichenden Streifen ausgezogen sein kann, darunter (mit ihm ein Dreieck bildend) 2 kleinere Flecke, die aber auch fehlen können; Schläfenlängsbinde mitten nicht oder nicht vollständig unterbrochen; Scheibe des 1. Tergits mit linienschmalem schwarzen Vorderrand und 3 schwarzen Flecken, die mit diesem zusammenhängen (beiderseits nahe dem Seitenrand mit je 1 kleinen, rundlichen, mitten mit einem ± großen rundlich quadratischen oder rautenförmigen, auf die Spitze gestellten). Behaarung der Tergite meistens weniger entwickelt. ♂: der Basalteil des 7. Tergits nimmt (im Profil) etwas mehr als ½ der Tergitlänge ein und verläuft geradlinig; die Endpartie ist flach konkav, der Ausschnitt des Tergits ist schmal, aber tief, rundlich stumpfwinklig bis konkav; die distale Erweiterung des Penis hat an der Basis beiderseits einen breit dreieckigen Anhang und ist am Ende schmal abgestutzt (Abb. 15). ♀ 17—20 mm, ☿ 12—16 mm, ♂ 13—17 mm.

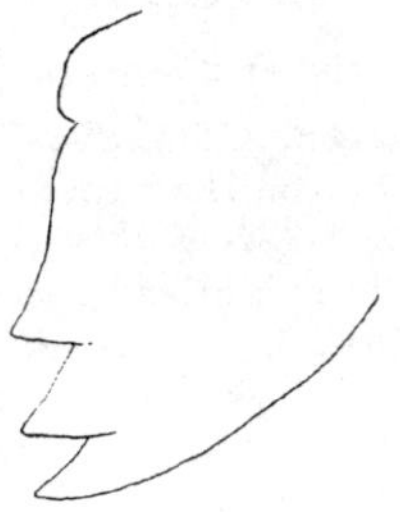

Abb. 14. *Paravespula germanica* (F.)♀: Oberkiefer. (Original)

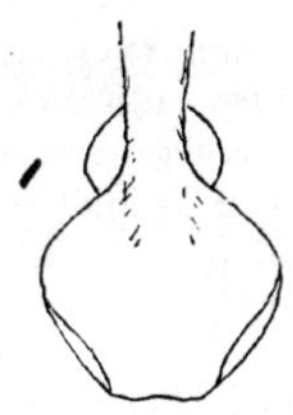

Abb. 15. *Paravespula germanica* (F.)♂: Penis. (Bouček & Šustera 1956)

Paravespula (*Paravespula*) *g. germanica* (F.).

1. Gattung ***Vespa*** L. 1758 (Latreille 1810)

Genotypus: *Vespa crabro* L. 1758

Die indigene Verbreitung dieser Gattung ist auf die paläarktische und die orientalische Zone beschränkt. In Europa kommen 2 Arten vor, *crabro* L. und *orientalis* F., letztere nur im Bereich des Ostmediterrangebietes, erstere in ganz Europa und im paläarktischen Teil Asiens (einschließlich Japans).

Vespa crabro L. 1758

Vespa Crabro n. sp. — Linnaeus, Syst. nat. Ed. 10ª. I. 1758, S. 572, n. l. Loc. typ.: Schweden. Typus nicht vorhanden.[1])

Schrifttum: A. Birula 1925; Bequaert 1931. Diese Art zerfällt in eine Reihe von Formen, die sich in der Färbung gut voneinander unterscheiden und als Unterarten bewertet werden können.

[1]) Die in einer von Linné hinterlassenen Aufsammlung von Insekten, die in London steht, steckenden Insektenindividuen sind keine Typen im heutigen Sinne, auch wenn sie von Linné mit dem Artnamen bezettelt sind.

In Mitteleuropa kommen hiervon die folgenden beiden vor:

1. *Vespa cr. crabro* L. 1758

Vespa Crabro L. var. *borealis* n. var. — v. Radoszkovski, Horae soc. ent. Ross., **2**, 1863, S. 128, T. 16 Fig. 15, ♀ ☿ ♂. Loc. typ.: Pargolovo bei Leningrad. Standort der Typen: ?
Vespa cr. crabro L. — A. Birula, Arch. Naturgesch., **90**, (1924) A, 12, 1925, S. 99.
Vespa crabro typical form — Bequaert 1931, l. c., S. 104.

2. *Vespa crabro germana* Christ 1791

Vespa Crabro Germana n. sp. — Christ, Naturgesch. d. Insekt., 1791, S. 212, 215, T. 18, Fig. 3. Loc. typ.: Kronberg (Taunus). Typen nicht vorhanden.
Vespa crabro vulgata n. ssp. — A. Birula, 1925, l. c., S. 100, ♀ ☿ ♂. Loc. typ.: Westeuropa. Standort der Typen: M.L.
Vespa crabro var. *germana* Christ. — Bequaert 1931, l. c., S. 104.

Die Färbungsunterschiede dieser 2 Unterarten sind im Bestimmungsschlüssel bezeichnet.

Die Unterart *cr. crabro* besiedelt Skandinavien, Finnland, Norden und Mitte Osteuropas sowie Nordasiens bis zum Fernen Osten; 2 ♀♀ von Hercegovni (Montenegro), die ich sah, gehörten ebenfalls zu ihr. Die Unterart *cr. germana* ist in West- und Südeuropa, im südlichen und südöstlichen Teil Mitteleuropas und (nach Birula) in Polen, Kurland und im Süden Osteuropas heimisch. Sie kommt auch in England vor, hier aber (nach Edw. Saunders 1896 und Bequaert l. c. S. 107) mit gelber („yellow") statt kupferroter Grundfarbe von Scheitel und Schläfen auch bei ♀ ☿: var. *gribodoi* Beq. l. c. S. 107. Sie ist ferner vor etwa 100 Jahren in die USA eingeschleppt worden und hat sich dort im östlichen Teil eingebürgert (Bequaert l. c. S. 104, 105).

A. Birula hat als Ostgrenze der Verbreitung von *crabro germana* die von der Rigaer Bucht zur Dnjepr Mündung führende Linie bezeichnet. Das stimmt nicht ganz.

In Deutschland überschneiden sich die Gebietsräume der beiden Unterarten. Ein genauer Überblick ist mir bei der Dürftigkeit der mir zur Verfügung stehenden Unterlagen nicht möglich. Die mir aus dem Osten des Gebietes, insbes. aus Rossitten, von A. Möschler eingesandten Stücke gehören überwiegend zu *cr. crabro*. Von Zoppot teilte mir P. Timm mit, die Färbung *germana* sei die häufigere, namentlich bei den ☿☿. Hier bei Naumburg finden sich ☿ ♂ mit und ohne rote Zeichnung auf dem Mesonotum, auch in derselben Nestpopulation, während ich ♀♀ ohne solche von hier noch nicht gesehen habe. Weiter nach Westen und Süden tritt die Hornisse anscheinend überwiegend oder ausschließlich in der Unterart *germana* auf, wenigstens machen das die Angaben über die Färbung bei Schenck 1861 (für das Lahn- und Dillgebiet), v. Schulthess 1887 und de Beaumont 1944 (für die Schweiz), Ed. André 1884 und L. Berland 1928 (für Frankreich) und D. Guiglia 1948 (für Italien) wahrscheinlich.

Nirgends erwähnt gefunden habe ich für das behandelte Gebiet, daß bei den ♂♂ nicht selten die kupferrote Grundfarbe von Scheitel und Schläfen (ganz oder teilweise) durch ledergelbe (zwischen ocker- und orangegelb) ersetzt ist. Solche ♂♂ habe ich sowohl von Rossitten als auch von hier. Von 19 ♂♂, die ich in 20 Tagen an einer und derselben Stelle (einem Gebüsch, um das sie schwärmten) einfing und die offensichtlich aus dem gleichen Nest stammten, haben 10 diese Kopffärbung; von ihnen haben rote Zeichnung auf Mesonotum und Schildchen 6 und solche weder auf dem Mesonotum noch dem Schildchen 4. (Für variationsstatistische Untersuchungen dürften stärkere Hornissen-Nestpopulationen ein sehr geeignetes Objekt sein.)

Die Hornisse nistet in der Regel oberirdisch in Höhlungen oder geschlossenen Räumen — in hohlen Bäumen, Nistkästen, in einem Bussardhorst („Wild und Hund" 1929 S. 348), in einer selbst ausgenagten Aushöhlung eines Telegrafenmastes (Möschler 1939 S. 72), in einer geschlossenen Jagdkanzel, in leeren Bienenständen, an oder in Gebäuden (unter Dachvorsprüngen, auf Hausböden, in einem Zimmer an einer Gardinenstange (O. Tschepe brfl.) — viel seltener (wenigstens hier) unterirdisch. Das Nest hat ± ungleichmäßige Farbe, die schichtweise von graugelb über ockerfarben bis rotbraun wechseln kann, je nach der Herkunft des verwandten Baustoffs; dieser ist von grober Struktur und brüchig, zu ihm werden nach SCHENCK namentlich Pappel-, Linden- und Obstbaumholz sowie Eichenrinde verwendet. Sehr interessant ist ein Nest in einem engen Berlepsch-Nistkasten, dessen Abbildung ESCHERICH 1942 Bd. V S. 489 bringt: hier hat das ♀ auf die Herstellung der üblichen Nesthülle verzichtet und nur die Waben gebaut, eine den Raumverhältnissen sich anpassende Abweichung des Bauinstinktes, die den für *Gymnomerus laevipes* (SHUCK.) und *Megachile centuncularis* (L.) unten S. 84 mitgeteilten Fällen entspricht.[1]) Dasselbe soll bei Erdnestern der Fall sein (ANDRÉ 1883 S. 436).

Die Brut wird lt. Schrifttum durch Schmarotzer, namentlich Dipterenlarven aus der Gattung *Volucella*, stark gezehntet. Der Vespinae-Parasit *Sphecophaga vesparum* CURT. schmarotzt auch bei der Hornisse (LEININGER 1951). Über die Art der Beziehungen zwischen dem Kurzflügler *Velleius dilatatus* (F.), dessen Imagines und Larven regelmäßig in den Nestern anzutreffen sein sollen[2]), und dem Hornissenvolk scheint noch keine völlige Klarheit zu bestehen: die Meinungen schwanken von Feindschaft über Symbiose bis zu „Schutzpolizei". Die Vermutung von F. QUELLE, daß dieser Käfer und seine Larven sich von den Fliegenmaden ernährten, die in dem unter dem Nest liegenden Kothaufen der Hornissen gelegentlich in großer Anzahl zu finden seien[3]), dürfte zutreffen. Exakte Untersuchungen darüber an Nestern „wilder" Hornissen werden im Regelfall nicht möglich sein, müßten aber an Nestern „gezähmter" Hornissen (siehe unten) m. E. durchgeführt werden können.[4])

Die jungen ♀♀ scheinen während der Winterruhe starke Verluste zu erleiden, denn andernfalls müßte die Hornisse viel häufiger sein, als es tatsächlich der Fall ist.[5]) Sonst dürften die wehrhaften Imagines im wesentlichen wohl nur den Menschen zu fürchten haben. Wenn einmal im Gewöll eines Steinkauzes 1 ♀ gefunden ist (UTTENDÖRFER 1939 S. 263) oder wenn gelegentlich der Wespenbussard eine Nestwabe (wohl nur bei Erdnestern) raubt (ebenda S. 162), so spielt das keine Rolle. Im Konkurrenzkampf um Nisthöhlen bleibt das Hornissen-♀, wenn es sich um kleine Vögel handelt, wohl immer Siegerin: so fand W. BAUCH in einem Nistkasten eine stark angeschwollene tote Weidenmeise und ganz in der Nähe in einem anderen Nistkasten eine tote Kohlmeise, beide Male zusammen mit einer Hornisse (ob diese lebte oder ebenfalls tot war, ist zwar nicht gesagt, aber nach der Art der Darstellung war wohl ersteres der Fall)[6]).

Damit kommen wir bereits zu der Frage der Schädlichkeit der Hornisse, denn ESCHERICH begreift in die forstwirtschaftlichen Schäden, die diese verursache, auch die Inbesitznahme von Nistkästen ein (S. 491). Ihre Hauptschädlichkeit erblickt er in ihrer Gewohnheit, Stämmchen jüngerer (3—20jähriger) Pflanzen oder jüngere Zweige älterer Bäume zu schälen, wodurch besonders Eschen, dann Erlen, Birken, Linden, Weiden, Pappeln und Syringa betroffen würden und große Schäden entstehen könnten. Er führt Beispiele an; einen anderen Fall („Ringeln" junger Birken) teilt MÖSCHLER 1939 S. 71 mit. Nach ESCHERICH soll das Schälen dem Zweck dienen, Saftausfluß herbeizuführen. Mir fehlt es an praktischer Erfahrung, um beurteilen zu können, welche volkswirtschaftliche Bedeutung solche Schäden, im großen gesehen, haben.

Daß Hornissenstiche für Menschen und Haustiere ± ernstliche Gesundheitsstörungen zur Folge haben, in besonderen Fällen sogar tödlich wirken können, ist bekannt. (Deshalb benehmen sich die meisten Menschen beim Erscheinen einer Hornisse so töricht.) Ein besonders schwerer Fall aus neuerer

---

[1]) Über den Parallelfall eines Nestes von *Vespa orientalis* L., das in einen Flaschenkürbis gebaut war, siehe J. FAHRINGER & FR. TÖLG in Verh. Naturf. Ver. Brünn, **50**, 1912, S. 5, T. I, Fig. 2.

[2]) Ich selbst habe noch kein bewohntes Hornissennest untersucht.

[3]) „Mitt. Dtsch. Entom. Ges.", 1939, S. 17.

[4]) Inzwischen ist die Richtigkeit der Vermutung von F. QUELLE durch die Untersuchungen von R. ZUR STRASSEN bestätigt worden (Z. Morph. Ökol. Tiere, **46**, 1957, 243—292), siehe Mitt. Dtsch. Ent. Ges. 17, 1958, S. 17.

[5]) So hatte z. B. ein großes Nest, das sich im M.B. befand, bei einer Wegnahme am 4. 10. 1936 außer 116 ☿☿ und 149 ♂♂ 88 ♀♀ enthalten.

[6]) „Mitt. Thüring. Ornithologen", 1952, Nr. 7—10, S. 57.

Zeit ereignete sich im Juli 1940 in der Nähe von Fritzlar (Hessen)[1]): Ein sehr großes Erdnest wurde beim Mähen durch den Tritt eines Pferdes beschädigt, worauf die Insassen über die 2 Gespanne und die beim Mähen beschäftigten Leute herfielen; ein älterer, schwächlicher Mann und 2 schwere Halbblüter erlagen alsbald den Stichen an Herzlähmung, die beiden anderen Pferde starben einige Stunden später trotz tierärztlicher Versorgung, und ein Mädchen und zwei junge Männer mußten mit schweren Vergiftungserscheinungen in ein Krankenhaus gebracht werden.

Die Abwehrreaktion läßt sich den ♀☿ abdressieren. Das klassische Beispiel der „Zähmung" eines Hornissenvolkes durch den Pfarrer MÜLLER lebt seit 1810 ständig im Schrifttum fort. Neuerlich hat GR. MEYERHOFF über einen ähnlichen Fall berichtet.[2]) O. TSCHEPE (Schweizerthal) hat gleichartige Erfahrungen gemacht (brfl. Mitt.).

Daß die Hornissen häufig Honigbienen wegfangen, um sie zerkaut den Larven zu verfüttern, ist bekannt. Schon LINNÉ nannte sie „Accipiter Apum". Es ist im Laufe der Jahre vielfach über die Schäden berichtet worden, die dem einzelnen in der Bienenhaltung durch Hornissen verursacht worden waren. Aber anderseits beurteilt der erfahrene und aktive Imker O. TSCHEPE nach seinen eigenen Beobachtungen den durch die Räuberei der Hornissen an vollkräftigen Bienenvölkern entstehenden Schaden als gering und nicht ins Gewicht fallend (brfl.).

Sicher wird ein beträchtlicher Teil des Schuldkontos der Hornisse dadurch ausgeglichen, daß diese in großem Umfange *Paravespula*-Arbeiterinnen, Rinder- und Pferdebremsen und andere Fliegen wegfangen. (Siehe dazu auch K. MAYER in „Mitt. Dtsch. Ent. Ges." 1956, S. 15). Bei einer Anzahl von Hornissen-☿☿, die in revierendem Beuteflug blühende Pastinakstauden absuchten, konnte ich beobachten, daß sie die vereinzelten Honigbienen unbeachtet ließen und nur ☿☿ von *Paravespula germanica* (F.) fingen.

Die Hornisse kommt wohl überall in Deutschland vor, ohne aber, soweit meine eigenen Beobachtungen reichen, eigentlich häufig zu sein. An ausfließendem Baumsaft, besonders bei Eichen und Birken, finden sich allerdings oft in größerer Zahl Individuen zusammen, und es bietet sich dem Naturfreund ein besonders hübsches Bild, wenn sich zu den stattlichen Tieren noch Hirschkäfer und Cetonien gesellen. Daß die Imagines gern nach Blattlaushonig und an süßes Obst gehen und an letzterem erheblichen Schaden stiften können, ist bekannt.

2. Gattung ***Dolichovespula*** ROHWER 1916

Genotypus: *Vespa maculata* L. 1763

(ROHWER: Conn. State Geol. and Nat. Survey Bul., *22*, 1916, S. 642)

Diese Gattung der langköpfigen sozialen Vespinae zerfällt in 3 Untergattungen, die im Bestimmungsschlüssel charakterisiert sind.

Schrifttum: A. BIRULA 1927 und 1930.

1. Untergattung *Dolichovespula* ROHWER 1916

Subgenotypus: *Vespa maculata* L. 1763

Die typische Untergattung ist in der nearktischen Zone nur durch die Art *maculata* (L.) und in der paläarktischen Zone nur durch die Art *media* (RETZ.) vertreten. Beide Arten stimmen strukturell miteinander überein und unterscheiden sich voneinander nur durch die verschiedene Färbung.

(1.) *Dolichovespula* (*Dolichovespula*) *media* (RETZ. 1783)

Vespa Crabro media n. sp. — RETZIUS, Gen. & spec. Insect, 1783, S. 63, n. 230. Loc. typ.: Schweden. Typen nicht vorhanden.

---

[1]) „Naumburger Tageblatt" Nr. 181/1940 (Beiblatt). Die Originaldarstellung ist so genau und glaubwürdig, daß ich seinerzeit eine Nachprüfung für nicht notwendig gehalten habe.

[2]) „Mitt. Dtsch. Ent. Ges." 1955, S. 17.

Vespa Geerii n. sp. — LEPELETIER, Hist. nat. Insect. Hymén. I. 1836, S. 510, n. 8, ♀ ☿ ♂.
Loc. typ.: um Paris. Verbleib der Typen: unbekannt.

Die „Kleine Hornisse", wie SCHENCK diese Art treffend genannt hat, hat 2 Extreme in der Färbung:

Form *media*:

♀: Scheitel zwischen den Netzaugen und bis an den Hinterrand braunschwarz, nur unmittelbar neben den Netzaugen mit sehr geringer gelber Einsprengung; Pronotumlappen überwiegend, Propleuren total schwarz; Mesonotum ohne oder vor dem Schildchen mit sehr geringer roter Zeichnung; Schildchen und Hinterschildchen sparsamer rot gezeichnet oder auch ganz schwarz; Mesopleuren und Mittelsegmentsseiten nicht rot gefleckt.

Tergit 1 (mit Ausnahme der gelben Endbinde) total braunschwarz.

Fühlergeißel oben braunschwarz, höchstens die Basis des 2. Gliedes teilweise gelb.

☿: Pronotum nicht rot gefleckt, seine gelbe Zeichnung kann zu Flecken in den Winkeln beiderseits der Mesonotumspitze schrumpfen; Schildchen häufig, Mesopleuren in der Regel ohne gelbe Flecken.

Tergit 1 wie beim ♀ gefärbt; die gelben Binden des 2.—5. Tergits (entweder nur die des 2. und 3. oder alle) häufig stark verschmälert, linear, ebenso die Sternitbinden, dann auch das 6. Tergit wenig oder nicht gelb gefärbt.

Kopfschild mitten mit schwarzem, distal abgekürztem Längsstreifen.

Schienen häufig ± ausgedehnt geschwärzt.

♂: Färbung ungefähr wie beim ☿; Schildchen schwarz, meistens ohne gelbe Flecken.

Form *Geerii*:

♀: Scheitel seitlich und hinten ± ausgedehnt gelb, nur das Nebenaugenfeld geschwärzt oder bräunlich-rot; Pronotumlappen ganz oder überwiegend, Propleuren ± ausgedehnt rot; Mesonotum vor dem Schildchen mit rotem Querfleck, der beiderseits längs den Parapsidenfurchen einen roten Streifen nach vorn entsendet; Schildchen und Hinterschild ausgedehnt bis ganz rot; Mesopleuren und Mittelsegmentsseiten meist rot gefleckt.

Basis (± ausgedehnt) und eine Querbinde vor der gelben Endbinde von Tergit 1 fleischrot.

Fühlergeißel oben weniger ausgedehnt dunkel, manchmal in ganzer Ausdehnung rostrot.

☿: Pronotum oft neben den gelben Längsbinden, die voll entwickelt sind, rot gestreift; Schildchen mit 2 gelben, häufig rot gesäumten Flecken, Mesopleuren gelb gefleckt.

Tergit 1 mit ± ausgedehnt roter Basis; die Binden des 2.—5. Tergits ± breit und dreimal gebuchtet; ebenso die Sternitbinden; das 6. Tergit stets ganz oder größtenteils gelb.

Kopfschild manchmal ohne schwarze Zeichnung.

Schienen nicht geschwärzt.

♂: Färbung ungefähr wie beim ☿: Schildchen manchmal ausgedehnt rot, mit 2 gelben Flecken.

BIRULA 1927 hat diese 2 Formen als Unterarten bewertet und die Grenze der Verbreitungsgebiete, wie bei der Hornisse, auf eine die Rigaer Bucht und die Dnjepr-Mündung verbindende Linie festgelegt.[1]) Dazu ist folgendes zu sagen: Nach dieser Abgrenzung müßte das behandelte Gebiet von ssp. *Geerii* besiedelt sein. Das ist nicht der Fall, denn nirgends kommen nach unserer bisherigen Kenntnis daselbst Stücke mit teilweise rot gefärbtem 1. Hinterleibstergit vor, was übrigens nach v. SCHULTHESS 1887 und DE BEAUMONT 1944 auch für die Schweiz und nach BERLAND 1928 überwiegend für Frankreich gilt. Erst in Südeuropa und teilweise in Frankreich (wohl hauptsächlich im Süden) tritt *media* in der *Geerii*-Färbung auf. Im Gebiet weist *media* folgende Färbungen auf:

♀

Von 8 ♀♀ aus Rossitten haben 4 auf dem Scheitel nur sehr geringe (unmittelbar neben den Netzaugen), 4 daselbst seitlich ± entwickelte gelbe Zeichnung, 4 das Mesonotum ohne, 4 mit roter Zeichnung (bei 3 nur ein Fleck hinten, bei 1 zusätzlich 2 Längsstreifen), 3 nicht oder ganz gering rot gezeichnetes Schildchen; bei allen 8 sind die Mesopleuren nicht rot gefleckt. A. MÖSCHLER fand in einem Nest ♀♀ mit rot gezeichnetem und solche mit total schwarzem Mesonotum (1939 S. 72). Bei Zoppot überwogen die ♀♀ mit schwarzem Mesonotum (P. TIMM brfl.). Von 7 ♀♀ von Bad Sachsa (Südharz) hat 1 auf dem Mesonotum keine rote Zeichnung. Im Lahn- und Dillgebiet kommen ♀♀ mit völlig schwarzem Mesonotum nach SCHENCK 1861 ebenfalls vor. Die ♀♀, die M. KLEIN in der Rheinebene bei Straßburg fand, hatten sämt-

[1]) Siehe dort auch wegen der Verbreitung der Art in Osteuropa und Asien.

lich kein Rot auf dem Mesonotum (brfl.). Von 5 ♀♀ aus Süddeutschland coll. m. haben alle ± entwickelte rote Zeichnung des Mesonotums und ganz oder fast ganz rote Pronotumlappen, aber nur 1 rot gefleckten oberen Abschnitt der Mesopleuren.

Dieses Material ist natürlich sehr dürftig, aber es gestattet immerhin die Feststellung, daß die ♀♀ teils (völlig oder nahezu) die Nominatfärbung von *media*, teils (namentlich in Westdeutschland) eine Übergangsfärbung zur Form *Geerii* haben.

☿

Die Färbung der ☿☿ ist stark veränderlich. Folgende Extreme treten auf (Abb. 16a—c):

1. (Abb. a) Pronotum mit vollständigen oder distal wenig abgekürzten gelben Längsbinden und (vorn) gelbem Querkiel; manchmal haben die Pronotumlappen neben der Längsbinde einen schmalen Streifen roter Grundpigmentierung; Schildchen und Hinterschildchen mit 2 gelben, oft rötlich gesäumten Querflecken; Mesopleuren oft gelb gefleckt; 5. und 4. Tergit mit breiter, 3. und 2. mit schmalerer, vorn dreimal ± tief ausgezackter, 1. mit schmaler, nicht gezackter, gelber Binde, 6. größtenteils gelb; Schienen und Tarsen gelb, erstere innen gering schwarz gestreift; Schläfen durchgehend gelb; Kopfschild manchmal mit geschrumpfter schwarzer Makel.

Diese Färbung, die in der Entwicklung der Tergitbinden und der gelben Schläfen- und Pronotumzeichnung dem ♀ entspricht und deshalb als die regelmäßige zu betrachten ist, gleicht der von Herrich-Schaeffer 1841 mit dem Namen *Vespa crassa* (als Art) belegten Färbung des ♂.

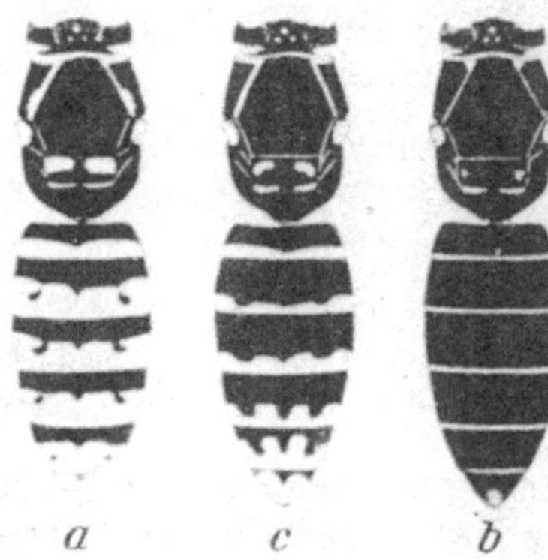

Abb. 16. *Dolichovespula media* (Retz.): ☿☿ (Variationen). (de Beaumont 1944)

2. (Abb. b) Pronotum nur ganz vorn beiderseits neben der Mesonotumspitze gelb gezeichnet (in Form eines kleinen Winkelhakens); Schildchen und Mesopleuren ungefleckt; alle Tergit- und Sternitbinden sehr schmal bis linear, vorn nicht wellig begrenzt; Tergit 6 nicht oder nur am Ende gelb gefleckt; Schienen ausgedehnt (auch außen) bis größtenteils geschwärzt; Schläfen nur auf der unteren Hälfte mit einem (oben spitz ausgezogenen) gelben Fleck; Kopfschild mit schwarzer Makel.

Diese Färbung ist von Schenck 1853 unter dem (durch *Vespa flavicincta* Gravenhorst 1807 präokkupierten und deshalb ungültigen) Namen *Vespa flavicincta* (☿ ♂) nach Stücken westdeutscher Herkunft (Weilburg) als Art beschrieben und von A. Birula 1927 (als Varietät von *m. media*) mit dem Namen *lugubris* belegt worden.

Zwischen diesen 2 Extremen gibt es nun aber vielerlei Übergänge (z. B. Abb. c), insbesondere der Art, daß die Binde des 5. oder auch die des 4. Tergits ± die normale Breite und Form haben, jedoch die anderen Binden ± stark verschmälert und linear sind, wozu noch Flecke auf dem Schildchen hinzutreten und die Pronotumzeichnung ausgedehnter werden können. (Diese Zeichnung, kombiniert mit dem Auftreten eines roten Streifens hinten auf dem Pronotumlappen neben der gelben Längsbinde, hat A. R. Paul 1943 var. *conjungens* benannt.)

Alle diese Variationen können in den Nestern von *media* gleichzeitig vorkommen, sowohl im Südwesten als auch im Nordosten des Gebietes. So gehören aus einem aus dem Schwarzwald (St. Peter bei Freiburg/Breisgau) stammenden Nest, dessen ♀ der westdeutschen Form angehört, von den 19 ☿☿, die ich aus ihm habe, zur Färbung *crassa* 2 (mit Spuren roter Pronotumstreifen), zur Färbung *flavicincta* 2 (davon 1 mit Schildchenflecken), zu Übergangsfärbungen (die vorderen 3 Tergitbinden schmal, aber die 2. und 3. vorn ± deutlich wellig begrenzt) 15 (davon 10 der Form *crassa*, 5 der Form *flavicincta* genähert, letztere auch ohne Schildchenflecke und auf dem Pronotum nur mit Winkelflecken, von den 10 ersteren 2 mit dieser geschrumpften Pronotumzeichnung und 1 mit Spuren von Rot auf dem Pronotum). Die ☿☿ eines anderen Nestes derselben Herkunft, das leider in Verlust geriet, gehörten nach Stichproben überwiegend zur Färbung *flavicincta*. Aus einem Nest aus Rossitten, dessen ♀ ebenfalls die Färbung der westdeutschen Form hatte, lagen mir 11 ☿☿ vor: von ihnen gehörten 8 zur Färbung *flavicincta* (davon 2 mit 2 kleinen Schildchenflecken, 6 ohne solche), 2 zur Übergangsfärbung (davon 1 ohne

Schildchenflecke) und 1 zur Färbung *crassa* (etwas reduziert). Aus Rossitten habe ich außerdem sowohl ☿☿ mit reicher *crassa*-Färbung als auch ☿☿ mit extremer *flavicincta*-Zeichnung.

Diese Variationsbreite der ☿☿ entspricht ganz der von BIRULA S. 80 für die ☿☿ von *m. media* beschriebenen. Seine Annahme, in „Westeuropa" — worunter er auch Mitteleuropa versteht (Gegensatz: Osteuropa) — scheine die Form *flavicincta* ziemlich selten zu sein und die typische „Abart" der ☿☿ zu überwiegen, trifft keineswegs zu, zumal *flavicincta* nicht nur in Deutschland, sondern (nach DE BEAUMONT) auch in der Schweiz und (nach BERLAND) auch in Frankreich auftritt, während sie aus Italien (nach D. GUIGLIA) noch nicht nachgewiesen ist.

Unter den ☿☿ des Gebietes finden sich manchmal Stücke, bei denen die Grundfarbe des Körpers nicht rein schwarz, sondern (wie beim ♀) braunschwarz ist.[1])

♂

Die Färbung entspricht der der ☿☿, jedoch ist die Körpergrundfarbe regelmäßig braunschwarz, und in West- und Süddeutschland kommen Stücke vor, bei denen das gelb gefleckte Schildchen rot gefärbt ist (var. *rufoscutellata* SCHENCK, 1853 als Art beschrieben). Auch hier können diese Variationen in der gleichen Population auftreten. Insbesondere bekam ich von A. MÖSCHLER von Rossitten sowohl sehr reich gezeichnete (auch auf den Mesopleuren gelb gefleckte) ♂♂ der Form *crassa* als auch extrem spärlich gezeichnete ♂♂ der Form *flavicincta*.

(Es wäre sehr erwünscht, wenn größere Nestpopulation von *media* variationsstatistisch bearbeitet würden.)

Bei dieser starken Veränderlichkeit der Färbung innerhalb der Nestpopulationen, die sowohl im Nordosten wie im Süden und Südwesten besteht, läßt sich wenigstens für unser Gebiet eine Teilung der Art *media* in 2 Unterarten nicht vertreten, zumal die Form *Geerii* in Deutschland nicht vorkommt. (Ob diese südeuropäische Form die taxonomische Bewertung als Unterart von *media* verdient, kann für den Rahmen dieser Arbeit dahingestellt bleiben. In dieser Hinsicht haben J. DE BEAUMONT 1944 S. 346 und D. GUIGLIA 1948 S. 56 ihre Bedenken geäußert.) Eine Benennung der auf dem Thorax reicher rotgezeichneten hauptsächlich westdeutschen Färbungsphase erschien mir unangebracht.

Die Verbreitung von *media* in Europa hat boreoalpinen Charakter.

Sie kommt in Skandinavien bis über den nördlichen Polarkreis hinaus vor, in Finnland (wo sie nach Forsius & Nordström 1923 im Süden und in der Mitte stellenweise häufig ist) und Nordosteuropa, fehlt in England (nach EDW. SAUNDERS 1896 und O. W. RICHARDS 1937), ist im Alpengebiet weit verbreitet, in Tirol (nach FR. KOHL 1879) ± häufig, besiedelt in Italien in der Hauptsache die Gebirge (GUIGLIA 1948), ebenso in Bulgarien (ATANASSOV 1942) und gehört in Spanien zu den größten Seltenheiten (DUSMET 1950).

Im Gebiet findet man sie im Norden (östlich der Weichsel nach A. MÖSCHLER 1939 ziemlich selten, bei Zoppot nach P. TIMM ziemlich häufig, etwas weiter westlich nach A. R. PAUL 1943 zerstreut und einzeln), in Nordwestdeutschland nach ALFKEN 1914 und W. WAGNER 1937 verbreitet, aber selten, in den Mittelgebirgen und im Alpenraum, in den dazwischenliegenden

[1]) Erwähnenswert ist 1 ☿ von Velehrad (Südmähren) (9. 8. 38, coll. m.), das ich W. ZAVADIL verdanke, durch seine ganz ungewöhnliche Färbung: Die Tergite sind licht gelb, das 2. auf der Basalhälfte, das 3. nur ganz vorn rostgelb getönt; die schwarze Grundpigmentierung ist äußerst reduziert, indem sie beschränkt ist auf dem 1. Tergit auf die Basis (größtenteils) und 3 kleine Flecke auf der Vorderhälfte der Scheibe (einen größeren dreieckigen mitten u. je einen kleineren rundlichen ganz seitlich), auf dem 2.—5. auf lineare, vom vorhergehenden Tergit größtenteils verdeckte Basalbinden, die mitten (auf dem 2. bis fast zur Tergitmitte, auf dem 3. bis 5. bis zum Tergitdrittel) stumpfwinklig erweitert sind, sowie je 2 isolierte Punktflecke hinter der Tergitmitte; die Kopfschildmakel ist nur durch einen bräunlichen Schatten angedeutet, die Schläfen sind total gelb, die Pronotumzeichnung voll entwickelt, Schildchen und Mesopleuren, Schienen gelb. (Ob es sich um einen Einzelfund handelt, oder was es sonst mit diesem Stück für eine Bewandtnis hat, ist mir nicht bekannt geworden.)

Landesteilen in hügeligem Gelände. Hier bei Naumburg ist sie sehr selten, denn ich sah von hier in 35 Jahren nur 3 ♀♀, 2 ☿☿ und 2 ♂♂. Nach W. WEYRAUCH (1937 S. 282) liebt *media* die Nähe von Wasser. Das kann ich nach meinen Beobachtungen im Schwarzwald und hier bestätigen.

Die ☿☿ traf ich hier an Scrophularia nodosa, die ♂♂ an Sium latifolium und Petersilienblüten. Im Schwarzwald schienen die ☿☿ ausschließlich nach „Tannenhonig" zu gehen; nach SCHENCK 1861 nehmen die ♀☿ gern auch andere Arten von Blattlausausscheidungen auf. P. TIMM teilte mir mit, *media* suche gern von Weidenbohrerraupen befallene Birken auf, um den austretenden Saft zu lecken. ALFKEN nennt Symphoricarpus. Nach SCHENCK 1861 sollen ☿☿ und ♂♂ „süßes Obst" angreifen, und ALFKEN 1914 hat erwähnt, daß sich ☿☿ in Gartenwirtschaften an den Tischen nach Süßigkeiten zögen. Die hierdurch möglichen Schäden oder Belästigungen können aber bei der Seltenheit dieser Wespe nicht irgendwie ins Gewicht fallen.

Die Stiche, die ich bei der nächtlichen Wegnahme von 2 Nestern bekam, waren auffallend wenig schmerzhaft und hinterließen keine Folgen.

Media nistet nach W. WEYRAUCH (1935 S. 491) „stets an der freien Luft: meist in dichtem Gebüsch (Weidengesträuch, Haselnußbüschen, Stachel-, Johannisbeer- und Himbeersträuchern) oder in dichten Hecken, aber auch an Baumzweigen oder an den Außenwänden von Gebäuden unter Dach- oder Mauervorsprüngen, manchmal so tief, daß das Flugloch die Bodenbedeckung berührt, aber auch bis 8 m hoch". A. MÖSCHLER fand einmal ein Nest in einem Strohhaufen (brfl.). Die Vollnester sind etwa so groß wie eine Kokosnuß, etwas länger als breit, enthalten durchschnittlich 2—4 Waben und haben feste Hüllen von grauer, ± mit weißlichen Schichten gemischter Farbe.[1]) Ich sah ♀♀ vom Splint von Kopfweiden und Birken Holzfaser holen. Die Volkszahl umfaßt nach WEYRAUCH in Deutschland durchschnittlich 130—135 Individuen.

Die Nester werden anscheinend stark von Schlupfwespen heimgesucht. Aus dem oben erwähnten Nest von St. Peter, das ich mitgenommen hatte, erschienen im Spätsommer 50—60 oder mehr *Sphecophaga vesparum* CURT. (H. BISCHOFF det.), einer Art, die als Schmarotzer von *media* bekannt ist, und im nächsten Frühjahr zahlreiche Individuen einer anderen Schlupfwespe, die jener täuschend ähnlich war, aber eine eigene, anscheinend noch nicht beschriebene Art darstellte (H. BISCHOFF brfl.).[2]) Es war deshalb nicht verwunderlich, daß dieses Nest an Geschlechtstieren nur 1 ♂ und kein einziges junges ♀ ergab.

2. Untergattung *Boreovespula* BLÜTHG. 1943

Subgenotypus: *Vespa norwegica* F. 1781 (BLÜTHGEN 1943b S. 149)

Diese Untergattung umfaßt 2 Arten, die holoarktische *norwegica* (F.) und die (nach bisheriger Annahme) nur paläarktische *saxonica* (F.). Beide Arten gehören der deutschen Fauna an.

Frühere Autoren haben nicht erkannt, daß es sich um 2 sich zwar sehr nahe stehende, aber spezifisch selbständige Arten handelt, die von ihrem Autor mit Recht als solche aufgefaßt worden waren. Man sah sie als eine nur in der Färbung veränderliche, im übrigen aber einheitliche Art an, für die man bald den Namen *norwegica* (gelegentlich mit einer „var." *saxonica*), bald den Namen *saxonica* (gelegentlich mit einer „var." *norwegica*) gebrauchte, so E. SAUNDERS 1896, L. BERLAND 1928 (mit Verwechslung der Färbung), O. W. RICHARDS 1937, v. SCHULTHESS 1930 und J. BEQUAERT 1932 auf der einen und THOMSON 1874, v. SCHULTHESS 1887, J. D. ALFKEN 1914 auf der anderen Seite. SAUSSURE 1853 und SCHENCK 1861 hatten allerdings *norwegica* und *saxonica* als eigene Arten behandelt, aber die spezifische

[1]) Schematische Darstellungen verschiedener Nester siehe CH. JANET 1895. Eine ausgezeichnete Aufnahme eines Nestes (K. TEPE phot.) befindet sich im Sonderband „Das Tier und seine Umgebung" von AD. HEILBORN & FR. BÖHME der „Neuen Brehmbücherei", Wittenberg.

[2]) Leider ist das Material während des Krieges in Verlust geraten, bevor es bearbeitet werden konnte.

Verschiedenheit (ebenso wie der Autor) nur auf Färbungsmerkmale abgestellt. Erst 1890[1]) begründete Fr. Konow ihre spezifische Verschiedenheit mit Unterschieden in der Skulptur des Kopfschildes und im Bau des männlichen Kopulationsorganes, aber es ist unklar, was er unter *norwegica* und was er unter *saxonica* verstanden hat, und seine Veröffentlichung blieb anscheinend unbeachtet. A. Birula erkannte dann 1930 gewisse andere strukturelle Unterschiede (insbes. in der Form des Nebenaugendreiecks), wertete sie aber ungenügend aus und erklärte *saxonica* für eine „südliche Varietät, eine Wärmeform" von *norwegica* „ohne scharfe Grenze", bezeichnete aber doch *saxonica* als eine Unterart von *norwegica*. 1937 und später wies Blüthgen nach, daß es sich tatsächlich um 2 eigene Arten handelt, und fand die Zustimmung von J. de Beaumont (1944) und D. Guiglia (1948).

Die im früheren Schrifttum enthaltenen Angaben über die Verbreitung der beiden Arten bedürfen deshalb der kritischen Überprüfung und Sichtung. Da das im Rahmen dieser Arbeit nicht möglich war, mußte ich sie übernehmen, wie sie vorliegen, und kann nur auf die Bedenken gegen ihre Zuverlässigkeit hinweisen.

Es mag vorweg hervorgehoben werden, daß beide Arten dieser Untergattung dem Menschen in keiner Weise schädlich oder auch nur lästig werden. Deshalb ist es zu begrüßen, daß nicht mehr, wie es bis vor etwa 20 Jahren alljährlich geschah, in den Tageszeitungen polizeiliche Anordnungen veröffentlicht werden, durch die den Grundstückseigentümern die Vernichtung der auf ihrem Besitz vorhandenen Wespennester zur Pflicht gemacht wurde, denn hiervon wurden in erster Linie die frei sichtbaren Nester der obendrein nicht aggressiven *Dolichovespula*-Arten betroffen.

(2.) *Dolichovespula* (*Boreovespula*) *n. norwegica* (F. 1781)

Vespa Norwegica n. sp. — Fabricius, Spec. Insect. I. 1781, S. 460 n. 12, ☿. Loc. typ.: Norwegen. Typus: M. Ko.

Vespa Britannica n. sp. — Leach, Zool. Miscell. I, 1814, S. 111, T. 50 Fig. 1 (♂), 2 (♀), 3 (☿). Loc. typ.: England. Verbleib der Typen: ?

Vespa borealis n. sp. — Zetterstedt, Insect. Lappon. I, 1838, S. 454, n. 3, ♀. Loc. typ.: Lappland und Skandinavien. Standort des Typus: M. Lu. ? (Homonym von *Vespa borealis* W. Kirby 1837).

? *Vespa saxonica* var. *arctica* n. var. — Friese, Mém. Ac. Sci. Russie, (8) 28, 1919, n. 15, S. 1, ♀ ♂. Loc. typ.: NW. Sibirien. Standort der Typen: M. L.

Dolichovespula norwegica (F.) var. Zetterstedti (nom. nov. für *borealis* Zett.) — Blüthgen, Mitt. Entom. Ges. Halle a. S., 15, 1937, S. 37.

Diese Art besiedelt die Holoarktis. Im Fernen Osten tritt sie in der Unterart *pacifica* Birula 1930 auf, in Nordamerika als *norwegica albida* (Sladen 1918) (*marginata* W. Kirby 1837, nec *marginata* Gmelin 1810). Wegen *norwegica norvegicoides* (Sladen 1918) vgl. bei *saxonica*.

Die typische Unterart bewohnt Europa und Nordasien. In Europa hat sie boreoalpine Verbreitung: Sie kommt in ganz Skandinavien bis zum höchsten Norden (Thomson 1874), in Finnland bis zum Eismeer und überall häufig vor (Forsius & Nordström 1923) und ist in Schottland (nach F. Smith) sehr häufig. Wegen ihrer Verbreitung in Osteuropa (und in Asien) vgl. A. Birula 1930 S. 299ff. In den Alpen ist sie ebenfalls zu Hause, in Südeuropa fehlt sie mit wenigen Ausnahmen.[2])

Ihre Verbreitung im Gebiet ist noch ganz ungenügend ermittelt, was zum Teil an ihrer früheren Vermengung mit *saxonica* liegt. Im Norden scheint sie nur stellenweise und ± selten vorzukommen (Möschler 1939; bei Zoppot „nicht selten": P. Timm brfl.; A. R. Paul 1943; Alfken 1914; Wagner 1938; für die ehemalige Prov. Posen eine einzige Meldung: O. Meyer 1919; aus der Mark Brandenburg wenige Funde: Schirmer 1915). Im mittleren Teil des Gebietes und in Süddeutschland ist sie nur in den Gebirgen zu finden. Im Harz scheint sie 500 m nicht überall zu unterschreiten, so suchte ich sie im Ostharz um Mägdesprung vergeblich, aber anderseits stecken in der Sammlung von O. Taschenberg (M. Halle) zahlreiche Stücke von Sachsa (Südharz). Im nördlichen Kyffhäusergebirge fand sie

[1]) „Die männlichen Wespen (*Vespa*)", Soc. entom., 4, 1890, S. 151.

[2]) Dusmet verzeichnet 1951 nur 2 ♂ ♂ aus den Gebirgen Nordspaniens: Panticosa (Huesca) und Valle de Arán (Lérida).

A. PETRY bei Tilleda („Hohe Trift"). In coll. O. TASCHENBERG befinden sich eine Anzahl Stücke, sowohl der Nominatfärbung als auch der var. *Zetterstedti*, mit dem Fundort „Jägerberg", einer jetzt bebauten Örtlichkeit am Stadtrand von Halle nahe dem Botanischen Garten (ich halte es für wahrscheinlich, daß es sich um die Nachkommen eines irgendwann in den Botanischen Garten eingeschleppten ♀ handelt, ähnlich dem Fall von *Osmia cornuta* LATR.)[1]). Ein Fund von Aken bei Dessau (1 ♀, leg. E. HEIDENREICH) kann noch zu dem norddeutschen Vorkommen gehören. Im übrigen verweise ich auf KRIEGER 1894 (für Sachsen), DITTRICH 1921 (für Schlesien) und LEININGER 1951 (für Baden).

Norwegica variiert in der Entwicklung der gelben Flecke auf dem Schildchen und den Mesopleuren, die groß, aber auch klein sein oder völlig fehlen können, im Auftreten und in der Ausdehnung roter Grundpigmentierung beiderseits auf dem 2. Tergit, die bei var. *Zetterstedti* völlig ausfällt, und in der Entwicklung der gelben Zusatzpigmentierung auf den Hinterleibssegmenten: so kann auf den Tergiten vom 2. ab das Schwarz des Basalteils so zurücktreten, daß es sich auf das mittlere Drittel der Tergitbreite beschränkt und daß auf dem distalen Teil 2 isolierte Punktflecke stehen (vgl. Abb. 17b), es kann soweit nach hinten reichen, daß diese 2 Flecke zapfenförmige Verlängerungen von ihm bilden (vgl. Abb. 17a), und es kann schließlich solchen Umfang einnehmen, daß es diese Flecke ganz aufsaugt und nur noch Raum für eine schmale gelbe Endbinde frei läßt.

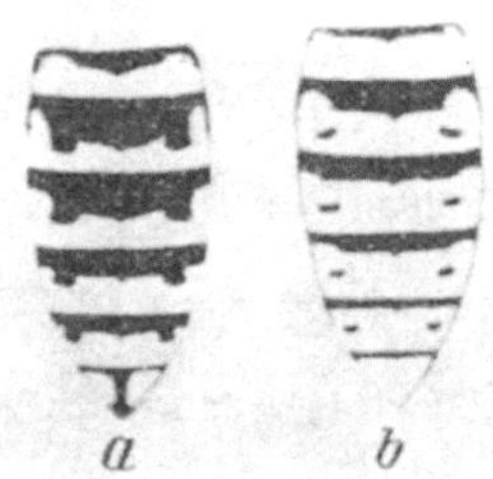

Abb. 17. *Boreovespula norwegica* (F.): ♀♀ (Variationen). (DE BEAUMONT 1944)

Aberrationen: ♂ mit 2 gelben Längsstreifen auf dem Mesonotum. Hiervon sah ich 1 ♂ aus dem Liptauer Gebirge (Niedere Tatra) (8. 39, PEKARSKY leg., coll. ZAVADIL); J. BONDROIT (1943) erwähnt 2 ebensolche ♂♂ aus den Ardennen.

Diese Art ist ± reines Waldtier; die Imagines fand ich an Ribes nigrum, Heidelbeerblüten und Melampyrum, BALLES (1934) an Stachelbeerblüten, H. WOLF (brfl.) an Scrophularia, Symphoricarpus, Heracleum und Angelica. Im Schwarzwald schienen die ☿☿ stark nach „Tannenhonig" zu gehen. Ich habe weder dort noch im Thüringer Wald je bemerkt, daß *norwegica* ins Zimmer gekommen wäre; dieselbe Erfahrung hat H. WOLF gemacht. Man hat diese Art nachts Schmetterlingsköder anfliegen sehen (SCHENCK 1861 S. 25).

Vom Nestbau sagt W. WEYRAUCH 1935 S. 493: „Fast stets im Freien, besonders häufig in sehr dichtem, niederem Gebüsch (Stachelbeer- und Thujasträuchern), häufig auch in einer Erdvertiefung an abschüssigen Stellen sumpfiger, moosdurchsetzter Waldwiesen, seltener unter Dachvorsprüngen außen an Gebäuden oder unter dem Vorsprung einer Felswand, noch seltener ganz unterirdisch in Wiesengrabenböschungen; in Mauselöchern (10—15 cm tief) nur ganz ausnahmsweise." Nach E. SAUNDERS nistet *norwegica* in England gewöhnlich in Stachelbeer-, Johannisbeer- und anderem Gesträuch. Dasselbe berichtet CH. JANET 1895 für Beauvais (Nordwest-Frankreich). SCHENCK fand ein Nest an einem Hainbuchenstamm. Die wenigen Nester, die ich im Schwarzwald entdeckte, befanden sich an steilen Wegböschungen in ungefähr faustgroßen Nischen, diese soweit ausfüllend, daß die Hülle sie abschloß. H. WOLF traf auf der Halde einer alten Grube ein kleines Nest, das zwischen 2 Steinen gebaut war. SCHMIEDEKNECHT sagt 1881: „Hier sind alle Nester der

[1]) Diese Vermutung gewinnt an Wahrscheinlichkeit dadurch, daß E. L. TASCHENBERG in „Die Hymenopteren Deutschlands" 1866 für Halle *norwegica* nicht aufführt.

norwegica nicht oberirdisch, sondern unmittelbar unter einer dünnen Erdschicht, am liebsten unter vorspringenden Rändern, zwischen Baumwurzeln usw. im lockeren Sandboden aufgefunden worden." D. GUIGLIA (1933 S. 170) berichtet von 3 Nestern, von denen das eine an einem Zweig einer Grünerle, das andere an einem Balken einer Hütte befestigt und das 3. in einer Höhlung unter einem großen Stein angelegt war. Die Gründe, weshalb *norwegica* hier oberirdisch in Gebüschen, dort halb oder ganz unterirdisch baut, sind noch nicht aufgeklärt.

Eins jener Nester aus dem Schwarzwald, das ich mir im Herbst verschaffte, maß 8,5 × 9 cm, hatte runde, durch die Anpassung an die Nischenwand etwas unsymmetrische Form und enthielt 2 Waben, die obere mit rund 100 kleinen, die untere mit etwa 35 großen Zellen, die Struktur der 5½ Hüllen war locker, gegen das Licht gehalten mit sehr vielen winzigen und vielen größeren Löchern (ähnlich einer dicht gewebten Gardine), aber elastisch und widerstandsfähig, die Farbe grau mit zahlreichen hellbraunen Querstreifen.

Zuverlässige Angaben über Schmarotzer sind mir nicht bekannt. Wegen der Möglichkeit, daß sich *Pseudovespula adulterina* auch bei *norwegica* als Kommensale einnistet, vgl. unten S.

(3.) *Dolichovespula* (*Boreovespula*) *saxonica* (F. 1793)

Vespa Saxonica n. sp. — FABRICIUS, Entom. system. II. 1793, S. 256 n. 12, ♀. Loc. typ.: Deutschland. Typus nicht mehr vorhanden.

Vespa Bavarica n. sp. — SCHRANK, Fauna Boica, II. 2., 1802, S. 350, n. 2205, ♀. Loc. typ.: „Waldungen" (Bayern). Typus nicht vorhanden.

Vespa tridens n. sp. — SCHENCK, Jb. Ver. Naturk. Nassau, 9, 1853, S. 38, n. 12, ♀ ☿ ♂. Loc. typ.: Weilburg, Dillenburg, Wiesbaden. Typen: coll. auct. (Zool. Inst. Univ. Marburg).

? *Vespula norvegicoides* n. sp. — SLADEN, Ottawa Naturalist, **23**, 1918, S. 71, ♀ ♂. Loc. typ.: Neuschottland bis Brit. Columbia. Standort der Typen: ?

Diese Art gilt als auf die paläarktische Zone beschränkt.[1])

Über die Verbreitung von *saxonica* in Asien vgl. A. BIRULA 1930. In Europa hat sie boreoalpinen Charakter, aber viel weniger ausgeprägt als bei *norwegica*, ähnlich *media*. Ob sie (nach früheren Autoren) in Skandinavien und Finnland soweit nördlich vorkommt wie *norwegica*, bedarf der Nachprüfung, da, wie schon BIRULA l. c. S. 298 vermutet, eine Verwechslung mit *norwegica* var. *Zetterstedti* nicht ausgeschlossen ist.

Im behandelten Gebiet ist sie viel weiter verbreitet als *norwegica*, da sie auch hügeliges und bewaldetes Gelände zwischen den Mittelgebirgen besiedelt. So findet sie sich hier im Saaletal nicht selten, aber im wesentlichen in der Nähe der mit Wald bestandenen höheren Lagen. Bei Rossitten war sie nach MÖSCHLER (brfl.) die häufigste Vespine.

Färbungsveränderlichkeit: Bei ♀ ☿ ♂ kann der Pronotumquerkiel gelbe Färbung (wie bei *media*) annehmen. Die schwarze Zeichnung des Kopfschilds kann zu einigen Punkten schrumpfen, beim ♂ ganz fehlen. Die schwarze Binde des 1. Tergits kann hinten stumpfwinklig begrenzt, aber auch bandförmig sein; die schwarze Pigmentierung der Basis der Tergite 2—5 kann so beschränkt sein, daß dahinter je 2 isolierte schwarze Punktflecke vorhanden sind, sie kann sich aber (auf den vorderen oder auf allen) so ausdehnen, daß diese in ihr aufgehen. Bei 1 ♂ von Altenahr coll. m. beschränkt sich die gelbe Zeichnung der Schläfen auf einen Punktfleck hinter dem unteren Augenende und die des Thorax auf makelartige Reste der Pronotumbinden vorn und auf 2 kleine Schildchenflecke; die gelbe

---

[1]) Die Frage, ob sie nicht doch auch im nearktischen Gebiet vorkommt, bedarf m. E. einer erneuten Prüfung: 1 ♂ *Dolichovespula* (*Boreovespula*) spec. von Toronto (Canada) des M. B., bei dessen Bestimmung nach BEQUAERT 1931 man auf „*Vespula norwegica* var. *norvegicoides* (SLADEN 1918)" ♂ kommt, hat dieselbe Ocellenstellung u. dieselbe Scheitelform wie *saxonica* ♂ und wie dieses doppelte Tyloiden (an der Basis und am Ende der Glieder) auf den Geißelgliedern 7—11 und je 1 an der Basis des 6. und des 12. Gliedes; die Form des Kopulationsgliedes ähnelt mehr der von *saxonica* als der von *norwegica*. Auch J. DE BEAUMONT 1944 S. 251 hält var. *norvegicoides* für wahrscheinlich artgleich mit *saxonica*.

Hinterleibszeichnung ist wenig schmaler als normal. Bei 1 ♂ von Rossitten coll. m. aus einem Nest, dessen übrige ♂♂, soweit ich sie sah, normal gefärbt waren, sind die Schläfen und der ganze Thorax total schwarz, die Tergitbinden (mit Ausnahme der 6.) stark verschmälert, die ersten 3 bandförmig, die 2 folgenden sehr flach und nur die 6. tief gebuchtet; die Schienen sind teilweise geschwärzt. (Genau dieselbe Färbung erwähnt A. Birula 1930 S. 315 für 6 ♂♂ von Bertschikul in Mittelsibirien).

Die Imagines trifft man nur auf Blüten, sie sind euryphag wie die von *norwegica* und besuchen u. a. auch dieselben Pflanzen, besonders gern Umbelliferen. Sie belästigen den Menschen in keiner Weise und ziehen sich nach meinen Erfahrungen und denen von H. Wolf auch da nicht in die Wohnungen, wo sie unter demselben Dach ihr Nest haben.

Saxonica errichtet nach W. Weyrauch 1935 S. 494 das Nest „fast nie im Freien, niemals unterirdisch, vielmehr fast ausschließlich oberirdisch in nach außen geschlossenen, im Inneren allseitig weit freien Räumen: unter den Dächern von Scheunen, Schuppen und Gartenhäuschen, vor allem auf den Böden alter Häuser auf dem Lande. Man kann in den Alpen unter dem Dach eines älteren Hausbodens gelegentlich 20 und mehr bevölkerte Nester finden und daneben an 100 und mehr verlassene 1—2 Jahre alte Nester in allen Entwicklungsstufen von der Größe einer Kirsche bis zu der eines Kindskopfes." Die Nester können beträchtliche Größe erreichen. Von A. Möschler erhielt ich ein Lichtbild eines solchen, das Abb. 18 wiedergibt[1]), es enthielt 125 ♀♀, etwa 125—130 ♂♂ und etwa 20—25 ☿☿. Ed. André erwähnt 1883 S. 437 eines von 35 cm Durchmesser. Als Baustoff wird, wie von *Paravespula germanica* und *P. rufa*, hauptsächlich die grau verwitterte äußerste Schicht entrindeter fichtener Pfosten verwandt; ich sah eine Anzahl ♀♀ auch am Splintholz einer abgestorbenen, rindenlosen Kastanie schaben. J. P. van Lith 1956 hat Nester beschrieben, zu denen größtenteils Stückchen weißen Baumwollzwirns (bis 5—6 mm Länge) verarbeitet worden waren, die die Wespen aus einer alten Gardine herausgenagt hatten.[2])

Abb. 18. *Boreovespula saxonica* (F.): Nest. (E. Schüz phot.)

Saxonica nistet aber nicht nur an solchen Stellen. Th. Schneid fand ein kleines Nest an der Unterseite eines Steines in einem Steinbruch (1941 S. 1013). Ich entdeckte im Schwarzwald ein faustgroßes Nest hinten in einer tiefen Nische einer Wegböschung (die Artzugehörigkeit ergaben einige abgefangene ☿☿). Bei Mägdesprung (Ostharz) traf ich 5—6 ♀♀, die (zusammen mit einigen ♀♀ *rufa*) von alten Wildgatterpfosten Holzfaser abschabten; diese Stelle ist in der Luftlinie von den nächsten Gebäuden (auch Schuppen und dergleichen) fast $1\frac{1}{2}$ km entfernt, und dazwischen liegt Wald. Ich habe nicht herausfinden können, wo diese ♀♀ ihre Nester haben konnten. Fr. Kohl 1879 hat von *saxonica* gesagt, sie niste in Tirol im Boden wie *rufa*. Weitere Beobachtungen sind erwünscht.

Pseudovespula adulterina ist Kommensale von *saxonica*. Sonst ist über Schmarotzer wenig bekannt, außer daß Kristof aus einem großen Nest von 15 cm Durchmesser im nächsten Frühjahr etwa 200 Individuen einer Schlupfwespe mit rotem Hinterleib, die er später auch in einem Nest von *media* antraf, erhalten hat (nach Janet 1895 S. 57); wahr-

---

1) Ich freue mich, hierdurch zugleich ein Bild Möschlers, dieses erfolgreichen Entomologen und ausgezeichneten Menschen, der im Januar 1945 verschollen ist, geben zu können.

2) Entom. Berichten, 16, 1956, S. 13/14.

scheinlich hat es sich um den oben S. 34 erwähnten Doppelgänger von *Sphecophaga vesparum* gehandelt. Außerdem hat A. Reichert den Zünsler *Aphomia sociella* (L.) genannt, der ein gefährlicher Feind aller Vespinae ist, indem seine gefräßigen carnivoren Raupen die Wespenbrut vernichten.

3. Untergattung *Metavespula* Blüthg. 1943

Subgenotypus: *Vespa sylvestris* Scop. 1763 (Blüthgen 1943b S. 149)

Diese Untergattung enthält nur eine einzige Art, *sylvestris* (Scop.), und deren Verbreitung ist auf die paläarktische Zone beschränkt, hier aber ausgedehnter als diejenige der übrigen *Dolichovespula*-Arten.

(4.) *Dolichvespula* (*Metavespula*) *s. sylvestris* (Scop. 1763)

Vespa sylvestris n. sp. — Scopoli, Entom. Carniol. 1763, S. 309, n. 826. Loc. typ.: Krain. Typen nicht vorhanden.

Vespa Holsatica n. sp. — Fabricius, Entom. system. II. 1793, S. 257, n. 14, ♀. Loc. typ.: Kiel. Type: M. K.

(Dalla Torre 1894 führt als Synonym noch auf *Vespa frontalis* Latr. 1802 und D. Guiglia 1948 *Vespa pilosella* Costa 1858).[1])

Vespa (*Vespula*) *Holsatica* (F.) n. comb. — Thomson, Opusc. entom., 1, 1869, S. 80, n. 4.

Dolichovespula (*Metavespula*) *silvestris* (Scop.) n. comb. — Blüthgen 1943b S. 149.

Für den Artnamen ist die originale Schreibung *sylvestris* beizubehalten (Art. 19 JRNZ). R. du Buysson hat 1905 eine Unterart *sumptuosa* (aus Mittelpersien und Anatolien) aufgestellt; damit ist automatisch eine Unterart *sylvestris* entstanden.

Die typische Unterart dringt in Europa nach Norden viel weniger weit vor als die übrigen *Dolichovespula*-Arten, dafür tritt sie auch in Südeuropa und in Nordafrika auf, und auch in Asien ist ihr Verbreitungsgebiet nach Süden zu viel ausgedehnter, so kommt sie in Kleinasien vor, wo jene Arten fehlen. Nach Thomson kommt sie in Mittelschweden vor und ist dort selten; nach Forsius & Nordström 1923 findet sie sich in Süd-, Mittel- und Nordfinnland bis 64° 10′ n. Br., etwas spärlicher als *norwegica*. Für England bezeichnet sie Edw. Saunders 1896 als in vielen Gegenden gemein. Für Osteuropa und Asien siehe A. Birula 1930. Aus Spanien sah ich 2 ♀♀ von Jaca (Pyrenäen) und 1 ♀ von Cabañero (Burgos) (B. M.) sowie 1 ♀ aus der Sierra Nevada (M. St.). J. de Beaumont 1956 fand 2 ♀♀ bei Midelt (Marokko). In Italien kommt *sylvestris* außer im Norden auch im Bergland der ganzen Halbinsel bis Calabrien vor (Guiglia 1948), in Frankreich nach Berland 1928 überall. In der Schweiz ist sie nach de Beaumont 1944 häufig und geht dort bis 2000 m Höhe. Für Tirol verzeichnet sie Fr. Kohl 1879 als „nicht selten, bis 2300 m, am liebsten im Mittelgebirge". Eine große Zahl ungarischer Fundorte gibt L. Móczár 1938 an. In Bulgarien ist sie weit verbreitet und anscheinend nicht selten (Atanassov 1942).

Im Gebiet kommt *sylvestris* wohl überall vor, bevorzugt aber hügeliges und bewaldetes Gelände. Sie ist in allen einschlägigen Lokalfaunenverzeichnissen genannt.

Diese Art ist an ihrer reichen, auffallend hellgelben Zeichnung schon im Freien kenntlich. Die Variationsbreite ist gering: Der Kopfschild kann total gelb sein oder mitten einen kleinen schwarzen Punkt haben, der sich beim ♂ zu einem kurzen, schmalen Längsstreifen erweitern kann; der untere Teil der Schläfen kann bei ♀ ☿ total schwarz sein oder an der Orbita einen kurzen gelben Streifen haben, mit dem sich der unten spitzwinklig endende Fleck der oberen Schläfenpartie verbinden kann; ein gelber Fleck auf den Mesopleuren kann vorhanden sein (beim ♀ meistens) oder fehlen; das Hinterschildchen kann bei ♀ ☿ 2 gelbe Punktflecke erhalten; die Verteilung der schwarzen und gelben Pigmentierung auf den

---

[1]) Dalla Torre nennt als fragliches Synonym noch „*Vespa Alsatica* Erber", Verh. Zool.-bot. Ges. Wien, 17, 1867, S.-B. S. 107, aber diese Stelle läßt keinen Zweifel, daß der Name „*Alsatica*" für die Herstellerinnen der 2 von Erber vorgezeigten Nester nicht von diesem zur Benennung einer neuen Art gebildet worden, sondern nur die auf Hör-, oder Schreib- oder Druckfehler beruhende Entstellung des Namens *holsatica* ist.

Tergiten ist ungefähr wie bei *Paravespula vulgaris*, aber die gelben Binden sind breiter und nehmen beim ♂ auf den hinteren Tergiten nicht selten mehr als ½ des Tergits ein, und isolierte schwarze Punkte auf den Tergiten sind nie vorhanden, aber die schwarzen Basalbinden der vorderen Tergite (mit Ausnahme des 1.) können je 2 kurze zapfenförmige Erweiterungen haben.

Die Imagines geraten nie in Konflikt mit den menschlichen Belangen. Man trifft sie nur an Blüten, und ich habe, obwohl *sylvestris* um meine Wohnung ständig zuhause ist, in 35 Jahren sie nie im Zimmer bemerkt und nie irgendwelche Belästigungen sonstiger Art durch sie erlebt oder von anderen erfahren. Es sind also durchaus schutzwürdige Tiere. Die Frühjahrsweibchen besuchen Weidenkätzchen, Obstblüten, Prunus Padus, Mahonia, Berberis, Stachel-, Him-, Johannis- und Heidelbeerblüten, die ☿☿ Scrophularia, Symphoricarpus, Ballota, Umbelliferen u. a., die ♂♂ sieht man ebenfalls auf Schirmpflanzen. Nach W. Wagner 1920 S. 56 fliegen die ♀♀ auch nachts und gehen an Schmetterlingsköder.

Über den Nestbau heißt es bei Weyrauch 1935 S. 492: „Wahrscheinlich meist im Freien: an Baumzweigen, im Gesträuch, manchmal halb in der Erde, häufig aber auch — in manchen Gegenden, wie in der Eifel und in England, stark vorwiegend — in geschlossenen Räumen: in Gebäuden, in hohlen Bäumen, unterirdisch in Wiesenböschungen und sogar in ebenen Wiesen". W. Wagner 1920 bemerkt für Nordwestdeutschland: „Nester stets oberirdisch, an Zweigen oder Wänden". Schenck 1861 sagt, *sylvestris* baue in Gebüsche, z. B. in Stachelbeersträucher. Ich selbst habe hier und im Schwarzwald immer nur gesehen, daß die Nester unterirdisch in Mauselöchern waren. Ch. Janet 1895 S. 54 fand bei Beauvais (Nordwest-Frankreich) nie unterirdische Nester, die ♀♀ bauten dort vielmehr besonders in Hainbuchengebüsch. Nach Janet fand dagegen A. Rouget bei Dijon die Nester stets an oder (mindestens größtenteils) in der Erde, namentlich an Eisenbahndämmen. Edw. Saunders 1896 verzeichnet für England beide Bauweisen. W. Weyrauch führt 1935 S. 492 eine Reihe von Einzelfällen an.

Wie bei *norwegica*, so ist es auch bei *sylvestris* noch ungeklärt, worauf die Verschiedenheit der Bauweise zurückzuführen ist. Vielleicht sind es klimatische Ursachen, denn die Gegenden, für die oberirdischer Bau als Regel gemeldet ist, gehören ± ausgeprägt zur atlantischen Klimaprovinz.

Die oberirdischen Nester sind bis faustgroß, kugelförmig und von feiner Struktur, die dicht und sorgfältig verarbeiteten zahlreichen, grauen Hüllen sind glatt, dünn, aber sehr widerstandsfähig. Edw. Saunders (1896) erwähnt ein Anfangsnest, das aus blauem Papier hergestellt war. Die Volkszahl beträgt nach W. Weyrauch im Höhepunkt der Entwicklung des Wespenstaates bis zu 200—250 Individuen; D. Guiglia hat 1933 ein Nest beschrieben, das 9 cm Höhe und 7,5 cm Breite maß, Mitte August 3 Waben hatte und an Imagines außer dem alten ♀ nur 40 ☿☿ und 6 ♂♂ beherbergte.

Kommensale bei dieser Art ist *Pseudovespula omissa* (Bisch.). Über andere Schmarotzer sind mir zuverlässige Angaben nicht bekannt.

3. Gattung ***Pseudovespula*** Bisch. 1931

Genotypus: *Vespa adulterina* Buyss. 1905 (Bischoff 1931 S. 346)

Diese Gattung umfaßt nur 2 Arten, *adulterina* und *omissa* (Bisch.), von denen die erste die Holoarktis besiedelt, die zweite dagegen nur im paläarktischen Gebiet vorkommt. Die Kenntnis dieser eigenartigen, in den Nestern bestimmter *Dolichovespula*-Arten als Kommensalen lebenden Vespinae datiert erst aus neuerer Zeit.

Schrifttum: Bischoff l. c.; W. Weyrauch 1937; J. de Beaumont 1944.

1. *Pseudovespula ad. adulterina* (BUYSS. 1905)

Vespa norwegica F. var. *adulterina* n. var. ♀ — R. DU BUYSSON, Ann. Soc. Ent. France, 73, (1904), 1905, S. 600, 628. Loc. typ.: Piemont; Remiremont (Vogesen); Rosegtal (Engadin); Corvallis (Oregon). Standort der Typen: M. P.

Vespa saxonica F. var. *adulterina* BUYSS. — BISCHOFF, Biologie der Hymenopteren, 1927, Berlin (Jul. Springer), S. 404.

Vespula norwegica saxonica F. natio *colchica* nov. — A. BIRULA, Ann. Mus. Zool. Ac. Sci. URSS, 31, 2, 1930, S. 314, ♂[1]). Loc. typ.: bei Sarytschair (Adscharien). Standort des Typus: M. L.

Vespa adulterina BUYSS. n. stat. — BISCHOFF, Mitt. Dtsch. Ent. Ges., 2, 1931, S. 6, ♀ ♂.

Pseudovespa (*Pseudovespula*) *adulterina* (BUYSS.) n. comb. — BISCHOFF, S.-B. Ges. Naturf. Frd. Berlin (1930), 1931, S. 346 (4 Abb. S. 331—334).

Diese Art kommt in der typischen Form außer in der paläarktischen Zone auch in Nordamerika vom Stillen Ozean bis zum Mississippi vor, während sie östlich davon eine Unterart *arctica* (ROHWER 1916) bildet (BEQUAERT 1931 S. 124).

Die Unterart *adulterina* lebt im paläarktischen Gebiet, mindestens hauptsächlich, bei *Dolichovespula saxonica* (F.), in Nordamerika (nach BEQUAERT l. c. S. 125) bei *Dolichovespula arenaria* (F. 1775) var. *fernaldi* (LEWIS 1897). Daß sie Kommensale von *saxonica* sei, hatte BISCHOFF 1927 S. 404 bereits als Analogieschluß aus dem Verhältnis zwischen *Vespula austriaca* (PANZ.) und *Paravespula rufa* (L.) vermutet. W. WEYRAUCH erbrachte dann den tatsächlichen Nachweis dafür durch Nestbefunde (1937 S. 253). J. DE BEAUMONT bestätigte das (1944 S. 332), und H. WOLF traf *adulterina* ebenfalls wiederholt in Nestern von *saxonica* (brfl.).[2])

Adulterina wird also überall da zu erwarten sein, wo *saxonica* eine Verbreitungsdichte hat, die ihren Bestand gewährleistet. Aus dem Gebiet sind mir folgende Nachweise bekannt: Nordosten (Launingken, Kr. Angerapp, 1 ♀: MÖSCHLER 1939 S. 73); Sauerland (Plettenberg: H. WOLF brfl.); im Sieger- und im Hessischen Hinterland (H. WOLF 1953); Spessart (Weiherbachtal: 1 ♂ leg. E. SCHMIDT); Harz (Netzkater: 1 ♂, Thalmühle: 1 ♀, leg. A. PETRY, coll. m.; Sachsa: 8 ♀♀, coll. O. TASCHENBERG); Thüringer Wald (Zella-Mehlis: an Ribes nigrum 1 ♀, leg. coll. BLÜTHGEN; Hofteich bei Suhl: 1 ♂ coll. W. WEISS); Erzgebirge (Marienberg: 1 ♀ leg. coll. R. KRIEGER); Franken (Zeegendorf 1 ♀; Unterhaid 1 ♀: TH. SCHNEID 1941 S. 1014); Batzenhofen b. Augsburg (1 ♀ Mus. Augsburg); Pfalz (Leistadt: 1 ♀, coll. ZIRNGIEBL); Passau (W. WEYRAUCH 1937); Oberbayern (Berchtesgaden: 1 ♀ M. B.; Kreuth: 1 ♂ M. B.; Schliersee: M. B.; Kochel: W. WEYRAUCH 1937); Allgäu (Oberstdorf: M. B.).

Weitere Fundorte aus Mitteleuropa: Mähren (Altvatergebirge: 1 ♀ M. B.); Schweiz: Rosegtal (loc. typ.) und nach DE BEAUMONT 1944 in der Ebene wie im Gebirge nicht selten; Steiermark: 1 ♂ M. B.

Frankreich: Remiremont (loc. typ.); Montblanc (Nid d'Aigle, 2800 m): 1 ♂ coll. H. WOLF. Italien: Piemont (loc. typ.), ferner D. GUIGLIA 1948 S. 64. Schweden: Forsby sowie Sundborn und Karlsbyn in Dalarne (K. FAHLANDER, Opusc. entom. 1951 S. 45). Finnland: Pallastunturit (Kittilä) in Lappland: 2 ♀♀ leg. coll. E. VALKEILA, „wahrscheinlich in ganz Finnland" (VALKEILA brfl.). Gouv. Leningrad: BEQUAERT 1932 S. 125; Weißrußland (Lasewo bei Witebsk): DU BUYSSON 1905. Westkaukasien: loc. typ. „natio *colchica*". Mongolei (DU BUYSSON 1905). Insel Sachalin (idem).

Die Variationsbreite ist gering: beim ♀ kann der schwarze Fleck des Kopfschildes den Endrand erreichen, die im Regelfall vorhandenen 2 kleinen gelben Flecke des Hinterschildchens können fehlen, die je 2 schwarzen Flecke der Tergite 2—5 können auch auf dem 2. und 3. Tergit (wie auf den folgenden) isoliert sein oder aber mit der schwarzen Basalbinde verschmelzen Beim ♂ fehlen diese Flecke ganz oder größtenteils; die Mesopleuren und das Hinterschildchen können gelb gefleckt oder total schwarz sein.

---

[1]) Nach BEQUAERT 1932, S. 125.

[2]) Seine Angabe in „Nachr. Naturw. Mus. Aschaffenburg" 1953, H. 41, S. 85 „bei *Dolichovespula sylvestris* SCOP." beruht auf einem Versehen bei der Niederschrift (brfl.).

Es besteht vielleicht die Möglichkeit, daß *adulterina* gelegentlich auch ein Nest von *Dolichovespula norwegica* usurpiert. BISCHOFF hat auf Grund der Mitteilung von M. MÜLLER, das von diesem bei Berchtesgaden gefangene ♀ sei aus einem Nest von *norwegica* herausgeflogen, 1931 S. 334 diese Wespe als den Wirt bezeichnet. Nun weiß man nicht (und es läßt sich auch nicht mehr feststellen), was M. MÜLLER† unter *norwegica* verstanden hat, denn damals wurden diese und *saxonica* als artgleich angesehen, (wie auch BISCHOFF 1931 auf seine Vermutung von 1927 verweist, wo er aber *saxonica* als mutmaßlichen Wirt von *adulterina* genannt hatte.) Infolgedessen weiß man auch nicht, ob jenes Erdnest tatsächlich *norwegica* zugehörte, wofür sprechen könnte, daß jedenfalls *norwegica* häufiger in Erdlöchern nistet als *saxonica* (wenn man von FR. KOHL's Mitteilung oben S. 38 absieht). W. WEYRAUCH war übrigens der Meinung, daß zwischen jenem ♀ *adulterina* und dem Nest wahrscheinlich überhaupt keine engere Beziehung bestanden habe (1937 S. 253). Aber anderseits lebt *adulterina* in Nordamerika gesetzmäßig bei *Dolichovespula arenaria* (F.) var. *fernaldi* (Lewis) und ihre Unterart *arctica* bei *arenaria*, und nach BEQUAERT 1932 S. 115 ist *arenaria* äußerst nahe mit *norwegica* verwandt. Nimmt man hinzu, daß D. GUIGLIA 1948 S. 65 auf Grund der örtlichen Verhältnisse es für möglich hält, daß *adulterina* auch bei *norwegica* lebe, so scheint mir diese Frage der Nachprüfung wert zu sein.

2. *Pseudovespula omissa* (BISCH. 1931)

Vespa tripunctata n. sp. — SCHENCK Jb. Ver. Naturk. Nassau, 16, 1861, S. 16/17, 25, ♀. Loc. typ.: Bamberg. Standort des Typus: M. Mü. (Objektives Homonym von *Vespa tripunctata* F. 1787).

Vespula norwegica saxonica morpha *ingrica* nov. — A. BIRULA, Ann. Mus. Zool. Ac. Sci. URSS, 31, 1930, S. 309, ♀. Loc. typ.: Kaipolovo bei Leningrad, 20. 6. 1896, A. BIRULA leg.[1]) Standort des Lectotypus: M. L.

Vespa (*Vespula*) *omissa* n. sp. — BISCHOFF, Mitt. Dtsch. ent. Ges., 2, 1931, S. 6, ♀. Loc. typ.: Thüringen (SCHMIEDEKNECHT). Standort des Typus: M. B.

Pseudovespa (*Pseudovespula*) *omissa* (BISCH.) n. comb. — BISCHOFF, S.-B. Ges. naturf. Frd., (1930) 1931, S. 346 (2 Abb. S. 331, 333).

Vespula (*Pseudovespula*) *omissa* (BISCH.) n. comb. — BLÜTHGEN 1938 S. 272.

Pseudovespula omissa (BISCH.) n. comb. & ♂ (neu) — BLÜTHGEN 1943 S. 149.

Der von BIRULA beigelegte Name hat als der einer der Subspecies nachgeordneten taxonomischen Einheit kein nomenklatorisches Prioritätsrecht gegenüber *omissa* (vgl. R. RICHTER 1948 S. 104, 105). Das ist von W. WEYRAUCH 1937 S. 247 nicht beachtet worden.

Das ♀ ist für den ungeschulten Blick *Dolichovespula sylvestris* (SCOP.) ♀ recht ähnlich, unterscheidet sich aber, abgesehen von den strukturellen Abweichungen. leicht durch das dunklere Gelb, durch die in der Regel erweiterten Pronotumbinden, den eiförmigen schwarzen Punktfleck des Kopfschildes und durch das Vorhandensein von je 2 isolierten dunklen Punktflecken auf dem gelben Teil der Tergite 3 ff.; die ♂♂ bei der Arten gleichen sich so sehr, daß sie sich nur durch genaue Untersuchung auseinanderhalten lassen. Die Variationsbreite ist gering: die gelben Zeichnungselemente auf Kopf und Thorax·können stärker oder schwächer entwickelt sein, insbesondere können die Pronotumstreifen schmaler als normal ausfallen, und die 2 gelben Flecke auf dem Hinterschildchen können beim ♀ fehlen.

Omissa lebt in den Nestern von *Dolichovespula sylvestris*. Das ist von W. WEYRAUCH nachgewiesen (1937 S. 251) und von DE BEAUMONT bestätigt worden (1944 S. 332 f.). Sie hat ein der Verbreitung ihres Wirtes entsprechend weiträumiges Vorkommen. An Fundorten aus dem Gebiet sind mir bekannt geworden: Im Nordosten bis zur Oder Launingken, Kr. Angerapp, 1 ♀: MÖSCHLER 1939 S. 73; Rossitten: auf Angelica viele ♂♂, MÖSCHLER leg.; Zoppot: 1 ♀ 1 ♂ coll. P. TIMM; in Odernähe (PAUL 1943 S. 143); Harz (Sachsa und Stöberhai: ♂♂ coll. O. TASCHENBERG); Thüringen (loc. typ.; Oberhof: ♂♂ leg. H. KÖLLER; Wöllmisse bei Jena: 1 ♀ coll. CHR. COHRS; Groß-Wilsdorf bei Naumburg: 1 ♂ coll. K. DORN; Klein-Furra/Hainleite: 1 ♀ coll. G. MÜLLER); Franken (Bamberg: loc. typ. *tripunctata*; SCHNEID 1941 S. 1014; Aschaffenburg: 1 ♀ leg. J. HEINRICH, coll. m.; Thüngersheim: 1 ♂

[1]) Von den 12 vom Autor genannten Cotypen bestimme ich dieses Stück zum Lectoholotypus.

coll. J. HEINRICH; Rothenburg o. Tauber: M.B.); Taunus (Gr. Feldberg: 2 ♂♂ leg. E. SCHMIDT); Eifel (WEYRAUCH 1937 S. 251 ff.); Pfalz (Westheim: 1 ♀ Mus. Augsburg); Baden (LEININGER 1951 S. 120); Elsaß (Lützelburg: 1 ♂, Champ du Feu: 1 ♂, M. KLEIN brfl.); Schlesien (ohne nähere Angabe: GUIGLIA 1948 S. 62); Marburg (Hessen): 1 ♂ coll. H. WOLF; Aachen: M.B.

Sonstiges Vorkommen: Finnland (Helsinki 1 ♀, Hoplax 1 ♀: GUIGLIA l. c.; Hämeenlinna ♀ ♂ leg. coll. E. VALKEILA; Särkisalo = Finby, leg. coll. R. ELFVING: teste E. VALKEILA); Osteuropa (loc. typ. und die Fundorte der Cotypen von *ingrica*: BIRULA 1930 S. 309); Böhmen (Celakovica b. Prag: 1 ♂ coll. H. LEININGER); Tirol (Vintschgau: 1 ♀ M. B.); Schweiz (DE BEAUMONT 1944 S. 355: „in der Ebene ziemlich häufig, im Gebirge nicht so hoch gehend wie *sylvestris*"); Italien (Südtirol und Piemont: GUIGLIA l. c.); Nordost-Spanien: Valle de Arán (Lérida) 1 ♂ (DUSMET 1951); Bulgarien (ATANASSOV 1942 S. 222).

4. Gattung ***Paravespula*** BLÜTHG. (1938) 1943

Genotypus: *Vespa vulgaris* L. 1758 (BLÜTHGEN 1938)

Die kurzköpfigen sozialen paläarktischen Vespinae zerfallen in 2 Untergattungen: *Paravespula* und *Allovespula*. In beiden finden sich Arten, die ihr Verbreitungsgebiet auch auf die nearktische Zone erstrecken.

1. Untergattung *Paravespula* BLÜTHG. 1938.

Subgenotypus: *Vespa vulgaris* L. 1758.

Unsere beiden *Paravespula*-Arten sind das, was der Laie schlechthin unter „Wespen" versteht. Die sehr große Aktivität der Arbeiterinnen, die Hast und Zudringlichkeit, mit der sie in die menschlichen Behausungen eindringen und ohne jede Scheu vor dem Menschen über alles, was ihnen scheint, herfallen, dazu die große Zahl, in der sie unter normalen Verhältnissen auftreten, und obendrein ihre Stechlust machen sie den meisten Menschen verhaßt. Darüber, daß sich diese für die Betroffenen unerfreulichen Lebensgewohnheiten einfach aus dem ungeheuren Nahrungsbedarf der meist sehr volkreichen Wespenstaaten erklären, sind sich die wenigsten klar. In nassen und kühlen Sommern scheinen die Nester, soweit sie unterirdisch angelegt sind, durch Schimmelbildung außerordentlich geschädigt zu werden. So habe ich hier 1955 kaum einmal eine ☿ von *germanica* und von *vulgaris* zu Gesicht bekommen, und 1956 war es nicht anders. Solche Witterung wie in diesen Jahren läßt natürlich eine Wespenplage nicht aufkommen.

1. *Paravespula* (*Paravespula*) *vulgaris* (L. 1758)

Vespa vulgaris n. sp. — LINNAEUS, Syst. nat. Ed. 10ª, 1758, S. 572, n. 2, ♀. Loc. typ.: Schweden. Kein Typus s. str. vorhanden[1]).

Vespa communis n. sp. — SAUSSURE, Stettin, entom. Ztg., **18**, 1857, S. 117, ♀[2]). (Homonym von *Vespa communis* SCHRANK 1785). Loc. typ.: Nordamerika. Standort des Typus: ?

Vespa (*Vespula*) *vulgaris* L. nov. comb. — THOMSON, Opusc. entomol. **1**, 1869, S. 81, n. 6, ♀ ☿ ♂.

Vespa alascensis n. sp. — PACKARD, Trans. Chicago Ac. Sci. **2**, 1870, S. 27, T. II Fig. 10, ♀[2]). Loc. typ.: Unterlauf des Yucon (Alasca). Standort des Typus: ?

Vespa westwoodii n. sp. — SHIPP, Psyche, **6**, 1893, S. 450[2]). Loc. typ.: Boreales Amerika. Standort des Typus: ?

Vespa vulgaris L. var. *pseudogermanica* n. var. ☿ — STOLFA, Ann. Soc. entom. Ital., **11**, 1932, S. 29. Loc. typ.: Venezia Julia. Standort des Typus: ?

Paravespula (*Paravespula*) *vulgaris* (L. 1758) nov. comb. — BLÜTHGEN (1938) 1943 S. 149.

Diese Art ist holoarktisch. Wegen ihrer Verbreitung in Nordamerika siehe J. BEQUAERT 1932 S. 91/92. In Europa kommt sie vom hohen Norden Skandinaviens bis Südeuropa vor,

[1]) Siehe Fußnote S. 27.

[2]) Synonymie nach BEQUAERT 1932 S. 90.

hier aber nur in den Gebirgen: DUSMET 1935 gibt für Spanien Covadonga (Asturien) als Fundort an und nennt sie „sehr selten in Spanien", 1951 verzeichnet er einige Fundorte in den nordspanischen Gebirgen, und J. H. H. YARROW fand ♀♀ in den Pyrenäen bei Jaca und Canfranc sowie in der Sierra da Guadarrama bei Segovia (B.M.), aus Portugal sah ich 2 ☿☿ von Cintra bei Lissabon, Cast. de Mauros, aus M. St., während *vulgaris* nach D. GUIGLIA 1948 in Italien bis Sizilien zu finden ist. In Nordafrika fehlt sie. Für Kleinasien habe ich nur die Angabe von FAHRINGER 1922 gefunden, der als Fundorte Gebseh[1]) und Konia nennt und außerdem *vulgaris* als „häufig im Gebiete" bezeichnet, aber ich vermute, daß eine Verwechslung mit *germanica* vorgekommen ist, die in Kleinasien weit verbreitet, von FAHRINGER jedoch nicht erwähnt worden ist.

Variationsbreite: Beim ♀ ist sie sehr gering (vgl. Abb. 19): die Schläfen können oben und unten je einen gelben Fleck haben, oder diese können zu einer Binde verschmelzen; auf der Rückwand des Mittelsegments können 2 gelbe Flecke auftreten, wie sie bei der ☿ die Regel bilden; auf dem 2.—5. Tergit können im gelben Teil 2 isolierte schwarze Punkte vorhanden sein, oder diese können (namentlich bei den ☿☿) ± vollständig in der erweiterten schwarzen Färbung der Basis aufgehen. Bei ☿♂ hat das 1. Tergit oft die Verteilung der schwarzen und der gelben Pigmentierung, die *germanica* kennzeichnet (var. *pseudogermanica* STOLFA) (Abb. 19 b); diese Form tritt mit der normalen Zeichnung in denselben Nestern auf und kann in diesen stark überwiegen (vgl. GUIGLIA 1948 S. 51)[2]).

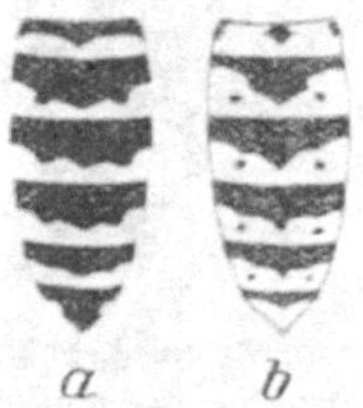

Abb. 19. *Paravespula vulgaris* (L.) ♀♀: Hinterleibsbezeichnung: a normal, b var. *pseudogermanica* (STOLFA). (DE BEAUMONT 1944)

Über den Nestbau sagt W. WEYRAUCH 1935 S. 495: „Stets in geschlossenen Räumen, meist unterirdisch, in abschüssigen Erdstellen, wie z. B. in Böschungen usw. viel häufiger als in ebenen Erdflächen; seltener oberirdisch, wie in Mauern, hohlen Bäumen, Bienenkästen und dgl. Nie außen an Gebäudewänden unter Dach- und Mauervorsprüngen gefunden." Mir sind jedoch 2 Fälle bekannt, in denen *vulgaris* das Nest außen an einem Gebäude angebracht hatte: Ein großes Nest befand sich außen an einem Bodenfenster eines Landhauses in Dölau bei Halle/Saale, und zwar im unteren Winkel der Fensterumrahmung, und Anfang Juni 1956 konnte ich in Mägdesprung (Ostharz) beobachten, wie ein ♀ sein Anfangsnest frei unter dem vorspringenden Holzdach des Balkons meines Hotelzimmers baute[3]). Das Nest wird in grober Struktur aus sehr brüchigem, lehmgelben Baustoff hergestellt, der aus dem ± angefaulten bräunlichen Holz aus Baumstümpfen oder aus dem Inneren vermorschter Holzpfosten besteht; nach WEYRAUCH (1935 S. 511) wird auch gern Torf dazu verwandt. An dieser Farbe und Brüchigkeit, die nur bei Hornissennestern ähnlich ist, ist die Artzugehörigkeit sofort zu ersehen. Bei jenem Anfangsnest bestand die kugelförmige Hülle übrigens nicht aus einem Gefüge dachziegelartig angeordneter muchelförmiger Blättchen, wie es die Vollnester haben (WEYRAUCH 1935 S. 506, 508), sondern aus einer dünnen, rauhen, einheitlichen Schicht wie bei den *Dolichovespula*-Nestern und war auch nur oben am Neststiel befestigt.

Die Nester haben nach W. WEYRAUCH im Höhepunkt der Entwicklung durchschnittlich 1200 Insassen, können aber bis 2300 haben.

[1]) = Gegbüse, am Golf von Ismid.

[2]) J. DE BEAUMONT hat 1944 S. 356 angedeutet, die Form *pseudogermanica* sei vielleicht mit *Vespa mixta* SCKENCK 1853 identisch. Aber SCHENCK hat dort keine nomenklatorisch wirksame Benennung vorgenommen.

[3]) Vorsorglich bemerke ich, daß ich natürlich die Nestmutter eingefangen und auf ihre Artzugehörigkeit untersucht habe, obwohl schon die Nestfarbe für sich allein genügt hätte.

Sie beherbergen laut Schrifttum eine große Zahl von Schmarotzern und anderen Mitbewohnern, von denen die Schlupfwespe *Sphecophaga vesparum* CURT., die Maden von *Volucella-*, *Conops-* u. a. Fliegenarten und an Käfern *Velleius dilatatus* (F.) und *Metoecus paradoxus* (L.) erwähnt sein mögen.

2. *Paravespula* (*Paravespula*) *g. germanica* (F. 1793)

Vespa Germanica n. sp. — FABRICIUS, Entom. system. II, 1793, S. 256, n. 11, ♀. Loc. typ.: Kiel. Typus nicht mehr vorhanden.

Vespa (*Vespula*) *Germanica* F. n. comb. — THOMSON, Opusc. entom., 1, 1869, S. 82, n. 7, ♀☿♂.

Paravespula (*Paravespula*) *germanica* n. comb. — BLÜTHGEN (1938) 1943 S. 149.

Diese Art ist in der paläarktischen Zone die häufigste und verbreitetste Vespine, sie kommt in ganz Europa (nur im Norden Skandinaviens und anscheinend in Finnland fehlend), in Nordafrika (einschließlich der Kanarischen Inseln und Madeiras), in Kleinasien und im übrigen paläarktischen Asien vor. In Indien tritt sie in 2 Unterarten (*flaviceps* [SM.] und *stizoides* [BUYSS.]) auf. In ihrem sonstigen Verbreitungsgebiet, also bei der typischen Unterart, ist die Färbung ungewöhnlich gleichmäßig. Stücke aus dem behandelten Gebiet variieren nur so: Die Pronotumlängsbinden können gelegentlich schmal und bandförmig (wie bei *vulgaris*) sein; die schwarze Grundpigmentierung der Tergite 2 bis 5 kann so erweitert sein, daß die Doppelflecke entweder auf einigen oder auf allen von ihnen mit ihr verschmelzen, und in diesem Falle tritt auch eine ± erhebliche Vergrößerung der 3 schwarzen Flecke der Scheibe des 1. Tergits auf (vgl. Abb. 20a, b).

So wie in Deutschland sieht *germanica* auch anderwärts aus; die Variationen, die THOMSON 1874 für Schweden verzeichnet (4 für ♀, 6 für ☿ und 4 für ♂), halten sich in diesem Rahmen. Nur die Population, welche die Cyrenaica und Libyen besiedelt, unterliegt den ihrer Art nach noch ungeklärten dortigen ökologischen Einflüssen, die bewirken, daß wie bei vielen Eumeniden die Zusatzpigmentierung statt gelb tomatenrot ist.

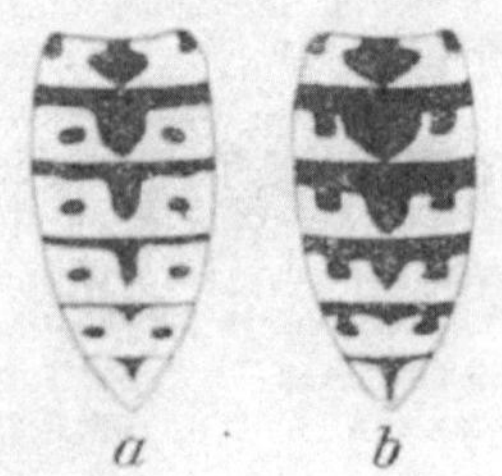

Abb. 20. *Paravespula germanica* (F.): ♀♀ (Variationen). (DE BEAUMONT 1944)

Im Gebiet ist *germanica* überall häufig bis gemein, tritt aber im Bergland gegen *vulgaris* merklich zurück.

Über ihre Biologie ist sehr viel geschrieben worden. Nach W. WEYRAUCH 1935 S. 496 nistet sie „ausschließlich in geschlossenen Räumen, z. B. unter dem Dach eines Speichers oder in leeren Bienenständen, auch mal in einer Strohmiete, aber fast stets unterirdisch, in ebenen Erdflächen ebenso häufig wie in abschüssigen Stellen, nie außen an Gebäuden; bei unterirdischen Nestern kann die Ganglänge bis 60 cm und mehr betragen." Die Nester sind sehr volkreich: WEYRAUCH nennt für den Entwicklungshöhepunkt 1500 Insassen, aber H. BLUNCK hat 1943 (Zool. Anz., **142**, S. 51 ff.) von einem Nest berichtet, das bei einer Breite und Höhe von je 35 cm Anfang Oktober 14 Waben mit rund 20000 Zellen und an Imagines 2580 ☿☿, 1285 ♀♀ und 1173 ♂♂ enthielt. In unseren Breiten dürften noch größere Nester kaum vorkommen, was aber im Süden der Fall sein soll.

Die Nester werden aus grauem Baustoff gefertigt, den verwittertes entrindetes Fichtenholz liefert; die Nesthülle besteht nach W. WEYRAUCH aus kleinen, muschelförmig gewölbten, dachziegelartig angeordneten Schuppen, die in 2—4 Schichten dicht aufeinander liegen,

Auch in den Nestern von *germanica* gibt es laut Schrifttum eine Fülle von Schmarotzern, u. a. *Sphecophaga vesparum* CURT., *Metoecus paradoxus* (L.) und die bei *vulgaris* genannten und weitere Fliegenarten.

2. Untergattung *Allovespula* Blüthg. 1943

Subgenotypus: *Vespa rufa* L. 1758 (Blüthgen 1943 S. 149)

In dieser Untergattung steht nur eine Art, *rufa*, die in einer Reihe von Unterarten über die ganze holoarktische Zone verbreitet ist. Als Kommensale lebt in ihren Nestern in demselben Gebiet *Vespula austriaca* (Panz.)

(3.) *Paravespula* (*Allovespula*) *r. rufa* (L. 1758)

Vespa rufa n. sp. — Linnaeus, Syst. nat. Ed. 10ª, I, 1758, S. 572, n. 3. Loc. typ.: Schweden. Typus nicht vorhanden.[1])
Vespa (*Vespula*) *rufa* (L.) n. comb. — Thomson, Opusc. Entom., 1, 1869, S. 82, n. 9, ♀ ☿ ♂.
Pseudovespa r. rufa (L.) n. comb. — A. Birula 1930, S. 136, 137.
Paravespula (*Allovespula*) *rufa* (L.) n. comb. — Blüthgen 1943 S. 149.

Über die nearktischen Unterarten von *rufa* und ihre Verbreitung siehe Bequaert 1932 S. 97—105. In der paläarktischen Zone besiedelt die typische Unterart (Zusatzpigmentierung gelb, die beiden vorderen Tergite mit ± ausgedehnter roter Grundfärbung) Europa und Asien bis zum Baikalsee, weiter östlich wird sie durch die Unterart *Schrenckii* (Rad. 1861) (*sibirica* [Ed. André 1884]) abgelöst, bei der rote Färbung der ersten Tergite fehlt und die lichte Zeichnung gelblichweiß oder elfenbeinweiß ist. (Näheres hierüber bei A. Birula 1930 S. 136ff.).

In Europa kommt *r. rufa* vom Norden Skandinaviens und Finnlands bis in die Nordgebirge Südeuropas vor (für Spanien bezeichnet sie Dusmet 1935 als sehr selten und nur im Valle de Orduña in der Prov. Vizcaya als häufiger, 1944 nennt er auch das Valle de Ordesa in den Pyrenäen; ebenfalls in den Pyrenäen (Jaca, Canfranc und Arguis) fand sie J. H. H. Yarrow (B. M.); für Italien führt sie D. Guiglia für die Gebirge Oberitaliens an mit dem südlichsten Vorkommen im Römischen Apennin). In England ist sie nach Edw. Saunders 1896 allgemein verbreitet und gemein. In Frankreich kommt sie nach L. Berland 1928 überall vor, hauptsächlich im Norden bis zur Mitte des Landes, im Süden dagegen selten und nur im Gebirge. In der Schweiz ist sie nach de Beaumont 1944 S. 358 häufig, namentlich im Bergland, wo sie bis 1800 m hoch gehe. In Tirol ist sie nach Fr. Kohl 1879 nicht selten, am liebsten in der montanen Region, selbst im subalpinen Gebiet bis 2300 m. Für Bulgarien siehe Atanassov 1942, für Osteuropa A. Birula l. c. Aus Kleinasien ist sie noch nicht nachgewiesen. In Nordafrika fehlt sie (die Angabe „Algerien" bei Ed. André 1884 ist unverbürgt).

Im Gebiet hat *r. rufa* ungefähr dieselbe Verbreitung wie *Dolichovespula sylvestris* (Scop.). Hier im mittleren Saaletal tritt sie nur zerstreut und einzeln auf.

Die individuelle Färbungsveränderlichkeit ist bei den ♀♀ ziemlich, bei den ☿♂ sehr groß, weniger an Kopf und Thorax, wo sie sich im wesentlichen auf die Entwicklung der schwarzen Kopfschildmakel, auf die Breite der Pronotumbinden und (beim ♀) auf das Ausfallen gelber Abzeichen auf dem Hinterschildchen beschränkt, als vielmehr auf den vorderen 2 Tergiten: hier kann die beim ♀ bräunlichrote, bei ☿♂ hellrote Aufhellung der Grundpigmentierung sehr geringe Ausdehnung haben und ausnahmsweise (namentlich beim ♂) ganz fehlen, sie kann aber auch (hauptsächlich bei ☿♂) die schwarze ± weitgehend (bis auf 3 Flecken, ähnlich der Zeichnung von *germanica*) oder völlig verdrängen; auf Tergit 1 können die linearen gelben Streifen an der Vorderkante der Scheibe wegfallen; bei ☿♂ kann auch die Basis des 1. Tergits ausgedehnt hellrot werden; auf den Tergiten 2—5 können hinter der schwarzen Basalpartie 2 isolierte Punktflecke vorhanden oder diese mit jener verschmolzen sein. Zwischen diesen Extremen gibt es die mannigfaltigsten Übergänge. Am Glanz und an der sehr ausgeprägten, kräftigen Punktierung der Tergite sind auch die dunkelsten Färbungsphasen leicht zu identifizieren.

Die Nestmütter trifft man an Weidenkätzchen, Obstbaumblüten, Ribes nigrum, Stachelbeeren, Berberis, Rhamus frangula, die ☿☿ an Scrophularia, Symphoricarpus und dann

[1]) Siehe S. 27 Fußnote.

mit den ♂♂ namentlich auf Doldengewächsen, bes. Pastinak, Heracleum, Angelica. Wie die ☿☿ auf große Bremsen (*Tabanus autumnalis* L.) Jagd machen, hat K. MAYER kürzlich geschildert.[1])

Die Nester werden stets unterirdisch oder in flachen Vertiefungen auf der Erde untergebracht, und *rufa* meidet dabei auch feuchtes Gelände nicht: WANACH fand auf außerordentlich feuchtem, auch im Sommer zuweilen ganz unter Wasser gesetztem Gebiet ein Nest zwischen den Wurzelästen einer Birke[2]), und R. SCHOLZ sagt, *rufa* niste in den oberschlesischen Moorwäldern in flacher, etwa 10 cm tiefer Mulde.[3]) Die Nester, für die *rufa* dasselbe Material verwendet wie *germanica*, sind flach, viel breiter als hoch, die Hülle ist aus großflächigen, muschelförmigen Abschnitten zusammengesetzt (vgl. Abb. bei ANDRÉ 1884 T. XXX Fig. 1); die Waben sind, der Nestform entsprechend, außergewöhnlich breit, dafür an Zahl nur wenige (E. HOFFER fand laut v. SCHULTHESS 1887 S. 18 in 10 Nestern nur je 3, WANACH l. c. 4), die Anzahl der Zellen wechselte bei HOFFER von 500—600 als Minimum bis mehr als 3000 als Maximum, im WANACHschen Fall betrug sie etwa 2000, und im Nest fand HOFFER beim kleinsten etwa 50, beim größten zwischen 1000 und 1500 Insassen, davon (im letztgenannten Fall) etwa 400 ♀♀ und 400 ♂♂.

Kommensale dieser Art ist *Vespula austrioca* (PANZ.). *Sphecophaga vesparum* CURT. sucht auch die Nester von *rufa* heim (teste F. SMITH 1856). SMITH will auch die Goldwespe *Chrysis ignita* (L.) aus einem *rufa*-Nest erhalten haben, was von jedem nachfolgenden Autor übernommen worden ist, mir aber sehr zweifelhaft erscheint.

5. Gattung ***Vespula*** THOMSON 1869

Genotypus: *Vespa austriaca* PANZ. 1799 (ASHMEAD 1902)

Diese Gattung enthält als einzige Art den Genotypus, der holoarktische Verbreitung hat.

Vespula austriaca (PANZ. 1799)

Vespa Austriaca n. sp. — PANZER, Faun. Insect. German. 6, 1799, P. 63 T. 2, ♂. Loc. typ.: bei Wien. Typus nicht erhalten.

Vespa borealis n. sp. — SMITH, Zoologist, **1**, 1843, S. 170, n. 6, ♀. Loc. typ.: Yorkshire und Nordschottland. Standort des Typus: M. O. ? (Homonym von *Vespa borealis* W. KIRBY 1837).

Vespa arborea n. nom. — SMITH, Zoologist, **7**, 1849, App., S. 60 (nom. nov. für *borealis* SM.).

Vespa biloba n. sp. — SCHILLING, 28. Jber. schles. Ges. f. vaterl. Cultur i. J. 1850, 1851, 1. Abt., S. 77, ♀. Loc. typ.: Schlesien. Standort des Typus: ?

Vespa infernalis n. sp. — SAUSSURE, Étud. fam. Vespid. II. Vesp., 1853, S. 139, n. 19, ♀. Loc. typ.: Philadelphia. Standort des Typus: ?[4])

Vespa (Vespula) Austriaca (PANZ.) n. comb. — THOMSON, Opusc. entom., **1**, 1869, S. 82, n. 8. ♀ ♂.

Vespa tripunctata n. sp. — PACKARD, Trans. Chicago Ac. Sci. **2**, 1870, S. 26, ♀. Loc. typ.: Kutleet (Alaska). Typus verloren.[4]) (Homonym von *Vespa tripunctata* F. 1787).

Pseudovespa Austriaca (PANZ.) n. comb. — SCHMIEDEKNECHT, Entom. Nachr., **7**, 1881, S. 313, 317 (♀), 318 (♂).

Vespula austriaca (PANZ.) n. comb. — ASHMEAD, Canad. Entom., **34**, 1902, S. 163ff.

Diese Art ist Kommensale bei *Paravespula rufa* (L.) in deren verschiedenen Unterarten.

Wegen ihrer Verbreitung in Nordamerika siehe BEQUAERT 1932 S. 107, wegen ihrer Verbreitung in Asien und Osteuropa A. BIRULA 1930b S. 132f.; in Osteuropa ist sie nach F. MORAWITZ 1864 um Leningrad häufig. Im übrigen Europa kommt sie von Skandinavien (in Schweden nach THOMSON 1874 bei

---

[1]) Mitt. Dtsch. Ent. Ges., **15**, 1956, S. 15.

[2]) Dtsch. Ent. Z. 1918 S. 417.

[3]) „Bienen und Wespen“, Leipzig (Quelle & Meyer), 1913, S. 184.

[4]) Synonymie nach J. BEQUAERT 1931 S. 106.

Stockholm und in Westergötland gefunden), in Finnland (nach Forsius & Nordström 1923 im Süden ziemlich spärlich, nördlicher häufiger und bis zum 69°) und England (von Edw. Saunders 1896 nur von einigen Orten genannt und nur ♀♀) bis in die gebirgigen Nordbezirke Südeuropas vor.

Im Gebiet ist sie ± selten gefunden worden, und zwar sind mir folgende Nachweisungen bekannt: Im Norden östlich der Oder (Rossitten: 1 ♀, Möschler 1939; Zoppot: 1 ♀, 1 ♂ coll. P. Timm; Gollnow: Paul 1943); Nordwestdeutschland (Alfken 1914, Wagner 1938 S. 110); Gebiet der oberen Lahn, der Dill und Sieg (H. Wolf 1953: ♂♂ überall an Angelica, ♀♀ seltener); Elberfeld (1 ♀ leg. E. Schmidt); Geisenheim (desgl.); Harz (Benneckenstein: 1 ♀ leg. A. Petry; Sachsa: ♂♂ coll. O. Taschenberg); Thüringen (Schmiedeknecht 1881; Wöllmisse bei Jena: 1 ♀ coll. Chr. Cohrs; Wethautal bei Naumburg: 1 ♂ coll. H. Maertens; Friese 1883; Elstertal bei Greiz: 1 ♂ coll. K. Dorn; Halle/Saale („Jägerberg": 2 ♀♀ coll. O. Taschenberg); Sachsen (1. Nachweis: Krieger 1894; Arnsgrün i. Vogtl.: 1 ♂ coll. Reinh. Krieger; Königstein: 1 ♂ desgl.); Franken (Erlangen: 1 ♀ leg. E. Stöckhert, coll. m.; Schneid 1941 S. 1014), Baden (Leininger 1951 S. 120; Feldberg: 1 ♀ von mir gesehen), Pfalz (Speyer: 1 ♂ coll. Zirngiebl); Elsaß (M. Klein brfl.); Schlesien (Dittrich 1921; Scholz 1913).

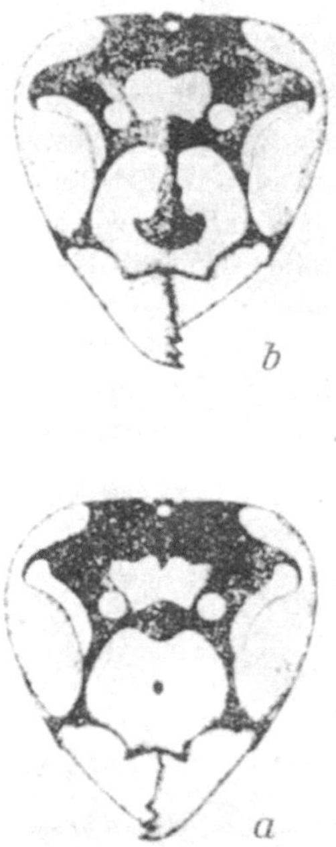

Abb. 21. Gesicht von: a *Vespula austriaca* (Panz.) ♀, b von *Paravespula rufa* (L.) ♀. (de Beaumont

Ferner: Schweiz (nach v. Schulthess 1887 „ziemlich selten", nach de Beaumont 1944 S. 361 „nicht sehr selten, bes. in gebirgigen Gegenden"); Frankreich (nach Berland 1928 in den Vogesen, in Savoyen und in den Pyrenäen); Nordspanien (4 ♀♀ 1 ♂: Dusmet 1951); Italien (nach D. Guiglia 1948 selten in Südtirol, Piemont und der Lombardei); Tirol (nach Fr. Kohl 1879 die seltenste Vespine); Belgien (Crévecoeur & Maréchal 1932 S. 66, 1935 S. 398); Bulgarien (1 Fund: Atanassov 1942.)

Die Färbung ist ziemlich veränderlich: Thomson nennt 1874 für Schweden vom ♀ 6 Varietäten, vom ♂ 5, Schmiedeknecht beschreibt aus Thüringen vom ♂ 7 verschiedene Zeichnungen; beim ♀ ist es in der Hauptsache das 1. Tergit, das dabei in Betracht kommt, je nach dem Umfang, in dem die gelbe Zusatzpigmentierung die schwarze Grundfärbung zurückdrängt und modifiziert. Stücke mit zusätzlicher rötlicher Tönung auf dem 2. Tergit, die im Schrifttum erwähnt werden, habe ich noch nicht gesehen.

Nachdem schon F. Morawitz 1864 und Thomson 1874 aufgefallen war, daß bei *austriaca* offenbar nie ☿☿ vorhanden waren, und Schmiedeknecht 1881 die Vermutung ausgesprochen hatte, daß sie in den Nestern von *Vespa rufa* lebe und zu dieser in demselben Verhältnis stehe wie die *Psithyrus*-Arten zu den *Bombus*-Arten, gelang (nach H. Bischoff 1931 S. 338) der tatsächlich Nachweis hierfür zuerst Robson 1887. Er wurde dann von späteren Autoren durch Nestbefunde bestätigt (insbes. W. Weyrauch 1937 S. 249 ff.).

2. Unterfamilie **Polistinae**

Bestimmungsschlüssel für die Gattungen und Untergattungen

1. Äußere Breitseite der Oberkiefer schwach gewölbt bis eben. Schläfen nicht geschwollen. Die Mitte des Kopfschildendes ragt über eine die unteren Seitenecken des Kopfschildes verbindende Linie vor.

   Staatenbildende Nestbauer mit Arbeiterkaste.

1. Gattung *Polistes* LATR. (49). 2.

Äußere Breitseite der Oberkiefer ausgedehnt der Länge nach breit eingedrückt. Schläfen geschwollen, so daß sie bei Betrachtung des Kopfes von vorn oben hinter den Netzaugen hervortreten. Die Mitte des Kopfschildendes ragt über eine die unteren Seitenecken des Kopfschilds verbindende Linie nicht vor.

Kommensalen bei *Polistes*-Arten, ohne eigene Arbeiterkaste.

2. Gattung *Sulcopolistes* BLÜTHG. (56)

2. Schläfen beim ♂, von oben gesehen, hinter den Augen abgerundet; Kopfschildende beim ♂ mitten winkelförmig (mit ± abgerundeter Spitze), beiderseits von der Oberkiefereinlenkung durch eine Einbuchtung abgesetzt. Untergattung *Polistes* LATR.

Schläfen beim ♂, von oben gesehen, hinter den Augen ein sehr kurzes Stück parallel, dann stark geradlinig abgeschrägt; Kopfschildende in ganzer Breite bogenförmig vorgezogen. Untergattung *Leptopolistes* BLÜTHG.

1. Gattung **Polistes** LATR. 1802

Genotypus: *Vespa Gallica* LINNAEUS 1767 (LATREILLE 1810)[1])
Syn.: *Polistula* WEYRAUCH 1939[2])
Genotypus: *Polistes Kohli* DALLA TORRE 1904 (WEYR. 1939 S. 148)

In Europa kommen 7 Arten dieser Gattung vor, und zwar 3 Arten aus der Untergattung *Polistes*: *gallicus* (L.), *nimpha* (CHRIST) und (in 2 Unterarten) *biglumis* (L.), und 4 Arten aus der Untergattung *Leptopolistes*: *associus* (KOHL), *foederatus* (KOHL), *omissus* (WEYR.) und *Bischoffi* (WEYR.). Der mitteleuropäischen Fauna gehören davon an *gallicus*, *nimpha*, *biglumis* in der Unterart *bimaculatus* (GEOFFR. in FOURCR.) und *Bischoffi*. Aus dem Gebiet sind bisher nur die 3 erstgenannten Arten nachgewiesen.

Die gelbe Zeichnung ist bei jeder der 4 Arten individuell, d. h. auch innerhalb einer und derselben Population und sogar unter Nestgeschwistern, ± veränderlich. Aber jede von ihnen weist im mitteleuropäischen Raum gewisse Färbungseigentümlichkeiten auf, die stets, teils für sich allein, teils in Verbindung mit weiteren Merkmalen, die Artzugehörigkeit der einzelnen Individuen zuverlässig aufzeigen.[3]) Die Unterscheidung der mitteleuropäischen Arten, die früher unüberwindliche Schwierigkeiten bot, ist deshalb kein Problem mehr, seitdem FR. KOHL 1907 wenigstens die ♂♂ von 4 Arten nach ihren spezifischen Strukturmerkmalen erfaßte und gut kennzeichnete und KL. ZIMMERMANN 1930 auch die Unterscheidung der ♀ ☿, die KOHL noch nicht möglich gewesen war, gelang.

Die Unterschiede, die zwischen den einzelnen Arten in der Skulptur (insbes. bei den ♀ ☿ in der des Kopfschildes) und in der Art der Behaarung und Beborstung des Kopfschildes bestehen, sind äußerst subtiler Natur und deshalb für den Ungeübten bei der Determination eine wenig geeignete Erkenntnisquelle. Aus diesem Grunde habe ich sie im Bestimmungsschlüssel im allgemeinen nicht erwähnt.

Die *Polistes*arten erbauen, wie bekannt ist, hüllenlose Papiernester aus Holzstoff, manchmal aus zerfasertem Papier, die im Regelfall aus einer einzigen Wabe im Querschnitt sechs-

---

[1]) Die Angabe bei BOHART 1951 S. 878, die Genotypusbestimmung sei erst 1840 durch BLANCHARD vorgenommen worden, ist irrtümlich; BLANCHARD hat übrigens l. c. überhaupt keine Typen fixiert, wie ich 1955c S. 79ff. (wie ich hoffe: überzeugend) dargelegt habe.

[2]) Zur Stellung dieser Einheit siehe BLÜTHGEN 1941b S. 243 u. 1943a S. 94f.

[3]) Deshalb lassen schon Photographien sehr oft die Artzugehörigkeit der aufgenommenen Individuen sicher erkennen: so ist in dem Aufsatz „Die Gallische Wespe" von Dr. R. BOTT („Natur und Volk", Frankfurt/Main, 81, 1951, S. 322ff.) *Polistes* „*gallicus*" auf den Nestbildern 1, 2 und 3 (aus Brussa, Anatolien, lt. brfl. Mitt. des Autors) und 5 und 6 (aus Eppstein i. Taunus, desgl.) unverkennbar *nimpha* (CHRIST).

eckiger Zellen bestehen und nur äußerst selten doppelstockig sind. Jede der 3 Arten hat in der Wahl der Örtlichkeit für den Nistplatz, in der Art des Baustoffs und in der Bauweise ihre besonderen Eigenheiten, so daß man schon danach die Artzugehörigkeit der Nestgemeinschaft bestimmen kann. (Einen Schlüssel hierfür habe ich 1943 a S. 107 ff. mitgeteilt.)

Wegen der Lebensweise wird auf die Arbeiten von W. WEYRAUCH verwiesen. Bemerkenswert ist, daß nach R. BOTT (siehe Fußnote) — ich hatte nicht Gelegenheit, die Berichte selbst zu lesen — der französische Biologe DELEURANCE mitgeteilt hat, die von ihm durchgeführten experimentellen Untersuchungen hätten ergeben,

1. daß aus Junglarven je nach der Art des ihnen im 1. Drittel des Larvenstadiums verabfolgten Futters in Verbindung mit der Höhe der Außentemperatur sowohl Geschlechtstiere als auch Arbeiterinnen entstehen könnten,
2. daß es bei erwachsenen Larven oder bei Puppen nur von der Außentemperatur abhänge, ob sie Geschlechtstiere oder nur Arbeiterinnen ergäben,
3. daß aus den von Arbeiterinnen gelegten Eiern nicht nur ♂♂ sondern auch ♀♀ hervorgehen könnten,

mithin sei die Entstehung von Geschlechtstieren oder von Arbeiterinnen nicht erblich festgelegt, sondern sie werde durch äußere Umstände bewirkt. Diese letzterwähnte Abweichung von der bekannten sog. DZIERZONschen Regel steht im Einklang mit dem, was schon von Ameisenarten und der Kap-Honigbiene bekannt war (vgl. BISCHOFF 1927 S. 492, 494).

Blütenbesuch: namentlich Schirmpflanzen (Pastinaca, Angelica, Libanotis, Daucus u. a.), Reseda lutea, Aster parviflorus, Scrophularia nodosa, Solidago canadensis, Epheu, Zwiebeln u. a. *Polistes gallicus* soll in Weinbergen an Trauben schädlich werden (KÖPPEN in Horae Soc. ent. Ross. **3**, 1865/66, S. 289, auch unter Berufung auf PALLAS). Ich habe in einem Falle beobachtet, daß sich ☿☿ derselben Art am Kaffeetisch ebenso lästig machten, wie es die ☿☿ von *Paravespula germanica* (F.) zu tun pflegen.[1])

Feinde: Wespenbussard (siehe bei *nimpha*); die Larven werden geraubt von Mäusen, Kohlmeisen, Mauereidechsen (nach einer Mitteilung von K. HEGENER in den „Blättern für Aquarien- und Terrarienkunde“, Ameisen (FAHRINGER 1919, S. 48). Typischer *Polistes*-Parasit ist die Schlupfwespe *Endurus argiolus* (ROSSI); ferner sind die Schlupfwespen *Mesostenus gladiator* (SCOP.) und *Ephialtes extensor* TSCHBG. genannt. SCHENCK erhielt aus einem Nest von entweder *Pol. nimpha* oder *Pol. biglumus bimaculatus* den Käfer *Trichodes alvearius* F. Auch die Fliege *Plionychia conica* R.D. soll bei *Polistes* schmarotzen.

Die Imagines beherbergen, oft in Mehrzahl, die Geschlechter verschiedener Arten der Strepsipteren-Gattung *Xenos* ROSSI; der Cephalothorax des ♀ und die Puppe oder Puppenhülle des ♂ ragen zwischen je 2 Tergiten oder Sterniten hervor. Siehe dazu BLÜTHGEN 1943 b S. 113 f. und die Zusammenstellung „Verzeichnis der *Strepsiptera* und ihrer Wirte“ von K. HOFENEDER & L. FULMEK (Arb. phys. u. angew. Entom. Berlin-Dahlem, **9**, 1942, S. 179 bis 185, 249—283; **10**, 1943, S. 32—58, 139—169, 196—230).

Schrifttum: BLÜTHGEN 1943 a und die dort erwähnten Arbeiten.

Bestimmungsschlüssel

Bei den ♂♂ sind weißlichgelb das Gesicht bis zur Höhe der Sinus hinauf, die Oberkiefer, Oberlippe und ausgedehnt die Thoraxunterseite sowie die Vorderseite der Hüften.

1. Fühlergeißel beider Geschlechter (mit Ausnahme der geschwärzten Oberseite des 1. und eines keilförmigen schwarzen Streifens der Oberseite des 2. Gliedes) orangegelb. Behaarung der Thoraxoberseite winzig.

---

[1]) BLÜTHGEN 1943 a S. 113.

♀ ☿: Wangen stets, Oberkiefer (in der Regel) nicht gelb gefleckt; Kopfschild stets total gelb. Mesonotum vorn beim ♀ häufig, beim ☿ seltener mit 2 gelben Komma- oder Punktflecken. Sternit 6 gelb, höchstens an der Basis schmal schwarz.

♂: Kopfschild breiter als lang, mit nach unten kaum konvergierenden Seiten und kaum angedeuteten Seitenwülsten; Fühlergeißel kurz und gedrungen, am Übergang vom 4. zum 5. Gliede am dicksten, von da ab nach dem Ende verjüngt, die mittleren Glieder stark gestaucht, das 3., von oben gesehen, so lang wie breit, die folgenden allmählich kürzer, so daß das 11. nur $^2/_3$ so lang wie an der Basis breit ist, das konische Endglied nur um $\frac{1}{2}$ länger als breit.

♀ bis 18 mm, ☿ bis 15 mm, ♂ bis 16 mm.

1. *Polistes* (*Polistes*) *g. gallicus* (L.)

Fühlergeißel beider Geschlechter oben in ganzer Ausdehnung oder größtenteils schwarz oder rotbraun oder wenigstens stark rotbraun überlaufen.

♀ ☿: Kopfschild mitten mit ± breiter, meist unregelmäßig geformter, schwarzer Querbinde oder schwarzem Mittelfleck oder -doppelfleck. Sternit 6 mindestens größtenteils schwarz.

♂: Kopfschildseiten nach unten deutlich konvergierend; Fühlergeißel gestreckter, das 3. Glied (von oben gesehen) deutlich länger als breit. 2.

2. Behaarung der Thoraxoberseite winzig (nicht länger als bei *gallicus*). ♀ ☿: Wangen stets, Oberkiefer (in der Regel) nicht gelb gefleckt. Die dunkle Farbe der Oberseite der Fühlergeißel fällt ± stark ins Rotbraune und ist auf der Vorderseite der Glieder von der rostgelben Unterseite nicht scharf abgesetzt. Häufig sind die Pronotumlappen entlang des Mesonotums ± ausgedehnt schmal gelb gestreift, diese Streifen verschmelzen häufig vorn mit der Pronotumquerbinde. Sternit 6 schwarz, manchmal schmal gelb gesäumt.

♂: Kopfschild mit kräftig entwickelten, stumpfkantig wulstigen, nach unten konvergierenden seitlichen Erhöhungen, Stirnschildchen mitten breit und kräftig längsgefurcht, Kopfschild mitten deutlich vertikal gefurcht; 3. und 4. Geißelglied (von oben gesehen) merklich, 5. und 11. etwas länger als breit, Endglied bandförmig, $2\frac{1}{2}$mal so lang wie breit.

♀ bis 16 mm, ☿ bis 14 mm, ♂ bis 15 mm.

2. *Polistes* (*Polistes*) *nimpha* (Christ).

Behaarung der Thoraxoberseite gut entwickelt, $^2/_3$ so lang wie die Stirn, etwa $2\frac{1}{2}$ mal so lang wie bei *nimpha*.

♀ ☿: in der Regel die Wangen ohne und die Oberkiefer mit gelbem Fleck; Sternit 6 schwarz.

♂: Kopfschild mit schwach entwickelten oder kaum angedeuteten seitlichen Auftreibungen und oberflächlicher Mittelfurche, mit nach unten merklich konvergierenden Seitenlinien; Endglied der Fühlergeißel höchstens doppelt so lang wie an der Basis breit, rundlich konisch. 3.

3. Größere, robustere Art im Habitus und in der Größe von *nimpha*. Am mehr winklig gerundetem Übergang vom unteren Abschnitt der Mesepisterna zur Ruhelage der Schenkel I ist in der Regel ein kurzer, feiner, vertikaler Grat entwickelt. Kopfschild (im Verhältnis zur Länge) breiter: beim ☿ 21 (Länge): 23 (größte Breite oben): 23 (größte Breite unten), beim ♂ = 17:22:21 (ebenso gemessen).

♀ ☿: Nebenaugendreieck spitzer, hintere Nebenaugen dichter zusammenstehend (POL:OOL = 8,5:15), Abstand der hinteren Nebenaugen vom vorderen = 7. Geißeloberseite schwarz, auf der Vorderseite der Glieder vom Rostgelb der Unterseite scharf abgesetzt, nur das 2. Geißelglied oben seitlich oder auch distal rostgelb. Gelegentlich können weder Oberkiefer noch Wangen gelbe Zeichnung aufweisen.

♂: Hinterkopf ziemlich dick, seine Seiten (von oben gesehen) vom Auge ab abgerundet nach hinten konvergierend. Kopfschild oben seitlich mit kaum angedeuteten Auftreibungen, sein Ende mit schmalem, eingedrücktem, dunklem Saum, weniger vorgezogen und beiderseits von der Oberkiefereinlenkung durch eine flache Ausbuchtung abgesetzt; Stirnschildchen nicht gefurcht; 3. Geißelglied (von oben gesehen) wenig länger als breit, 5. und 6. kürzer als breit, 12. (von oben gesehen) = 7:4,5.

3. *Polistes* (*Polistes*) *biglumis bimaculatus* (Geoffr. in Fourcr.).

Kleinere, grazilere Art, ♀ 14 mm, ☿ 12—13 mm, ♂ 12 mm. Übergang zwischen dem unteren Abschnitt der Mesepisterna und dem Ruhelager der Schenkel I ohne Grat. Kopfschild (im Verhältnis zur Länge) schmaler: beim ☿ 20,5 (Länge): 20 (größte Breite oben): 19 (größte Breite unten), beim ♂ = 17:18:17,5 (ebenso gemessen).

♀☿: Nebenaugendreieck flacher, hintere Nebenaugen weiter auseinandergerückt (POL:OOL = 10:12,5), Abstand der hinteren Nebenaugen vom vorderen = 7,5. Geißeloberseite rotbraun, von der rostgelben Unterseite vorn nicht scharf abgesetzt (wie bei *nimpha*). Auf dem Kopfschild ist die feine Basalpunktierung oberflächlicher und weniger deutlich als bei *biglumis bimaculatus*, und die Überpunktierung erstreckt sich auch auf den oberen Teil (zerstreut, kräftig, aber unscharf).

♂: Hinterkopf kürzer, seine Seiten (von oben gesehen) hinter den Augen ein sehr kurzes Stück parallel, dann geradlinig stark abgeschrägt. Kopfschild oben mit schwach entwickelten, aber deutlichen seitlichen Auftreibungen, innen längs diesen leicht flachmuldig vertieft, sein Ende ohne dunklen Saum, stärker vorgezogen, breit gerundet, seitlich nicht gebuchtet; Stirnschildchen mitten flach gefurcht; 3. Geißelglied (von oben gesehen) um ¼ länger als breit, 4. bis 6. deutlich länger als breit, 12. (von oben gesehen) = 9,25:5. 4. *Polistes* (*Leptopolistes*) *Bischoffi* (Weyr.).[1]

Untergattung *Polistes* Latr. 1802

Subgenotypus: *Polistes gallicus* (L.)

1. *Polistes* (*Polistes*) *g. gallicus* (L. 1767)

Vespa gallica n. sp. — Linnaeus, Syst. nat. Ed. 12ª. I. 2. 1767, S. 949, n. 7, ♀. Loc. typ.: Frankreich. Typus nicht vorhanden.[2])

Vespa dominula n. sp. — Christ, Naturg. Insekt, 1791, S. 229, ♀ ♂; T. 21 F. 1. Loc. typ.: Kronberg (Taunus). Typen nicht vorhanden.

Polistes gallica L. — Latreille, Hist. nat. Insect. III 1802, S. 363.

Polistes italica n. sp. — Herrich-Schaeffer, Nomenclat. entom. II, 1840, S. 39, ♂. Loc. typ.: Italien. Typus nicht mehr vorhanden (coll. auct. ist vernichtet).

Polistes pectoralis (Megerle i. l.) n. sp. — Herrich-Schaeffer, Faun. Insect. German. 1841, P. 179, S. 39, T. 6, ♂. Loc. typ.: ? Typus nicht mehr vorhanden.

Polistes dubia n. sp. ♂ (teilweise) — Fr. Kohl, Ann. Naturhist. Hof. Mus. Wien **13**, 1898, S. 90, T. III. F. 2, 3, 12, 17 (= *gallicus* ♂ + *biglumus bimaculatus* ♂).

Erichson hat 1849 einen *Polistes Bucharensis* (♀) beschrieben, der als Subspecies von *gallicus* zu bewerten ist. Dadurch ist automatisch eine Subspecies *gallicus* entstanden.

Das Verbreitungsgebiet von *gallicus* erstreckt sich über die ganze Mediterran- und Submediterranregion, westlich bis Madeira, und reicht östlich bis Japan. In England, Irland, Dänemark, Skandinavien und Nordosteuropa ist er nicht heimisch.

---

[1]) Nach Abschluß dieses Abschnitts des Manuskriptes schrieb mir O. Šustera (Prag), *Polistes* (*Leptopolistes*) *foederatus* (Kohl) sei in der Südslowakei bei Sturovo (Parkan) in mehreren Stücken gesammelt worden. Bei dem von mir 1943b S. 122 erwähnten Fund dieser Art bei (ungefähr) Mödling bei Wien braucht es sich dann also nicht nur um eingeschleppte Tiere zu handeln, wie ich dort vermutet habe. Wegen der Kennzeichen dieser Art und des in Slowenien (Podčetrtek: E. Jaeger leg.) vorkommenden *Polistes* (*Leptopolistes*) *associus* (Kohl) muß ich auf meine vorerwähnte Arbeit verweisen. Von ihnen läßt sich *Bischoffi* sofort durch die viel längere Behaarung von Kopf und Thorax unterscheiden.

[2]) Siehe S. 27 Fußnote.

Sein Vorkommen im behandelten Gebiet habe ich 1943a S. 114 so dargestellt: „Im Süden bis zum Main anscheinend weit verbreitet und ziemlich häufig, findet sich *gallicus* weiter nördlich nur in wärmeren Gegenden und viel spärlicher, z. B. ist er hier bei Naumburg eine große Seltenheit, während er in den Randvororten von Berlin das keineswegs ist. Den Norden erreicht er nach den bisherigen Feststellungen nur westlich der Oder, z. B. ist er bei Stettin in manchen Jahren nicht selten anzutreffen. In Nordwestdeutschland ist er bisher nicht nachgewiesen, und weiter östlich ist mir bisher nur ein ♂ von Zoppot bekannt geworden, das aber wahrscheinlich auch nur dorthin verschleppt wurde." Hierin sind Verschiebungen eingetreten, die neuere Erhebungen notwendig machen, da *gallicus* sich im Laufe der letzten 2 Jahrzehnte im Gebiet bemerkenswert ausgebreitet hatte (Blüthgen 1956d S. 81 f.), anderseits aber die für alle wärmeliebenden Aculeaten vernichtenden Witterungsverhältnisse der Jahre 1954 bis 1958 einen starken Rückschlag gebracht haben müssen.

Gallicus bringt in Deutschland das Nest stets in wenigstens teilweise geschlossenen Räumen an: in Mauerlöchern, hohlen Backsteinen, eisernen Zaunröhren, Nistkästen, leeren Bienenständen, auch mal in einer alten Konservendose (G. Olberg), vor allem aber im Inneren von Gebäuden unter den Dachziegeln. W. Weyrauch schrieb mir (10. 11. 1938): „In Passau nistet *gallicus* ausschließlich in bedeckten und geschlossenen Räumen, so unter Ziegeldächern von Scheunen, häufiger aber in wärmeren Räumen, wie auf Hausböden oder unter dem Dach des Maschinenraumes eines Holzsägewerks. Eine Kolonie von etwa 2 Dutzend Nestern fand ich in dem ständig bewohnten Dachstübchen eines kleinen Hauses am Stadtrande; die Nester lagen hier, zum Teil sehr nahe beieinander, zwischen dem Ziegeldach und den Tüchern aus Sackleinen, die darunter ausgespannt waren und stellenweise nur gerade so viel Zwischenraum ließen, wie für die *Polistes* zum Nisten erforderlich war." Die Wabe wird je nach den Raumverhältnissen horizontal (so z. B. unter Dachziegeln) oder ± vertikal angebracht.

Wegen seiner Wärmebeständigkeit besiedelt *gallicus* in Deutschland hauptsächlich die Randbezirke der Ortschaften.

Aberrationen: ♂♂ mit schwarz geflecktem Kopfschild (Naumburg). 1 ♂ mit derselben Zeichnung und schwarzen Oberkiefern (Niedergründau bei Gelnhausen, 22. 9. 45, leg. coll. H. Wolf). Aus Spanien (Los Molinos, Prov. Madrid) stammt ein total schwarzes ♀, das Dusmet 1903 unter dem Namen *Pol. merceti* als Art beschrieben hat.

Monstrositäten: 1 ♂ von Landau und 1 ☿ von Hessel-Kallstadt (leg. coll. L. Zirngiebl) haben glattes Mittelsegment ohne Querrippen.

Diese Art ist der Wirt von *Sulcopolistes Semenowii* (F. Mor.) und *Sulcopol. sulcifer* (Zimm.).

Xenos-Befall: Schon in Süddeutschland ist dieser nicht selten (*Xenos vesparum* Rossi).

2. *Polistes* (*Polistes*) *nimpha* (Christ 1791)

Vespa nimpha n. sp. — Christ, Naturgesch. Insekt, 1791, S. 232, ♀ ♂; T. 21 Fig. 2d, e. Loc. typ.: Kronberg (Taunus). Typus nicht vorhanden.

Vespa diadema n. sp. — Latreille, Ann. mus. hist. nat. 1, 1802 S. 292, ♀. Loc. typ.: Umgebung von Paris. Typus: ?

Polistes gallica (L.) pr. p. bei Herrich-Schaeffer 1840 und Schenck 1853.

! *Polistes opinabilis* n. sp. — Fr. Kohl 1898 (l. c.) S. 90, ♂; T. III. Fig. 1, 7, 14, 16. Loc. lectotyp.: Frain (Mähren).[1]) Lectoholotypus: M. W. (Blüthgen 1943a S. 127).

Polistes nimpha (Christ) n. comb. — Blüthgen 1938b S. 272.

---

[1]) Das „!" vor einem Artnamen bedeutet (hier wie weiterhin), daß ich den Typus oder den Lectotypus oder einen Cotypus dieser Art untersucht habe.

Über die ökologischen Ansprüche dieser Art bestehen noch Unklarheiten. ZIMMERMANN (1930) hat sie als Bewohner der Mittelgebirge bezeichnet. WEYRAUCH (1939) meint, sie sei kein eigentliches Gebirgstier, sondern meide in den Alpen Höhen über 800 m und habe in Mitteleuropa ihr Hauptverbreitungsgebiet in einem breiten Streifen um den Fuß der großen Gebirgsmassen. Auch diese Auffassung muß zweifelhaft erscheinen. *Nimpha* war schon früher aus Gegenden nachgewiesen, die weit ab von Gebirgen liegen, so aus der Dübener Heide, der Mark, Süd-Mecklenburg, ferner bei Riga. Inzwischen hat er, wie ich 1956d S. 82 mitgeteilt habe, sein Verbreitungsgebiet in den Kiefernheiden im mittleren Teil des Gebietes und im Norden sehr erweitert, besonders im Bereich der Endmoränenhügel. G. OLBERG bezeichnet ihn für den Fläming als Charaktertier der Corynephorus-Heiden (brfl.). Man könnte deshalb meinen, daß *nimpha* eine boreoalpine Art sei. Aber dem widerspricht, daß er in Skandinavien fehlt.

Er erreicht östlich die Mandschurei, während er nach WEYRAUCH südlich der Alpen nach Süden zu immer seltener wird und in Nordafrika fehlt (oder wenigstens nach BERLAND 1942 S. 141 daselbst „assez rare" ist). Aus Spanien sah ich Stücke aus dem Norden (♀♀ von Huesca, von Blanes [Prov. Gerona], von Las Arenas [Prov. Palencia]), aber auch ♀♀ von Tarifa (Prov. Cadiz): alle B. M. Nach GUIGLIA 1948 S. 20 ist er über ganz Italien einschließlich der großen Inseln verbreitet. Stücke aus Madeira sind in M. B. In Ungarn ist *nimpha* nach WEYRAUCH häufig, dasselbe gilt für Istrien, Dalmatien, Serbien und den Balkan; für Bulgarien siehe ATANASSOV 1942 S. 223.

In Süddeutschland, namentlich im Kaiserstuhl, im Main- und im Donautal ist er weit verbreitet und anscheinend nicht selten; z. B. war er (WEYRAUCH brfl.) 1938 im Donautal zwischen Regensburg und Straubing die häufigste *Polistes*-Art.

Hier bei Naumburg fehlt er. Aus Thüringen kenne ich bisher nur einen einzigen Fund (von Klein-Furra auf der Hainleite). Aus Nordwestdeutschland und den Bereichen östlich der Oder ist er noch nicht nachgewiesen. Auch in Dänemark, England, Holland und Belgien fehlt er anscheinend.

Nimpha bringt die Nester entweder zur Ausnutzung der in Bodennähe höheren Luftwärme niedrig (etwa 10—20 cm hoch) an Heidekrautästchen oder an Gesträuch (Buchengebüsch, Jungfichten, Brombeerzweigen, Weidenästen) (vgl. Abb. 7) oder Schilfstengeln, aber (J. HEINRICH brfl.) auch an Steinen oder in einem am Boden liegenden alten Eimer (BISCHOFF brfl.) an, oder er nistet an der Südseite von Gebäuden außen unter dem vorspringenden Dach (so bei Passau nach WEYRAUCH, bei Podčetrtek nach E. JAEGER). Von Dr. E. JAEGER (Podčetrtek) bekam ich ein großes doppelwabiges Nest von 11,5 cm Länge und 4,5 cm Breite, dessen obere Wabe 114 Zellen zählt. Die frisch geschlüpften ♂♂ haben schwarze Augen, diese verfärben sich aber innerhalb einer Woche in grün (BISCHOFF brfl.).

Zu den Feinden dieser Art zählt der Wespenbussard, denn wenn W. BAER bei Niesky (Lausitz) unter einem Horst dieses Greifvogels eine Menge Waben von *Polistes „gallicus"* gefunden hat (UTTENDÖRFER 1939 S. 161), so kann es sich nach der Örtlichkeit tatsächlich nur um solche von *nimpha* gehandelt haben.

*Xenos*befall durch *Xenos vesparum* ROSSI ist auch bei dieser Art beobachtet worden. Derartige Stücke deutscher Herkunft habe ich noch nicht gesehen.

3. *Polistes* (*Polistes*) *biglumis bimaculatus* (GEOFFR. in FOURCR.)

Vespa biglumis n. sp. — LINNAEUS, Syst. nat. Ed. 10ª, I, 1758, S. 573, n. 11, ♀. Loc. typ.: Schweden. Typus nicht vorhanden.[1])

? *Vespa rupestris* n. sp. — LINNAEUS, ibid. n. 8, ♀. Loc. typ.: Schweden. Typus nicht vorhanden.[1])

Vespa bimaculata n. sp. — GEOFFROY in FOURCROY, Entom. Paris, II, 1785, S. 433, n. 5, ♀. Loc. typ.: bei Paris. Typus nicht vorhanden.

[1]) Siehe S. 27 Fußnote.

Polistes Geoffroyi n. sp. — LEPELETIER, Encycl. méthod. Insect., X. 1825, S. 171, n. 8, ♀ ♂. Loc. typ.: bei Paris. Typus nicht benannt.

Polistes gallica (L.) — HERRICH-SCHAEFFER 1840/41 und SCHENCK 1853 (pro parte).

! *Polistes dubia* n. sp. — FR. KOHL 1898 (l. c.) S. 90, ♂; T. III Fig. 2, 3, 12, 17. (Homonym von *Polistes dubius* SAUSS. 1867)[1]). Loc. lectotyp.: Brühl (Österreich). Lectoholotypus: M. W.

Polistes Kohli nom. nov. für *dubia* KOHL — DALLA TORRE in WYTSMAN, Genera Insect., fasc. 19, Vespid., 1904, S. 70.

Polistes (*Polistes*) *bimaculatus* (FOURCR.) — BLÜTHGEN, 1943a S. 117.

Polistes (*Polistes*) *biglumis bimaculatus* (GEOFFR. in FOURCR.) n. comb. — BLÜTHGEN, 1955b S. 398.

In seiner typischen Unterart (mit spärlicher, blaßgelber und weißer Zeichnung) besiedelt *biglumis* Skandinavien. Im übrigen Europa, insbes. in Deutschland, ist die gelb und in der Regel reicher gezeichnete Unterart *bimaculatus* beheimatet.

Auch bei dieser Art läßt die bisher bekannte Verbreitung noch keinen klaren Rückschluß auf die ökologischen Bedürfnisse zu. Da sie einerseits in Skandinavien, anderseits im Alpengebiet und in dazwischenliegenden Mittelgebirgen lebt und in Südeuropa nur spärlich und einzeln und nur in den Gebirgen vorkommt, liegt es nahe, sie für eine boreoalpine Art zu halten. Nun fehlt sie aber in breiter Auslöschungszone im Raum nördlich vom Harz, insbesondere auch im Nordosten, und auch im Baltikum und in Finnland ist sie bisher nicht aufgefunden worden. Auf der anderen Seite hat sie in Mittel- und Süddeutschland Lebensgewohnheiten, die man bei einer Art mit boreoalpiner Verbreitung nicht erwartet. So kommt sie hier im mittleren Saaletal nur an ausgesprochen trocken-heißen Orten vor und nistet daselbst an Stellen mit optimalen mikroklimatischen Verhältnissen. Ebenso steht es mit ihrer Verbreitung in Süddeutschland, namentlich im Main- und Rheingebiet und im Donautale. (Die von WEYRAUCH hervorgehobene Vorliebe für feuchtes Gelände kann ich nach meinen Beobachtungen nicht bestätigen.)

In Dänemark, England, Irland und Holland fehlt *bigl. bimaculatus*, in Belgien beschränkt sich sein Vorkommen auf den gebirgigen Osten (LECLERCQ 1953). Für Frankreich bezeichnet BERLAND 1942 S. 142 ihn als Gebirgsbewohner, fügt aber hinzu, daß man ihn auch in der Ebene finde, und nennt außer der Umgebung von Paris (loc. typ.) Saint-Étienne, Toulouse u. a. In Spanien kommt er im wesentlichen in den Pyrenäen und einigen anderen Gebirgen des Nordens vor (ZIMMERMANN 1930 S. 613); aus B. M. sah ich ♀♀ von Sallent, Canfranc, Torta und V. de Ordesa (sämtlich Prov. Huesca); 1951 nennt Dusmet jedoch noch andere Gegenden. In Italien lebt er hauptsächlich im Alpengebiet; aus Calabrien ist ein Einzelfund gemeldet (GUIGLIA & CAPRA 1932 und 1943; GUIGLIA 1948). Über seine Verbreitung in Südost- und Osteuropa ist noch wenig bekannt; für Bulgarien siehe ATANASSOV 1942 S. 222f. Die Gebirge Klein- und Zentralasiens sind von Formen besiedelt, die subspezifischen Charakter haben.

Nach BERLAND soll er (allerdings selten) in Nordafrika vorkommen; nach WEYRAUCH fehlt er dort, was dadurch wahrscheinlicher ist, daß sein gesetzmäßiger Kommensale *Sulcopolistes atrimandibularis* (ZIMM.) nach J. DE BEAUMONT (1956 S. 220) in Marokko, wo *bigl. bimaculatus* am ehesten zu erwarten wäre, bei *Polistes* (*Leptopolistes*) *foederatus* (KOHL) lebt.

Auch bei der sp. *bimaculatus* ist die gelbe Pigmentierung nicht selten ± stark geschrumpft, so finden sich Stücke, bei denen sie nicht nur auf den Pronotumlappen und dem Mesonotum, sondern auch auf dem Mittelsegment oder auch auf den Mesopleuren ausfällt, und ♀ ☿, bei denen auch die Oberkiefer nicht gelb gefleckt sind und die beiden vorderen Tergite keine Scheibenflecke haben.

Einen auffallenden Gegensatz zu derartigen, hauptsächlich im Gebirge vorkommenden, melanistischen Stücken bildet 1 ☿ der coll. Reinh. Krieger mit der Herkunftsangabe „Rheintal, Rüdesheim-Braubach, 2. 8. 25, DIETZE", dessen Zusatzpigmentierung goldgelb und ungewöhnlich ausgedehnt ist: Die Schildchenflecke sind so groß, daß sie sich fast berühren, das Mittelsegment hat außer den 2 Strichen der Rückwand je 1 Fleck auf den Seitenwänden, die Hüften III haben an der Basis der Rückseite einen

---

[1]) Siehe R. RICHTER 1948 S. 195.

kleinen Fleck, die Scheibenflecke des 2. Tergits sind groß, die Wangenflecke ausgedehnt, die Vorderseite der Oberkiefer ist größtenteils gelb, der Kopfschild hat nur 2 ziemlich kleine Flecken mitten; im übrigen ist es ein normales ☿ dieser Art und besitzt insbesondere deren charakteristische Behaarung und scharfe Scheidung der Fühlergeißelfärbungskontraste.

Die Nester werden in hiesiger Gegend an Grenz- oder anderen Steinen oder sehr gern an den stacheligen Stämmen von Heckenrosen, immer sehr nahe dem Erdboden, oder an geschützten Stellen an Steinbruchwänden oder an Weinbergmauern (dann höher) angebracht. Anderwärts benutzt *bigl. bimaculatus* auch alle möglichen sonstigen Substrate, vgl. die Zitate in 1943a S. 118. Das Nest hat dunkle, graphitgraue Farbe und läßt sich schon hieran von den gelblichgrauen Nestern von *nimpha* leicht unterscheiden; außerdem ist das Bauschema ganz anders.

Kommensale ist *Sulcopolistes atrimandibularis* (ZIMM.), vgl. S. 58.

*Xenos*befall durch *Xenos vesparum* ROSSI ist schon in Süddeutschland häufig. Das Material für seine Untersuchungen über die Strepsipteren (1869) hat v. SIEBOLD in der Hauptsache *bigl. bimaculatus* geliefert.

Untergattung *Leptopolistes* BLÜTHG. 1943

Subgenotypus: *Polistes associus* KOHL 1898 (BLÜTHGEN 1943a S. 95)

4. *Polistes* (*Leptopolistes*) *Bischoffi* (WEYR. 1937)

Polistes Bischoffi n. sp. — WEYRAUCH, Zool Jb., Syst., **70**, 1937 S. 274, Fußnote (ohne Bezeichnung des Geschlechts und des Fundortes, ohne Angabe weiterer Merkmale als „Fehlen der Epicnemialnaht am seitlichen Mesothorax", im übrigen nur Verweisung auf die nächstfolgende Arbeit).
Polistes Bischoffi n. sp. — WEYRAUCH, Arch. Naturgesch., B (n.F.) **8**, 1939, S. 163 f., ♀ ♂. Loc. typ.: ♀ Macomer (Sardinien), ♂ (Allotypus): Comer See. Typen: „coll. auct." (dort aber nicht zu ermitteln).
Polistula Bischoffi n. comb. — WEYRAUCH, Arb. phys. angew. Entom. Berlin-Dahlem, **5**, 1938, S. 277, 278 (Bestimmungstabelle).

Die Typen dieser Art sind nicht zu ermitteln, wie ich schon 1956d S. 85 mitgeteilt habe. Die vom Autor genannten Kennzeichen sind dürftig, so daß allgemeine Unklarheit bestand, was unter *Bischoffi* zu verstehen sei, bis J. DE BEAUMONT in der Südschweiz eine kleine *Polistes*art fand, die offensichtlich eine eigene Species war und mit großer Wahrscheinlichkeit mit *Bischoffi* identifiziert werden konnte. Ich verdanke ihm eine Anzahl Stücke aus Nestpopulationen, deren Zusammengehörigkeit dadurch gesichert ist, und habe danach die Art im Bestimmungsschlüssel gekennzeichnet.

Bischoffi war vom Autor bereits für die Schweiz (Glattbrugg bei Zürich) genannt.

J. DE BEAUMONT fand ihn bei Genf und Lausanne. Aus Deutschland ist er noch nicht nachgewiesen, aber es kann mit ziemlicher Wahrscheinlichkeit angenommen werden, daß er im Südwesten, z. B. im Kaiserstuhl, vorhanden ist.

Sonstige Verbreitung (nach dem Autor): Genua, Malta, Poros (nicht „Toros [Bulgaria]", wie GUIGLIA 1948, S. 28, irrtümlich zitiert hat) und Ankara. Diese Angaben sind mit Vorbehalt aufzunehmen und bedürfen der Nachprüfung; leider hat WEYRAUCH den Standort der Belegstücke nicht mitgeteilt.

Über die Lebensweise dieser Art war bisher nichts veröffentlicht. 1954 hat G. GRANDI 2 Lichtbilder (von vorn und von der Seite gesehen) eines von Rom (Lido) stammenden, von ihm *Bischoffi* zugeschriebenen Nestes gebracht.[1]) Die Richtigkeit der Determination scheint mir der Bestätigung zu bedürfen.

2. Gattung ***Sulcopolistes*** BLÜTHG. 1938

Genotypus: *Polystes Semenowii* F. MOR. 1889 (BLÜTHGEN 1938b S. 273
Syn.: *Pseudopolistes* WEYR. (1937 nom. nud.) 1939
Genotypus: *Polistes sulcifer* ZIMM.[2])

Aus dieser Gattung sind bisher erst 3 Arten aus der paläarktischen Zone bekannt geworden, die auch in Mitteleuropa vorkommen und von denen eine auch in Deutschland aufgefunden worden ist.

---

[1]) Boll. Ist. Entom. Univ. Bologna, **20**, 1954, S. 112 (Fig. XXIII).

[2]) Siehe BLÜTHGEN 1938b S. 295; 1943a S. 94 Fußnote 1; 1956d S. 86 unter 7; sowie hinten Anmerkung.

Die Arten dieser Gattung leben als Kommensalen bei bestimmten *Polistes*-Arten. Diese Beziehungen hatte W. WEYRAUCH entdeckt und für 2 Arten (*atrimandibularis* und *sulcifer*) durch Zuchtergebnisse gesichert. Seine Feststellungen wurden später durch J. DE BEAUMONT, und zwar auch für *Semenowii*, bestätigt[1]), und dieser ermittelte dann auch, in welcher Weise sich die Usurpation eines *Polistes*-Nestes durch ein *Sulcopolistes*-♀ vollzieht[2]).

Bestimmungsschlüssel

Bei beiden Geschlechtern ist die Färbung der Fühlergeißel wie bei *Polistes gallicus* (L.).

1. Die Vertiefung der Oberkiefer ist flach muldig und steigt weder zur Vorder- noch zur Hinterkante steil an; die Vorderkante ist, von vorn gesehen, an der Basis nicht erweitert, sondern verläuft von der Oberkieferbasis bis über die Hälfte ihrer Länge geradlinig und erst distal gebogen.

♀: Kopfschild gelb, mitten mit schwarzem Fleck oder Querstrich; Stirnquerbinde schmal, seitlich abgekürzt, innere Orbita nur unten und gering gelb gefleckt oder total schwarz; Wangen nur auf der oberen Hälfte gelb gefleckt, diese Flecke nicht auf die Schläfe verlängert; Schläfenflecke klein; Fühlerschaft nur unten distal rostgelb, im übrigen schwarz; Mesonotum vorn mit oder ohne gelbe Flecke; Sternit 6 schwarz, 5 mit kleinen Seitenflecken. Scheibe des Kopfschilds im Profil: mitten schwach konkav, ihr Ende nach der (von vorn gesehen winkelförmigen, eingedrückten, schwarzen Endpartie des Kopfschilds zu jäh und stark (fast unter 90°) eingekrümmt; von vorn gesehen: mit gleichmäßig flach gewölbter Endhälfte, distal in gleichmäßig flachem Bogen abgerundet.

♂: Oberkiefer schwarz, selten an der Basis mitten mit gelbem Fleck; Kopfschild gelb, häufig mitten schwarz gefleckt; Mesonotum häufig, Mesopleuren und Vorderseite der Hüften anscheinend stets ohne gelbe Zeichnung.

Kopfschildform wie beim ♀, nur ist das Ende der gelben Fläche nach der eingedrückten schwarzen Endpartie zu weniger jähe gebogen.

♀ 15—18 mm, ♂ 12—18 mm.

3. *Sulcopolistes atrimandibularis* (Zimm.)

Vertiefung der Oberkiefer schärfer ausgeprägt, zur Hinter- oder auch zur Vorderkante ± steil ansteigend; die Vorderkante (von vorn gesehen) im basalen Drittel rundlich oder winkelförmig erweitert (beim ♀ stärker, beim ♂ viel schwächer).

♀: Kopfschild schwarz, an der Basis mit einer ± breiten gelben Querbinde oder Seitenflecken, oder auch am Ende (oberhalb der winkelförmigen, eingedrückten, schwarzen Endpartie) mit einer schmalen gelben Binde; Stirnquerbinde breit, seitlich mit einer breiten gelben Orbitalbinde verschmolzen; Wangen in ganzer Ausdehnung gelb, außerdem zieht sich das Gelb hinter den Augen ± hoch; Schläfenflecke groß; Fühlerschaft gelb, nur die Basalhälfte der Oberseite dunkel gestreift; Mesonotum vorn mit 2 gelben Flecken (oder ohne solche); Mesopleuren gefleckt; Sternit 6 gelb gezeichnet, 5 mit vollständiger oder mitten unterbrochener, gebuchteter Binde.

Scheibe des Kopfschilds im Profil gleichmäßig flach konvex, ihre Endhälfte (von vorn gesehen) beiderseits der Mitte flach eingedrückt, ihr Ende doppelt gebuchtet (beiderseits der stumpfwinkligen Mitte flach konkav zurückgezogen).

♂: Oberkiefer gelb, höchstens längs der Hinterkante etwas schwarz gestreift, die Zähne dunkel gesäumt; Kopfschild nicht schwarz gefleckt; Mesonotum mit oder ohne, Mesopleuren (immer ?) mit gelben Flecken. Kopfschildform wie beim ♀. 2.

2. ♀: Oberkiefervertiefung tief, mit ebenem Boden, gegen die Vorder- und Hinterkante annähernd vertikal steil ansteigend; die Vorderkante ist, von vorn gesehen, unmittelbar hinter der Basis des Oberkiefers jäh und stark stumpfwinklig (wenig mehr als 90°) erweitert, mit abgerundetem Winkel-

[1]) Bull. Soc. vaudoise Sci. natur., **62**, **1945**, S. **439—454**.

[2]) Bull. Soc. Sci. natur. Maroc, **35**, 1955, S. 219—221.

scheitel, von diesem nach dem Ende zu ungefähr geradlinig verlaufend; die hintere Kante ist leistenartig schmal. Das Ende der Kopfschildscheibe biegt sich (im Profil) in gleichmäßiger flacher Krümmung nach der eingedrückten Endpartie ein. Schläfen- und Wangenflecke längs der hinteren Orbita stark verlängert, so daß sie in der Regel zu einer vollständigen Binde verschmelzen; Kopfschild ausgedehnt gelb (mit ± breiter gelber Basal- oder auch einer schmalen gelben Endbinde).

♂: Oberkieferbildung wie beim ♀, aber in stark verkleinertem Maßstabe; Kopfschildfläche merklich breiter als lang.

Hüften I und II in der Regel, Mittelbrust häufig gelb gezeichnet; Mesonotum häufig nicht gelb gefleckt; hintere Orbita mit vollständiger oder mitten schmal unterbrochener Längsbinde.

♀ 14—18 mm, ♂ 15—17 mm. 2. *Sulcopolistes sulcifer* (ZIMM.).

♀: Oberkiefervertiefung flacher, mit muldigem Boden, gegen die Hinterkante konkav gerundet ansteigend; die Vorderkante ist, von vorn gesehen, hinter der Oberkieferbasis merklich weniger stark und nicht winklig sondern regelmäßig gerundet erweitert und verläuft nach dem Ende in flacher Biegung. Das Ende der etwas mehr gewölbten Kopfschildscheibe biegt sich (im Profil) in abgerundetem rechten Winkel jäh nach der eingedrückten Endpartie ein.

Schläfen- und Wangenflecke weit getrennt; Kopfschild schwarz, an der Basis beiderseits mit gelbem schrägen Fleck oder mit einer ± breiten Querbinde.

♂: Oberkieferbildung wie beim ♀, aber in stark verkleinertem Maßstab, die Vorderkante (von vorn gesehen) ziemlich gleichmäßig flach gebogen verlaufend; Kopfschildfläche kaum breiter als lang.

Hüften und Mittelbrust (immer ?) nicht gelb gezeichnet; Mesonotum mit 2 Flecken (stets ?); Schläfen- und Wangenflecke weit getrennt.

♀ 13—18 mm, ♂ 12—17 mm. 1. *Sulcopolistes Semenowii* (F. MOR.).

1. *Sulcopolistes Semenowii* (F. MOR.)

Polystes Semenowii n. sp. — F. MORAWITZ, Horae soc. ent. Ross. **23**, 1889, S. 552, ♀ ♂. Loc. typ.: Kopet Dagh (Transkaspien). Typen: coll. auct. (M. L.).

Als Kommensale von *Polistes gallicus* (L.) hat diese Art ein Verbreitungsgebiet, das dem des Wirtes entspricht, nur findet sie ihre Daseinsbedingungen natürlich nur da, wo *gallicus* eine genügend große Verbreitungsdichte hat. Sie ist nachgewiesen aus Transkaspien (loc. typ.), Persien, Kleinasien, Nordafrika und Südeuropa bis Spanien und erreicht auch das südliche Mitteleuropa, so Ungarn (L. MÓCZÁR 1938) und die Schweiz, wo sie von J. DE BEAUMONT im Wallis und bei Genf[1]) sowie bei Auvernier (nahe Neuchâtel)[2]) aufgefunden ist. Ich halte es für möglich, daß sie auch im Kaiserstuhl vorkommt.

2. *Sulcopolistes sulcifer* (ZIMM.)

!*Polistes sulcifer* n. sp. — KL. ZIMMERMANN, Mitt. Zool. Mus. Berlin, **15**, 1930, S. 610, ♂ ♀. Loc. typ.: Mendel-Penegal (Südtirol). Standort der Typen: M. B.

Die Verbreitung dieser Art, die ebenfalls Kommensale von *Polistes gallicus* (L.) ist, deckt sich mit dem von *Semenowii*. Westlich erreicht sie Madeira (M. B.), nördlich geht sie bis Slowenien (Podčetrtek), Ungarn (Simontornya; Köseger Gebirge: L. MÓCZÁR 1938); Südslowakei (Hajnačka bei Filákovo: 1 ♀, O. ŠUSTERA brfl.), Bulgarien (ATANASSOV 1942). In der Schweiz ist sie bisher nur aus dem Süden (Val Mesocco: S. Bernardino, Roveredo) nachgewiesen (J. DE BEAUMONT 1945, S. 449).

3. *Sulcopolistes atrimandibularis* (ZIMM.)

! *Polistes atrimandibularis* n. sp. — KL. ZIMMERMANN, ibid., 1930, S. 611, ♂ ♀. Loc. typ.: Loc. typ.: Toblach (Südtirol). Typen: M. B.

Diese Art ist Kommensale von *Polistes biglumis bimaculatus* (GEOFFR. in FOURCR.), in Marokka aber, wo letzterer fehlt, ist sie zu *Polistes foederatus* (KOHL) übergegangen[3]), was für Ägypten und Sizilien, wo der regelmäßige Wirt auch nicht vorkommt, schon von WEYRAUCH vermutet worden war (1937 S. 265).

---

[1]) Bull. Soc. neuchâtel. Sci. natur., **78**, 1955, S. 28.

[2]) Bull. Soc. neuchâtel. Sci. natur., **74**, 1951, S. 38.

[3]) J. DE BEAUMONT, Bull. Soc. Sci. Natur. Maroc, **35**, 1955, S. 220. Es ist indessen nicht ausgeschlossen, daß es sich nicht um *foederatus*, sondern um *omissus Weyr.* handelt.

Sie besiedelt ungefähr dasselbe Gebiet wie die beiden anderen *Sulcopolistes*-Arten. In Mitteleuropa ist sie aus Nordmähren (Jeseníky: Šnoflák leg.), Ungarn (L. Móczár 1938), Kärnten (Mauthener Alm im Lesachtal: 1 ♀ M.B.), der Schweiz (de Beaumont, 1954, S. 446; Faido am St. Gotthard: Weyrauch 1937) und aus Deutschland (1 ♂ von Kreuzberg/Ahr, 7. 31: leg. coll. P. Eigen) nachgewiesen. Aus Bulgarien besitzt M.B. 3 ♀♀ vom Rhodope-Gebirge (Berg Karlik). In Kleinasien fing J. Wahrman 1 ♂ auf dem Uludag (Bithyn. Olymp) in 1800 m Höhe. Diese Art geht in den Alpen bis zu großen Höhen: H. Wofl fing am Montblanc (Nid d'Aigle) in 2800 m Höhe 1 ♂ (auf Imperatoria).

Nach J. de Beaumont (1945 S. 446) ist der von der reifen Larve gesponnene Zellendeckel weiß, während die Larven des Wirtes (wie bekannt) graue Deckel herstellen.

II. Familie **Eumenidae**

Anweisung
für den Gebrauch der folgenden Bestimmungsschlüssel

Die Größenangaben in mm gelten für die ganze Länge des Körpers, nicht (wie bei SAUSSURE und den meisten anderen Autoren) nur für die Länge bis zum Ende des 2. Tergits.

Es bedeuten bei Gesicht (= Vorderseite des Kopfes einschließlich Netzaugen), Kopfschild und Tergit 1 die 1. Zahl (vor dem :) die Länge und die 2. Zahl die größte Breite, wobei die Länge beim Gesicht von der Scheitelmitte bis zur Mitte der die Kopfschildausschnittecken verbindenden gedachten (in einzelnen Fällen tatsächlich vorhandenen) geraden Linie, beim Kopfschild von der Mitte der Basis bis zur Mitte der vorgenannten Linie, beim 1. Tergit bei Betrachtung von oben gemessen ist; beim Kopfschildausschnitt bezeichnet die 1. Zahl die Breite des abgestutzten oder ± ausgerandeten Endes (im letzteren Fall, wenn die den Ausschnitt begrenzenden Ecken nicht spitz, sondern abgerundet sind: die Entfernung von Mitte der Abrundung bis Mitte der entgegengesetzten Abrundung), die 2. Zahl den Abstand zwischen den Fühlergruben (oder, wenn diese nicht deutlich entwickelt sind, zwischen den Fühlerschaftsockeln), die 3. Zahl die Tiefe einer vorhandenen Ausrandung; bei „Schläfe" bedeutet die 1. Zahl die größte Breite des Schläfenprofils zwischen dem hinteren Netzaugenrande und der Schläfenhinterkante, die 2. Zahl die größte Breite des oberen Netzaugenlappens im Profil. Bei den Fühlergeißelgliedern bezeichnet die 1. Zahl die Länge, die 2. Zahl die Dicke, dabei ist beim 2., 3. und 4. Geißelglied (und zwar bei Betrachtung der Geißel von vorn) die Länge an der Unterseite, die Dicke am Ende gemessen, bei den Endgliedern der ♂♂ dagegen, sofern nichts anderes gesagt ist, die Länge an der Oberseite (aber nicht längs der Krümmung, sondern in der Sehne zwischen Basis und Ende) und die Dicke an der Basis.

Es muß nun aber darauf hingewiesen werden, daß in den meisten, wenn nicht in allen Gattungen der Eumenidae eine ± große individuelle Variationsbreite nicht nur in der Zeichnung, sondern auch in der Dimensionierung einzelner Körperteile besteht. Um einige Beispiele herauszugreifen: Bei den *Eumenes*-Arten sind beim Postpetiolus (von oben gesehen) das Verhältnis der Breite zur Länge und der Schnitt so veränderlich, daß sie nicht, wie man verschiedentlich versucht hat, als wesentliches Unterscheidungskriterium verwendet werden können. Die Tiefe und die durch sie bedingte Form des Kopfschildausschnitts können bei einer und derselben Art (namentlich beim ♂) sehr verschieden sein (z. B. bei *Allodynerus delphinalis* und bei *Ancistrocerus oviventris*). Das Verhältnis von POL zu OOL kann bei den einzelnen Individuen einer Art erheblich abweichen. Die zahnförmige Entwicklung der Schulterecken verschiedener *Ancistrocerus*-Arten ist sehr wechselnd. Die Dimensionierung des 1. Tergites (von oben gesehen) kann auffällig differieren (z. B. bei *Ancistrocerus oviventris* und bei *Ancistrocerus trifasciatus*).

Deshalb sollen die in den Bestimmungsschlüsseln angegebenen Maße nichts Absolutes bedeuten, sondern nur einen Einzelfall aus der Variationsbreite der Art nennen. Es hätte keinen Zweck gehabt, größere Reihen von Individuen zu messen, um Durchschnittswerte zu errechnen, denn damit wäre praktisch nichts gewonnen gewesen. Die Maße sollen also nur einen Anhaltspunkt geben. Das morphologische Bild einer Art wird ja in den weitaus meisten Fällen nicht durch ein einziges, einmaliges Merkmal bestimmt, an dem sie mit einem einzigen Blick untrüglich zu erkennen ist, (wie das z. B. bei *Ancistrocerus antilope* oder bei *Odynerus murarius* ♀ der Fall ist), sondern das arteigentümliche Gepräge setzt sich aus einem Mosaik vieler Einzelheiten zusammen. Deshalb erfüllt auch ein Bestimmungsschlüssel, in dem die Unterscheidung der Arten auf nur ganz wenige Merkmale abgestellt ist, seinen Zweck nur sehr unvollkommen.

Was die Lebensweise der zu dieser Familie gehörenden Faltenwespen betrifft, so war der bisherige Stand unserer Kenntnis über den Beuteinstinkt der ♀♀ so, daß dieser innerhalb der einzelnen Gattungen gleichartig und konstant sei, daß also z. B. alle *Oplomerus*-Arten und *Gymnomerus laevipes* (SHUCK.)

immer nur Rüsselkäferlarven aus der Verwandtschaftsgruppe *Phytonomus*, die *Euodynerus*- und die *Ancistrocerus*-Arten immer nur Kleinschmetterlingsraupeu und die *Odynerus*-Arten nur Chrysomelidenlarven als Larvenfutter verwendeten. Unmittelbar vor Abschluß des Manuskriptes erhielt ich aber von dem bekannten finnischen Entomologen Erkki Valkeila (Hämeenlinna) genaue Angaben über Nestinhaltsbefunde bei einer großen Zahl von Eumeniden, aus denen sich zwingend ergibt, daß bei vielen Arten der Beuteinstinkt keineswegs konstant sondern veränderlich ist. (Näheres darüber bei den einzelnen in Frage kommenden Gattungen und Arten.) Ob das nur für Finnland gilt oder ob es allgemein der Fall ist, bedarf der Untersuchung. E. Valkeila wird über seine überraschenden biologischen Feststellungen im Zusammenhange selbst berichten, er hat mich aber ermächtigt, sie hier zu verwerten.

1. Unterfamilie **Eumeninae** Westwood 1840

Bestimmungsschlüssel für die Gattungen und Untergattungen[1])

1. 1. Hinterleibssegment sehr viel schmaler als das 2. (weniger als ½ so breit wie dieses), Tergit 1 sehr lang (mindestens so lang wie das 2. Sternit), in der vorderen Hälfte ± stark verschmälert und nach vorn verjüngt („Petiolus") und von der ± glockenförmigen hinteren Hälfte („Postpetiolus") ± stark abgesetzt; 2. Segment ± breit bauchig-glockenförmig, dem 1. Segment mit schmalem Hals angefügt (Abb. 63 und 64). Oberkiefer lang, distal sehr schräg abgeschnitten, mit ± schwach entwickelten Zähnen, in der Ruhelage scherenartig gekreuzt oder schnabelartig aneinandergelegt. ♀: ohne Scheitelgruben. ♂: letztes Geißelglied hakenartig zurückgeschlagen. (Gattung *Eumenes* Latr i.w.S.) 2.

Abb. 22. *Katamenes arbustorum* (Panz.) ♂: rechter Basitarsus II von außen. (Original)

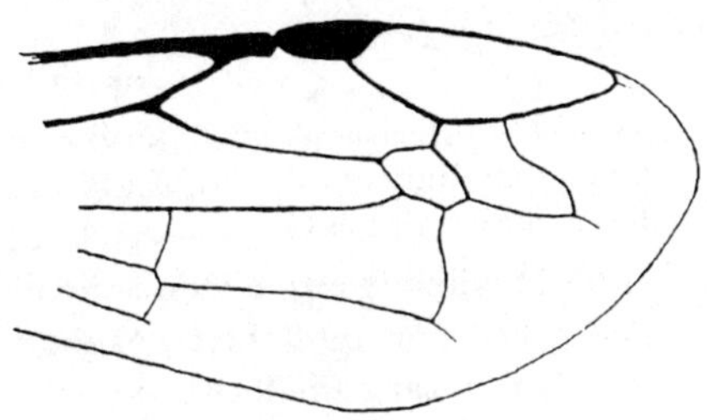

Abb. 23. *Alastor atropos* Lep.: Vorderflügel. (Original)

1. Segment nicht so schmal (mindestens ½ so breit wie das 2.), Stiel des 1. Tergits sehr klein und unauffällig; 2. Segment dem 1. breit angefügt. Oberkiefer in der Regel anders geformt. 4.

2. Scheibe des 2. Tergits am Ende verdickt und dahinter jäh stufenförmig eingedrückt, derart, daß der horizontal gerichtete Endsaum mit dem abgestutzten Scheibenende einen Winkel von etwa 90° bildet. Thorax sehr kurz, ± kugelförmig. ♀ ♂: Kopfschild am Ende flach konkav oder stumpfwinklig ausgerandet. Auch das 2. Tergit ± dicht deutlich bis kräftig punktiert. Nicht über 17 mm. 23. Gattung *Eumenes* Latr. (S. 202).

   Scheibe des 2. Tergits am Ende nicht verdickt, mit dünnem, nicht eingedrücktem Ende. Thorax gestreckter. Größere Tiere. 3.

3. Petiolus (von oben gesehen) stark vom breiten Postpetiolus abgesetzt; Tergit 1 dicht punktiert. Grundpigmentierung nur schwarz. ♀: Kopfschildende flach rundlich stumpfwinklig vorgezogen. ♂: Kopfschildende flach konvex; Sternit 7 flachmuldig eingedrückt, mit eingedrückter, mitten gescheitelter, gelblicher Behaarung; Tarsen verbreitert, Basitarsus II stark verbreitert, mit gebogener Vorderkante und dachförmig gehobener Außenseite (Abb. 22). 24. Gattung *Katamenes* M.W. Art *arbustorum* (Panz.) (S. 213).

[1]) Auch dieser Schlüssel ist nur auf den Unterscheidungsmerkmalen aufgebaut, welche die im Gebiet vorkommenden Arten dieser Gattungen aufweisen.

Petiolus viel weniger stark vom Postpetiolus, der auch schmaler ist, abgesetzt; Tergit 1 spärlich punktiert. Grundpigmentierung teilweise rot. ♀ ♂: Kopfschildende flach stumpfwinklig ausgerandet. ♂: Sternit 7 mitten längs tief gefurcht, kahl; Tarsen schlank, Basitarsus II schmal und schlank, linear, außen nicht gehoben.

25. Gattung *Delta* Bequ.
Art *unguiculatus* (Vill.) (S. 214).

4. Die 2. Kubitalzelle ist oben gestielt (Abb. 23). Körper mit sehr dichter, grober, tiefer Punktierung; Rückwand des Mittelsegments mitten mit breitem, poliertem Längsstreifen. ♀: ohne Scheitelgrube. ♂: Geißelende hakenartig zurückgeschlagen.

8. Gattung und Untergattung *Alastor* Lep. (S. 90)

Die 2. Kubitalzelle ist oben offen, d. h. die 1. und die 2. Kubitalquerader treffen die Radialader entweder an demselben Punkt oder (in der Regel) in einiger Entfernung voneinander. Rückwand des Mittelsegments ohne polierten Mittelstreifen. 5.

Abb. 24. *Paragymnomerus spiricornis* (Spin.) ♀: linke Flügelschuppe. (Original)

5. Flügelschuppen klein, oval, hinten abgerundet (Abb. 24)[1]). Obere Seitenbegrenzung der Rückwand des Mittelsegments nicht kantig. ♂: Die letzten 4—5 Glieder der Fühlergeißel sind in der Ruhelage spiralig gerollt. 6.

Flügelschuppen anders geformt, ihr Hinterende ± scharf zugespitzt (vgl. Abb. 31, 32) ♂: Endglieder der Fühlergeißel nicht gerollt. 13.

6. Labialtaster 3gliederig, die Glieder wenigstens beim ♀ ± stark verlängert und beiderseits ± lang und dicht bewimpert; Maxillartaster 5- bis 6gliederig. ♂: Beine ohne ungewöhnliche Bildungen; Oberkiefer bei den im Gebiet vorkommenden Arten ohne Zahnlücke. 7.

Labialtaster 4gliederig, die Glieder auch beim ♀ nicht auffällig vergrößert, nicht oder nur unauffällig (kurz und spärlich) behaart; Maxillartaster 6gliedrig. ♂: Oberkiefer oberhalb des vorletzten Zahnes mit einer ± breiten und tiefen Ausbuchtung (Zahnlücke). 9.

7. 7—9 mm. Maxillartaster nur 5gliedrig; Zunge sehr lang und dünn (bis zu den Hinterhüften reichend), ihre Spitzen ohne Chitinplättchen. Mesonotum ohne Parapsidenfurchen. Punktierung des 1. Tergits weitläufig, schwach und oberflächlich, die des 2. Tergits nur seitlich deutlich, mäßig dicht, ziemlich schwach und flach. Behaarung der Thoraxoberseite und der Schläfen winzig. Kopfschildende sehr breit (um $^2/_3$ breiter als der Abstand der Fühlergruben). ♀: Kopfschildende gerade abgeschnitten; Lippentaster stark vergrößert, das 3. Glied schmal, parallelseitig, ebenso wie das 2. in ganzer Ausdehnung seitlich dicht und lang gelb gefranst. ♂: Kopfschildende wie beim ♀ oder kaum merklich ausgerandet; Lippentaster fast ebenso wie beim ♀ entwickelt und ebenso behaart; 2.—5. Sternit am Ende im mittleren Drittel mit dicht geschlossener rostbrauner Borstenfranse.

6. Gattung *Nannopterochilus* Blüthg., Art *phaleratus* (Panz.) (S. 86).

13—15 mm. Maxillartaster 6gliederig; Zunge viel kürzer, breiter, ihre Spitzen mit Chitinplättchen. Mesonotum wenigstens hinten mit deutlichen Parapsidenfurchen. Mindestens Tergit 1 mit ± dichter, deutlicher Punktierung. Kopfschildende beim ♀ mit ± deutlicher, beim ♂ mit tiefer Ausrandung. Lippentaster des ♂ nach Größe, Form und Behaarung von denen des ♀ sehr verschieden. 8.

8. Schwarz mit gelber Zeichnung, manchmal das 1. Tergit seitlich mit dunkelroter Grundpigmentierung. Mesonotum beim ♀ mit sehr dichter (die Zwischenräume kleiner bis viel kleiner als die

[1]) Blüthgen 1939a S. 260 bei n. 55.

Punkte), beim ♂ mit noch dichterer Punktierung. Thoraxoberseite mit winziger, Schläfen mit äußerst kurzer Behaarung. ♀: 3. Lippentasterglied schmaler als das 2., mit sehr schmaler, endwärts nur ganz wenig verschmälerter, beiderseits (ebenso wie das 2. Glied) weitläufig und lang beborsteter Basal- und nadelförmiger, gebogener, kahler Endhälfte. Kopfschildausrandung nicht breiter als der Abstand der Fühlergruben, ± halbkreisförmig, seitlich von scharfen Ecken begrenzt. ♂: Sternite ohne Borstenfranse, in Aufsicht scheinbar kahl, 3.—7. im Profil mit sehr kurzer, dichter, grauer Pubeszenz; Kopfschildausschnitt kaum breiter als der Abstand der Fühlergruben, drittelkreisförmig; 3. Lippentasterglied wie beim ♀ geformt, aber mit noch schmalerer, linearer Basalhälfte; 9. und 10. Geißelglied mindestens größtenteils bleich lehmgelb, oft auch die Unterseite des 8. so gefärbt.

7. Gattung *Hemipterochilus* BOHART, Art *bembeciformis terricola* (MOCS.) (S. 89).

Schwarz, die ersten beiden Tergite und Sternite ausgedehnt zinnoberrot, die Zeichnung von Kopf und Thorax gelb oder gelblich-weiß, vom Hinterleib elfenbeinweiß. Punktierung des Mesonotums mäßig dicht, vielfach die Zwischenräume größer als die Punkte. Mesonotum mit kurzer Behaarung, Schläfen kahl. ♀: 3. Lippentasterglied breit, elliptisch, am Ende abgerundet, beiderseits (ebenso wie das 2. Glied) in ganzer Ausdehnung dicht und lang bewimpert; Kopfschildausrandung flach. ♂: 2. bis 6. Sternit am Ende im mittleren Drittel mit dichter, gelb-brauner Borstenfranse (auf dem 3.—5. Sternit am stärksten entwickelt); Kopfschildausschnitt fast um ½ breiter als der Abstand der Fühlergruben, tief halbkreisförmig; Lippentaster kahl, 3. Glied linear, endwärts kaum verschmälert, mit kurz zugespitztem Ende; Fühlergeißel auch am Ende schwarz.

5. Gattung *Pterocheilus* KLUG, Art *Pallasii* KLUG (S. 86).

9. Schläfen- und Thoraxbehaarung winzig; Schrägleisten der Seitenwände des Mittelsegments in der distalen Hälfte zu einer messerscharfen Kante zusammengedrückt, die sich an den Seitenrändern der unteren Hälfte der Rückwand nach unten fortsetzt; Mesonotum ohne Parapsidenfurchen. ♀: ohne Scheitelgrube, statt dessen auf der hinteren Abdachung des Scheitels mitten mit einem feinen Längsgrat; Kopfschild ziemlich tief rundlich stumpfwinklig ausgerandet. ♂: Beine ohne besondere Merkmale; Scheitel an Stelle des Längsgrats mit einer linearen feinen Vertiefung; Fühlerspirale unvollkommen; Sternite 3—7 im Profil mit kurzer, sehr dichter, feiner, etwas wolliger, blaß-grauer Pubeszenz. 14—16 mm. 4. Gattung *Tropidodynerus* BLÜTHG. (S. 85).

Kopf und Thorax (oder auch Tergit 1) deutlich, dicht und ± lang behaart. Schrägleisten der Seitenwände des Mittelsegments anders beschaffen (in der Regel abgerundet). ♀: mit 2 Scheitelgruben. ♂: Scheitel ohne vertiefte Längslinie. 10.

10. Mesonotum zwischen den Punkten mit glatten, glänzenden Zwischenräumen, ohne Parapsidenfurchen. Hinterkopf auffallend stark entwickelt. ♀: Scheitelgruben winzig klein, punktförmig, mitten ziemlich weit hinten und unmittelbar nebeneinander liegend; Kopfschild ebenso breit und tief wie beim ♂ ausgerandet; Oberkiefer mit stark gekrümmter Endhälfte, mit 3 starken Zähnen versehen, der Basalzahn am Ende flach ausgerandet, der vorletzte Zahn tief eingeschnitten (zweizähnig), oberhalb des vorletzten Zahnes eine tiefe Ausbuchtung. ♂: Schenkel, Hüften und Wangen ohne besondere Merkmale; Fühlergeißel dünn, fadenförmig; die mittleren Sternite nicht bürstenartig behaart. 3. Gattung *Gymnomerus* BLÜTHG. (S. 83).

Mesonotum ganz oder größtenteils zwischen den Punkten lederartig chagriniert und matt. Hinterkopf in der Regel nicht auffällig dick. ♀: Scheitelgruben um mindestens den Abstand zwischen den hinteren Nebenaugen voneinander getrennt; Kopfschildende flach ausgerandet oder annähernd gerade abgeschnitten; Oberkiefer ohne Ausbuchtung. ♂: Schenkel oder Hüften oder auch die Wangen mit besonderer Bildung. 11.

11. Große, robuste Art von 13—17 mm. Pronotum vorn schmal, mit zahnartig ausgezogenen Ecken; Mesonotum hinten mit deutlich entwickelten Parapsidenfurchen; Tergit 2 auf dem punktulierten Grunde mit kräftiger Überpunktierung. ♀: Scheitelgruben merklich größer als die Nebenaugen, quergestellt. ♂: Schenkel II verdickt und nach dem Ende zu stumpfwinklig erweitert, ihre Unterkante ganzrandig; Hüften II ohne besondere Merkmale; Fühlerspirale stark entwickelt, mit langen Gliedern, die bei normaler Einrollung ein Viereck bilden; Sternite 3—5 am Ende mit dicht geschlossener, straffer, nach hinten gerichteter, glänzender, gelblicher Bewimperung.

2. Gattung *Paragymnomerus* BLÜTHG. (S. 82).

Kleinere Arten von 8—12 mm. Mesonotum ohne Parapsidenfurchen; Tergit 2 ohne Überpunktierung. ♂: Hüften II und Wangen mit besonderen Merkmalen oder die Schenkel II unten durch 2 tiefe Ausschnitte dreizähnig erscheinend; Sternitbehaarung anders. 1. Gattung *Oplomerus* WESTWOOD (S. 70) 12.

12. ♀: Hinterschildchen auf der Rückseite mit gelber oder weißer Querbinde, nur ausnahmsweise ohne solche; Rückwand des Mittelsegments unmittelbar unter dem Hinterschildchen mitten mit einem stumpfwinklig dreieckigen, geglätteten Feld. ♂: Hüften II am Ende in einen nach unten gerichteten ± langen Sporn ausgezogen; Wangen hinter der Oberkiefereinlenkung mit einem nach unten gerichteten geraden Dorn versehen. Untergattung *Spinicoxa* BLÜTHG. (S. 79).

♀: Hinterschildchen total schwarz; Rückwand des Mittelsegments ohne geglättetes Feld. ♂: Hüften II und Wangen ohne derartige Auszeichnung, aber Schenkel II unterseits mit 2 tiefen Ausschnitten, so daß sie dreizähnig erscheinen (z. B. Abb. 37). Untergattung *Oplomerus* WESTWOOD (S. 71).

13. Der Übergang zwischen der vorderen Abdachung und der Scheibe des 1. Tergits ist im Profil nicht gleichmäßig abgerundet, sondern winklig-kantig, und zwar ist (in der Regel) der oberste Rand der Basis als ± entwickelte ± scharfe Kante über das Niveau des an ihn stoßenden Teiles der Scheibe hochgezogen (vgl. Abb. 56). 14.

Die Basis des 1. Tergits geht in gleichmäßiger Rundung in die Scheibe über (Abb. 50) 19.

14. ♀ ♂: Scheibe des 1. Tergits mitten mit einer ± entwickelten Längsvertiefung. ♀: Scheitel hinter dem Nebenaugenfeld mit 2 scharf ausgeprägten, behaarten Gruben. ♂: Die Endglieder der Fühlergeißeln sind normal geformt und in der Längsrichtung der Geißel angeordnet; die Rückseite der 4 oder 5 letzten Geißelglieder ist mit Tyloiden (Rhinarien in Form linearer Längsschwielen, die in der Regel rostgelb gefärbt sind) versehen. 22. Gattung *Odynerus* LATR. (S. 182). 15.

♀ ♂: Tergit 1 ohne solche Längsvertiefung. ♀: Scheitel hinten mitten mit einer einzigen oder ohne Grube. ♂: Endglied der Geißel in der Ruhelage hakenartig zurückgeschlagen und der Unterseite der Geißel angedrückt, das vorletzte Glied gegen die vorhergehenden stark verkleinert. 17.

15. Kontur des 2. Tergits im Profil sehr schwach konvex, aber vorn jäh stumpfwinklig gebrochen, die des 2. Sternits vorn jäh in fast rechtem Winkel gebrochen, dahinter flach konkav, distal geradlinig (Abb. 25). Querkante des 1. Tergits stark entwickelt. Stirn, Scheitel, Pro- und Mesonotum äußerst dicht grob und tief punktiert. Untergattung *Koptodynerus* BLÜTHG. (S. 202).

Konturen des 2. Tergits und des 2. Sternits gleichmäßig konvex, letztere (i.R.) nur vorn etwas stärker gebogen als hinten. Kopf und Thoraxoberseite mit ± feiner Punktierung; soweit gröbere Punkte hinzutreten, sind sie wenigstens auf der Thoraxoberseite zerstreut und unregelmäßig verteilt. 16.

16. Querkante des 1. Tergits schwach entwickelt und durch die grobe, dichte Punktierung verdeckt, so daß sie nur von hinten gesehen und nur seitlich bemerkbar ist; die Seiten des 1. Tergits ohne nach hinten verlaufende scharfe Kante. ♀: Die zwei rundlichen, tiefen, sehr dicht braun behaarten Scheitelgruben, von denen jede die Größe des von den Nebenaugen umschlossenen Raumes hat, sind nur durch einen sehr schmalen Zwischenraum voneinander getrennt und außen in Richtung nach dem oberen Augenende flach furchig ausgezogen (Abb. 26). Untergattung *Odynerus* LATR. (S. 193).

Die Querkante des 1. Tergits ist deutlich entwickelt und setzt sich längs den Seiten des Tergits nach hinten als erhabene Kante bis zum Seitenwinkel des Tergitendes fort. ♀: Die 2 Scheitelgruben sind nur so groß wie ein Nebenauge, rund und voneinander durch einen Abstand getrennt, der durchschnittlich dem der hinteren Nebenaugen entspricht. Untergattung *Symmorphus* WESM. (S. 194)

17. Kopf, Thorax und Hinterleib (wenigstens das 1. Tergit und die beiden vordersten Sternite) mit reichlicher bis dichter, langer, abstehender Behaarung; unterer Abschnitt der Mesepisterna vorn am Übergang zum Epicnemium nicht scharf gerandet; Hinterschildchen nicht gezähnelt; Rückwand des Mittelsegments etwas unterhalb des Hinterschildchens mit einer doppelt winkligen oder doppelt gebogenen, ± scharfen Quer-

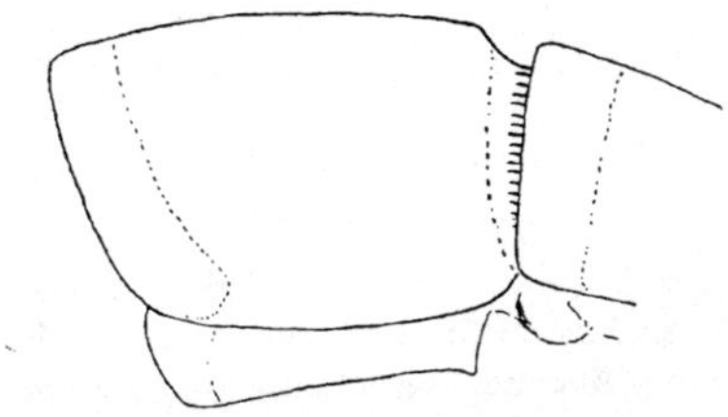

Abb. 25. *Koptodynerus declivis* (HTTG.): Hinterleibsprofil (Segment 2). (Original)

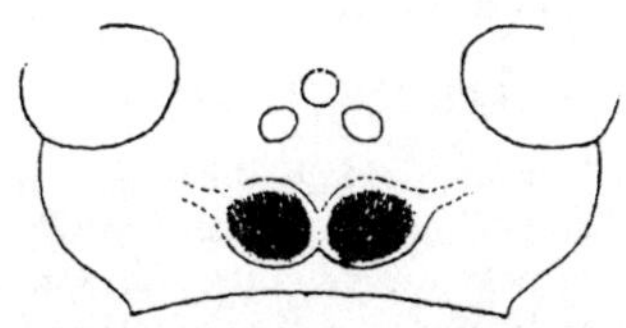

Abb. 26. *Odynerus murarius* (L.) ♀: Scheitel. (Original)

leiste; Chitinisierung schwach, die viel schwächer entwickelte Punktierung deshalb viel flacher, namentlich auf dem 2. Tergit; Mesonotum ohne Runzeln und Längskiele; Flügelschuppen weder vergrößert noch auffällig punktiert; Basis des 1. Tergits von normaler Größe, die Scheibe des Tergits deshalb im Profil vorn hinter der Querfalte nicht oder ganz wenig zusammengezogen, die Querfalte stumpfkantig; 2. Tergit bei normalen Stücken ohne Scheibenflecke. ♀: mit einer, meist deutlichen, wenn auch ± unscharf umgrenzten, rundlichen Scheitelgrube; Fühlergeißeln gestreckt; Sinus der Augen nie, dagegen das Nebengesicht neben der Fühlerbasis häufig gelb gefleckt.
19. Gattung *Ancistrocerus* (WESM.) WESTW. (S. 151).

Abstehende Behaarung schwach entwickelt oder praktisch fehlend; unterer Abschnitt der Mesepisterna vorn scharf gerandet; Hinterschildchen deutlich ± stark gezähnelt; Rückwand des Mittelsegments ohne Querleiste; Chitinisierung des Körpers derb, die sehr dichte, grobe Punktierung deshalb tief, auch auf den Tergiten, auf dem Mesonotum und den Mesopleuren runzlig dicht; 2. Tergit (außer der Endbinde) mit 2 Scheibenflecken. ♀: ohne Scheitelgrube, Fühlergeißeln auffällig kurz, keulenförmig; Sinus der Augen stets, Nebengesicht dagegen nie gefleckt. ♀ ♂: Unterhälfte der Fühlergeißeln (scharf abgesetzt), beim ♂ auch das Geißelende, orangebraun. 7,5—9 mm. 18.

18. Flügelschuppen etwas verlängert, mit reichlicher, kräftiger und siebartig tiefer, dadurch dunkel erscheinender Punktierung; Mesonotum mit runzelartig gehobenen Punktzwischenräumen und hinten mit mehreren vom Schildchen nach der Mitte zu verlaufenden starken Längskielen; Zähnelung des Hinterschildchens grob; Basis des 1. Tergits stark verkleinert, so daß ihre als Querkante nur schwach entwickelte, stumpfe obere Begrenzung viel tiefer als das Niveau der Scheibe liegt und diese im Profil vorn in geschweiftem Bogen gegen die Basis absinkt; 2. Sternit dick, die Kontur seines Profils ähnlich wie bei *Ancistrocerus nigricornis* (CURT.); Kopfschildausschnitt halbkreisförmig, beiderseits spitz gezähnt, beim ♀ etwas schmaler als der Abstand der Fühlergruben, beim ♂ so breit wie dieser; Scheibenflecke des 2. Tergits isoliert; Zeichnungen bleich strohgelb.
21. Gattung *Jucancistrocerus* BLÜTHG. (S. 182).

Flügelschuppen nicht vergrößert, ohne oder mit spärlicher, nicht siebartiger Punktierung; Mesonotum ohne Längskiele, mit weniger grober Skulptur; Zähnelung des Hinterschildchens nicht grob; 1. Tergit normal gebaut, die Querkante seiner Basis messerklingenartig scharf und mitten in der Regel 2 oder mehr nach oben gerichtete spitze Zacken bildend; Kontur des 2. Sternits ähnlich wie bei *Ancistrocerus parietinus* (L.); Kopfschildausschnitt etwa viertelkreisförmig, beim ♀ so breit wie der Abstand der Fühlergruben, beim ♂ viel breiter als dieser, seine Ecken merklich weniger spitz; Scheibenflecke des 2. Tergits längs den Seitenrändern mit der Endbinde verbunden; Zeichnung in der Regel kräftiger gelb; Behaarung der Stirn kurz, im übrigen mikroskopisch.
20. Gattung *Parastenancistrocerus* BLÜTHG. (S. 181).

19. Tergit 2 hinter der gelben oder weißen Endbinde mit einem schmalen bis breiteren ± eingedrückten, weißlich oder gelblich durchscheinenden oder auch dunklen Saum; unter dem in der Regel wenigstens seitlich geschwollenen Ende des 1. Tergits schiebt sich eine lineare Lamelle nach hinten vor. Unterer Abschnitt der Mesepisterna vorn nicht kantig begrenzt. Seitenwände des Mittelsegments ohne entwickelte Schrägleiste, Rückwand mit abgerundeter Seitenbegrenzung, oben am Übergang zu den Seitenfeldern manchmal stumpfkantig. Kein Stirnfleck, häufig auch ohne Schläfenflecke. ♀: ohne Scheitelgrube. 20.

Tergit 2 ohne solchen Saum. 24.

20. ♀ ♂: Die 1. und die 2. Kubitalquerader treffen am Radialnerv aufeinander. ♀: Gesicht rund; Kopfschildausschnitt merklich breiter als der Abstand der Fühlergruben, ganz flach, mitten mit einem in derselben Ebene liegenden stumpfwinkligen kurzen Zähnchen, dessen Ausbildung individuell verschieden sein kann; Oberkiefer kurz, breit schaufelförmig, mit annähernd quer zur Längsachse gestellten 4 Zähnen. ♂: Gesicht kurz queroval, Ausschnitt des Kopfschildes viel breiter als der Abstand der Fühlergruben, ziemlich tief, rechteckig, spitz gezähnt; Oberkiefer ähnlich wie beim ♀; Sternite 3—6 vorn quer mit glänzender, kantiger, gebogener Querwulst, hinter dieser mit dichter, weicher, grauer Pubeszenz, die auch Sternit 7 bedeckt.

9. Gattung *Alastorynerus* Blüthg. (S. 92).

♀ ♂ ohne diese Merkmale. 21.

21. ♀: Oberkiefer mit stumpfwinklig geknicktem Außenrande, schaufelförmig verbreiterter polierter Vorderfläche und breitem, gerade abgeschnittenem, am Ende zweizähnigem Kaurand (Abb. 27); Kopf dick, mit kräftig vorgewölbter, unter dem vorderen Nebenauge flach vertikal gefurchter Stirn, Gesicht merklich länger als breit; Fühlergeißel kurz und stark keulenförmig. ♂: Oberkiefer mit konvexem Außenrande, der Kaurand mit einem breiten, quer abgestutzten und schwach ausgekerbten Basalzahn und 2 von

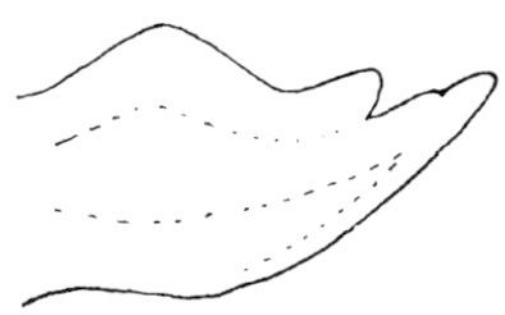

Abb. 27. *Pseudomicrodynerus parvulus* (H.-Sch.) ♀: Oberkiefer. (Original)

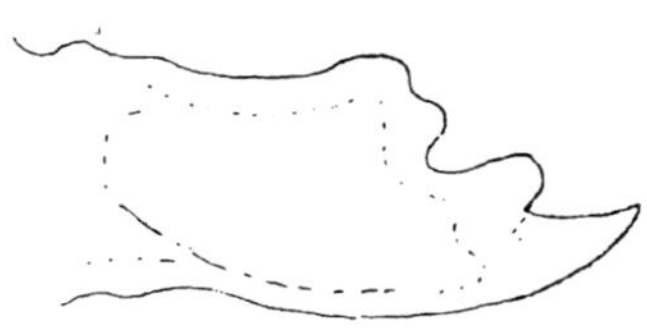

Abb. 28. *Pseudomicrodynerus parvulus* (H.-Sch.) ♂: Oberkiefer. (Original)

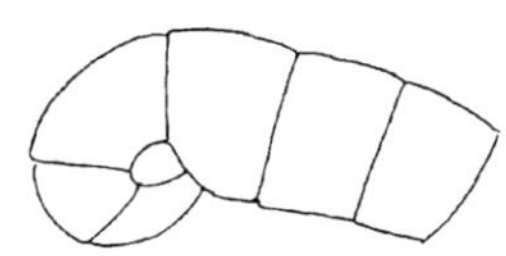

Abb. 29. *Pseudomicrodynerus parvulus* (H.-Sch.) ♂: Fühlergeißel. (Original)

diesem durch einen tiefen Einschnitt getrennten kräftigen Endzähnen (Abb. 28); Fühlergeißel bis zum 9. Gliede einschließlich gleichmäßig keulenförmig verbreitert, das 10. Glied auf der Innenseite gegen das 9. jäh verschmälert (Abb. 29). ♀ ♂: Schläfen ohne Punktflecke, dagegen das Schildchen oder der obere Abschnitt der Mesepisterna oder beide strohgelb punktiert.

10. Gattung und Untergattung *Pseudomicrodynerus* Blüthg. (S. 93).

♀ ♂: Oberkiefer normal geformt. ♂: Die Fühlergeißel ist vom 9. Gliede ab allmählich nach dem Ende zu verjüngt, ohne jähen Absatz zwischen dem 9. und 10. Gliede. 22.

22. Endsaum des 2. Tergits und des 2. Sternits querüber durch eine dichte Reihe kräftiger, länglicher, tief eingedrückter, distal flach auslaufender Punktgruben gegittert, deren Zwischenräume nicht durchscheinend und ebenso gefärbt sind wie die Endbinde des 2. Tergits; Tergite 3ff. auf der Grundskulptur, 3 mit ± starker, 4ff. mit schwächerer, aber sehr deutlicher Punktierung. Oberkiefer bei beiden Geschlechtern vierzähnig.

12. Gattung *Leptochilus* Sauss., Untergattung *Neoleptochilus* n. subg. (S. 100).

Endsaum des 2. Tergits und des 2. Sternits nur mit mikroskopischer Feinskulptur, ohne zusätzliche Punktierung oder nur an seiner äußersten Basis mit äußerst feinen Pünktchen; Tergite 3ff. nicht zusätzlich punktiert. Oder, wenn der Endsaum eine dichte Reihe länglicher Punktgruben trägt, sind deren Zwischenräume ebenso durchscheinend gelblich wie die Punktgruben und der Saum im übrigen. 23.

23. Der weißlich durchscheinende oder dunkle Endsaum des 2. Tergits ist wenigstens mitten nicht oder ganz oberflächlich eingedrückt und nie punktiert; Ende des 1. Tergits in der Regel wenigstens seitlich wulstig geschwollen. Mesonotum länger als breit. Schläfen, Mesopleuren, Schildchen und Hinterschildchen, beim ♀ auch der Kopfschild, bei normalen Stücken nicht hell gezeichnet. ♀: Gesicht länger als breit, nach unten nicht stärker als nach oben verschmälert; Fühlergeißel ± keulenförmig.
11. Gattung *Microdynerus* Thoms. (S. 94).

Der Endsaum des 2. Tergits ist ± ausgeprägt stufenartig eingedrückt, er kann entlang seiner Basis eine Reihe feiner Pünktchen oder (in einem Falle) eine dichte Reihe länglicher Punktgruben haben. Mesonotum kürzer als breit.
12. Gattung *Leptochilus* Sauss., Untergattung *Lionotulus* Blüthg. (S. 98).

24. Rückwand des Mittelsegments in etwa $^3/_4$ ihrer Höhe mit einer doppelt geschweiften Querleiste (bei der Untergattung *Pseudepipona* nur schwach entwickelt) und einem von dieser nach unten verlaufenden Mittelkiel; ihre Seitenbegrenzung in der oberen Hälfte nicht leistenförmig; Schrägleiste der Seitenwände des Mittelsegments kantig, ihr Ende im Profil ± deutlich über die Rückwand zahnartig hinausragend; Hinterschildchen mit unregelmäßig höckeriger oder gezähnelter und mitten ± eingesenkter Oberkante. Tergit 1 hinter der Endbinde ohne weißlichen Saum. ♀: mit einer weit hinten liegenden, ± nierenförmigen, hinten meist kantig gerandeten und mitten ± deutlich lochartig vertieften Scheitelgrube. ♂: Kopfschildausschnitt breit und tief halbkreisförmig; Oberkiefer oberhalb des vorletzten Zahnes mit einer ± breiten und tiefen Ausrandung. ♀ ♂: innere Orbiten vom Kopfschild bis tief in die Augenausbuchtung hell gestreift. 16. Gattung *Pseudepipona* D. T. (S. 133) 25.

Rückwand des Mittelsegments ohne solche Querleiste. ♂: Oberkiefer normal (ohne Zahnlücke). 27.

25. Behaarung der Schläfen und des Thorax gut entwickelt, reichlich und von mittlerer Länge. Querleiste der Mittelsegmentrückwand scharf ausgeprägt. Kein Rot am Körper, schwarz mit reicher satt zitronengelber Zeichnung; Schenkel (soweit nicht schwarz) und Schienen schwefelgelb. ♂: Vorletzter Zahn der Oberkiefer wenig breiter als lang, die Zahnlücke etwas schmaler als er; Fühlerhaken bis zum Ende des 9. Geißelgliedes reichend, dick, gebogen, distal nicht verschmälert, am Ende schräg abgeschnitten. ♀ 9—12 mm, ♂ 8—10,5 mm.
Untergattung *Trichepipona* Blüthg., Art *lativentris* (Sauss.) (S. 135).

Behaarung der Schläfen und des Thorax winzig. Körpergrundfärbung entweder nur auf dem 1. Segment (± ausgedehnt) oder auch teilweise auf dem Thorax oder (♀) auch am Kopf orange oder rot. Schenkel (soweit nicht schwarz) und Schienen heller oder dunkler orange. 26.

26. Querleiste der Mittelsegmentrückwand nur schwach entwickelt (eigentlich nur durch die Skulpturverschiedenheit des oberen und des unteren Teiles der Rückwand angedeutet). Kopf und Thorax nur mit schwarzer Grundpigmentierung, nur Segment 1 ± ausgedehnt hellrot; Körperzeichnung hellgelb oder weiß.
♂: Vorletzter Zahn der Oberkiefer so breit wie lang, die Zahnlücke breiter als er und tief; Fühlerhaken bis zur Mitte des 9. Geißelgliedes reichend, derb, gebogen, nach dem Ende zu etwas verjüngt. ♀ 12—13 mm, ♂ 11—12 mm.
Untergattung *Pseudepipona* D. T., Art *variegata* (H.-Sch.) (S. 133).

Querleiste der Mittelsegmentrückwand fein, aber scharf ausgeprägt.

♀: Kopf und Thorax ausgedehnt und Segment 1 (oder auch teilweise 2) orange, Orbitalbinde und Schläfenflecke goldgelb; Zeichnung im übrigen weiß: nicht scharf umgrenzte Binden auf der Pronotummitte (häufig) und auf dem Ende des 1. Tergits, breite, seitlich vorgreifende Binden auf dem 2.—4. Tergit, ein distaler Mittelfleck auf dem 5. Tergit und Seitenflecke des 2. Sternites. ♂: Fühlergeißel dünn, Glied 2 = 11:7,25; 3 = 9:7,75; 4 = 8:8; Haken klein, nur bis zur Basis des 10. Geißelgliedes reichend, spitz; Kopfschild wenig kürzer als breit (31:33), Ausschnitt = 10:7:5,5; vorletzter Zahn der Oberkiefer breit, abgestutzt; Zeichnung ungefähr wie beim ♀, aber die Abzeichen am Kopf weiß, die Basalhälfte des 2. Tergits orange, 5. Tergit mit Binde, 6. gefleckt, auch die Sternite 3—5 mit Seitenflecken. ♀ 9 mm, ♂ 8—9 mm.

Pseudepipona (subgen. inc.) *augusta* (F. MOR.) (S. 134).

27. Tergit 1 hinter der Endbinde mit einem von dieser durch eine feine, meist punktierte Linie abgegrenzten, gut entwickelten, weißlichen oder gelblichen Saum, Kontur des Endrandes des Tergites ± deutlich flach rundlich-stumpfwinklig. Rückwand des Mittelsegments im oberen Teil mit scharfer, ± leistenartig ausgebildeter Seitenbegrenzung; Schrägleisten der Seitenwände stark entwickelt, ihr Ende ± stark zahnartig über das Profil der Rückwand hinausragend. Unterer Abschnitt der Mesepisterna vorn scharf gerandet. Segment 1 kaum oder wenig schmaler als das 2., vorn in der Regel ± jäh abgestutzt. 17. Gattung *Euodynerus* BLÜTHG. (S. 135). 28.

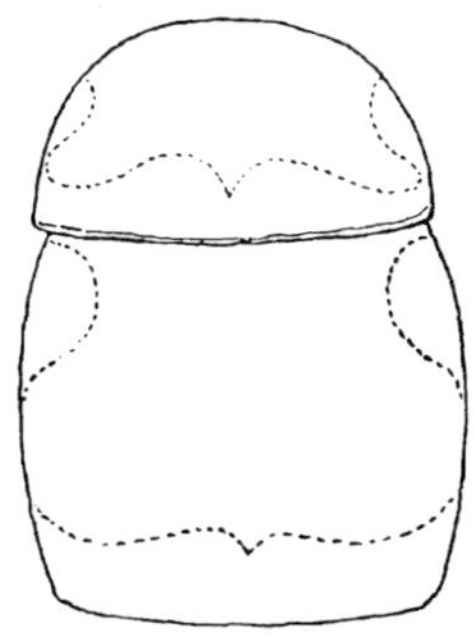

Abb. 30. *Syneudoynerus egregius* (H.-SCH.) ♀: Zeichnungsmuster des Hinterleibs. (Original)

Tergit 1 ohne solchen Saum, sein Endrand schwach bogenförmig. Mittelsegment mit anderer Struktur. Segment 1 in der Regel merklich schmaler als das 2., Tergit 1 vorn abgerundet. 30.

28. Hinterschildchen im Profil oben abgerundet. Die oberen Enden der stark leistenförmig entwickelten Seitenbegrenzung der oberen Hälfte der Mittelsegmentrückwand biegen sich hakenartig nach innen und sind dadurch einander so weit genähert, daß ihr Abstand voneinander merklich geringer ist als die Breite des Hinterschildchens. Tergite 1 und 2 mit besonderem Zeichnungsmuster (Abb. 30).

Untergattung *Syneuodynerus* BLÜTHG. (S. 149).

Das Hinterschildchen besteht, von der Seite gesehen, aus einer horizontalen oberen und einer mit dieser einen scharfen Winkel von etwa 90° bildenden ± vertikalen hinteren Fläche; die Hinterkante der ersteren ist feiner oder gröber unregelmäßig gezähnelt. Die oberen Ecken der leistenförmigen Seitenbegrenzung der Mittelsegmentrückwand sind, sofern solche ausgebildet sind, nach hinten oder zahnartig nach oben gerichtet, ihr Abstand voneinander entspricht ungefähr der Breite des Hinterschildchens. Zeichnungsmuster von Tergit 1 und 2 anders. 29.

29. Das zahnartig vertikal aufgerichtete und bis zur halben Hinterschildchenhöhe hochgezogene obere Ende der Randleiste der Mittelsegmentrückwand ist dem Hinterschildchen stark genähert und von diesem (schräg von vorn außen gesehen) nur durch einen schmalen, keilförmigen Spalt getrennt. ♀: Scheitelgrubenfeld auffällig entwickelt, beiderseits weit über die hinteren Nebenaugen hinausreichend, ± deutlich dreiteilig gegliedert und (im Profil gesehen) dicht dunkelbraun borstig behaart. ♂: Letztes Tarsenglied der Mittel- und Hinterbeine merklich vergrößert, insbesondere verbreitert und (stark von den gelben vorhergehenden Gliedern abstechend) dunkelbraun gefärbt.

Untergattung *Pareuodynerus* BLÜTHG. (S. 141).

Das obere Ende der Seitenkante der Mittelsegmentrückwand überhöht entweder die Hinterschildchenbasis nicht und endet weder in einem aufgerichteten Zahn noch in einem winkligen Vorsprung, oder es bildet eine winkelförmig endende Leiste, welche die Hinterschildchenbasis etwas überhöht, aber dem Hinterschildchen nicht genähert ist, sondern mit diesem (schräg von vorn außen gesehen) einen ungefähr rechten Winkel bildet. ♀: Scheitelgrubenfeld ± unscharf ausgeprägt, etwa nierenförmig, beiderseits nicht oder nur knapp über die hinteren Nebenaugen hinausreichend, mitten mit 2 dicht nebeneinander liegenden punktartigen, winzig braun behaarten Löchern, im Profil nicht auffällig borstig braun behaart. ♂: Letztes Tarsenglied der Mittel- und Hinterbeine nicht verbreitert, ebenso wie die vorhergehenden Glieder gefärbt.

Untergattung *Euodynerus* Blüthg. (S. 135).

30. Oberkante des Hinterschildchens beiderseits außen mit einem aufrechten Zähnchen, das (von vorn gesehen) ihr Niveau deutlich überhöht. Unterer Abschnitt der Mesepisterna vorn hinter den Epicnemien mit scharfer Kante, die sich aber nicht über die Mittelbrust fortsetzt. ♀: Scheitel hinten mitten mit einer runden Grube von Nebenaugengröße, die aber nicht selten gering entwickelt ist oder fehlen kann. ♂: Fühlerhaken klein, nur bis zur Basis des 10. Geißelgliedes reichend. Die mittleren Sternite entweder auf der Basal- oder auf der Endhälfte mit bürstenartig dichter, ziemlich langer, weicher Behaarung. 14. Gattung *Odontodynerus* Blüthg. (S. 123).

Hinterschildchen ohne sein Niveau überhöhende Seitenzähnchen; in der Regel ± ausgedehnt gelb oder weiß. ♂: Sternite nicht oder anders behaart. 31.

31. Hinterschildchen, von hinten gesehen, seitlich unten mit einem scheinbar von ihm abzweigenden stumpf zahnartigen Gebilde, das sich, von der Seite gesehen, als das hakenförmige Ende einer die Hinterecke des Schildchens mit dem Hinterschildchen verbindenden Spange erweist. Epicnemialkante scharf leistenartig hochgezogen und zugleich etwas nach hinten gebogen und in derselben Ausbildung über den Vorderrand der Mittelbrust erstreckt, die dadurch im Profil zwischen dieser Kante und den Mittelhüften kräftig konkav erscheint. Gesicht länglich eiförmig. ♀: Scheitel hinten mitten mit einer kleinen runden Grube, die aber meistens nicht ausgebildet ist. ♂: Fühlergeißel schlank, die mittleren Glieder deutlich länger als dick, das Endglied ziemlich kräftig, gebogen, distal wenig verschmälert, bis zur Mitte des 9. Geißelgliedes reichend. Sternite im Profil mit mikroskopischer, sehr dichter, brauner Pubeszenz.

18. Gattung *Parodontodynerus* Blüthg. (S. 150).

Hinterschildchen ohne solches zahnartiges Gebilde. Mittelbrust vorn ohne Querleiste, höchstens mit Andeutung einer stumpfen Kante. 32.

32. Behaarung von Kopf und Thorax gut entwickelt, von mindestens mittlerer Länge. In der Regel mindestens 3 Tergitbinden vorhanden (auf den Tergiten 1—3). Rückwand des Mittelsegments mitten mit einem seiner ganzen Länge nach scharf ausgeprägten, das Hinterschildchen erreichenden linearen Grat; Schutzspangen oben in einem kurzen, stumpfwinkligen Zahn endend. Flügelschuppen gestreckt, das Ende der Parategulae nach hinten weit überragend, nach dem Ende zu merklich verschmälert, außen in flacher Biegung gerundet, distal zugespitzt (Abb. 31). Hinterseite der Hüften III im Profil mit flachem, stumpfwinkligem zahnartigen Vorsprung. ♀: Scheitelgrube ± nierenförmig, mindestens so breit wie POL. Gesicht in der Regel mit Orbitalstreifen oder -flecken. ♂: Fühlerhaken derb, bis zur Mitte des 9. Geißelgliedes reichend. Durchschnittlich merklich größere Arten (8—12 mm). 15. Gattung *Allodynerus* Blüthg. (S. 126).

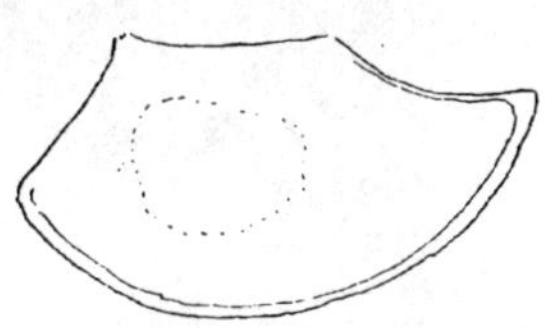

Abb. 31. *Allodynerus floricola* (Sauss.) ♀: linke Flügelschuppe. (Original)

Behaarung von Kopf und Thorax unauffällig, auf der Thoraxoberseite sehr kurz bis winzig, in der Regel dunkelbraun. Nur 2 Tergitbinden (auf den Tergiten 1 und 2), nur bei *chevrieranus* ♀ manchmal auch Tergit 3 mit schmalem, seitlich verkürztem Bindenstreifen. Mittelgrat der Mittelsegmentrückwand nur unten entwickelt, oben verloschen und nicht bis zum Hinterschildchen reichend; Schutzspangen oben in langem, spitzem Zahn endend. Flügelschuppen kurz, das Ende der Parategulae kaum überragend, nach dem Ende zu nicht verjüngt, außen ungefähr halbkreisförmig gerundet, distal nicht nach hinten ausgezogen (Abb. 32). Hinterseite der Hüften III im Profil mit scharfem, spitzwinkligem, etwas gebogenem zahnartigen Vorsprung. ♀: Scheitelgrube in der Regel klein (wenig größer als ein Nebenauge), rundlich. Gesicht stets ohne Orbitalzeichnung. ♂: Fühlerhaken dünn und klein, knapp die Basis des 10. Geißelgliedes erreichend. Durchschnittlich merklich kleinere Arten (6—10 mm).

13. Gattung *Nannodynerus* Blüthg. (S. 105).

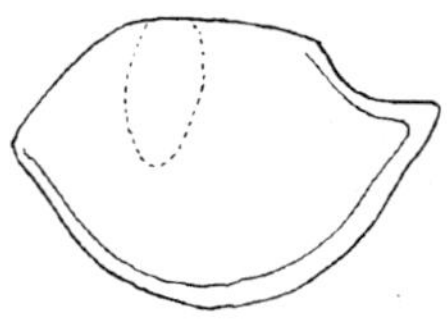

Abb. 32. *Nannodynerus teutonicus* (Blüthg.) ♀: linke Flügelschuppe. (Original)

1. Gattung ***Oplomerus*** Westwood 1840

Genotypus: *Odynerus spinipes* (Linnaeus 1758) (Westwood 1840, S. 84)'

Wegen der Nomenclatur siehe hinten S. 228 Anm.

Diese Gattung zerfällt in 4 Untergattungen (*Oplomerus* Westw., *Monoplomerus* Blüthg. 1938, *Spinicoxa* Blüthg. 1938 und *Allogymnomerus* Blüthg. 1951); die 1938b von mir ebenfalls als Untergattungen von „*Hoplomerus*" aufgestellten Einheiten *Gymnomerus* und *Paragymnomerus* habe ich später zu Gattungen erhoben. Nur die Untergattungen *Oplomerus* und *Spinicoxa* kommen im Gebiet vor. Sie haben beide dieselbe Lebensweise: Die ♀♀ legen ihre Nester in Lößwänden oder mürben Backsteinmauern oder in bindigem Boden an, wobei sie die beim Aushöhlen des Nestganges und der Zellen anfallenden Bröckchen größtenteils vor dem Eingangsloch in Gestalt einer zylindrischen Röhre aufstapeln, die die Form eines Wasserhahnes mit $\pm$ durchbrochenen Wänden hat, wenn sich das Nest in einer

Abb. 33. *Oplomerus spinipes* (L.)♀ am Nest. (G. Olberg phot.)

Abb. 34. *Oplomerus reniformis* (Gmel.) ♀ am Nest. (G. Olberg phot.)

vertikalen Wand befindet[1]), oder senkrechte oder etwas gebogene Form, wenn das Nest in ebenem Erdboden liegt; diese Röhre wird später wieder ± ausgedehnt abgetragen, um beim Verschluß der Zellen und des Nestganges Verwendung zu finden.[2]) Als Larvenfutter tragen die ♀♀ Rüsselkäferlarven (Gattung *Phytonomus*) ein. Da es sich bei diesen vielfach um Luzerneschädlinge handelt, können die *Oplomerus*-Wespen als für den Menschen nützliche und hegenswerte Insekten bezeichnet werden. In Finnland hat E. VALKEILA auch andere Beutetiere gefunden.

Die Larven verfertigen einen Wandkokon und überwintern als Ruhelarven. Schmarotzer sind namentlich einige Goldwespenarten und gewisse Fliegen. Hierüber und über die beiden einzigen bisher bekannt gewordenen Fälle von Stylopisation siehe bei den einzelnen Arten.

1. Untergattung *Oplomerus* WESTWOOD 1840

Subgenotypus: *Odynerus spinipes* (L. 1758). Schrifttum: BLÜTHGEN 1941a.

Bestimmungsschlüssel[3])

1. Behaarung von Kopf, Thorax und (soweit dort vorhanden) Hinterleib schwarz. Sternit 2 ausgedehnt ± stark glänzend.
♀: Schenkel III im Profil spindelförmig (Abb. 35). Innerer Augensaum neben der Fühlerbasis in der Regel mit gelbem Fleck. Tergite 1—5 mit Binde, die letzte oder die

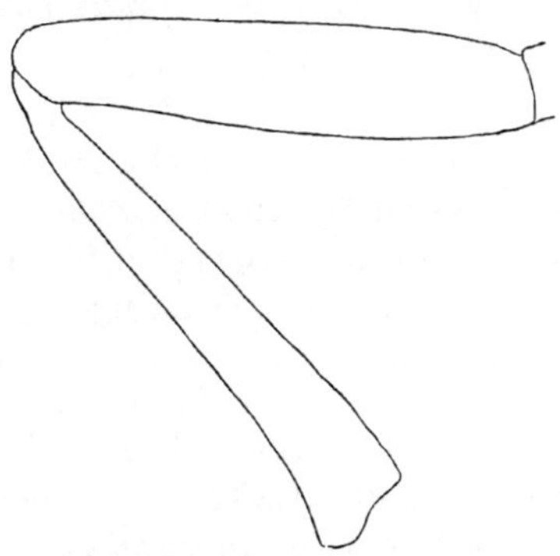

Abb. 35. *Oplomerus spinipes* (L.) ♀: Schenkel III. (BLÜTHGEN 1941)

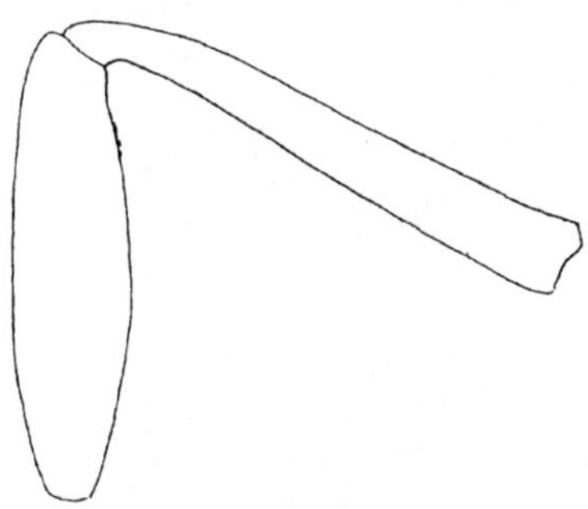

Abb. 36. *Oplomerus spinipes* (L.) ♂: Schenkel III. (BLÜTHGEN 1941)

Abb. 37. *Oplomerus spinipes* (L.) ♂: Schenkel II. (BLÜTHGEN 1941)

beiden letzten seitlich verkürzt. ♂: Beine stark verlängert, Schiene III merklich länger als Schenkel III und geschweift, außen distal abgeflacht und etwas eingedrückt. Kopfschild an der Basis oder auch seitlich schwarz gesäumt. Geißelglieder 9—12 (Fühlerspirale) schwarz. 2.

Behaarung derselben Körperteile blond bis weißlich. ♀: normal ohne Orbitalfleck. ♂: Fühlerspirale lehmgelb bis gelbbraun. 3.

2. Zeichnung (insbes. die Hinterleibsbinden) kräftig zitronengelb. ♀: Schienen gelb, teilweise rostgelb gezeichnet, I und II hinten ± ausgedehnt schwarzbraun gestreift; Tarsen rostgelb, II und III oberseits gebräunt. Unterseite der Fühlerschäfte schwarz oder

[1]) Siehe Abb. 33 und 34, S. 70.

[2]) Alte Nester scheinen nicht wieder in Benutzung genommen zu werden, sondern das ♀ scheint stets eine neue Nestanlage auszuschachten. Die alten Nester werden gern von anderen Faltenwespen bezogen, so nach E. T. NIELSEN namentlich von *Ancistrocerus parietum* (L.) und nach meinen Beobachtungen wahrscheinlich auch von *Odynerus murarius* (L.) und *Euodynerus notatus* (JUR.).

[3]) Bei den ♂♂ kann die Form des mittleren Zahnes der Schenkel II und die Form der Ausschnitte zwischen den Zähnen variieren, sie ist also nicht immer genau so, wie die Abbildungen sie zeigen.

teilweise gelb, nicht selten der ganzen Länge nach so (var. *flaviscapus* Mader). Schildchen gewöhnlich total schwarz, hin und wieder mit 2 gelben Flecken wechselnder Größe oder Querbinde (var. *scutellaris* Blüthg.). Mesopleuren schwarz, bei Stücken der var. *scutellaris* ausnahmsweise auf dem oberen Abschnitt der Mesepisterna gelb gefleckt. Tergitbinden 3ff. nicht gebuchtet. Sternit 2 mit sehr oberflächlicher, weitläufiger Chagrinierung, ausgedehnt stark glänzend (mit etwas fettigem Schein), nur seitlich stärker chagriniert und matter, hier mäßig dicht sehr fein, im übrigen (auch an der Basis) nur äußerst spärlich punktiert. ♂: Sternit 2 mit flach konvexer oder fast ebener Fläche (zur Basalquerfurche stärker gebogen), ohne Längsschwiele, seine Skulptur wie beim ♀. Schenkel III spindelförmig (Abb. 36), Schenkel II: Abb. 37. Geißelglieder 9—11 viel breiter als lang, nach dem Ende erweitert, rundlich trapezförmig, Endglied breit zungenförmig, um etwa ½ länger als breit, im Profil stark zusammengedrückt und gebogen; Geißelglieder 2—6 unten und auf der unteren Hälfte der Vorderseite rötlich gelbbraun, 2 an der Basis mehr gelblich, 6 mehr bräunlich, 5 unten am Ende, 6 ausgedehnter schwarz gefleckt, 7 unten schwarz, vorn dunkelgelblichbraun. ♀ 10—12,5 mm, ♂ 9,5 bis 12 mm. 1. *Oplomerus* (*Oplomerus*) *sp. spinipes* (L.)

Zeichnung von Kopf und Thorax blaßgelb, die des Hinterleibes elfenbeinweiß (♀) oder gelblichweiß (♂).

♀: Schenkelspitzen, Schienen und Tarsen heller oder dunkler rostrot, Schienen I und II hinten schwarzbraun gestreift. Schaftunterseite, Schildchen und Mesopleuren stets ohne gelbe Zeichnung. 3.—5. Tergitbinde beiderseits flach gebuchtet. Sternit 2 deutlich stärker als bei *spinipes* chagriniert, sein Glanz deshalb etwas geringer. ♂: Sternit 2 mitten längs mit flach konvexer, vorn und hinten flach auslaufender Wulst, beiderseits daneben eingedrückt, mit feiner Chagrinierung, ± kräftig glänzend mit etwas fettigem Schein, seitlich matter, hier dicht sehr fein punktiert, im übrigen mit mikroskopischer, in der Grundskulptur verschwindender Punktierung. Schenkel III basalwärts leicht verbreitert. Fühlergeißelglieder ungewöhnlich lang (Abb. 38), 9—11 rundlich trapezförmig (nach dem schief abgeschnittenen Ende verbreitert, die hintere Längsseite etwas kürzer als die Basisbreite), Endglied von oben gesehen etwa 2½mal so lang wie breit, nach dem Ende zu ganz wenig verschmälert, im Profil kräftig gebogen; Glieder 2—6 unten und auf dem größten Teil der Vorderseite hell ockergelb, im übrigen ebenso wie die folgenden Glieder schwarzbraun, 7 und 8 unterseits gering gelbbraun gezeichnet, 8 und 9 oberseits an Basis und Ende schmal weißlich. ♀ 11 bis 13 mm, ♂ 10—11 mm. 2. *Oplomerus* (*Oplomerus*) *alpinus* (Schulth.)

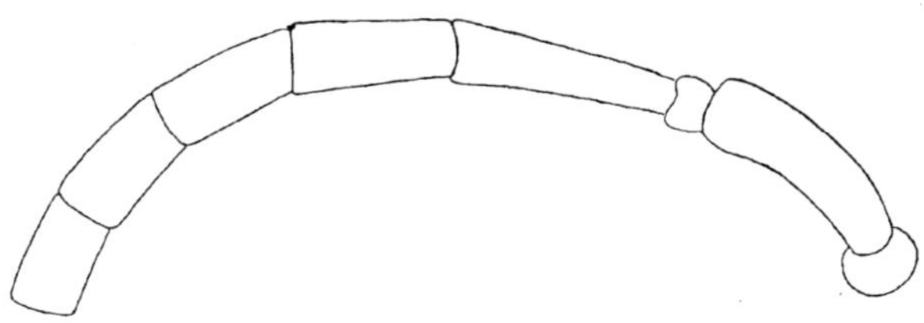

Abb. 38. *Oplomerus alpinus* (Schulth.) ♂: Fühler. (Blüthgen 1941)

3. Sternit 2 auf gleichmäßig und dicht netzartig chagriniertem, seidig mattem oder sehr schwach und seidig glänzendem Grunde mit dichter, distal mitten spärlicher, winziger, in der Grundskulptur ± verschwindender Punktierung, auch beim ♂ mit ebener Fläche. Schenkel III spindelförmig; Schienen III außen distal abgeflacht und schwach eingedrückt. Behaarung von Kopf und Thorax blond. Zeichnung gelb, bei den ost-mitteleuropäischen Populationen ± gelblichweiß. ♀: Kopfschild häufig an der Basis ± ausgedehnt gelb gefleckt; Unterseite des Fühlerschaftes gelb, die der Geißel ± ausgedehnt gelbbraun; Schildchen mit 2 dreieckigen gelben Flecken; Mesopleuren gelb gefleckt; 5 Tergitbinden; Sternite 2—4 mit Seitenflecken; Schenkel gelb mit rostroter Zeichnung,

an der Basis schwarz, Schienen goldgelb, z. T. rostgelb getönt, Tarsen rostgelb. ♂: Basalzahn der Schenkel II der Basis stark genähert (Abb. 40). Kopfschild: Abb. 39. Der mittlere Teil der Fühlergeißel ziemlich dick, die Glieder vom 9. ab (von oben gesehen) bandförmig (parallelseitig), 9 um etwa $\frac{1}{3}$, 10 um $\frac{1}{2}$, 11 fast doppelt länger als breit, das im Profil schwach gebogene Endglied $2\frac{1}{2}$—3mal so lang wie breit. Zeichnung: kleiner Orbitalfleck manchmal vorhanden, Schildchen in der Regel total schwarz, ausnahmsweise mit 2 Punktflecken, Mesopleuren und Tergit 7 nicht gefleckt, 2. bis 5. Sternit mit Seitenflecken; die hell lehmgelbe Färbung der Geißelunterseite erstreckt sich auch auf die unteren $^2/_3$ der Vorderseite, Spiralenglieder rostgelb, oberseits rotbraun. ♀ 10—12,5 mm, ♂ 9—11 mm. 3. *Oplomerus* (*Oplomerus*) *poecilus* (Sauss.)

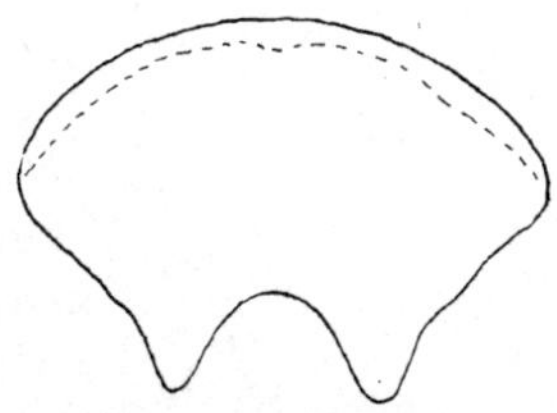

Abb. 39. *Oplomerus poecilus* (Sauss.) ♂: Kopfschild. (Blüthgen 1941)

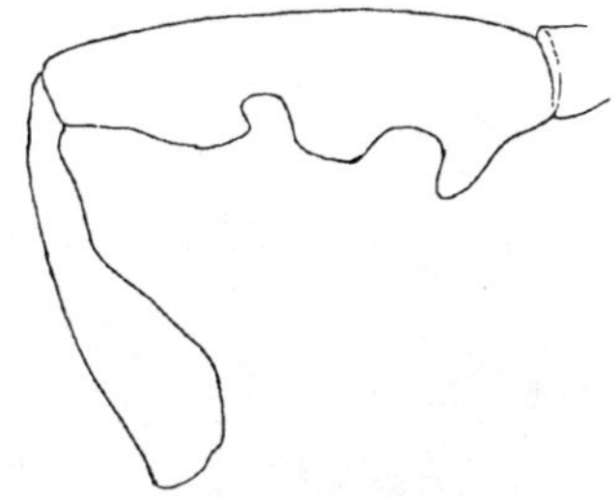

Abb. 40. *Oplomerus poecilus* (Sauss.) ♂: Schenkel II. (Blüthgen 1941)

Sternit 2 mit anderer Skulptur oder auch mit anderer Struktur. 4.

4\. ♂♂ 5.

♀♀ 6.

5\. Sternit 2 eben, seitlich auf mattem Grunde sehr dicht, mitten auf ziemlich glänzendem Grunde zerstreuter, mäßig fein bis ziemlich kräftig sehr deutlich tief punktiert. Basalzahn der Schenkel II von der Schenkelbasis weit abgerückt (Abb. 41); Schenkel III spindelförmig (distal unten etwas geschwollen). Fühlergeißel: Abb. 42; mitten schwach dicker, Glieder 7—11 (von oben gesehen) nach dem Ende zu nur ganz wenig verbreitert, 7 und 8 um $\frac{1}{3}$, 9—11 um $\frac{1}{4}$ länger als an der Basis breit, das Endglied von oben gesehen doppelt so lang wie breit, mit gerader Hinter- und flach gebogener Vorderseite und rundlich zugespitztem Ende. Kopfschild: Abb. 43. Hinterschildchen (von vorn gesehen) hinten mitten mit einem winzigen Zähnchen. Zeichnung von Kopf und Thorax gelblichweiß (Kopfschild, Oberlippe, Oberkiefer größtenteils, bis in die Augenausbuchtungen hinein reichende Orbitalbinden, Fühlerschäfte unten und zu $^2/_3$ der Vorderseite, Pronotumbinde, sehr selten 2 kleine Flecke auf dem Schildchen, Flügelschuppen und Flügelbasisfleck), vom Hinterleib weiß (6 Tergitbinden, Seitenflecke auf dem 2.—5. oder auch 6. Sternit, die auf den vorderen Sterniten zu Binden zusammenfließen können, selten 2 Punktflecke auf dem 7. Sternit); Fühlergeißeln licht ockergelb, die Spiralenglieder bräunlicher, die Oberseite des 1.—6. Gliedes schwarzbraun, die des 7. oder auch 8. Gliedes meist bräunlich getönt. 9—10 mm.

4\. *Oplomerus* (*Oplomerus*) *femoratus* (Sauss.)

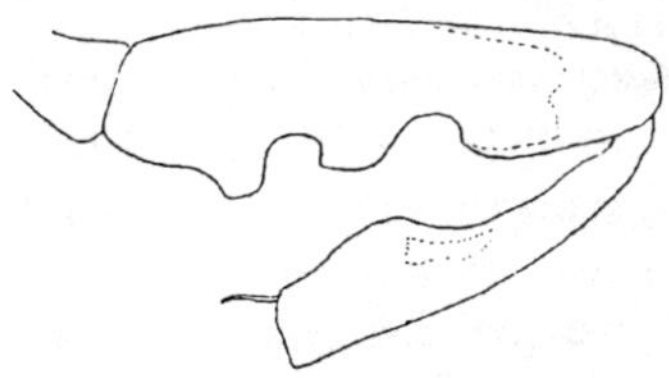

Abb. 41. *Oplomerus femoratus* (Sauss.) ♂: Schenkel II. (Blüthgen 1941)

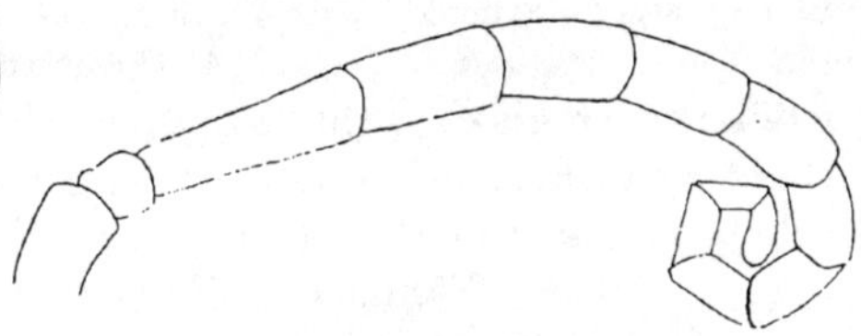

Abb. 42. *Oplomerus femoratus* (Sauss.) ♂: Fühler. (Blüthgen 1941)

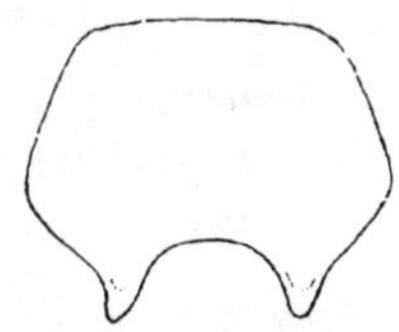

Abb. 43. *Oplomerus femoratus* (Sauss.) ♂: Kopfschild. (Blüthgen 1941)

Sternit 2 mitten längs mit einer schwielenartigen Auftreibung, beiderseits davon eingedrückt, die Fläche oberflächlich chagriniert, ziemlich glänzend und ziemlich zerstreut, sehr fein flach punktiert, seitlich stärker chagriniert, seidig matt und dichter, aber ebenso zart und oberflächlich punktiert. Der Basalzahn der Schenkel II berührt die Schenkelbasis (Abb. 44); Schenkel III rautenförmig (Abb. 45). Fühlergeißel mitten deutlich verstärkt, Glieder 9—11, von oben gesehen, nach dem Ende sehr wenig verbreitert, 9 um $\frac{1}{2}$, 10 um $\frac{1}{4}$ länger als an der Basis breit, 11 etwas kürzer als breit, das Endglied um etwa $\frac{1}{4}$ länger als breit, nach dem rundlich abgeschrägten Ende kräftig verbreitert. Zeichnung strohgelb oder (namentlich auf dem Hinterleib) weißlich, ihre Elemente wie für *femoratus* angegeben, mit folgenden Abweichungen: innere Orbita in der Regel nicht, selten ganz wenig, hell gezeichnet; Pronotumbinde sehr schmal und beiderseits ± weit abgekürzt; Schildchen nicht gefleckt; Flügelschuppen licht rötlichbraun; die distalen Tergitbinden seitlich verkürzt, 2. bis 5. Sternit mit seitlichen Flecken, die auf dem 2. gelegentlich durch eine schmale Binde verbunden werden; Fühlerspirale braun, ungleichmäßig gelblich gefleckt. 8—11 mm 5. *Oplomerus* (*Oplomerus*) *m. melanocephalus* (GMEL.).

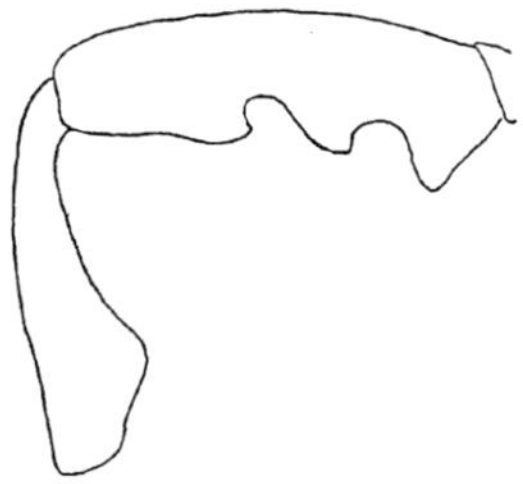

Abb. 44. *Oplomerus melanocephalus* (GMEL.) ♂: Schenkel II. (BLÜTHGEN 1941)

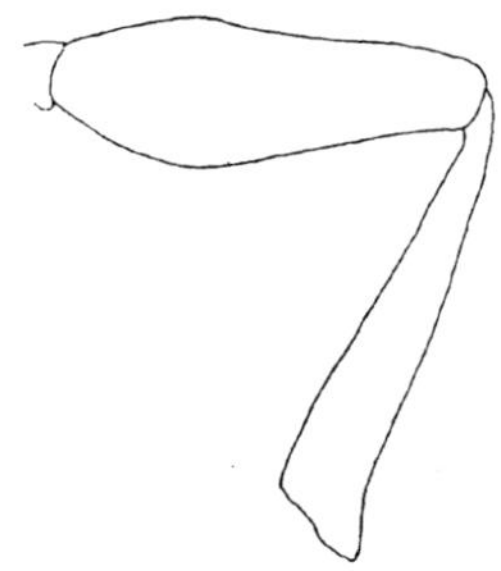

Abb. 45. *Oplomerus melanocephalus* (GMEL.) ♂: Schenkel III. (BLÜTHGEN 1941)

6. Schenkel III spindelförmig. Skulptur des 2. Sternits ungefähr wie beim ♂, die Punktierung durchschnittlich etwas schwächer, aber ebenso scharf ausgeprägt. Schläfen geschwollen (Hinterkopf, von oben gesehen, quer so breit wie die Augenpartie). Hinterschildchen, von vorn gesehen, hinten mitten mit einem Zähnchen. Flügelschuppen weiß, mitten mit horngelbem Fleck, Flügelwurzel weiß gefleckt. Zeichnung von Kopf und Thorax gelblichweiß (gebogene Binde der Kopfschildbasis, Stirnfleck, Schläfenstreifen, Pronotumquerbinde), die des Hinterleibs weiß (5. Tergitbinden, die beiden letzten breit und doppelt gebuchtet, häufig ein Fleck auf dem 6. Tergit, vollständige oder mitten unterbrochene Binden der Sternite 2—4, Seitenflecken auf 5); Fühlerschäfte unten goldgelb, Geißel unten rötlichbraun, Beine rostgelb, Schenkelbasis schwarz. 10—11 mm.
4. *Oplomerus* (*Oplomerus*) *femoratus* (SAUSS.).

Schenkel III basalwärts verbreitert, (Abb. 46), Sternit 2 mit viel feinerer (zum Teil mikroskopischer), mitten auch viel spärlicherer, oberflächlicher Punktierung. Schläfen kaum geschwollen (Hinterkopf etwas schmaler als die Augenpartie). Hinterschildchen ohne Zähnchen. Flügelschuppen rostrot, innen schwarz, ausnahmsweise vorn gelb gefleckt, Flügelwurzel rostgelb gefleckt. 9—11 mm. 7.

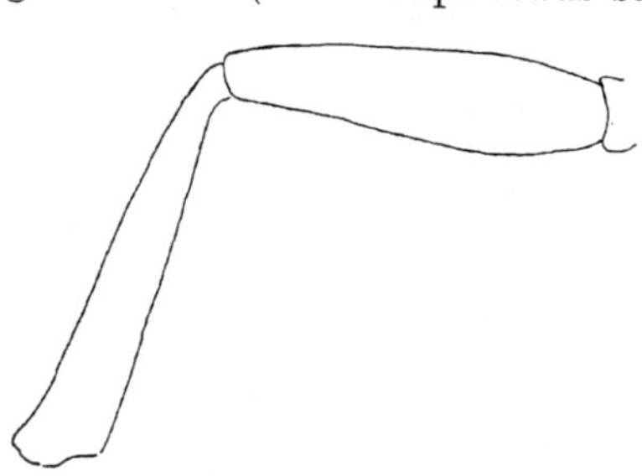

Abb. 46. *Oplomerus melanocephalus* (GMEL.) ♀: Schenkel III. (BLÜTHGEN 1941)

7. 4. und 5. Tergit mit breiter, doppelt gebuchteter, vollständiger (oder auf 5 seitlich etwas abgekürzter) Binde, 6. Tergit mit herzförmigem Fleck; Zeichnung von Kopf und Thorax gelblichweiß, die des Hinterleibes weiß; Kopfschild, Schildchen und Mesopleuren ohne Zeichnung; Fühlerschäfte unten goldgelb, Geißelunterseite total schwarz oder auf der Basalhälfte undeutlich gebräunt.
5. *Oplomerus* (*Oplomerus*) *m. melanocephalus* (GMEL.) var. *luxuriosa* BLÜTHG.

Tergit 6 nicht gefleckt, Binde des 5. Tergits schmal, seitlich ± abgekürzt, nicht gebuchtet, manchmal fehlend. 8.

8. Schildchen mit 2 dreieckigen Flecken, oberer Abschnitt der Mesepisterna gefleckt, Kopfschildbasis mit mitten unterbrochener Basalbinde (das eine oder das andere dieser

Zeichnungselemente kann ausfallen), manchmal ein kleiner Orbitalfleck unmittelbar über dem Kopfschild. Zeichnung von Kopf und Thorax gelblichweiß, die des Hinterleibes weiß; Geißelunterseite mindestens auf der Basalhälfte bräunlich orange.

5. *Oplomerus* (*Oplomerus*) *m. melanocephalus* (GMEL.) var. *combinata* BLÜTHG.

Schildchen und Mesopleuren nicht, Kopfschildbasis nur ausnahmsweise gefleckt. Zeichnung blaß zitronengelb, strohgelb oder (namentlich auf dem Hinterleib) ± weißlich; Unterseite der Fühlergeißel in der Regel größtenteils bräunlich orange.

5. *Oplomerus* (*Oplomerus*) *m. melanocephalus* (GMEL.) Normalfärbung.

1. *Oplomerus* (*Oplomerus*) *sp. spinipes* (LINNAEUS 1758)

Vespa spinipes n. sp. — LINNAEUS, Syst. nat. Ed. 10ª, 1758, S. 573, n. 7. ♂. Loc. typ.: Schweden. Typus nicht vorhanden.[1])

Vespa spinipes ♀ — LINNAEUS, Syst. nat. Ed. 12ª, 1767, S. 950, n. 10. Loc. typ.: nicht genannt. Allotypoid nicht vorhanden.

? *Vespa quinquefasciata* n. sp. — FABRICIUS, Entom. system. II, 1793, S. 267, n. 49, ♀ (nec *Vespa quinquefasciata* MÜLLER 1766). Loc. typ.: Kiel. Typus: M. K.

Odynerus muticus n. sp. — ZETTERSTEDT, Insect. Lappon. I, 1838, S. 456, n. 2, ♀. Loc. typ.: Lappland und Schonen. Typen: M. Lu.

Odynerus (*Hoplopus*) *spinipes* (L.) ab. ♀ *flaviscapus* nov. — L. MADER, Entom. Z., 50, 1936, S. 276, n. 7. Loc. typ. und Verbleib des Typus nicht angegeben.

Hoplomerus spinipes (L.) ♀ var. *scutellaris* n. var. — BLÜTHGEN, Mitt. Entom. Ges. Halle (S.), 18, 1940, S. 10. Loc. typ.: Naumburg (Saale). Typus: coll. m.

Diese Unterart kommt im Untersuchungsgebiet wohl überall und ± häufig vor. Ihr Verbreitungsgebiet umfaßt ferner das übrige Mittel- sowie West-, Nord- und Osteuropa; in Südeuropa findet sie sich anscheinend nur im Gebirge. Aus Kleinasien sah ich Stücke von Eskischehir und von Jaribaschi (Amanus-Gebirge), coll. J. FAHRINGER. Wahrscheinlich ist sie auch in Westsibirien zuhause. In Ostsibirien (Amur-Gebiet) wird sie durch *spinipes amurensis* BLÜTHG. 1941 ersetzt. Die Angabe in BERLAND 1928, sie komme auch in Nordafrika vor, dürfte auf einer unrichtigen Herkunftsbezeichnung oder auf einer Fehlbestimmung beruhen.

Die Färbungsvariante *flaviscapus* (MADER) tritt im Gebiet häufig auf; var. *scutellaris* m. ist selten: ich fand hier bei Naumburg einige Stücke, erhielt 1 ♀ vom Kosackenstein bei Frankenhausen (Kyffhäuser) durch P. EIGEN, 1 ♀ von Achern (Baden) durch HOHNDORF — diese 2 Stücke mit zusätzlichen gelben Mesopleuralflecken —, 1 ♀ von Gambach a. Main durch J. HEINRICH sowie 1 ♀ von Leistadt (Pfalz) durch L. ZIRNGIEBL und sah 1 ♀ vom ehemal. „Jägerberg" in Halle (S.) in coll. TASCHENBERG (Ent. Institut in Halle (S.), 3 ♀♀ vom Badberg (Kaiserstuhl) des Museums in Karlsruhe und 1 ♀ von Erlaufboden des M. W., bei dem die Schildchenflecke zu einer breiten Querbinde verschmolzen sind.

Im übrigen ist diese Unterart sehr wenig veränderlich: bei Stücken aus dem Norden des Bereichs und aus Nordeuropa kann beim ♀ der Stirnfleck in 2 Einzelflecke aufgelöst sein oder ganz verschwinden, die Schienen sind meistens ausgedehnter schwarz gestreift und die Tarsen stärker gebräunt, und bei nordeuropäischen Stücken können die schmalen gelben Orbitalstreifen fehlen; das ♂ ändert kaum oder unwesentlich ab.

Der Nestbau dieser Art ist seit RÉAUMUR (1742) häufig Gegenstand der Erörterung gewesen; dabei hat man diese Nistweise wiederholt anderen Lehmwespen mit ganz verschiedener Lebensweise zugeschrieben, so *Ancistrocerus parietum* (L.) (BLANCHARD), *Odynerus murarius* (L.) (LATREILLE) oder *Odynerus crassicornis* (Pz.) (LICHTENSTEIN und ED. ANDRÉ). *Spinipes* nistet bei uns regelmäßig in vertikalen Lößabstichen, in alten Lehm-

[1]) Siehe S. 27, Fußnote 1.

wänden von Gebäuden oder in mürben Stellen von Ziegelsteinmauern (Abb. 33); ZETTERSTEDT fand in Schweden Nester in ebener Erde (mit vertikalem „Schornstein"), was auch bei uns gelegentlich vorkommt (G. OLBERG brfl.), ebenso in Holland (VAN LITH 1956). Besonders günstig belegene Stellen werden manchmal von mehreren 100 ♀♀ besiedelt (MÖSCHLER S. 78). Da die *Phytonomus*larven, die man in den Nestern von *spinipes* vorfindet (Abb. 47), zum großen Teil Arten angehören, die als Luzerneschädlinge bekannt sind, wie *Ph. variabilis* und *Ph. murinus*[1]), werden solche Massenansammlungen von *spinipes* spürbaren Nutzen bringen. In Finnland fand E. VALKEILA als Beute Chrysomelidenlarven (*Gastroidea polygoni* und andere). Regelmäßige Schmarotzer sind die Goldwespen *Chrysis ignita* (L.), *Chr. viridula* L. und *Spintharis neglecta* (SHUCK.), auch *Chrysis aureipes* WESM. und *Chr. fulgida* L. werden genannt; von Fliegen gewisse Trauerschweber, so *Argyramoeba anthrax* (SCHRK.), und „Trabantenfliegen"[2]) (*Pachyophthalmus signatus* MEIG.); von Käfern *Trichodes alvearius* F.

Abb. 47. *Oplomerus spinipes* (L.): Nestinhalt. (G. OLBERG phot.)

Ein von S. SAUNDERS 1872 mitgeteilter Fall von Stylopisation (durch *Pseudoxenos corcyricus* S. SAUND. ♂) betrifft nach der Herkunft Korfu des Stückes wahrscheinlich nicht *spinipes* sondern *Opl. rotundigaster* (SAUSS.).

2. *Oplomerus* (*Oplomerus*) *alpinus* (SCHULTH.)

Odynerus (*Hoplopus*) *spinipes* L. var. *alpinus* (F. MORAWITZ i. l.) n. var. — v. SCHULTHESS, Faun. ins. helvet., Hym., Diploptera, Schaffhausen 1897, S. 114, ♀ ♂. Loc. typ.: Saas; Alp Ponchette; Andermatt; Silvaplana; Fextal. Typen: coll. auct.
Hoplomerus (*Hopl.*) *spinipes alpinus* SCHULTH. — BLÜTHGEN 1938b S. 285.
Hoplomerus (*Hopl.*) *alpinus* (SCHULTH.) — BLÜTHGEN 1941a S. 334.

Diese Art, die früher nur aus den Hochalpen der Schweiz (v. SCHULTHESS 1897, J. DE BEAUMONT 1947) und Frankreichs (Bérisal; Col du Galibier; St. Dalmas: BERLAND 1928) und aus Südtirol (Corvara im Valle Badia, 1558 m; Grödener Tal) bekannt war, wurde neuerdings aus dem Allgäu nachgewiesen: H. FISCHER fand am 29. 6. 47 1 ♀ am Sperrbach (1470 m) und E. ENSLIN fing seit 29. 8. 51 mehrfach zwischen dem Nebelhorn und dem Laufbachereck beide Geschlechter an gelben Kompositen. F. JANETSCHEK (Innsbruck) traf *alpinus* in den Zillertaler Alpen im Zemmtal vor dem Wirtshaus Breitlahner (ca. 1200 m) im Erdboden nistend (24. 8. 36) (brfl.).

Die Lebensweise ist von L. MICHELI 1930 beschrieben worden (vgl. BLÜTHGEN 1941a S. 334). Als Schmarotzer fand E. ENSLIN *Chrysis viridula* L., deren Massenvermehrung jene *alpinus*-Population von Jahr zu Jahr immer stärker zehntete. JANETSCHEK fing 1 ♀ *Chrysis* aff. *ignita* (L.), als es aus einem *alpinus*-Nest herauskam.

---

[1]) VAN LITH (l. c.) fand in den Nestern die Larven von *Phytonomus pedestris* PAYK. und *Phyt. arator* F.

[2]) Diese treffende Bezeichnung stammt von G. OLBERG in „Bienenfeind *Philanthus* (Bienenwolf)" („Neue Brehmbücherei" Heft 94, 1953, S. 62).

3. *Oplomerus* (*Oplomerus*) *poecilus* (Sauss.)

Odynerus (*Oplopus*) *poecilus* n. sp. — Saussure, Étud. fam. Vespid. III. Masar. & suppl., 1856, S. 314, n. 199, ♀, T. 15 F. 6. Loc. typ.: Aix-en-Provence. Typus: M. P.
Odynerus (*Hoplopus*) *ruficornis* n. sp. — F. Rudow, Arch. Ver. Fr. Naturg. Mecklenburg, **30**, 1876, S. 234, n. 6, ♀ ♂. Loc. typ.: Eulau bei Naumburg (Saale). Typen nicht mehr vorhanden.[1])
Odynerus (*Hoplopus*) *poecilus* Sauss. ♀ ♂ — L. Berland 1928 S. 75/76.

Die Beschreibung, die der Autor von der Behaarung des ♀ gibt („tête et corselet revêtus d'un duvet de poils fauves courts et à peine apparents à l'oeil") paßt auf das nach dem Vorgang von Berland von mir als *poecilus* aufgefaßte ♀ allerdings so wenig, daß Berland, der sie als „roussâtre, assez forte" bezeichnet, diese Divergenz wohl hätte erörtern sollen. Die Nachprüfung der Identität erscheint mir notwendig, ich muß diese Frage aber vorläufig auf sich beruhen lassen, da mir der Typus nicht zugänglich ist.

Diese mediterrane Art ist in Deutschland bisher nur an wenigen Stellen gefunden worden: im Main-Gebiet bei Zeil, Ebersbach und Bamberg (Schneid 1941) sowie bei Karlstadt, in Thüringen im mittleren Saaletal von Jena bis Goseck, im Unstruttal bei Heldrungen (Sachsenburg), am südlichen Kyffhäuser bei Frankenhausen (Kalktal und Kosackenstein), an der Windleite bei Kleinfurra (bei Sondershausen), bei Bleicherode und in der „Goldenen Aue" bei Wallhausen (Helme).

In Frankreich war sie nach Berland 1928 „sehr selten"; er nennt als Fundorte außer dem loc. typ. nur Le Ciotat, Cannes, Callian und Digne. In Mittel- und Nordfrankreich scheint sie ebenso wie in Belgien, Holland und England zu fehlen. Auch aus Spanien ist sie noch nicht gemeldet. Dagegen ist sie nach Grandi im Hügelland bei Bologna häufiger; 1 ♀ aus der Umgebung von Rom befindet sich im M. Mü. Um Wien („Spitzer Berg" und „Hundsheimer Berg" bei Dtsch. Altenburg, Eichkogel und Perchtoldsdorf), am Neusiedlersee und in Ungarn (Budapest, Simontornya, siehe auch L. Móczár 1937) scheint sie ebenfalls häufiger zu sein. Ferner kenne ich sie aus Istrien (Pola) und Bulgarien (Banderica). Aus anderen Gegenden Osteuropas und aus Kleinasien ist sie noch nicht nachgewiesen. In Nordafrika fehlt sie offenbar.

Die deutschen Populationen haben zitronengelbe Zeichnung. Im Osten, schon bei Wien, ist diese auf Kopf und Thorax blaßgelb, auf dem Hinterleib $\pm$ rein weiß.

Über die Lebensweise von *poecilus* hat Grandi 1935 S. 41 und 1937 berichtet, der 1937 auch die erwachsene Larve beschreibt und eine ausgezeichnete Abbildung des ♀ und 1954 eine Beschreibung des Kokons gibt. Siehe auch Blüthgen 1941a S. 336.

Schmarotzer sind *Spintharis neglecta* (Shuck.) und die Fliege *Metopia leucocephala* Rossi. Ich fand ein Nest durch die Ameise *Solenopsis fugax* (Latr.) ausgeraubt.

Blütenbesuch: Veronica teucrium, Geranium sanguineum, Himbeeren und (nach F. Pillich) Anchusa Barrelieri.

4. *Oplomerus* (*Oplomerus*) *femoratus* (Sauss.)

Odynerus (*Oplopus*) *femoratus* n. sp. — Saussure, Etud. fam. Vespid. III. Masar. & suppl., 1856, S. 310 n. 194, ♀ ♂. Loc. typ.: Umgebung von Paris (Le Vésinet). Typen: M. P.
Hoplomerus Duskei n. sp. — F. Morawitz, Horae Soc. ent. Ross., 29, 1895, S. 439, ♂. Loc. typ.: Bogdo Ola (unteres Wolgagebiet). Typus: coll. auct. (M. L.)
Synonymie: **Blüthgen 1941a S. 337 und 1942a S. 66 n. 92.**

Diese mediterrane Art ist nach Berland 1928 in Frankreich „sehr selten" (als weitere Fundorte nennt er nur St.-Remy-la-Varenne [Dpt. Maine-et-Loire] und Llo [Dpt. Pyr.-or.]). Dusmet gibt sie für Spanien nicht an.[2]) Aus Südeuropa kenne ich sie aus Sardinien (M. B.), Sizilien (M. P.), Insel Krk (L. Mader leg.) und Bosnien (M. B.). L. Móczár 1937 nennt Fiume und einige früher zu Ungarn gehörende Orte (Ferencfalva, Báziás, Berzászka). Aus Kleinasien sah ich 1 ♀ von Samsun am Schwarzen Meer (M. B.). In Syrien fand bei Homs H. Seidenstücker am 10. 5. 52 1 ♀ 1 ♂ und am 13. 5. 52 1 ♂.

---

[1]) Nach Auskunft des Phyletischen Museums in Jena vom 4. 11. 1957 befinden sie sich in dem dort noch vorhandenen Rest der Rudowschen Sammlung nicht.

[2]) Meine gegenteilige Mitteilung 1941a S. 337 beruht auf einem Irrtum.

Aus Palästina wurde *femoratus* durch H. BYTINSKI-SALZ nachgewiesen: Tel el Kadi (1 ♀ 18. 5.) und Kfar Blum (1 ♀ 15. 5. 45). Das ist alles, was mir bisher über die Verbreitung dieser Art bekannt geworden ist. Ihre Lebensweise ist noch unbekannt.

Es wäre möglich, daß *femoratus* im Gebiete des Ober- und Mittelrheins vorkommt.

5. *Oplomerus* (*Oplomerus*) *m. melanocephalus* (GMEL.)

Vespa melanocephala n. sp. — GMELIN in LINNAEUS, Syst. nat. Ed. 13[a], I, 5, 1790, S. 2760, n. 96, ♀. Loc. typ.: „Europa". Verbleib des Typus mir nicht bekannt.

Vespa albofasciata n. sp. — ROSSI, Faun. Etrusca II 1790, S. 87 n. 870, ♀. Loc. typ.: Italien. Verbleib des Typus: ?

Pterocheilus dentipes n. sp. — HERRICH-SCHAEFFER, Faun. ins. German. 1839, H. 173, S. 3/4; 1841, H. 176, T. 16, Fig. a, ♂. Loc. typ.: bei Regensburg. Typus vernichtet.

Pterocheilus serripes, Klug (i. l.) — E. L. TASCHENBERG, Hym. Deutschl., Bremen (M. HEINSIUS) 1866, S. 247, ♂ ♀.

Odynerus sareptanus n. sp. — ED. ANDRÉ, Spec. Hym. Eur. II, 1884, S. 772, n. 27, ♀. Loc. typ.: Sarepta. Verbleib des Typus unbekannt. Synonymie: BLÜTHGEN 1941a, S. 339/340.

Hoplomerus melanocephalus (GMEL.) var. *combinata* n. var. ♀ — BLÜTHGEN 1940a S. 10. Loc. typ.: Pouzdřany (Südmähren). Typus: M. Pr.

Hoplomerus (*Hopl.*) *m. melanocephalus* (GMEL.) var. *luxuriosa* n. var. ♀. — BLÜTHGEN 1955c, S. 49/50. Loc. typ.: Carpentras (Dpt. Vaucluse, Südfrankreich). Typus: coll. m.

Diese Art zerfällt in drei Unterarten: ssp. *Dusmeticus* (GIN. Mari 1945) in Spanien, Portugal und Algerien mit (beim ♀ 5, beim ♂ 6) breiten, doppelt geschweiften Tergitbinden von eigelber Farbe, ssp. *tadschicus* BLÜTHG. 1941 in Mittelasien mit reicher elfenbeinweißer Zeichnung des Hinterleibes, die beim ♀ auch das 6. Tergit aufweist, und ssp. *melanocephalus*, die Europa im übrigen (einschl. Englands, des Nordens und des Ostens) besiedelt und im Untersuchungsgebiet wohl überall vorkommt, ohne jedoch häufig zu sein.

Die ssp. *melanocephalus* ist in der Farbe und in der Entwicklung der Zeichnung recht veränderlich: Es kommen Stücke mit weißer und solche mit blaß strohgelber Zeichnung in derselben Population vor, bei den ♀ ♀ sind erstere, bei den ♂ ♂ letztere häufiger; auch bei ♂ ♂ mit weißen Tergitbinden bleibt die Zeichnung von Kopf und Thorax blaßgelb. Bei der typischen Färbung des ♀ sind Kopfschild, Schildchen, Mesopleuren und Tergit 6 total schwarz, die Binden des 4. und 5. Tergits sind schmal und nicht gebuchtet, die des 5. Tergits ist seitlich ± stark abgekürzt oder fehlt häufig überhaupt; Stücke mit 2 schmalen Querflecken an der Kopfschildbasis oder einem Fleck auf dem oberen Abschnitt der Mesepisterna finden sich im Gebiet nur sehr selten. Bei var. *combinata* (Südmähren und Frankreich) hat das Schildchen 2 ± große weiße Flecke und sind in der Regel auch der Kopfschild und die Mesopleuren, manchmal auch die innere Orbita weiß gezeichnet; auch bei dieser Form sind die Binden des 4. und 5. Tergits schmal, seitlich verschmälert und ± abgekürzt, und das 6. Tergit schwarz. Die extreme Form des ♀ mit breiten, vorn doppelt geschweiften und seitlich nicht oder ganz wenig abgekürzten Binden des 4. und 5. Tergits und weiß geflecktem 6. Tergit, die ich 1955c als var. *luxuriosa* beschrieben habe, kommt auch in Westdeutschland vor: 1 ♀ von Geisenheim (E. SCHMIDT leg., coll. m.) und 1 ♀ von Kirn a. d. Nahe (coll. T. SCHOOP); bei den 5 Stücken dieser Form, die ich bisher sah, entbehren bemerkenswerter Weise Kopfschild, Schildchen und Mesopleuren weißer Zeichnung. Was das ♂ betrifft, so finden sich Stücke mit einem Punktfleck oder einem abgekürzten Streifen der inneren Orbita (unmittelbar über dem Kopfschild) nur sehr selten; die Breite und die Form des Kopfschildausschnitts (halbkreisförmig bis rundlich stumpfwinklig) sind veränderlich, auch bei Stücken derselben Population.

Das ♀ nistet nicht in Steilwänden sondern im Boden und deshalb nicht gesellig.

Blütenbesuch: Reseda lutea, Cynoglossum, Lamium rubrum, Scabiosa ochroleuca, Matricaria inodora, Trifolium minus, Umbelliferen, Geranium sanguineum, Lactuca perennis.

1 ♂ vom Kyffhäuser (Kattenburg bei Frankenhausen, A. Petry leg. 22. 5. 25) coll. m. hat zwischen dem 5. und 6. Tergit links ein ♀ *Pseudoxenos* spec. 1 ♀ von Bingen (E. Schmidt leg.) coll. m. ist am Mittelsegment mit 12 gelben Triungulinenlarven besetzt.

2. Untergattung *Spinicoxa* Blüthg.

Subgenerotypus: *Vespa reniformis* Gmel. 1790 (Blüthgen 1938b (S. 285).

Von den in Europa vorkommenden 8 *Oplomerus*arten dieser Untergattung erreichen Mitteleuropa nur *r. reniformis* und *simillimus*.

Bestimmungsschlüssel

1. ♂♂ 2.
   ♀♀ 3.

2. Hüften III (von vorn gesehen) am Ende innen neben dem Schenkelring mit schmalem zapfenförmigen, am Ende quer abgestutzten Fortsatz, der ⅓ so lang wie der Schenkelring ist (Abb. 48). Hüftsporn, von vorn gesehen, kurz (kaum 3mal so lang wie an der Basis breit), keilförmig mit abgerundeter Spitze, nur auf seiner Vorderseite gelb (Hüfte II sonst ganz oder größtenteils schwarz). Wangendorn braunschwarz, breit, 3½mal so lang wie breit, mit parallelseitiger Basal- und plankonvexer Endhälfte (Innenkante geradlinig). Fühlergeißel dünn, endwärts kaum dicker, ihr 2. Glied merklich länger als das 3. und 4. zusammen (18:7,5 + 7); ihr 3.—10. Glied deutlich länger als breit; Unterseite des 2. und 3. Gliedes total, des 4. und 5. Gliedes teilweise licht lehmgelb, die folgenden Glieder schwarzbraun, manchmal zum Teil aufgehellt, die Spiralenglieder am Ende blaß geringelt. Schrägleiste der Mittelsegmentseitenwände, von oben gesehen, am Ende mit einer rundlich stumpfwinkligen Erweiterung, die im Profil dorsoventral komprimiert ist. Flügelschuppen rostgelb, innen schwarz; Schildchen, Mesopleuren und Mittelsegment nicht gefleckt. Zeichnung strohgelb, auf dem Hinterleib ± weißlich. Pronotumbinde schmal; Tergitbinden schmal, auf dem 4. und 5. seitlich abgekürzt, auf dem 6. fehlend; Sternit 2 mit unterbrochener Binde, 3 mit Seitenflecken. 2. *Oplomerus* (*Spinicoxa*) *simillimus* (F. Mor.)

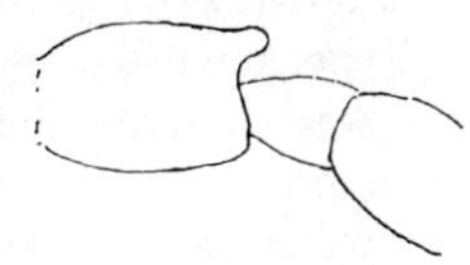

Abb. 48. *Oplomerus simillimus* (F. Mor.) ♂: rechte Hüfte III von vorn. (Original)

   Hüften III ohne Fortsatz, am Ende mit abgerundeter Innenecke. Hüftsporn, von vorn gesehen, lang (gut 3mal so lang wie an der Basis breit), schmal bandförmig mit gerundetem Ende, total gelb, ebenso die Vorderseite der Hüften II. Wangendorn rostgelb, schmal keilförmig mit abgerundetem Ende, 2½mal so lang wie an der Basis breit. Fühlergeißel derb, bis zum 6. Gliede kräftig verdickt (fast keulenförmig), ihr 2. Glied etwas kürzer als das 3. und 4. zusammen (15:9 + 8), 4. Glied (von oben gesehen) etwas, 5. bis 7. viel kürzer als breit, 8. bis 12. gegen die vorhergehenden immer stärker verschmälert; 8. kaum, 9. ff. merklich länger als breit, Unterseite des 2.—4. Gliedes schmal ockerbraun, des 5. und 6. Gliedes teilweise so, Spirale schwarzbraun, ihre Glieder meist oben distal lichter. Schrägleiste der Mittelsegmentseitenwände ohne Erweiterung. Zeichnung satt zitronengelb: Flügelschuppen größtenteils so gefärbt; Pronotum in der Regel mit vollständiger Binde; Mittelsegment beiderseits und (in der Regel) der obere Abschnitt der Mesopleuren gelb gefleckt (nur bei var. *Réaumurii* [Duf.] ohne Zeichnung), Schildchen selten mit 2 gelben Querflecken (var. *velox* [Sauss.]); 5—6 Tergitbinden (häufig ziemlich breit und doppelt gebuchtet, auch auf 5 vollständig, auf 6 etwas abgekürzt; aber auch schmaler, nicht gebuchtet, auf 4—6 abgekürzt); 2. und 3. Sternit mit Binde, 4. und 5. mit Seitenflecken, oder auch 2.—4. nur mit Seitenflecken und das 5. ohne solche. 9—11,5 mm. 1. *Oplomerus* (*Spinicoxa*) *r. reniformis* (Gmel.)

3. Sternit 2 mitten ausgedehnt infolge ganz oberflächlicher, weitläufiger Chagrinierung stark emailartig glänzend, hier spärlich fein punktiert, nach den Seiten zu dichter, seitlich auf dicht chagriniertem, seidig mattem Grunde sehr dicht fein aber deutlich punktiert, hier auch mit spärlicher und kaum kontrastierender Überpunktierung. Schrägleisten der Mittelsegmentseitenwände mit Vorsprung (wie beim ♂). Punktierung des Kopfschildes grob, sehr dicht. Behaarung bräunlich-blond. Zeichnung von Kopf und Thorax strohgelb, vom Hinterleib elfenbeinweiß. Kopfschild (in der Regel), Schildchen und Mittelsegment nicht gefleckt, selten Kopfschild an der Basis mit unterbrochener Bogenlinie; Fühlergeißel auch unterseits schwarz; oberer Abschnitt der Mesopleuren gefleckt; Flügelschuppen licht rostrot; Tergitbinden (auf 1—5) schmal; Sternit 2 mit 2 großen (linear verbundenen oder isolierten), 3 (oder auch 4) mit 2 kleinen Seitenflecken. Beine (abgesehen von der schwarzen Schenkelbasis) licht rostrot. 11 mm.

2. *Oplomerus* (*Spinicoxa*) *simillimus* (F. Mor.)

Sternit 2 schwach und seidig glänzend, auf fein chagriniertem Grunde dicht, seitlich sehr dicht, winzig und flach punktiert, seitlich mit zerstreuter, kräftiger, sehr deutlich kontrastierender Überpunktierung. Schrägleisten der Mittelsegmentseitenwände in der Regel ohne Vorsprung. Punktierung des Kopfschildes merklich schwächer, teils auch etwas weniger dicht. Behaarung gelblich-blond. Zeichnung des ganzen Körpers satt zitronengelb. Kopfschild mit breiter, gebogener Basalbinde; Mittelsegment (außer bei var. *Réaumurii* [Duf.]) ± ausgedehnt gelb gefleckt, bei var. *velox* (Sss.) auch das Schildchen mit 2 gelben Flecken oder Querbinde; Fühlergeißel unterseits meistens auf der Basalhälfte heller oder dunkler ockerbraun; oberer Abschnitt der Mesopleuren gefleckt; Flügelschuppen gelb, am Außenrande mitten mit durchscheinendem horngelben Fleck; Tergitbinden (auf 1—5) breiter, die distalen meistens vorn doppelt gebuchtet; Sternit 2 oder auch 3 mit gebuchteter Binde, 4 mit Seitenflecken. Schenkel mit schwarzer Basis, im übrigen I gelb, II und III rostgelb, teilweise rostrot getönt, Schienen gelb, ± rostgelb überlaufen, Tarsen rostgelb. 10—12,5 mm.

1. *Oplomerus* (*Spinicoxa*) *r. reniformis* (Gmel.)

(6) 1. *Oplomerus* (*Spinicoxa*) *r. reniformis* (Gmel.)

Vespa sexfasciata n. sp. — Fabricius, Spec. Insect. I, 1781, S. 465, n. 42, ♂. Loc. typ.: Italien (Allioni). Typus: M. K.[1])

Vespa reniformis n. sp. — Gmelin in Linnaeus, Syst. natur. Ed. 13ª, I. 5. 1790, S. 2760, n. 94, ♀. Loc. typ.: „Europa". Verbleib des Typus: mir nicht bekannt.

Vespa melanochra n. sp. — Gmelin ibid., n. 95, ♂. Loc. typ.: „Europa". Verbleib des Typus: mir nicht bekannt.

Pterocheilus coxalis n. sp. — Herrich-Schaeffer, Faun. Insect. German. 1839, P. 173, T. 17 (♂); ibid. 1841, P. 176, T. 19. (♀). Loc. typ.: bei Regensburg. Typen vernichtet.

Odynerus Réaumurii n. sp. — Dufour, Ann. sci. natur. Zool. (2) 11, 1839, S. 90, ♀ ♂. Loc. typ.: Saint-Sever (Landes). Verbleib der Typen: mir nicht bekannt.

Odynerus Dufourii n. sp. — Lepeletier, Hist. natur. Insect., Hymén. II, 1841, S. 642, n. 27, ♀. Loc. typ.: Saint-Sever (Landes). Verbleib des Typus: mir nicht bekannt.

Odynerus (*Oplopus*) *velox* n. sp. — Saussure, Étud. fam. Vespid. I, Eumén., 1852, S. 228, n. 136, ♀. Loc. typ.: unbekannt. Typus: M. P.

? *Odynerus* (*Epipona*) *depressus* n. sp. — Ed. André, Natural. Sicil., 2, 1883, S. 232, ♀. Loc. typ.: Sicilien. Verbleib des Typus: mir nicht bekannt[2]).

[1]) Die kürzlich in Kopenhagen vorgenommene Untersuchung des Typus, der entgegen einer mir am 8. 4. 1937 vom Zool. Museum der Universität Kiel erteilten Auskunft doch noch daselbst vorhanden ist, hat nach Mitteilung von K. Faester (Kopenhagen) ergeben, daß es sich um 1 ♂ von *reniformis* handele. (In Cat. Hym. IX hat Dalla Torre die *Vespa sexfasciata* F. als Synonym zu *Ancistrocerus parietum* (L.) gestellt.)

[2]) Vom Autor später (1886) als artgleich mit *reniformis* bezeichnet (Spec. Hym. Europe, Catal. synon., S. 45*, n. 161).

Die Anwendung des Prioritätsprinzips auf den Namen *sexfasciatus* (F.) würde auch ohne das vom Kopenhagener Kongreß 1953 beschlossene Präscriptionsgesetz abzulehnen sein, nachdem *reniformis* seinen Namen 167 Jahre lang ständig und unbestritten geführt hat.

Von *reniformis* habe ich eine auf dem Balkan vorkommende Unterart mit elfenbeinweißer Zeichnung (*r. balcanicus*) abgetrennt. Die typische Unterart besiedelt Europa im übrigen, einschließlich Englands, Skandinaviens (nach THOMSON 1874 in Schweden auf den Süden beschränkt und selten) und Finnlands (außer dem Norden), in Südeuropa anscheinend spärlich verbreitet. Aus Kleinasien ist sie nur von J. FAHRINGER 1922 gemeldet (Eskischehir, 1 ♀); das Belegstück lag mir vor. In Nordafrika fehlt sie anscheinend.

Im Gebiet ist *reniformis* weit verbreitet, aber nicht überall zu finden. Die Färbungsvarietäten *Réaumurii* und *velox* gehören zur regelmäßigen Variationsbreite. Beim ♂ tritt die Form *velox* selten, beim ♀ die Form *Réaumurii* sehr selten auf. Beim ♂ kommen gelegentlich Stücke mit ± stark geschrumpfter Pronotumbinde vor. Bei einigen ♀♀ aus verschiedenen Gegenden coll. m. zeigen die Schrägleisten der Mittelsegmentseitenwände einen Vorsprung, wie er bei *simillimus* die Regel ist.

Diese Art nistet in derselben Weise wie *Oplomerus spinipes* (L.), die Vorbauten sind aber nicht gitterig durchbrochen wie bei *spinipes* (Abb. 34). Auch sie bildet an geeigneten Stellen große Kolonien; das Lichtbild einer solchen hat M. SIEBER in Jber. 1929/30 Dtsch. Oberschule Dresden-Plauen S. 62 gebracht. Gelegentlich legt sie das Nest in ebenem Boden an (MÖSCHLER 1939, S. 78, vgl. auch E. SAUNDERS 1896, S. 163, über einen gleichen Fall in England). Über eine ganz außergewöhnliche Nestanlage, die einem Bau von *Ancistrocerus oviventris* (WESM.) sehr ähnelte, haben W. TRAUTMANN und E. ENSLIN berichtet (BLÜTHGEN 1951b, S. 164). Auch *reniformis* trägt *Phytonomus*larven ein und nicht, wie immer wieder angegeben wird, Eulenraupen und Blattwespenlarven. In Finnland fand E. VALKEILA jedoch als Beute Microlepidopterenraupen. Schmarotzer wie bei *spinipes*, außerdem *Chrysis ruddii* SHUCK. Blütenbesuch: Jasione, Trifolium repens, Dianthus carthusianorum, Eryngium campestre.

Einen interessanten lateralen Zwitter hat H. LEININGER beschrieben (Verh. Naturw. Ver. Karlsruhe, **30**, S. 162—167, 6 Abb.). Ein Fall von Stylopisation ist noch nicht bekannt geworden.

(7) 2. *Oplomerus* (*Spinicoxa*) *simillimus* (F. MOR.)

Odynerus (*Epipone*) *simillimus* n. sp. — F. MORAWITZ, Horae soc. entom. Ross., **4**, 1867, S. 138, n. 26, ♀ ♂. Loc. typ.: Gouv. Saratow. Typen: coll. auct. (M. L.).

Odynerus (*Hoplopus*) *dentifer* n. sp. — DROGOSZEWSKI, Polsk. Pism. ent., **12**, 1953, S. 303, ♂ ♀. Loc. typ.: Opatów. Standort der Typen: mir nicht bekannt.

Diese Art hat offenbar eurosibirische Verbreitung. Am häufigsten scheint sie in Osteuropa zu sein, woher sie ihr Autor (1895, S. 434) von Charkow, Kasan, Sarepta und Orenburg gemeldet hat. Im M. Kr. stecken 3 vom Autor determinierte ♂♂ von Spask. 1 ♂ aus „Litauen" (ohne genauere Angabe) befindet sich im M. B. Ferner ist sie von DROGOSZEWSKI bei Opatów (Lysa Gora), von J. NOSKIEWICZ im Dnjestr-Tal bei Zaleszczyki, Sinków und Brzezan aufgefunden worden. E. JAEGER (Podčetrtek) besaß 1 ♀ von „Bielowce p. Dn." Aus Ungarn sah ich 1 ♀ von Kalocsa des M. Bud., aus Österreich 1 ♂ von Jedlesee bei Wien (leg. coll. L. MADER). Nach Osten erstreckt sich die Verbreitung über Irkutsk (F. MORAWITZ l. c.) bis Jakutien (G. KOSTYLEV 1932, S. 147). Nach v. SCHULTHESS kommt *s.* auch im Sichota-Alin-Gebirge vor; das Belegstück bedarf aber der Überprüfung. Aus Finnland und Skandinavien ist *s.* noch nicht nachgewiesen.

Im Untersuchungsgebiet ist er äußerst selten, denn ich kenne nur 2 sichere Funde: 1 ♀ von Zoppot (im Kurgarten, 19. 6. 1939, leg. coll. P. TIMM) und 1 ♀ von der Windleite bei Kleinfurra (Nordthüringen) (31. 5. 1893, leg. G. MÜLLER, coll. m.); allerdings besitzt M. B. einige von SCHMIEDEKNECHT gesammelte ♂♂, die auch aus „Thüringen" stammen sollen, was indessen bei der geringen Zuverlässigkeit der Fundortangaben bei von SCHMIEDEKNECHT geliefertem Material nicht sicher, wenn auch an sich gut möglich ist.

Schließlich ist noch ein isoliertes Vorkommen in Südost-England bei Colchester von E. SAUNDERS mitgeteilt worden (Ent. Monthl. Mag., 1906, S. 174). Das ist alles, was mir über die Verbreitung dieser Art bekannt geworden ist. A. GIORDANI SOIKA hat 1 ♀ von Kfar Blum (Palästina) gemeldet (1952, S. 58), es handelt sich aber unzweifelhaft um eine Fehlbestimmung.

Von der Lebensweise dieser Art ist bisher nur bekannt geworden, daß sie wie *spinipes* und *reniformis* in Lößwänden nistet (DROGOSZEWSKI l. c.); daß die Vorbauten nur „etwa 1/2 cm lang" sein sollen, wie dieser Autor sagt, wird sicher nicht allgemein zutreffen.

2. Gattung ***Paragymnomerus*** BLÜTHG. 1938

Generotypus: *Odynerus spiricornis* SPINOLA 1808

Diese Einheit, die ich 1938 als Untergattung von *Oplomerus* WESTWOOD aufgestellt habe (1938b S. 286), ist im Körperbauplan und durch die Spezialisierung des Beuteinstinktes auf Blattwespenlarven doch so erheblich von den *Oplomerus*-Arten getrennt, daß sie als eigene Gattung gewertet werden muß. (R. BOHART hat sie allerdings 1951 S. 887 ohne Angabe von Gründen als Synonym von *Odynerus* LATR. [= *Oplomerus* WESTW.] behandelt.)

Die Gattung umfaßt 5 mediterrane Arten und ist in Europa durch 2 davon vertreten, von denen die eine, *ibericus* (DUSMET 1909), auf Spanien beschränkt ist, während die andere, *spiricornis* (SPIN. 1808), auch in Mitteleuropa vorkommt.[1])

Paragymnomerus sp. spiricornis (SPIN. 1808)

Odynerus spiricornis n. sp. — SPINOLA, Insekt. Ligur. II, 1808, S. 257, n. 92, ♀ ♂. Loc. typ.: bei Genua. Typus: coll. auct. (Mus. Torino).
Odynerus (Oplopus) discoidalis n. sp. — SAUSSURE, Etud. fam. Vesp., III, Masar. & Suppl., 1856, S. 315, n. 200, ♀ ♂, T. 15 f. 7 (♂). Loc. typ.: unsicher (Spanien?). Typus: coll. SICHEL (M. P.).
Odynerus (Hoplomerus) rugulosus n. sp. — RUDOW, Arch. Ver. Fr. Naturgesch. Mecklenburg, 30, 1876, S. 234, n. 5. Loc. typ.: angeblich Perleberg. Typen nicht mehr vorhanden.[2])

Diese Art, die mit keiner anderen mitteleuropäischen verwechselt werden kann und zu deren Identifizierung die im Gattungsschlüssel (oben S. 63) angegebenen Merkmale genügen, kommt in der Südschweiz (Wallis) im Rhônetal vor, namentlich um Sierre, wo sie früher (v. SCHULTHESS 1897) „ziemlich häufig" war, jetzt aber nach E. ENSLIN (brfl.) infolge weitgehender Umgestaltung der Landschaft (namentlich durch die Bautätigkeit) eine seltene Erscheinung geworden ist, außerdem im Engadin (DE BEAUMONT 1947). Ferner findet sie sich in der Umgebung von Wien (1 ♂ coll. FAHRINGER), in Südmähren (Pouzdrany: 1 ♀ M. Pr.), am Stol (Karawanken, 1600 m: 1 ♂ leg. coll. E. JAEGER), in Ungarn (L. MÓCZÁR 1937), Jugoslawien (Subotica: A. TAUBERT leg., coll. m.), Bulgarien (ATANASSOV 1942). Sonstige Verbreitung: Südeuropa; Armenien (Eriwan[3]): 1 ♀ Mus. München). In Nordafrika fehlt sie. In Turkestan tritt *spiricornis* in einer schon von F. MORAWITZ 1895 gekennzeichneten, von G. KOSTYLEV 1940 ssp. *turanicus* benannten Unterart auf, die bisher nur im Serafschan-Tal (Pendshakent und Jori) und bei Taschkent gefunden ist.

L. BERLAND (1928 S. 71) bezeichnet *spiricornis* als eine hauptsächlich montane Art. Blütenbesuch: Allium cepa, Fenchel, Heracleum (FR. KOHL 1907), Dorycnium herbaceum (FRIESE 1926), Nigella arvensis (TAUBERT brfl.).

Das ♀ nistet in lehmigem Boden, sowohl in ebenen als auch in ± steilen Flächen; dabei werden die ausgeschachteten Lehmteile teilweise in Form einer stets vertikalen, schornsteinartigen Röhre aufgestapelt, die durchschnittlich 6—7 cm, aber auch bis 14 cm hoch sein kann (GIRAUD 1863, v. SCHULTHESS 1897, CHRÉTIEN 1896, L. MÓCZÁR 1939). Diese Arbeiten werden nur mit den Oberkiefern, ohne Zuhilfenahme der Beine ausgeführt (E. ENSLIN brfl.). Die Zellen werden nach K. GUTBIER 1915 (wie bei *Gymnomerus laevipes*) vom ♀ nicht verschlossen, sondern es werden nur die Eingänge der 2—4 flaschenkürbisförmigen Seitenkammern mit 2—3 mm starken Lehmpfropfen verbaut (ebenso MÓCZÁR). Als Larvenfutter werden „Afterraupen" von Blattwespen, hauptsächlich solche von *Pamphilius* (früher *Lyda*) *inanitus* (VILL.), eingetragen. Das hatte schon GIRAUD mitgeteilt, und CHRÉTIEN (teilweise) und MÓCZÁR hatten es bestätigt, aber ich hielt die Nachprüfung durch einen Blattwespenspezialisten für geboten, und E. ENSLIN hatte die Freundlichkeit, sich dieser Aufgabe zu unterziehen: Er grub bei Sierre eine *spiricornis*-Zelle auf und stellte fest, daß die 3 Beutestücke, die sie enthielt, in der Tat große Larven von *Pamphilius inanitus* waren. Dasselbe hat dann auch W. LINSENMAIER (Ebikon) ermittelt.

---

[1]) Siehe dazu BLÜTHGEN 1955b, S. 18.

[2]) Siehe S. 77, Fußnote.

[3]) Die Zuverlässigkeit der Herkunftsangabe ist nicht ganz sicher: siehe Mitt. Münchn. ent. Ges., 42, 1952, S. 2 bei *Oplomerus consobrinus*.

Schmarotzer: nach GIRAUD 1863 *Spinolia lamprosoma* FÖRST. (*Chrysis seguisana* GIR.), nach PAUL (laut v. SCHULTHESS 1897) *Chrysis sybarita* FÖRST. var. *Perezi* MOCS. (*valesiana* FR.-G.), nach MÓCZÁR 1939 *Chrysis sexdentata* CHRIST und *Mutilla brutia* PET.

3. Gattung ***Gymnomerus*** BLÜTHG. 1938

Generotypus: *Odynerus* (*Epipone*) *laevipes* SHUCKARD 1837

Auch diese von mir ursprünglich (1938b S. 286) als Untergattung von *Oplomerus* WESTWOOD aufgestellte Einheit ist von *Oplomerus* durch Körperbau und Lebensweise so weit verschieden, daß sie als eigene Gattung zu bewerten ist.

Ihre bisher einzige paläarktische Art ist *laevipes* (SHUCK.), die in 2 Unterarten zerfällt:

1. *Gymnomerus l. laevipes* (SHUCK. 1837)

Odynerus (*Epipone*) *laevipes* n. sp. — SHUCKARD, Mag. Nat. Hist. (n. S.), **1**, 1837, S. 495 n. 2, ♀ ♂. Loc. typ.: bei Blackwater (Hampshire). Standort der Typen: ?

Odynerus cognatus n. sp. — DUFOUR, Ann. Sci. natur. Zool. (2), **11**, 1839 S. 92, ♀. Loc. typ.: Saint-Sever (Landes). Verbleib des Typus: ?

Odynerus rubicola n. sp. — DUFOUR, ibid., p. 102, ♀ ♂. Loc. typ.: Saint-Sever (Landes). Verbleib der Typen: ?

Pterochilus simplicipes n. sp. — HERRICH-SCHAEFFER, Faun. Ins. Germ., 1839, H. 173, T. 18, ♂. Loc. typ.: nicht angegeben. Typus vernichtet.

Bei dieser Unterart ist die Zeichnung kräftig gelb (etwa zitronengelb), und zwar sind beim ♀ der Kopfschild (in der Regel), Sinus (klein), Schläfen, Mesopleuren, Schildchen und oft das Hinterschildchen so gefleckt, 5 Tergitbinden vorhanden und die Beine (soweit nicht schwarz) gelb, z. T. rostgelb getönt, während beim ♂ in der Regel auch das 6. Tergit gelb gezeichnet ist, andererseits aber nicht selten das Schildchen oder auch die Mesopleuren ungefleckt sind; beim ♂ sind die Glieder 8—10 der Fühlergeißel ausgedehnt oder ganz licht rostgelb. ♀ 9,5—11 mm, ♂ 8,5—10,5 mm.

Weit verbreitet, aber nicht überall vorkommend.

So hat es 28 Jahre gedauert, bis ich *laevipes* hier bei Naumburg, und zwar nur an einer Stelle, auffand.

Sonstige Verbreitung: Mittel- und Westeuropa einschließlich Englands, östlich bis Rumänien (Herkulesbad: 1 ♀ leg. coll. K. DORN), Mazedonien (Hanista: 1 ♀ coll. m.; Nerecka Planina), Kleinasien (Eskischehir: 2 ♀ ♀ coll. FAHRINGER), Armenien (Ordubad), in Osteuropa nach F. MORAWITZ (1895) „mit Ausnahme der polaren Region überall“, aber nach A. BIAŁYNICKI-BIRULA (1926) in dieser Unterart nur in den südlichen Teilen vorkommend, Transkaukasien (Borshom, Lagodechi). In Südeuropa anscheinend auf den Norden und die Gebirge beschränkt, so in Spanien, von wo sie DUSMET nur aus den Pyrenäen (Valle de Ordesa), von Cortellas (Prov. Orense) und von Somosierra (Sierra de Guadarrama) gemeldet hat. Anderseits kommt sie in Nordafrika vor, woher ich von A. CROS reich gelb gezeichnete Stücke von Mascara (Algerien) erhielt (ssp. *algeriensis* [DUSMET 1928]).

2. *Gymnomerus laevipes scandinavus* (SAUSS. 1856)

! *Odynerus* (*Oplopus*) *Scandinavus* n. sp. — SAUSSURE, Étud. fam. Vespid., III, Masar. & Suppl., 1856, S. 314, n. 198, ♂: T. 15 f. 10. Loc. typ.: Europa; loc. lectotyp.: Schweden. Lectotypus: M. St.

! *Odynerus* (*Epipona*) *Sibiricus* n. sp. — MOCSARY, Magy. Akad. Termész. Értek., **13**, 1883, S. 54, n. 68, ♀. Loc. typ.: Sibirien. Typus: M. Bu.

Die Zeichnung ist blaß strohgelb bis rein weiß und weniger ausgedehnt als bei *l. laevipes*, indem beim ♀ Schildchen, Hinterschildchen, meistens auch die Mesopleuren oder auch der Kopfschild ungefleckt und nur 4 schmale bis lineare Tergitbinden vorhanden, und zwar die beiden letzten seitlich abgekürzt und häufig mitten unterbrochen sind; die Beine des ♀ sind, soweit nicht schwarz, rostgelb bis rostrot. Das ♂ hat in der Regel 1 Tergitbinde mehr, an den Beinen ist die gelbe Färbung ausgedehnt oder völlig rostgelb getönt.

Saussure hat die Art-Selbständigkeit von *scandinavus* (♂) im wesentlichen darauf abgestellt, daß die helle Färbung des Kopfschilds schwarz umsäumt sei. Das ist indessen auch bei *l. laevipes* ♂ nicht selten der Fall, und seine „Art" umfaßt tatsächlich beide Subspecies. Ich bestimme deshalb hiermit den im Stockholmer Museum stehenden Cotypus (coll. Boheman) zum Lectoholotypus. Seine Zeichnung entspricht der von Thomson (1874 S. 47) als „var. c mas" von *laevipes* bezeichneten; den Namen *scandinavus* erwähnt Thomson überhaupt nicht. Das zu diesem ♂ gehörige ♀ ist von ihm dort als „var. a femina" von *laevipes* gekennzeichnet worden; Mocsáry hat es dann als Art unter dem Namen *sibiricus* beschrieben (vgl. Blüthgen 1942a S. 66 n. 91).

Diese Unterart besiedelt Skandinavien (in Schweden nach Thomson vereinzelt und selten), Finnland, Norden und Mitte Osteuropas (in M. Kr. 2 ♀♀ von Spask [F. Morawitz det. „*melanocephalus*"], 1 ♀ von Kasan [F. Morawitz det. „*reniformis* ♀"]) und Sibirien; 1 ♀ von Kalavrita (Morea) coll. m. hat dieselbe Färbung.

Zu ihr gehört auch 1 ♀ von Zoppot (26. 6. 41, leg. coll. P. Timm), das mir vorlag. Es kann angenommen werden, daß *laevipes* auch im nordöstlichen Grenzbereich des Untersuchungsgebietes, von wo er noch nicht nachgewiesen ist, in dieser Subspecies auftritt.

Über den Nestbau und die ersten Stände von *laevipes* hat zuerst L. Dufour 1839 in einer guten Schilderung berichtet. Seither sind sie häufig Gegenstand der Untersuchung gewesen; ich beschränke mich darauf, H. Borries 1888 und C. Verhoeff 1891 zu nennen. Das ♀ bringt das Nest in hohlen Pflanzenstämmchen oder -zweigen unter, besonders gern in solchen von Brombeeren und Hollunder. Entweder höhlt es den Markkanal in der erforderlichen Ausdehnung selbst aus oder aber es benutzt vorhandenen Hohlraum, namentlich alte arteigene Nester (z. B. in Stümpfen von Hollunderstämmchen, die jedes Jahr neu belegt werden) oder von Natur hohle Pflanzenstengel (z. B. von Cirsium, Artemisia oder Umbelliferen) oder offene Schilfinternodien (Wagner 1938, Leininger 1951, Hedwig brfl.). Die zylindrischen Zellen bestehen aus sehr feinem, aber haltbarem, sandigem Mörtel von gewöhnlich gelblich-grauer Farbe; C. Verhoeff fand bei Heidelberg Nester, deren Zellen aus lebhaft roten Buntsandsteinteilchen angefertigt waren. Sie werden vom ♀ oben nicht verschlossen; sie können eine der anderen angefügt sein und zusammen, von außen gesehen, ein einheitliches Ganze bilden, aber auch einen ± großen Abstand voneinander haben. Nach brfl. Mitteilung von H. Leininger kann es bei Schilfnestern vorkommen, daß das ♀ die Herstellung der Seitenwände der Zellen unterläßt, also nur die Zellenböden anlegt. Es ist wünschenswert, daß auf solche Fälle, die eine Parallele zu einem ähnlichen Verhalten der Blattschneiderbiene *Megachile centuncularis* (L.) darstellen (H. Markowsky in Mitt. Dtsch. Ent. Ges. 4, 1933, S. 106), geachtet würde. Wie schon erwähnt, schließt das ♀ die einzelnen Zellen nicht, aber es verstopft bei Brombeer- und Hollundernestern den Gang etwas oberhalb der Öffnung jeder Zelle durch einen ± dicken Pfropfen aus dem Mark, dem der Boden der nächstfolgenden Zelle anliegt; ob und in welcher Form das auch bei Schilfnestern geschieht, ist noch nicht bekannt. Die Larve spinnt dann einen etwas unterhalb des Zellenendes liegenden Verschlußdeckel, der mit dem Wandkokon ein einheitliches Ganze von weißer Farbe bildet. Der Zugang zum Nest wird nach Literaturangaben vom ♀ mit einem „Lehmpfropfen" verschlossen. Bei 2 Hollundernestern, die ich untersucht habe, besteht der etwa 12 mm dicke Nestabschluß aus einem Pfropfen mäßig dicht gestopfter Fasern von Hollunderrinde, der außen eine dünne, hart verleimte Schicht aus anscheinend demselben Material trägt.

Als Larvenfutter dienen, wie für Mitteleuropa durch P. Maréchal (1949 S. 6/7) und mich (1951b S. 164) nun endgültig klargestellt worden ist, die Larven verschiedener Rüsselkäfer der Gattung *Phytonomus*.

Diese Art wird viel von Schmarotzern heimgesucht. Eine Zusammenstellung hat E. ENSLIN gegeben (1923 S. 181ff.). Hauptsächlich handelt es sich um Schlupfwespen (namentlich *Kaltenbachia augusta* [DALM.], *Kaltenbachia dentata* TSCH., *Perithous mediator* (F.), *Hoplocryptus heliophilus* TSCH., *Ephialtes carbonarius* [CHRIST]), um Goldwespen (z. B. *Chrysis ignita* [L.], *Chr. indigotea* DUF. & PERR., *Chr. fasciata* OL., *Chr. rutilans* OL., nach FAHRINGER 1922 auch *Omalus auratus* [L.],) um Erzwespen (*Melittobia acasta* WALK., *Eurytoma nodularis* BOH.) und um gewisse Fliegen (*Argyromoeba binotata* MEIG. u. a.). (GIRAUD hat auch „*Sapyga cylindrica*“ als *laevipes*-Schmarotzer genannt: Was er darunter verstanden hat, weiß ich nicht, aber da die zu den Gattungen *Sapyga* LATR. und *Sapygina* COSTA gehörigen Arten gesetzmäßige Parasiten der Bienengattungen *Osmia* LATR. und *Chelostoma* LATR. sind, wird es sicher so gewesen sein, daß das Stengelnest, das den Schmarotzer ergab, kein reines *laevipes*-Nest, sondern ein als solches nicht erkanntes Mischnest [*laevipes* + *Osmia* spec. oder *Chelostoma* spec.] war.)

Blütenbesuch: Fragaria vesca, Ranunculus spec., Rubus spec., Rhamnus frangula, Umbelliferen.

(Diese biologischen Angaben betreffen, genau genommen, nur die Unterart *laevipes*,und es kann zweifelhaft sein, ob sie auch für die Unterart *scandinavus* allgemein gültig sind, denn E. VALKEILA fand Nester auch bisweilen in morschem Holz und als Beute Microlepidopterenraupen.)

Über einen lateralen Zwitter hat K. HEDWIG berichtet (Jh. Ver. schles. Insektenkunde, Breslau, **10**—12, 1919).

Stylopisation: S. SAUNDERS hat 1852 aus einem aus Albanien stammenden *laevipes* den *Pseudoxenos klugii* ♂ beschrieben (Trans. Ent. Soc. London [2] 2 [4/5] S. 142). Weitere Fälle sind mir nicht bekannt geworden.

4. Gattung ***Tropidodynerus*** BLÜTHG. 1939

Generotypus: *Polistes interrupta* BRULLÉ 1832

Diese Gattung ist in Europa durch 3 Arten: *interruptus* (in 2 Unterarten), *variegatus* (F.) (in den Unterarten *nobilis* (Sss.] und *Destefanii* [ANDRÉ]) und *Fertoni* (DSM.) vertreten. Das Verbreitungsgebiet von *i. interruptus* erstreckt sich bis nach dem östlichen Mitteleuropa.

Tropidodynerus i. interruptus (BRULLÉ 1832).

Polistes interrupta n. sp. — BRULLÉ, Expéd. sci. Morée, Zool., II, 1832, S. 360, n. 799, ♀; T. 50 F. 1. — Loc. typ.: Morea. Typus: M. P.
Pterocheilus interruptus n. sp. — HERRICH-SCHAEFFER, Faun. Insect. Germ., 1839, Pt. 173, S. 9, ♂; 1841, Pt. 176, T. 18. Loc. typ.: Griechenland. Typus vernichtet.
!*Odynerus (Epipona) Bulgaricus* n. sp. — MOCSARY, Magy. Akad. Termész. Ért., **13**, 1883, S. 54, n. 67, ♂. Loc. typ.: Philippopel. Typus: M. Bu.
Hoplomerus mandibularis n. sp. — F. MORAWITZ, Horae soc. ent. Ross., **19**, 1885, S. 158 n. 14, ♂; **29**, 1895, S. 433, ♀. Loc. typ.: Nucha (Transkaukasien). Typus: coll. auct., M. L.
Synonymie: BLÜTHGEN 1939a S. 259 n. 55; 1942 a S. 65 n. 90.

Diese stattliche, weiß gezeichnete, rotbeinige Art ist durch ihre plastischen Merkmale unverkennbar; die Hinterleibsbinden sind in der Regel sämtlich (oder wenigstens einige davon) unterbrochen, selten alle vollständig. ♀ 15—16 mm, ♂ 14—15 mm.

Sie hat ostmediterrane Verbreitung und ist bisher nachgewiesen aus dem Balkan von Südgriechenland (Morea) bis Bulgarien, westlich bis Albanien (Elbasan: 1 ♀ coll. FAHRINGER) und Dalmatien (Velaluka auf Kurcola: 1 ♂ leg. E. JAEGER, coll. m.), aus der Ukraine (Woroschilowsk bei Lugansk: 1 ♂ leg. coll. J. HEINRICH), der Krim (Kertsch, Otuzy-Tal: nach A. BIAŁYNICKI und G. KOSTYLEV), dem Uralgebiet (Uralsk: nach A. BIAŁYNICKI), Daghestan (Achty: F. MORAWITZ 1895), Transkaukasien (Nucha: idem 1885), Armenien (Alagöz: KOSTYLEV 1929). Im Westen erreicht sie das östliche Mitteleuropa: Ungarn (1 ♀ von „Südungarn“ M. B., das von DAHLBOM als „*Odynerus Vespiformis* N.“ bezettelt ist; Debrecen und Kunszentmiklós: L. MÓCZÁR 1937), Ost-Slowakei (Keveždě: 1 ♀, leg. O. ŠUSTERA, vgl. ZAVADIL 1951), Umgebung von Wien (ohne nähere Angabe: 1 ♂ coll. FAHRINGER).

In Süditalien (Calabrien: Coloreto) tritt *interruptus* in der Unterart *tricolor* BLÜTHG. 1956 auf, bei deren ♀ das Mittelsegment und die vorderen 2 Tergite teilweise blutrote Grundpigmentierung aufweisen (BLÜTHGEN 1956c S. 314).

ŠUSTERA fing das ♀ an Lavatera thuringiaca (brfl.); nach A. BIAŁYNYCKI werden Euphorbia- und Umbelliferenblüten besucht. E. JAEGER schrieb mir, die ♂♂ seien in reißendem Flug über einer Tenne hin- und hergeflogen (ich vermute, dort war auch der Nistplatz). Das ist alles, was mir über die Lebensweise dieser Art bekannt geworden ist; es kann aber angenommen werden, daß sie derjenigen von

Tropidodynerus variegatus nobilis im wesentlichen gleicht, über die CH. FERTON berichtet hat (vgl. [gekürzt] bei BERLAND 1928 S. 72; die Beutetiere sind nach Ansicht von J. LICHTENSTEIN Rüsselkäferlarven).

5. Gattung ***Pterocheilus*** KLUG 1805

Generotypus: *Pterocheilus Pallasii* KLUG 1805 (ASHMEAD 1902)

Zu der Frage, ob *Pterocheilus Pallasii* oder ob, wie die USA-Autoren annehmen, *Pterocheilus phaleratus* (PANZ.) der legitime Generotypus ist, nehme ich Bezug auf meine Erörterungen in 1955b S.79—81 und hinten S. 221 Anmerkung 5.

Diese Gattung ist schon in der paläarktischen Zone sehr artenreich, und zwar scheinen die meisten Arten nur ein kleines Verbreitungsgebiet zu haben und überdies ± selten zu sein. Sie gliedert sich in zahlreiche gut umgrenzte Gruppen, die als Untergattungen zu bewerten und teilweise auch schon benannt sind.

Für Mitteleuropa kommt nur die typische Untergattung und aus ihr nur eine einzige Art, der Generotypus (zugleich Subgenerotypus) *Pallasii* inbetracht.

Pterocheilus (*Pterocheilus*) *Pallasii* KLUG 1805

Pterocheilus Pallasii n. sp. — KLUG, Beitr. z. Naturk. 1, 1805, S. 150, n. 1,♀ (T. 3 f. 3). Loc. typ.: Krim. Typus: M. B. (z. Zt. verschwunden).[1])
Pterochilus latipalpis n. sp. — LEPELETIER, Hist. natur. Insect., Hymén. II, 1841, S. 678, n. 7, ♀. Loc. typ. Herkunft unbekannt. Typus: M. P.
Odynerus (*Pterochilus*) *latipalpis* (LEP.) ♂ — F. MORAWITZ, Horae Soc. ent. Ross. 4, 1867, S. 143. Loc. typ.: Sarepta. Standort: coll. auct. (M. L.).
Odynerus latipalpis (LEP.) = *Odynerus* (*Pterochilus*) *Pallasii* (KLUG) — F. MORAWITZ, Horae Soc. ent. Ross., 5, 1868, S. 149 (Anm. zu *phaleratus*).

Zur Identifizierung eines zu dieser großen, schön gefärbten Art gehörenden *Pterocheilus*-Individuums mitteleuropäischer Herkunft genügen die Angaben im Bestimmungsschlüssel.

G. KOSTYLEV bezeichnet 1940 als ihren Verbreitungsraum „die Steppen des Europäischen Teils der Sowjetunion, Astrachan, Kasakstan und die Steppen des Irtysch.“ Das deckt sich mit den Angaben von F. MORAWITZ 1895 S. 428. Hinzukommt die Krim (loc. typ.). Ich besitze 1 ♂ von Woroschilowsk bei Lugansk (Ukraine) (leg. J. HEINRICH). Aus einem Museum (Berlin oder München) lag mir vor Jahren ein sehr altes Stück eines ♀ mit der Herkunftsangabe „Ungarn“ vor, dessen Zugehörigkeit zu *Pallasii* allerdings recht zweifelhaft war. Da es aber doch sein könnte, daß *Pallasii* in den ungarischen Steppengebieten vereinzelt vorkommt, — vgl. die Beispiele von *Tropidodynerus interruptus* (BRULLÉ) und *Pseudepipona augusta* (F. MOR.), — habe ich ihn mit aufgenommen, obwohl ihn L. MÓCZÁR 1937 nicht für Ungarn genannt hat.

6. Gattung ***Nannopterochilus*** nov. gen.

Generotypus: *Pterocheilus phaleratus* (PANZ. 1797)

Diese Gattung umfaßt die Gruppe des *Pterocheilus phaleratus*, also die Arten, die nur 5 Kiefertasterglieder und schmales, ± parallelseitiges, beiderseits bis zum Ende gefranstes 3. Lippentasterglied haben. Siehe hinten S. 231, Anmerkung 6.

In Mitteleuropa kommt nur eine Art aus ihr vor, nämlich *phaleratus*.

Diese zerfällt in ihrem Gesamtverbreitungsgebiet in eine Anzahl Unterarten, die ich 1955 b S. 85 zusammengestellt habe. Dabei ging ich von der Annahme aus, es habe sich bei dem Unicum des ♂, das der Beschreibung der *Vespa phalerata* PANZ. zu Grunde lag, um die mir aus Frankreich bekannte Form mit kräftig zitronengelber Zeichnung gehandelt. Das trifft nicht zu. Denn Individuen dieser Färbung, die in der Tönung derjenigen von *phaleratus yeguasicus* BLÜTHG. 1953 gleicht, sind aus Deutschland weder gemeldet noch mir sonstwie bekannt geworden; und überdies stellt die Abbildung des Holotypus die Art der Tergitzeichnung wesentlich anders dar. Die Gruppierung ist deshalb so zu ändern:

1. Die schwarze Grundpigmentierung ist in ± großem Umfang auf den ersten beiden Hinterleibssegmenten und auf dem Mittelsegment durch rote ersetzt. 2.
   Keine rote Grundfärbung dieser Körperteile. 3.
2. Zeichnungen gelb *phaleratus formosus* (FRIV.)
   Zeichnungen weiß *phaleratus formosus* (FRIV.) var.

[1]) Nach Mitteilung von Prof. Dr. H. BISCHOFF ist im M. B. der Typus, also ein aus der Krim stammendes ♀, nicht aufzufinden; wahrscheinlich sei er eines von 2 vom katalogmäßigen Bestande der Sammlung fehlenden Stücken von *Pallasii*.

3. Körperzeichnungen satt zitronengelb. 4.
Zeichnungen blaß strohgelb, gelblich-weiß oder elfenbeinweiß 5.
4. Überpunktierung der ersten beiden Tergite deutlich entwickelt: *phaleratus yeguasicus* (Blüthg.)
Überpunktierung der ersten beiden Tergite ganz verloschen: *phaleratus yeguasicus* (Blüthg.) var.
5. ♀♀ 6.
♂♂ 9.
6. Schenkel kastanienbraun, weiß gezeichnet; Schienen weiß mit rotbrauner Streifung.
phaleratus tuberculatus (Blüthg.) 1955.
Beinfärbung anders. 7.
7. Beine orange, Schenkel ± rostrot getönt, Schenkel I außen distal ± ausgedehnt weiß gestreift, Schienen außen gelb getönt; Zeichnung rein elfenbeinweiß, die Zeichnungselemente reich entwickelt, Tergitbinden (auch die des 4. und 5. Tergits) breit, vorn beiderseits gebuchtet, nicht unterbrochen und seitlich nicht abgekürzt, Tergit 6 in der Regel mit ± großem Fleck. 7 mm.
phaleratus chevrieranus (Sauss.)
. Beine rostrot, Schenkel I in der Regel außen distal ± ausgedehnt strohgelb oder weiß gestreift; Zeichnung strohgelb oder elfenbeinweiß (ohne oder mit gelblichem Ton); Zeichnung spärlicher, am Kopf und Thorax häufig hier oder da fehlend, Tergit 6 stets, 5 nicht selten total schwarz, die Binden des 2.—4.—5. Tergits in der Regel mitten ± breit unterbrochen und häufig seitlich ± weit abgekürzt. 7—9 mm. 8.
8. Zeichnung strohgelb *ph. phaleratus* (Panz.)
Zeichnung weiß *ph. phaleratus* (Panz.) var.
9. Tergitbinden 1—5 wie beim ♀, auch Tergit 6 mit solcher Binde und Tergit 7 (in der Regel) weiß gefleckt. *phaleratus chevrieranus* (Sauss.)
Bindenzeichnung auf den Tergiten 1—6 oder 1—5 wie beim ♀, aber auf Tergit 2 nicht, auf 3ff. nicht oft mitten unterbrochen, Tergit 7 nie gefleckt. 10.
10. Zeichnung strohgelb *phaleratus* (Panz.)
Zeichnung weiß *ph. phaleratus* (Panz.) var.

Von diesen 5 Unterarten kommen in Mitteleuropa nur *phaleratus*, *chevrieranus* und *formosus* vor.

1. *Nannopterochilus phaleratus phaleratus* (Panö. 1797)

Vespa phalerata n. sp. — Panzer, Faun. Insect. German., IV, 1797, S. 47, T. 21, ♂. Loc. typ.: Nürnberg („semel capta ruri"). Typus nicht erhalten.
Pterocheilus phaleratus (Panz.) n. comb. — Klug, Beitr. z. Naturk., 1, 1805, S. 154, n. 3.
Pterocheilus interruptus n. sp. — Klug, ibid., S. 154, n. 2, ♂. Loc. typ.: Deutschland. Typus: M. B.
Pterocheilus Klugii n. sp. — Panzer, Faun. Insect. Germ., IX, 1809, P. 101, T. 18, ♀. Loc. typ.: Nürnberg („habitat in dumetis, locis argillosis ad pagos"). Typus nicht erhalten.

Nach der Abbildung des Holotypus (die übrigens, wie schon Lepeletier 1841 erwähnt hat, ein ♂ mit weiblichen Fühlern darstellt) sind sehr blaßgelb der Kopfschild, breite Orbitalbinden bis in die Sinus hinein, Schläfenflecke, eine breite Pronotumbinde, 2 Flecke auf dem Schildchen, das Hinterschildchen, 2 große Flecke des Mittelsegments und 6 vollständige Tergitbinden, deren erste ziemlich breit und dreimal gebuchtet ist, während die folgenden sich allmählich verschmälern. In der Beschreibung heißt es „abdomine segmentis margine flavis". Ähnlich wie bei *Oplomerus melanocephalus* (Gmel.) können aber Stücke mit strohgelber und solche mit gelblich bis rein weißer Zeichnung derselben Population angehören. Auch im übrigen ist die individuelle Variationsbreite sehr groß:

♀♂: Auf dem Schildchen können 2 Flecke, auf dem Hinterschildchen kann eine vollständige oder mitten unterbrochene Binde vorhanden sein, oder diese Zeichnungselemente können auf einer von beiden Stellen oder auf beiden fehlen.

♀: Der Kopfschild kann schwarz oder distal ± ausgedehnt rostrot sein, mit oder ohne gelbe oder weiße Zeichnung; die Oberkiefer können die Endhälfte braunrot oder rotgelb haben; die in der Regel vorhandenen 2 Pronotumflecke können fehlen; die Flecke beiderseits am Mittelsegment sind in der Größe sehr veränderlich; die Außenseite der Schenkel I kann sehr ausgedehnt, aber auch ganz wenig gelb oder weiß gestreift sein; die Binden- oder Fleckenkennzeichnung des Hinterleibs kann sich auch auf das 5. Tergit erstrecken oder aber auf diesem oder (selten) auch auf dem 4. Tergit ausfallen, in der Regel besteht diese Zeichnung vom 2. Tergit ab aus mitten schmal oder breiter unterbrochenen, auf den hinteren Tergiten auch seitlich ± abgekürzten Binden, während Stücke mit vollständigen Binden auf Tergit 2—4—5 recht selten zu sein scheinen.

♂: In der Regel sind bei den ♂♂ aus dem Untersuchungsgebiet die Tergitbinden — im Gegensatz zum ♀ — vollständig; das Pronotum hat eine ziemlich breite, seitlich nicht abgekürzte und mitten in der Regel nicht unterbrochene Querbinde; die Mittelsegmentflecken können fehlen.

Diese Unterart ist streng an Diluvialsandboden gebunden und kommt deshalb nur, aber anscheinend überall da vor, wo diese ökologischen Voraussetzungen vorliegen, vom Nordosten (Rossitten) bis Baden und von Nordwestdeutschland (auch auf Borkum und Norderney) bis Schlesien.

Imagines traf ich an Ornithopus sativus, Lotus corniculatus und Leontodon spec., außerdem hat man sie an Thymus serpyllum, Jasione montana, Lycopsis arvensis, Epilobium (Chamaenerium) angustifolium und Echium vulgare gefunden.

Die ♀♀ nisten kolonienweise in Flugsand; FERTON berichtet, *Pter.* „*chevrieranus*" stelle in lehmigem Sandboden mit dünner Moosbedeckung in 1 cm Tiefe eine Zelle her, versorge diese mit einer Anzahl ziemlich großer Raupen und verschließe sie dann mit Sandkörnern und Erdklumpen. Nach ALFKEN 1914 trägt *phaleratus* „kleine grüne Schmetterlingsraupen" ein; E. T. NIELSEN 1932 S. 157 hat Psychidenraupen im Nest gefunden. Über Schmarotzer ist m.W. nichts bekannt.

Was die Verbreitung dieser Unterart im übrigen betrifft, so kommt sie in Österreich, der ČSR., in Ungarn und in der Batschka (Subotica) da vor, wo ihre ökologischen Ansprüche erfüllt sind. Bei den Angaben für die Schweiz durch v. SCHULTHESS 1897 ist zu berücksichtigen, daß „var. *chevrieranus* SAUSS." bei ihm offenbar auch die weiß gezeichneten Individuen von *ph. phaleratus* umfaßt, während er unter der „Stammform" (die ihm aus der Schweiz noch nicht bekannt geworden sei) wahrscheinlich die ssp. *yeguasicus* var. verstanden hat. Ebenso scheint BERLAND 1928 für Frankreich *phaleratus* auf ssp. *yeguasicus* var. zu beziehen („dessins jaune vif"), während das, was er „var. *chevrierana*" nennt, nach der Beschreibung („dessins blancs, les bandes abdominales presque toujours finement interrompues au milieu, pattes rougeâtres") offenbar die ssp. *phaleratus* mit weißer Zeichnung ist. Auch ED. ANDRÉ hatte 1884 S. 126 *phaleratus* „ornements jaune vif" und dem ♀ einen gelben Punkt auf dem 6. Tergit beigelegt. Aus Belgien ist ssp. *phaleratus* von CRÉVECOEUR & MARÉCHAL 1932 und 1935 und von J. BONDROIT 1943, aus Holland ist sie von WILCKE 1953 gemeldet. In England fehlt *phaleratus*. Aus Dänemark, wo ssp. *phaleratus* sicher vorkommt, liegt m. W. noch kein Nachweis vor. Für Schweden hat THOMSON 1874 einige Fundorte in der Provinz Schonen und auf Öland genannt. In Finnland war *phaleratus* nach FORSIUS & NORDSTRÖM bis 1923 nur bei Salmi am Ladogasee gefunden. Für Bulgarien nennt ihn ATANASSOV 1942 ebensowenig wie KOSTYLEV 1928 für die Krim und 1929 für Armenien. F. MORAWITZ 1895 gibt für Osteuropa nur Sarepta und Astrachan als Fundorte an, ferner je einen in Transkaukasien und Semipalatinsk.

2. *Nannopterochilus phaleratus chevrieranus* (SAUSS. 1856)

Pterochilus Chevrieranus n. sp. — SAUSSURE, Étud. fam. Vespid., III, Masar. & suppl., 1856, S. 322, n. 208, ♂. Loc. typ.: Sion (Wallis). Typus: M. G.
Pterochilus phaleratus (PANZ.) var. *chevrieranus* SAUSS. ♀ — v. SCHULTHESS 1897 S. 119. Loc. allotyp.: Südschweiz. Typen: coll. auct. (M. Z.)
?*Pterochilus Bezzii* n. sp. — COBELLI, Verh. zool.-bot. Ges. Wien, 42, 1892, S. 67, ♀. Loc. typ.: Santa Sofia bei Pavia. Standort des Typus: ?

Mit dieser bisher nur aus der Südschweiz (Wallis) sicher bekannt gewordenen, durch ihre geringe Größe und ihre reiche, rein weiße Zeichnung gekennzeichneten Form, die ich als Unterart bewerten möchte, haben wohl alle früheren Autoren die weiß oder jedenfalls nicht ausgesprochen kräftig gelb gezeichneten Stücke von *ph. phaleratus* zusammengeworfen. Kleine, rein weiß gezeichnete ♂♂ des letzteren können ssp. *chevrieranus* ♂ sehr ähnlich sein, namentlich wenn sie, was bei *chevrieranus* ♂ die Regel ist, auch auf dem unteren Abschnitt der Mesopleuren weiß gefleckt sind, lassen sich aber durch die weniger stark entwickelten Binden der hinteren Tergite unterscheiden.

In Deutschland dürfte diese Unterart kaum vorkommen.

3. *Nannopterochilus phaleratus formosus* (FRIV. 1876)

Pterochilus formosus n. sp. — FRIVALDSZKI, Magy. Tud. Akad. Math. & Termész. Közlem., 13, 1876, S. 357, ♀. Loc. typ.: Umgebung von Temes, Bezirk Grebenácz (Ungarn). Standort der Type: ? M. Bu.
Pterochilus phaleratus (PANZ.) var. *formosus* Friv. ♀ ♂ — MOCSARY, ibid., 16, 1879, S. 6.
Pterocheilus chevrieranus SAUSS. ♀ — ED. ANDRÉ 1884 S. 802—804 (nec *chevrieranus* SAUSS. ♀ vera).

Diese auffallend gefärbte Unterart kommt in Mitteleuropa nur in den heißen Flugsandsteppen Südost-Ungarns vor, z. B. bei Deblibát und Grebenácz (L. MÓCZÁR 1938). Die Herkunft „Umgebung von Genf" des Typus des von Ed. ANDRÉ 1884 irrtümlich zu *chevrieranus* SAUSS. gestellten ♀ ist unzweifelhaft unrichtig. F. MORAWITZ 1895 führt *formosus* für Osteuropa an, ohne das dortige Verbreitungsgebiet genauer zu bezeichnen.

In Deutschland fehlen die Daseinsbedingungen für diese Unterart.

7. Gattung *Hemipterochilus* „FERTON" BOHART 1940.

Generotypus: *Odynerus terricola* MOCS. 1883 (BOHART 1940)

Wegen des Namens dieser Gattung und seiner Autorschaft siehe S. 231, Anmerkung 7.

In Mitteleuropa ist nur eine Art dieser Gattung heimisch, nämlich *bembeciformis* (F. MOR.) in der Unterart *terricola* (MOCS.).

Hemipterochilus bembeciformis terricola (MOCS. 1883)

Odynerus (Pterochilus) bembeciformis n. sp. — F. MORAWITZ, Horae Soc. ent. Ross., 4, 1867, S. 139, n. 27, ♀ ♂. Loc. typ.: Sarepta. Typen: coll. auct. (M. L.).
Odynerus (Epipona) terricola n. sp. — Mocsary, Magy. Akad. Termész. Értek, **13**, 1883, S. 52, n. 66, ♀ ♂. Loc. typ.: Budapest und Daljam (Slavonien). Typen: M. Bu.
Odynerus sinuatofasciatus n. sp. — COSTA, Rend. accad. sc. fis. Napoli, (2) **2**, 1888, S. 2, ♀ ♂, T. 2 f. 2. Loc. typ.: Prov. Lecce (Apulien), Sicilien und Sardinien. Standort der Typen: ?
Pterochilus bembeciformis (F. MOR.) var. c = *Odynerus terricola* (MOCS.) — F. MORAWITZ, Horae Soc. ent. Ross., **29**, 1895, S. 428.
Odynerus tinniens (SCOP.) var. *rubromaculata* n. var. — A. BIAŁYNICKI-BIRULA, Bull. Ac. Sci. USSR 1926, S. 901, ♀. Loc. typ.: Gouv. Cherson und Krim. Typen: M. L.
Pterochilus bembeciformis (F. MOR.) var. *circensis* n. var. — A. GIORDANI SOIKA, Boll. Soc. ent. Ital., **74**, 1942, S. 55, ♀. Loc. typ.: Lago di Sabaudia. Typus: coll. auct.

Die gelblichweiß oder weiß gezeichnete typische Unterart *b. bembeciformis*, mit der wohl *Odynerus tinniens* (SCOP.) ssp. *turcestanicus* BIRULA 1926 S. 901 (♂, loc. typ.: Ferghana), identisch ist, besiedelt die Steppengebiete im Süden Osteuropas, Transkaspiens, Turkestans und Kleinasiens. Die satt gelb gezeichnete und auch in der Skulptur etwas verschiedene Unterart *terricola* ist in Süd- und Osteuropa heimisch und erstreckt ihr Verbreitungsgebiet bis nach Mitteleuropa (Batschka: Subotica [TAUBERT leg.], Ungarn [loc. typ.; L. MÓCZÁR 1937], Slowakei [W. ZAVADIL 1951 S. 87], Niederösterreich [Stammersdorf, Oberweiden: L. MADER leg.[).

♀: Gelb sind eine Querbinde der Kopfschildbasis oder auch noch distale Flecke, Orbitalbinden bis in die Sinus, Stirn- und Schläfenflecke, ein Fleck an der Oberkieferbasis, häufig die Unterseite der Fühlerschäfte ± ausgedehnt, Pronotumbinde, je 2 Flecke auf dem Schildchen und Hinterschildchen, der obere Abschnitt der Mesepisterna ± ausgedehnt, die Flügelschuppen (mit bräunlichem Fleck außen), ein Fleck auf der Vorderflügelbasis, Endbinden des 1.—5. Tergits und des 2. oder auch des 3. Sternits, Seitenflecke des 4. oder auch des 3. Sternits; Beine gelb, die Schenkel teilweise rostgelb getönt, die kleinen Tarsenglieder rostgelb.

Var.: Die schwarze Grundpigmentierung des 1. Tergits kann seitlich ± ausgedehnt durch rote ersetzt sein (var. *rubromaculata* [*circensis*]).

♂: Gelb sind Kopfschild, Oberlippe, Oberkiefer und die Unterseite sowie die unteren $^2/_3$ der Vorderseite der Fühlerschäfte; vom Hinterleib 6 Tergitbinden. Im übrigen wie das ♀ gezeichnet.

Die Imagines besuchen u. a. gern Nigella arvensis.

Die Nester werden im Boden angelegt. L. MADER teilte mir brfl. mit: „Auf einem Feldweg bei Stammersdorf gruben die ♀♀ am Rande des Weges und zwischen den Wagenradspuren imBoden (Ackerboden); die ♂♂ flogen auf einer Strecke von etwas 100 m „wie besessen" umher. Auch bei Oberweiden traf ich die Tiere auf einem Feldweg." Ebenso fand FR. PILLICH diese Art in Löchern in einem Fußweg bei Simontornya nistend (1934 S. 213). Die von L. MADER beobachteten ♀♀ trugen Raupen des Zünslers *Evergestis frumentalis* (L.) ein (1936 S. 263). G. GRANDI fand in Italien in den Nestern die Raupen einer Eulenart aus der Unterfamilie Trifinae.

Als Schmarotzer stellten MADER (brfl.) und PILLICH (l c.) die Goldwespe *Spinolia Dallatorreana* MOCS. fest.

8. Gattung ***Alastor*** Lepeletier 1841

Generotypus: *Alastor atropos* Lep. 1841 (Ashmead 1902)

Die paläarktischen Arten dieser nicht nur durch die Form der 2. Kubitalzelle, sondern auch durch die eigentümliche Glättung der Mittelsegmentsrückwandmitte und die grobe und sehr dichte Punktierung des Körpers unter den paläarktischen Eumeniden isoliert dastehenden Gattung zerfallen in die 3 Untergattungen *Alastor* Lep., *Megalastor* Blüthg. 1941 und *Parastalor* Blüthg. 1939. Von diesen ist in Mitteleuropa nur die typische Untergattung vertreten.

Schrifttum: Blüthgen 1955 c, 1956 e.

Untergattung *Alastor* Lepeletier 1841

Subgenerotypus: *Alastor atropos* Lep. 1841.

Antalastor (Saussure 1856 als Division) Dalla Torre 1894.

Eualastor Dalla Torre 1904 (neuer Name für „*Alastor* pr. d.". Saussure 1856).

Von den 3 in Europa vorkommenden Arten dieser Untergattung, *atropos* Lep., *Biegelebeni* G.S. und *Antigae* Buyss., erstrecken die beiden erstgenannten ihr Verbreitungsgebiet bis nach Süd- und Südwestdeutschland.

Die Lebensweise ist bisher nur von *atropos* bekannt geworden (siehe dort).

Fälle von Stylopisation sind noch nicht gemeldet.

Bestimmungsschlüssel

♀: Gesicht nur so lang wie breit (58,5:58), Kopfschild = 32:46, Ausrandung fast so breit wie der Abstand der Fühlergruben (14:15), ganz flach konkav bis stumpfwinklig (1,25), fast gerade abgeschnitten, der Raum zwischen den sie beiderseits begrenzenden rechtwinkligen, kaum gekielten und im Profil nicht vorspringenden Ecken nicht eingedrückt; POL:OOL:OOc = 14,5:13:28; Hinterkopfkontur flach konkav; Schläfenprofil schmaler als der obere Augenlappen (22:25); Fühlergeißel stärker keulenförmig, Glied 2 = 8:7,25, 3 = 5:8; Tergit 1 nur $^3/_5$ so lang wie breit (31:50); Tarsen III deutlich kürzer und derber.

Die zitronengelbe Zeichnung besteht aus Sinus-, Stirnmitten- und Schläfenflecken (von denen die letzten beiden fehlen können), schmaler, unterbrochener Pronotumbinde, Flügelschuppen (am Innensaum mitten ± dunkelbraun gefleckt), Endbinden des 1. u. 2. Tergits und des 2. Sternits, einer seitlich ± abgekürzten Binde des 4. Tergits, manchmal auch einer solchen des 3. Tergits, die mitten unterbrochen sein kann; Beinfärbung wie bei *atropos*, aber im allgemeinen lichter.

♂: Gesicht merklich kürzer als breit (48:52), Kopfschild viel kürzer als breit

♀: Gesicht länglicher (58:55), Kopfschild = 33:48, Ausrandung = 10:12,5, deutlich ausgeschnitten (Tiefe 2), ihre Kontur konkav bis rundlich stumpfwinklig, beiderseits von rundlich abgestumpften spitzwinkligen, kurz gekielten, im Profil etwas aufgebogenen Ecken begrenzt und zwischen diesen konkav eingedrückt; POL:OOL:OOc = 15:15,5:25; Hinterkopfkontur tief konkav; Schläfenprofil wenig schmaler als der obere Augenlappen (21:23); Fühlergeißel merklich schlanker, Glied 2 = 9:6,5, 3 = 5 7; Tergit 1 länger (30:47); Tarsen III deutlich gestreckter und dünner.

Die hellgelbe Zeichnung besteht aus denselben Elementen wie bei der Vergleichsart, meistens sind aber nur 2 Tergitbinden vorhanden und die des 2. Sternits kann ± breit unterbrochen sein; Beine rostrot, Schenkelbasis schwarz, Schienen innen manchmal gebräunt.

♂ Gesicht kaum kürzer als breit (51,5:52,5), Kopfschild (im Verhältnis zur Breite) weniger kurz (16,5:22), seine Basis nicht oder nicht jäh, die Endpartie nicht eingedrückt, die Mittelpartie aber kräftig vorgewölbt, die freien Seiten ohne oder mit nur linearem Glassaum, die Ausrandung wenig breiter als der Abstand der Fühlergruben

(16,5:24,5), mit jäh und kräftig eingedrückter Basis und breit eingedrückter, ebener Endpartie, so daß die Mitte im Profil kräftig buckelig vorspringt, längs den freien Seiten mit schmalem, um die Ausrandung aber ziemlich breitem, glattem, poliertem, gelblich durchscheinendem bis dunklem Saum, die Ausrandung merklich breiter als der Abstand der Fühlergruben (11,5:9), äußerst flach (1), rundlich stumpfwinklig oder bogenförmig, von kurzen, ungefähr rechtwinkligen Ecken begrenzt; Kopfschild an der Basis und ganz seitlich sehr dicht und fein, mitten auf glattem, glänzendem Grunde ± zerstreut und kräftig punktiert, der Saum isoliert und punktlos.

Schläfenprofil etwas schmaler als der obere Augenlappen; POL:OOL:OOc = 7:7:11,5; Fühlergeißel kürzer und dicker: Glied 2 nur um $^{1}/_{5}$ länger als distal dick (8,5:6,75); 3 = 6,5:7,25; 12 merklich länger als 11, im Profil deutlich mehr als doppelt so lang wie dick (7:3), Ober- und Unterseite ungefähr parallel, Ende abgerundet.

Die zitronengelbe Zeichnung entspricht in der Ausdehnung ungefähr der von *atropos* ♂.

Behaarung ungefähr wie bei *atropos* ♂; Kopfschild mit reichlicher weißer Pubeszenz.

♀ ♂. Körperpunktierung erheblich gröber als bei *atropos*, stellenweise (z. B. auf dem 2. Tergit) merklich weniger dicht.

♀ 8—9 mm, ♂ 7—8 mm.

2. *Alastor* (*Alastor*) *Biegelebeni pannonicus* Blüthg.

und tief halbkreisförmig (8:7,5:4), beiderseits von schmal spitzwinkliger Ecke begrenzt; Punktierung des Kopfschilds etwas schwächer, dichter und bis zum Ausschnitt erstreckt.

Schläfenprofil etwas breiter als der obere Augenlappen (12,5:11); POL:OOL:OOc = 8:7:12; Fühlergeißel gestreckter: Glied 2 = 10:7; 3 = 7,25:7,75; 12 etwas kürzer als 11, im Profil nur doppelt so lang wie dick (5:2,5) und nach dem Ende zu verjüngt.

Die hellgelbe Zeichnung besteht aus folgenden Elementen: Kopfschild, Sinus-, Stirn- und Schläfenflecke (von denen die 2 letzteren fehlen können), Oberkiefer ausgedehnt, Vorderseite des Fühlerschaftes, schmaler, mitten unterbrochener Pronotumbinde, Flügelschuppen (innen schmal schwarz gesäumt), Binden des 1. u. 2. Tergits und des 2. Sternits, seitlich ± abgekürzten Binden des 4. (oder auch 3. und 5.) Tergits; Schenkelenden (III nur an der äußersten Spitze, II und I ausgedehnter), Schienen und ± die Basitarsen gelb, Schienen III und II (oder auch I) hinten kastanienbraun gestreift, die kleinen Tarsenglieder rostgelb bis rostbraun.

Behaarung von Kopf und Thorax ziemlich lang, aber mäßig dicht; Sternite 3—7 mit dichter, etwas wolliger, grauer Haarbürste.

♀ ♂: Körperpunktierung vergleichsweise wesentlich schwächer, aber teilweise dichter.

♀ 8—9 mm, ♂ 7—8 mm.

1. *Alastor* (*Alastor*) *atropos* Lep.

1. *Alastor* (*Alastor*) *atropos* Lepeletier

Alastor Atropos n. sp. — Lepeletier, Hist. nat. Insect, Hymén. II, 1841, p. 669, ♀ ♂. Loc. typ.: Paris; Saint-Sever. Standort der Cotypen: mir nicht bekannt.

Aus Deutschland bisher nachgewiesen aus Baden (Achkarren im Kaiserstuhl: 1 ♀, leg. coll. K. Strohm; Karlsruhe: 1 ♀, leg. Hohndorf, coll. H. Leininger; Heidelberg: 2 ♂♂, leg. M. Sagemehl, M.B.); Elsaß (Niedermorschmeiler: 1 ♀, leg. coll. M. Klein; Oberehnheim: 1 ♀ leg. coll. Grauvogel) und dem Rheingau (unteres Wispertal im Taunus: 1 ♀ leg. E. Schmidt, coll. m.; Uhlerborn am Mombacher Wald [Mainzer Sand]: H. Wolf brfl.). Ob das von E. Stöckhert 1919 gemeldete Stück von Würzburg (leg. coll. K. B. Lehmann) zu *atropos* oder aber zur folgenden Art gehört hat, ließ sich nicht nachprüfen, da es nach meinen Ermittlungen mit der Lehmannschen Sammlung bei der Zerstörung Würzburgs vernichtet worden ist.

Sonstige Verbreitung: Frankreich (nach L. Berland 1928 überall und ziemlich häufig); Spanien; Portugal; Italien; Südschweiz (Tessin und Wallis); Cypern. Was aus Österreich, Ungarn, der Tschechoslowakei, dem Balkan, Transkaukasien (Helenendorf), dem Süden Osteuropas (Sarepta, Krim) und anderen osteuropäischen Gebieten als „*atropos*" gemeldet war, hat sich als *Biegelebeni* erwiesen. Es handelt sich augenscheinlich um eine westmediterrane Art, die jedoch anscheinend in Nordafrika fehlt.

E. Schmidt traf das ♀ auf einer Daucus-Blüte.

G. Grandi (1935) fand *atropos* in Schilfhalmen einer Dachbedeckung nistend und als Larvenfutter Larven und Puppen eines Kleinrüßlers aus der Gattung *Gymnetron* (wahrscheinlich von *pascuorum* v. *bicolor* Gyll. oder von *ictericum* Gyll.).

Über Schmarotzer ist bisher nichts bekannt geworden.

2. *Alastor* (*Alastor*) *Biegelebeni pannonicus* Blüthg.

Alastor Biegelebeni n. sp. — Giordani Soika, Boll. Soc. Ent. Ital., **74**, 1942, p. 53, ♂. Loc. typ.: Gries bei Bozen; Sarepta. Standort der 2 Cotypen: ♂ von Gries in coll. auct., ♂ von Sarepta in M.Mü.

Alastor (*Alastor*) *Biegelebeni Biegelebeni* G. S. ♀ — Blüthgen, Mitt. Zool. Mus. Berlin, **32**, 1956, p. 137. Loc. allotyp.: Levico bei Trient. Allotypoid: M.W.

Alastor (*Alastor*) *Biegelebeni pannonicus* n. ssp. — Blüthgen, ibid,. p. 138, ♂♀: Loc. typ.: Subotica. Typus und Allotypoid: coll. m.

Bei *B. Biegelebeni* sind die Zeichnungen sehr bleich strohgelb bis weiß, bei *B. pannonicus* satt zitronengelb. Ich erhielt von J. Heinich von letzterer Unterart 1 ♂ mit der Herkunftsangabe „Thüngersheim a.M., 7. 6. 37" und 1 ♀ mit dem Fundort „Gambach b. Karlstadt a.M., 1. 8. 37", beide nach seiner Angabe von ihm selbst gesammelt. Ich bin nicht ganz sicher, ob ein Etikettierungsversehen ausgeschlossen ist und die beiden Stücke nicht etwa aus Ungarn (Siofok am Plattensee) stammen, woher J. Heinrich andere Eumeniden erhalten hatte, die mir vorlagen. Es ist deshalb besonders zu bedauern, daß der Lehmannsche „*atropos*" von Würzburg, der diese Frage hätte klären können, vernichtet ist.

Diese Unterart findet sich sonst in Ungarn (Badacsony: 1 ♂ M.B.; Simontornya: 1 ♀ 9. 7. 36, Fr. Pillich leg., coll. m.), Jugoslawien (Subotica: 2 ♂♂ 2 ♀♀, A. Taubert leg., coll. m.), Rumänien (Herkulesbad: 1 ♂ 18. 8. 33, H. Maertens leg., coll. m.). Zu ihr gehört ferner auch das, was als „*atropos*" aus Mähren und der Slowakei, und wahrscheinlich auch das, was aus Bulgarien so gemeldet ist. Ihr Verbreitungsgebiet scheint auf das östliche Mittel- und das zentrale Osteuropa beschränkt zu sein, während die typische Unterart die übrigen Teile des Gesamtareals dieser ostmediterranen Art besiedelt.

A. Taubert fing die mir eingesandten Stücke an Nigella arvensis und an Medicago. Sonst ist über die Lebensweise von *Biegelebeni* nichts bekannt. Sie wird vermutlich der von *atropos* gleichen.

9. Gattung ***Alastorynerus*** Blüthg. 1938

Generotypus: *Odynerus* (*Microdynerus*) *Ludendorffi* Dsm. 1917 (Blüthgen 1938 b S. 294)

Zu dieser Gattung gehören die nachstehend näher bezeichneten 2 Arten *alastoroides* (F. Mor.) (mit dem Synonym *tridentatus* [Kost.]) und *Ludendorffi* (Dsm.) (mit dem Synonym *perezi* [Berl.]). Sehr wahrscheinlich sind sie conspecifisch, aber die Weiträumigkeit des von der Species besiedelten Gebietes legt die Vermutung nahe, daß die Ostform *alastoroides* und die Westform *Ludendorffi* als Subspecies getrennt bleiben können. Hierüber haben späteren Untersuchungen Klarheit zu erbringen. Vorläufig möchte ich *Ludendorffi* als Unterart bestehen lassen.

1. *Alastorynerus a. alastoroides* (F. Mor. 1885)

Microdynerus alastoroides n. sp. — F. Morawitz, Horae soc. ent. Ross., **19**, 1885, S. 179, ♀. Loc. typ.: Borshom (Georgien). Typus: coll. auct. (M. L.).

Odynerus Microdynerus nom. nov. — Dalla Torre, Wien. ent. Z., **8**, 1889, S. 124.

Microdynerus tridentatus n. sp. — Kostylev, Arch. Mus. Zool. Univ. Moscou, **1**, 1934 (1935), S. 143, ♀. Loc. typ.: Fluß Sching (Tadschikistan). Typus: M. L.

Microdynerus tridentatus Kost. 1935 = *Micr. alastoroides* Mor. — Kostylev, Arch. Mus. Zool. Univ. Moscou, **3**, 1936, S. 226.

2. *Alastorynerus alastoroides Ludendorffi* (DSM. 1917)

Odynerus (*Microdynerus*) *Ludendorffi* n. sp. — J. M. DUSMET, Mem. R. Soc. Españ. Hist. Natur., 8, 9ª, 1917, S. 369, ♀. Loc. typ.: Marrakesch (Marokko). Typus: M. Ma.
Odynerus (*Microdynerus*) *perezi* n. sp. — L. BERLAND, Ann. Soc. ent. France, 1927, S. 110, ♀ ♂. Loc. typ.: Vivonne (Vienne, Frankreich). Typen: M. P.

Außer den im Bestimmungsschlüssel genannten Merkmalen ist für *Ludendorffi* charakteristisch die schon für ssp. *alastoroides* von F. MORAWITZ und von KOSTYLEV hervorgehobene sehr ausgeprägte „doppelte" Punktierung, die besonders auf dem 2. Tergit ins Auge fällt: hier steht auf chagriniertem, mattem Grunde eine sehr dichte, feine, aber sehr deutliche Grundpunktierung, zu der eine zerstreute, an der Basis deutlich ausgeprägte, distal sehr weitläufige Überpunktierung hinzukommt; auch der matte weißliche Endsaum dieses Tergits ist sehr dicht winzig punktiert.

Die gelbe Zeichnung beschränkt sich auf 2 punktförmige Schläfenflecke, 2 Pronotumflecke (vorn außen), Randbinden der Flügelschuppen, Endbinden des 1. und 2. Tergits (auf dem 2. ziemlich breit, bei der Ostform mitten unterbrochen) und Seitenflecke des 2. Sternits; beim ♂ sind ferner gelb der Kopfschild; bei der Westform die Oberkiefer ausgedehnt, die Fühlerschäfte (oben breit schwarz); beim ♂ sind die Fühlergeißeln unterseits, das 10. Glied größtenteils, das 11. und 12. total rostgelb, die Schenkelspitzen, Schienen und Tarsen sind beim ♀ rostgelb, beim ♂ gelb, die distalen Tarsenglieder gebräunt. Größe: 6—7,5 mm.

Von ssp. *Ludendorffi* lagen mir Stücke vor aus Algerien (Affreville: 1 ♀ coll. v. SCHULTHESS), Spanien (Calatayud [Prov. Saragossa]: 2 ♂ ♂, leg. DE BEAUMONT), Südwest-Frankreich (Banyuls-sur-Mer [Pyr.-Or.]: 3 ♀ ♀ 3 ♂ ♂, leg. P. M. F. VERHOEFF), Südost-Frankreich (Digne [Bass.-Alp.]: 1 ♂, M. Mü.). D. GUIGLIA hat 1937 einen Fund in der Cyrenaica gemeldet (1 ♂ von El Agheila). 1 ♀ aus Südwest-Ungarn (Simontornya, PILLICH leg., M.B.)[1]) und 1 ♂ aus Slowenien (Podčetrtek, E. JAEGER leg., coll. m.) scheinen mir dagegen zu der östlichen Unterart zu gehören. 3 ♂ ♂ von Eriwan (ohne weitere Angaben) des M. Mü. gleichen den oben genannten spanischen und französischen ♂ ♂ so sehr, daß ich glaube, daß die Herkunftsangabe nicht richtig ist und die 3 ♂ ♂ in Wahrheit aus Spanien (Cuenca ?) stammen: vgl. BLÜTHGEN 1952 b S. 2 bei *Alastor Antigai.*

Über die Lebensweise dieser Art ist bisher nichts mitgeteilt worden; die Beschaffenheit der Oberkiefer der ♀ läßt Besonderheiten vermuten.

10. Gattung ***Pseudomicrodynerus*** BLÜTHG. 1938

Generotypus: *Microdynerus parvulus* (H.-SCH. 1838) (BLÜTHGEN 1938 b S. 276)

Diese Gattung zerfällt in die bisher monotypische Untergattung *Pseudomicrodynerus* und die mehrere Arten umfassende Untergattung *Pachymicrodynerus* BLÜTHG. 1938 (1938 d S. 447, 455). In Mitteleuropa ist nur die erstere vertreten.

Pseudomicrodynerus (*Pseudomicrodynerus*) *parvulus* (H.-SCH. 1838).

Odynerus parvulus n. sp. — HERRICH-SCHAEFFER, Faun. Insect. German., 1838, Pr. 154, T. 19, ♀. Loc. typ.: Regensburg. Typus vernichtet.
Odynerus Helvetius nom. nov. et ♂ — SAUSSURE, Étud. fam. Vespid. III. Masar. & suppl., 1856, S. 295, n. 138; T. 13 Fig. 6 (♀).
Microdynerus Helveticus (sic!) (SAUSS.) nov. comb. — THOMSON 1874, S. 59.
Microdynerus bifidus n. sp. — F. MORAWITZ, Horae soc. ent. Ross., 19, 1885, S 177, ♀ ♂. Loc. typ.: Balaklawa (Krim). Typen: coll. auct. (M. L.).
Pseudomicrodynerus parvulus (H.-SCH.) n. comb. — BLÜTHGEN 1938 b S. 276.

Dieses zierliche Wespchen ist eigentlich unverkennbar, auch wenn man die (von allen früheren Autoren, F. MORAWITZ ausgenommen, übersehene) besondere Form der Oberkiefer außer Betracht läßt; trotzdem hat nicht nur H. FRIESE Stücke von *parvulus* als „*Microdynerus nugdunensis* (SAUSS.)" gemeldet, sondern es befanden sich in coll. FR. PILLICH (Simontornya) und in coll. R. MEYER (Darmstadt) solche, bei denen v. SCHULTHESS dieselbe Verwechslung unterlaufen war.

Die blaß strohgelbe Zeichnung ist wenig veränderlich: Sie besteht bei beiden Geschlechtern aus 2 Flecken vorn auf dem Pronotum (beim ♂ größer als beim ♀), 2 kleinen Flecken auf dem Schildchen, die beim ♂ fehlen können, je 1 Punktfleck auf dem oberen Abschnitt der Mesepisterna und Binden des 1. und 2. Tergits und des 2. (beim ♂ manchmal auch des 3.)

[1]) Aus M. Bu. sah ich nachträglich 1 ♀ von Ujhely (= Sátoraljaujhely) und 1 ♀ von Szöllöske (Komitat Zemplén), die dem ♀ von Simontornya gleichen.

Sternits; Schienen und Tarsen beim ♀ braun, erstere ± ausgedehnt rostgelb gezeichnet; Schienen und ein Fleck der Schenkel distal sowie Vorderseite der Hüften II (oder auch III) beim ♂ hellgelb, Tarsen des ♂ rostgelb; beim ♂ sind hellgelb ferner Kopfschild, Oberlippe, die Oberkiefer größtenteils und die untere Hälfte der Fühlerschäfte, rostbraun die Unterseite und ± ausgedehnt das Ende der Fühlergeißel. Kopfschildausschnitt beim ♀ = 6:8:3. Größe ♀ 5,5—6,5 mm, ♂ 5—6 mm.

Das Vorkommen dieser Art im Untersuchungsgebiet ist auf Süddeutschland und den mittleren Raum beschränkt, die nördlichsten mir bekannten Fundorte sind Rüdersdorf und Falkenberg bei Berlin (M.B.) und Jägerhof und Schleusendorf im Kreis Bromberg (O. Meyer 1919). Noch nicht nachgewiesen ist sie aus den nördlichen Gebieten östlich der Oder sowie aus Nordwestdeutschland; allerdings entziehen sich die Imagines durch ihre Winzigkeit und ihre versteckte Lebensweise sehr leicht der Beobachtung, und aus denselben Gründen mag die Art auch seltener erscheinen, als sie vielleicht wirklich ist. Wegen der bisher bekannten deutschen Fundorte siehe im übrigen Krieger 1894, Dittrich 1921, E. Stöckhert 1919, E. Enslin 1922 b, Leininger 1951. Hier bei Naumburg ist *parvulus* verbreitet und nicht eigentlich selten, tritt aber eben nur wenig in Erscheinung.

Sonstige Verbreitung: Fehlt in Nord- und Nordosteuropa, in Dänemark, England, Holland, Belgien. Aus Frankreich von Berland 1928 in geringer Anzahl und als selten aus dem Alpengebiet und den Ostpyrenäen gemeldet; aus Spanien und Portugal noch nicht bekannt geworden; in der Schweiz nach v. Schulthess 1897, der nur 3 Fundorte (Martigny, Stalden und Nyon) nennt, selten; aus Österreich sah ich Stücke aus der Umgebung von Wien (Lobau, Donau-Auen, Stammersdorf, Oberweiden, Dtsch.-Altenburg, Eichkogel) und aus Kärnten (Plöcken-Gebiet); aus Ungarn von Simontornya, siehe ferner L. Móczár 1937 S. 26; aus Mähren von Olmütz, Brünn, Použdrány und Nikolsburg, aus der Slowakei von Novi Mesto; aus Slovenien von Podčetrtek (E. Jaeger); aus Serbien von Subotica (Taubert); kroatisches Küstengebiet: Zengg, Novi (Móczár 1937); Rumänien: Mehadia (Móczár l. c.); Polen: Łowicz (Noskiewicz 1934); mittleres Osteuropa: Kolomna (SO. Moskau) und Ozerki (Kostylev 1928); Ukraine: Cherson (1 ♀ coll. m., leg. Grünwaldt); Krim: Balaklawa (loc. typ. von *bifidus*), Karadagh (Kostylev 1928); Süden Osteuropas: Orenburg (F. Morawitz 1895); Nordkaukasien: Berg Mashuk (Kostylev 1928); Armenien: Parakar bei Eriwan (Kostylev 1929); Nordiran: Astrabad (M. Kr. 1 ♀ mit dem Fundort „Astr.", unter der Sammlungsetikette „*orenburgensis*" eingeordnet); Kleinasien: Ulukischla (3 ♀♀ 1 ♂ coll. m., G. Seidenstücker leg.) Aus Bulgarien und Griechenland ist *parvulus* noch nicht nachgewiesen, in Nordafrika fehlt er anscheinend.

Die Imagines besuchen die Blüten von Fragaria vesca, Potentilla arenaria und argentea, Torilis, Achillea millefolium und (nach Fr. Pillich) Euphorbia gerardiana.

Die Nester werden in den Markkanälen holziger Gewächse angelegt. E. Enslin hat solche aus Brombeerstengeln beschrieben (1922 S. 127 ff., 1933). Ich fand hier gern benutzt die von der Heckenschere gestutzten, abgestorbenen Äste von Krüppel-Maßholder (Acer campestre), Robinien und Syringa in Zaunhecken; Malyshev erwähnt Eschen- und Haselzweige und Verbascumstengel, Leininger (1951) Himbeerstengel. Das ♀ höhlt den Markgang in der erforderlichen Ausdehnung selbst aus. Ich habe aber hier beobachtet, daß sehr gern alte Nestanlagen erneut belegt werden, genau sowie das bei *Gymnomerus laevipes* (Shuck.) der Fall ist. Wegen der Einzelheiten des Nestbaus vgl. Enslin l. c. und Malyshev 1911. Als Larvenfutter werden die Larven eines Kleinrüsslers verwendet (Malyshev l. c.). Schmarotzer sind *Chrysis gracillima* Först. und *Eurytoma nodularis* Boh.

11. Gattung *Microdynerus* Thoms. 1874.

Generotypus: *Microdynerus exilis* (H.-Sch. 1839) (Jones 1937)

Diese Gattung ist auf das paläarktische Gebiet beschränkt und mäßig artenreich. Die Arten, deren Lebensweise bekannt ist, nisten in beliebigen vorhandenen Hohlräumen (alten Hymenopterennestern im Markkanal von Holzgewächsen, in hohlen Pflanzenstengeln, in Anobiengängen, aber auch in Löchern von Fachwerkwänden oder von Steinen) und tragen Kleinrüsslerlarven ein. Die Larven verfertigen einen Kokon, der der Wandung der Zelle so eng anliegt, daß er auch als Wandkokon bezeichnet werden kann (ENSLIN 1933). Die in Deutschland vorkommenden Arten haben nur eine Generation.

(Im übrigen verweise ich auf eine demnächst erscheinende Bearbeitung dieser Gattung.)

Bestimmungsschlüssel siehe S. 100

1. *Microdynerus exilis* (H.-SCH. 1839)

Odynerus exilis n. sp. — HERRICH-SCHAEFFER, Faun. Insect. German., 1839, Pt. 173, S. 32, ♀ ♂; 1841, Pt. 176, T. 8 c. Loc. typ.: Regensburg. Typen vernichtet.

Odynerus bivittatus n. sp. — LEPELETIER, Hist. nat. Insect., Hymén, II, 1841, S. 617, n. 8 (♀ pr. p., nec. ♂).[1]

Loc. typ.: Umgebung von Paris, Südfrankreich und Oran. Standort der Typen: mir nicht bekannt.

Odynerus Parisiensis n. sp. — SAUSSURE, Étud. fam. Vespid., III, Masar. & Suppl., 1865, S. 271, n. 151, ♀ (nec ♂).[2] Loc. typ.: Umgebung von Paris (Le Vésinet). Typen: ♂ M. P.; ♀ coll. auct. (M.G.).

Microdynerus exilis (H.-SCH.) n. comb. — THOMSON 1874, S. 59.

(Was ED. ANDRÉ 1884 S. 730 als ♂ dieser Art angesehen hat, ist selbst der Gattungszugehörigkeit nach unklar, auf jeden Fall aber nicht *exilis* ♂).

Exilis ist eine in der Färbung beständige Art. Jedoch ist mir eine Aberration vorgekommen: 1 ♀ von Aschaffenburg (9. 6. 36, J. HEINRICH leg., coll. m.) mit strohgelb geflecktem oberen Abschnitt der Mesepisterna.

Diese Art ist im Gebiet weit verbreitet, aber anscheinend auf Sandboden angewiesen und nicht überall anzutreffen. In Süd- und Westdeutschland ist sie anscheinend nicht selten: STÖCKHERT 1919, SCHNEID 1941, LEININGER 1951; im Elsaß nach M. KLEIN (brfl.); Aschaffenburg; Kreuznach (nach F. MORAWITZ 1867); Weilburg (SCHENCK 1861). Aus Thüringen ist mir bisher nur ein einziger Nachweis bekannt (Gröbitz bei Naumburg, 1 ♂ coll. H. MAERTENS). Ferner bei Halle/S. (4 ♀ ♀ in coll. TASCHENBERG, Ent. Institut Halle; 3 ♂ ♂ Dölauer Heide, coll. R. LASSMANN), um Leipzig (KRIEGER 1894; Dewitz: 1 ♂ coll. K. DORN), bei Dessau (HEIDENREICH leg.), in der Dübener Heide (1 ♂ coll. R. LASSMANN). In den Heidegebieten Nordwestdeutschlands einzeln und selten: ALFKEN 1914, Wagner 1938, ferner Spiekeroog (2 ♂ ♂, coll. KL. ZIMMERMANN), Iburg (coll. SICKMANN). Aus den östlich davon gelegenen Gebieten nur wenige Nachweise: Fürstenberg i. Meckl. (1 ♀ coll. KL. ZIMMERMANN), Buckow (Mark) (SCHIRMER 1915), Bellinchen (Neumark) (HEDICKE 1927), bei Stettin (PAUL 1943). Aus dem weiteren Nordosten war *exilis* nicht gemeldet. Für Schlesien hat DITTRICH (1921) einige Fundorte mitgeteilt.

Sonstige Verbreitung: In Skandinavien, Finnland und Osteuropa (außer im Südosten [Sarepta]: F MORAWITZ 1895) scheint *exilis* zu fehlen; auch aus Dänemark ist er noch nicht nachgewiesen. In England ist er bisher nur bei Southampton (Botley und Wickham) aufgefunden (JONES 1937). In Holland kommt er vereinzelt vor (WILCKE 1951); Fundorte in Belgien haben P. MARÉCHAL 1925 und J. BONDROIT 1943 mitgeteilt; in Frankreich ist er nach BERLAND 1928 überall und ziemlich häufig anzutreffen. Für Spanien nennt DUSMET 1909 nur Chinchon (Prov. Madrid), im M.B. befindet sich 1 ♀ von Losilla bei Albarracin; Mallorca (coll. VERHOEFF und coll. m.); Portugal: mehrere Fundorte (BLÜTHGEN 1953 d und 1956 a). Aus Italien lag mir bisher erst 1 Exemplar (♀) von Livorno vor (Ist. Entom. Bologna).

---

[1]) Das ♀ ist nach SAUSSURE = *Microd. exilis* ♀ + *Microd. Abdelkader* (SAUSS.) ♀; das ♂ ist nach der Beschreibung weder *exilis* noch *Abdelkader*. Zur Bereinigung dieses Durcheinanders hätte SAUSSURE einen Lectoholotypus bestimmen müssen. Das ist leider nicht geschehen. Es nachzuholen, ist solange nicht möglich, als nicht die Typen zum Vorschein gekommen sind.

[2]) Das von mir 1952 c S. 351 zum Lectoholotypus bestimmte ♂ des M.P. ist nach BERLAND 1928 S. 61 Fußnote 1 artgleich mit *Nannodynerus xanthomelas* (H.-SCH.), während die 2 ♀ ♀ coll. auct. (Lectoallotypoide) zu *exilis* gehören (BLÜTHGEN 1938 b S. 282 Fußn. 1, 1952 c S. 351.).

Aus Österreich sah ich nur 2 ♀♀ aus der „Buckligen Welt" (coll. L. MADER); im übrigen siehe KOHL 1879. Für Ungarn: L. MÓCZÁR 1937. In Nordafrika fehlt *exilis* (ein Zitat von DUSMET 1928 betrifft in fehlbestimmtes ♂ von *Micr. Abdelkader* [SAUSS.]). Aus Kleinasien ist er noch nicht nachgewiesen, auch sonst nicht aus Asien.

Diese Art nistet in vorhandenen Hohlräumen in Brombeerästen (HÖPPNER 1902, der auch die Nestanlage beschreibt; ENSLIN 1933; LEININGER 1951) und (anscheinend mit Vorliebe) in Fraßgängen in altem Holz (SCHENCK 1861; STÖCKHERT 1919; JONES 1937).[1]) Daß die immer wieder auftauchende Angabe, HÖPPNER habe in den Nestern als Futtervorrat Kleinschmetterlingsraupen vorgefunden, auf einem Mißverständnis beruht, habe ich 1953c dargelegt; vermutlich trägt auch *exilis* Kleinrüsslerlarven ein.

Schmarotzer sind *Chrysis gracillima* FÖRST. und (nach HÖPPNER 1910) *Hoplocryptus dubius* TSCHBG. und *Eurytoma nodularis* BOH.

Die Imagines besuchen Potentilla argentea und Umbelliferen.

2. *Microdynerus longicollis* F. MOR. 1895

Microdynerus longicollis n. sp. — F. MORAWITZ, Horae soc. ent. Ross., 29, 1895, S. 486, ♀. Loc. typ.: Aidanil (Taurien). Typus: coll. auct. (M.L.).

Odynerus (*Microdynerus*) *patagiatus* n. sp. — v. SCHULTHESS, Faun. insect. Helvet., Hym., Diplopt., 1897, S. 102, ♀. Loc. typ.: Lugano. Typus: coll. auct. (M.Z.).

Odynerus (*Microdynerus*) *patagiatus* ♂ — v. SCHULTHESS in SCHMIEDEKNECHT 1930, S. 589. Loc. allotyp.: Bozen. Allotypus: coll. auct. (M.Z.).

Zur Synonymie: BLÜTHGEN 1942 a S. 91 Nr. 73.

Bisher waren mir nur folgende weit voneinander getrennt liegende Fundorte bekannt: Aus der Südschweiz (Tessin) Lugano (loc. typ. für *patagiatus*), Monte Carasso (Cotypus) und Astano (1 ♀, P. EIGEN leg. 8. 28., coll. m.); von dort nach Westen Millau (Dpt. Aveyron) (BERLAND 1928); nach Osten Südtirol (Bozen: loc. allotyp.; 1 ♂ coll. m.), Serbien (Subotica: 1 ♂ 15. 6. 34, leg. coll. TAUBERT; Avala bei Belgrad: 1 ♂, 4. 6. 39, ZIVOJINOVIC leg., coll. m.), Rumänien (Herkulesbad: 1 ♀, 5. 6. 34, K. DORN leg., coll. m.), Macedonien (Stip: 1 ♂, 5. 31, R. MEYER leg., coll. m.), Taurien (Aidanil) (loc. typ. für *longicollis*).

Kürzlich wies nun M. KLEIN (Strasbourg) *longicollis* für den Elsaß nach, wo er bei Hausbergen (NW von Strassburg) in den Jahren 1951 und 1952 einige ♀♀ fing; ich verdanke ihm 1 ♀ vom 8. 7. 51 und 1 ♀ vom 15. 6. 52.

Über die Lebensweise dieser Art ist noch nichts bekannt geworden, außer daß M. KLEIN die ♀♀ dabei betraf, wie sie in Silene-Kapseln offenbar Beute suchten.

3. *Microdynerus timidus* (SAUSS. 1856)

Vespa minuta n. sp. — FABRICIUS, Suppl. entom. system., 1789, S. 262, n. 65—66, ♂. Loc. typ.: Halle (S.). Typus: M. K.[2]) (Objektives Homonym von *Vespa minuta* LINNAEUS 1767, S. 952 n. 28.)

Odynerus timidus n. sp. — SAUSSURE, Étud. fam. Vespid., III, 1856, S. 296, ♀. Loc. typ.: bei Paris. Typus: M. P. (coll. SICHEL).

Odynerus (*Microdynerus*) *timidus* SAUSS. ♂ — v. SCHULTHESS, Faun. insect. Helvet., Hym. Diplopt., 1897, S. 103.

! *Odynerus* (*Microdynerus*) *Russkyi* n. sp. — DUSMET, Mem. R. Soc. Españ. Hist. Nat., 8, 1917, S. 371, ♀. Loc. typ.: Amismiz (Mittl. Atlas). Typus: M. Ma.

Microdynerus timidus (SAUSS.) var. *nigra* n. var. — BLÜTHGEN 1953 c, S. 102, ♀ ♂. Loc. typ.: Goseck, Standort: coll. m.

---

[1]) H. HEDICKE hat 1927 unter den Insekten eines alten Fachwerkhauses auch *exilis* (als Bewohner der Lehmwände) und *Chrysis gracillima* (als Bewohner des zerfressenen Balkenwerks) aufgeführt. Es erscheint mir sicher, daß bei *exilis* ein Beobachtungsirrtum vorlag und dieser auch dort in den Balken genistet hat. Auch das hiesige Stück (von Gröbitz) trieb sich an einem alten Holzpfosten herum.

[2]) Nach brfl. Mitt. von K. FAESTER (Kopenhagen).

Diese mediterrane Art fehlt im Norden des Gebietes, und aus den mittleren Bereichen und aus Süddeutschland ist sie nur in wenigen Lokalfaunenverzeichnissen gemeldet: für Sachsen von KRIEGER 1894 (Wahren b. Leipzig, Schellenberg), für Schlesien von DITTRICH 1921 (Wartha), für Franken von E. STÖCKHERT 1919 (Erlangen) und SCHNEID 1941 (Hallstadt bei Bamberg), für Baden von LEININGER 1951 (Karlsruhe, Neureuth). M. KLEIN traf sie im Elsaß bei Hausbergen, Oberehnheim, Hagenau, Schirrheim und Schweighausen. Hier bei Naumburg kommt sie vereinzelt vor. Bei Dessau fand sie E. HEIDENREICH (1 ♀ 1 ♂).

Sonstige Verbreitung: In Nordeuropa, England und Holland fehlt *timidus*. In Belgien ist er nach BONDROIT 1943 bei Beverloo gefunden; in Frankreich nach BERLAND 1928 weit verbreitet, aber „ziemlich selten". Für Spanien bezeichnet ihn DUSMET 1909 als „die häufigste *Microdynerus*-Art"[1]) und nennt als Fundorte Montarco, Ribas, Rio Alberche und Albarracin; J. AUBERT fand ihn in der Sierra Nevada bei Paterno del Rio (Mus. Lau.). Aus Portugal sah ich 1 ♀ von Rezende (coll. DE ANDRADE). Sardinien (Sorgono): GUIGLIA 1938. In der Schweiz kommt er im Wallis und bei Zürich vor. In Österreich ist er bei Wien (GIRAUD) und bei Deutsch-Altenburg (M.B.), in der Tschechoslowakei bei Karany n.L., Mukačevo, Čelakovice und Brünn, in Ungarn bei Budapest, Simontornya und Kelebia, in Serbien bei Subotica (TAUBERT), in Slowenien bei Podčetrtek (JAEGER) gefunden worden.

Im M.P. (coll. J. PÉREZ) steckt 1 ♂ mit der unsicheren Herkunftsangabe „Alger (Algérie)". Marokko (loc. typ. von *Russkyi*) Aus Asien liegt noch kein Nachweis vor.

Über die Biologie habe ich 1953c S. 102/103 berichtet. Blütenbesuch: Achillea und Petroselinum.

Schmarotzer ist augenscheinlich *Chrysis gracillima* FÖRST.

4. *Microdynerus nugdunensis* (SAUSS. 1856)

Odynerus nugdunensis n. sp. — SAUSSURE, Étud. fam. Vespid., III, Masar. & suppl., 1856, S. 293, ♀ ♂. Loc. typ.: Nyon. Typen: coll. auct. (M.G.).
Odynerus (Microdynerus) nugdunensis (SAUSS.) n. comb. — v. SCHULTHESS 1897.
Microdynerus nugdunensis (SAUSS.) — F. MORAWITZ, Horae soc. ent. Ross., 29, 1895, S. 486.

Auch diese Art gehört dem Mediterrangebiet an. Im behandelten Gebiet überschreitet sie den Thüringer Wald nach Norden nicht und fehlt sie im mittleren Bereich sowie im ganzen Norden; die mir bisher bekannten nördlichsten Fundorte sind der Staffelberg bei Kissingen (1 ♀ M. Mü.) und Schladern a. Sieg (1 ♀ coll. m.). Die Angabe im SCHMIEDEKNECHT 1930 „nördlich bis in die Mark Brandenburg" trifft also nicht zu. Ebenso ist die wohl auf FRIESE 1883 zurückgehende Mitteilung „Kösen" bei v. SCHULTHESS 1897 irrtümlich, da es sich bei den im M.B. befindlichen Belegstücken um fehlbestimmte *Pseudomicrodynerus parvulus* handelt, was sicher auch für die von FRIESE l. c. S. 206 und 199 gemeldeten Fundorte Schwarza und Blankenburg (wohl identisch!) gilt.

In Süddeutschland ist *nugdunensis* verbreitet: Elsaß (Wisch bei Schirmeck, 1 ♀ 1 ♂ leg. M. KLEIN, coll. m.), Rheinland (Kirn a. Nahe: 1 ♀ coll. T. SCHOOP), Pfalz (Landau: 1 ♂ coll. ZIRNGIEBL); Baden (LEININGER 1951), Bayern (Umgebung von München: Starnberg, leg. E. STÖCKHERT, coll.m.; Planegg, Geiselgasteig, Großhesselohe, M.Mü.; Ingolstadt: M.Mü.; Abensberg: leg. E. STÖCKHERT, coll.m.; SCHNEID 1941).

Sonstige Verbreitung: Schweiz (loc. typ.; v. SCHULTHESS 1897); Frankreich (nach BERLAND 1928 ziemlich häufig); Belgien (Remouchamps, 1 ♀ coll. P. MARÉCHAL); Holland (Epen: WILCKE 1951); Italien (Aritzo und Sorgono auf Sardinien: GUIGLIA 1938; Camigliatello in Calabrien: GUIGLIA 1941; Gavinana bei Pistoia: GRANDI 1954; Landeck in Südtirol: KOHL 1879); Österreich: bei Wien (SCHENCK 1861); Ungarn (MÓCZÁR 1937); Slowakei (Parkán: 1 ♀ M. Pr.; Homonna: MÓCZÁR 1937); Slowenien: Jrig (Fruska Gora) nach GIORD. SOIKA 1951; Serbien: Semlin (Universität Domena) 1 ♀ 1 ♂ coll. m.;

[1]) Allerdings hat er mit *timidus* als „var. *robustus*" eine eigene Art aus der Gattung *Pseudomicrodynerus* vermengt.

Bulgarien: Rila Kloster, 1 ♂, leg. Br. Pittioni, coll. m.; Rumänien: Orsova und Mehadia (Móczár 1937); Albanien: Kula Ljums 1 ♀ (F. Maidl 1922); Krim: Balaklawa (F. Morawitz 1895); Kleinasien (Adana: 1 ♀, leg. Fr. Tölg, coll. m.).

Aus Spanien weder von Dusmet noch von Giner Mari (1941) und auch aus Portugal noch nicht gemeldet. In Nordafrika offenbar fehlend. (Wenn F. Maidl 1922 sagt, in M. W. befänden sich Stücke aus Ägypten, so handelt es sich sicher entweder um eine Fehlbestimmung oder um eine unrichtige Herkunftsangabe.)

Über die Lebensweise ist bisher nur bekannt, was Ferton darüber mitgeteilt hat: Er fand das Nest in einem Brombeerzweig, die Zellen, deren Zwischenwände aus „petits cailloux cimentés par de la boue" bestanden, enthielten als Larvenfutter „kleine Larven" (m.E. zweifellos solche von Kleinrüsslern).[1])

12. Gattung ***Leptochilus*** Sauss. 1852

Generotypus: *Leptochilus mauritanicus* (Lep. 1841) (Ashmead 1902, S. 209)

Diese ungewöhnlich artenreiche Gattung zerfällt in eine Anzahl von Untergattungen, von denen in Mitteleuropa 2, nämlich *Lionotulus* Blüthg. 1938 und *Neoleptochilus* nov. subg. mit zusammen 4 Arten vertreten sind.

Bestimmungsschlüssel siehe S. 100

1. Untergattung *Lionotulus* Blüthg. 1938

Subgenerotypus: *Odynerus alpestris* Sauss. 1856 (Blüthgen 1938 b S. 276)

1. *Leptochilus* (*Lionotulus*) *a. alpestris* (Sauss.)

Odynerus minutus (F.) — Herrich-Schaeffer, Faun. Insect. German., 1839, Pt. 173, S. 31, ♀ ♂; 1841, Pt. 176, T. 6 (♀), T. 8 Fig. b (♂).
Odynerus alpestris n. sp. („nom. nov.") — Saussure, Étud. fam. Vespid. III. Masar. & suppl., 1856, S. 272, n. 153, ♀ ♂, T. 13 Fig. 3. Loc. typ.: Regensburg. Verbleib der Typen: mir nicht bekannt (coll. Herrich-Schaeffer ist vernichtet).
Microdynerus alpestris (Sauss.) nov. comb. — Thomson 1874 S. 58.

Diese eigentlich unverkennbare Art ist mehrfach falsch gedeutet worden: Was Ed. André 1884 so nennt, ist *Leptochilus* (*Euleptochilus*) *duplicatus* (Klug 1835), während sein „*Od. Abd-el-Kader* Sauss." (S. 733) wohl der echte *alpestris* ist; Ferton ist ihm (laut L. Berland 1928 S. 56) darin gefolgt.

Alpestris tritt in Südfrankreich, Spanien, Portugal und Nordafrika in der durch beim ♀ rote, beim ♂ rötlich getönte Flügelschuppen und beim ♀ dunklere Beinfärbung gekennzeichneten Unterart *iberobarbarus* Blüthg. auf (Blüthgen 1953 b). Die typische Unterart besiedelt das südliche Mitteleuropa, Italien und Dalmatien[2]) (in diesen Gebieten manchmal mit 2 kleinen strohgelben Flecken auf dem Schildchen: var. *bulsanensis* Blüthg. 1953 b)[3]), Ost-Galizien (Noskiewicz 1934), Thracien (1 ♀ von Adrianopel in Mus. Pr.), die Ukraine (Woroschilowsk bei Lugansk: 1 ♀ leg. coll. J. Heinrich), die Krim (F. Morawitz 1895; Kostylev 1928) und Ciskaukasien (Kostylev 1928). Bei beiden Unterarten treten in Südeuropa gelegentlich ♀♀ mit roter Grundfabe des 1. Tergits auf.

In Deutschland ist das Verbreitungsgebiet von *a. alpestris* klein und anscheinend auf den Muschelkalk beschränkt: Maingebiet bei Bamberg, Zeil, Ebelsbach, Karlstadt, Retzbach,

---

[1]) Neuerdings hat G. Grandi mitgeteilt, daß er in 2 in hohlen Hollunderästen angelegten Nestern als Larvenfutter die Larven des Rüßlers *Miccotrogus cuprifer* (Panz.) vorgefunden habe; er beschreibt die Anlage des Nestes und die Morphologie der Ruhelarve (Boll. Ist. Entom. Univ. Bologna, **23**, 1958 (1959), S. 253 ff.).

[2]) Ich sah 1 ♂ von Kraljevica am Quarnero und 1 ♀ 1 ♂ von der Insel Hvar in coll. E. Jaeger (Podčetrtek).

[3]) In dieser Färbung (und zwar nur in ihr) erhielt ich nachträglich *alpestris* von Ronzano bei Bologna (♀ ♂ ♂, Istit. Ent. Bologna) und aus Sizilien (♂ ♂ von Palermo und Siculiana marina, S. Seidenstücker leg.).

Gambach; in Nordostbaden bei Korb; in der Pfalz bei Leistadt. Nördlich des Thüringer-Waldes kenne ich ihn nur aus dem mittleren Saaletal von Jena bis Goseck. Dem Kyffhäuser fehlt er anscheinend, auch A. PETRY hat ihn dort nicht gefunden. Was ALFKEN 1914 (S. 303) als *alpestris* ♀ von Gröpelingen bei Bremen gemeldet hatte, hat sich als *Microdynerus exilis* (H. SCH.) erwiesen.

Nirgends ist *alpestris* häufig. Die Imagines besuchen Potentilla argentea und namentlich Achillea millefolium. Sie übernachten in leeren Gehäusen von *Helix nemoralis* und anderen Schnecken (J. HEINRICH brfl.). Auch EATON traf in Algerien 1 ♂ der sp. *iberobarbarus* (von ihm irrtümlich als *Hannibal* [Sss.] ♂ bestimmt) „entering a snail shell »on business«". FERTON hat seine Stücke von „*Abd-el-Kader*" aus Nestern in Gehäusen von *Helix cysicensis* erhalten. Ich habe hier noch kein Nest finden können, aber ich sah in einem alten Steinbruch einige ♀♀ in einem eigenartigen verhaltenen, an den von Essigfliegen erinnernden Fluge Geröllhaufen absuchen, in denen alte Gehäuse von *Helicella* (*Xerophila*) *ericetorum* lagen. Was die ♀♀ als Larvenfutter eintragen, ist noch nicht ermittelt; ich vermute, daß es Rüsselkäferlarven sind.

Schmarotzer ist wahrscheinlich *Chrysis splendidula* ROSSI, von der ich einige ♀♀ an derselben Stelle, wo *alpestris* vorkommt, suchend am Boden umherlaufend antraf.

2. *Leptochilus* (*Lionotulus*) *m. membranaceus* (F. MOR. 1867)

Odynerus (*Lionotus*) *membranaceus* n. sp. — F. MORAWITZ, Horae soc. ent. Ross., 4, 1867, S. 125 n. 23, ♀. Loc. typ.: Sarepta. Typus: coll. auct. (M. L.).
Leptochilus (*Lionotulus*) *membranaceus* (F. MOR.) ♂ — BLÜTHGEN 1939 b, S. 235 ff. bei n. 5, 1 Abb. Loc. allotyp.: Sarepta. Allotypoid: coll. v. SCHULTHESS (M. Z.).
Nicht *Odynerus membranaceus* MOR. ♀ bei ED. ANDRÉ 1884 S. 726 = *Leptochilus* (*Lionotulus*) *sarticus* n. sp. BLÜTHGEN 1939 b, S. 237.
Nicht *Microdynerus membranaceus* (MOR.) ♂ bei F. MORAWITZ, Horae soc. ent. Ross., 29, 1895, S. 484 = *Leptochilus* (*Neoleptochilus*) *regulus* (SAUSS.) ssp. ♂.

Die Art *membranaceus* zerfällt in die sparsam und weiß gezeichnete, als ♀ rotbeinige typische Unterart und die reich und gelb gezeichnete, als ♀ gelbbeinige Unterart *m. luxuriosus* BLÜTHG. 1955 (loc. typ.: Jerusalem). Die typische Unterart besiedelt das südosteuropäische Steppengebiet und die Krim; ich besitzte sie aus der Ost-Ukraine (Woroschilowsk, SW. Lugansk: J. HEINRICH leg.). Es ist möglich, daß sie auch in Ungarn nachzuweisen ist, vgl. vorn bei *Pterocheilus Pallasii* KLUG.

Sehr nahe verwandt mit *membranaceus* und seiner typischen Unterart sehr ähnlich ist *Leptochilus* (*Lionotulus*) *crassipunctatus* (MAIDL 1922) (*duinensis* G. S. 1938) von den Adria-Küsten; die Unterschiede habe ich 1939 b S. 235 mitgeteilt.

3. *Leptochilus* (*Lionotulus*) *tarsatus* (SAUSS.)

Odynerus tarsatus n. sp. — SAUSSURE, Etud. fam. Vespid. III. Masar. & suppl., 1856, S. 290, , 178, ♀ ♂; T. 13 Fig. 1 (♂). Loc. typ.: am Jura bei Nyons. Typen: coll. CHEVRIER (M.G.).
!*Odynerus* (*Microdynerus*) *dalmaticus* n. sp. — F. MAIDL, Ann. Naturh. Mus. Wien, 1922, S. 52, ♀. Loc. typ.: Spalato. Typus: M.W.

Tarsatus ist der westliche Exponent einer Gruppe einander sehr ähnlicher Arten, die im östlichen Mittelmeerraum und in Westasien heimisch sind. Beide Geschlechter sind unter den verwandten Eumeniden des Gebietes unverkennbar: ♀ ♂ am Hinzutreten weißer Zeichnung auf einigen hinteren Tergiten, das ♂ außerdem an der Form der Basitarsen der Hinterbeine.

Im Gebiet bisher nur vereinzelt im Elsaß gefunden: bei Gebweiler 1 ♂ (L. HERTZOG leg.), bei Rufach ♀ ♂ (GRAUVOGEL leg.), teste M. KLEIN (Straßburg).

Sonstige Verbreitung: Schweiz, Südfrankreich (BERLAND 1928), Spanien, Portugal, Italien (insbes. Piemont und Südtirol), Dalmatien, Korfu, Macedonien (Nerecka Planina), Ungarn, (MÓCZÁR 1937), Ostgalizien (NOSKIEWICZ 1934). Ob die von F. MORAWITZ 1895 genannten Fundorte Eriwan und Achalzyk wirklich *tarsatus* betreffen, bedarf der Nachprüfung.

Blütenbesuch: Orlaya grandiflora und Geranium rotundifolium (FR. KOHL 1879). Über die Nistweise ist mir nichts bekannt geworden. Die ♀♀ tragen, wie (laut P. MARÉCHAL 1940 S. 8) H. MANEVAL in Ann. Soc. ent. France, **108**, 1939, S. 98/99 mitgeteilt hat, Rüsselkäferlarven „de la Luzerne et probablement un *Apion*" ein.

2. Untergattung *Neoleptochilus* nov. subg.

Subgenerotypus: *Leptochilus Medanae* (GRIBODO i. l.) ED. ANDRÉ 1886.

Endsaum des 2. Tergits und des 2. Sternits querüber durch eine dichte Reihe grober, länglicher, tief eingedrückter, aber distal flach auslaufender Punktgruben gegittert, deren Zwischenräume nicht durchscheinen und ebenso gefärbt sind wie die Endbinden des 2. Hinterleibssegments. Tergit 3 ff. auf der Grundskulptur, 3 mit ± kräftiger, 4 ff. mit schwächerer, aber sehr deutlicher Punktierung. Tergit 1 (von oben gesehen) stets merklich kürzer als breit. Oberkiefer bei beiden Geschlechtern vierzähnig.

(4) 1. *Leptochilus* (*Neoleptochilus*) *regulus* (SAUSS. 1856).

!*Odynerus regulus* n. sp. — SAUSSURE, Étud. fam. Vespid. III, Masar. & suppl., 1856, S. 247, n. 121, ♀ ♂; T. 11 Fig. 5. Loc. typ.: Algérie. Typus: M. P. (coll. SICHEL).

Diese mediterrane Art ist im Umfang und in der Farbe der Zeichnung nicht nur regional, sondern auch innerhalb der gleichen Population ungewöhnlich veränderlich. Bisher in 9 Fällen sind solche Variationen als eigene Arten beschrieben worden. Die Frage, was hiervon als Unterart und was als bloße Phase einer sehr weiten Variationsbreite zu betrachten ist, ist noch nicht spruchreif.

Eine Form mit ± spärlicher und nicht gelber, sondern weißer Zeichnung hat SAUSSURE unter dem Namen *Odynerus Gallicus* als Art beschrieben (1856, S. 273, n. 154, ♀; loc. typ.: Aix-en-Provence). Von dieser Färbung lagen mir 1 ♂ von Budapest (coll. L. MADER) und 2 ♂♂ von Parkán (Slowakei) (M. Pr. und coll. ŠNOFLÁK) vor.

Von der gelb gezeichneten Form befindet sich 1 ♂ von Pouzdřany (Südmähren) in M. Pr.

Über die Lebensweise hat FERTON 1914 S. 110 berichtet.

Bestimmungsschlüssel
für die Arten der Gattungen *Leptochilus* SAUSS. und *Microdynerus* THOMS.

1. ♀ ♂: Endsaum des 2. Tergits und des 2. Sternits durch grobe, längliche Punktgruben gegittert; zwischen diesen in der Farbe der Endbinde undurchsichtig pigmentiert. Scheibe der Tergite 3 ff. dicht und sehr deutlich punktiert. (Im übrigen siehe hierzu S. 100).
♀: Gesicht länglich, Kopfschild sehr dicht kräftig punktiert und furchenstreifig. 6—7 mm.
♂: Untere Hälfte der Stirn und die Augenausbuchtungen mit dichter, angedrückter, blaßgoldener Beborstung; Fühlerhaken kräftig, distal gebogen, bis zur Mitte des (auf der Endhälfte zur Aufnahme des Hakenendes ausgehöhlten) 9. Geißelgliedes reichend. 5,5—7 mm. 2.

♀ ♂: Endsaum des 2. Tergits und des 2. Sternits nicht oder nur ganz an der Basis und sehr zart punktiert, im übrigen nur mit winziger Feinskulptur; oder, wenn er eine dichte Reihe länglicher Punktgruben trägt, sind die Zwischenräume zwischen diesen ebenso durchscheinend gelblich wie der Saum im übrigen.
♂: Untere Gesichtshälfte, wenn überhaupt, dann silberweiß beborstet; Fühlerhaken anders. 3.

2. Zeichnung gelb. *Leptochilus* (*Neoleptochilus*) *regulus* (SAUSS.) ssp. oder var.
Zeichnung elfenbeinweiß, auf Kopf und Thorax nur schwach gelblich getönt. *Leptochilus* (*Neoleptochilus*) *regulus* (SAUSS.) forma (ssp. oder var.) *gallicus* (SAUSS.).

3. Der Endsaum des 2. Tergits ist dicht mit länglichen Punktgruben besetzt, deren Ende beim ♀ fast das Saumende erreicht, beim ♂ von diesem etwas entfernter bleibt; ihre Zwischenräume durchscheinend gelblich wie der Saum im übrigen. 3. Tergit distal mit reichlicher, deutlicher Punktierung. Pronotum mit geradlinigen, von den Flügelschuppen nach vorn nur ganz gering konvergierenden Seiten, sein Vorderrand scharfkantig und zugleich (beim ♂ stärker als beim ♀) etwas aufgebogen, mitten etwas eingesenkt; diese Kante ist, von vorn gesehen, gleichmäßig flach gebogen und bildet mit den Seitenkonturen des Pronotums scharfe Winkel von etwas weniger als 90°.

Körperform gedrungen; Gesicht etwas breiter als lang, rundlich; Hinterschildchen (von oben gesehen) halbmondförmig, hinten mit aufgebogener scharfer Kante; Tergit 1 halbkreisförmig, mit etwas wulstigem Endsaum; Endsaum des 2. Tergits breit, tief eingedrückt und von der Scheibe scharf abgesetzt. Körperpunktierung ± grob und dicht. Behaarung von Kopf und Thorax dicht und kurz borstig, blaß bräunlich.

♀: Die weiße oder (auf Kopf und Thorax) blaß gelbliche Zeichnung beschränkt sich am Kopf auf einen ± entwickelten Fleck der Kopfschildbasis, am Thorax auf 2 Flecke des Pronotums (beiderseits der Mesonotumspitze), einen ± großen Querfleck auf dem Schildchen und sehr breite Randbinden der Flügelschuppen, am Hinterleib auf schmale Endbinden des 1. und 2. Tergits und Seitenflecke des 2. Sternits. Beine rostgelb bis rostrot, Schenkel an der Basis schwarz. Gesicht = 66:73; Kopfschild = 25:32; Ausschnitt = 6:9:2 bis 3.

♂: Außer der Zeichnung wie beim ♀ sind weiß der Kopfschild und die Unter- und Vorderseite der Fühlerschäfte; Endglieder der Fühlergeißel gebräunt; die Zeichnung des Schildchens fehlt häufig, Schenkelenden und Schienen gelb, mit oder ohne rostgelbe Zeichnung, Tarsen I und II rostgelb, III gelblich-braun. Sinus und Kopfschild mit dichter silberweißer Pubeszenz. Gesicht = 60:65; Kopfschild 25:27; Ausschnitt = 5:7,5:3.

2. *Leptochilus* (*Lionotulus*) *m. membranaceus* (F. Mor.)

Endsaum des 2. Tergits ohne längliche Punktgruben, nicht oder nur hart an seiner Basis und schwach und undeutlich punktiert. Tergit 3 nicht punktiert. Pronotumstruktur anders. Körperform ± gestreckt. 4.

4. ♀♀ 5

♂♂: Kopfschild hellgelb oder weiß; Zeichnung (wenn nichts anderes gesagt ist) wie beim ♀. 10.

5. Nicht nur die 2 vordersten Tergite haben weiße Zeichnung (eine schmale Binde des 1., eine etwas breitere des 2.) sondern auch das 4. oder 4. und 5., ausnahmsweise auch das 3. Tergit (seitlich abgekürzte oder zu Mittelflecken geschrumpfte Endbinden); Endsaum des 2. Tergits kräftig eingedrückt, durchscheinend gelblich; Sternit 2 mit kleinen Seitenflecken; Pronotum mit 2 rundlichen gelblichweißen Flecken, die fehlen können; Kopfschild manchmal mit 2 kleinen gelblichen Basalflecken; Flügelschuppen mit breiter, weißer Randbinde; Schenkelenden, Schienen und Tarsen licht rostrot, Tarsen III ± gebräunt. Gesicht rund. 6—7 mm.

2. *Leptochilus* (*Lionotulus*) *tarsatus* (Sauss.)

Tergite 3 ff. niemals weiß gezeichnet. Gesicht länglich (länger als breit). 6.

6. Tergit 1 auf fettig glänzendem, oberflächlich chagriniertem und undeutlich (winzig und oberflächlich) punktuliertem Grunde spärlich und unscharf (schwach und flach) punktiert; Tergit 2 kaum matter, auf schwacher Feinskulptur mit sehr zerstreuter, schwacher, ganz oberflächlicher, nur längs des Seitenrandes mehr entwickelter und dichterer (zerstreuter) Punktierung; Tergit 1 auf dem leicht konkaven Enddrittel mitten mit einer feinen linearen Längsfurche, sein Ende nicht wulstig, sondern mitten sehr gering, seitlich etwas deutlicher, gehoben; Endsaum des 2. Tergits mäßig breit (so breit wie die verschmälerte Mitte der Endbinde), schwach eingedrückt. Gesicht nicht viel länger als breit (92:88), oval; Kopfschildausschnitt $^3/_4$ so breit wie der Abstand der Fühlerschaftsockel (9:12), konkav (2,75), von kurzen, spitzwinkligen Zähnen begrenzt; Fühlergeißel ziemlich schlank, ihr 2. Glied so lang wie das 1. (12:12), um etwa $^1/_3$ länger als distal dick (12:9,5), ihr 3. Glied etwas kürzer als dick (8,5:11). Körperform merklich weniger gestreckt als bei *Microd. exilis*; Pronotumecken kurz, aber scharf spitzwinklig; Hinterschildchen mit entwickelter Oberseite und in diese in abgerundetem Winkel übergehender ziemlich steiler, flach gewölbter Rückseite; Seitenfelder des Mittelsegments hinten rundlich winklig von der Konkavität der Rückwand abgesetzt, ziemlich glänzend, fein chagriniert, dicht mikroskopisch punktuliert und zerstreut

ziemlich schwach punktiert, die Konkavität fettig glänzend, auf oberflächlich chagriniertem Grunde ganz undeutlich zart quergestreift und zerstreut winzig punktiert.

Oberkiefer distal braunrot; Fühlergeißel unten nicht aufgehellt; Pronotum beiderseits des Mesonotumvorderendes mit elfenbeinweißem Querfleck wechselnder Größe, der ausnahmsweise fehlen kann; Flügelschuppen mit breiter, weißer Randbinde; Binden des 1. und 2. Tergits und eine doppelt gebuchtete, manchmal mitten unterbrochene Endbinde des 2. Sternits weiß; Endsaum des 2. Tergits weißlich hornfarbig; Beine braunschwarz, Kniee schmal rötlich, Schenkel I außen distal gelblichweiß gefleckt, Schienen an der Basis ± ausgedehnt blaßgelb gezeichnet, I außerdem innen und am Ende vorn rostgelb, Tarsen I dunkelrostgelb, II und III rötlichbraun. 6,5—7,5 mm.

4. *Microdynerus nugdunensis* (Sauss.)

Tergit 1 mit deutlicher, ± dichter, kräftiger bis grober, grübchenförmiger Punktierung, distal ohne lineare Längsfurche, sondern vor dem ± wulstigen Ende mitten mit einem rundlichen oder ovalen Grübchen oder auch querüber schwach bis kräftig eingedrückt; Punktierung des 2. Tergits ± deutlich entwickelt, ± kräftig, wenn auch oberflächlich, auch an der Basis mitten so. 7.

7. Schenkelenden (ausgedehnt), Schienen und Tarsen rostrot, Tarsen III teilweise gebräunt; Endsaum des 2. Tergits dunkelbraun, breit (mitten breiter als die Endbinde des Tergits), kräftig eingedrückt, an seiner Basis mit einer Linie zarter Pünktchen; Gesicht eiförmig, die winklige Kopfschildausrandung winzig (5,25:9:0,75); Fühlergeißel schlank, ihr 2. Glied merklich länger als das Wendeglied, um ½ länger als distal dick, 3. Glied etwas länger als dick; Pronotummitte ungewöhnlich lang (von oben gesehen so lang wie das Hinterschildchen); das Ende der Seitenfelder des Mittelsegments ist von der schüsselförmig konkaven Rückwand stumpfkantig abgesetzt; Tergit 1 vor dem flachen Endwulst querüber flach eingedrückt. Kopfschild schwach glänzend bis seidig matt, chagriniert, mikroskopisch flach punktuliert und ebenso zart längsnadelrissig, zerstreut schwach punktiert; Punktierung auf Pro- und Mesonotum kräftig, sehr dicht, auf dem Schildchen noch dichter, aber etwas schwächer, auf den Seitenfeldern des Mittelsegments sehr dicht, ziemlich kräftig, auf dem 1. Tergit dicht, kräftig und grübchenartig, auf dem 2. Tergit ziemlich zerstreut und flach.

Die elfenbeinweiße Zeichnung ist beschränkt auf 2 ± ansehnliche Querflecke auf dem Pronotum vorn (fast in den Seitenecken), die Flügelschuppen (mit linearem bräunlichem Saum und einem runden bräunlichen Fleck an der Innenkante mitten) und schmale Endbinden des 1. und 2. Tergits (Sternit 2 total schwarz); Unterseite des Fühlergeißel distal ± deutlich gelbbraun. 7 mm.

1. *Leptochilus* (*Lionotulus*) *a. alpestris* (Sauss.).

Schenkel, Schienen und Tarsen größtenteils braunschwarz, Schenkelspitzen und Basis der Schienen II und III in geringer Ausdehnung rostgelb; Endsaum des 2. Tergits durchscheinend weißlich oder blaß gelblich, schmal (merklich schmaler als die Endbinde), wenigstens mitten nur seicht eingedrückt, ohne Pünktchenreihe an seiner Basis; Gesicht oval oder rundlich rechteckig (nach unten nicht stärker als nach oben verschmälert); Fühlergeißel ± keulenförmig; Pronotum mitten ± kurz. 8.

8. Kopfschild poliert, emailartig stark glänzend, mit unregelmäßigen, oberflächlichen Längsfältchen, spärlich schwach punktiert (auch auf der nur schwach gewölbten, abgeflachten Basalhälfte), im Profil völlig kahl; der Stirnkiel hat im Profil dieselbe Höhe wie Stirn und Kopfschildbasis; Punktzwischenräume auf der Stirn (einschließlich Sinus) poliert, auf der Stirnmitte spärlich, im Sinus dichter, sehr fein punktiert; Vorderseite des Fühlerschaftes poliert, glänzend, ziemlich dicht fein punktuliert.

Gesicht = 62:58; POL = 9:8:10; Kopfschildausrandung merklich schmaler als der Abstand der Fühlergruben, flach (6,5:9:1,5); Fühlergeißel kurz, stark keulenförmig, ihr 2. Glied merklich kürzer als das 1. (5:7), das 3. kürzer als das 2., viel breiter als lang

(8:4,5). Mesonotum viel länger als breit (55:42); Seitenfelder des Mittelsegments auf chagriniertem, sehr dicht punktuliertem, glanzlosem Grunde mit grober, unmittelbar hinter dem Hinterschildchen sehr dichter, seitlich und hinten zerstreuter Punktierung. Tergit 1 = 36:50, mit schwach wulstigem Ende, mitten davor mit ovalem Grübchen, das die Endbinde mitten auskerbt, Endsaum von 2 merklich schmaler als die Endbinde, blaß gelblich. Tergite seidig matt, auf chagriniertem Grunde sehr dicht deutlich punktuliert, das 1. mit dichter, ± grober, grübchenartiger, das 2. vorn mit zerstreuterer, kräftiger, aberflacher, distal mit spärlicher, schwacher und oberflächlicher Punktierung.

Pronotum vorn mit 2 hellgelben Querflecken; Flügelschuppen vorn weiß gefleckt; Tergite 1 und 2 mit weißer Endbinde, die des 2. doppelt bis 1 ⅓ so breit wie der eingedrückte Endsaum, Sternit 2 mit dreieckigen Seitenflecken, die gelegentlich durch eine unterbrochene lineare Binde verbunden sind. 6—7,5 mm.

1. *Microdynerus exilis* (H.-Sch.).

Kopfschild seidig matt bis glanzlos, chagriniert, mit dicht fein oder sehr fein punktierter Basis, gleichmäßig ± kräftig gewölbt, Endhälfte ohne Längsfältchen; Kopfschild im Profil reichlich kurz beborstet; Vorderseite des Fühlerschafts dicht chagriniert und ± dicht winzig punktiert, matt bis glanzlos.
Behaarung der Thoraxoberseite dicht, mikroskopisch kurz, bräunlich, die blassere der Stirn wenig länger. 9.

9. 5 – 6 mm. Mittelsegment im Profil hinter dem Hinterschildchen um mehr als dessen Länge horizontal verlängert, erst dann schräg abfallend; Seitenfelder hinten schroff abgestutzt, so daß die mit ihrer Mitte oben fast an das Hinterschildchen stoßende Konkavität der Rückwand oben seitlich kantig begrenzt erscheint; Fläche der Seitenfelder glanzlos, auf rauher Chagrinierung dicht grob und tief punktiert; Konkavität der Rückwand sehr gering und seidig glänzend, chagriniert und sehr dicht winzig quergestrichelt. Gesicht verhältnismäßig kurz (51:47), Kopfschildausrandung etwa ²/₃ so breit wie der Abstand der Fühlerschaftsockel, flach stumpfwinklig (5:8:1); Fühlergeißel mäßig dick, Glied 2 so lang wie das 1., deutlich länger als distal dick (6:5), 3 knapp so lang wie dick (4,5:5). Querkante des Pronotums zwar (außer mitten) scharf, aber nicht leistenartig hochgezogen, Schulterecken wenig spitzer als 90°. Körperform weniger gestreckt als bei *exilis*: Mesonotum = 38:34, Tergit 1 = 23:29, vor dem Ende nur sehr wenig eingedrückt, mitten mit deutlichem Grübchen; 2 matt, chagriniert, sehr dicht punktuliert, vorn mit zerstreuter, kräftiger, aber undeutlicher Punktierung, die auch seitlich wenig mehr ausgeprägt und distal noch oberflächlicher ist.

Oberkiefer größtenteils rostrot; Unterseite der Fühlergeißel endwärts oder ausgedehnter heller oder dunkler rotbraun; Pronotum beiderseits des Mesonotumvorderendes mit einem rundlichen oder dreieckigen gelblich-weißen Fleck wechselnder Größe; Flügelschuppen mit vollständiger oder unterbrochener weißer Randbinde; Endbinden des 1. und 2. Tergits weiß, die des 2. ziemlich schmal, mitten verschmälert und nicht selten mitten schmal unterbrochen, Endsaum des 2. Tergits horngelblich; Sternit 2 mit weißen Seitenflecken, die durch eine schmale Binde verbunden sein können; Tergit 1 in der Regel seitlich ± ausgedehnt (manchmal nur auf dem nach der Bauchseite umgeschlagenen Teil) fleischrot gefärbt, seltener auch das 2. Tergit seitlich so[1]), nicht selten fehlt aber diese Rötung des 1. Tergits (var. *Russkyi* Dsm. [*nigra* Blüthg.]); Sternit 1 ± gerötet oder schwarz; Beinfärbung ungefähr wie bei *nugdunensis*.

3. *Microdynerus timidus* (Sauss.).

6,5—7,5 mm. Mittelsegment im Profil unmittelbar vom Hinterschildchen in flacher Biegung schräg abfallend; Seitenfelder am Übergang zur Konkavität der Rückwand

---

[1]) Nach Ed. André 1884, S. 731, sollen gelegentlich Individuen mit roter Grundpigmentierung sämtlicher Tergite vorkommen. In Deutschland wohl kaum.

nicht kantig, ihre Fläche auf schwach chagriniertem, ziemlich glänzendem Grunde vorn spärlich und schwach, hinten dichter und stärker punktiert; Konkavität der Rückwand ziemlich glänzend, besonders im oberen Teil, sehr oberflächlich punktuliert und spärlich schwach punktiert, unten auch unscharf quergestrichelt; Seitenwände des Mittelsegments glanzlos, chagriniert, äußerst fein und dicht schräg nadelrissig, ganz oben auch zerstreut punktiert. Gesicht lang (91:78), Kopfschildausrandung wenig schmaler als der Abstand der Fühlersockel und ziemlich tief (9:10:2,5); Fühlergeißel kräftig keulenförmig, Glied 2 etwas länger als das 1. (8:7,5), etwas länger als distal dick (8:7), 3 merklich kürzer als dick (6:8). Pronotumkante schmal leistenförmig hochgezogen; Schulterecken kräftig entwickelt, spitz, schräg nach vorn gerichtet und etwas aufgebogen. Körperform sehr gestreckt: Mesonotum = 76:60; Tergit 1 = 43:70, vor dem wulstigen Ende breit und kräftig quer eingedrückt, hier mitten mit einem ovalen Grübchen; Endsaum des 2. Tergits etwa $^3/_4$ so breit wie die Endbinde.

Oberkiefer schwarz mit roter Spitze, Fühlergeißel unten nicht aufgehellt; Pronotum nicht gefleckt; ein Fleck vorn auf den dunkelbraunen Flügelschuppen, der Endwulst des 1. Tergits, eine schmale Endbinde des 2. Tergits, die mitten unterbrochen sein kann, und Seitenflecke oder eine mitten breit unterbrochene Endbinde des 2. Sternits blaßgelb; Endsaum des 2. Tergits gelblich; Schienen I innen rostgelb; vorn und außen schwefelgelb, am Hinterrand und außen am Ende braun gestreift, an den Beinen II und III sind die Kniee und Schienenbasis rostgelb (letztere an II etwas gelblicher); Tarsen I bräunlich rostgelb, II und III dunkelbraun, Basis des Basitarsus III öfters lichter.

2. *Microdynerus longicollis* (F. Mor.).

10. Basitarsus III dick, im Profil elliptisch. Tergite 4 und 5 oder auch 3 weiß gefleckt. 6—7 mm. 2. *Leptochilus* (*Lionotulus*) *tarsatus* (Sauss.).

Basitarsus III dünn, schmal parallelseitig. Tergite 3 ff. niemals gefleckt. 11.

11. Fühlerschäfte total schwarz; Tergit 1 häufig teilweise fleischrot gefärbt. Bau des Mittelsegments und Skulptur wie beim ♀. Fühlerhaken dick, krallenförmig gebogen und zugespitzt, bis zur Basis des 10. Geißelgliedes reichend. 4,5—6 mm.

3. *Microdynerus timidus* (Sauss.).

Fühlerschäfte auf der Unter- und einem Teil der Vorderseite weiß oder gelb. Grundfarbe von Tergit 1 stets schwarz. 12.

12. Schienen und Basitarsen hellgelb, erstere höchstens teilweise schwach rostgelb getönt, aber ohne dunkle Zeichnung. Schenkel I und II außen am Ende gelblichweiß gefleckt. 13.

Schienen I und II innen braun gestreift, III ausgedehnt braun. 14.

13. Oberkiefer größtenteils gelblichweiß; Hüften vorn ± ausgedehnt weißlichgelb; Sternit 2 mit ziemlicher breiter, doppelt gebuchteter Binde. Ausschnitt des Kopfschildes breiter als der Abstand der Fühlergruben und tief (9,5:9:5) halbelliptisch bis rundlich viereckig. Tergit 1 spärlich schwach und ganz oberflächlich punktiert, fettig glänzend, distal flach konkav, ohne Endwulst, vor dem Ende mitten mit einer kurzen, seichten Längsrinne; Tergit 2 ganz obsolet punktuliert, glänzend, sehr spärlich sehr fein und seicht punktiert, sein schwach eingedrückter Endsaum viel schmaler als die Endbinde, gelblich durchscheinend. Punktierung von Kopf und Thorax mäßig dicht. 6—7,5 mm.

4. *Microdynerus nugdunensis* (Sauss.).

Oberkiefer schwarz; Hüften nicht hell gezeichnet; Sternit 2 mit schmaler, beiderseits unterbrochener Binde; Geißel unterseits und am Ende ± deutlich gelbbraun. Ausschnitt des Kopfschildes winzig, viel schmaler als der Abstand der Fühlergruben, seicht winklig. Tergit 1 sehr kräftig grübchenartig punktiert, matt, mit wulstigem Ende, vor diesem schwach quer vertieft, ohne Längsrinne; Tergit 2 sehr deutlich dicht punktuliert und ziemlich dicht mäßig fein punktiert, sein kräftig eingedrückter

Endsaum so breit wie die Endbinde, dunkelbraun. Punktierung von Kopf und Thorax sehr dicht. 6—6,5 mm. 1. *Leptochilus* (*Lionotulus*) *a. alpestris* (SAUSS.).

14. Pronotum mit 2 weißen Flecken; Oberkiefer auf der Vorderseite in geringer Ausdehnung weiß gefleckt; Geißelglieder 5—11 unterseits mit großem runden, bleich lehmgelben Fleck; Hüften nicht hell gezeichnet. Kopfschild mit schwach gewölbter Basalhälfte, auf glänzendem Grunde mitten ± zerstreut und ziemlich kräftig punktiert, sein Ausschnitt so breit wie der Abstand der Fühlergruben, rundlich stumpfwinklig (9:9:3). Pronotumkante nur seitlich und nur sehr wenig hochgezogen, die scharfspitzigen Schulterecken mäßig ausgezogen. Seitenfelder des Mittelsegments glanzlos, dicht kräftig punktiert. Tergit 1 mitten vor dem Ende mit ± deutlichem Grübchen. Fühlerhaken derb, mit krallenförmig gebogenem Ende, bis zur Basis des 10. Geißelgliedes reichend. 5,5—6,5 mm. 1. *Microdynerus exilis* (H.-SCH.).

Pronotum bei normalen Stücken nicht gefleckt; Vorderseite der Oberkiefer ausgedehnt gelblichweiß; Geißelglieder 4—11 unten licht rötlichbraun; Hüften II und I vorn hellgelb gefleckt. Kopfschild mit kräftig rund gewölbter Basalhälfte, auf schwach glänzendem Grunde ziemlich dicht fein punktiert, sein Ausschnitt etwas breiter als der Abstand der Fühlergruben, halbelliptisch (8,5:8:4,75). Pronotumkante auch mitten sehr deutlich schmal leistenartig hochgezogen, die Schulterecken noch spitzer und länger. Seitenfelder des Mittelsegments mit ziemlichem, fettigem Glanz, zerstreut kräftig punktiert. Tergit 1 vor der Endwulst quer flach eingedrückt, manchmal daselbst mitten mit undeutlichen Grübchen. Fühlerhaken ziemlich dünn, im ganzen schwach gebogen, kaum über die Mitte des 10. Geißelgliedes hinausreichend. 6,5 bis 7,5 mm. 2. *Microdynerus longicollis* F. MOR.

13. Gattung *Nannodynerus* BLÜTHG. 1938

Generotypus: *Odynerus* (*Lionotus*) *teutonicus* BLÜTHG. 1937
(BLÜTHGEN 1938 b S. 281)

Von den 15 europäischen Arten dieser Gattung kommen in Mitteleuropa 9[1]) vor. Über ihre Lebensweise, die im wesentlichen derjenigen der *Allodynerus*-Arten zugleichen scheint, ist bisher wenig bekannt geworden; was man davon weiß, wird bei den einzelnen Arten mitgeteilt.

Bestimmungsschlüssel

1. Tergit 1 auf Basis und Wölbung nicht oder nicht viel stärker als das Mesonotum und nur mäßig dicht bis zerstreut punktiert. Pronotumecken nicht dornspitzig (rechtwinklig oder stumpfwinklig, selten spitzer), Rückwand des Mittelsegments meist nicht scharfkantig gerandet.

Zeichnung elfenbeinweiß, auf Kopf und Thorax bei einigen Arten ± intensiv gelb getönt; Flügelschuppen elfenbeinweiß bis gelb (mit rostbraunem Mittelfleck und linearem Saum) oder rot, nur ausnahmsweise braunschwarz mit nur ganz schmaler gelblicher Randbinde oder ohne solche; Beine beim ♀, soweit nicht schwarz, rot, orange oder ockergelb. (*dentisquama*-Gruppe).[2]) 2.

---

[1]) Hierzu kommt als 10. Art *Nannodynerus hungaricus* n. sp. ♂ (*Odynerus germanicus* SAUSS. ♂ bei L. MÓSZÁR 1937) aus Ungarn, dessen Beschreibung in einer ungarischen Zeitschrift im Druck ist.

[2]) Gemeinsame Zeichnungselemente dieser Gruppe: Wenn nichts anderes gesagt ist, sind gelb (in verschiedener Tönung) Stirnfleck, 2 Schläfenflecke, die Unterseite des Fühlerschaftes (zu ½ bis ¾ der Höhe), 2 ± entwickelte Flecken oder 1 unterbrochene Binde auf dem Pronotum, beim ♂ ferner der Kopfschild (ganz oder größtenteils), die Oberlippe u. die Vorderseite der Oberkiefer; gelblich-weiß bis elfenbeinweiß sind eine vollständige oder in Flecken aufgelöste Binde des Hinterschildchens und Endbinden des 1. und 2. Tergits und des 2. Sternits.

Tergit 1 auf Basis und Wölbung mit sehr dichter, ganz grober und tiefer Punktierung, die bis über doppelt so stark wie die des Mesonotums ist und deren gehobene Zwischenräume auf der Wölbung ein unregelmäßig polygonales Netzwerk bilden. Pronotumecken ± dornspitzig; Seitenfelder des Mittelsegments im Profil hinter dem Hinterschildchen um dessen Länge nach hinten gezogen; Rückwand des Mittelsegments in der oberen Hälfte seitlich scharfkantig begrenzt; Mesopleuren mäßig dicht bis ziemlich zerstreut kräftig punktiert, die glänzenden Zwischenräume undeutlich punktuliert.

Zeichnung überall zitronengelb; Flügelschuppen braunschwarz, mit oder ohne satt gelbe Randbinde oder solchen Fleck; Beine beim ♀, soweit nicht schwarz, zitronengelb. (*xanthomelas*-Gruppe). 17.

2. ♀♀ 3.

♂♂ 9.

3. Flügelschuppen elfenbeinweiß oder blaßgelb, ein runder Mittelfleck und ein linearer Randsaum durchscheinend rostgelblich oder bräunlich; ausnahmsweise kommen Individuen vor, bei denen sie größtenteils oder ganz braunschwarz sind. 4.

Flügelschuppen rot, mit oder ohne schwarzen Fleck am Innenrande. Oder ihre Färbung sieht so aus, als wenn elfenbeinweißes oder hellgelbes Pigment von einer durchsichtigen orangeroten Schicht überlagert sei. 6.

4. Mesopleuren mit mäßig kräftiger, tiefer, sehr unregelmäßig verteilter, im ganzen zerstreuter Punktierung, deren Zwischenräume auf dem oberen Abschnitt überwiegend viel größer als die Punkte (kleiner bis über doppelt so groß wie diese), auf dem unteren Abschnitt noch weitläufiger sind und infolge von Feinskulptur nur schwach und seidig glänzen.

Gesicht wenig breiter als lang (85:83,5), nach unten unmerklich verschmälert (nicht rund wie bei *dentisquama*), Scheitel schwach gewölbt, POL:OOL = 9,75:15; Kopfschild merklich breiter als lang (40:34,5), distal mitten kräftig vorgezogen, Ausschnitt etwas breiter als der Abstand der Fühlergruben (12,5:11), flach rundlich stumpfwinklig, die abgerundeten Seitenecken mit feinem, vertikalem Kiel, die Fläche des Kopfschilds zerstreut, unten dichter, ziemlich schwach punktiert, mäßig dicht punktuliert, distal fein runzelstreifig, mäßig glänzend.

Körperform noch etwas gestreckter als bei *dentisquama*; Mittelsegment sehr wenig verlängert, seine Rückwand fällt vom Hinterschildchen (von oben gesehen) fast unmittelbar steil ab; Hinterleib schmal, Tergit 1 viel länger als ½ seiner Breite (46:70), 2 merklich länger als breit (84:81), nicht viel breiter als 1, mit schwach gebogenen Seitenlinien, Punktierung und Punktulierung des 1. und 2. Tergits sehr viel zerstreuter und viel schwächer und flacher als bei *dentisquama*, diese Tergite deshalb viel glänzender als bei jenem, mit fettigem Schein.

Stirn im Profil flacher als bei *dentisquama*, ihre bürstenartig dichte und straffe, bräunliche Behaarung und die des Mesonotums und Schildchens ungefähr doppelt so lang wie bei *dentisquama*.

Pronotumflecke groß, aber nicht bis in die Schulterecken reichend, hinten rundlich stumpfwinklig begrenzt; Mesopleuren häufig mit gelbem Fleck; Tergitbinden erheblich breiter als bei *dentisquama*, die des 2. Tergits mitten nicht verschmälert, vorn mitten etwas eingekerbt und beiderseits davon schwach geschweift. Beinfärbung (soweit nicht schwarz) rötlich-ockergelb, Tarsen nicht gebräunt. 8 mm. 6. *Nannodynerus laticinctus* (SCHULTH.)

Punktierung überall viel dichter, insbesondere auf den Mesopleuren (hier die Zwischenräume mindestens überwiegend kleiner als die Punkte). Scheitel rund gewölbt; Kopfschildausschnitt nicht breiter als der Abstand der Fühlergruben. Tergit 2 nicht länger als breit. Behaarung der Stirn sehr kurz, die der Thoraxoberseite winzig. Pronotumflecke kleiner, gelegentlich fehlend. 5.

5a. Schenkel II und III nur am äußersten Ende rostrot oder total schwarz.

Körperform schlank: Thorax gestreckt, um etwa die Hälfte länger als

5b. Schenkel II und II am Ende ± ausgedehnt orange (selten mehr als ihre Basalhälfte, oft nur das Basaldrittel schwarz).

Körperform viel gedrungener: Thorax weniger verlängert (116:90); Mittelseg-

breit (119:80); Mittelsegment im Profil hinter dem Hinterschildchen fast um dessen Länge nach hinten gezogen, so daß die Rückwand (von oben gesehen) mitten nicht unmittelbar vom Hinterschildchen abfällt; auch der Hinterleib schmaler (Tergit 1 = 48:71,5; 2 = 72:87).

Gesicht deutlich kürzer als breit (83,5:89), nach unten nicht verschmälert, rundlich; Stirnprofil flach gewölbt; Kopf (von oben) dicker, Schläfen mehr entwickelt und (von oben) etwas bauchig.

Punktierung auf Stirn und Scheitel in der Regel weitläufiger (die Zwischenräume auf der Stirn durchschnittlich punktgroß), auch auf Mesonotum, Schildchen und namentlich den Mesopleuren weniger dicht, auf dem oberen Abschnitt der letzteren die Zwischenräume teilweise größer als die Punkte.

Punktierung des 1. und 2. Tergits kräftiger, die Zwischenpunktierung etwas dichter und deutlicher, Sternit 2 mit stärkerer und etwas dichterer Punktierung und mehr entwickelter Feinskulptur, matter.

Pronotum mit 2 kleinen elfenbein- oder gelblichweißen, dem Vorderende des Mesonotums anliegenden Flecken, die zu Punkten schrumpfen oder (selten) ganz fehlen können; Mesopleuren nicht gefleckt; auf den Flügelschuppen kann die weiße Randbinde linienschmal sein, selten völlig fehlen; die Binde des Hinterschildchens kann in Flecken aufgelöst sein oder fehlen. Schenkel I oder auch II am Ende außen oft mit weißem Fleck, Schienen und Tarsen rostrot, Schienen I innen strohgelb gestreift, Tarsen II und III oben geschwärzt.

7—8 mm.

1. *Nannodynerus dentisquama* (Thoms.)

ment im Profil nicht verlängert, so daß die Rückwand (von oben gesehen) mitten unmittelbar vom Hinterschildchen abfällt; der Hinterleib breiter (Tergit 1 = 50:80; 2 = 78:95).

Gesicht nur etwas kürzer als breit (91,5:93), nach unten ganz schwach verschmälert; Stirnprofil flacher; Kopf (von oben) dünner, Schläfen schmaler und abgeschrägt gerundet.

Punktierung auf Stirn und Scheitel viel dichter (auf der Stirn die Zwischenräume kleiner bis viel kleiner als die Punkte), auf Pro- und Mesonotum und Schildchen etwas dichter (die Zwischenräume kleiner als die Punkte, nur hier und da punktgroß), auf den Mesopleuren die Zwischenräume fast durchweg kleiner als die Punkte (nur auf dem unteren Abschnitt hinten zerstreut).

Punktierung des 1. und 2. Tergits und des 2. Sternits etwas schwächer, auf dem 2. Sternit auch etwas weitläufiger, die Feinskulptur zarter, Sternit 2 merklich glänzender.

Pronotumflecke meistens größer als bei *dentisquama* (aber kleiner als bei *laticinctus*), durchschnittlich stärker gelblich getönt; Mesopleuren manchmal weiß gefleckt; die Flügelschuppen neigen zu rötlicher Tönung (teilweise oder ganz). Schenkel I und II am Ende außen nicht weiß gefleckt, aber daselbst ± deutlich gelb getönt, Schienen und Tarsen orange, Tarsen II und III nicht oberseits geschwärzt.

7,5—9 mm.

5. *Nannodynerus teutonicus* (Blüthg.)

6. Schenkel II und III bis zum Ende schwarz, I häufig am Ende oben strohgelb gestreift, Schienen rostrot, I, in der Regel auch II, hinten mit braunschwarzen, I vorn mit stroh-

gelben Streifen. Pronotum und Mesopleuren stets ungefleckt; Flügelschuppen rostrot, am Innenrand schmal schwarz; Binde des Hinterschildchens mitten eingeschnürt oder unterbrochen; Binde des 2. Tergits seitlich nicht verbreitert; Oberkieferbasis außen gelb gefleckt.

Thorax noch etwas gestreckter als bei *dentisquama*; Mittelsegment im Profil hinter dem Hinterschildchen um dessen Länge nach hinten gezogen, dadurch die Rückwand tiefer ausgehöhlt und im oberen Teil seitlich scharfkantig gerandet. Tergit 1 etwas länger als bei *dentisquama* (49:72), am 2. Sternit sind die Längskiele der Basalfurche länger, und die Scheibe hat an der Basis mitten eine kräftige Längsfurche. Gesicht etwas länglicher als bei *dentisquama*, mit höher gewölbtem Scheitel, Schläfen (von oben) weniger bauchig; Scheitelgrube etwas breiter als das Nebenaugenfeld, hinten stumpfwinklig scharf begrenzt, vorn flach auslaufend; Kopfschild merklich breiter als lang (40:33), Ausschnitt etwas schmaler als der Abstand der Fühlergruben (10,5: 11,5), flach rundlich stumpfwinklig, mit kurz gekielten Seitenecken, zwischen diesen konkav eingedrückt, die Fläche seidig matt, dicht deutlich punktuliert und zerstreut schwach punktiert, stellenweise obsolet längs- nadelrissig, das konkave Ende glatt und poliert.

Im Vergleich zu *dentisquama* ist die Punktierung von Stirn, Scheitel und Thoraxoberseite ungefähr ebenso, auf den Mesopleuren aber viel zerstreuter; auf dem 1. Tergit merklich weitläufiger, die Punkte hinten offen, auf dem 2. Tergit mitten ausgedehnt viel oberflächlicher, auf dem 2. Sternit ungefähr ebenso wie bei *dentisquama*.

Die blaß bräunlich-graue Behaarung von Stirn, Scheitel und Thoraxoberseite ist etwas dichter, aber kaum länger als bei *dentisquama*. 8 mm.

2. *Nannodynerus picticrus* (Thoms.)

Schenkel II und III am Ende ± ausgedehnt rot; Schienen nicht hinten schwarz gestreift. 7.

7. Mesopleuren (außer auf dem unteren Abschnitt hinten) sehr dicht punktiert, die Zwischenräume weit überwiegend kleiner als die Punkte. Körperform gedrungen, Mittelsegment nicht verlängert. Flügelschuppen weiß mit einer durchsichtigen orangeroten Auflage. Im übrigen vgl. Ziff. 5b. 5. *Nannodynerus teutonicus* (Blüthg.) var.

Mesopleuren größtenteils mit deutlich entwickelten Punktzwischenräumen. 8.

8a. Kleinere, grazile Art von 7,5—8 mm.

Gestalt gestreckt (wie bei *dentisquama*); Mittelsegment im Profil ganz wenig verlängert, vom Hinterschildchen zunächst wenig schräg, dann steiler abfallend, so daß die Kontur der Rückwand oben einen abgerundeten stumpfen Winkel bildet.

Gesicht merklich kürzer als breit (82:87), rund, Schläfen kaum schmaler als der obere Augenlappen (21:22); Scheitelgrube nur so groß wie ein Nebenauge, rund; POL:OOL = 11:16; Stirn oben gewölbt, unter dem vorderen Nebenauge eine oberflächliche Längsfurche angedeutet; Kopfschildausschnit = 10:11:2,75, in der Regel ⅓ bis ½

8b. Größere, robuste Art von 10 mm.

Gestalt gedrungen; Rückwand des Mittelsegments vom Hinterschildchen unmittelbar abfallend.

Gesicht wenig kürzer als breit (71: 74,5), nach unten etwas verschmälert, Schläfen deutlich schmaler als der obere Augenlappen (14,5:18); Scheitelgrube ungefähr so breit wie das Nebenaugenfeld, hinten stumpfwinklig begrenzt; POL:OOL = 10:12; Stirn oben flacher, ohne Spur einer Längsfurche; Kopfschildausschnitt = 10,5:12,5:1, sehr kreisförmig, ausnahmsweise rundlich stumpfwinklig, die Seitenecken ± gekielt.

Schienen III außen nicht gedörnelt.

Behaarung von Kopf und Thorax so kurz wie bei *dentisquama*.

Stirn überall mit grober, tiefer, gleichmäßiger Punktierung, deren schmale Zwischenräume undeutlich, weitläufig und mikroskopisch punktuliert sind und glänzen.

Kopfschild glänzender, seine Skulptur ähnlich.

Punktulierung des Mesonotums viel zarter und weitläufiger.

Punktierung des unteren Abschnitts der Mesopleuren mit glänzenden, kaum skulptierten Zwischenräumen.

Tergit 1 merklich mehr als halb so lang wie breit (49:78), seine Punktierung mäßig dicht und im Verhältnis stärker; Tergit 2 etwas länger (74:88), seine Punktierung weitläufiger; Punktierung des 2. Sternits schon absolut viel kräftiger; die Punktulierung auf dem 2. Tergit und dem 2. Sternit merklich weniger ausgeprägt.

Pronotumflecke klein, rundlich; Mesopleuren häufig gefleckt. Tergitbinden merklich breiter als bei *dentisquama*, die 2. seitlich kräftig verbreitert (fast wie bei *laticinctus*), Sternit 2 mit vollständiger oder ± weit unterbrochener Binde.

Schenkel nur an der Basis (zu $\frac{1}{4}$ bis $^{1}/_{5}$, häufig noch weniger), selten bis zur Hälfte schwarz, Beine im übrigen orange.

7. *Nannodynerus orbitalis* (THOMS.)

flach rundlich stumpfwinklig, zwischen den gekielten Seitenecken konkav eingedrückt.

Schienen III außen zerstreut winzig, aber deutlich gedörnelt.

Behaarung von Kopf und Thorax verhältnismäßig deutlich länger als bei *dentisquama*, braun.

Stirn mit viel schwächerer, ungleichmäßiger Punktierung, deren matte Zwischenräume sehr deutlich, sehr dicht und tief punktuliert sind, so daß (namentlich unten mitten) die Punktierung mit der Punktulierung nur wenig kontrastiert.

Kopfschild obsolet nadelrissig, mäßig glänzend, zerstreut kräftig, oben etwas tiefer und dichter, punktiert und unregelmäßig längsgerunzelt.

Punktulierung des Mesonotums viel stärker entwickelt, sehr dicht und sehr deutlich.

Punktierung des unteren Abschnitts der Mesopleuren mit deutlich skulptierten, mattierten Zwischenräumen.

Tergit 1 wenig mehr als halb so lang wie breit (38:69), seine Punktierung merklich dichter und im Verhältnis etwas schwächer; Tergit 2 etwas breiter (56:76), seine Punktierung dichter; Punktierung des 2. Sternits viel schwächer; die Punktulierung auf dem 2. Tergit und dem 2. Sternit sehr entwickelt.

Pronotumflecke klein bis punktgroß; Mesopleuren in der Regel gefleckt. Tergitbinden schmal, seitlich wenig verbreitert, mitten oft nur linear; Sternit 2 mit dreieckigen Seitenflecken. Fühlerschaft unten ± rostrot; Geißel an der Basis ± deutlich gebräunt.

Schenkel II und III knapp zur Hälfte schwarz, Beine im übrigen satt rostgelb.

3. *Nannodynerus punctifrons* (THOMS).

9. Flügelschuppen zitronen-, hell- oder weißlichgelb, mit nicht pigmentiertem, durchsichtig gelblichem Mittelfleck und linearem solchen Saum, am Innenrand oft geschwärzt;

ausnahmsweise sind sie braunschwarz, mit oder ohne schmale gelbe Randbinde, aber nie gerötet. 10.

Flügelschuppen rot oder orange oder hellgelb mit durchsichtiger roter Überlagerung. 12.

10. Schenkel III und II in der Regel höchstens zu ½, häufig noch weniger, sehr selten etwas ausgedehnter schwarz, im übrigen rostrot, distal ± gelb getönt.

Körperform gedrungen: Thorax ziemlich kurz (Gesamtlänge zur Breite = 105:78), Seitenfelder des Mittelsegments im Profil kaum etwas nach hinten über das Hinterschildchen hinaus verlängert, Rückwand (von oben gesehen) mitten direkt vom letzteren abfallend. Punktierung der Thoraxoberseite und der Mesopleuren kräftig, tief und sehr dicht, auf den letzteren (den hinteren Teil des unteren Abschnitts ausgenommen) die Zwischenräume weit überwiegend kleiner als die Punkte.

Gesicht fast so lang wie breit (78:81), deutlich nach unten etwas verschmälert, Kopfschild so lang wie breit (33:33), Ausschnitt durchschnittlich so breit wie der Abstand der Fühlergruben, nach Tiefe und Form (⅓ bis ½ kreisförmig oder halbelliptisch) veränderlich; POL = OOL, Hinterkopf kurz, Schläfen im Profil merklich schmaler als der obere Augenlappen (15:20,5). Fühlergeißeln ziemlich kurz und gedrungen: Glied 2 = 16,5:8,25, 3 = 10:8,5.

Zeichnung von Kopf und Thorax hellgelb; Kopfschild an der Basis und längs den Seiten häufig ± schwarz gesäumt; Unterseite der Geißel braunschwarz, nur distal, seltener (hauptsächlich im Süden des Verbreitungsgebietes) ausgedehnter bis total gelbbraun; Pronotum mit ziemlich breiter, mitten unterbrochener, seitlich verschmälerter und bis (oder fast bis) in die Schulterecken reichender Binde.

Behaarung von Kopf und Thorax so kurz wie bei *dentisquama*.
7—8 mm. 5. *Nannodynerus teutonicus* (BLÜTHG.)

Schenkel III und II ausgedehnter schwarz, III nur an den Knien oder zu $^1/_5$, II höchstens im distalen ¼ hell. Fühlergeißel unten der ganzen Länge nach rötlich-gelbbraun. Körperform gestreckter, Mittelsegment deutlich verlängert. Punktierung der Thoraxoberseite weniger dicht, auf den Mesopleuren die Zwischenräume mehr entwickelt. 7 mm. 11.

11a. Zeichnung von Kopf und Thorax (insbes. die Flügelschuppen) zitronengelb; Pronotumflecke ± klein, rundlich, ausnahmsweise fehlend; Hüften II nie vorn gefleckt; Tergitbinden schmal; an den Schenkeln III nur die äußerste Spitze hell.	11b. Zeichnung von Kopf und Thorax (insbes. die Flügelschuppen) weißlichgelb; Pronotumflecke groß, bis (oder fast bis) in die Schulterecken reichend; Hüften II häufig vorn gefleckt; Tergitbinden ungefähr doppelt so breit wie bei *dentisquama*; Schenkelenden etwas ausgedehnter hell.
Behaarung der Stirn sehr kurz, der Thoraxoberseite winzig.	Behaarung der Stirn ungefähr doppelt, die der Thoraxoberseite etwa 1½ mal so lang wie bei *dentisquama*.
Gesicht rundlich (72:77), Scheitel schmaler und höher gewölbt, Schläfen deutlich schmaler als der obere Augenlappen (14:19); POL etwas breiter als OOL (12:11); Kopfschildausschnitt	Gesicht breiter (73:79), Scheitel breiter und nur flach gewölbt, Schläfen so breit wie der obere Augenlappen (17,5:18); POL etwas schmaler als OOL (11:13); Kopfschildausschnitt breiter

kaum so breit wie der Abstand der Fühlergruben (8:9:4,25), ungefähr halbelliptisch.

Mesonotum sehr dicht stark punktiert, glanzlos.

Punktierung der Mesopleuren stärker und tiefer, auf dem oberen Abschnitt sehr dicht (die Zwischenräume überwiegend kleiner als die Punkte), auf dem unteren Abschnitt dicht (Zwischenräume kleiner bis etwas größer als die Punkte), die Zwischenräume chagriniert, dicht punktuliert, matt.

Tergit 1 mit dichter, ziemlich grober, tiefer und rund eingestochener, Tergit 2 und Sternit 2 mit ziemlich dichter, kräftiger Punktierung; diese Tergite und Sternit 2 auf chagriniertem Grunde sehr dicht deutlich punktuliert und matt.

Mittelsegment oben hinter dem Hinterschildchen um dessen Länge horizontal nach hinten gezogen, dann aber steil abstürzend und deshalb im ganzen kürzer.

1. *Nannodynerus dentisquama* (THOMS.)

als der Abstand der Fühlergruben (11:9:3,5), rundlich rechtwinklig mit spitzwinkligen, divergierenden Seitenecken.

Mesonotum mit unregelmäßig zerstreuter und ziemlich schwacher Punktierung, fettig glänzend.

Punktierung der Mesopleuren etwas schwächer und flacher, auf dem oberen Abschnitt weitläufig (die Zwischenräume überwiegend viel größer als die Punkte), auf dem unteren Abschnitt ± zerstreut (Zwischenräume überwiegend größer als die Punkte), die Zwischenräume kaum chagriniert, mäßig dicht punktuliert, glänzend.

Tergit 1 mit zerstreuten, ziemlich groben, aber flachen und hinten flach ausgezogenen Punktgruben, im Raum der Endbinde mit schwächerer, runder Punktierung; Tergit 2 und Sternit 2 sehr zerstreut, fein und flach, Tergit 2 am Ende kräftig, aber flach und zerstreut punktiert; diese Tergite und Sternit 2 kaum chagriniert, weitläufiger und ganz obsolet punktuliert und fettig glänzend.

Mittelsegment schräg nach hinten abfallend, deshalb im ganzen merklich länger als bei *dentisquama*.

6. *Nannodynerus laticinctus* (SCHULTH.)

12. Kopfschild schwarz mit ± großem, gelbem Mittelfleck, der in 2 Einzelflecke aufgelöst sein kann; Oberlippe rotbraun; an den Oberkiefern ist nur ein linearer Streifen auf dem Basaldreieck der Außenseite gelb; Fühlerschaft unten nur schmal gelb, Geißelunterseite ± ausgedehnt gelbbraun; Pronotum ohne Zeichnung, Hinterschildchen schwarz oder mit 2 gelben Flecken; Schenkel bis zum Ende schwarz, Schienen I und II hinten schwarzbraun gestreift.

Körperform gestreckt, Mittelsegment noch etwas mehr als bei *dentisquama* verlängert. Im Vergleich zu *dentisquama* ist die Punktierung der Stirn merklich weniger dicht, die des Mesonotums schwächer und zerstreuter, die der Mesopleuren weitläufiger, mit glänzenderen Zwischenräumen, die des 1. und 2. Tergits merklich schwächer, auf letzterem auch weitläufiger, die des 2. Sternits viel zerstreuter, mitten auch viel schwächer, die Fläche des Sternits infolge zarterer Feinskulptur merklich glänzender. 7,5 mm. 2. *Nannodynerus picticrus* (THOMS.)

Kopfschild (ganz oder größtenteils), Oberlippe, Vorderseite der Oberkiefer (ganz oder ausgedehnt) und mindestens die untere Hälfte der Fühlerschäfte gelb; Pronotum in der Regel gefleckt; Hinterschildchen mit vollständiger Binde; Schenkel weniger ausgedehnt schwarz, Schienen nicht schwarzbraun gestreift. 13.

13. Sinus mit gelbem Fleck. Schenkelbasis (I etwa $1/2$, II knapp $1/2$, III $1/3$ bis $1/4$) schwarz, Beine im übrigen orange, Schienen I vorn, II und III außen $\pm$ deutlich gelb getönt. Fühlergeißel bräunlich orange, mit kastanienbrauner Oberseite. Kopfschild, Stirnfleck und Fühlerschäfte (zu $3/4$ ihrer Höhe) blaßgelb oder gelblichweiß, Schläfenflecke, die großen Pronotumflecke, Hinterschildchen und Hinterleibszeichnung weiß mit ganz schwacher gelblicher Tönung; Flügelschuppen orange.

Gesicht wenig breiter als lang (84,5:82), nach unten kaum verschmälert, rundlich, Kopfschild kürzer als breit (32:37), Ausschnitt so breit wie der Abstand der Fühlergruben und tief (10:10,5:6), halbelliptisch mit sehr spitzen, parallelen Seitenecken; POL etwas breiter als OOL (13:12); Hinterkopf ziemlich dick, Schläfen im Profil aber schmaler als der obere Augenlappen (16:20); Fühlergeißeln kurz (Glied 2 = 10,5:7,5; 3 = 8:8,25). Thorax gedrungen, Mittelsegment fast so lang wie das Hinterschildchen, aber im Profil in abschüssiger Rundung steil abgestutzt.

Kopfschild auf in der Regel schwach und fettig glänzendem, obsolet mikroskopisch längs-nadelrissigem Grunde zerstreut, oben dichter, kräftig punktiert; Punktierung des Kopfes im übrigen und des Thorax ziemlich grob, auf dem Scheitel überwiegend ziemlich zerstreut, auf dem Mesonotum ebenso (die Zwischenräume kleiner bis um $1/2$ größer als die Punkte), auf den Mesopleuren die Zwischenräume teils kleiner teils größer als die Punkte (bis doppelt so groß), auf dem unteren Abschnitt hinten sehr weitläufig. Tergit 1 mit kräftiger, mäßig dichter (Zwischenräume kleiner bis etwas größer als die Punkte), Tergit 2 mit schwacher und flacher, ziemlich zerstreuter, seitlich und namentlich am Ende mit viel stärkerer und tiefer, Sternit 2 auf obsolet chagriniertem, mikroskopisch punktuliertem, mäßig und seidig glänzendem Grunde mit gemischter (kräftiger und schwächerer), hinten offener Punktierung. 7—7,5 mm.

7. *Nannodynerus orbitalis* (THOMS.).

Sinus nicht gelb gefleckt. 14.

14. Pronotumflecke klein, rundlich, dem Vorderende des Mesonotums beiderseits anliegend. Behaarung von Stirn und Scheitel fast dreimal, die der Kopfschilds und der Thoraxoberseite über doppelt so lang wie bei *dentisquma*.

Gesicht merklich breiter als lang (105:95), nach unten deutlich verschmälert; Schläfen schmaler als der obere Augenlappen (13:16); Kopfschildausschnitt schmaler als der Abstand der Fühlergruben (10:11:2,5), flach rundlich stumpfwinklig mit stumpf gekielten, divergierenden Seitenecken, zwischen diesen kräftig eingedrückt. Fühlergeißeln lang, schlank, endwärts mäßig verdickt, Glied 2 fast doppelt so lang wie distal dick (17:9,5), 3—5 merklich länger als dick, 7 und 8 (von oben gesehen) etwas länger als breit. Beine lang, Tarsen lang und dünn (Basitarsus III im Profil = 46:5). Mittelsegment kaum etwas verlängert, die Seitenfelder mit sehr grober, tiefer, wabenartiger Punktierung, deren Punktböden glänzen, hinten quer mit scharfer, teilweise gezackter Kante, die von der Rückwand des Mittelsegments scharf abgesetzt ist; letztere mäßig dicht deutlich punktiert, mit glänzenden, ziemlich zerstreut punktulierten Zwischenräumen. Tergit 1 halb so lang wie breit.

Scheitel dicht kräftig punktiert, die Punkte teils durch sehr schmale Zwischenräume getrennt, teils runzlig dicht; die schmalen Punktzwischenräume auf der Stirn sehr deutlich und dicht punktuliert; Kopfschild schwach und fettig glänzend, $\pm$ deutlich dicht und äußerst zart längsnadelrissig, mit kräftiger, zerstreuter, oben dichterer Punktierung. Mesonotum mit dichter, starker Punktierung, die dicht und deutlich punktulierten Zwischenräume kleiner als die Punkte bis punktgroß, hinten (vor dem Schildchen) $\pm$ furchenartig zusammenfließend; Mesopleuren mit starker, tiefer Punktierung, die Zwischenräume kleiner als die Punkte bis punktgroß, auf dem oberen Abschnitt auch größer als die Punkte, glänzend. Tergit 1 mit ziemlich schwacher, sehr dichter, 2 mit ziemlich schwacher, flacher, ziemlich zerstreuter, nur am Ende kräftiger und tiefer Punktierung, 2 schwach glänzend, Sternit 2 auf glänzendem, vorn poliertem Grunde mit mäßig dichter, sehr feiner, vorn sehr spärlicher und kaum angedeuteter Punktulierung und zerstreuter bis spärlicher Punktierung, deren Stärke individuell schwankt, die aber jedenfalls seitlich und hinten kräftig ist.

Kopfschild an der Basis oder auch seitlich oben schwarz; Unterseite der Fühlergeißeln ± deutlich gelbbraun. Flügelschuppen am Innenrande schwarz, mit gelber, rot überlagerter Randbinde. Schenkelenden ($^1/_5$ oder $^1/_4$) rot, Schienen und Basitarsen hellgelb, die kleinen Tarsenglieder blaß rostgelb, das Krallenglied dunkler. Pronotumflecke und Hinterschildchenbinde weißlich-gelb, die schmalen Binden des 1. und 2. Tergits und des 2. Sternits weiß. 8—10 mm.

3. *Nannodynerus punctifrons* (THOMS.).

Pronotum mit mitten unterbrochener, seitlich verschmälerter und etwas abgekürzter oder bis in die Schulterecken reichender Binde. Behaarung von Kopf und Thoraxoberseite wie bei *dentisquama*. Gesicht wenig breiter als lang. Beine (besonders die Tarsen) deutlich kürzer. 15.

15. Fühlergeißeln braunschwarz, nur das äußerste Ende rotbraun. An den Schenkeln nur die äußerste Spitze gelb; Schienen hellgelb, auf der Innenseite blaß orange gestreift, Tarsen rostgelb, Basitarsen mehr gelb. Flügelschuppen mit hellgelber, bräunlich-rot überlagerter Randbinde, großem, nicht gelb pigmentiertem Mittelfleck und schwarzem Innenrand. Tergitbinden im Verhältnis so schmal wie bei *dentisquama*, ebenso die Binde des 2. Sternits. Kopfschild (total), Oberlippe, Stirnfleck, Schläfenfleck, Oberkiefer und die unteren $^2/_3$ der Fühlerschäfte hellgelb, Pronotum- und Hinterschildchenbinden gelblich-weiß, Hinterleibsbinden elfenbeinweiß.

Gesicht etwas kürzer als breit (87:92,5), nach unten nicht verschmälert, rund, Kopfschild etwas kürzer als breit (35:37), Ausschnitt fast so breit wie der Abstand der Fühlergruben, tief halbelliptisch (11:12:6) mit spitz ausgezogenen Seitenecken; Schläfen etwas schmaler als der obere Augenlappen (17:25); Geißelglied 2 = 13:9,5; 3 = 9,5:9,75. Thorax gedrungen (Breite vor den Flügelschuppen = 60, Länge von der Pronotumkante bis zur hinteren Querkante des Hinterschildchens = 65, total = 74), Mittelsegment im Profil vom Hinterschildchen gerundet abfallend, von oben gesehen sehr wenig verlängert. Tergit 1 halb so lang wie breit (26:52), 2 viel breiter als lang (64:45), am Ende seitlich hinter den deutlich entwickelten Beulen eingedrückt; die Kiele der Basalquerfurche des 2. Sternits kräftig, scharf, weitläufig, die mittleren lang.

Im Vergleich zu *dentisquama* ist die Punktierung auf dem Kopfschild merklich schwächer (schon absolut), auf dem Scheitel merklich schwächer, flacher und zerstreuter, auf dem Mesonotum relativ etwas schwächer und weniger dicht, auf den Mesopleuren merklich weitläufiger, auf dem 1. Tergit weniger dicht und die Punkte nicht rund eingestochen, sondern hinten ± flach auslaufend, auf dem 2. Tergit relativ etwas schwächer und weitläufiger, auf dem 2. Sternit (schon absolut) sehr viel zarter und viel zerstreuter. Rückwand des Mittelsegments auf sehr dicht punktuliertem, fast glanzlosem Grunde, teils zerstreut teils dichter, ziemlich kräftig punktiert. 8,5 mm.

4. *Nannodynerus Caroli* n. sp.

Unterseite der Fühlergeißeln bräunlich orange oder wenigstens an Basis und Ende ausgedehnt gelbbraun. Schenkelenden ausgedehnt (mindestens zu $^1/_4$ bis $^1/_3$) rot und gelb. Flügelschuppen hellgelb mit orangeroter Auflage. Tergitbinden breiter. Kleinere Tiere. 16.

16a. Punktierung der Mesopleuren sehr dicht.

Gesicht nach unten deutlich etwas verschmälert; Hinterkopf kürzer, Schläfen im Profil merklich schmaler als der obere Augenlappen (15:20,5); Fühler-

16b. Punktierung der Mesopleuren ± zerstreut.

Gesicht etwas breiter und nach unten kaum verschmälert; Hinterkopf dicker, Schläfen im Profil etwas breiter (16:20); Fühlergeißeln gedrungen: Glied 2 =

geißeln weniger gedrungen: Glied 2 = 16,5:8,25; 3 = 10:8,5.

Thorax gedrungener.

Schienen hellgelb.

7—8 mm.

5. *Nannodynerus teutonicus* (BLÜTHG.)

(vgl. oben Ziff. 10).

10,5:7,5; 3 = 8:8,25.

Thorax gestreckter (ähnlich wie bei *dentisquama*).

Schienen größtenteils orange.

7—7,5 mm.

7. *Nannodynerus orbitalis* (THOMS.) var. (hypothet.)

(vgl. oben Ziff. 14.)

17a. Die Profilkontur des 2. Sternites verläuft als gleichmäßig flach gebogene, vorn zur Basalfurche des Sternites stärker, aber nicht abrupt eingekrümmte Linie (Abb. 49); von vorn gesehen

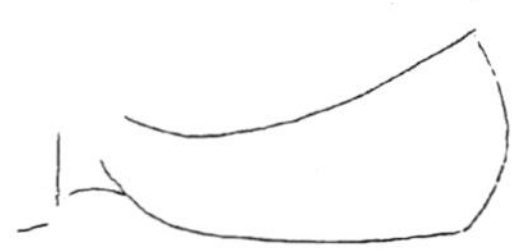

Abb. 49. *Nannodynerus xanthomelas* (H.-SCH.): 2. Sternit im Profil. (Original)

erscheint die vordere Abdachung von der Scheibe fast etwas kantig abgesetzt, sie hat mitten eine kräftige, tiefe Längsfurche, die vorn bis zur Basalfurche reicht und sich hinten über das vorderste ¼ der Scheibe, sich rasch verschmälernd und verebbend, erstreckt; bei Betrachtung der Scheibe von der Seite oder von hinten fällt diese Furche sofort ins Auge.

17b. Die Profilkontur des 2. Sternites verläuft beim ♀ (ähnlich wie bei *Ancistrocerus nigricornis* [CURT.]) flach konkav, beim ♂ gerade oder ganz schwach gebogen, um sich vorn jäh in einem Win-

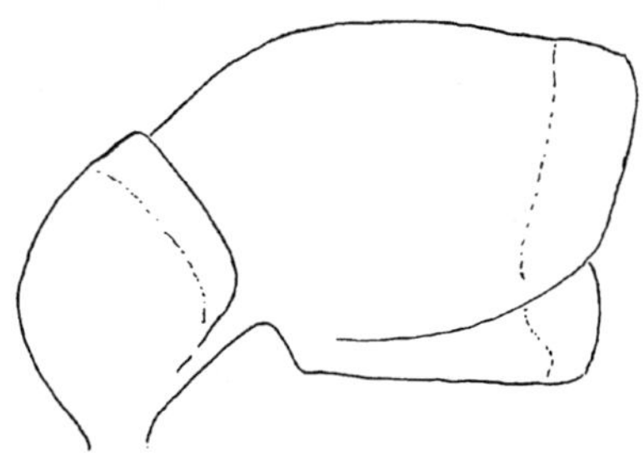

Abb. 50. *Nannodynerus chevrieranus* (SAUSS.): 2. Sternit im Profil. (Original)

kel von etwa 110° geradlinig zur Basalfurche einzubiegen (Abb. 50); die hierdurch gebildete stumpfe, in ihrem mittleren Teil (von vorn gesehen) etwas wulstig gehobene Querkante hat mitten einen schwachen Längseindruck, der sich weder nach unten in der Richtung auf die Basalfurche noch nach hinten auf die Scheibe fortsetzt.

Thorax und Hinterleib merklich gestreckter; Mittelsegment im Profil hinten flacher abfallend, dadurch merklich länger (auch von oben gesehen), von oben gesehen hinten stärker verschmälert, mit tiefer konkaver Rückwand; Tergit 1 relativ länger; Schulterdornen häufig schwach entwickelt.

Gesicht im Verhältnis zu seiner Breite länger; Hinterkopf mehr entwickelt, Schläfen im Profil deutlich mehr als ⅔ des oberen Augenlappens (16:21).

Punktierung von Kopf und Thorax stark und sehr dicht, aber doch zum

Thorax und Hinterleib gedrungener; Mittelsegment im Profil hinten steiler abfallend, dadurch kürzer (auch von oben gesehen so), von oben gesehen nach hinten schwach verschmälert, mit viel flacher konkaver Rückwand; Tergit 1 relativ kürzer; Schulterdornen in der Regel gut ausgebildet.

Gesicht im Verhältnis zu seiner Breite kürzer; Hinterkopf schwächer entwikkelt, Schläfenprofil knapp ⅔ des oberen Augenlappens (14:22).

Punktierung von Kopf und Thorax noch gröber und dadurch auch dichter.

großen Teil mit schmalen glänzenden Zwischenräumen, die auf dem Kopfschild hier und da größer als die Punkte sind.

Punktierung des 1. und 2. Tergits deutlich weniger grob und flacher.

Sternit 2 dichter und deutlicher punktuliert, matter, sehr zerstreut und schwächer punktiert.

♀. Gesicht deutlich länglich (82:77); Kopfschild im Profil merklich schwächer gewölbt, Ausschnitt durchschnittlich so breit wie der Abstand der Fühlergruben, flach konkav bis fast geradlinig, die Fläche zwischen den gekielten Seitenecken konkav eingedrückt.

Thoraxlänge (von oben gesehen) vom Pronotumvorderrand bis zum Ende des Hinterschildchens = 98, total = 117; Thoraxbreite vor den Flügelschuppen = 73; Tergit 1 = 44:65.

Gelbe Zeichnung spärlicher: Kopfschild (bei mitteleuropäischen Stücken) wohl stets, Pronotum, Mesopleuren und Hinterschildchen in der Regel ohne solche.

Fühlerschaft unten weniger ausgedehnt gelb, häufig total schwarz; die braun-schwarzen Flügelschuppen in der Regel ohne gelbe Zeichnung, selten vorn gelb gefleckt.

Nur die ersten beiden Tergite und das 2. Sternit mit Binden, diese in der Regel merklich schmaler.

Schenkel I und II nicht oder nur an den Knien gelb; Schienen und Tarsen braun-schwarz, Schienen I vorn, II und III basal, II außen, III außen und innen, ± ausgedehnt gelb gestreift.

♂. Gesicht im Verhältnis zur Breite etwas länger (74:81); Kopfschild = 28:32, schwächer gewölbt, Ausschnitt ungefähr so breit wie oder etwas breiter als der Abstand der Fühlergruben und tiefer (8,5:9:4).

Mesonotum (Länge zur Breite) = 56:54.

Pronotum, Hinterschildchen, Mesopleuren und Tergit 3 nie gelb gezeich-

auf Stirn und Kopfschild fingerhutartig dicht.

Punktierung des 1. und 2. Tergits merklich gröber und tiefer.

Sternit 2 mit undichter, mikroskopischer Punktulierung, glänzend, die Punktierung weniger zerstreut und ziemlich grob.

♀. Gesicht kürzer (70:72); Kopfschild im Profil kräftig gewölbt, Ausschnitt wie bei *xanthomelas*, nicht selten etwas schmaler als bei diesem.

Thoraxlänge (von oben gesehen) vom Pronotumvorderrand bis zum Ende des Hinterschildchens = 87, total = 103; Thoraxbreite vor den Flügelschuppen = 71; Tergit 1 = 38:61.

Gelbe Zeichnung reicher: Pronotum wohl immer, die Mesopleuren oft, seltener auch der Kopfschild gelb gefleckt, Hinterschildchen mit gelber Binde.

Fühlerschaft zur unteren Hälfte gelb; Flügelschuppen mit breiter gelber Randbinde oder (mit Ausnahme des nicht pigmentierten Mittelflecks und eines schmalen Saumes) total gelb.

Nicht selten auch das 3. Tergit mit (seitlich abgekürzter, schmalerer) Binde, die Binden merklich breiter.

Schenkel I (oder auch II) in der Regel am Ende gelb; Schienen gelb, innen braun-schwarz gestreift, III selten auch außen distal so gefleckt, Tarsen II und III heller oder dunkler braun, Basitarsen in der Regel ± gelb.

♂. Gesicht im Verhältnis zur Breite kürzer (78:84); Kopfschild = 29:30, stärker gewölbt, Ausschnitt merklich schmaler als der Abstand der Fühlergruben und flacher (7:9:2).

Mesonotum (Länge zur Breite) = 55:59.

Pronotum und Hinterschildchen oft, Tergit 3 nicht selten gelb gezeichnet,

net, Flügelschuppen sehr selten vorn gelb gefleckt; Schienen gelb, I und II, selten auch III, innen mit ± entwickelter dunkler Streifung; Basitarsen und (teilweise) das 2. Tarsenglied gelb, die übrigen rostgelb.

Kopfschild an der Basis und seitlich oben ± ausgedehnt schwarz.

♀: 7—9 mm, ♂: 6,5—8 mm.

8. *Nannodynerus xanthomelas* (H.-SCH.).

Flügelschuppen oft vorn gelb gefleckt; Schienen gelb, I manchmal, II und III nicht dunkel gestreift; Tarsenfärbung wie bei *xanthomelas*.

Kopfschild wie bei *xanthomelas*.

♀: 7—8 mm, ♂: 6—7 mm.

9. *Nannodynerus chevrieranus* (SAUSS.).

a) *dentisquama*-Gruppe

1. *Nannodynerus dentisquama* (THOMS.)

Odynerus pictus n. sp. (pr. p.) — HERRICH-SCHAEFFER, Fauna Insect. German., 1839, H. 173, S. 30, ♂♀; 1814, H. 176, T. 3 (♀) & T. 8 fig. d (♂). Loc. typ.: Regensburg. Typen vernichtet. (Homonym von *Odynerus pictus* CURT. 1826 = *Ancistrocerus antilope* [PANZ,] ♂).

Odynerus dentisquama n. sp. — THOMSON, Opusc. entom., 2, 1870, S. 86, n. 10, ♀ ♂. Loc. typ.: Südschweden. Typen: coll. auct. (M.Lu.).

„*Odynerus minutus* (F.)“ auct., nec *Vespa minuta* F. 1798 = *Microdynerus timidus* (SAUSS.) ♂.

Nannodynerus dentisquama (THOMS.) n. comb. — BLÜTHGEN 1938 b S. 281.

Im Gebiet weit verbreitet und deshalb scheinbar häufig. Tatsächlich ist *dentisquama* das ebensowenig wie die anderen Arten dieser Gattung. In größerer Individuenzahl als anderswoher erhielt ich ihn nur aus dem Maingebiet durch J. HEINRICH (Aschaffenburg). Aus dem Nordosten nur von Rossitten durch A. MÖSCHLER in wenigen Stücken bekannt geworden (Belegstücke coll. m.), von P. TIMM bei Sellin (Ost-Pom.) gefunden[1]). Posen: Jägerhof und Brahnau bei Bromberg (coll. O. MEYER). Um Berlin (SCHIRMER 1915). In Nordwestdeutschland bei Bremen (ALFKEN 1914, WAGNER 1938). Mittlerer Bereich: Von A. PETRY und P. EIGEN am Kyffhäuser bei Frankenhausen, von G. MÜLLER auf der Hainleite bei Straußberg und bei Kleinfurra, von A. PETRY an der Sachsenburg und bei Nordhausen am Alten Stollberg, von mir zwischen Naumburg und Kösen (in 35 Jahren 2 Ex.), von CHR. COHRS auf den Kernbergen bei Jena, von SCHMIEDEKNECHT bei Gumperda gefunden. Süddeutschland: Franken (TH. SCHNEID 1941; E. STÖCKHERT 1919; im Maingebiet von J. HEINRICH bei Thüngersheim, Retzbach, Karlstadt und Gambach gesammelt); Niederbayern: Abensberg 1 ♂ coll. m. (E. STÖCKHERT leg.); Rheingebiet: Kirn a. Nahe (T. SCHOOP leg.); Burgen a. Mosel (P. EIGEN leg.); Lahn- und Dillgebiet: Beilstein (H. WOLF leg. 1 ♀); Baden (LEININGER 1951). Elsaß (M. KLEIN brfl.); Schlesien (DITTRICH 1921).

Übriges Mitteleuropa: Aus Dänemark noch nicht nachgewiesen. Ich sah Stücke aus der Umgebung von Wien (coll. L. MADER; 1 ♂ vom Bisamberg: coll. D. B. BAKER; Mödling und Perchtoldsdorf: leg. MOLITOR, coll. m.), von Hainburg (coll J. FAHRINGER), von Hackelsberg und Weiden am Neusiedlersee (M. B.); aus Ungarn (Winden am Neusiedlersee: coll ST. ZIMMERMANN; Plattensee: E. SCHMIDT leg.; Nemet Bogsan: coll. FAHRINGER); aus der Slowakei (Nitra und Devin: coll. ZAVADIL). Schweiz: v. SCHULTHESS 1897. Nordeuropa: Südschweden (loc. typ.; nach THOMSON ziemlich selten); Südfinnland (FORSIUS & NORDSTRÖM 1923: „sehr selten“); Nordosteuropa (F. MORAWITZ 1895). Westeuropa: In England fehlend; in Holland „sehr selten“ (WILCKE 1951); aus Belgien von CRÉVECOEUR & MARÉCHAL 1932 und von BONDROIT 1943 S. 116 gemeldet; in Frankreich (von wo ich Stücke von Carpentras, leg. M. P. F. VERHOEFF, sah) nach L. BERLAND 1928 „ziemlich häufig“ (wobei aber die Möglichkeit besteht, daß es sich teilweise um *teutonicus* handelt). Aus Spanien von DUSMET nicht verzeichnet, auch aus Portugal noch nicht bekannt geworden. Sardinien (Sorgono: GUIGLIA 1938); Sizilien (Catania

[1]) Brfl. Mitt., es ist aber nicht ausgeschlossen, daß es sich in Wahrheit um *orbitalis* (THOMS.) handelt.

Terme: 2 ♂♂ leg. H. Bytinski-Salz); Toscana (Sesto Fiorentino: 1 ♀ 1 ♂ leg. coll. L. Ceresa); Dalmatien (Kraljevica: Taubert leg.); Albanien: Vorra (coll. L. Mader), Kopliku (Guiglia 1946); Cephalonia (1 ♂ M. W.). Cypern (Limassol: Guiglia 1947).

Was die von F. Morawitz 1895 genannten Fundorte aus dem Süden Osteuropas (Sarepta, Umán), Transkaukasien (Alexandropol, Borshom) und Sibirien (Krasnojarsk, Irkutsk) betrifft, so bedarf die Richtigkeit der Determination der Nachprüfung (vgl. unten bei *orbitalis*).

Färbungsveränderlichkeit: Die Pronotumflecke können stark schrumpfen oder völlig fehlen (solche Stücke aus der Bromberger Gegend hat O. Meyer 1919 als „*picticrus* Thoms." gemeldet: Belegstücke in coll. m.), und die helle Pigmentierung der Flügelschuppen kann (namentlich beim ♂) weitgehend oder ganz schwinden.

Über die Lebensweise ist wenig bekannt: E. Stöckhert und ich trafen die Imagines auf den Blüten von Potentilla argentea; Fr. Kohl 1879 nennt für „*minutus* F." Prunus padus, Heracleum und Angelica silvestris. Nach Berland 1928 erhielt Ferton *dentisquama* aus einem Brombeerzweignest; H. Wolf fand 1 ♀ an einem Fichtenstubben; Chrétien beobachtete, daß als Larvenfutter Räupchen der Gelechiide *Sophronia humerella* Schiff. eingetragen wurden (Maréchal 1949, S. 8).

2. *Nannodynerus picticrus* (Thoms.)

! *Odynerus bifasciatus* L. ♀ var. b. — Zetterstedt, Insect. Lappon. I, 1838, S. 457, n. 6. Typus: M. Lu.

! *Lionotus picticrus* n. sp. — Thomson, Hymen. Scandin., III, 1874, S. 57, n. 6, ♀ ♂. Loc. typ.: Schweden (Norrland, bei Stockholm und Östergötland). Typen: coll auct. (M. Lu.).

Nannodynerus picticrus (Thoms.) n. comb. — Blüthgen 1938b, S. 281.

Diese Art hat streng boreoalpine Verbreitung: Sie kommt in Europa nur im Norden (Skandinavien und Finnland bis nach Lappland hinauf und Nordosteuropa) und im Alpengebiet vor. Sehr wahrscheinlich besiedelt sie auch das nördliche Asien, wenn sie auch bisher von dort noch nicht gemeldet ist. In den Alpen liegen die meisten Fundorte in der Schweiz (v. Schulthess 1897, de Beaumont 1947). L. Berland 1928 erwähnt für Frankreich *picticrus* nicht. Aus coll. P. M. F. Verhoeff sah ich 1 ♀ von Courmayeur, aus coll. St. Zimmermann 1 ♀ von Bozen und 1 ♂ von Kollern bei Bozen, aus coll. L. Mader 2 ♀♀ aus dem Möll-Tal (Kärnten). Bei Innsbruck fand Friese ihn (v. Schulthess 1897).

Aus Deutschland ist *picticrus* bisher erst von Starnberg (1 ♀ 1 ♂, E. Stöckhert leg., coll. m.) und aus dem Allgäu (v. Schulthess 1930) nachgewiesen. (Die von O. Meyer 1919 S. 147 als „*picticrus*" bezeichnete Art erwies sich bei der Nachprüfung der Belegstücke als ♀♀ von *dentisquama* ohne Pronotumflecke.)

Nach v. Schulthess 1897 nistet er „in trockenen Baumstämmen", also wohl in Käferfraßgängen solcher. Nach E. Valkeila (brfl.) trägt in Finnland das ♀ Chrysomelidenlarven ein. Sonst ist über seine Lebensweise noch nichts bekannt geworden.

3. *Nannodynerus punctifrons* (Thoms.)

Lionotus punctifrons n. sp. — Thomson, Hymen. Scandin., III, 1874, S. 57, Obs. 2, ♀. Loc. typ.: Schweiz. Typus: coll. auct. (M. Lu.).

Odynerus punctifrons Thoms. ♀ ♂ — v. Schulthess, Fauna insect. Helvet., Hymen., Diploptera, Schaffhausen 1897, S. 84.

Nannodynerus punctifrons (Thoms.) n. comb. — Blüthgen 1938 b S. 281.

Diese Art ist nach unserer bisherigen Kenntnis auf den Zug des Alpengebietes beschränkt, kommt dort aber stellenweise auch im bergigen Vorlande vor. Wenn auch bei ihr die meisten Nachweise aus der Schweiz (v. Schulthess 1897, de Beaumont 1947) stammen, so verzeichnet sie L. Berland auch für die französischen Hochalpen und für die Pyrenäen (Tarbes, Dpt. Ht.-Pyr.), und im Osten erreicht sie über Innsbruck, wo Friese sie in Anzahl sammelte, den Wiener Wald (1 ♀ von Kaltenleutgeben, coll. St. Zimmermann) und den Berg Nanos in Krain (1 ♀ coll. m.). L. Mader fing 1 ♀ bei Oberweiden (Marchfeld), wohin es sicher verschleppt gewesen war.

Was das von Dusmet 1909 S. 170 verzeichnete „♀ *punctifrons*" von Madrid betrifft, so handelt es sich ganz sicher um eine Fehlbestimmung (vermutlich um *teutonicus* [Blüthg.]).

Aus Deutschland liegt noch kein Nachweis vor[1]), aber es erscheint mir nicht zweifelhaft, daß *punctifrons* auch im deutschen Alpenraum zu Hause ist.

Über die Lebensweise dieser Art ist bisher nichts bekannt.

4. *Nannodynerus Caroli* n. sp. ♂

Holotypus: 1 ♂ von Stolp (11. 7. 27) coll. m. Ich widme diese neue Art dem Andenken des bekannten Dipterologen O. Karl, der sie auffand und mir den Typus überließ. (Es handelt sich um das Stück, das A. R. Paul 1943 als „*dentisquama* [Thoms.] ♂" gemeldet hat.) Ein gleiches Exemplar hatte Chr. Cohrs am 15. 6. 16 auf der „Wöllmisse" (SO. von Jena) erbeutet; es ist mit seiner Sammlung durch Kriegsgeschehen vernichtet worden. Nach meinen Notizen hatte 1 ♂ von Småland (Nr. 194), das mir das Riksmuseum Stockholm im Jahre 1937 als „*picticrus* Thoms. ♂" einsandte, dieselbe Färbung.

Der Typus ist von den ♂ ♂ der übrigen mitteleuropäischen *Nannodynerus*-Arten morphologisch so klar verschieden, daß ich ihn als den Repräsentanten einer eigenen, bisher unbekannten (vielleicht auch verkannten) Art betrachten muß.

In der größtenteils schwarzen Färbung der Schenkel gleicht *Caroli* ♂ den ♂ ♂ von *dentisquama* und *punctifrons*, unterscheidet sich aber

von *dentisquama* ♂: durch erheblichere Größe, gedrungenere Körperform (insbesondere durch viel weniger gestreckten Thorax, kürzeres Mittelsegment und kürzeres 1. Hinterleibssegment), breitere und tiefere Kopfschildausrandung, merklich dickere und total braunschwarze Fühlergeißeln, viel zartere Punktierung des Kopfschildes, relativ etwas schwächere und auf Scheitel, Mesonotum (namentlich hinten) und dem unteren Abschnitt der Mesopleuren merklich zerstreutere, auf Tergit 2 merklich, auf Sternit 2 viel schwächere, auf beiden auch flachere und viel zerstreutere Punktierung;

von *punctifrons* ♂, dem es in der Körperform und in der Größe etwa gleicht: durch weniger breites, rundes (nicht querovales) Gesicht, breitere und tiefere Kopfschildausrandung, merklich kürzere und dickere, dunkle Fühlergeißeln, viel kürzere Behaarung von Oberkopf und Thoraxoberseite, schwächere Punktierung des Kopfschildes, viel schwächere und unregelmäßig zerstreute Punktierung des Scheitels, deutlich weniger dichte Punktierung von Pro- und Mesonotum, schwächere Punktierung des 2. Tergits (namentlich hinten), viel zerstreutere und flache Punktierung und dichtere und deutlichere Punktulierung des 2. Sternits sowie durch stärker entwickelte, streifenförmige Zeichnung des Pronotums.

Von *teutonicus* ♂ und *orbitalis* ♂ unterscheidet sich *Caroli* ♂ sofort durch die größtenteils schwarze Schenkelfärbung, ferner aber

von *teutonicus* ♂: durch etwas gestreckteren Thorax, rundes (nach unten nicht verschmälertes) Gesicht, im Profil gewölbtere Stirn, merklich zerstreutere Punktierung des Scheitels und Mesonotums, viel zerstreutere der Mesopleuren, viel schwächere und viel weitläufigere und flachere des 2. Tergits und 2. Sternits;

von *orbitalis* ♂, dem es in der Gesichts- und Stirnbildung und in der Form des Kopfschildausschnitts ungefähr gleicht: außer durch die ganz abweichende Färbung der Beine und Fühlergeißel und (verglichen mit der regelmäßigen Zeichnung von *orbitalis*) den Mangel des Sinusfleckes durch merklich flachere Wölbung des Kopfschilds oberhalb des Ausschnitts, deutlich schwächere und dichtere Punktierung der Stirn, etwas schwächere und viel zerstreutere des Scheitels, relativ etwas schwächere und hinten weitläufigere des Mesonotums, zerstreutere der Mesopleuren, zerstreutere und relativ deutlich schwächere des 2. Tergits und merklich schwächere und viel zerstreutere des 2. Sternits.

Bleich gelb gefärbt sind Kopfschild, Stirnfleck, Oberlippe, untere Hälfte der Fühlerschäfte, Vorderseite der Oberkiefer, kleine Schläfenflecke, eine schmale, mitten unterbrochene und seitlich etwas abgekürzte, hinten beiderseits konvex begrenzte Binde des Pronotums und eine schmale Querbinde des Hinterschildchens; elfenbeinweiß eine sehr

[1]) Was O. Meyer 1919 S. 147 als *punctifrons* für Maxtal bei Bromberg gemeldet hat, erwies sich als *orbitalis* (Thoms.). Auch das ♀ „*punctifrons*" von Lenkowo (NW. von Bialystok, Polen) bei Bischoff 1925 S. 281 gehört zu *orbitalis*.

schmale Binde des 1. Tergits und schmale, seitlich kaum breitere Binden des 2. Tergits und 2. Sternits; Fühlergeißeln braunschwarz, das 11. und 12. Glied rotbraun; Flügelschuppen am Innenrande schwarz, im übrigen mit hellgelber, durchscheinend rotbraun überlagerter Randbinde und bräunlichem Mittelfleck; Flügel schwach gebräunt, Radialzellen mit braunem Wisch; Schenkelspitzen gelb, teilweise rostrot getönt, Schienen hellgelb, III auf der Innenseite distal in der Vorderecke mit dreieckigem orangefarbigem Fleck; Tarsen rostgelb, die Basitarsen an der Basis mehr gelb.

5. *Nannodynerus teutonicus* (Blüthg. 1937)

Odynerus (*Lionotus*) *teutonicus* n. sp. — Blüthgen, Mitt. Ent. Ges. Halle (S.), **15**, **1937**, S. **43/44**, ♀ ♂. Loc. typ.: „Himmelreich" bei Kösen (Saale). Typen: coll. m.
Nannodynerus teutonicus (Blüthg.) n. comb. — Blüthgen 1938b S. 281.

Diese Art ist von den früheren Autoren teils mit *dentisquama*, teils mit *orbitalis* vermengt worden; die Beschreibung des *Odynerus pictus* H.-Sch. 1839 läßt erkennen, daß dieser sowohl *dentisquama* als auch *teutonicus* umfaßt. Es ist möglich, daß die von v. Schulthess 1897 S. 90 als var. *Steckianus* beschriebene Form des ♂ von *dentisquama* das ♂ von *teutonicus* ist; ich habe das nicht nachgeprüft, da die Namen von Varietäten nach den JRZN kein Prioritätsrecht haben.

Es handelt sich anscheinend um eine Art mit subpontomediterraner Verbreitung. In Deutschland überschreitet sie den Harz nicht: Die am weitesten nach Norden vorgeschobenen Fundorte, die mir bekannt sind, sind Walkenried bei Ellrich (1 ♂ coll. G. Müller) und Salzmünde sowie Lieskau bei Halle (S.) (2 ♂ ♂ coll. H. Köller). Hier um Naumburg ist sie verbreitet, aber selten. Weitere Fundorte aus Thüringen: Sachsenburg (1 ♀ coll. O. Michalk), Kyffhäuser bei Frankenhausen (A. Petry und P. Eigen leg.). In Süddeutschland fanden sie Th. Schneid einmal bei Ebelsbach, J. Heinrich im Maingebiet bei Kahl, Retzbach, Gambach und Thüngersheim, E. Enslin einmal im Fränk. Jura, E. Stöckhert bei Pappenheim, T. Schoop einmal bei Kirn a. d. Nahe, M. Klein mehrfach bei Bischenberg (Elsaß); 1 ♀ von Zeyern bei Kronach sah ich in coll. O. Michalk.

Übriges Mitteleuropa: Aus M. Pr. und aus coll. Zavadil lag mir *teutonicus* vor aus Böhmen (Modřany, Kutná Hora), Mähren (Pouzdřany), der Slowakei (Malacky, Nový Město). Österreich: Um Wien (Donauauen, Stammersdorf, Bisamberg, Guntramsdorf, Anniger, Eichkogel, Deutsch-Altenburg: M. W., M. B., coll. Mader, coll. D. B. Baker, coll. St. Zimmermann, coll. m.), Plank am Kamp (M. W.), Hackelsberg (M. B.), Grammat-Neusiedel (coll. m.). Ungarn: (Badacsony (M. B.), Simontornya (coll. m.). Slowenien: Podčetrtek (coll. E. Jaeger). Insel Krk (L. Mader leg.); Kraljevica (coll. E. Jaeger); Lippiza (M. B.). Südtirol (Bozen und Meran: M. B.; Rovereto: coll St. Zimmermann); Piemont (Ivrea und Quart bei Aosta: M. B.). Südfrankreich (Callian, Dept. Var: 1 ♀ coll. W. Linsenmaier). Spanien: 1 ♀ von Cuenca (M. Mü.); Portugal (Rezende: Blüthgen 1953c). Osteuropa: Berg Aetos (?) (Bulgarien): 1 ♀ coll. v. Schulthess; Herkulesbad (Transsilv. Alpen): 1 ♂ coll. m.; Woroschilowsk (Ukraine): 1 ♂ coll. m.; Kargala bei Orenburg: 1 ♂ M. B.

In Nordafrika kommt *teutonicus* nicht vor. (Allerdings befinden sich 1 ♀ mit der Herkunftsangabe „Tunis, Schmiedeknecht" und 1 ♂ mit der Bezeichnung „Aegypten, Schmiedeknecht" in coll. v. Schulthess, aber auf diese Angaben ist erfahrungsgemäß kein Verlaß.)

Veränderlichkeit: Die weiße Pigmentierung der Flügelschuppen kann ± gerötet sein; die Ausdehnung der schwarzen Basalfärbung der Schenkel ist individuell verschieden; beim ♀ ist nicht selten ein weißer Fleck auf dem oberen Abschnitt der Mesopleuren vorhanden; bei südlichen und östlichen Populationen, schon in Böhmen, kann beim ♂ die Unterseite der Fühlergeißeln an der Basis oder am Ende oder in ganzer Ausdehnung gelbbraun gefärbt sein.

Aberration: 1 ♀ von Rovereto (Tirol) (St. Zimmermann leg.) coll. m., dessen Kopfschild an der Basis weiß gefleckt ist.

Lebensweise: Imagines traf ich auf Blüten von Fragaria, Veronica chamaedrys, Veronica teucrium, Hippocrepis, Geranium sanguineum und Cornus sanguineum; E. PITTIONI fand sie auf Achillea millefolium.

A. MOLITOR fand bei Guntramsdorf einige Nester, zu denen trockene Samenkapseln von Melandryum album verwandt waren; jede Kapsel bildete eine Zelle für sich, die Bautätigkeit des ♀ hatte sich darauf beschränkt, die Öffnung der Kapsel mit Mörtel zu schließen. 2 dieser Zellen mit den daraus gezogenen Imagines (1 ♀, 1 ♂) verdanke ich DR. STEPHAN ZIMMERMANN (Wien).

6. *Nannodynerus laticinctus* (SCHULTH.)

Odynerus (Lionotus) laticinctus n. sp. — v. SCHULTHESS, Fauna insect. Helvet., Hym. Diplopt., Schaffhausen 1897, S. 86, ♀ ♂. Loc. typ.: Saas, Zermatt, Alp Ponchette. Typen: coll. auct. (M. Zürich).
Nannodynerus laticinctus (SCHULTH.) n.comb. — BLÜTHGEN 1938 b S. 281.

Auch diese Art ist bisher nur aus den Alpen bekannt geworden. Den von ihrem Autor genannten Fundorten kann ich nur folgende hinzufügen: Aus dem Wallis Alpe Garboula (5 ♂ ♂, STECK leg. 28. 6. 21) und Alpe Motta (1 ♂ 3 ♀ ♀, coll. STECK, M. Bern) und das Val Ferret in Piemont (1200—1900 m): 1 ♀ 12.—17. 8. 25, M. B.

Es ist nicht ausgeschlossen, daß *laticinctus* auch im Allgäu vorkommt, vgl. das Beispiel von *Oplomerus alpinus* (SCHULTH.).

Zur Lebensweise teilte mir v. SCHULTHESS mit, *laticinctus* niste in altem Holz von Sennhütten.

7. *Nannodynerus orbitalis* (THOMS.)

! *Lionotus orbitalis* n. sp. — THOMSON, Hymen. Scandin. III. 1874, S. 57, Obs. 1, ♂. Loc. typ.: Germania austral. Typus: coll. auct. (M. Lu.).

! *Odynerus orenburgensis* n. sp. — ED. ANDRÉ, Spéc. Hymén. Europ., II, 1884, S. 719, n. 6, ♀. Loc. typ.: Orenburg. Typus: M. B.

Nannodynerus orenburgensis (ED. ANDRÉ) n. comb. — BLÜTHGEN 1938 b S. 281[1]).

Der Name *Lionotus orbitalis* THOMS. war an sich legitim, er ist kein Objektives Homonym von *Odynerus orbitalis* H.-SCH 1839 (= *Odontodynerus orbitalis* [H.-SCH.]), sondern wurde nur zu einem Subjektiven Homonym von diesem, solange die Gattungen *Lionotus* (SAUSS.) THOMS. und *Odynerus* LATR. vereinigt wurden. Mit ihrer Trennung trat er wieder in volle Geltung. Vgl. R. RICHTER 1948 S. 196. In Verkennung dieser Sachlage hatte ich diese Art früher mit dem Namen *orenburgensis* bezeichnet, vgl. BLÜTHGEN 1937, S. 43. Nun hat sich allerdings der Kopenhagener Kongreß (1953) auf den von R. RICHTER mit Recht abgelehnten Standpunkt „once a homonym, always a synonym" gestellt, aber mit gewissen Ausnahmen (Copenhagen Decisions, S. 83, Decis. 162, Abs. 1—3). Den für den vorliegenden Fall nach Decision 162, Abs. 1 zulässigen förmlichen Protest habe ich beim Sekretär der Internat. Kommission eingelegt. Damit ist der Artname *orbitalis* THOMS. wieder in Geltung getreten.

Orbitalis ist eine offenbar an Diluvialsand gebundene Art. Aus dem Gebiet ist er mir bekannt von Rossitten: 1 ♀ 1 ♂ coll. MÖSCHLER; Rosenberg: 1 ♀ coll. DITTRICH; Mühltal bei Bromberg: ♀ ♀, (von O. MEYER 1919 als „*punctifrons*" bezeichnet); Rügenwaldermünde: 1 ♂ M. P. RIEDEL leg., coll. m.; Stolp: 1 ♀ coll. m.; bei Stettin: PAUL 1943, Brandenburg (um Berlin: Brieselang 1 ♀, Zechlin 1 ♂, Niederlehme 2 ♀ ♀, Sachsenhausen 1 ♀ [M. B.]; Wilhelmshorst 1 ♂ coll. m.), Ost-Holstein (Timmendorf: WAGNER 1938), Sachsen (Zeithain: 7 ♀ ♀ leg. CHR. COHRS), Sachsen-Anhalt (Halle: 1 ♀ coll. O. TASCHENBERG; Bruchfelder bei Nietleben: 1 ♀ leg. H. MAERTENS; Frankenhausen am Kyffhäuser: 1 ♀ 1 ♂ leg. G. MÜLLER), Franken (Bruckertshof bei Bamberg: SCHNEID 1941; Erlangen: 2 ♀ ♀ coll. m., E. ENSLIN und E. STÖCKHERT leg.; Kahl: 1 ♂ coll. m., leg. J. HEINRICH), Baden (Karlsruhe: LEININGER 1951; Rastatt: 1 ♂ Mus. Karlsruhe; Sandhausen: 1 ♀ ebenda), Elsaß (Bischenberg 1 ♀, Herrenwald 1 ♀: coll. M. KLEIN), Schlesien (Krehlau: 1 ♂ M. B.; Liegnitz, Mirkau und Carlowitz: ♀ ♀ coll. DITTRICH).

[1]) In coll. v. RADOSZKOVSKI (M. Kr.) befindet sich kein von ED. ANDRÉ als „*orenburgensis*" signiertes *Nannodynerus*-♀. Das in M. B. befindliche Stück ist also unzweifelhaft ein Unicum und mithin der Holotypus.

Aus dem übrigen Mitteleuropa sah ich Stücke von Innsbruck (1 ♀ 1 ♂ M. B.), Oberweiden im Marchfeld (1 ♂ coll. L. MADER), Siofok am Plattensee (1 ♂ coll. m.) und Lenkowo (NW von Bialystok) (1 ♀ M. B., von BISCHOFF 1925 als „*punctifrons*" verzeichnet). Aus Dänemark liegt noch kein Nachweis vor. In Nordeuropa und England scheint *orbitalis* zu fehlen. Aus Holland hat WILCKE 1951 nur einen Fund (Houthen: 1 ♂) gemeldet. Aus Belgien ist er bisher nicht bekannt geworden. Für Frankreich erwähnt BERLAND 1928 nur 1 ♀ von Royan. Aus Südeuropa liegt noch kein Nachweis vor. In Osteuropa ist er bei Orenburg (loc. typ. von *orenburgensis*; ferner 1 ♂ von dort, von ED. ANDRÉ als „*minutus* LEP." bestimmt, in M. Kr.) und bei Cherson (1 ♀ coll. m.) gefunden. 1 ♀ von Irkutsk (von F. MORAWITZ als „*minutus* FBR." bestimmt) befindet sich in M. Kr.

Die Gebundenheit dieser Art an Diluvialsand erklärt sich aus ihrer Nistweise: H. BISCHOFF (1927 S. 213) fand die Zellen eines Nestes, das in einem am Boden liegenden trokkenen Brennesselhalm angelegt war, nur durch lose aneinander gekittete Sandkörnchen gegeneinander abgegrenzt. (Das Nest ist dort irrtümlich *punctifrons* zugeschrieben.) Abgesehen hiervon ist über die Lebensweise nichts bekannt. Imagines hat man an Thymus serpyllum (MÖSCHLER 1939), Cirsium arvense (PAUL 1943), Melilotus dentatus (RIEDEL) und Melilotus albus (Verf.) angetroffen.

Da es nach dem Beispiel einiger anderer *Nannodynerus*-Arten nicht ausgeschlossen ist, daß beim ♂ die Sinusflecke ausnahmsweise fehlen können, habe ich im Bestimmungsschlüssel derartige ♂ ♂ hypothetisch gekennzeichnet.

b) *xanthomelas*-Gruppe

Diese Gruppe ist in Europa nur durch 2 Arten vertreten, während Ostasien von ihr in zahlreichen Arten besiedelt ist.

8. *Nannodynerus xanthomelas* (H.-SCH.)

Odynerus xanthomelas n. sp. — HERRICH-SCHAEFFER, Fauna Insect. German., H. 173, 1839, S. 29, 30, ♂♀; H. 176, 1841, T. 7 (♀) & T. 8 fig. a (♂). Loc. typ.: Regensburg. Typen vernichtet.[1])

? *Odynerus* (*Odynerus*) *Germanicus* n. sp. — SAUSSURE, Etud. fam. Vespid. III, Masar. & suppl., 1856, S. 266, n. 146, ♀. Loc. typ.: Deutschland (coll. H.-SCH.). Typus vernichtet.[2])

Odynerus (*Odynerus*) *Parisiensis* n. sp. — SAUSSURE, ibid. S. 271, n. 151, ♂ (nec ♀, T. 13 f. 5). Loc. typ.: bei Paris (coll. SICHEL). Lectoholotypus (♂): M. P.[3])

Die Synonymie dieser Art ist ziemlich unklar: Wenn die Abbildung des ♀ 1841 T. 7 naturgetreu ist, dann gibt sie ein ♀ mit kurzem Mittelsegment wieder. Dann würde aber *xanthomelas* eher auf die unter dem Namen *chevrieranus* bekannte Art als auf *xanthomelas* in der heutigen Auffassung zu beziehen sein, mit der Folge, daß *chevrieranus* den Namen *xanthomelas* erhalten und *xanthomelas* auct. als *germanicus* (SAUSS.) oder als *parisiensis* (SAUSS.) zu bezeichnen sein würde. Aus Gründen der Zweckmäßigkeit lasse ich diese Frage auf sich beruhen, zumal die Beschreibung besser auf *xanthomelas* auct. paßt.

Xanthomelas ist aus dem Nordosten und aus Mecklenburg noch nicht nachgewiesen. Die nördlichsten mir bekannten Fundorte sind: Bellinchen/Oder (HEDICKE 1927) und Falkenberg/Oder (1 ♀ M. B.). Weiter ist er gefunden bei Strausberg (bei Berlin ?) (1 ♂ coll. R. MEYER), in der Mosigkauer Heide bei Dessau (1 ♀ coll. HEIDENREICH), in der Dölauer Heide bei Halle (1 ♀ coll. R. LASSMANN), im Harz (v. SCHULTHESS 1897), um Naum-

[1]) 1 ♂ des M. P. vom loc. typ. (BERLAND 1928 S. 61 Fußnote 1) kann als Cotypus gelten und kann deshalb zum Lectoholotypus bestimmt werden, wovon ich indessen absehen möchte, bevor ich das Stück nicht selbst gesehen habe.

[2]) Was L. MÓCZÁR 1937 S. 29 (mit Abb. Taf. III Fig. 74, 75) als *germanicus* SAUSS. bezeichnet hat, ist das ♂ einer neuen *Nannodynerus*-Art, die ich in Ann. Mus. Nat. Hung. unter dem Namen *hungaricus* n. sp. beschreibe.

[3]) Siehe BLÜTHGEN 1938b S. 282, Fußnote 1, und 1952c S. 351.

burg (coll. m.), in Sachsen (Penig: 1 ♀ coll. v. SCHLECHTENDAHL, Ent. Inst. Halle; R. KRIEGER 1894), in Franken (loc. typ.; TH. SCHNEID 1941), Hessen (Darmstadt: 1 ♂ coll. R. MEYER), Baden (LEININGER 1951), im Rheinland (Krefeld: 1 ♀ 1 ♂ coll. R. MEYER), in Schlesien (DITTRICH 1921). Aus Nordwestdeutschland melden ihn ALFKEN 1914 und WAGNER 1938 nicht.

Verbreitung im übrigen Mitteleuropa: in Böhmen bei Prag und Tabor (♀♀), in Mähren bei Brünn (♀ ♂) und Tisnov (♀), in der Slowakei bei Parkan (♀) (M. Pr) Bei Wien (1 ♀ coll. J. FAHRINGER), Deutsch-Altenburg (1 ♀ M. B.), Hackelsberg (1 ♂) und Jois am Neusiedlersee (1 ♀) (M. B.). Ungarn: L. MÓCZÁR 1937; ♂ von Fonyod am Plattensee in coll. TAUBERT. Batschka: Subotica, coll. TAUBERT. Schweiz (v. SCHULTHESS 1887).

In Nordeuropa, Dänemark und England fehlt *xanthomelas*. Für Holland bezeichnet ihn WILCKE 1951 als selten und nennt 8 Fundorte; aus Belgien melden ihn CRÉVECOEUR & MARÉCHAL 1925 und BONDROIT 1943. In Frankreich scheint er nach BERLAND 1928, der ihn „selten" nennt, dem Süden zu fehlen.

Südeuropa: Aus Spanien weder von DUSMET 1909 noch von GINER MARI gemeldet, mir auch von dort und aus Portugal nicht bekannt geworden. Italien: 1 Ex. von Meran in M. Mü.; von G. GRANDI 1952 für Ronzano bei Bologna genannt. Plitvice (Kroatien): 2 ♂♂ coll. P. M. F. VERHOEFF. Bosnien: 1 ♂ von Cajnica in coll. J. FAHRINGER.

Osteuropa: Aus Bulgarien von ATANASSOV 1942, aus Albanien von D. GUIGLIA 1946 nicht gemeldet. 1 ♀ von Spask bei Orenburg (von EVERSMANN als „*minutus* F. ?", von F. MORAWITZ als „*germanicus* SAUSS." bestimmt) in M. Kr. (F. MORAWITZ 1895 verzeichnet „*germanicus* SAUSS." von Sarepta und Jalta sowie von Borshom [Transkaukasien] und Erivan [Armenien], aber nach G. KOSTYLEV 1928 S. 404 handelt es sich bei den Belegstücken um *chevrieranus*.)

Die Imagines besuchen u. a. Astragalus, Torilis und Lotus corniculatus. Nach WILCKE 1951 hat man ein Nest in einem Brombeerzweig gefunden; LEININGER erhielt *xanthomelas* mehrfach aus alten Gallen von *Cynips kollari*, auch das ♀ von Penig stammt aus einer solchen. Die Zellenzwischenwände werden wahrscheinlich aus Mörtel hergestellt, denn ich sah ♀♀ am Boden Erde aufnehmen. Nach hiesigen örtlichen Verhältnissen vermute ich, daß *Chrysis brevidens* TOURN. auch *xanthomelas* als Wirt aufsucht.

9. *Nannodynerus chevrieranus* (SAUSS.)

! *Odynerus* (*Odynerus*) *Chevrieranus* n. sp. — SAUSSURE, Etud. fam. Vespid., III. Masar. & suppl., 1856, S. 268, n. 148, ♀ ♂, T. 13, F. 2. Loc. typ.: bei Genf. Typen: coll. auct. (M. Genf.).

Odynerus Dufourianus n. sp. — SAUSSURE, ibid. S. 269, n. 149, ♀. Loc. typ.: Frankreich. Typus: M. P.

Odynerus germanicus ponticus n. var. — G. KOSTYLEV, Entom. Mitt., **17**, 1928, S. 402, ♀. Loc. typ.: Karadag (Krim). Typus: M. Mo.

Nannodynerus chevrieranus (SAUSS.) n. comb. — BLÜTHGEN 1938b S. 282.

Nannodynerus chevrieranus (SAUSS.) var. *eximia* n. var. BLÜTHGEN 1953c S. 5, ♀. Loc. typ.: Shaklava (Pers. Kurdistan). Typus: coll. m.

Diese subpontomediterrane Art scheint in Deutschland den 50. Breitengrad nicht oder nicht wesentlich zu überschreiten und kommt jedenfalls nördlich des Thüringer Waldes nicht vor.[1]) Ihre am weitesten nach Norden vorgeschobenen Fundorte, die ich kenne, liegen im Maingebiet in der Bamberger Gegend (TH. SCHNEID 1941) und bei Aschaffenburg (1 ♀ coll. m., leg. H. SINGER) sowie im Rheingau (1 ♀ 1 ♂ von Geisenheim coll. m., leg. E. SCHMIDT). SCHENCK hat sie allerdings aus dem Lahntal verzeichnet. Sie kommt zerstreut auch sonst in Bayern (1 ♀ von München in M. Mü.; 1 ♂ von Thaldorf coll. m., leg.

[1]) Ein vermeintliches ♀ *chevrieranus* von Medingen (Lüneburger Heide) (WAGNER 1938) erwies sich als *Allodynerus Rossii* ♀, vgl. WAGNER 1940.

E. STÖCKHERT) und in Baden (LEININGER 1951, außerdem sah ich Stücke von Karlsruhe und Söllingen aus M. Karlsruhe und 1 ♀ von Neckarelz coll. BALLES) vor. 1 ♂ von Westheim (Pfalz) befindet sich in M. Augsburg.

Aus dem übrigen Mitteleuropa kenne ich *chevrieranus* aus der Umgebung von Wien (L. MADER leg.), aus dem Burgenland (Hackelsberg: M. B.), aus der ČSSR (Budweis 1 ♀, Olmütz ♂ ♀, Brünn 1 ♀, Somotor 1 ♀, Parkan 1 ♀: M. Pr.), aus der Batschka: Subotica (coll. m., TAUBERT leg.). Schweiz: v. SCHULTHESS 1897.

In Nordeuropa, Dänemark, England und Holland fehlt *chevrieranus*, auch aus Belgien liegt noch kein Nachweis vor. In Frankreich liegt der von L. BERLAND 1928 mitgeteilte nördlichste Fundort Melun zwischen dem 49. und dem 50. Breitengrad; die Art scheint auch dort nicht häufig zu sein. Für Spanien führt DUSMET 1909 nur wenige Fundorte an; für Portugal siehe BLÜTHGEN 1953[c] und 1956[b].

Für Bulgarien nennt ihn ATANASSOV 1942, für Albanien (Kopliku) D. GUIGLIA 1946. Weitere Fundorte aus Osteuropa: Orenburg (1 ♂ in M. Kr.); Sarepta (F. MORAWITZ 1895 als „*germanicus*", vgl. KOSTYLEV 1928 S. 404); Krim (KOSTYLEV l. c.); Borshom (Transkaukasien) und Eriwan (Armenien): F. MORAWITZ, l. c. in Verbindung mit KOSTYLEV l. c.; Persisch Kurdistan (Shaklava): loc. typ. var. *eximia*.

Das Vorkommen in Nordafrika — L. BERLAND erwähnt 1 ♀ coll. J. PÉREZ mit der Herkunftsangabe „Bône" — bedarf der Bestätigung, da mir die Richtigkeit des Fundortes nicht genügend verbürgt erscheint.

Die (bei auch im übrigen stärker entwickelten Zeichnungselementen) auf den Mesopleuren (var. *Dufouriana*) oder auch auf der Kopfschildbasis (var. *pontica*) gelb gefleckten Varietäten des ♀ kommen auch in Deutschland vor: zu ersterer gehört das ♀ coll. m. von Aschaffenburg, zu letzterer das ♀ coll. m. von Geisenheim; die var. *eximia* (*pontica* mit zusätzlicher gelber Zeichnung des Mittelsegments) könnte gelegentlich auch auftreten.

Diese Art scheint hauptsächlich alte Gallen von *Cynips Kollari* zur Unterbringung des Nestes zu benutzen; auch H. LEININGER konnte das bei den südwestdeutschen Populationen feststellen. Als Larvenfutter dienen Kleinschmetterlingsraupen: bekannt ist die Mitteilung von AUDOUIN und von PICARD, daß *chevrieranus* die Larven des Traubenwicklers („Heuwurm") eintrage.

14. Gattung ***Odontodynerus*** BLÜTHG. 1938

Generotypus: *Odynerus orbitalis* H.-SCH. 1839 (BLÜTHGEN 1938b S. 280)
Synonym: *Mehelyella* „MÓCZÁR 1937" BOHART 1951[1])

Zu dieser ziemlich artenreichen und auch in der orientalischen und der äthiopischen Fauna vertretenen Gattung gehören in Europa 5 Arten, von denen 2 auch in Mitteleuropa vorkommen. Die Nester werden in vertikalen Lößwänden nach *Oplomerus*-Art angelegt (MOLITOR 1939 S. 241, MÓCZÁR 1939 S. 78, 80) und mit Kleinschmetterlingsraupen versorgt.

Über Brutparasiten liegen noch keine Mitteilungen vor. Bei einigen Arten dieser Gattung sind Fälle von Stylopisation beobachtet worden.

Bestimmungsschlüssel

♀ ♂: Rückseite des Hinterschildchens poliert, stark glänzend, nur die obere Hälfte (dicht und kräftig) punktiert.

Die Schrägleisten der Seitenwände des Mittelsegments enden in einem kräftigen zahnartigen Vorsprung, der (im Profil) oberhalb der Seitenspangen über die Rückwand des Mittelsegments

♀ ♂: Rückseite des Hinterschildchens mattiert, auch im unteren Teile dicht punktiert.

Schrägleisten ohne distalen Vorsprung, das Profil der Rückwand fällt bis zu den Seitenspangen geradlinig ab.

1) Siehe hinten S. 233, Anm. 8.

hinausragt.	
Epicnemienkante scharf ausgebildet.	Epicnemienkante viel schwächer entwickelt.
Profillinie des 2. Sternits vorn nach der Basalquerfurche in kürzerem, mehr rundlich winkligem Bogen eingekrümmt.	Profillinie des 2. Sternits vorn in flacherem, gleichmäßig konvexem Bogen eingekrümmt.
Hinterschildchenzähne stärker entwickelt.	Hinterschildchenzähne schwach ausgebildet.
Punktierung der Tergite viel stärker (ziemlich grob), tiefer und zerstreuter (namentlich auf dem 2. auffällig).	Punktierung der Tergite viel schwächer, flacher und dichter (besonders auffällig auf dem 2.).
Behaarung des Mesonotums merklich länger, zwar noch kurz, aber im Profil sehr deutlich, etwa 2½mal so lang wie bei *deflendus*, die der Stirn noch merklich länger.	Behaarung des Mesonotums im Profil winzig kurz (= 1 Teilstrich des Zeiß'schen Okularmikrometers), die der Stirn etwa 2½mal so lang wie des Mesonotums.
Sinusflecke in der Regel zu einer ± ausgedehnten Orbitalbinde ausgezogen.	Sinusflecke in der Regel nicht zu einer Orbitalbinde verlängert.
♀: Kopfschild im Verhältnis zur Breite merklich länger (45:47), mit viel weitläufigerer und ± oberflächlicherer Punktierung und deutlicher, dichter, flacher Längsfurchung.	♀: Kopfschild im Verhältnis zur Breite deutlich kürzer (65:70), mit mäßig dichter, aber deutlicher Punktierung und kaum angedeuteter Längsfurchung.
♂: Sternite 3—6 mit dicht und kräftig punktierter Endhälfte der Scheibe (aber punktfreiem Endsaum) und dicht und deutlich bürstenartig kurz behaarter Endhälfte.	♂: Sternite 3—6 mit zerstreuter und schwächerer Punktierung, auf der Endhälfte mit sehr kurzer, mäßig dichter und nur im Profil deutlicher, auf der Basalhälfte mit längerer, dichter Behaarung.
♀ 8,5—10 mm, ♂ 7,5—9 mm.	♀ 7,5—9 mm, ♂ 7—8,5 mm.
Odontodynerus o. orbitalis (H.-Sch.).	*Odontodynerus d. deflendus* (S. Saund.).

1. *Odontodynerus orbitalis* (H.-Sch.)

Diese Art tritt in 2 Unterarten auf: dem einheitlich zitronengelb gezeichneten *o. orbitalis* und dem auf die südosteuropäischen Steppengebiete beschränkten, auf Kopf und Thorax blaßgelb, auf dem Hinterleib weiß gezeichneten *orbitalis Ballioni* (F. Mor. 1867) (*rubripes* [Ed. André 1884], vgl. Blüthgen 1939a S. 245, n. 28).

Odontodynerus o. orbitalis (H.-Sch. 1839)

Odynerus orbitalis n. sp. — Herrich-Schaeffer, Faun. Insect. German., 1839, Pt. 173, S. 15, ♂. Loc. typ.: Ungebung von Wien. Typus vernichtet.
?*Odynerus similis* n. sp. — Destefani, Natural. Sicil., 8, 1889, S. 231, ♂. Loc. typ.: S. Ninfa; Girgenti. Verbleib des Typus mir nicht bekannt. (Homonym von *Od. similis* F. Smith 1857).
?*Odynerus caelebs* nom. nov. für *Od. similis* Destef. 1889 ♂ — Dalla Torre 1894 S. 58.
!*Lionotus bidenticulatus* n. sp. — F. Maidl, Ann. Naturh. Mus. Wien 1922, S. 47, pr. pr.: ♂ (Lectoallotypoid) nec ♀ (Lectoholotypus). Loc. allotyp.: Metkovich (Dalmatien). Typus: M. W. (Blüthgen 1938 b S. 280).
Odynerus (*Lionotus*) *parvulus* Lep. var. *alpicola* n. var. — Berland 1928, S. 50, ♀ ♂. Loc. typ.: Ostfranzösische Alpen. Typen: M. P.
Odynerus (*Lionotus*) *orbitalis* (H.-Sch.) — Blüthgen 1937, S. 41, ♀ ♂.
Euodynerus (*Odontodynerus*) *orbitalis* (H.-Sch. 1839) — Blüthgen 1938 b, S. 280.

Die typische Unterart ist in Niederösterreich weit verbreitet: um Wien (Mödling, Perchtoldsdorf, Guntramsdorf, Eichkogel, Stammersdorf, Deutsch-Altenburg, Oberweiden), bei Neusiedl und Plank a. Kamp; in Böhmen (Lobositz: 1 ♀ 1 ♂, 17. 6. 31, leg. Cohrs), Mähren (Brünn-Hády, Pouzdřany, Velehrad: W. Zavadil leg.), Slowakei (Parkáň: 3 ♀ ♀, 1 ♂, M. Pr.), Ungarn (Budapest, Simontornya, Kelebia; ferner L. Móczár 1937 S. 35), Nordserbien (Subotica: A. Taubert leg.), Dalmatien (Metkovich; Dubrownik), Albanien (Elbasan: 1 ♀ leg. L. Mader), Corfu: leg. P. M. F. Verhoeff, Zante: 1 ♂ M. W., Italien (Bozen: coll. v. Schulthess; Klausen: leg. Cohrs; Sesto Fiori [Toscana]: Mus. Bologna; Livorno [Quercianello]: 1 ♀ ebenda; Ronzano [Bologna]: 1 ♀ coll. m.), Südfrankreich (Berland l. c.; Nizza: teste F. Morawitz 1868), Calvi auf Corsica: 1 ♂ M. P. (bezettelt mit dem nicht veröffentlichten

Namen „*Odynerus Benardi* ♂ BUYSS. n. sp."), Spanien (anscheinend sehr wenig verbreitet und sehr selten: Granada 1 ♀ M. W.; Sollana 1 ♀ M. St.; Torrente 1 ♂ coll. v. SCHULTHESS), Portugal (Rezende: 2 ♀♀ leg. DE ANDRADE).

In Deutschland ist diese Art noch nicht gefunden worden; sie könnte z. B. in der Gegend von Passau und Regensburg vorkommen.

H. BISCHOFF fand bei Deutsch-Altenburg in den Zellen eines Nestes als Larvenfutter Gelechiidenräupchen (brfl. Mitteilung).

2. *Odontodynerus d. deflendus* (S. SAUND.)

Odynerus parvulus n. sp. — LEPELETIER, Hist. nat. Insect. Hymén. II. 1841, S. 631, n. 17, ♀ ♂. (Homonym von *Odyn. parvulus* H.-SCH. 1838 = *Pseudomicrodynerus parvulus* [H.-SCH.]). Loc. typ.: Oran. Verbleib der Typen mir nicht bekannt.

! *Ancistrocerus deflendus* n. sp. — S. SAUNDERS, Trans. Entom. Soc. London (2) 2, 3, 1853, S. 141, ♀ ♂; Taf. 15, Fig. 15, ♂. Loc. typ.: Prevesa und Golf von Arta (Epirus). Typen: M. O.

Lionotus parvulus LEP. var. *ruthenicus* n. var. — F. MORAWITZ, Horae Soc. ent. Ross., 4, 1867, S. 131 n. 18, ♀ ♂. Loc. typ.: Sarepta. Typen: coll. auct. (M. L.).

! *Lionotus bidenticulatus* n. sp. — F. MAIDL, Ann. Naturhist. Mus. Wien 1922, S. 47, ♀ (Lectoholotypus), nec ♂ (BLÜTHGEN 1938b, S. 280, Fußnote 3). Loc. typ.: Savina bei Hercegovni (Dalmatien). Standort: M. W.

Euod. (*Odontodynerus*) *deflendus* (S. SAUND.) n. comb. — BLÜTHGEN 1938b, S. 280.

GIORDANI SOIKA hat 1952 eine bei reicher gelber Zeichnung gröber und dichter punktierte Form aus Palästina als ssp. *tiberiacus* von *deflendus* abgetrennt. Damit ist automatisch eine ssp. *deflendus* entstanden.

Die Beschreibung von *defl.* ist auf Stücke aus „Albanien" (recte Epirus [Prevesa und Golf von Arta]) gegründet. Von der Typenserie lagen mir aus M. O. 1 stylopisiertes ♀ mit der Bezeichnung „Alb. June 29", 1 ♀ mit der Bezettelung „Alb[a]158 ♀", 1 ♂ mit der Beschriftung „Alb[nia] 158 ♂" und 1 ♂ ohne Datierung vor. Der Lectoholotypus von *bidenticulatus* (MAIDL) gleicht in seiner Zeichnung in der Hauptsache den albanischen ♀♀. Diese Form, zu der auch die mitteleuropäischen Populationen gehören, ist in der Ausdehnung der gelben Zeichnung einigermaßen veränderlich:

♀: Der Kopfschild kann total schwarz sein oder er kann an seiner Basis 2 kleine gelbe Flecke, die sich zu einer schmalen oder breiteren Binde vereinigen können, oder auch nur einzelne unregelmäßige kleine Tupfen haben; das 2. Tergit kann nur eine Endbinde oder außerdem noch 2 kleine, isolierte Scheibenflecke besitzen; die Binde des 3. Tergits ist meist mitten verschmälert oder häufig ± breit unterbrochen; der Fühlerschaft hat häufig nur sehr geringe Spuren gelber Zeichnung (eine schmale, nicht durchgehende Längslinie der Unterseite), zuweilen überhaupt keine solche; die Pronotumbinde ist häufig zu 2 Flecken geschrumpft (seitlich ± stark verkürzt und mitten unterbrochen). (Das ♀ Cotypus von *deflendus* M. O. hat keine Scheibenflecke auf dem 2. Tergit, eine mitten verschmälerte Binde auf dem 3., eine lineare, unterbrochene Basalbinde auf dem Kopfschild und nur distal gelb linierte Schaftunterseite; der Lectoholotypus von *bidenticulatus* M. W. besitzt auf dem Kopfschild nur 3 kleine Tupfen, im übrigen ist er genau so gefärbt).

♂: Bei diesem kann die gelbe Pigmentierung des Thorax und des Hinterleibes wie beim ♀ sein, sie kann aber auch noch stärker schrumpfen, indem das 3. Tergit total schwarz ist, und es kommen Stücke vor, bei denen der Kopfschild mitten einen ± großen schwarzen Fleck hat oder außerdem noch schmal schwarz gesäumt ist. Andererseits ist die Pronotumbinde häufig stärker entwickelt (mitten nicht unterbrochen und seitlich nicht oder nur wenig verkürzt), und die Scheibenflecke des 2. Tergits können groß und längs des Seitenrandes des Tergites mit der Endbinde verbunden sein. (Beim Cotypus von *defl.* ♂ ist letzteres der Fall und die Pronotumbinde vollständig, aber die Binde des 3. Tergits unterbrochen).

Alle diese Variationen können in einer und derselben engeren Population auftreten. Die var. *ruthenica* (F. MOR.) weist dieselben Zeichnungselemente auf.

Im Körperbau, in der Art der Behaarung und in der Skulptur sind alle diese Populationen einheitlich.

Von *d. deflendus* erhielt ich von J. HEINRICH (Aschaffenburg) 3 Stücke mit deutschen Fundortsangaben: Thüngersheim bei Würzburg (1 ♀, 7. 6. 37), Karlstadt a. Main (1 ♀, 28. 6. 36) und Gambach a. Main (1 ♂, 1. 8. 37). Im M. B. steckt 1 ♀, ein sehr altes Stück, mit der Herkunftsangabe „Schlesien". Das sind bisher die einzigen Nachweise aus dem Gebiet.

In Unter-Österreich, der Tschechoslowakei, in Ungarn und Jugoslawien ist diese Art weit verbreitet und, wo sie vorkommt, anscheinend auch häufig. Im übrigen ist sie im Mittelmeergebiet, wo sie (namentlich in Nordafrika) sehr viel reichere gelbe Pigmentierung erhält (ssp. *Lepeletieri*, nom. nov. für *parvulus* LEP. 1841, loc. typ. Oran), bis nach Turkestan eine der häufigsten Faltenwespen.

Nestbau (mit bildlichen Darstellungen): MOLITOR 1939 S. 241; MÓCZÁR 1939 S. 78. MÓCZÁR fand als Larvenfutter „kleine weiße Raupen", und FERTON beobachtete, daß die ♀♀ Psychiden- und Wicklerräupchen jagten (BERLAND 1928 S. 50). A. TAUBERT sah *deflendus* an Lamium rubrum und an Nigella arvensis saugen (brfl. Mitt.), S. SAUNDERS fand sein Typenmaterial an Mentha-Blüten, an denen auch G. KOSTYLEV (1928, S. 403) *deflendus* antraf.

Stylopisation: Bei *deflendus* schmarotzt *Pseudoxenos heydenii* (S. SAUND. 1853).

15. Gattung ***Allodynerus*** BLÜTHG. 1938

Generotypus: *Odynerus* (*Leionotus*) *floricola* SAUSS. 1852. (BLÜTHGEN 1938b)
Synonym: *Delphinaloides* „MÓCZÁR 1937" BOHART 1951[1])

Mittelgroße Tiere von ± gestreckter Körperform und (bei den mitteleuropäischen Arten) auf Kopf und Thorax gut entwickelter Behaarung.

In Mitteleuropa kommen nur folgende drei Arten vor: *floricola* (SAUSS.), *delphinalis* (GIR.) und *Rossii* (LEP.). Sie nisten in vorhandenen Hohlräumen — hauptsächlich in Käferfraßgängen in altem Holz, in alten Hymenopterennestern in dürren Brombeer- und Hollunderzweigen oder in Schilfhalmen von Dachbedeckungen — und tragen als Larvenfutter Kleinschmetterlingsraupen ein.

Mit allen bisher bekannten *Allodynerus*-Arten leben in einer ihrer Wesensart nach m. W. noch nicht geklärten Symbiose gewisse Milben, und zwar die Adulti auf den Ruhelarven der Wespen, die Deutonymphen auf den Imagines in der vom 1. Tergit verdeckten vertieften Basalquerfurche des 2. Tergites, manchmal einzeln auch auf der Rückwand des Mittelsegments. Bei *delphinalis* und *Rossii* handelt es sich um die Milbe *Ensliniella parasitica* VITZTH. Vgl. hierzu H. GRAF VITZTHUM in Dtsch. Ent. Z. 1925 S. 289—305. Auch bei den Imagines von *floricola* (sowie von *dignotus* [F. MOR. 1895], *Vinciguerrae* [GUIGL. 1929] und *mandschuricus* BLÜTHG. 1953), die ich daraufhin untersucht habe, fand ich an der Basis des 2. Tergits Milben; ihre Artzugehörigkeit ist noch nicht ermittelt.

Schrifttum: BLÜTHGEN 1953a.

Bestimmungsschlüssel

Die gelbe Zeichnung des Hinterschildchens kann (namentlich beim ♂) ± stark reduziert sein oder völlig fehlen.

1. Fühlergeißel total schwarz; Flügelschuppen schwarzbraun mit ± breiter, beim ♂ häufig mitten unterbrochener, gelber Randbinde; Tergit 2 nie mit Scheibenflecken.

   Behaarung von Kopf und Thorax braun (mit blasseren Haarenden), auf Stirn und Thoraxoberseite dicht, lang, weich und wellig, auf dem Kopfschild deutlich entwickelt, auf der Unterseite der Trochanteren und der Basalhälfte der Schenkel des 1. Beinpaares winzig und dicht, auf ersteren außerdem nur spärliche kurze Härchen; Tergit 1 auf der Scheibe vorn mit spärlicher und kurzer, zarter, aufrechter Behaarung (außer der winzigen braunen Unterbehaarung).

---

[1]) Siehe hinten S. 233, Anm. 9.

Pronotumecken spitzwinklig, ± scharf ausgezogen. Mittelsegment, von oben gesehen, nach hinten deutlich verschmälert, die Diagonalerhöhung seiner Seitenwände nicht kantig, Seitenfelder glanzlos, dicht kräftig runzlig punktiert.

♀. Gesicht kurz länglichrund, Gesicht = 72:72; Kopfschild = 26:35; Ausschnitt = 9:8:1; Scheitelgrubenfeld groß, nierenförmig, viel breiter als POL (18:8), tief eingedrückt, hinten in rundlich stumpfwinkliger scharfer Kontur abgegrenzt, ganz obsolet chagriniert und punktlos, kräftig glänzend und dadurch von dem dicht tief punktierten Rest der Scheitelfläche stark abstechend; Kopfschild sehr dicht kräftig bis ziemlich grob punktiert, mit dichter, weicher, im Profil etwas nach unten gebogener Behaarung, die oben etwas kürzer als die der Stirn ist und nach abwärts weiter an Länge abnimmt; Fühlerschäfte glänzend, zerstreut deutlich punktiert, mit spärlicher Zwischenpunktulierung, deutlich und reichlich kurz behaart. Thorax gestreckt; Hinterleib auffallend zylindrisch, Tergit 1 merklich länger als $\frac{1}{2}$ seiner Breite, Tergit 2 (von oben gesehen) an der Basis seitlich kaum eingezogen, hier deshalb sehr wenig schmaler als Tergit 1, seine Scheibe am Ende nicht aufgebogen.

Sinus ohne gelbe Zeichnung, die innere Orbita nur neben den Fühlerwurzeln mit gelber Makel, die auch fehlen kann; Kopfschild wenig (2—4 Flecke) oder nicht gelb gezeichnet; Oberkiefer ohne rostgelbe Teilfärbung, an der Basalhälfte der Außenkante der Vorderseite gelb gestreift, Fühlerschäfte total schwarz oder unten gering, seltener ausgedehnter, gelb gestreift. Pronotumbinde bis in die Seitenwinkel reichend, aber mitten ± breit unterbrochen und hinten abgeschrägt, so daß 2 stumpfwinklige Flecke verbleiben; Schildchen und oberer Abschnitt der Mesopleuren in der Regel nicht, Mittelsegment nicht oder beiderseits nur gering gelb gezeichnet. Zeichnung des Hinterleibs gering: in der Regel nur die vorderen 3 Tergite und das 2. Sternit mit Endbinde, seltener auch das 4. Tergit mit einer solchen (schmalen, seitlich abgekürzten), die Binde des 1. Tergits ± breit, vorn mitten etwas ausgeschnitten, nicht an den Seitenrändern des Tergits vorgreifend. Schenkel größtenteils schwarz, Schienen gelb, auf der Innenseite ± braunschwarz gestreift, Tarsen III (1 am Ende, 2ff. total) oberseits ± kräftig gebräunt.

♂. Gesicht etwas breiter als lang (66:60), kurz queroval, Kopfschild = 23:28, Ausschnitt = 6,5:7:1,5, mit ± lang ausgezogenen Seitenzähnen (Abb. 51), die Fläche mit ziemlich dichter, kräftiger Punktierung, seine weißliche Behaarung etwas kürzer als beim ♀. Fühlergeißeln ziemlich kurz und gedrungen: 2. Glied unten doppelt, 3. Glied unten $1\frac{1}{2}$mal so lang wie am Ende dick; 11. Glied oben kaum länger als an der Basis dick (3,5:3), Haken knapp $\frac{1}{2}$ länger als das vorletzte Glied oben (5:3,5) und nur $2/3$ so lang wie das drittletzte oben, mit seiner Spitze nur knapp bis zum distalen Viertel des 9. Gliedes reichend, das 9. Glied auf der Unterseite ebenso skulpiert und matt wie die vorhergehenden. Behaarung der Fühlerschäfte länger und reichlicher als beim ♀, die längsten Haare jedoch kürzer als die Schaftdicke. Hinterleib viel weniger zylindrisch als beim ♀, das 1. Tergit merklich länger als seine halbe Breite (36:60).

Abb. 51. *Allodynerus rossii* (LEP.) ♂: Kopfschild. (Original)

Kopfschild, Vorderseite der Oberkiefer und untere Hälfte der Fühlerschäfte gelb; Färbung im übrigen wie beim ♀, aber Schienen III nicht selten braun gestreift, Tarsen gelb, die kleinen Glieder rostgelb, die Krallenglieder braun.

♀ 9—11 mm, ♂ 8—10,5 mm. 3. *Allodynerus Rossii* (LEP.)

Fühlergeißelunterseite von der Basis aus mindestens teilweise bräunlich orange; Flügelschuppen in der Regel größtenteils gelb (ausgenommen *delphinalis* ♂ var. *tristis*); Tergit 2 kann 2 isolierte Scheibenflecke haben.

Behaarung von Kopf und Thorax blaß blond; Kopfschild mit sehr kurzer bis winziger Behaarung; Fühlerschäfte auch beim ♂ ohne deutliche Behaarung (mit mikroskopischer Pubeszenz und höchstens hier und da einem abstehenden Härchen); Tergit 1 auf der Scheibe vorn ohne aufrechte Behaarung.

Pronotumecken rechtwinklig oder nur wenig spitzer als 90°, nicht spitz ausgezogen. Mittelsegment (von oben gesehen) nicht nach hinten verschmälert, deshalb hinten breiter gerundet, die Diagonalerhöhung seiner Seitenwände kantig; Hinterleib elliptisch, Tergit 1 auch beim ♀ kaum (*floricola*) oder wenig (*delphinalis*) länger als $^1/_2$ seiner Breite, 2 (von oben gesehen) an der Basis deutlich zusammengezogen, hier merklich schmaler als Tergit 1, seine Scheibe mit schmal und schwach, aber deutlich, aufgebogenem Ende.

Innere Orbita in der Regel ausgedehnt gelb, Fühlerschäfte unten auch beim ♀ mindestens bis zu $^1/_2$ der Höhe gelb; Pronotumbinde mitten nicht oder nur linear unterbrochen (wenn weiter, dann seitlich abgekürzt: so bei *delphinalis* var. ♂, bei diesem manchmal überhaupt fehlend); oberer Abschnitt der Mesopleuren und das Mittelsegment (beiderseits) in der Regel gelb gefleckt; Hinterleibszeichnung in der Regel reicher (auch das letzte Tergit kann, beim ♀ häufig, beim ♂ manchmal, gefleckt sein); Schenkelenden in der Regel ausgedehnt gelb, Schienen normal nie dunkel gestreift, Tarsen lichter.

♀. Gesicht breiter als lang; Scheitelgrubenfeld nicht breiter als POL, weniger scharf ausgeprägt (namentlich hinten in der Regel nicht scharf abgesetzt). Kopfschild und innere Orbita in der Regel ausgedehnt gelb, Endhälfte der Oberkiefer ± ausgedehnt rostgelb.

♂. Kopfschildausschnitt mit ± rundlich dreieckigen Seitenecken, die Fläche mit mäßig dichter, ziemlich schwacher, wenig deutlicher Punktierung. Fühlergeißeln länger und schlanker, der Haken so lang wie das drittletzte Glied oben und etwa $^2/_3$ länger als das vorletzte oben, mit seiner Spitze bis oder fast bis zur Mitte des 9. Gliedes reichend. 2.

2a. Behaarung der Thoraxoberseite (im Profil) bürstenartig straff und gleichmäßig.

Behaarung der Unterseite der Trochanteren und der Basalhälfte der Schenkel des 1. Beinpaares ungefähr wie bei *Rossii*.

Gesicht wenig breiter als lang, mehr rundlich, Kopfschild nicht viel breiter als lang.

Schrägleisten der Seitenwände des Mittelsegments kantig.

Tergit 1 nicht oder wenig länger als die Hälfte seiner Breite.

Punktierung des 2. Tergits merklich gröber als bei *delphinalis*.

♀. Gesicht = 71:78; Kopfschild = 30:36, Ausschnitt = 10:9,5.

2b. Behaarung der Thoraxoberseite (im Profil) wellig und weich.

Unterseite der Trochanteren und des Basaldrittels der Schenkel des 1. Beinpaares außer sehr dichter winziger Grundbehaarung mit einer dichten Franse ziemlich langer (die längsten Haare erreichen fast die halbe Schenkelbreite), welliger, blonder Behaarung.

Gesicht merklich breiter als lang, ohne Kopfschild stärker queroval, dieser ebenfalls viel breiter als lang.

Schrägleisten der Seitenwände des Mittelsegments scharfkantig komprimiert.

Tergit 1 deutlich etwas länger als die Hälfte seiner Breite.

Punktierung des 2. Tergits im Verhältnis wie bei *Rossii*.

♀. Gesicht = 68:82; Kopfschild = 29:38, Ausschnitt = 8:10.

Körperzeichnung kräftig gelb und reicher: Kopfschild gelb mit schwarzem Mittelfleck oder schwarz mit breiter, vollständiger oder mitten unterbrochener Basalbinde und 2 distalen Flekken; innere Orbita mit einer vom Kopfschild bis tief in den Sinus sich erstreckenden Binde; Schildchen in der Regel mit 2 ± entwickelten viereckigen Flecken; Mittelsegment beiderseits breit gestreift.

Das 1. Tergit hat außer der seitlich nicht verschmälerten Endbinde Seitenbinden, die mit ihr einen spitzen Winkel bilden, aber niemals Schrägstreifen; Tergit 2 in der Regel mit 2 isolierten Scheibenflecken; Binden der Tergite 2—5 ± breit.

Unterseite der Fühlergeißel fast der ganzen Länge nach aufgehellt.

♂. Gesicht = 52:65; Kopfschild = 26:28, Ausschnitt = 8,5:6:4, ± halbkreisförmig.

Geißelglieder gestreckter: 2. unten $2\frac{1}{2}$ mal so lang wie am Ende dick, 3. unten um $\frac{2}{3}$ länger als distal dick, 9. oben um $\frac{1}{3}$, 10. oben um $\frac{1}{2}$ länger als an der Basis dick, Haken etwa dreimal so lang wie an der Basis dick, plump, die basalen $\frac{2}{3}$ weniger als das Enddrittel gebogen; 9. (und 10.) Glied unterseits mitten glänzend und mäßig dicht punktiert (von den glanzlosen, dichtest feinskulptierten vorhergehenden Gliedern stark abstechend).

Kopfschild mit dichter, winziger, äußerst zarter, seidiger Pubeszenz von gelblicher, in gewisser Beleuchtung weißlich schimmernder Farbe, die aber die Skulptur nicht verdeckt.

Zeichnung auch auf dem Hinterleib kräftig gelb und in der Regel ausgedehnter.

♀ 9—11 mm, ♂ 9—10 mm.

1. *Allodynerus floricola* (Sauss.)

Körperzeichnung strohgelb und häufig weniger reich: Kopfschild gelb mit schwarzem Querfleck mitten oder schwarz mit gelben Flecken, ausnahmsweise total schwarz; innere Orbita nur mit gelbem Fleck neben der Fühlergrube oder einer kurzen, nicht bis in den Sinus reichenden Binde; Schildchen in der Regel nicht gefleckt; Mittelsegment nur am Außenrand der Seitenfelder gestreift, manchmal nur ganz wenig, hin und wieder total schwarz.

Die Endbinde des 1. Tergits ist seitlich verschmälert, Seitenbinden fehlen, dagegen kann beiderseits aus der Hinterecke des Tergits ± weit nach der Mitte hin ein Schrägstreifen entwickelt sein; Tergit 2 niemals mit Scheibenflecken; Binden der Tergite 3—5 häufig schmal, auf 5 oft fehlend.

Unterseite der Fühlergeißel nur auf der Basalhälfte aufgehellt.

♂. Gesicht = 51:66; Kopfschild = 23:32, Ausschnitt = 7:9:4, aber gelegentlich auch etwas größer als der Abstand der Fühlergruben und nach Form und Tiefe (halbelliptisch bis rundlich stumpfwinklig) veränderlich.

Geißelglieder kürzer: 2. unten nur doppelt so lang wie am Ende dick, 3. unten nur um $\frac{1}{3}$ länger als distal dick, 9. oben um knapp $\frac{1}{4}$, 10. oben um $\frac{1}{3}$ länger als an der Basis dick; Haken ebenfalls etwa dreimal so lang wie an der Basis dick, aber schlanker und gleichmäßig gebogen; 9. (und 10.) Glied unterseits ebenso glanzlos und skulpiert wie die vorhergehenden.

Kopfschild mit mäßig dichter, sehr kurzer, ganz unauffälliger, gelblicher Behaarung.

Zeichnung auf dem Hinterleib nicht selten sehr bleich gelb bis weiß, häufig ± stark reduziert (manchmal nur 2 Tergitbinden vorhanden).

♀ 10—12,5 mm, ♂ 9—10,5 mm.

2. *Allodynerus d. delphinalis* (Gir.)

1. *Allodynerus floricola* (SAUSS. 1852)

Odynerus (*Leionotus*) *floricola* n. sp. — SAUSSURE, Étud. fam. Vespid. I. Eumén., 1852, S. 196, n. 95, ♀ (nec T. 18 fig. 3 = *Parodontodynerus ephippium* [KLUG 1817] ♀). Loc. typ.: „L'Algérie ?" Typus: M. P.

Odynerus floricola SAUSS. ♀ ♂ — F. MORAWITZ, Horae soc. ent. Ross., **5**, 1868, S. 147/48.

Odynerus (*Lionotus*) *floricola* SAUSS. ab. *immaculata* nov. — L. MADER, Ent. Z., Frankfurt/ Main, **50**, 1936, S. 276. Loc. typ.: Kroatien (Senj und Insel Krk). Typen: coll. auct.

Allodynerus floricola (SAUSS.) n. comb. — BLÜTHGEN 1938b S. 280.

Diese mediterrane Art ist in Deutschland erst einmal (vor beinahe 100 Jahren) bei Kreuznach/Nahe aufgefunden worden, siehe oben S. 7. Die 2 ♀♀ 1 ♂, die mir aus coll. F. MORAWITZ (M. L.) vorlagen, haben die reiche gelbe Zeichnung südeuropäischer Stücke, nicht die reduzierte, die in Ost-Mitteleuropa, z. B. bei Wien, die Regel bildet. Bei solchen Stücken hat das 2. Tergit beim ♀ in der Regel, beim ♂ häufig 2 isolierte gelbe Scheibenflecke wechselnder Größe und Form. Exemplare ohne solche Flecke (var. *immaculata* MADER) sind nicht selten, sie fallen in die regelmäßige Variationsbreite der Art; bei den ostmitteleuropäischen Populationen bilden sie die Regelfärbung.

Seit SAUSSURE haben die Autoren — wohl einer dem anderen folgend — ein diese Art besonders kennzeichnendes Merkmal in einer Verdickung des Endrandes des 1. Tergits erblickt: ED. ANDRÉ 1884: „bord du premier segment abdominal épaissi, bordé comme avec un petit cordon lisse, un peu saillant"; v. SCHULTHESS 1897: „Hinterrand des Segments, besonders gegen die Seiten hin, wulstartig verdickt, besonders bei den ♀♀, doch fehlt dieses Merkmal häufig"; L. BERLAND 1928: „bord postérieur du 1er tergite légèrement épaissi en une sorte de mince bourrelet"; L. MADER 1935: „Der Hinterrand des 1. Tergits ist verdickt und glatt". Wer danach ein Stück von *floricola* zu bestimmen versuchen sollte, würde kaum zum Ziele kommen. Die Verdickung des Endsaumes des 1. Tergits, die man sich nach jenen Angaben ähnlich wie bei *Alastor atropos* LEP. oder wie bei *Microdynerus*-Arten vorstellen wird, besteht nämlich nur darin, daß das Tergit — verglichen mit einem dünnen Tischmesser — nicht mit der Messerschneide, sondern mit dem Messerrücken endet. Das ist aber auch bei vielen anderen Eumeniden so.

Sonstige Verbreitung: Fehlt in Nordeuropa, England. In Holland einmal gefunden (WILCKE 1952). Aus Belgien noch nicht gemeldet. In Mittel- und Südfrankreich ziemlich häufig (BERLAND 1928). In Südeuropa von Spanien (DUSMET 1909) bis zur Balkanhalbinsel. In Mitteleuropa in der Schweiz (v. SCHULTHESS 1887), in Österreich (Hainburg, Deutsch-Altenburg, Anniger), Ungarn (L. MÓCZÁR 1937), Südost-Galizien (Dobrowlany bei Zaleszczyki am Dnjepr: J. NOSKIEWICZ 1922). Kleinasien: Konia (M. Mü.), Eskischehir (coll. FAHRINGER); Armenien: Eriwan (M. Mü.).

Die vom Autor als unsicher bezeichnete Herkunft des Typus aus Algerien ist in der Tat zweifelhaft, denn ich sah noch kein Stück von dort oder sonst aus Nordafrika; was E. SAUNDERS 1906 als *floricola* aus Algerien gemeldet hat, erwies sich als *Allodynerus Königi* (DSM. 1917). Die von DUSMET 1917 genannten Stücke von Mogador und Larache bedürfen der Bestätigung.

Diese Art nistet nach Beobachtungen von F. MORAWITZ (1868 S. 147) in Felsspalten, indem sie aus Mörtel und Sand eine etwa 2 Zoll lange zylindrische Eingangsröhre herstellt. Derselbe Autor fand ferner 1 totes Stück in einer geschlossenen Zelle eines *Chalicodoma*-Nestes. NOSKIEWICZ traf *floricola* an Kalkwänden. G. GRANDI (1937 S. 274) fand ein Nest im Gang eines alten Hymenopterennestes in einer Hauswand und beobachtete, daß das ♀ eine borstige grüne Schmetterlingsraupe eintrug.

Aus coll. L. MADER (Wien) sah ich 1 stylopisiertes ♀ von Krk.

2. *Allodynerus d. delphinalis* (GIR. 1866)

Odynerus (*Leionotus*) *Delphinalis* n. sp. — GIRAUD, Ann. Soc. ent. France (4), 1866, S. 464, n. 14, ♀. Loc. typ.: Grenoble. Typus: M. P.

! *Odynerus tristis* n. sp. — THOMSON, Opusc. ent. **2**, 1870, S. 86, n. 9, ♂ (nec ♀ !). Loc. typ.: Südschweden. Typus: M. Lu.

Odynerus Delphinalis GIR. ♀ ♂ — ED. ANDRÉ, Spec. Hymén. Europe, 1884, S. 743, n. 8. Standort des Allotypus unbekannt.

Odynerus (*Lionotus*) *novellus* n. sp. — F. MORAWITZ, Horae Soc. ent. Ross., 29, 1895, S. 459, ♀ ♂. Loc. typ.: Helenendorf (Transkaukasien). Typen: coll. auct. (M. L.).
Allodynerus delphinalis (GIR.) n. comb. — BLÜTHGEN 1938b S. 281.

Das Untersuchungsgebiet ist von dieser Art offenbar von 2 Seiten her besiedelt worden: einerseits durch die Burgundische Pforte, anderseits von Südosten im Bereich der großen Stromtäler. Ich habe folgende Stücke aus diesem Bereich gesehen: Kaiserstuhl (Badberg und Wasenweiler: M. B.), Maingebiet (Kahl, Karlstadt, Retzbach, Thüngersheim: coll. ENSLIN und coll. HEINRICH); Wendelstein bei Nürnberg (coll. ENSLIN); Abensberg (coll. E. STÖCKHERT). — Im Nordosten: Misdroy: M. B.; um Stettin: A. R. PAUL 1943; Hochzehren, Kreis Marienwerder: 1 ♀ coll. MÖSCHLER; Zoppot [Kurgarten]: 1 ♀, coll. m., leg. P. TIMM; Klein-Guja [Kr. Angerburg] und Rossitten: leg. MÖSCHLER. Weitere Fundorte: Südschwarzwald (Oppenau: FRIESE leg., teste v. SCHULTHESS brfl., von diesem im SCHMIEDEKNECHT 1930 irrtümlich als *floricola* gemeldet); Schirgiswalde (Oberlausitz) (KRIEGER 1894, 1 ♂, als „*tristis*" bezeichnet); Wilhelmsruh bei Breslau (DITTRICH 1921, 1 ♂ als „*tristis*"). Aus anderen Gegenden ist *delphinalis* noch nicht nachgewiesen.

Verbreitung im übrigen Mitteleuropa: Böhmen (Prokop und Zlichóv: M. Pr.); Mähren (Ostrawa: coll. ZAVADIL); Slowakei (Parkan und Košice: M. Pr.); Ungarn (L. MÓCZÁR 1937); Österreich (Jedlesee: coll. MADER; Guntramsdorf: A. MOLITOR leg., coll. m.); Schweiz (Roveredo: 1 ♀ 19. 8. 25 coll. v. SCHULTHESS)[1]); Westeuropa: Holland (WILCKE 1951, VAN LITH 1953; Stücke von Wageningen und Udenhout lagen mir vor); Belgien (nur St.-Michel-lez-Bruges: CRÈVECOEUR & MARÉCHAL 1932); Frankreich (BERLAND 1928).

In Skandinavien ist er nur in Südschweden gefunden: loc. typ. von *tristis*; ferner 1 ♂ von Böda auf Öland (M. Lu.). Aus Osteuropa sah ich 1 ♂ von Orenburg (EVERSMANN leg.) in M. Kr. und 1 ♂ von Varna (Bulgarien) in M. B.

In England und in Dänemark fehlt *delphinalis*. Im übrigen reicht seine Verbreitung von Portugal bis zur Mandschurei (BLÜTHGEN 1953a S. 53/54). In Nordafrika fehlt er, er wird dort durch den ihm sehr nahe verwandten *Allodynerus Königi* (DSM. 1917) ersetzt.

Die Populationen des europäischen Festlandes gehören zur typischen Unterart; wegen 2 von mir abgetrennter Subspecies vgl. l. c. S. 54.

Die Zeichnung ist sehr veränderlich: Die mitteleuropäischen und die holländischen ♀♀, die ich sah, und (nach L. BERLAND) auch die französischen ♀♀ haben in der Regel auf dem 1. Tergit nur eine schmale, sich seitlich noch mehr verschmälernde Endbinde und oft das Schildchen, die Mesopleuren und das Mittelsegment ohne jede gelbe Zeichnung; ihr Kopfschild hat nur selten (bei auch im übrigen reicher gelb gezeichneten Stücken) die typische Färbung (gelb mit schwarzem Mittelfleck), sondern das Gelb ist ± weit zurückgedrängt (bis zu 2 kleinen Seitenflecken) oder fehlt manchmal überhaupt. ♂♂ derselben Herkunft haben wohl stets Schildchen, Mesopleuren und Mittelsegment, nicht selten auch das Hinterschildchen (größtenteils oder ganz) schwarz und reduzierte Tergitbindenzahl, in extremen Fällen sogar nur 2, überdies stark verschmälerte Binden. Das Gelb kann auf dem Hinterleib bis zu Weiß abändern.

Diese Variationen treten auch innerhalb einer und derselben Population auf. Bei ♂♂ mit starkem Schwund der gelben Pigmentierung haben auch die Flügelschuppen keine gelbe Zeichnung, die Schienen auf der Innenseite dunkle Streifen und der Kopfschild die Basis schmal schwarz: var. *tristis* THOMS.

Reich gelb gefärbte Stücke können viel Ähnlichkeit mit *floricola* haben, lassen sich indessen an der Art der Behaarung der Thoraxoberseite und der Vorderbeine leicht und sicher erkennen.

Eine weitere merkliche Veränderlichkeit besteht bei den ♂♂ in der Breite, Tiefe und Form des Kopfschildausschnitts.

---

[1]) Dagegen erwies sich 1 ♂ von Sierre, 12. 5. 87, das von v. SCHULTHESS als „*delphinalis*" bestimmt war, als *floricola* (SAUSS.) v. *immaculata* (MADER) ♂.

Über die Lebensweise haben verschiedene Forscher berichtet. Es genügt, auf die sehr gründlichen Untersuchungen ENSLINS zu verweisen (ENSLIN 1922). Die Imagines hat man an Geranium sanguineum (J. HEINRICH) und Scrophularia (A. MÖSCHLER) getroffen. WILCKE verzeichnet *Chrysis ignita* (L.) als Schmarotzer.

3. *Allodynerus Rossii* (LEP. 1841)

Odynerus hospes n. sp. — DUFOUR & PERRIS, Ann. Soc. ent. France **9**, 1840, S. 24, n. 9, ♀. Loc. typ.: Landes. Typus verschollen[1]).
Odynerus Rossii n. sp. — LEPELETIER, Hist. natur. Insect. Hymén. II. 1841, S. 633, n. 19, ♀ ♂. Loc. typ.: bei Paris. Standort der Typen unbekannt.
Allodynerus Rossii (LEP.) n. comb. — BLÜTHGEN 1938b. S. 281.

Diese Art ist durch die zylindrische Hinterleibsform, die dunkle Behaarung, die beschränkte gelbe Zeichnung und (namentlich das ♀) durch die schmale Gesichtsform gekennzeichnet. Bei der typischen Färbung des ♀, die nach L. BERLAND (1928) in Frankreich die Regel bildet, haben nicht nur die vorderen 3 Tergite und das 2. Sternit, sondern auch das 4. Tergit eine (auf letzterem schmale und seitlich abgekürzte) Binde. In West- und Mitteleuropa fehlt aber diese 4. Binde häufig und entfällt auch gelbe Zeichnung der Mespleuren (meist) und des Mittelsegments (in der Regel), nicht selten auch auf dem Hinterschildchen und längs den inneren Orbiten. (Umgekehrt kann sich im Osten des Verbreitungsgebietes die gelbe Zeichnung gegenüber der typischen Färbung verstärken, vgl. BLÜTHGEN 1953a S. 56; derartige ♂ ♂ sehen *floricola* ♂ sehr ähnlich).

In Deutschland ist diese Art in der Heidegebieten des Nordwestens weit verbreitet, wenn auch nicht häufig (WAGNER 1937 u. 1940; ich sah aus Mus. Hamburg 1 ♀ von Medingen und 1 ♀ von Neuhaus, aus Mus. Bremen Stücke von Oldenbüttel, Kirchseelte, Oyten, Wollah, Stemmer Berge, Königsmoor, Horn und Bremen, aus coll. EMEIS-Flensburg 1 ♀ von Göttin in Lauenburg), östlich erreicht sie die Mark Brandenburg (Trieglitz 1 ♂, Bredow 1 ♀: M. B.); ferner lag sie mir vor von Cappel bei Marburg (Lahn) (2 ♀ ♀ leg. H. WOLF), Jburg (1 ♀ coll. A. SICKMANN), Krefeld (1 ♂ coll. O. MEYER), Aschaffenburg (von J. HEINRICH gezüchtete Stücke von Schönbusch), Erlangen und Abensberg (E. STÖCKHERT leg.) und Geiselgasteig bei München (M. Mü.); gemeldet ist sie ferner von Kreuznach (F. MORAWITZ 1866/67) und Baden-Baden (v. SCHULTHESS), und M. KLEIN fand 2 ♀ ♀ bei Oberehnheim (Elsaß) (brfl.). Aus Mitteldeutschland kenne ich nur 1 ♀ von Dessau (coll. HEIDENREICH); R. KRIEGER 1894 erwähnt 1 ♂ von Diesbar bei Meißen. Für den Norden und Osten liegen bisher noch keine Nachweisungen vor.

Im übrigen Mitteleuropa ist *Rossii* bisher gefunden in der Schweiz (Bachtobel bei Zürich: 1 ♀ coll. v. SCHULTHESS; Siders: idem 1897), in Österreich (Eichkogel b. Wien: 1 ♀ coll. D. B. BAKER), Mähren (Brno-Hády: 1 ♀ M. Pr.), Ungarn (Simontornya: 1 ♀ 2 ♂ ♂ coll. FR. PILLICH; Badacsony am Plattensee: 1 ♂ coll. E. JAEGER), in der Batschka (Subotica: ♀ ♀ ♂ ♂ leg. A. TAUBERT). Für Dänemark, wo er in Jütland vermutet werden könnte, liegt noch kein Nachweis vor.

In Westeuropa kommt er in Holland (WILCKE 1951 S. 234; VAN LITH 1953 S. 232), Belgien (CRÈVECOEUR & MARÉCHAL 1932 S. 65; BONDROIT 1943 S. 115) und Frankreich (BERLAND 1928) vor, während er in England fehlt. In Skandinavien und im übrigen Nordeuropa scheint er ebenfalls zu fehlen. Im Osten erreicht er Polen (Bialowieser Wald: 2 ♀ ♀ M. B.), die Krim und Nordkaukasien (KOSTYLEV 1928) und Cypern (coll. m.). Aus Italien kenne ich nur 1 Fund: 1 ♀ von Ronzano bei Bologna (5. 7. 59, Ent. Ist. Bologna). In Nordafrika und Westasien ist er bisher nicht gefunden worden.

Die Nester hat man in hohlen Brombeerzweigen (HÖPPNER 1903), in einem Käferfraßgang in der Borke einer Kiefer (E. STÖCKHERT brfl.), in Lehmwänden und in Löchern alten Holzes (VAN LITH 1943 S. 232) gefunden. Als Beute fand VAN LITH grüne Gelechiidenräup-

[1]) BLÜTHGEN 1951c, S. 161—162, 1953a, S. 56.

chen, und als offenbaren Schmarotzer beobachtete er *Chrysis fulgida immaculata* Buyss. (1955 S. 423/424), wozu paßt, daß Crévecoeur & Maréchal beide Arten vom gleichen Ort (St.-André-lez-Bruges) gemeldet haben.

16. Gattung ***Pseudepipona*** Dalla Torre 1894

Generotypus: *Odynerus Herrichii* Sauss. 1856 (= *variegatus* H.-Sch. 1839)

Wegen der Autorschaft siehe hinten S. 233, Anm. 10.

Diese Gattung zerfällt in mehrere Untergattungen (Blüthgen 1951c S. 192f.). Für Mitteleuropa interessieren hiervon nur die nachstehend genannten.

1. Untergattung *Pseudepipona* Dalla Torre 1894

Subgenerotypus: *Pseudepipona variegata* (H.-Sch.)

Von den 3 Arten dieser Untergattung, *variegata* (H.-Sch.), *tricarinata* (Kok.) und *kozhevnikovi* (Kost.), kommt nur *variegata* in Mitteleuropa vor.

Pseudepipona (*Pseudepipona*) *v. variegata* (H.-Sch. 1839)[1])

Odynerus variegatus n. sp. — Herrich-Schäffer, Fauna Insect. German. P. 173, 1839, S. 16 (♀), 17 (♂), T. 20 (♀). Loc. typ.: Regensburg. Typen nicht mehr vorhanden.
Odynerus (*Oplopus*) *Herrichii* n. nov. — Saussure, Étud. fam. Vespid. III., 1856, S. 309.
Odynerus basalis n. sp. — F. Smith, Cat. Hym. Brit. Mus. V, 1857, S. 58, n. 51, ♀. Loc. typ.: „Polish Ukraine". Typus: B. M.
Pseudepipona herrichii Sauss. n. comb. — O. W. Richards, 1937, S. 103.

Daß der ursprüngliche Name *Odynerus variegatus* kein objektives Homonym von *Vespa variegata* F. 1793 = *Odynerus variegatus* (F.), sondern legitim war und nach der Aufhebung der generischen Vereinigung der beiden Arten wieder in seine Rechte eingetreten und für die Art anzuwenden sei, habe ich 1952a, S. 29, erörtert. Der Kopenhagener Kongreß (1953) hat allerdings die logische und sinnvolle Folgerung R. Richters (1948, S. 196) nicht übernommen, sondern den Grundsatz „once a homonym, always a synonym" angenommen, jedoch mit gewissen Ausnahmen (Copenhagen Decisions, S. 83, Decision 162, Abs. 1—3). Den für den vorliegenden Fall nach Decis. 162, Abs. 1 zulässigen förmlichen Protest habe ich beim Sekretär der Internat. Kommission eingelegt. Damit ist der Speciesname *variegatus* H.-Sch. wieder in Geltung getreten.

Diese Art ist aus Deutschland bisher nur von Regensburg (loc. typ.), von Oldenbüttel bei Bremen (1 ♂: Alfken 1914 S. 303) und von Hausbruch in der nördlichen Lüneburger Heide (1 ♀: Wagner 1938 S. 111) nachgewiesen, also (außer den Typen) in 2 Exemplaren auf rund 120 Jahre. Schenck nennt allerdings 1861 S. 73 auch „Thüringen", jedoch ohne Angabe des Fundortes und des Verbleibs der in seiner Sammlung nicht steckenden Belegstücke.

Sonstige Verbreitung: in Südengland in wenigen Stücken gefunden (in Dorset und auf der Insel Portland: Edw. Saunders 1896 und Spooner 1934); Holland: 1 ♀ von Roermond (Prov. Limburg) (Bondroit 1943 S. 116) und 1 ♀ von Roozendahl (Wilcke 1952 S. 234); Frankreich: 2 Ex. aus den Dpts. Aveyron und Basses-Alpes (Berland 1928) und 1 ♀ 2 ♂ ♂ von Lyon (coll. H. Wolf); Schweiz: nur im Wallis bei Sierre und Sion (v. Schulthess 1897 S. 75); Spanien: 1 ♀ 1 ♂ von Montarco, je 1 ♀ von Bayona und Montseny (Dusmet 1909); Italien: Calabrien (nach Ed. André 1884 S. 697), bei Bozen (Fr. Kohl 1879). Häufiger ist diese Art im Osten von der Umgebung von Wien ab: Guntramsdorfer Sandgruben (1 ♀, A. Molitor leg.); Stammersdorf und Oberweiden (L. Mader leg.); Neusiedlersee (A. Molitor brfl.); Ungarn: L. Móczár 1937 S. 36; Krim (Alma-Tal: F. Morawitz 1895; Otuzy-Tal: Kostylev 1928 S. 405); Steppen im Süden und Südosten Osteuropas: nach F. Morawitz 1867 in ganz

[1]) In „Hymen. of America North of Mexico" 1951, S. 187, ist *Odynerus Aldrichi* Fox 1892 als Unterart von „*Pseudepipona herrichii* Sauss." aufgeführt. (Ob mit Recht, kann ich nicht beurteilen, da ich diese nearktische Wespe nicht kenne.) Jedenfalls aber ist damit eine Unterart *Herrichii Herrichii* = *variegata variegata* (H.-Sch.) entstanden.

Südrussland verbreitet; Orenburg, Sarepta, Astrachan (nach demselben Autor 1895, ferner Exemplare von Orenburg und Spask, EVERSMANN leg., in M. Kr.); Transkaukasien und Transkaspien (nach F. MORAWITZ 1895) West- und südliches Mittelsibirien (Semipalatinsk, Krassnojarsk, Nertschinsk: F. MORAWITZ 1895; Kjachta: derselbe 1867; Irtyschgebiet: PALLAS leg., M. B.), Altaigebirge: 1 ♂ M. Kr.; Jakutien (KOSTYLEV 1932 S. 147); Mandschurei: Charbin, 1 ♂ leg. ALIN, coll. m.; Innere Mongolei: Wüste Kunshan-tagh (YASUMATSU in „Mushi" **18**, 1947, S. 30); Ostchina: Shanghai (BERLAND 1928).

Die Färbung dieser Art ist in 3 Richtungen besonders veränderlich:

1. Die Zeichnung ist entweder stroh- bis schwefelgelb (Nominatfärbung) oder gelblich- bis elfenbeinweiß. Weiße Zeichnung scheint namentlich den Populationen eigen zu sein, welche die Steppengebiete Europas besiedeln; wenigstens waren die Stücke aus dem Marchfeld und aus dem Süden Osteuropas (insbesondere aus der Gegend von Orenburg und Spask), die mir vorlagen, so gefärbt. F. MORAWITZ führt 1895 diese Verschiedenheit an, nachdem er 1867 allgemein gesagt hatte, die Zeichnung sei gelb. Die wenigen deutschen Stücke, die bisher aufgefunden sind, haben entweder gelbe Zeichnung, so (nach der Beschreibung) die Typen, oder weiße, so das ♀ von Hausbruch; gelbe haben (nach den Beschreibungen von EDW. SAUNDERS und BERLAND) die englischen und französischen Populationen.

2. Die hellrote (fleischrote) Grundpigmentierung des 1. Segments kann die schwarze völlig verdrängen, so daß das Tergit einheitlich rot mit schmaler, seitlich verschmälerter und abgekürzter gelber oder weißer Endbinde ist, sie kann sich aber in verschiedener Ausdehnung auf die Seiten des Tergits beschränken und schließlich extrem völlig verschwinden (var. *derufata* BLÜTHG. 1951c S. 184). Die Form *derufata* scheint auf das Mediterrangebiet beschränkt zu sein, wo sie von Spanien bis Turkestan vorkommt.

3. Bei 1 ♀ von Orenburg M. Kr. ist die weiße Endbinde des roten 1. Tergits seitlich nicht verschmälert und greift längs des Seitenrandes weit nach vorn vor.

Über die Lebensweise von *variegata* ist bisher sehr wenig bekannt: HERRICH-SCHÄFFER und A. MOLITOR fanden sie an Reseda lutea. Sie scheint in sandigem Boden zu nisten, wenigstens dürfte der PALLASsche Manuskriptname „*Od. viaticus*", den einige der in M. Kr. steckenden Exemplare tragen, darauf Bezug nehmen, daß diese Stücke auf Wegen angetroffen waren, die ja auch von anderen Hymenopteren als Nistplatz bevorzugt werden; überdies hat FERTON (nach BERLAND 1928 S. 46) beobachtet, daß ein ♀ im Boden grub.

2. Untergattung noch offen

Pseudepipona (subg. inc.) *augusta* (F. MOR.)

Odynerus (Lionotus) augustus n. sp. — F. MORAWITZ, Horae soc. ent. Ross., **4**, 1867, S. 122, n. 10, ♀; **29**, 1895, S. 468, ♂.[1]) Loc. typ.: Sarepta. Typen: coll. auct. (M. L.).
?*Odynerus augustus* MOR. ♂ — ED. ANDRÉ, Spec. Hymén. Europe, II, 1884, S. 693.
!*Odynerus (Lionotus) aurantiacus* n. sp. — MOCSÁRY, Termész. Füzet., **1**, 1877, S. 89, n. 5, ♀. Loc. typ.: Budapest. Typus: M. Bu.
Euodynerus (Pseudepipona) augustus (F. MOR.) n. comb. — BLÜTHGEN 1938 b. S. 279.

Diese Art, die F. MORAWITZ „eine der schönsten russischen Arten" nennt, besiedelt die eurasiatischen Steppengebiete. In Mitteleuropa ist sie bisher nur aus Ungarn (Budapest und Kisujszállás) und aus der Slowakei (Somotor: 1 ♀ 26. 7. 36, M. Pr.) nachgewiesen. F. MORAWITZ verzeichnet sie von Sarepta (loc. typ.), der Krim (Jalta), der unteren Wolga (Gr. Bogdo Ola) und Westsibirien (Semipalatinsk). Im M. B. befinden sich einige Exemplare (♀ ♂) ohne Fundortangabe, von PALLAS gesammelt, also entweder von der Krim oder aus dem Irtyschgebiet. Mongolei: Czugazka (1 ♀ M. Bu., nach L. MÓCZÁR 1937); Apaka (YASUMATSU in „Mushi" **17**, 1946, S. 15). Im M. B. befindet sich 1 ♀ (altes Stück) mit der Herkunftsbezeichnung „Arabia felix" (Jemen).

Zur Identifizierung genügen die im Schlüssel angegebenen Merkmale. Über die Lebensweise ist nichts bekannt.

---

[1]) Die Angabe bei DALLA TORRE 1894, S. 54, der Autor habe der Art den Namen *angustus* gegeben, ist irrtümlich.

3. Untergattung *Trichepipona* Blüthg. 1951

Subgenerotypus: *Pseudepipona lativentris* (Sauss. 1856)

Von den 4 Arten dieser Untergattung (*lativentris* [Sauss.], *Beckeri* [F. Mor.], *gineri* [Schulth.], *cretensis* [Blüthg.]) kommt nur *lativentris* in Mitteleuropa vor.

Pseudepipona (*Trichepipona*) *lativentris* (Sauss. 1856)

Odynerus (*Odyn.*) *lativentris* n. sp. — Saussure, Étud. Fam. Vespid. III. 1856, S. 275, n. 156, ♀. Loc. typ.: Montpellier. Typus: M. P.
Odynerus (*Odyn.*) *lativentris* Sauss. ♂ — v. Schulthess 1897 S. 79.
Euodynerus (*Pseudepipona*) *lativentris* (Sauss.) n. comb. — Blüthgen 1938 a S. 279.

Durch Abtrennung der Unterart *lativentris cypria* Blüthg. (1942 b S. 309) ist automatisch eine Unterart *lativentris* entstanden.

Die typische Unterart ist in Südeuropa und Nordafrika weit verbreitet und macht in Westasien anderen Unterarten Platz. Sie erreicht das südliche Mitteleuropa in der Schweiz im Rhônetal; es ist nicht ausgeschlossen, daß sie einzeln im Kaiserstuhl vorkommt.

Das ♀ erinnert durch die Art seiner reichen, satt gelben Zeichnung an die ♀♀ mancher *Ancistrocerus*-Arten, namentlich an *renimacula* (Lep.) und *claripennis* Thoms. var. *subrenimacula* Blüthg., ist aber ohne weiteres an den gelben Orbitalbinden zu erkennen. Die Färbung ist veränderlich: Beim ♀ kann der Kopfschild völlig gelb oder ± ausgedehnt bis (selten) total schwarz sein; die Schildchenquerbinde, die in der Regel vollständig und ± breit ist, kann in 2 Flecke aufgelöst sein oder (beim ♂) nicht selten fehlen; ebenso kann die Entwicklung der gelben Flecke beiderseits am Mittelsegment und auf den Mesopleuren sehr verschieden sein, und (beim ♂ nicht selten, beim ♀ ausnahmsweise) können sie ganz ausfallen; beim ♀ hat das 6. Tergit gelegentlich einen gelben Fleck. Dagegen ist das Schema der Zeichnung des 1. Tergits nur geringen Abänderungen unterworfen, indem das schwarze Mittelfeld, das hinten von der breiten Endbinde und beiderseits von den ebenfalls breiten Seitenbinden umschlossen ist, rundlich quadratische bis rundlich trapezförmige Gestalt haben kann.

Biologie (von Ferton beobachtet und „*Odyn. fastidiosissimus* Sauss." zugeschrieben, aber nach Berland 1928 S. 53 *lativentris* betreffend): das Nest war in einem Loch in einer Böschung angelegt und enthielt 31 kleine grüne Raupen.

17. Gattung ***Euodynerus*** Blüthg. 1938[1])

Generotypus: *Vespa Dantici* Rossi 1790 (Blüthgen 1938 b S. 277).

Mittelgroße Arten von ± robustem Habitus, in der Form des Hinterleibes (namentlich bei den Arten der typischen Untergattung) etwas an die Vespinae erinnernd.

Die Arten, deren Lebensweise bekannt geworden ist, nisten in beliebigen vorhandenen Hohlräumen (hohlen Pflanzenstengeln, Fraßgängen in Holz, alten Hymenopterenbauten in Lehmwänden, Zellen alter *Chalicodoma*- und *Sceliphron*-Nester, leeren Schneckengehäusen) und tragen Kleinschmetterlingsraupen ein.

Bei mehreren Arten dieser Gattung sind Fälle von Oplomerocephalie festgestellt worden. Auch Stylopisation kommt vor.

Die artenreiche Gattung zerfällt in verschiedene Untergattungen, von denen in Mitteleuropa *Euodynerus*, *Pareuodynerus* Blüthg. und *Syneuodynerus* Blüthg. vorkommen.

1. Untergattung *Euodynerus* Blüthg. 1938

Subgenerotypus: *Euodynerus Dantici* (Rossi 1790)

Im Untersuchungsgebiet kommen nur 2 Arten vor: *Dantici* (Rossi) und *disconotatus* (Licht.), beide in ihren typischen Unterarten; in der Südschweiz sind *Dantici iberogallicus* Blüthg. und *curictensis* Blüthg. aufgefunden worden.

Bestimmungsschlüssel

1. Oberseite und der obere Teil der Rückseite des Hinterschildchens gelb; Unterseite der Fühlergeißel ± ausgedehnt (beim ♀ häufig der ganzen Länge nach) rostbraun, von der

[1]) Siehe hinten S. 234, Anm. 11.

dunklen Färbung der Oberseite gut abgesetzt; Endsaum des 1. Tergits weißlich; das Gelb der Körperzeichnung lichter, nach schwefelgelb hin.

Mesonotum hinten nur mit Spuren von Parapsidenfurchen; die Punktzwischenräume fließen nicht zu Längslinien zusammen. Mittelbrust vorn mitten nicht kantig gerandet, (nur hinten in Verbindung der unteren Enden der Epicnemialkanten eine erhabene Kante), die Zwischenräume ihrer dichten, kräftigen, flachen Punktierung bilden keine Querrunzeln. Hinterschildchen oben hinten mit feiner, nicht hochgezogener, schwach gezähnelter und mitten nicht oder kaum eingesenkter Kante. Die Seitenfelder des Mittelsegments erscheinen dadurch etwas nach hinten verlängert, daß sie am Übergang zur Rückwand leistenartig scharfkantig gerandet sind, mit durchsichtig gelblich gläsernem, manchmal etwas zackigem oder welligem Saum; diese Kante bildet oben einen Winkel von merklich mehr als 90°, dessen oberer Schenkel, schräg von vorn-außen gesehen, horizontal verläuft und mit dem vertikalen Seitenrand des Hinterschildchens einen Winkel von etwas weniger als 90° bildet. Das Niveau der Seitenfelder erreicht die halbe Höhe des Hinterschildchens. Flügelschuppen mit winziger Punktulierung, hinten mit spärlicher, schwacher, ganz oberflächlicher Punktierung. Die zerstreute Punktierung der Schenkel I ist ziemlich schwach. Punktierung der Thoraxoberseite und auf Tergit 2 etwas schwächer, auf letzterem auch etwas dichter als bei *D. Dantici*, auf Tergit 1 nicht schwächer, aber zerstreuter als bei diesem.

Pronotumbinde schmal bis ± breit; oberer Abschnitt der Mesopleuren und die Seiten des Mittelsegments ausgedehnt gelb; Schildchen in den Hinterecken mit dreieckigem Fleck; diese beiden Flecke können sich vergrößern und zu einer breiten, vorn querüber in ganzer Breite tief konkav ausgerandeten, mitten schmal oder breiter unterbrochenen Querbinde zusammenfließen. Umfang der gelben Zeichnung des 1. Tergits ähnlich wie bei *D. Dantici*.

♀. Mesonotum in der Regel vor dem Schildchen mitten gelb gefleckt. Kopfschild an der Basis oder auch am Ende beiderseits gelb gefleckt, bei südlichen Populationen ausgedehnter, häufig total gelb. Tergit 2 mit breiter, vorn konvex begrenzter Endbinde und breiten, fast bis zur Basis reichenden, vorn breit hakenartig nach innen erweiterten Seitenbinden; 3—5 mit breiter, gebuchteter Endbinde; 6 mit oder ohne gelben Fleck.

Gesicht etwas kürzer als breit (75:79), nach unten deutlich verschmälert; Kopfschild ebenfalls (32:33), Ausschnitt = 10:11:1; POL:OOL = 10:10.

♂. Der Fühlerhaken reicht nicht oder kaum über die Basis des 10. Geißelgliedes hinaus. Mesonotum in der Regel ohne gelben Fleck. Tergitzeichnung wie beim ♀, aber Tergit 6 mit Binde; ausnahmsweise kann das 2. Tergit statt der Seitenbinden isolierte Scheibenflecke tragen. 6. und 7. Sternit mit mikroskopischer Pubeszenz, nur am Ende mit einigen kurzen, abstehenden Börstchen. Kopfschild mit spärlicher, mikroskopischer, ganz unauffälliger, gelblicher Pubeszenz. Gesicht = 70,5:71; Form wie beim ♀; Kopfschild etwas länger als breit (31:27), Ausschnitt = 9:8:1; POL:OOL = 11:7,5.

♀ 11—12 mm, ♂ 8—11 mm.

3. *Euodynerus* (*Euodynerus*) *d. disconotatus* (Licht.)

Mesonotum und Hinterschildchen nicht gelb gezeichnet; Unterseite der Fühlergeißel schwarz, ausnahmsweise an der Basis mit undeutlicher und nicht scharf abgesetzter Bräunung; Endsaum des 1. Tergits ± gelblich durchscheinend; Körperzeichnung zitronengelb.

Mesonotum hinten mit ± deutlich entwickelten Parapsidenfurchen. Hinterschildchen oben mit ± hochgezogener, scharfer, ± grob gezähnelter, mitten eingesenkter Hinterkante. Die Kontur der Seitenfelder des Mittelsegments fällt, schräg von vorn-außen gesehen, vom Hinterschildchen rundlich oder gering eckig steil ab, eine leistenartige Ausbildung des Übergangs der Seitenfelder zur Rückwand ist schwach entwickelt oder nicht vorhanden (im letzteren Falle wird sie manchmal durch die gehobenen linearen Zwischenräume der unregelmäßig wabenartig groben und tiefen Punktierung der Seitenfelder vorgetäuscht). Das Niveau der Seitenfelder bleibt unter der halben Höhe des Hinterschildchens.

Die Zeichnung des Schildchens kann wie bei *d. disconotatus* sein, aber zu 2 Punktflecken schrumpfen oder (beim ♂) überhaupt fehlen; die Zeichnung des 2. Tergits kann sich (unter Wegfall von Seitenbinden und Scheibenflecken) auf die Endbinde beschränken.

♀. Färbung des Kopfschilds ähnlich veränderlich wie bei *d. disconotatus*.

♂. Der Fühlerhaken erreicht die Basis des 9. Geißelgliedes. 2.

2a. Thoraxoberseite kahl (auch bei ganz frischen Stücken).

Flügelschuppen innen und auf der Endhälfte mit sehr dichter (Zwischenräume kleiner als die Punkte), ± grober, flacher Punktierung.

Mittelbrust vorn quer auch mitten erhaben kantig begrenzt.

Gesicht länglicher, nach unten deutlich verschmälert; Kopfschild länger als breit.

♀. Scheitelgrubenfeld etwas breiter als POL.

Gesicht = 86:89; POL:OOL = 12:13; Kopfschild = 41:40; Ausschnitt = 10,5:14:0,75 (Abb. 52).

Die distalen ¾ der Mittelpartie des Kopfschildes nicht gegen den Rest der Fläche abgesetzt; die ganze Fläche von vielen unregelmäßigen, flachen Längsfurchen durchzogen.

♂. Gesicht = 77:77,5; Kopfschild = 37:31,5, Ausschnitt = 11:10:1,5 (Abb. 54); die Fläche nicht weiß bereift, sondern mit kaum erkennbarer gelblicher Pubeszenz; POL:OOL = 10:10.

♀ 12—14 mm, ♂ 10—12,5 mm.

1. *Euodynerus* (*Euod.*) *Dantici* (Rossi) 3.

Abb. 52. *Euodynerus d. dantici* (Rossi) ♀: Kopfschild. (Blüthgen 1940)

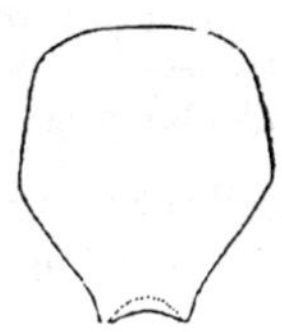

Abb. 54. *Euodynerus d. dantici* (Rossi) ♂; Kopfschild (Blüthgen 1940)

2b. Thoraxoberseite mit bürstenartig dichter und straffer, aufrechter, grauer Behaarung, die ¾ so lang wie die längsten Stirnhaare ist. Flügelschuppen vorn und hinten mit zerstreuter, ziemlich schwacher Punktierung und winziger Zwischenpunktulierung.

Mittelbrust vorn wenigstens mitten nicht querkantig begrenzt.

Gesicht breiter, nach unten kaum verschmälert, rundlich; Kopfschild kürzer als breit.

♀. Scheitelgrubenfeld nur so breit wie POL.

Gesicht = 82,5:90; POL:OOL = 9:12; Kopfschild = 39:43, Ausschnitt = 12:13:1 (Abb. 53).

Die distalen ¾ der Mittelpartie des Kopfschilds abgeflacht und gegen die Seitenpartien deutlich abgesetzt; die Längsfurchen der Fläche viel oberflächlicher und weitläufiger.

♂. Gesicht = 73:78; Kopfschild = 32:32 bis 35:33, Ausschnitt = 10,5:9:1 (Abb. 55); die Fläche dicht und sehr deutlich weiß bereift; POL:OOL = 10:8.

♀ 12—15 mm, ♂ 10—14 mm.

2. *Euodynerus* (*Euod.*) *curictensis* Blüthgen.

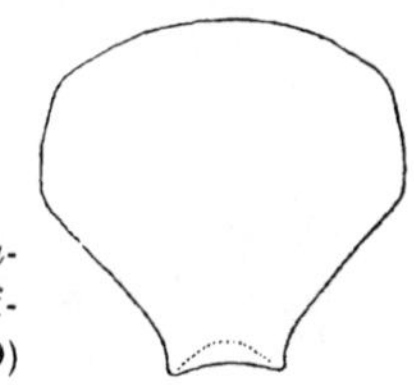

Abb. 53. *Euodynerus curictensis* Blüthg. ♀: Kopfschild. (Blüthgen 1940)

Abb. 55. *Euodynerus curictensis* Blüthg. ♂: Kopfschild. (Blüthgen 1940)

3a. Punktierung auf der Thoraxoberseite und den Tergiten merklich feiner und dichter als bei *curictensis*, auf den ersten beiden Tergiten fein und sehr dicht (die Zwischenräume kleiner bis doppelt so groß wie die Punkte), im Raum der gelben Endbinde von Tergit 2, dicht, aber viel schwächer als bei *D. Dantici*

3b. Punktierung auf der Thoraxoberseite durchschnittlich stärker (kaum schwächer, aber in der Regel dichter als bei *curictensis*), auf Tergit 1 ungefähr wie bei *curictensis*, auf Tergit 2 ziemlich kräftig und merklich zerstreuter (merk-

(bis mäßig kräftig) und mit breiteren, nicht wulstigen Zwischenräumen.
Dimensionierung des Gesichts und des Kopfschilds etwas weniger gestreckt.

1b. *Euodynerus* (*Euod.*) *Dantici iberogallicus* Blüthg.

lich stärker und etwas weitläufiger als bei *curictensis*), im Raum der gelben Endbinde von Tergit 2 sehr dicht, grob, mit schmalen wulstigen Zwischenräumen. Gesicht länglicher.

1a. *Euodynerus* (*Euod.*) *D. Dantici* (Rossi)

1. *Euodynerus* (*Euodynerus*) *Dantici* (Rossi 1790)

„*Odynerus Dantici*" war bis 1938 und darüber hinaus der Sammelname für eine Mehrzahl selbständiger *Euodynerus*-Arten, die sich zwar im Habitus und in der Zeichnung — manche sehr, andere kaum — ähneln, aber bei sorgfältiger Untersuchung der morphologischen Merkmale leicht auseinandergehalten werden können. Auch v. Schulthess pflegte *fastidiosus* (Sauss.), *semisaecularis* (D. T.), *curictensis* m., *rufinus* m. und *macedonicus* m., ja sogar (*Chlorodynerus*) *ypsilon* (Kost.) als „*Dantici*" zu bestimmen.[1]) A. Giordani Soika erklärte 1937 überdies *crenatus* (Lep.), (unter dem er damals unzweifelhaft *disconotatus* [Licht.] verstand), für artgleich mit *Dantici*.

Von den Unterarten dieser von Westeuropa und Nordafrika bis Ostasien verbreiteten Art ist in Deutschland und im übrigen Mitteleuropa die typische Unterart heimisch; in der Südschweiz (Rhônetal) scheint die südwesteuropäische Unterart *iberogallicus* sie zu ersetzen oder mit ihr untermischt vorzukommen.

1a. *Euodynerus* (*Euod.*) *D. Dantici* (Rossi 1709)

! *Vespa Dantici* n. sp. — Rossi. Faun. Etrusca II, 1790, S. 89, ♀, T. 6 f. 6. Loc. typ.: „habitat ruri et in hortis frequens" (Pisa ?). Lectoholotypus: M. B.[2])
Odynerus postscutellatus n. sp. — Lepeletier, Hist. nat. Insect. Hymén. II, 1841, S. 627, n. 15, ♀ ♂. Loc. typ.: Paris. Verbleib der Typen mir nicht bekannt.
? *Odynerus Dantici* Rossi var. *lagostae* n. var. — Giordani Soika, Bull. Soc. Ent. Ital., 74, 1942, S. 58, ♀. Loc. typ.: Lagosta (ital. Dalmatien). Typus: coll. auct.[3])

Diese Unterart hat im Gebiet eine beschränkte und sehr unzusammenhängende Verbreitung und ist, wo sie hier vorkommt, offenbar ± selten. Folgende Fundorte sind mir bisher bekannt geworden: Aus dem Nordosten nur 1 ♂ von Zoppot (coll. P. Timm); in Odernähe bei Gollnow (2 ♀♀), Altdamm (1 ♀) und Polchow bei Stettin (1 ♀) (Paul 1943); in der Neumark bei Bernsee, Kr. Arnswalde (1 ♀) (Dtsch. ent. Z. 1923 S. 633); in der Uckermark bei Bellinchen (M. B.), Buch (coll. Kl. Zimmermann), Rüdersdorf (1 ♂ M. B.); in Prov. Posen bei Maxtal nördlich Bromberg (O. Meyer 1919, wohl identisch mit 2 ♀♀ mit der Herkunftsangabe „Bromberg", die mir aus coll. O. Meyer vorlagen). In Mitteldeutschland: Elsterwerda (1 ♂ coll. Cohrs), Zeithain (1 ♀ desgl.); Leipzig (Albertpark: 1 ♀ coll. K. Dorn); (von R. Krieger 1894 nicht verzeichnet); Coswig bei Dessau (1 ♀ coll. E. Heidenreich); Seeburg (Mansfelder Seekreis) (1 ♀ coll. H. Köller); Naumburg/Saale (1 ♀ coll. Blüthgen).

---

[1]) Zu welchen Fehlergebnissen es mit Notwendigkeit führt, wenn sich jemand auf die Richtigkeit solcher Bestimmungen verläßt, wie sie wohl in den meisten Museen vorliegen, zeigt die Arbeit von Kl. Zimmermann 1931: In Abb. 16 auf S. 199, die in 6 Einzelfiguren die geographische Veränderlichkeit von „*Odynerus dantici*" veranschaulichen will, stellen tatsächlich nur 2 (Fig. 5 u. 6) diese Art dar. Ähnlich ist es bei „*Odynerus crenatus*" S. 200 Abb. 17, wo nur Fig. 1 *crenatus* (Lep.) (♀ ♂) ist, während Fig. 2 u. 3 *disconotatus* (Licht.) ♀ ♂ und Fig. 4 *sulfuripes* (F. Mor.) ♀ ♂ zeigen.

[2]) Siehe Blüthgen 1955b S. 415 n. 163.

[3]) Zu der noch nicht geklärten Zweifelsfrage, ob der Typus ein abnorm gefärbtes Stück von *D. Dantici* ist, wie der Autor in Boll. Soc. Venez. Stor. Natur. 6, 1952, S. 46 angenommen hat, oder ob es sich um ein solches von *Euod. disconotatus* (Licht.) handelt, siehe Blüthgen 1955d S. 415 n. 163.

Westdeutschland: m. W. noch nicht gemeldet. Süddeutschland: um Bamberg (Hallstadt 1 ♂: SCHNEID 1941 S. 1020; Kreuzberg 1 ♂: M. Bamberg); Erlangen und Fürth (ENSLIN 1922, E. STÖCKHERT 1919); Kahl a. Main (J. HEINRICH leg., P. EIGEN leg.); Darmstadt (R. MEYER leg.); Pfalz (Landau 1 ♀ 1 ♂, Leistadt 1 ♀, beide coll. ZIRNGIEBL); Berkersheim bei Gründau (Hessen) (H. WOLF leg. 1 ♂); Baden (Karlsruhe 1 ♀ 1 ♂, Sandhausen 1 ♀ 1 ♂: LEININGER 1951 S. 123).

Diese Fundorte liegen fast ausschließlich in Diluvialsandgegenden. ENSLIN, E. STÖCKHERT und LEININGER haben das für ihre Beobachtungsgebiete ausdrücklich hervorgehoben. Auch H. KÖLLER fing das ♀ von Seeburg an einer durch den Wegebau angeschnittenen auf Buntsandstein anstehenden Diluvialsandwand. Das hiesige ♀ muß eingeschleppt gewesen sein: es ist das einzige Stück von *D. Dantici*, das mir in 35jähriger Sammeltätigkeit hier vorgekommen ist, und auch im übrigen mittleren Saaletal ist er niemals aufgefunden, insbesondere weder von E. L. TASCHENBERG 1866 noch von H. FRIESE 1883 erwähnt worden.[1])

Sonstige Verbreitung dieser Unterart: In Nordeuropa, Dänemark, England und Holland fehlt sie. Aus Belgien wird sie nur von CRÈVECOEUR & MARÉCHAL 1935 für Lixhe (1 ♂) und von BONDROIT 1943 für Auderghem bei Brüssel (2 ♂♂ 4 ♀♀ „auf einer heißen Sandstelle") verzeichnet. Für Frankreich bezeichnet BERLAND 1928 *Dantici* als „im Süden sehr häufig, in Mittelfrankreich selten"; es bleibt zu untersuchen, wie weit sich dort die Verbreitungsgebiete von *D. Dantici* und *D. iberogallicus* erstrecken. (Bei St. Etienne, Dpt. Loire, kommt die typische Unterart vor: 1 ♀ coll. m., leg. H. WOLF; mit ihr dürfte deshalb wohl sicher der von Paris stammende *postscutellatus* [LEP.] zusammenfallen.) Auch was in Mitteleuropa sonst, in Italien, Dalmatien, auf dem Balkan (soweit es sich nicht um *Dantici hellenicus* BLÜTHG. 1942 handelt) und in Osteuropa von *Dantici* heimisch ist, gehört zur typischen Unterart.

Was die Färbung deutscher *Dantici* betrifft, so ist bei ihnen Melanismus, wie es KL. ZIMMERMANN 1931 S. 199 mit Abb. 16, Fig. 6 eines ♀ von Berlin-Buch anscheinend für deutsche Stücke als normale Zeichnung hat hinstellen wollen (Tergit 2 ohne Seitenbinden, auch ohne isolierte Scheibenflecke, Kopfschild nur mit 2 gelben Flecken an der Basis, auch die übrigen Zeichnungselemente reduziert), durchaus nicht die Regel: Allerdings lagen mir an ungefähr ebenso gezeichneten ♀♀ vor die 2 oben erwähnten Stücke von Bromberg und das ♀ von Bellinchen, und mir sind auch ♀♀ mit noch stärkerer Schrumpfung der gelben Zeichnungselemente vorgekommen, nämlich das ♀ von Coswig, bei dem zusätzlich die gelbe Pigmentierung des 1. Tergits sich auf eine sehr schmale und seitlich nur wenig nach vorn erweiterte Endbinde beschränkt, die Binden des 2.—4. Tergits sehr schmal sind und das 5. Tergit gelber Zeichnung überhaupt entbehrt, und besonders das ♀ von Naumburg, das im wesentlichen ebenso gefärbt ist wie das ♀ von Coswig, bei dem aber außerdem die Flecke des Schildchens punktartig klein, die des Mittelsegments nur wenig größer als diese sind, anderseits aber auch das 5. Tergit eine (sehr schmale) Binde hat. Aber ein anderes ♀ von Buch (14. 7. 35, coll. ZIMMERMANN) und die anderen ♀♀ deutscher Herkunft, die ich gesehen habe, erwiesen sich als kaum weniger reich gelb gezeichnet als südeuropäische Stücke, insbesondere auf dem 2. Tergit. Und anderseits fand ich bei den ♀♀ der Population der Insel Krk (L. MADER leg.) zu einem nicht geringen Teil die gelbe Zeichnung des Kopfschildes auf 2 Basalflecke und die des 2. Tergits auf die Endbinde beschränkt, wenn auch die übrige gelbe Zeichnung reicher entwickelt war als bei den erwähnten melanistischen deutschen Stücken.

Die oben erörterte Gebundenheit an Diluvialsand erklärt sich sicher aus Besonderheiten der Biologie, die noch der Erforschung harren. Über die Nistweise war bis vor ganz kurzer Zeit überhaupt noch nichts bekannt. Was J. FAHRINGER 1912 über sie mitgeteilt hatte,

[1]) Ich fing dieses ♀ am 13. 8. 1952 in unmittelbarer Nähe meiner Wohnung am Rande eines Holzsägewerkes, das Rundholz von weither verarbeitet: vielleicht stammte es aus einem Nest, das in einem Fraßgang der Borke einer Kiefer angelegt war (vgl. dazu bei *Euod.* [*Pareuod.*] *quadrifasciatus* [F.]).

betrifft nach den von mir nachgeprüften Belegstücken teils *Ancistrocerus renimacula* (LEP.) (Eskischehir: Nester in Lehmwänden ,,mit zierlichen Vorbauten"), teils *Euodynerus fastidiosus* (SAUSS. 1852) oder *Euod. macedonicus* BLÜTHG, 1951[1]) (Konia: Nest nach FR. TÖLG in einem Stengel von Onopordon tauricum mit ähnlichen Zellen wie bei ,,*Odyn. spinipes* L." = *Gymnomerus laevipes* [SHUCK.]). Erst 1939 erwähnte L. MÓCZÁR beiläufig, daß in steilen Lößwänden des Plattenseeufers *Dantici* ,,in ähnlicher Weise wie *Oplomerus spiricornis* (SPIN.)" niste, ohne genauere Angaben. Vor kurzem sandte mir nun M. CERRUTI (Rom) eine Anzahl gezüchteter *D. Dantici* ein, die er aus einem alten *Chalicodoma*-Nest erhalten hatte. Höchstwahrscheinlich nehmen also die ♀♀ jede beliebige geeignete Höhlung an. Weitere Beobachtungen über den Nestbau sind erwünscht. Über die Art des Larvenfutters ist auch noch nichts bekannt. Das ♀, das ich hier bei Naumburg fing, hatte sich mit dem Vorderkörper tief in den Blütenboden einer Blüte von Carduus crispus hineingebohrt. Nach freundlicher Mitteilung von Dr. E. M. HERING (M.B.) leben in Carduus-Köpfen von Tortricidenlarven z. B. die von *Epiblema cana* Hw. und *Epibl. scopoliana* Hw.

E. HEIDENREICH fand 1♀ auf Erygnium campestre, A. TAUBERT fand namentlich Nigella arvensis besucht. Flugzeit: Hochsommer.

1b. *Euodynerus* (*Euod.*) *Dantici iberogallicus* BLÜTHG. 1942

Euodynerus (*Euodynerus*) *Dantici iberogallicus* n. sp. — BLÜTHGEN, Mitt. Zool. Mus. Berlin, 25, 1942, S. 301, ♀ ♂. Loc. typ.: Callian (Dpt. Var.). Typen: coll. m.

1 ♂ dieser Unterart, die Südfrankreich und die Iberische Halbinsel besiedelt, mit der Fundortangabe ,,Sierre, 2. 7. 85" steckt in der Sammlung von A. SICKMANN (Landesmuseum Münster/Westfalen).

2. *Euodynerus* (*Euodynerus*) *curictensis* BLÜTHG. 1940

Euodynerus curictensis n. sp. — BLÜTHGEN, Mitt. Kgl. Naturw. Inst. Sofia, **13**, 1940, S. 210, ♀ ♂, 4 Abb. Loc. typ.: Insel Krk (Veglia). Typen: coll. L. MADER (Wien).

Die Verbreitung dieser mediterranen Art erstreckt sich von der Iberischen Halbinsel über Süd- und das südliche Osteuropa und von Marokko über Nordafrika bis Klein- und Vorderasien und Iran. Die einzigen mir bekannt gewordenen Stellen, wo *curictensis* den Süden von Mitteleuropa erreicht, sind Siders (Wallis) (1 ♀ in der Sammlung von A. SICKMANN, Landesmuseum Münster/Westfalen) und Lienz/Drau (Osttirol) (1 ♂ vom 7. 29 in coll. ŠNOFLÁK, Mus. Brünn).

Die Zeichnungselemente sind im wesentlichen wie bei *D. Dantici*, jedoch ist beim ♂ die Schildchenzeichnung nicht selten stark geschrumpft oder sie fehlt ganz.

Biologische Daten fehlen. 2 ♂ ♂ coll. m. aus Marokko (Ifrane) und Palästina (Jerusalem) sind stylopisiert, beide mit je 1 Pupariumhöhle eines *Pseudoxenos*-♂, das ♂ von Jerusalem außerdem mit 1 ♀ des Parasiten.

3. *Euodynerus* (*Euodynerus*) *d. disconotatus* (LICHT. 1884)

? *Odynerus crenatus* var. ♂ — LEPELETIER, Hist. nat. Insect. Hymén. II. 1841, S. 629, n. 16, ♂. Loc. typ.: Montpellier et environs de Paris. Verbleib des Typus nicht bekannt.
Odynerus disconotatus n. sp. — LICHTENSTEIN, Ann. Soc. ent. France, (6), **4**, 1884, Bull. S. L., ♀. Loc. typ.: Montpellier. Typus nach BERLAND 1928 S. 43 in coll. auct. nicht aufzufinden.
Euodynerus (*Euod.*) *disconotatus disconotatus* (LICHT.) ♀ ♂ — BLÜTHGEN, Boll. Soc. Ent. Ital., **81**, 1951, S. 69, 70.

Durch die Abtrennung der ssp. *albidus* BLÜTHG. 1951 ist automatisch die typische Unterart *d. disconotatus* entstanden.

Es handelt sich um eine Art mit ostmediterraner Verbreitung, die sich nach Westen in spärlicher Ausstrahlung bis Südfrankreich, einzeln bis Spanien (DUSMET gibt 1909 2 ♀ ♀ für Madrid an), erstreckt und im Osten vom Araxestal und vom Irak ab durch *Euodynerus* (*Euod.*) *sulfuripes* (F. MOR. 1885) (*kokpeticus* [RAD. 1886]) ersetzt wird. In Nordafrika fehlt sie, dort tritt der westmediterrane *crenatus* (LEP. 1841) an ihre Stelle.

Zur typischen Unterart gehört 1 ♂, das ich von J. HEINRICH (Aschaffenburg) erhielt, der es nach seiner Angabe am 6. 6. 33 am Grainberg bei Gambach am Main zusammen mit 2 weiteren ♂ ♂ am Stamm einer Kiefer auf- und abfliegend fand. In coll. J. FAHRINGER (Wien) sah ich ein verkümmertes ♂ mit nur 5,5 mm Länge (total) von Böheimkirchen (Niederösterreich, östlich von St. Pölten).

---

[1]) Als ich die Belegstücke sah, hatte ich diese 2 Arten noch nicht getrennt.

Das ♂ von Gambach hat die reiche gelbe Zeichnung südeuropäischer ♂♂. Ob das entsprechend auch für ♀♀ deutscher Herkunft gilt oder ob diese, wie z. B. französische Stücke von Callian, Carpentras (Dpt. Vaucluse) und Levens (Dpt. Alp. Mar.), die ich sah, reduzierte gelbe Pigmentierung haben (Mesonotum nicht oder kaum gefleckt, Kopfschild nur mit 2 oder 4 Flecken, Tergitzeichnung eingeschränkt), bleibt abzuwarten.

Über die Lebensweise ist nichts bekannt. (Sie wird sich von der des nächstverwandten *Euodynerus crenatus* [Lep.] nicht unterscheiden, dessen Nester von Ferton in Schneckengehäusen, von Dr. A. Cros in *Chalicodoma*bauten und einmal in einer Erdwand gefunden wurden).

Ebenso wie bei *crenatus* kommt auch bei *disconotatus* Stylopisation vor: 1 ♀ von Callian (Var) M. P. (Berland leg. 1930) und 1 ♀ von Krk (Mader leg., coll. E. Jaeger) wiesen zwischen je 2 Tergiten die Höhlungen auf, die Puparien von *Pseudoxenos*-♂♂ beherbergt hatten. Ob es der *crenatus*-Parasit *Pseudoxenos seyrigi* Monod 1925 ist, der *disconotatus* befällt, ist nicht bekannt, aber nicht unwahrscheinlich.

2. Untergattung *Pareuodynerus* Blüthg. 1938

Subgenerotypus: *Euodynerus notatus* (Jur. 1807). (Blüthgen 1938b S. 278)

Von den 4 in Europa bisher aufgefundenen Arten dieser Untergattung kommen 2 in Deutschland vor, eine weitere in anderen Teilen Mitteleuropas.

Die Arten dieser Untergattung neigen dazu, beim ♀ eine zusätzliche gelbe Strichzeichnung des Mesonotums zu entwickeln.

Bestimmungsschlüssel

1. Die Behaarung von Kopf und Thorax ist lang, wellig und etwas struppig, auf den Schläfen (im Profil) kaum kürzer als auf der Stirn; Tergit 1, Sternit 2 und wenigstens die vordere Hälfte von Tergit 2 außer der winzigen, sehr dichten braunen Unterbehaarung mit reichlicher, mäßig langer bis kurzer, zarter, blasser, abstehender Behaarung. Sternit 2 vorn mitten mit schwach angedeuteter Längsfurche, daselbst ausgedehnt spärlich, fein und flach punktiert (mit der distalen Punktierung stark kontrastierend). ♀ 10—14 mm, ♂ 10—11,5 mm.
3. *Euodynerus* (*Pareuodynerus*) *quadrifasciatus* (F.) 2.

Kopf und Thorax haben weniger lange, bürstenartig straffe und gleichmäßige, dichte Behaarung, auf den Schläfen ist sie winzig (sehr viel kürzer als auf der Stirn); Tergit 1 nur vorn auf der Wölbung, Sternit 2 ausgedehnt, mit zusätzlichen kurzen, aufrechten Härchen, Tergit 2 ohne solche. Sternit 2 vorn mitten mit scharf eingeschnittener tiefer, schmaler Längsfurche, daselbst zerstreut, zwar merklich schwächer als distal, aber noch ziemlich kräftig (und deshalb ohne auffallenden Kontrast) punktiert. 3.

2a. Flügeldecken in der Regel vorn gelb gefleckt oder mit gelber Randbinde.

♀: Beine, soweit nicht schwarz, goldgelb, meistens ± verwaschen rostgelb getönt, kleine Tarsenglieder rostgelb. Gelbe Zeichnung ausgedehnter: Kopfschildbasis nicht selten mit 2 Flecken, manchmal mit Querbinde; Pronotumbinde breiter, wenn auch in der Regel noch ± schmal, mitten schmal unter-

2b. Flügeldecken braunschwarz, nicht oder gering gelb gefleckt.

♀: Beine, soweit nicht schwarz, dunkel rostrot oder bräunlichrot, Schienen und Tarsen nicht selten ± geschwärzt. Gelbe Zeichnung viel spärlicher: Kopfschild fast stets ohne solche; Pronotumbinde schmaler, mitten breiter unterbrochen; Pleuralflecke klein, häufig fehlend; Binde des Hinterschildchens redu-

brochen; Mesopleuren mit ± ansehnlichem Fleck, Hinterschildchen mit Querbinde; gelegentlich das Schildchen mit 2 kleinen Flecken; Tergitbinden breiter, auf Tergit 4 eine (seitlich abgekürzte, schmale) Binde stets vorhanden, nicht selten auch Tergit 5 mit (stark reduzierter) Binde; Sternit 2, selten auch 3, mit dreieckigen Seitenflecken.
♂: nicht sicher zu unterscheiden.
Euodynerus (*Pareuodynerus*) *quadrifasciatus simplex* (F.).

ziert oder fehlend; Schildchen stets ungezeichnet; Tergitbinden schmal, seitlich nicht erweitert, Tergit 5 stets, 4 oft ohne Binde, (im letzteren Fall die Binde des 3. Tergits seitlich abgekürzt); nur Sternit 2 mit Seitenflecken.

♂: nicht sicher zu unterscheiden.
Euodynerus (*Pareuodynerus*) *qu. quadrifasciatus* (F.)

3. ♂♂ mit oplomerocephaler Kopfbildung: Kopfschild tief halbkreisförmig ausgerandet; Oberkiefer über dem vorletzten Zahn mit ± entwickelter Zahnlücke. 4.

♂♂: Kopfschild mit ungefähr gerade abgeschnittenem oder flach bogenförmig bis stumpfwinklig ausgerandetem Ende; Oberkiefer ohne Zahnlücke; sowie ♀♀. 5.

4. Siehe *posticus* (H.-Sch.) monstr. *cephalicus* Blüthg. 1944 und *notatus pubescens* (Thoms.) monstr. *clypealis* (Thoms. 1870).

5a. Behaarung der Thoraxoberseite ¾ so lang wie die längste der Stirn.

Mittelsegment länger, von oben gesehen nach hinten deutlich verschmälert, im Profil hinten schräg abfallend. Tergit 1 länger, vorn stärker vorgewölbt.

Stirnpunktierung fein, die der Thoraxoberseite mäßig kräftig.

♀: Beine schwarz, nur die Unterseite der Tarsen oder auch die Kniee rostbraun, Schienen II und III außen ± ausgedehnt gelb gestreift oder auch I distal so gefleckt, oder aber alle Schienen total schwarz.

Fühlerschaft schwarz.

Mittelsegment normal nicht gelb gefleckt.

Nur 4 Tergitbinden (selten auch das 5. Tergit etwas gelb gezeichnet); Tergit 2 mit oder ohne freie Scheibenflecke oder seitlich breit gelb.

♂: Oberkiefer in der Regel nur auf dem Basaldreieck der Außenseite gelb gefleckt, selten außerdem ein isolierter Fleck der Vorderseite gelb; äußerst selten Sinus mit gelbem Fleck oder sogar

5b. Behaarung von Kopf und Thorax merklich kürzer, die der Thoraxoberseite etwa ²/₃ so lang wie die längste der Stirn.
Mittelsegment kürzer, von oben gesehen nach hinten kaum verschmälert, im Profil steil abfallend. Tergit 1 kürzer, vorn flacher vorgewölbt.

Stirnpunktierung grob, die der Thoraxoberseite ebenfalls (etwa doppelt so stark wie bei *notatus*).

♀. Färbung der Beine wie bei *quadrifasciatus simplex* (F.) ♀.

Fühlerschaft unten zu ²/₃ gelb.

Mittelsegment seitlich ± ausgedehnt gelb.

5 Tergitbinden; Tergit 2 selten mit Scheibenflecken.

♂. Oberkiefer größtenteils gelb; Sinus und innere Orbita anscheinend nie gelb gezeichnet.

der innere Augensaum vom Kopfschild bis in den Sinus gelb gestreift.

Mittelsegment höchst selten und nur gering gelb gefleckt. Schienen innen ± braunschwarz gestreift; Krallenglieder II und III braunschwarz.

Kopfschild (im Verhältnis zur Breite) länger, der über die Oberkiefereinlenkung vorstehende Teil länger als der basale Teil, die Fläche in den distalen $^2/_3$ schwach gewölbt, der Ausschnitt (ebenso das Ende der gelb pigmentierten Fläche) deutlich konkav oder rundlich stumpfwinklig ausgeschnitten; Punktierung des Kopfschildes viel schwächer, ihre Zwischenräume fein skulptiert, schwach und fettig glänzend.

Der oberste Zahn der Oberkiefer kürzer als der nächste, schwach, nicht zurückgebogen.

Punktierung des 1. Tergits viel feiner, schwach, die des 2. fein, auf beiden Tergiten sehr dicht.

♀ 10—13 mm, ♂ 8—12,5 mm.

1. *Euodynerus* (*Pareuodynerus*) *notatus* (JUR.) 6.

Mittelsegment häufig und ± ausgedehnt gelb gefleckt.
Schienen höchstens (und gering) blaß rostgelb gestreift; Krallenglieder rostbraun.

Kopfschild (im Verhältnis zur Breite) kürzer, der freie Teil kürzer als der basale Teil, die Fläche mitten kräftig gewölbt (bucklig), der Ausschnitt ganz seicht konkav oder gerade abgeschnitten, der unpigmentierte (gelblich durchsichtige) Saum breiter; Punktierung des Kopfschildes (namentlich mitten) grob und tief, die Zwischenräume spärlich punktuliert, glänzend.

Der oberste Zahn der Oberkiefer merklich länger als der nächste, scharf spitzwinklig und etwas nach hinten gebogen.

Punktierung der ersten zwei Tergite viel kräftiger und merklich zerstreuter, deshalb der Glanz der Tergite stärker entwickelt.

♀ 11—14 mm, ♂ 9—13 mm.

2. *Euodynerus* (*Pareuodynerus*) *p. posticus* (H.-SCH.)

6a. Schildchen häufig mit 2± entwickelten gelben Flecken; oberer Abschnitt der Mesopleuren (beim ♀ anscheinend stets, beim ♂ in der Regel) gelb gefleckt.

Pronotumbinde schmal, aber nach den Seiten verbreitert.

Tergit 1 ± ausgedehnt gelb (die Scheibe kann bis auf einen sehr schmalen, keilförmigen Ausschnitt vorn mitten total gelb sein).

Tergit 2 mit 2 isolierten Scheibenflecken, oder die Endbinde erweitert sich längs den Tergitseiten nach vorn und biegt breit hakenförmig nach innen um; Sternit 2 häufig mit 2± großen isolierten oder längs den Seitenrändern mit der Endbinde verschmelzenden Scheibenflecken.

♀. Kopfschild in der Regel und ± reichlich, Basaldreieck der Oberkieferaußenseite und Hinterschildchen stets gelb gezeichnet.

6b. Schildchen und (in der Regel) der obere Abschnitt der Mesopleuren nicht gelb gezeichnet.

Pronotumbinde sehr schmal, seitlich nicht breiter.

Tergit 1 nur mit schmaler, vorn in ganzer Breite flach stumpfwinklig ausgeschnittener, selten seitlich etwas vorgreifender Endbinde.

Die gelbe Zeichnung von Tergit 2 und Sternit 2 beschränkt sich auf die Endbinden.

♀. Kopfschild anscheinend stets, Oberkieferbasis und Hinterschildchen manchmal nicht gelb gezeichnet.

Mesonotum mit 2—4 kurzen gelben Längsstriemen oder (var. *nigripes*) ohne solche.

Schienen II und III ± gelb gestreift.

♂. Die Oberkiefer können (außer auf dem Basaldreieck der Außenseite) auch vorn mitten gelb gefleckt sein; ausnahmsweise (var. *pernotata*) können die Augenbuchten gelb gefleckt oder sogar die innere Orbita unten gelb gesteift sein; bei solchen Stücken können auch die Mittelsegmentseiten kleine gelbe Flecke aufweisen.

1. *Euodynerus* (*Pareuodynerus*) *n. notatus* (JUR.)

Mesonotum stets total schwarz.

Schienen II und III sehr selten und dann nur gering gelb gestreift.

♂. Die Oberkiefer sind nur auf dem Basaldreieck der Außenseite gelb gefleckt oder auch hier total schwarz.

Sinus, Orbita und Mittelsegment nie gelb gezeichnet.

1. *Euodynerus* (*Pareuodynerus*) *notatus pubescens* (THOMS.)

(4) 1. *Euodynerus* (*Pareuodynerus*) *notatus* (JUR. 1807)

Bei dieser Art liegt der ungewöhnliche Fall vor, daß der Name einer selten auftretenden Aberration in der Färbung kraft seines Prioritätsrechts der für die Art gültige ist und die normal gezeichnete große Masse der Individuen als Varietät zu gelten hat. Ich habe den Typus nicht untersuchen können, da sein Erhaltungszustand seine Versendung nicht zuläßt, habe aber auf Grund der Angaben über ihn, die ich Dr. J. CARL verdankte, 1938 und 1951 kein Bedenken getragen, mit v. SCHULTHESS (1897 S. 69) und L. BERLAND (1928 S. 43) seine Artgleichheit mit *Euodynerus nigripes* (H.-SCH.) anzunehmen.

Notatus tritt in 2 Unterarten auf: der typischen (einschl. *nigripes*) und der von THOMSON als Art aufgefaßten und unter dem Namen *pubescens* beschriebenen. Reich gelb gezeichnete Stücke der var. *nigripes* und solche von *pubescens*, nebeneinander gehalten, sind sich in der Färbung in solchem Grade unähnlich, daß niemand sie auf den ersten Blick für artgleich halten wird.

a) *Euodynerus* (*Pareuodynerus*) *notatus notatus* (JUR. 1807).

Vespa notata n. sp. — JURINE, Nouv. méth. class. Hym., 1807, S. 170, ♀; T. 9 f. 15. Loc. typ.: bei Genf. Typus: coll. auct. (M. G.).

Odynerus nigripes n. sp. — HERRICH-SCHAEFFER, Faun. Insect. German., P. 173, 1839, S. 17, ♂♀; T. 19 n. 21 (♀), n. 22 (♂). Loc. typ.: nicht genannt, aber zweifellos Regensburg. Typen nicht mehr vorhanden.

Odynerus maculatus n. sp. — LEPELETIER, Hist. natur. Insect, Hymén. II., 1841, S. 626, n. 14, ♀♂. Loc. typ.: bei Paris. Standort der Typen: ?

Euodynerus (*Pareuod.*) *notatus* (JUR. 1807) n. comb. — BLÜTHGEN, „Konowia", **16** (1937), H. 3/4, 1938, S. 279.

Euodynerus (*Pareuod.*) *notatus* (JUR. 1807) var. *nigripes* (H.-SCH. 1839) n. comb. — BLÜTHGEN, ibid.

Euodynerus (*Pareuod.*) *notatus* (JUR.) var. *pernotata* n. var. — BLÜTHGEN, ibid., ♂. Loc. typ.: Naumburg (Saale). Typus: coll. m.

b) *Euodynerus* (*Pareuodynerus*) *notatus pubescens* (THOMS. 1870).

Odynerus pubescens n. sp. — THOMSON, Opusc. entom., **2**, 1870, S. 85, n. 5, ♀♂. Loc. typ.: Schweden. Typen: coll. auct. (M. Lu.).

Odynerus ungularis n. sp. — THOMSON, ibid. n. 6, ♀♂. Loc. typ.: Schweden (Norrland). Typen: coll. auct. (M. Lu.).

Lionotus pubescens n. comb. — THOMSON, Hymen. Scandin., **3**, 1874, S. 49, n. 1.

! *Odynerus clypealis* n. sp. — THOMSON, Opusc. entom., **2**, 1870, S. 85, n. 7, ♂. Loc. typ.: bei Lund. Typus: coll. auct. (M. Lu.).

Zur Synonymie:

zu a: *notatus* ist ein reich gelb gezeichnetes ♀ von *nigripes*, bei dem das Mesonotum 2—4 lineare, abgekürzte, gelbe Längsstriemen hat. Solche Stücke werden (abgesehen vom Typus) von Berland (S. 43) erwähnt, der S. 41, Fig. 60, auch eine Abbildung gibt; ich fing am 25. 5. 59 an der Orangerie von Belvedere bei Weimar 1 ♀ und sah sonst bisher nur ein einziges derartiges ♀, das bei Oldenburg gefangen ist (M.B.).

zu b: Daß *ungularis* nur eine sehr dunkle Form von *pubescens* sei, hat der Autor 1874 S. 49/50 selbst richtiggestellt. Was *clypealis* betrifft, so haben Forsius & Nordström (1923 S. 4 n. 18) mitgeteilt: „2 ♂♂ aus Viborg und Rantasalmit stimmen in der Clypeusbildung gut zu Thomsons Beschreibung seines *clypealis*; wir halten sie jedoch nur für abnorme Stücke von *nigripes*." Diese Auffassung trifft mit größter Wahrscheinlichkeit das richtige: die Beschreibung des Typus (eines Unikums) „L. *pubescenti* simillimus, clypeo parcius punctato, late et profunde semicirculariter exciso, labro apice latiore, mandibulis brevioribus, inaequaliter dentatis, thorace supra minus crebre sed fortius punctato, postpetiolo breviore certe distinctus" (die Sperrung der Satzteile stammt von mir) spricht überzeugend dafür, daß *clypealis* nur eine monströse (oplomerocephale) Form von *n. pubescens* ist.[1])

Verbreitung: Nordeuropa wird ausschließlich von der Unterart *pubescens* besiedelt, die in Schweden (nach Thomson 1874) bis Lappland verbreitet und nicht selten, in Finnland (nach Forsius & Nordström 1923) vom Süden bis zum hohen Norden sehr häufig ist und in Osteuropa (nach F. Morawitz 1895) „mit Ausnahme der polaren Region", überall vorkommt. Ostwärts erstreckt sich ihr Verbreitungsgebiet über Sibirien (1 ♀ von „Sibir. occid." und 1 ♂ von „Sibir. orient." in M. Kr.) bis zum Fernen Osten (Sedanka und Tigrovaja am Ussuri: V. Gussakovskij 1933 S. 56). Sodann tritt diese Unterart in den Gebirgen auf: Im M. Kr. fand ich 18 ♀♀ mit der Herkunftsangabe „Caucasus, Mlokoss." (also wahrscheinlich aus der Gegend von Lagodechi, dem Wohnort von L. F. Mlokossewicz), sämtlich mit äußerst reduzierter gelber Pigmentierung (fast noch stärker als bei var. e des ♀ bei Thomson 1874). In derselben Sammlung stecken einige ebenso gefärbte ♀♀ mit dem Fundort „Ukraine", zu denen 4 ♂♂ der gleichen Herkunft gehören, von denen eines außerdem den Zusatz „Werzchow" zu „Ukraine" hat (dieses und ein weiteres Stück sind mit dem nicht veröffentlichten Namen „*nigrilabris* n. sp. André" bezettelt).

Im Untersuchungsgebiet wird der Norden vom Odergebiet an (A. R. Paul 1943) über Zoppot (2 ♀♀ 1 ♂ coll. P. Timm) bis zur äußersten Osten (Möschler 1939) anscheinend ausschließlich von der Unterart *pubescens* besiedelt, ohne daß — wenigstens im Nordosten — Stücke der *nigripes*-Färbung dazwischen vorkommen. Im übrigen ist die Verbreitung der beiden Unterarten noch nicht hinreichend geklärt. Das einzige Stück der Art (♀), das ich im Schwarzwald bei St. Peter fand, hatte die Färbung von *pubescens*. Hier bei Naumburg ist eine Mischpopulation zu Hause: Bei mir im Garten fliegen ♀♀ ♂♂ in den extremen Trachten von *nigripes* und von *pubescens* und in den verschiedensten Zwischenfärbungen zusammen; die ♀♀ sieht man selten, von 5 Exemplaren (mehr davon habe ich nicht weggefangen) sind 2 sehr reich gelb gezeichnete *nigripes* und 3 *nigripes* mit geschrumpfter Zeichnung (insbes. Tergit 2 nicht mit breiten Seitenstreifen, sondern mit isolierten, z. T. sehr kleinen Scheibenflecken). Von 4 ♀♀, die ich am 8. 7. 39 an einer Lößwand bei Roßbach (unweit Naumburg) fing, haben 2 ungefähr die Zeichnung von *pubescens* (mit denselben, nur ein wenig stärker entwickelten Zeichnungselementen) und 2 eine *nigripes* stark angenäherte Färbung (Tergit1 ausgedehnt gelb, Schildchen mit 2 gelben Flecken, bei 1 Stück auch Tergit 2 mit 2 kleinen Scheibenflecken). Was die hiesigen ♂♂ betrifft, so ist die Veränderlichkeit der Zeichnung besonders groß: Die ♂♂ halten offenbar bei ihren Suchflügen

[1]) Eine von mir am 26. 11. 1957 vorgenommene Untersuchung des Typus hat diese meine Vermutung bestätigt. Die Maße betragen: Kopfschild = 28:32, Ausschnitt = 10:10:8; der Kopfschild ist bis in die Ausschnittecken auffallend dick.

nach den ♀♀ (wie die Hummelmännchen) einen bestimmten Paß ein. So umfliegen sie regelmäßig eine vor meiner Veranda stehende Phloxstaude und kommen dadurch wohl in der Gesamtheit dieser Gartenpopulation in meinen Gesichtsbereich, und so war es mir möglich, festzustellen, daß ♂♂ der typischen *pubescens*-Färbung gleichzeitig mit reich gelb gezeichneten ♂♂ der *nigripes*-Färbung (sogar solchen der var. *pernotata*) und verschiedenen Übergangsformen flogen. Genau dasselbe gilt für die von mir bei Roßbach gesammelten ♂♂.

n. notatus ♂ var. *pernotata* Blüthg. 1938.

Außer dem Typus habe ich bei mir im Garten an derselben Stelle (beim Flug um die oben erwähnte Phloxstaude) am 4. 6. 50 und am 7. 7. 50 noch je 1 ♂ erbeutet. Alle 3 sind sehr reich gelb gezeichnet (große Mesopleuralflecke, 2 große dreieckige Schildchenflecke, größtenteils gelbes 1. Tergit, breite Seitenbinden des 2. Tergits), 2 haben nur gelb gefleckte Sinus, das 3. ♂ (4. 6. 50) vom Kopfschild bis in die Sinus schmal gelb gestreifte Orbiten; bei letzterem sind die gelben Streifen am Übergang von der Rückwand des Mittelsegments zu den Seitenwänden ausgedehnt und gut entwickelt, während diese Zeichnung bei den beiden anderen Stücken gering und unauffällig ist; bei allen 3 Stücken ist die Vorderseite der Oberkiefer nicht gelb gefleckt. Ferner besitze ich 1 ♂ von Podčetrtek (Slowenien) (E. Jaeger leg. 16. 8. 32), das nur kleine Sinusflecke, kein Gelb am Mittelsegment, aber ausgedehnt gelb gestreifte Vorderseite der Oberkiefer hat.

Ich möchte diese Färbung als extreme Variante innerhalb der Variationskurve und nicht als Aberration auffassen.

Über die Verbreitung der 2 Formen in Deutschland sind weitere Untersuchungen erforderlich, namentlich die Beschaffung von Belegstücken aus möglichst vielen Gegenden. Was die bisher erschienenen Lokalfaunenverzeichnisse enthalten, ist ganz unzureichend, zumal sie in der Regel nicht zwischen *nigripes* und *pubescens* unterscheiden.

Die Verbreitung der Art in Deutschland ist auffallend unzusammenhängend. Schmiedeknecht sagt (in der 1. Auflage 1907, von da in die 2. Auflage 1930 übernommen), sie fehle in Thüringen. Das wird auf die Umgebung von Blankenburg zu beziehen sein; aber auch bei Mühlhausen (Nordwestthüringen) ist mir *nigripes* oder *pubescens* nie begegnet, und in der Sammlung von A. Petry ist kein einziges Stück vom Harz oder vom Kyffhäuser vertreten, während ich die Art hier bei Naumburg an einigen Stellen regelmäßig antreffe. Alfken 1914 verzeichnet sie für die Umgegend von Bremen nicht, die Listen von Wagner (1938), Schirmer (1915), O. Meyer (1919), Schneid (1941), Dittrich (1921), Leininger (1951) und Krieger (1894) melden nur wenige Funde, dagegen bezeichnet A. R. Paul (1943) *pubescens* für östlich der Oder als häufig, — mir selbst ist er allerdings dort nur bei Körlin a. Pers. (1 ♀ 2 ♂♂) und bei Seelitz (1 ♂), aber nicht bei Rügenwalde und Stolp vorgekommen, — und A. Möschler (1939) *pubescens* für Rossitten als häufig und für Klein-Guja (Kr. Angerburg) und Launingken (Kr. Angerapp) sogar als stellenweise gemein.

Sonstige Verbreitung der Art: Sie fehlt in England und ist aus Holland und Belgien noch nicht nachgewiesen. Berland nennt sie für Frankreich „selten“ und nur wenige Fundorte, die sämtlich in den Alpen und im Pyrenäengebiet liegen. Dusmet verzeichnet sie 1909 für Spanien nicht. Nach v. Schulthess (1897) ist sie in der Schweiz mäßig häufig, dagegen bezeichnet er sie im Schmiedeknecht 1930 als „in den Alpen häufig“. Die für *quadrifasciatus* (F.) von L. Móczár 1937 angegebenen Fundorte Sárszentmiály, Ferencfalva, Kalocsa, Simontornya, Resica, Mehadia und Susak betreffen nach der handschriftlichen Berichtigung des mir übersandten Separatums durch den Autor *nigripes*. Atanassov 1942 führt die Art nicht für Bulgarien an. In M.Mü. befinden sich 1 ♂ von Akschehir und 3 ♀♀ von Bulghar Maaden (Anatolien).

Lebensweise: Diese Art nistet in Fraßlöchern in Holz (nach v. Schulthess 1897, A. Möschler 1939, Chr. Aurivillius 1886, G. Adlerz 1907), in alten Hymenopterennestern in Lößwänden (z. B. hier bei Naumburg), in alten *Chalicodoma*-Bauten (so an der Orangerie in Belvedere bei Weimar), und in Löchern morscher Ziegelmauern (A. Möschler 1939, wahrscheinlich in alten Bauten von *Oplomerus spinipes*) und trägt Kleinschmetterlingsraupen ein (nach AURIVILLIUS und ADLERZ solche von Tortriciden; die von mir den am Nest anfliegenden ♀♀ abgenommenen, offensichtlich verschiedenen Arten angehörigen Räupchen bestimmen zu lassen, gelang mir leider nicht), nach E. VALKEILA gelegentlich auch Eulenraupen (*Hypena proboscidalis*). Als Schmarotzer beobachtete ich eine große Form von *Chrysis ignita* (L.) und die Fliege *Pachyophthalmus signatus* MEIG. (O. KARL det.); MÖSCHLER nennt ferner *Chrysis fulgida* L. und *Chr. pustulosa* AB., AURIVILLIUS die Trauerschweber *Anthrax aethiops* und *trifasciata*.

(5) *Euodynerus* (*Pareuodynerus*) *p. posticus* (H.-SCH. 1841).

Die Beschreibung des *Odynerus posticus* durch HERRICH-SCHAEFFER ist in der Weise erfolgt, daß dieser den Namen als den einer n. sp. (♀) veröffentlichte und anstelle einer Beschreibung eine Abbildung beifügte. Das genügte nach Art 25 a JRZN, die Rechtmäßigkeit des Namens zu begründen, so daß er den Prioritätsschutz hat.

Die Herkunft des Typus ist nicht mitgeteilt oder sonst bekannt geworden; der Autor hat mediterrane Diploptera sowohl aus Spanien als auch Italien wie auch aus Griechenland beschrieben. Es scheint mir den nomenklatorischen Belangen am ehesten zu entsprechen, anzunehmen, daß der Typus aus Südwesteuropa gestammt habe.

Die Synonymie lautet:

Odynerus posticus n. sp. — HERRICH-SCHAEFFER, Faun. Insect. Germ., P. 176, 1841, T. 9 (♀). Loc. typ.: nicht genannt. Typus nicht mehr vorhanden.

Odynerus (*Lionotus*) *innumerabilis* n. sp. — SAUSSURE, Étud. fam. Vespid. I. Eumén, 1852, S. 189, n. 86, ♂. III, 1856, S. 233, ♀. Loc. typ.: Algerien. Typus: M. P.

! *Odynerus* (*Lionotus*) *graphicus* n. sp. — SAUSSURE, ibid., 1852, S. 191, n. 88, ♀. Loc. typ.: Toulouse. Typus: M. P.

• *Odynerus* (*Lionotus*) *differens* n. sp. — F. MORAWITZ, Horae Soc. ent. Ross., 29, 1895, S. 478, ♀ ♂. Loc. typ.: Transkaukasien (Lagodechy; Zakataly). Typen: coll. auct. (M. L.).

„*Odynerus simplex* (F.)" auct., non FABRICIUS.

A. GIORDANI SOIKA hat 1951 eine Unterart *punctatissimus* (als *Pseudepipona* [*Euodynerus*] *postica punctatissima* n. ssp., ♂) aufgestellt, deren Kennzeichen die viel stärkere und viel dichtere Punktierung der Tergite sei (loc. typ: Gyaur dağlari in Anatolien).

Die dadurch gleichzeitig entstandene typische Unterart hat als Verbreitungsgebiet die Mediterranzone von Spanien und Marokko bis Afghanistan. Sie erreicht Mitteleuropa in der Südschweiz (Monte Carasso im Tessin: v. SCHULTHESS 1897) und in Ungarn (Simontornya: 1 ♀ M.B.; Hadad: L. MÓCZÁR 1937). Es ist immerhin denkbar, daß sie im Kaiserstuhl vorkommen könnte.

Zu ihrer Erkennung genügen die Angaben des Bestimmungsschlüssels.

♂ forma monstrosa (oplomerocephalica): *Euodynerus* (*Pareuodynerus*) *cephalicus* BLÜTHG. 1944 S. 34. Bisher nur 2 Exemplare von Argentat (Südwestfrankreich) bekannt geworden.

Diese Art nistet nach FERTON in Schilfinternodien oder in Löchern in einer Böschung, nach E. OTTEN in *Sirex*-Fraßgängen in Pinienstämmen (siehe dazu BLÜTHGEN 1951 a.).

G. GRANDI hat 1954 S. 162 ff über den Befund an einigen Schilfnestern berichtet, er fand in diesen Reste von Schmetterlingsraupen und erhielt als Schmarotzer eine Form von *Chrysis ignita* (L.).

(6) 3. *Euodynerus* (*Pareuodynerus*) *quadrifasciatus* (F. 1793)

Diese Art hat 2 Unterarten gebildet:

a) Die typische Unterart *quadr. quadrifasciatus* (F. 1793)

Vespa quadrifasciata n. sp. — FABRICIUS, Entom. system. II., 1793, S. 266, n. 48, ♂. Loc. typ.: Dänemark. Typus: Mus. Kopenhagen (coll. SEHESTEDT).

Odynerus tomentosus n. sp. — THOMSON, Opusc. entom., 2, 1870, S. 86, n. 8, ♀ ♂. Loc. typ.: Schweden. Typen: coll. auct. (M. Lu.).

Pseudepipona quadrifasciata (F. 1793) n. comb. — O. W. RICHARDS 1937 S. 183.

Euodynerus (*Pareuodynerus*) *quadrifasciatus tomentosus* (THOMS. 1870) n. comb. — BLÜTHGEN 1951 d S. 75.

b) *quadrifasciatus simplex* (F. 1793)

Vespa simplex n. sp. — FABRICIUS, Entom. system. II, 1793, S. 267, n. 52, ♂. Loc. typ.: Kiel. Typus: M. K.

Vespa quadricincta n. sp. — FABRICIUS, ibid., S. 266, n. 47, ♀. Loc. typ.: Kiel. Typus: M. K. (Nach brfl. Mitt. von K. FAESTER in Kopenhagen.)

Odynerus Lindenii n. sp. — LEPELETIER, Hist. natur. Insect, Hymén. II, 1841, S. 624, n. 13, ♀ ♂. Loc. typ.: Paris; Montpellier. Verbleib der Typen: ?

Euodynerus (Pareuodynerus) quadr. quadrifasciatus (F. 1793) — BLÜTHGEN 1951 d S. 74[1]).

Euodynerus (Pareuodynerus) quadrifasciatus (F.) var. *pseudonotata* n. var. ♀ — BLÜTHGEN 1938 a S. 33, 1939 b S. 10. Loc. typ.: Bozen. Holotypus: M.B.

Ähnlich wie bei *notatus* (JUR.) bilden reich gelb gezeichnete südeuropäische ♀♀ der Unterart *simplex* einen starken Kontrast mit den ♀♀ der typischen Unterart, namentlich mit solchen, die schwarzes Hinterschildchen und nur 3 Tergitbinden haben; letztere sind (auch in der Farbe der Beine) den ♀♀ von *Ancistrocerus scoticus* (CURT.) überraschend ähnlich.

Die typische Unterart ist in Dänemark, Skandinavien (in Schweden nach THOMSON bis zum hohen Norden, aber nicht häufig), Finnland (nach FORSIUS & NORDSTRÖM 1923 S. 4 bis Lappland, aber spärlich), Nordosteuropa sowie in England (nach O. W. RICHARDS 1937, ohne Angabe der Fundorte; von E. SAUNDERS 1896 noch nicht erwähnt) zuhause. Ihr Verbreitungsgebiet erstreckt sich durch Sibirien (F. MORAWITZ 1895) und Jakutien (G. KOSTYLEV 1932 S. 145) bis zum Stillen Ozean (1 ♀ 1 ♂ von Nikolajewsk an der Amur-Mündung im M. Kr., das ♀ von ED. ANDRÉ als „*Od. amurensis* ANDRÉ" bezettelt). 1 ♀ der coll. v. RADOSZKOVSKI mit dem Fundort „Siber. or., N. aropolsk 16. VI. 70" zeichnet sich durch fast völlig geschwärzte Beine aus (es ist bezettelt „*sibiricus* MOCSARY").

In Mitteleuropa besiedelt die typische Unterart (außer Dänemark) den Nordosten: Seelitz (1 ♀ 1 ♂, BLÜTHGEN leg.), Zoppot (1 ♀ 1 ♂ leg. coll. P. TIMM), und weiter östlich (MÖSCHLER 1939 S. 75).

Die ssp. *simplex* vertritt die Art im übrigen Teil Mitteleuropas, in West- und Südeuropa. Im Gebiet kommt sie anscheinend nicht überall vor, so wird sie weder von C. SCHIRMER 1915 (für Prov. Brandenburg) noch von O. MEYER 1919 (für ehemalige Prov. Posen) erwähnt. Sie scheint da, wo sie zuhause ist, auch nicht häufig bis selten zu sein; z. B. bin ich hier bei Naumburg in 35 Jahren nur 4 ♀♀ 1 ♂ begegnet.

In Holland (nach J. WILCKE 1951) „sehr selten", in Belgien (J. BONDROIT 1943 S. 144) anscheinend nicht häufig, in Frankreich dagegen nach L. BERLAND 1928 „ziemlich häufig", in der Schweiz nach v. SCHULTHESS 1897 „verbreitet"[2]), aus Spanien von DUSMET 1909 nicht gemeldet („*simplex* F." bei ihm ist *posticus* [H.-SCH.]), mir aber von Albarracin bekannt (2 ♀♀ M. Mü).; Italien: 1 ♀ mit sehr reicher gelber Zeichnung von S. Anna, Modena, in coll. v. SCHULTHESS.

Diese Unterart erstreckt ihr Verbreitungsgebiet bis Nordafrika: Jfrane (Marokko): 4 ♀♀ 1 ♂ (NADIG 1932/1933). 1 ♀ mit der Fundortangabe „Eriwan (KORB leg.)" in M. Mü.; 1 ♀ von Astrabad (Nordiran) in M. Kr.

Zu welcher Unterart die Populationen von Bulgarien (ATANASSOV 1942 S. 230) und Armenien (G. KOSTYLEV 1929 S. 80) zu stellen sind, bedarf noch der Untersuchung. Dasselbe gilt für die 2 ♀♀, die v. SCHULTHESS 1928 S. 72 als „*quadrifasciatus* var." von Cirene (Cyrenaice) verzeichnet und beschrieben hat, und zwar sowohl für die Artzugehörigkeit als auch für die subspezifische Stellung.

Variationsbreite: Für die typische Unterart siehe THOMSON 1874 S. 51/52. Südeuropäische Stücke der Unterart *simplex* sind in der Regel sehr viel reicher gelb gezeichnet als die im Untersuchungsgebiet vorkommenden. Auch bei letzteren findet man gelegentlich ♀♀ mit 2 kleinen isolierten Scheibenflecken auf dem 2. Tergit (1 ♀ von Michaelsberg [Baden] im Mus. Karlsruhe).

Aberr. *pseudonotata* BLÜTHG. 1938. Diese von mir als Var. des ♀ beschriebene Färbung, die ich jetzt eher als Aberration beurteilen möchte, ist bisher nur von Bozen und Vivonne bei Poitiers, Dpt. Vienne (Paratypoid, M. P.) bekannt geworden.

[1]) Ich habe 1938 und 1951 *quadrifasciatus* (F.) und *tomentosus* (THOMS.) als subspecifisch verschieden behandelt. Das hat sich als Irrtum erwiesen. Bei der erneuten Prüfung dieser Frage schien mir die Herkunft des Typus von *quadrifasciatus* aus Dänemark eher für die Unterartgleichheit zu sprechen, und in der Tat besagt eine von mir eingeholte Auskunft von Herrn K. FAESTER (Kopenhagen), daß die dänischen ♀♀ dieser Art „rötlich gelbbraune" Beine haben.

[2]) Siehe auch DE BEAUMONT 1947.

Lebensweise: A. Möschler traf die typische Unterart an Scrophularia und Angelica, ich an Himbeeren; die Unterart *simplex* besucht u. a. Vincetoxicum, van Lith nennt auch Cotoneaster.

Über den Nestbau der nordischen Unterart haben Adlerz 1907 (S. 23, 32) und E. T. Nielsen 1932 (S. 115/116) berichtet: Die Zellen waren in vorhandenen Hohlräumen in Holz (Adlerz fand alte Nester von *Osmia nigriventris* in Kiefernborke, Nielsen einen Bockkäferfraßgang benutzt) angelegt; einmal fand Adlerz ein Nest in Sandboden; als Larvenfutter wurden Tortriciden-Räupchen vorgefunden, von E. Valkeila aber auch Chrysomelidenlarven. Bei A. Möschler (Rossitten) bauten ♀♀ derselben Unterart in ausgelegten Schilfhalmen. 1 ♀ der Unterart *simplex* sah ich in einem Fraßloch in einem alten Baumstumpf nisten, die Öffnung wurde durch einen Mörtelpfropfen verschlossen. v. Schulthess fand Nester sowohl in dürrem Holz als auch in alten Nestern von *Oplomerus spinipes* (L.) und von *Chalicodoma parietina* (Geoffr.). Alte *Chalicodoma*bauten fand auch J. Heinrich (Aschaffenburg) benutzt (brfl.). Als Schmarotzer beobachtete ich *Chrysis sublongula* Lins. 1951.

3. Untergattung *Syneuodynerus* Blüthg. 1951

Subgenerotypus: *Euodynerus egregius* (H.-Sch. 1839). (Blüthgen 1951 d S. 67, 75)

Von der Art

Euodynerus egregius (H.-Sch. 1839)

Odynerus egregius n. sp. — Herrich-Schaeffer, Faun. Insect German., P. 173, 1839, S. 15; P. 176, 1841, T. 2 (♀). Loc. typ.: Spanien (Waltl leg.)[1]). Typus nicht mehr vorhanden.

Euodynerus (Syneuodynerus) egregius (H.-Sch. 1839) n. comb. — Blüthgen 1951 d l. c.

habe ich 1942 die auf Nordafrika beschränkte Unterart *egregius barbarus* abgetrennt (1942 b, S. 306). Damit entstand eine Unterart *egr. egregius*. Von diesen beiden Unterarten weichen die Mitteleuropa besiedelnden Populationen durch merklich zerstreutere und kräftigere Punktierung der Tergite ab. Sie gehören zu der 1922 von F. Maidl als Art beschriebenen Form *unimaculatus*. (*Euodynerus* [*Syneuodynerus*] *Bohemani* [Sauss. 1856, ♂] von Rhodus, dessen Holotypus [Mus. St.] mir vorlag, gehört nicht dazu, sondern zu den auf den Tergiten dicht punktierten Formen; diese Punktierung ist noch feiner und dichter als bei den südwesteuropäischen Populationen von *egregius*, z. B. bei Stücken von Südfrankreich und Sardinien.)

Die Synonymie ist:

(7). 1. *Euodynerus (Syneuodynerus) egregius unimaculatus* (Maidl 1922)

!*Odynerus (Lionotus) unimaculatus* n. sp. — F. Maidl, Ann. Naturhist. Mus. Wien, **35**, 1922, S. 49, ♀ ♂. Loc. typ.: Brazza. Lectoholotypus: M.W.[2]).

Odynerus (Lionotus) egregius (H.-Sch.) var. *discosignatus* n. var. — L. Mader, Ent. Z., **50**, 1936, S. 275, n. 24 (ohne Geschlechtsangabe, also wohl ♀ ♂). Loc. typ.: Insel Krk. Typen: coll. auct.

Diese Form sah ich außer von Dalmatien (M.W.) und Krk von Subotica (Nord-Serbien, Taubert leg., coll. m.) und Ungarn. Zu ihr gehört 1 ♂, das ich von J. Heinrich (Aschaffenburg) erhielt, der es nach seiner Angabe bei Thüngersheim (Main) am 1. 6. 37 erbeutet hat.

---

[1]) Waltl hat in Spanien nur bei Cadiz (Puerto Real) gesammelt (H. Bischoff brfl.).

[2]) Als Lectoholotypus bestimme ich 1 ♀ von der dalmatischen Insel Brazza, 24. 7. 12, M.W.

Wie die von F. MORAWITZ 1895 erwähnten Populationen von der Krim (siehe auch G. Kostylev 1928 S. 404) und von Transkaukasien sowie Armenien (Kotaik, Gadis und Eilar: KOSTYLEV 1929, S. 80) einzuordnen sind, bedarf noch der Untersuchung. Dasselbe gilt für die mir aus Kleinasien, Cypern und Palästina vorliegenden *egregius.*

Die Art *egregius* ist in allen Unterarten am Zeichnungsmuster der beiden vorderen Tergite sofort zu erkennen, auch wenn — was beim ♀ sehr viel seltener als beim ♂ der Fall ist — der gelbe Mesonotumfleck fehlt. Im übrigen ist sie im Schlüssel hinreichend gekennzeichnet. ♀ 11—13 mm, ♂ 8—12 mm.

Lebensweise: A. CROS fand *egr. barbarus* in den Fraßgängen des Bockkäfers *Cerambyx nerii* nistend; CH. FERTON traf Nester in Schilfstengeln; es kann angenommen werden, daß zur Unterbringung der Nester auch andere Hohlräume verwandt werden.

18. Gattung ***Parodontodynerus*** BLÜTHG. 1938

Generotypus: *Eumenes ephippium* KLUG 1817. (BLÜTHGEN 1938)

Die Zusammenziehung dieser Gattung mit der Gattung *Odontodynerus* BLÜTHG. durch A. GIORDANI SOIKA 1951 S. 385 (der darin wohl R. BOHART 1951 S. 898 gefolgt ist,) erscheint mir verfehlt, denn der Körperbauplan ist ganz verschieden, es besteht nicht einmal eine oberflächliche Ähnlichkeit, und überdies ist die Lebensweise völlig anders. Aus dieser Gattung ist bisher nur eine Art, der Gattungstypus, bekannt geworden, von der aber verschiedene Unterarten abgetrennt worden sind: *ephipp. laudatus* KOSTYLEV 1940 (Mongolei und Chin. Turkestan), *ephipp. rufinus* KOSTYLEV 1940 (Ost-Iran), *ephipp. anatoliae* (GIORD. SOIKA 1951) (Kleinasien) und *ephipp. aramaeus* BLÜTHG. 1955 (Israel).

Parodontodynerus ephipp. ephippium (KLUG 1817)

! *Eumenes Ephippium* n. sp. — KLUG in GERMAR, Faun. ins. Europ., III, Halle, 1817, S. 264, n. 368, ♀. Loc. typ.: „Dalmatiae insulae" (Cherso und Fiume). Typus: M. B.
? *Pterocheilus laetus* n. sp. — HERRICH-SCHAEFFER, Faun. Insect. German., 1839, P. 173, S. 8, ♀. Fundort nicht genannt. Verbleib des Typus („aus GYSSELEN's Sammlung") unbekannt.
Odynerus (Leionotus) dubius n. sp. — SAUSSURE, Étud. fam. Vespid. I, Eumén., 1852, S. 193, n. 92, ♀; 1856, S. 237, ♂. Loc. typ.: Südfrankreich (St. Sever, Landes). Typus ♀: M. P.
Odynerus (Lionotus) opacus n. sp. — F. MORAWITZ, Horae soc. ent. Ross., 4, 1867, S. 124, n. 13, ♀ ♂. Loc. typ.: Sarepta. Typen: coll. auct. (M. L.).
Odynerus (Lionotus) Schulthessi n. sp. — DUSMET, Mem. Soc. Españ. Hist. Natur., 2. 3ª, 1903, S. 186, n. 5, ♀ ♂. Loc. typ.: Umgebung von Madrid (Villalba, Villaviciosa, Molinos). Typen: M. Ma. (Vom Autor in Boll. R. Soc. Españ. Hist. Natur., 1904, S. 132 als Synonym von *dubius* bezeichnet.)

In Europa kommt nur die typische Unterart vor, und zwar ist sie auf das Mediterrangebiet[1]) beschränkt und erreicht Mitteleuropa nur im südlichsten Teil der Schweiz, im Rhônetal (v. SCHULTHESS 1897), und in Ungarn (nördlich bis Budapest: L. MÓCZÁR 1937).

Diese im ♀ 9—10 mm, im ♂ 7,5—10 mm große Art hat ein eigentümliches Gepräge, das sie stets sofort wiedererkennen läßt und das namentlich durch die stark gewölbte, bauchige Form des Hinterleibs und dessen ungewöhnlich kontrastreiche Färbung und durch den relativ schmalen Kopf mit eiförmigem Gesicht vermittelt wird. Die typische Färbung des ♀ ist so: gelb sind am Kopf der Kopfschild, Stirnfleck, je 1 Fleck in den Sinus und oben hinter den Augen, die Unterseite und die untere ½ der Vorderseite der Fühlerschäfte, am Thorax eine breite Pronotumbinde, 2 Flecke des Schildchens, das Hinterschildchen größtenteils, die Flügelschuppen und die Parategulae, große Flecke des oberen Abschnitts der Mesopleuren, große Flecke auf dem Mittelsegment beiderseits, vom Hinterleib breite Binden des 1. und 2. Tergits und des 2. Sternits; die Tergitbinden sind seitlich breit und weit nach vorn vorgezogen, die des 2. Tergits ist vorn bogenförmig begrenzt, und ihre seitlichen Erweiterungen biegen sich vorn hakenförmig nach der Tergitmitte ein; die Schenkel (teilweise) und die Schienen sind gelb, die Tarsen rostgelb.

Die Färbung des ♀ ist in Europa mäßig veränderlich: Die gelbe Pigmentierung des Kopfschilds kann bis auf 2 Flecke an der Basis schwinden, die Schildchenflecke können fehlen; auf dem 3. Tergit kann eine schmale, seitlich stark abgekürzte Binde auftreten, manchmal auch Seitenflecke auf dem 3. Sternit.

Beim ♂ ist der Kopfschild stets total gelb; so gefärbt sind ferner der Stirnkiel, die Oberkiefer teilweise, häufig 1 oder 2 Tergitbinden mehr und auch Seitenflecke auf dem 3. Sternit; anderseits können die Flecke des Mittelsegments fehlen.

Nach FERTON (1895, S. 224, 1910, S. 173) und G. GRANDI (1935, S. 41) fertigt das ♀ aus Mörtel tönnchenförmige Zellen, ähnlich denen der Wegwespe *Auplopus carbonarius* (SCOP.)[2]), die es einzeln oder zu mehreren an beliebiger Stelle unterbringt: als Linienbau in einem Schilfstengel oder in Insektenfraßgängen, aber auch gehäuft unter einem Stein oder irgendwo frei, z. B. am Fuße einer senkrechten Bö-

---

[1]) Aus Nordafrika kenne ich bisher erst ein einziges Stück: 1 ♀ coll. m. von La Calle (Ostalgerien), das Dr. ERICH SCHMIDT (Bonn) am 15. 6. 30 fand.

[2]) Bekannter unter dem Namen *Pseudagenia carbonaria* (SCOP.).

schung an einem dort liegenden Ziegelstein seitlich[1]). Nach denselben Autoren werden als Larvenfutter Käferlarven und -puppen eingetragen (aus welchen Familien und Gattungen, hat man anscheinend nicht festgestellt).

19. Gattung *Ancistrocerus* Wesm. 1836

Generotypus: *Ancistrocerus parietum* (L. 1758) (Ashmead 1902).

Diese Gattung hat in der Hauptsache holoarktische Verbreitung, und in der paläarktischen Zone gehören die meisten ihrer Arten der eurosibirischen Subregion an. Von den bisher aus Europa bekannten Arten kommen 12 in Mitteleuropa vor. Sie nisten (mit Ausnahme von *oviventris*) im Regelfall in beliebigen Hohlräumen, oft in solchen recht ungewöhnlicher Art (z. B. in einem Gummischlauch[2]), im Lauf einer Jagdbüchse[3]), in Gußblasen eines Eisengitters, zwischen den Falten eines Kleidungsstückes[4]). Der Maurerinstinkt und die Befähigung zu Mörtelarbeit sind bei dieser Gattung besonders gut entwickelt, so daß man bei Arten, die in Höhlungen zu nisten, sich also mit der Anfertigung der Zellenabschlüsse und des Nesteingangsverschlusses zu begnügen pflegen, gelegentlich Freibauten von bemerkenswerter Gestaltung gefunden hat (siehe bei *antilope* und *scoticus*). Als Larvenfutter dienen in unseren Breiten nach unserer bisherigen Kenntnis Kleinschmetterlingsraupen[5]). Die Larven verfertigen einen Freikokon. Viele Arten haben 2 Generationen im Jahr, und zwar *nigricornis* (Curt.) in der Folge wie die meisten Arten der Bienengattung *Halictus* Latr., die anderen so wie viele *Andrena*-Arten.

Eine Eigentümlichkeit dieser Gattung ist das Auftreten von Nebengesichtsflecken beim ♀, d. h. eines runden Flecks wechselnder Größe in der Farbe der übrigen Zeichnung beiderseits zwischen der Fühlerbasis und den Netzaugen. Diese Zusatzzeichnung tritt nach meinen Beobachtungen bei *antilope, trifasciatus* und *claripennis* in der Regel, bei *parietinus, scoticus, renimacula* und *gazella* häufig, bei *nigricornis* seltener, bei *dusmetiolus* und *parietum* nur ganz ausnahmsweise und bei *oviventris* und *ichneumonideus* anscheinend nie auf. Der Grad ihrer Ausbildung ist jedoch bei den einzelnen Arten individuell sehr verschieden, und gelegentlich kann sie (manchmal nur einseitig) ganz entfallen.

Bestimmungsschlüssel

Zeichnungselemente, die allen Arten gemeinsam sind, wie Stirnfleck und Schläfenflecke, sind nicht erwähnt.

1. ♀♀ . . . . 2.
   ♂♂ . . . . 18.
2. Oberkiefer mit regelmäßiger Bezahnung: mit (einschließlich des gebogenen Endes) 4 Zähnen, die den Kaurand in seiner ganzen Länge einnehmen. 3.
   Oberkiefer mit unregelmäßiger Bezahnung: nur 3 Zähne, oberhalb des vorletzten mit deutlicher konkaver Zahnlücke. Abgesehen von der Regelwidrigkeit der Kopfbildung der Normalform des ♀ der Art gleichend.
   Monströse (oplomerocephale) Individuen (bisher erst von *nigricornis* bekannt = *excisus* Thoms. ♀).

---

[1]) G. Grandi hat 1957 (Boll. Istit. Entom. Univ. Bologna, **22**, S. 316/317) die Photographie von 2 solchen Zellen als Linienbau in einem Hollunderast gebracht; die Zellen ähneln sehr denen von *Gymnomerus laevipes* (Shuck.).

[2]) Wien. Ent. Ztg., **21**, 1902, S. 21.

[3]) „Wild und Hund", **31**, 1925, Nr. 39.

[4]) J. D. Alfken, 1914, S. 303.

[5]) Siehe dazu aber S. 60. Vorbemerkung.

3. Beine, soweit nicht schwarz, rostrot bis bräunlichrot, nirgends gelb gezeichnet. Kopfschild schwarz. Pronotumecken abgestumpft, rechtwinklig bis wenig mehr als 90°. 4.

Mindestens die Schienen I innen, in der Regel die Schienen aller Beinpaare wenigstens teilweise, gelb, im übrigen schwarz, niemals rostrot oder bräunlichrot. 8.

4. Körperzeichnung gelb. 5.

Körperzeichnung elfenbeinweiß, auf Kopf und Thorax schwach gelblich getönt. 7.

5. Tergite 1—5 mit Binde, 6 mit oder ohne Fleck. Struktur, Skulptur und Behaarung wie bei *o. oviventris*.
11. *Ancistrocerus oviventris hibernicus* BLÜTHG. var. *rufipes* BLÜTHG.

Nur 3—4 Tergitbinden vorhanden, Tergit 6 nie gefleckt. 6.

6. Die Kontur des 2. Sternits verläuft im Profil flach konvex oder fast geradlinig, biegt sich aber ganz vorn zur gerippten Querfurche stärker konvex ein. Körperform gedrungen (wie bei *parietum*); Querkante des 1. Tergits, von vorn gesehen, mitten ± deutlich schmal in stumpfem Winkel nach unten gebrochen; Tergit 2 am Ende gleichmäßig gewölbt, kaum mit einer Spur von Beulen. Behaarung braun, mit blasseren Haarenden, auf Kopf, Thorax und den Tergiten reichlich und lang (ähnlich *o. oviventris*). Nebengesichtsflecke oft vorhanden; Oberkiefer manchmal (wenn auch sehr selten) auf dem Basaldreieck der Außenseite gelb gefleckt; Unterseite der Fühlerschäfte nicht oder nur am Ende gerötet; Mesopleuren nie, Schildchen sehr selten und gering gelb gefleckt; Binde des 3. Tergits seitlich weder abgekürzt noch verschmälert, Tergit 4 gelegentlich mit schmaler, beiderseits abgekürzter Binde; Sternit 2 mit vollständiger Binde, 3 mit Seitenflecken; Schienen III anscheinend nie braun gestreift, Oberseite der Tarsen III nicht gebräunt oder geschwärzt. 10—12 mm.
12. *Ancistrocerus sc. scoticus* (CURT.).

Die Kontur des 2. Sternits vorläufig im Profil in ganzer Ausdehnung gleichmäßig schwach konvex (fast geradlinig); Rippen der Basalquerfurche kräftig und lang. Körperform gestreckter (ähnlich kräftigen Individuen von *trifasciatus*); Querkante des 1. Tergits, von vorn gesehen, mitten kaum merklich eingesenkt; Tergit 2 distal ganz schwach (aber im Profil gut sichtbar) konkav, hinter den deutlich entwickelten Beulen deutlich eingedrückt. Behaarung etwas blonder, merklich spärlicher und besonders kürzer (auf Kopf und Thorax nur etwa $^2/_3$, auf Tergit 1 und 2 etwa $1/_2$ so lang wie bei *sc. scoticus*). Nebengesichtsflecke anscheinend nie entwickelt; Oberkieferbasis anscheinend nie gelb gefleckt; Unterseite der Fühlerschäfte in der Regel in ganzer Ausdehnung rostrot; oberer Abschnitt der Mesopleuren (mit sehr seltenen Ausnahmen) gelb gefleckt; Schildchen nicht selten mit 2 gelben Punkten; Binde des 3. Tergits stets seitlich abgekürzt und zugleich seitlich verschmälert (spitz auslaufend), Tergit 4 nie gelb gezeichnet; Sternit 2 mit schmaler, vollständiger oder zweimal unterbrochener Binde oder nur mit Seitenflecken, 3 nie mit solchen; Schienen III in der Regel braun gefleckt, manchmal alle Schienen ausgedehnt geschwärzt, Tarsen 3 oberseits gebräunt. 10—12,5 mm.

(Gesicht rundlicher als bei *trifasciatus* ♀, mit etwas mehr gewölbtem Scheitel; Hinterschildchen [von vorn gesehen] oben hinten kantig begrenzt; Rückwand des Mittelsegments vom Hinterschildchen steil abfallend. Gesicht = 83:83; Kopfschild = 32:40; Ausrandung = 10:10:1; Tergit 1 = 39:78.)
5. *Ancistrocerus ichneumonideus* (RATZ.)

7. Schenkel III bis zur Spitze schwarz; nur 3 bis $3^1/_3$ Tergitbinden vorhanden. 10—12 mm.
12. *Ancistrocerus sc. scoticus* (CURT.) var. *albotricincta* (ZETT.).

Schenkel III höchstens zu $^3/_4$ schwarz; 5 Tergitbinden und ein Fleck auf dem 6. Tergit vorhanden. 11—14 mm. 11. *Ancistrocerus oviventris hibernicus* (BLÜTHG.)

8. Seitenwände und Rückseite des Mittelsegments nur obsolet chagriniert, fast ganz glatt, mit kräftigem, fettigem Glanz, Metapleuren poliert, so daß diese Thoraxteile von den runzlig dicht, unten zerstreuter punktierten, glanzlosen Mesopleuren stark abstechen. Sternit 2 im Profil mit gleichmäßig schwach, nur ganz vorn etwas stärker gebogener Kontur. (Wegen der Zeichnung siehe S. 175.) 13—16 mm.
8. *Ancistrocerus a. antilope* (PANZ.).

Seitenwände und Rückseite des Mittelsegments mit ± entwickelter lederartiger Skulptur, glanzlos oder höchstens mit seidig mattem Schein. 9.

9. Mittelsegment beiderseits gelb gefleckt. 9—13 mm. 10.

Mittelsegment nicht gelb gefleckt.[1]) 11.

10. Flügelmembran graulich glashell, im Vorderflügel die Endhälfte der Radialzelle und der Raum zwischen dieser und der Flügelspitze kaum merklich stärker getrübt. Unterseite der Fühlergeißel schwarz, höchstens an der Basis gebräunt. Behaarung von Kopf, Thorax und Tergit 1 lang und dicht, auf Tergit 2 ziemlich kurz, reichlich und über das ganze Tergit von gleichmäßiger Länge, schräg nach hinten gerichtet, auf den folgenden Tergiten etwas länger als auf dem 2., sonst aber ebenso. Hinterkopfseiten (von oben gesehen) von den Netzaugen ab gleichmäßig nach hinten rundlich konvergierend. Schulterwinkel 90° oder etwas weniger, scharfeckig, aber nicht zahnartig. (Im übrigen vgl. bei Ziff. 16.) 2. *Ancistrocerus claripennis* THOMS. var. *subrenimacula* BLÜTHG.

Flügelmembran schwach bräunlich getrübt, im Vorderflügel die äußere Hälfte der Radialzelle mit braunem Längswisch, der sich bis zur Flügelspitze fortsetzt und deutlich von der übrigen Fläche absticht. Unterseite der Fühlergeißel in ganzer Ausdehnung bräunlich-orange. Behaarung von Kopf, Thorax und Tergit 1 viel kürzer (etwa $^2/_3$ so lang wie bei *claripennis*) und spärlicher, die abstehenden Haare der übrigen Tergite nur spärlich und winzig. Hinterkopfseiten (von oben gesehen) bauchig geschwollen (von den Netzaugen weg zunächst ein Stück divergierend und erst dann nach hinten rundlich konvergierend), Hinterkopf deshalb so breit wie die Augenpartie. Schultern spitzwinklig, kurz zahnartig ausgezogen. Punktierung auf Tergit 1 merklich gröber, auf 2 etwas stärker und vorn dichter als bei *claripennis*. Gelbe Zeichnung sehr reich (die einzelnen Zeichnungselemente wie bei *claripennis*, aber noch extensiver entwickelt, jedoch der Fleck auf dem 6. Tergit bei deutschen Stücken in der Regel sehr klein oder fehlend). 3. *Ancistrocerus renimacula* (LEP.).

11. Die Kontur des 2. Sternits verläuft im Profil in ganzer Ausdehnung flach konvex; Rippen der Basalquerfurche kräftig entwickelt, die mittleren lang. (Bei *trifasciatus* kann die Biegung so schwach sein, daß das Sternitprofil fast geradlinig erscheint, aber die langen Rippen verhindern, daß man solche Individuen in Leitziffer 16 sucht.) Tarsen III in der Regel oberseits geschwärzt. Hinterschildchen nie gelb gezeichnet. (*parietinus*-Gruppe.) 12.

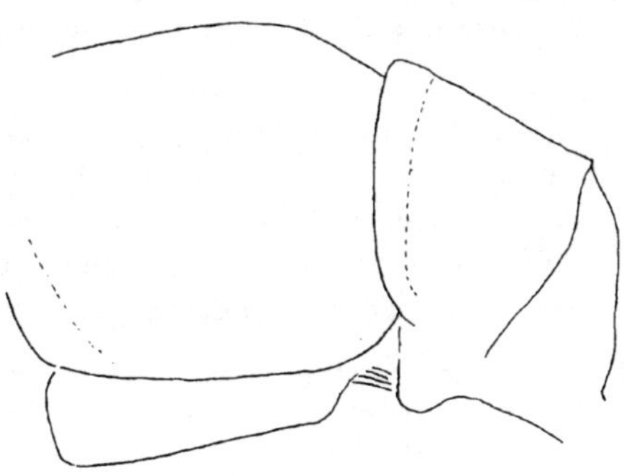
Abb. 56. *Ancistrocerus scoticus* (CURT.) ♀: 2. Sternit. (Original)

Die Kontur des 2. Sternits verläuft im Profil flach konvex oder schwach konkav, biegt sich aber in ± starkem Kontrast vorn zur Basalquerfurche stärker konvex bis ± winklig ein; das Niveau der Scheibe liegt ebenso hoch wie oder höher als das des Basalwulstes des Sternits[2]); Rippen der Ba-

[1]) Über einen Ausnahmefall aberrativen Charakters vgl. hinten S. 169 bei *gazella* (PANZ.).

[2]) Wenn man das Insekt mit der Bauchseite nach oben hält.

salquerfurche kräftig entwickelt, die mittleren lang. (Abb. 56). (*scoticus*-Gruppe.) 13.

Die Kontur des 2. Sternits verläuft im Profil in ganzer Ausdehnung gerade oder ganz vorn hinter den Rippen der Basalquerfurche sogar etwas konkav (für *claripennis* siehe Ziff. 16); das Niveau der Scheibe liegt niedriger als das der Basalwulst des Sternits[1]; Rippen ± kurz (auch die mittleren). Fühlerschäfte unterseits gelb; Hinterschildchen bei *parietum* nicht selten, bei den übrigen 3 Arten stets gelb gezeichnet. (*parietum*-Gruppe.) 16.

12. Große, robuste Art von 12—15 mm. Unterseite des Fühlerschaftes (zu ¼ bis ½ seiner Höhe) zitronengelb, Unterseite der Geißel der ganzen Länge nach rostbraun. Kopfschild und Mesopleuren nur äußerst selten, Schildchen anscheinend nie ohne gelbe Zeichnung; 1.—5. Tergit mit vollständiger gelber Binde, das 1. auch mit ± breiten Seitenbinden, das 6. mit gelbem Fleck; Außenseite der Schienen III nur am Ende schwarz gefleckt. Gesicht rund: Scheitel höher gewölbt, so daß (von vorn gesehen) die hinteren Nebenaugen um die Breite des vorderen Nebenauges unter dem Scheitelfirst liegen, äußerer Augenumriß stärker gewölbt, Kopfschild im Verhältnis zur Breite kürzer (37:48), Ausrandung = 10:12:2; Fühlergeißel merklich gestreckter (Glied 2 = 16:7, 3 = 9,75:8,75); Schulterwinkel etwas weniger als 90°, meist scharfeckig, aber auch abgestumpft. Behaarung (namentlich auf Kopf, Thorax und Tergit 1) dicht und lang. 7. *Ancistrocerus parietinus* (L.).

Kleinere, schlanke Art von 10—12 mm. Unterseite des Fühlerschaftes in der Regel nur am Ende licht (rötlich), sehr selten der ganzen Länge nach rostgelb; Unterseite der Geißel schwarz. Kopfschild, Mesopleuren und Schildchen häufig nicht gelb gezeichnet; nur die ersten drei oder vier oder nur die ersten zwei Tergite mit gelber Binde (das 5. und das 6. stets ohne Gelb); Schienen häufig auch außen von der Basis und vom Ende her ± ausgedehnt geschwärzt, so daß (wenigstens auf II und III) das Gelb völlig oder fast völlig verdrängt werden kann. Gesicht länglicher (76:74) und mehr rundlich viereckig: Scheitel relativ breiter und flacher, so daß (von vorn gesehen) die hinteren Nebenaugen knapp unter seinem First liegen, äußerer Augenumriß merklich flacher gewölbt, Kopfschild im Verhältnis zur Breite länger (32:38), Ausrandung = 8:10:1; Fühlergeißel deutlich kürzer und distal dicker (Glied 2 = 11,5:7, 3 = 8,25:7); Schulterwinkel etwas mehr als 90°, mit abgestumpfter Ecke; Tergit 1 deutlich länger als seine ½ Breite (35:63). Behaarung viel spärlicher und kürzer.
6. *Ancistrocerus trifasciatus* (Müll.).

13. Das 2. Sternit ist „dick“, indem das Niveau der Scheibe merklich über dem der Basalwulst des Sternits liegt[1]; sein Profil ist vorn unter 125° winklig gebrochen und verläuft vor der abgerundeten, etwas wulstig geschwollenen Winkelecke geradlinig zur Basalquerfurche und hinter ihr leicht konkav. Schulterwinkel durchschnittlich 90° mit scharfen Ecken. Behaarung reichlich und lang.

In der Regel sind gelb die ± ausgedehnte Zeichnung des Kopfschildes (Basal- oder auch Endflecke, die miteinander verschmelzen können), die Unterseite der Fühlerschäfte (bis zu ½ ihrer Höhe), vollständige Pronotumquerbinde, 2 Flecke auf dem Schildchen, Fleck der Mesopleuren, die Flügelschuppen ausgedehnt, 5 Tergitbinden, auf dem 1. Tergit auch Seitenbinden, 3—4 doppelt gebuchtete Sternitbinden; gelegentlich hat das Hinterschildchen 2 kleine gelbe Flecke. Nicht selten fällt die Zeichnung der Mesopleuren und des 5. Tergits, oder auch die des Schildchens oder des Kopfschilds weg, und bei Individuen mit so reduzierter Zeichnung fehlen auch häufig die Seitenbinden des 1. Tergits, die Pronotumbinde kann zu 2 kleinen linearen Querflecken schrumpfen, und die Flügelschuppen können die gelbe Zeichnung verlieren. Fühlergeißel unterseits schwarz oder

---

[1]) Wenn man das Insekt mit der Bauchseite nach oben hält.

an der Basis und Ende, selten durchgehend, dunkel rostbraun. Die Schienen II und III können innen am Ende nur etwas blaß rostgelb gezeichnet, aber auch braunschwarz gestreift sein (auf III als Schrägstreifen über der rostgelben Vorderecke des Schienenendes). 10—13 mm.

9. *Ancistrocerus nigricornis* (CURT.).

2. Sternit nicht so dick, das Niveau der Scheibe nicht oder kaum über dem der Basalwulst liegend; sein Profil vorn unter etwa 140° rundlich zur Basalfurche gebogen, die Biegung nicht wulstig verdickt (auch nicht in Aufsicht), die Kontur der Scheibe nicht konkav, sondern eben bis ganz schwach konvex. Pronotumecken abgestumpft. 14.

14. Fühlerschäfte gelb, oberseits schwarz; Geißelunterseite heller oder dunkler rostgelb; Mesopleuren nie, Schildchen nicht häufig (dann nur mit 2 Punkten) gelb gezeichnet; Kopfschild in den oberen Seitenwinkeln mit großen, innen schräg abgeschnittenen Flecken; Nebengesichtsflecke höchst selten entwickelt; Scheibe von Tergit 1 bis fast an die Querkante gelb, vorn mitten mit herz- oder sternförmigem, seltener viereckigem Ausschnitt; 2.—4. Tergit mit ziemlich breiter Endbinde, 5. Tergit häufig distal mit ± entwickeltem Querfleck, 2. und 3. oder auch 4. Sternit gelb gezeichnet; Schienen II und III einheitlich gelb oder nur ganz gering (distal innen) blaß rostgelb gezeichnet, Tarsen rostgelb. Behaarung blaß gelblich, auf Kopf, Thorax und Tergit 1 ziemlich lang, aber mäßig dicht, auf Sternit 2 kürzer und sparsamer, auf Tergit 2 spärlich und sehr kurz. Mesonotum mit deutlichen, glatten, spärlich punktulierten, glänzenden Punktzwischenräumen; Punktierung von Tergit 1 ziemlich schwach und mäßig dicht, von Tergit 2 schwach und ziemlich zerstreut, seitlich etwas stärker und dichter. Kleine, grazile Art von 8—11 mm. 10. *Ancistrocerus dusmetiolus* (STRD.).

Fühlerschäfte total schwarz oder unterseits am Ende rötlich, ausnahmsweise mit einigen unregelmäßigen, versprengten gelben Fleckchen; Geißel unterseits schwarz, gelegentlich undeutlich gebräunt. Zeichnung des 1. Tergits anders (nur eine Endbinde vorhanden, beiderseits vor ihr manchmal ein zusätzlicher Fleck). Behaarung lang und dicht, auch auf dem 2. Tergit und dem 2. Sternit. Punktierung des Mesonotums sehr dicht, die Zwischenräume größtenteils kleiner als die Punkte, skulptiert. 15.

15. Schenkel III bis zur Spitze schwarz; Mesopleuren nie, Schildchen sehr selten (und dann nur mit 2 Punkten) gelb gezeichnet; Nebengesichtsflecke können vorhanden sein; Kopfschild total schwarz (nur bei aberranten Stücken mit winzigen, unregelmäßigen gelben Flecken); in der Regel nur das 1.—3. Tergit mit Binde, selten auch das 4. mit geringer gelber Zeichnung. Behaarung braun mit blasseren Haarspitzen, sehr dicht. Querkante des 1. Tergits gut entwickelt; Punktierung des 2. Tergits auch mitten kräftig, tiefer und deutlich. Habitus wie bei *parietum*. (Im übrigen vgl. Ziff. 6.) 10—12 mm.

12. *Ancistrocerus sc. scoticus* (CURT.) var.

Schenkel nur zu $^2/_3$ bis $3/4$ schwarz; Nebengesichtsflecke anscheinend nie vorhanden, Kopfschild und Mesopleuren in der Regel, Schildchen anscheinend stets (mit 2 ± großen Flecken) gelb gezeichnet; 1.—5. Tergit mit Binde, die 1. mitten auffallend schmal, seitlich mäßig verbreitert, auch die folgenden verhältnismäßig schmal, 6. Tergit mit Fleck. Behaarung blond, etwas weniger dicht, aber noch etwas länger als bei *sc. scoticus*. Querkante des 1. Tergits schwach entwickelt; Punktierung des 2. Tergits mitten ausgedehnt ziemlich zerstreut, fein, oberflächlich und in der stärker ausgeprägten Punktulierung undeutlich. Habitus ungewöhnlich breit und robust. 11—14 mm.

11. *Ancistrocerus o. oviventris* (WESM.).

16. Flügelmembran graulich glashell, im Vorderflügel die Endhälfte der Radialzelle und der Raum zwischen dieser und der Flügelspitze kaum merklich stärker getrübt. Gesicht im Verhältnis zur Länge merklich schmaler als bei *parietum*, nach unten schwach verschmälert; Kopfschild im Verhältnis zur Breite länger als bei *parietum* (34:39), mit

schmalerem Ausschnitt (8:11:1,5); Punktierung der Stirn durchweg gröber als bei *parietum*, unten mitten nicht feiner als im übrigen und auch hier scharf ausgeprägt. Schulterwinkel 90° oder etwas weniger, scharfeckig, aber nicht zahnartig. Rückwand des Mittelsegments beiderseits (oben weitläufiger, unten dichter) mit feinen, aber gut ausgeprägten diagonalen Runzelstreifen besetzt, dazwischen punktuliert und in der oberen Hälfte dicht, kräftig, flach punktiert. Querkante von Tergit 1 (von vorn gesehen) gleichmäßig gebogen, mitten mit einer schmalen, flach stumpfwinkligen Einsenkung; Scheibe von Tergit 1 wenig mehr als doppelt so breit wie mitten lang. Scheibe des 2. Sternits vorn hinter den Kielen der Basalquerfurche mitten eben, beiderseits aber etwas gewölbt, so daß das Profil des 2. Sternits dadurch vorn leicht konvex erscheint. Punktierung der Thoraxoberseite merklich stärker, auf Tergit 1 durchschnittlich etwas stärker und etwas dichter als bei *parietum*. Behaarung deutlich kürzer als bei *parietum*, auf Kopf und Thorax etwa $\frac{3}{4}$ so lang, auf der Stirnmitte nicht schopfartig dicht, auf Tergit 2 nur etwa $^{2}/_{3}$ so lang wie bei *parietum*. Zeichnungselemente durchschnittlich reicher als bei *parietum* entwickelt, insbesondere Pronotumbinde breiter, Hinterschildchen wohl stets gelb gezeichnet (vollständige oder mitten unterbrochene Binde), Tergit 6 anscheinend immer gelb gefleckt. 9—13 mm.

2. *Ancistrocerus claripennis* Thoms.

Flügelmembran leicht bräunlich gefärbt, im Vorderflügel die äußere Hälfte der Radialzelle mit braunem Längswisch, der sich bis zur Flügelspitze fortsetzt und deutlich von der übrigen Fläche absticht. Basis des 2. Sternits hinter der Kielreihe flach konkav, seitlich nicht gewölbt. 17.

17. Pronotumecken abgestumpft rechtwinklig. Rückwand des Mittelsegments matt, dicht undeutlich sehr zart nadelrissig und äußerst dicht punktuliert, ohne erhabene Runzelstreifen, seitlich zerstreut, mäßig kräftig und flach punktiert. Querkante des 1. Tergits (von vorn gesehen) mitten mit breiter, stumpfwinkliger Einsenkung, beiderseits davon geschwungen (Abb. 57); Scheibe des 1. Tergits merklich über doppelt so breit wie mitten lang (76:35), nach vorn merklich verschmälert. Gesicht etwas breiter als lang, nach unten kaum verschmälert (80:79), Kopfschild = 33:39,5, Ausrandung = 9:11:1,25. Punktierung der Stirn mäßig kräftig, unten mitten merklich schwächer als im übrigen und flacher und runzlig dicht. Behaarung dicht und lang, auch auf den Tergiten, aber ungleichmäßig in der Länge, auf der Stirn unten mitten fast schopfartig dicht.

Abb. 57. *Ancistrocerus parietum* (L.): obere Kontur der Basis des 1. Tergits (Original)

Kopfschild ± ausgedehnt gelb gezeichnet, Pronotumbinde schmal, Mesopleuren in der Regel gelb gefleckt, Schildchen mit ± breiter, mitten linear unterbrochener Querbinde, Hinterschildchen manchmal mit 2 kleinen gelben Flecken, Scheibe von Tergit 1 bis an die Querkante gelb, aber vorn ± breit (bis in ganzer Breite) stumpfwinklig oder konkav, seltener rundlich trapezförmig ausgeschnitten; 2.—5. Tergit mit breiter Binde, 6. Tergit häufig gelb gefleckt. Unterseite der Fühlergeißel rostbraun, mitten ± stark verdunkelt. Habitus ähnlich *claripennis*. 10—13 mm.

1. *Ancistrocerus parietum* (L.).

Pronotumecken scharf spitzwinklig, ± zahnartig schräg nach vorn ausgezogen. Skulptur der Rückwand des Mittelsegments ungefähr wie bei *claripennis*. Querkante des 1. Tergits gleichmäßig gebogen, mitten nicht oder kaum merklich gesenkt; Scheibe des 1. Tergits wenig über doppelt so breit wie mitten lang (65:32). Gesicht etwas länger als breit (68:67,5), nach unten nicht verschmälert; Punktierung der Stirn sehr kräftig, tief, unten mitten kaum schwächer als im übrigen und scharf ausgeprägt.

Behaarung des Körpers viel kürzer und spärlicher als bei *parietum*, auf der Stirn unten nicht auffallend dichter.

Färbung sehr veränderlich: Bei einer dunklen Phase beschränkt sich die gelbe Zeichnung auf dem Kopfschild auf 2 Basalflecke, auf dem Hinterschildchen auf 2 Querflecke, auf der Hinterleibsoberseite auf Endbinden der ersten 4 Tergite, denen auf dem 1. Tergit Seitenbinden hinzutreten; bei einer ± reich gezeichneten Phase erhält der Kopfschild auch 2 distale Flecke, die untereinander und mit den basalen verschmelzen können, das Hinterschildchen hat eine vollständige Querbinde, auf dem 1. Tergit nimmt die Pigmentierung den Umfang wie bei *parietum* an, das 5. Tergit hat eine seitlich abgekürzte oder eine vollständige Binde, und dann tritt auch nicht selten ein Fleck auf dem 6. Tergit hinzu. In allen Fällen haben die Mesopleuren einen ± großen gelben Fleck, das Schildchen 2 solche. Die Beinfärbung paßt sich dem Allgemeincharakter der Zeichnung an: Die Schienen können rein gelb, sie können aber auch innen distal braunschwarz gestreift sein (bei III als Schrägstreifen über der rostgelben Vorderecke des Schienenendes); die Tarsen können rein rostgelb (auf dem Basitarsus in gelb übergehend) oder aber oberseits ± geschwärzt sein. Fühlergeißel wie bei *parietum*. Grazile kleine Art von 8—11 mm.

4. *Ancistrocerus gazella* (PANZ.).

18. Oberkiefer über dem vorletzten Zahn mit einer konkaven Zahnlücke. 19.

Oberkiefer mit einer geschlossenen Reihe von Zähnen, die die ganze Breite des Kaurandes einnimmt. 20.

19. Profil des 2. Sternits und (abgesehen von der Kopfbildung) alles übrige wie bei *nigricornis* ♂.

9. *Ancistrocerus nigricornis* (CURT.) f. monstr. (oplomeroceph.) *excisus* (THOMS.).

Profil des 2. Sternits und (abgesehen von der Kopfbildung) alles übrige wie bei *parietinus* ♂.

7. *Ancistrocerus parietinus* (L.) f. monstr. (oplomeroceph.) *thuringiacus* BLÜTHG.

(Es ist möglich, daß auch bei anderen Arten derartige Mißbildungen vorkommen, die sich wahrscheinlich von normalen ♂♂ auch nur durch abnorme Gestaltung der Kopfkapsel und durch Zahnlücken unterscheiden werden.)[1]

20. Mittelsegment beiderseits gelb gefleckt. (Im übrigen siehe Ziff. 23.)

2. *Ancistrocerus renimacula* (LEP.),

Mittelsegment nicht gelb gezeichnet. 21.

21. Rückwand und Seitenwände des Mittelsegments größtenteils nur mit kaum angedeuteter Feinskulptur, glatt, kräftig emailartig glänzend, die kantige Seitenbegrenzung der Rückwand (namentlich auf der unteren Hälfte) leistenförmig verbreitert; diese Teile des Mittelsegments in der Regel ± ausgedehnt von einer dichten Schicht von Milben verdeckt. Metapleuren fast poliert. Scheibe des 1. Tergits über doppelt so breit wie mitten lang; Profil des 2. Sternits flach konvex, Basalrippen lang; Tergit 7 distal ungewöhnlich breit. Pronotumecken schwach spitzwinklig bis schwach stumpfwinklig, scharfeckig oder stumpf. Fühlergeißel verhältnismäßig kurz (merklich kürzer als bei *parietinus* ♂), das Endglied deutlich kürzer und distal viel weniger zugespitzt als bei *parietinus*.

In der Regel ohne Stirnfleck, Schildchen, Mesopleuren und Flügelschuppen anscheinend stets nicht gelb gezeichnet, Pronotumbinde häufig zu 2 ± kleinen Flecken geschrumpft; 4—6 Tergitbinden (die letzten meist ± unvollständig), Sternite 2—6 (manchmal weniger) mit Binde, gelegentlich auch 7 gelb gefleckt bis ganz gelb; Fühlerschaft unterseits gelb, Geißelunterseite rostgelb; Schienen gelb, oft innen braun gestreift, III gelegentlich auch an der Basis bräunlich gefleckt. 10—13 mm.

8. *Ancistrocerus a. antilope* (PANZ.).

Mittelsegment mit lederartiger Skulptur, ohne oder mit geringem Glanz, ohne Milbenbesatz, die Seitenbegrenzung der Rückwand kantig, aber nicht breit leistenartig; Tergit 7 distal viel stärker verschmälert. 22.

[1]) K. FAESTER (Kopenhagen) teilte mir mit, er habe bei *oviventris* (WESM.) solche gefunden.

22. Rippen der Basalquerfurche des 2. Sternits kurz, die mittleren nicht länger als die sich beiderseits an sie anschließenden der seitlichen Rippen oder sogar kürzer als diese, und höchstens kaum mehr als $\frac{1}{3}$ so lang wie der Längsdurchmesser der Basalwulstmitte; Kontur der Scheibe des 2. Sternits im Profil eben oder vorn (hinter den Rippen) schwach konkav oder auch manchmal ganz schwach konvex. Schildchen in der Regel, Hinterschildchen häufig gelb gezeichnet; innere Orbita unten mit schmaler, gelber Binde oder wenigstens mit gelbem Punkt am Kopfschild. 23.

Rippen der Basalquerfurche des 2. Sternits lang, die mittleren länger als die sich an sie beiderseits anschließenden der seitlichen Rippen, mindestens $\frac{1}{2}$ so lang wie der Längsdurchmesser der Basalwulstmitte. Hinterschildchen nie gelb gezeichnet. 26.

23. Tergite vom 2. an ohne abstehende Behaarung, nur spärlich mit winzigen Börstchen besetzt; auch die Behaarung von Kopf, Thorax und Tergit 1 ziemlich kurz. Hinterkopfseiten bauchig (wie beim ♀: Ziff. 10), bei kleinen Individuen weniger ausgeprägt so. Kopfschild etwas länger als breit, der von lang ausgezogenen spitzen Zähnen begrenzte und in ± starker Ausdehnung von einem gelblich gläsernen Randsaum ausgefüllte Ausschnitt breiter als der Abstand der Fühlergruben, die Ausrandung der gelb pigmentierten Scheibe halbkreisförmig, die des Glassaums flach rundlich stumpfwinklig bis halbkreisförmig; die kräftig gewölbte Fläche des Kopfschilds glänzend, glatt, ziemlich dicht flach und undeutlich punktiert. Pronotumecken ± lang spitz zahnartig schräg nach vorn ausgezogen. Färbung ± reich gelb; Orbitalbinde häufig bis halb in den Sinus reichend; Unterseite der Fühlergeißel breit und scharf abgesetzt orange, ihr Ende total so. 8—11 mm. 2. *Ancistrocerus renimacula* (Lep.).

Tergite vom 2. an mit gut entwickelter bis ziemlich langer, abstehender, borstiger Behaarung; die von Kopf, Thorax und Tergit 1 ± viel länger als bei *renimacula*. Hinterkopfseiten (von oben gesehen) in der Regel sofort vom Auge an rundlich verschmälert. 24.

24. Querkante des 1. Tergits (von vorn gesehen) mitten breit und tief stumpfwinklig nach unten durchgebogen, beiderseits davon konkav geschweift. (vgl. Abb. 57). Hinterschildchen nie gelb gezeichnet.

Rückwand des Mittelsegments dichtest winzig, aber deutlich, punktuliert und obsolet mikroskopisch nadelrissig, nur oben manchmal zusätzlich mit feinen erhabenen Schrägrunzeln oder auch flachen Punkten, deren gehobene lineare Zwischenräume ein erhabenes Netzwerk bilden, im ganzen glanzlos; der abgerundete Winkel, den die Seitenkanten der Rückwand mitten bilden, ist (bei Betrachtung von hinten mitten) ein flach stumpfer. Die Pronotumecken können einen einfachen Winkel von 90° oder etwas weniger bilden, aber auch spitzwinklig kurz nach der Seite ausgezogen sein.

Gesicht merklich breiter als lang (70:65), mit nach unten nur sehr schwach verschmälertem Umriß; Kopfschild wenig kürzer als breit (29:30), Ausrandung = 10:8, die Fläche gewölbt, die Endhälfte etwas flacher, aber bis an die Ecken und zur Ausrandung dick, auch über dieser nicht konkav eingesenkt, die Ausrandung des gelb pigmentierten Teils viertel- bis halbkreisförmig, die des ihr vorgelagerten gelblich gläsernen Saumes ebenso oder auch flacher konkav bis stumpfwinklig. Fühlergeißel schlank, lang, das Endglied nicht viel länger als das vorletzte, distal schwach gebogen, nach der rundlich abgestumpften Spitze nur schwach verschmälert. Am 2. Sternit sind die mittleren Basalrippen nicht oder kaum kürzer als die seitlichen, die Scheibe ist hinter den Rippen schwach konkav. Behaarung lang und reichlich, auch auf den hinteren Tergiten gut entwickelt.

Unterseite der Geißel in ganzer Ausdehnung scharf abgesetzt rostbraun, distal mehr orange. Pronotum mit schmaler, seitlich nicht abgekürzter Binde; Schildchen mit linear unterbrochener Querbinde oder nur mit 2 größeren bis punktförmigen Flecken; Mesopleuren ziemlich selten und gering gelb gefleckt. Zeichnung des 1. Tergits wie beim ♀, die folgenden 5 Tergite mit Binde, die des 6. beiderseits verkürzt; mindestens das 2. und 3., in der Regel auch das 4., oder auch das 5. und 6. Sternit mit doppelt gebuchteter oder auf den hinteren Sterniten doppelt unterbrochener Binde, die bindenlosen Sternite (außer dem stets schwarzen 7.) wenigstens mit gelbem Fleck. 8—11 mm.

1. *Ancistrocerus parietum* (L.).

Querkante des 1. Tergits (von vorn gesehen) mitten nur schmal und wenig oder überhaupt nicht nach unten durchgebogen, ihre Kontur im übrigen meist gleichmäßig gebogen. Rückseite des Hinterschildchens häufig gelb gezeichnet (mit Querbinde oder 2 Flecken), Mesopleuren oft mit gelbem Fleck.

Rückwand des Mittelsegments beiderseits der Mittellinie mit deutlich entwickelten, ± dicht stehenden, unregelmäßig verlaufenden erhabenen Schrägrunzeln, zwischen diesen mäßig dicht punktiert und glitzernd, im ganzen (unter der Lupe) deutlich glänzend; der abgerundete Winkel der Seitenkanten ist viel weniger flach (mehr 90° angenähert). Die Pronotumecken sind stets scharf spitzwinklig und ± weit, und zwar deutlich schräg nach vorn, dornenförmig ausgezogen. 25.

25. Sternit 2 vorn hinter den Basalrippen deutlich flach konkav, die Rippen in der Regel merklich schwächer als bei *claripennis* entwickelt, die mittleren sehr kurz, meistens kürzer als die seitlichen.

Gesicht wenig breiter als lang (68,5:65), rundlich; Hinterkopfseiten (von oben gesehen) hinter den Augen erst ein Stück parallel miteinander verlaufend und erst dann rundlich konvergierend. Kopfschild länglicher als bei *claripennis* (26:26,5), oben schmaler, die freie Endpartie weiter vorgezogen, die Ausrandung des gelb pigmentierten Teils in der Regel halbkreisförmig, die des gelblich gläsernen Saumes etwas flacher, die sie beiderseits begrenzenden Ecken meist spitz ausgezogen und etwas nach außen gebogen (Ausrandung = 7,5:6,75:3); seine Fläche kräftig rund gewölbt, kugelig, die Wölbung bis zur Basis und zu den Seiten gleichmäßig, das untere ⅓ etwas abgeflacht, aber oberhalb der Ausrandung nicht konkav eingedrückt. Fühlergeißel länger und (namentlich distal) schlanker, das Endglied dünn, schwach gebogen, bis zur Basis des drittletzten Gliedes oder etwas darüber hinausreichend. Thorax etwas länglicher; Pronotumecken in der Regel merklich länger ausgezogen und stärker nach vorn gerichtet. Querkante des 1. Tergits mitten mit kaum angedeuteter oder ohne Einsenkung. Punktierung des Körpers merklich stärker als bei *claripennis*, auf dem 2. Tergit und dem 2. Sternit in der Regel viel gröber und weitläufiger. Vorderflügel mit braunem Wisch in der Radialzelle. Hinterschildchen oder auch Schildchen oft ohne gelbe Zeichnung. Sternite 2—4 mit vollständiger oder auf 4 oder auch auf 3 doppelt unterbrochener oder zu Seitenflecken geschrumpfter Binde, 5 und 6 nicht gelb gezeichnet; Tergit 1 wie beim ♀ gezeichnet, 2—4 mit Binde, 5 mit abgekürzter Binde oder einem Fleck. 7—10 mm.

4. *Ancistrocerus gazella* (Panz.).

Sternit 2 vorn hinter den Basalrippen eben bis kaum merklich gehoben, die Rippen in der Regel stärker, länger und auch weitläufiger angeordnet als bei *gazella*, die mittleren nicht kürzer als die seitlichen.

Gesicht deutlich breiter als lang, kurz queroval; Hinterkopfseiten (von oben gesehen) von den Augen an rundlich konvergierend. Kopfschild breiter und kürzer als bei *gazella* (43:45), oben breiter, die freie Endpartie weniger vorgezogen, die Ausrandung rundlich stumpfwinklig, 10,5:11:3,5, von ungefähr rechtwinkligen, abgestumpften Ecken begrenzt; seine Fläche mit merklich flacherer Wölbung, die sich nach der Basal- und den Seitengrenzen noch mehr abflacht, am Ende oberhalb der Ausrandung zwischen den in der Regel entwickelten kurzen Kielen der Ecken mit einer Konkavität, die sich meistens noch, flach auslaufend, mitten über das distale ¼ der Scheibe verlängert. Fühlergeißel kürzer und (namentlich distal) derber als bei *gazella*, das Endglied etwas kürzer und an der Basis um etwa ½ dicker, meistens die Basis des drittletzten Gliedes nicht oder knapp erreichend. Thorax etwas gedrungener; Pronotumecken in der Regel weniger verlängert und weniger stark nach vorn gerichtet. Querkante des 1. Tergits mitten mit schmaler, flach stumpfwinkliger Einsenkung. Punktierung des Körpers in der Regel merklich feiner, namentlich auf dem 2. Tergit, hier auch viel dichter. Vorderflügel manchmal wie beim ♀, häufiger aber wie bei *gazella*. Schildchen in der Regel mit 2 Flecken, Hinterschildchen oft mit vollständiger oder unterbrochener Binde. Tergit 1 wie beim ♀ gezeichnet, in der Regel 1.—5. Tergit mit vollständiger, 6. mit abgekürzter Binde, 2.—4. Sternit in der Regel mit doppelt gebuchteter Binde, 5. entweder ebenfalls oder mit Seitenflecken. 8—11 mm.

2. *Ancistrocerus claripennis* Thoms.

26. Die Kontur des 2. Sternits verläuft im Profil in ganzer Ausdehnung gleichmäßig flach gebogen; manchmal ist sie fast geradlinig, aber dann lassen die langen Basalrippen die Zugehörigkeit des Individuums zu dieser Gruppe ohne weiteres erkennen (*parietinus*-Gruppe). 27.

Die Kontur des 2. Sternits verläuft im Profil flach gebogen, gerade oder flach konkav und biegt sich vorn zur Basalrippenreihe gekrümmt oder stumpfwinklig ein; Rippen lang (*scoticus*-Gruppe). 30.

27. Nicht mehr als 3 Tergitbinden vorhanden (manchmal nur 2); ventral in der Regel nur Sternit 2 gelb gezeichnet (mit Binde); Mesopleuren nie gefleckt. 28.

Mehr als 3 Tergitbinden vorhanden. 29.

28. Innere Orbita nie gelb gezeichnet; Schienen III weder an der Basis noch auf der Innenseite braun gezeichnet. Gesicht wenig breiter als lang, rundlich; Kopfschild im Verhältnis zur Breite kürzer, mit schwächerer Punktierung. Thorax gedrungener (Länge des Mesonotums zur Breite = 44:48). Mittelsegment kürzer und breiter (seine Seiten, von oben gesehen, in der Regel bis zur distalen Abschrägung parallel, die Rückwand mitten steil vom Hinterschildchen abfallend, weshalb ihre Querleiste, von oben gesehen, nicht hinter diesem hervortritt); Seitenwände des Mittelsegments mit gut entwickelten Querrippen zwischen der Punktierung, so daß diese unter gewissem Gesichtswinkel gegen jene stark zurücktritt. Tergit 1 im Verhältnis zur Länge in der Regel viel breiter (Scheibe mehr als doppelt so breit wie mitten lang), auch der Hinterleib im ganzen weniger gestreckt. Behaarung kürzer (auf Kopf und Thorax ungefähr $^4/_5$ so lang wie bei *trifasciatus*); auf der Rückseite der Schenkel I spärlich. Pronotumbinde sehr schmal, mitten schmal unterbrochen, aber meist seitlich nicht abgekürzt; Schildchen nie gelb gefleckt; Tergit 1 mit schmaler, seitlich nicht verbreiterter Binde, ohne Seitenbinden; Binde des 3. Tergits seitlich abgekürzt, manchmal stark geschrumpft, gelegentlich aber vollständig und in diesem Fall das sonst total schwarze 3. Sternit mit Seitenflecken oder einer doppelt unterbrochenen Binde und (ausnahmsweise) das 4. Sternit mit gelbem Querfleck; Unterseite der Fühlergeißel ± deutlich gelbbraun, am 2. Glied immer deutlich, die Endglieder vom 8. ab ausgedehnt, die letzten total, bräunlich orange. 9—11 m. 5. *Ancistrocerus ichneumonideus* (Ratz.).

Innere Orbita unten stets gelb gezeichnet (mindestens mit einem Punktfleck unmittelbar über dem Kopfschild); Schienen III nicht selten an der Basis braun gefleckt und auf der Innenseite braun gestreift. Gesicht merklich breiter als lang, kurz queroval; Kopfschild im Verhältnis zu seiner Breite länger, mit stärkerer Punktierung. Thorax gestreckter (Länge des Mesonotums zur Breite = 45:46), Mittelsegment länger (seine Seiten, von oben gesehen, in der Regel von vorn an konvergierend, die Rückwand deutlich vom Hinterschildchen nach hinten abgerückt, weshalb ihre Querleiste, von oben gesehen, hinter diesem hervortritt); Seitenwände des Mittelsegments ohne deutlich entwickelte Querrippen zwischen der groben, dicht geschlossenen Punktierung. Tergit 1 in der Regel viel schmaler und zugleich länger (Scheibe höchstens doppelt so breit wie mitten lang), auch der Hinterleib im ganzen viel gestreckter. Behaarung deutlich länger; Rückseite der Schenkel I (außer der dichten, winzigen Oberflächenpubeszenz) mit reichlicher, weicher, abstehender Behaarung. Pronotumbinde (bei diesen Individuen mit nur 3 oder weniger Tergitbinden) wohl stets zu 2 kleinen, schmalen, oft nur linearen Querflecken mitten geschrumpft. 3 oder nur 2 Tergitbinden, die des 1. Tergits seitlich verschmälert, am Seitenrand nicht nach vorn erweitert; Sternit 2 mit doppelt flach gebuchteter Binde, 3 häufig mit kleinen Seitenflecken, ausnahmsweise auch am Ende mitten gelb gefleckt; Farbe der Fühlergeißel ähnlich wie bei *ichneumonideus*, aber meistens dunkler. 7—10 mm.

6. *Ancistrocerus trifasciatus* (MÜLL.).

29. Innere Orbita nie gelb gezeichnet; Unterseite der Fühlergeißel in ganzer Länge und von der dunklen Oberseite scharf abgesetzt bräunlich orange, Geißelende total so, selten die Mitte der Unterseite dunkler braun. Kopfschild in der Regel breiter als lang, der den Augen anliegende Teil des Seitenrandes etwa $^3/_4$ so breit wie der quere Basalrand, seine dicht und kräftig punktierte Scheibe mit $^1/_4$ kreisförmiger, breiter Ausrandung, die merklich breiter als der Abstand der Fühlergruben ist (10,5:8:3); Basalzahn der Oberkiefer spitz dreieckig.

Pronotumecken spitzwinklig, in der Regel stärker zahnartig nach den Seiten ausgezogen als bei *trifasciatus*; Mittelsegment nicht verlängert (Rückwand mitten fast unmittelbar vom Hinterschildchen abfallend, so daß ihre Querleiste von oben gesehen, mitten kaum hinter diesem hervortritt). Scheibe von Tergit 1 mehr als doppelt so breit wie mitten lang (59:28), auch der Hinterleib im übrigen breiter; Profil des 2. Sternits deutlich gebogen. Behaarung lang, auf dem 2.—5. Tergit meistens ungewöhnlich entwickelt (noch länger und dichter als bei *oviventris*). Punktierung merklich stärker als bei *trifasciatus*, besonders auf dem 2. Tergit so; im Sinus etwa doppelt so stark wie bei *trifasciatus*, mit glänzenden Zwischenräumen. Pronotumbinde in der Regel schmal bis linear, mitten unterbrochen, aber bis in die Schulterwinkel erstreckt; Schildchen und Flügelschuppen selten, Mesopleuren sehr selten gelb gefleckt; Tergit 1 mit schmaler, seitlich meist verschmälerter Binde, vor dieser nahe dem Seitenrand nicht selten ein mit ihr ± verschmolzener, unregelmäßiger gelber Fleck, im übrigen Binden auf Tergit 2—5 und eine seitlich ± verkürzte auf Tergit 6 und doppelt gebuchtete oder auf den distalen Sterniten doppelt unterbrochene Binden auf den Sterniten 2—5 oder 2—6. Schienen I oder auch II hinten schwarzbraun gestreift, III nicht. 9—12 mm. 7. *Ancistrocerus parietinus* (L.).

Innere Orbiten unten stets gelb gezeichnet (mindestens mit einem Punktfleck unmittelbar über dem Kopfschild); Unterseite der Fühlergeißel in der Regel, außer an Basis und Ende, nur undeutlich gebräunt. Kopfschild so lang wie breit, der den Augen anliegende Teil des Seitenrandes so lang wie die Breite des queren Basalrandes; Scheibe ziemlich zerstreut und mäßig kräftig punktiert, der Ausschnitt meistens etwas schmaler als der Abstand der Fühlergruben, seltener so breit wie dieser, und flach konkav; Basalzahn der Oberkiefer kurz zweispitzig. Thorax merklich gestreckter, Pronotumecken scharf spitzwinklig nach außen gerichtet; Mittelsegment deutlich verlängert. Hinterleib sehr gestreckt, Scheibe von Tergit 1 in der Regel weniger als doppelt so breit wie mitten lang (53:29); Sternit 2 schwach gebogen, oft fast eben. Behaarung durchschnittlich kürzer, namentlich auf Tergit 2—5.

Pronotumbinde in der Regel zu 2 kleinen Querstrichen mitten geschrumpft, äußerst selten bis in die Schulterwinkel erstreckt; Schildchen und Flügelschuppen sehr selten, Mesopleuren anscheinend nie gelb gefleckt; in der Regel nur 3½ oder 4½ Tergitbinden, eine Binde auf dem 2. und gelegentlich Seitenflecke auf dem 3. Sternit, sehr selten 5½ Tergitbinden, dann auch eine Binde auf dem 3. und Seitenflecke auf dem 4. Sternit vorhanden. Schienen I oder auch II, seltener auch III, innen braun gestreift, nicht selten aber alle ohne solche Zeichnung. 7—10 mm.

6. *Ancistrocerus trifasciatus* (MÜLL.) var.

30. Kontur des 2 Sternits im Profil vorn winkelförmig gebrochen, dahinter flach konkav (siehe oben Ziff. 11).

Kopfschild etwas länger als breit, kräftig gewölbt, Ausschnitt ungefähr so breit wie der Abstand der Fühlergruben, ¼—⅓ kreisförmig, mit scharf spitzigen Ecken; Fühlergeißel lang, die Glieder 6—10 merklich länger als dick. Pronotumecken scharf spitzwinklig, zahnartig schräg nach vorn ausgezogen. Scheibe von Tergit 1 mehr als doppelt so breit wie mitten lang. Punktierung von Stirn, Scheitel und Thorax sehr kräftig, tief, die des Kopfschildes kräftig und dicht, ebenso die des 1. Tergits, die des 2. Tergits etwas schwächer und zerstreuter. Behaarung reichlich und lang, braun, auch auf dem 2.—5. Tergit ziemlich lang. Innere Orbita unten gelb gezeichnet; Pronotumbinde sehr schmal bis linear, aber nur selten seitlich abgekürzt. Schildchen häufig, Mesopleuren äußerst selten gefleckt; Flügelschuppen braunschwarz, häufig gelb gefleckt; in der Regel 6 Tergit- und 5 doppelt gebuchtete Sternitbinden vorhanden, auf dem 1. Tergit in der Regel auch entwickelte Seitenbinden, die aber ± schrumpfen oder ganz fehlen können, so daß sich die Zeichnung auf die seitlich verschmälerte Endbinde beschränkt. Vorderseite der Hüften in der Regel aller Beinpaare gelb gefleckt; Schenkel II vorn total gelb; Schienen in der Regel ohne dunkle Zeichnung (selten I oder auch II gering braun gestreift). Untere Hälfte (scharf abgesetzt) und Ende der Fühlergeißeln bräunlich orange. 7,5—10,5 mm. 9. *Ancistrocerus nigricornis* (CURT.).

Die Kontur des 2. Sternits biegt sich vorn unter einem Winkel von etwa 120° in gleichmäßiger Krümmung zur Basis ein; die Biegung ist weder im Profil noch in Aufsicht wulstig verdickt, die Scheibe hinter ihr nicht eingesenkt. 31.

31. Kopfschild deutlich kürzer als breit, der den Augen anliegende Teil der Seitenränder in der Regel kaum ½ so lang wie die Breite des queren Basalrandes, der Ausschnitt tief halbelliptisch (¾ bis ebenso tief wie breit), gelegentlich nur halboval (½ so tief wie breit), ebenso wie die Seiten des Kopfschildendes ohne gelblich gläsernen Saum, die Scheibe bis in die lang ausgezogenen spitzen Zähne gewölbt, deshalb unmittelbar über dem Ausschnitt muldig vertieft. Innere Orbiten nie gelb gezeichnet; Schildchen nicht selten, Mesopleuren äußerst selten gelb gefleckt. Pronotumbinde mitten nicht unterbrochen, seitlich bis in die Schulterwinkel reichend. Pronotumecken spitzwinklig, kurz zahnartig nach den Seiten ausgezogen. Körperform sehr robust und breit, Tergit 1 in der Regel bis fast 3mal, gelegentlich aber auch wenig mehr als doppelt so breit wie mitten lang, seine Querkante schwach entwickelt.

Auf dem Hinterleib in der Regel 5—6, ausnahmsweise nur 3 (die 3. linear) Tergitbinden und 2 bis 3 (selten nur eine) Sternitbinden sowie Seitenflecken auf bis zu 2 folgenden Sterniten. Schenkel III nur zu höchstens ¾, in der Regel weniger ausgedehnt schwarz, das Ende gelb, teilweise rostrot. Fühlergeißel: das drittletzte Glied ausgedehnt, das vorletzte und letzte total rostgelb, die Geißel im übrigen in der Regel schwarz, gelegentlich aber ihre Unterseite in ganzer Länge rostbraun (nicht scharf von der dunklen Oberseite abgesetzt). Behaarung des Körpers, auch der Tergite vom 2. an, reichlich und ± lang. 7,5—12 mm. 32.

Kopfschild mindestens so lang wie breit, der den Augen anliegende Teil der Seitenränder wenigstens ⁴/₅ so lang wie die Breite des queren Basalrandes, der Ausschnitt höchstens so breit wie der Abstand der Fühlergruben, rundlich stumpfwinklig, ebenso wie die Seiten des Kopfschildendes mit gelblich gläsernem Saum. Innere Orbiten in der Regel unten gelb gezeichnet (mindestens mit einem Punkt unmittelbar über dem Kopfschild); Mesopleuren und Schildchen nicht gelb gefleckt, Körperform weniger robust, Tergit 1 niemals im Verhältnis zur Länge der Scheibe auffallend breit, seine Querkante mehr entwickelt 34.

32. Zeichnungen des Körpers gelblichweiß, auf dem Hinterleib elfenbeinweiß.
11. *Ancistrocerus oviventris hibernicus* BLÜTHG.

Zeichnungen zitronengelb. 33.

33. Flügelschuppen größtenteils gelb. Schildchen nicht selten gelb gefleckt. Behaarung von Kopf und Thorax blaß bräunlich blond.
11. *Ancistrocerus o. oviventris* (WESM.).

Flügelschuppen braunschwarz, selten gering gelb gefleckt. Schildchen sehr selten gelb gefleckt. Behaarung von Kopf und Thorax dunkler bräunlich.
11. *Ancistrocerus oviventris hibernicus* BLÜTHG. var. *rufipes* BLÜTHG.

34. Scheibe von Tergit 1 fast bis zur Querkante gelb, vorn mitten mit herz- oder sternförmigem, seltener viereckigem Ausschnitt; die folgenden 3 oder 4 Tergite mit vollständiger Binde, das nächste mit einem Querfleck; 2. und 3. oder 2.—4. oder 2.—5. Sternit mit vollständiger oder zweimal unterbrochener Binde, das 6. Sternit häufig mit Querfleck. Innere Orbita unten deutlich gelb gezeichnet. Pronotumbinde seitlich nicht abgekürzt. Flügelschuppen größtenteils hellgelb. Hüften II und III in der Regel vorn ± gelb gefleckt; Ende der Schenkel III (schmal) und alle Schienen rein hellgelb, Schienen I innen manchmal rostbraun gefleckt. Unterhälfte der Fühlergeißel (scharf abgesetzt) und das Fühlerende bräunlich orange.

Gesicht im Verhältnis zur Länge weniger breit; Fühlerhaken um $\frac{1}{2}$ länger als die Oberseite des 11. Geißelgliedes; ziemlich dünn, scharf zugespitzt. Pronotumecken rechtwinklig bis schwach spitzwinklig, meistens etwas abgestumpft, nie zahnartig nach außen vorgezogen. Tergit 1 meist weniger als doppelt so breit wie lang. Behaarung blond, auf Kopf, Thorax und Tergit 1 lang, auf Tergit 2ff. und Sternit 2 kurz und ziemlich spärlich. Punktierung etwas stärker, auf der Stirn tiefer und dadurch scharf ausgeprägt, auf den Tergiten dichter. 7—9 mm.
10. *Ancistrocerus dusmetiolus* (STRD.).

Tergit 1 nur mit einer (manchmal seitlich schwach nach vorn erweiterten) Endbinde, außerdem nur das 2. und 3. Tergit mit vollständiger Binde, das 4. nicht selten mit einem seitlich abgekürzten Querstrich; nur das 2. und 3. Sternit mit einer Binde, oder das 3. oder auch das 2. nur mit dreieckigen Seitenflecken. Die gelbe Zeichnung der inneren Orbita kann gelegentlich ausfallen. Pronotumbinde linear, seitlich in der Regel ± abgekürzt. Flügelschuppen braunschwarz. Hüften II und III nie gelb gefleckt; an den Schenkeln III nur die äußerste Spitze hell (rostgelb), die hellgelben Schienen häufig teilweise rostgelb getönt, I innen dunkel gestreift. Unterseite und Ende der Fühlergeißel rostbraun, erstere mitten meist verdunkelt.

Gesicht im Verhältnis zur Länge deutlich breiter; Fühlerhaken nicht länger als die Oberseite des 11. Geißelgliedes, ziemlich dick, konisch zugespitzt. Pronotumecken spitzwinklig, kurz zahnartig nach den Seiten gerichtet. Tergit 1 mehr als doppelt so breit wie mitten lang. Behaarung braun mit blasseren Haarspitzen, lang, auch auf den Tergiten vom 2. ab und auf dem 2. Sternit. Punktierung etwas schwächer, auf der Stirnmitte flach und runzlig dicht, dadurch unscharf. 8—11 mm. 35.

35. Zeichnung des Hinterleibs gelb.
12. *Ancistrocerus sc. scoticus* (CURT.).

Zeichnung des Hinterleibs gelblich-weiß.
12. *Ancistrocerus sc. scoticus* (CURT.) var. *albotricincta* (ZETT.).

a) *parietum*-Gruppe

Wenn J. BONDROIT (1943, S. 108) von der Gattung *Ancistrocerus* gesagt hat: „Hormis THOMSON, tous les auteurs ont proprement massacré ce genre", so gilt das besonders für die *parietum*-Gruppe.

Der Name „*parietum* L." diente, ähnlich wie „*Eumenes coarctatus* (L.)", bis in die neuere Zeit als Sammelbezeichnung für eine Mehrzahl verwandter, aber selbständiger Arten. Obwohl THOMSON 1870 und 1874 hierin für Schweden Klarheit und Ordnung geschaffen hatte, indem er aus diesem Komplex *callosus* ausschied, den echten *parietum* kennzeichnete und von diesem *claripennis*, *pictipes* und „*Gazella* PANZ." abtrennte und diese letzten 4 Arten vortrefflich gegeneinander abgrenzte, wußten die meisten späteren Autoren mit seiner Bereinigung der *parietum*-Gruppe nichts anzufangen, so namentlich ED. ANDRÉ 1884, v. SCHULTHESS 1887/1897 und DALLA TORRE 1894. Überdies wurden auch die Arten *renimacula* (LEP.) und *triphaleratus* (SAUSS.) mit *parietum* vereinigt und nur als Varietäten von diesem bewertet; ferner ging die von DUSMET 1903 beschriebene Art *sociabilis* (= *dusmetiolus* STRD. nom. nov.) bis dahin als „*parietum*", und von SAUSSURE an hat man die von mir 1952 unter dem Namen *gazelloides mediterraneus* bekannt gemachte Art von *parietum* nicht zu unterscheiden vermocht. Diese taxonomische Hilflosigkeit jener Zeiten wird einem anschaulich vor Augen geführt, wenn man im Cat. Hym. 1894 die Synonymie von *parietum* und das Verzeichnis seiner vermeintlichen Varietäten nachliest.

1. *Ancistrocerus parietum* (L. 1758)

Vespa parietum n. sp. — LINNAEUS, Syst. nat. Ed. 10ª I. 1758, S. 572, n. 4, ♀. Loc. typ.: Schweden. Typus nicht vorhanden[1]).

?*Odynerus similis* n. sp. — CURTIS, Brit. Entom. III, 1826, S. 137, n. 7, ♀. Loc. typ.: ? (? Isle of Wight). Typen: coll. auct. (M. Mb.)

!*Odynerus flavipes* n. sp. — CURTIS, l. c., n. 12, ♀ ♂. Loc. typ.: nicht angegeben. Typen: M. Mb. (coll. auct.).

Odynerus (*Ancistrocerus*) *ochlerus* n. sp. — SAUSSURE, Etud. fam. Vespid. I., Eumén., 1852, S. 131, n. 11, ♀. Loc. typ.: Madeira. Standort des Typus: ?

Ancistrocerus Parietum (L.) — THOMSON 1874, S. 70, n. 6, ♀ ♂.

Odynerus parietum (L.) var. *incisus* n. var. — C. VERHOEFF, Ent. Nachr., **16**, 1890, S. 335, ♀. Loc. typ.: Norderney. Typus nicht vorhanden.[2])

Ancistrocerus tardinotus TAYLOR 1922 (nach R. BOHART 1951 S. 894).

PARIETUM ist in seiner Gruppe untrüglich durch die Kontur der Querkante des 1. Tergits, — auf dieses gute Merkmal hat zuerst AURIVILLIUS (1886 S. 13) hingewiesen, — das ♀ ferner durch die abgestumpften Pronotumecken gekennzeichnet; auch die Art der Zeichnung des 1. Tergits bietet in der Regel ein brauchbares Erkennungszeichen. Beim ♂ können die Pronotumecken rechtwinklig, aber auch spitzwinklig nach der Seite ausgezogen sein.

Die frühere Verworrenheit der Synonymie hat zur Folge, daß wir über die Verbreitung von *parietum* noch unzureichend unterrichtet sind, denn auf die Angaben in der älteren Literatur ist ohne Überprüfung der Belegstücke, die aber praktisch kaum in Frage kommt, kein Verlaß.

Nach meinen Feststellungen handelt es sich um eine eurosibirische Art. Allerdings kommt sie auch im östlichen Nordamerika vor, ist aber nach Meinung der USA-Autoren dort nicht ursprünglich heimisch, sondern eingeschleppt (BEQUAERT 1925 S. 99 und R. BOHART 1951 S. 894). Verbreitung: Skandinavien und Finnland bis in den Norden (THOMSON 1874, FORSIUS & NORDSTRÖM 1923); England und Irland (als einzige Art dieser Gruppe). Im Untersuchungsgebiet scheint *parietum* ungefähr überall vorzukommen, ohne aber häufig zu sein. (Wenn er früher vielfach als häufigste Art der Gattung, von L. BERLAND 1928 sogar als „le plus commun des *Odynerus*" bezeichnet worden ist, so erklärt sich das aus seiner damaligen Vermengung mit mindestens 4 anderen *Ancistrocerus*-Arten.)

---

[1]) Siehe S. 27, Fußnote.

[2]) Nach Auskunft des Autors vom 11. 4. 1937.

Ähnlich ist wahrscheinlich die Verbreitung im übrigen Mitteleuropa; mir sind jedoch erst wenige Fundorte bekannt geworden. In Südeuropa scheint *parietum* nur stellenweise, und zwar offenbar nur im Gebirge vorzukommen. Wenn GINER MARI 1941 für Spanien von ihm sagt: „por todos partes", so meint er ohne Zweifel *gazelloides mediterraneus* BLÜTHG. Die einzigen mir bisher aus Spanien bekannten Fundorte liegen in der Sierra de Guadarrama und in der Sierra Nevada (BLÜTHGEN 1956 a S. 7). Aus Italien habe ich *parietum* nur aus den Alpen (San Martino bei Aosta: 1 ♀ M.B.; Meran: 1 ♂ coll. P. M. F. VERHOEFF) sowie 5♀♀ aus Mus. Bologna (Valle de Pozze in Modeneser Appenin, Pontecorvo [Prov. Frosinone], Bologna und Taviano in Toscana)[1]) gesehen. Was G. GRANDI sonst 1954, S. 233, und früher als „*parietum* L." aus Italien verzeichnet hat, bedarf der Überprüfung; von 30 ♀♀ „*parietum*", die mir davon vorlagen, gehörten nur jene 5 zu *parietum* (L.), die übrigen waren falsch bestimmte andere *Ancistrocerus*-Arten. Im Westen erreicht *parietum* Madeira (loc. typ. von *ochlerus*; ♀♀ M. B., M. St., coll. m.). Ostwärts erstreckt sich nach von mir untersuchten Belegstücken sein Verbreitungsgebiet einerseits über Osteuropa (Ukraine: Woroschilowsk bei Lugansk und Cherson: coll. m.; ♀♀ ohne nähere Angaben in M. Kr.; Wolgagebiet: Spassk, Orenburg, Samara, Ryn-Pesky bei Chanskaja-Stavka: M. Kr.) und Westsibirien (Irkutsk: M. Kr.), anderseits über Kleinasien (Čiftehan: 1 ♀, SEIDENSTÜCKER leg.; Eskischehir: 1 ♀ coll. FAHRINGER), Armenien (Erivan: 1 ♀ M. Mü.), Nordiran (Barajan, Prov. Mazenderan: 2 ♂♂; Rayne, Prov. Teheran: 1 ♀, M. Lau.; Kaswin: 1 ♀ M. O.), Turkestan (Uss-Lusch bei Jarkand: M.B.) bis in die Mandschurei (Charbin: 2 ♀♀ M.B.). In Nordafrika fehlt *parietum*.

Imagines fand ich auf Sium latifolium und Solidago canadensis; genannt sind ferner neben verschiedenen Umbelliferen Cornus sanguinea, Achillea, Cirsium arvense, Allium cepa. Das ♀ bringt die Zellen nach E. T. NIELSEN (1932 S. 121) in Bockkäferfraßgängen, Schilfhalmen und am häufigsten in verlassenen *Oplomerus*bauten unter, nach E. VALKEILA (brfl.) auch in Fugen von Ziegelwänden und in Fensterspalten. Unzweifelhaft unrichtig ist, was J. FAHRINGER 1922 S. 187 über die von ihm in Kleinasien beobachtete Nistweise von *parietum* mitgeteilt hat, die nach seiner Schilderung ganz der von *Oplomerus spinipes* (L.) gleicht: entweder ist ihm eine Verwechslung der Arten unterlaufen[2]) oder es hatte vielleicht ein ♀ *parietum* das halbfertige Nest einer *Oplomerus*-Art usurpiert.

Als Larvenfutter dienen Schmetterlingsraupen, insbesondere solche von Kleinschmetterlingen, aber auch (E. VALKEILA brfl.) von *Cidaria albulata*. In Nordamerika hat man ♀♀ auf der Jagd nach Hesperidenraupen (*Epargyreus tityrus*) beobachtet.[3]) Ich sah ♀♀ an Heckenrosenbüschen und Meldenstauden nach Beute suchen. Die Mitteilung von FERTON, *parietum* hole kleine Larven aus Malvenfrüchten, betrifft sicher eine andere *Ancistrocerus*-Art. Wenn C. VERHOEFF (1892 S. 476) festgestellt haben will, die Winternester von *parietum* würden mit Larven von *Melasoma populi* versorgt (und mit einem besonders dicken Lehmpfropf verschlossen), so hat er unzweifelhaft ein Nest von *Odynerus murarius* (L.) oder von *O. crassicornis* (PANZ.) vor sich gehabt. Allerdings habe ich jetzt von E. VALKEILA die Mitteilung erhalten, er habe in Nestern finnländischer *parietum* auch Chrysomelidenlarven vorgefunden, z. B. solche von *Gastroidea polygoni*. G. GRANDI hat 1937, S. 257—359, die Larve von „*parietum* (L.)" beschrieben; ob es sich um *parietum* (L) handelt, bedarf der Nachprüfung (siehe oben).[4])

Parietum hat 2 Generationen im Jahr. E. T. NIELSEN (1932 S. 122) sagt, er habe ihn im Juni und im August nistend gefunden, die Augustbrut überwinterte als Ruhelarven. BEQUAERT (1925 S. 102) erwähnt für die USA., *parietum* habe 2 Generationen im Jahr, und die Wespen der 2. Brut überwinterten als Larven. Dazu passen meine eigenen Beobachtungen: Hier findet man völlig frische Stücke beider Geschlechter im Mai und dann wieder im Spätsommer (von Mitte August an). Auch L. BALLES hat als Funddaten für die ♀♀ 7. 5. bis 15. 9., für die ♂♂ 28. 3. bis 28. 8. genannt.

---

[1]) Nachträglich lagen mir aus Ent. Ist. Bologna noch 1 ♀ 1 ♂ von Ronzano bei Bologna, 1 ♀ von Ronchi (Massa Carrara) und 1 ♂ von Gavinana (Appen. Pistoiese) vor.

[2]) Von den Belegstücken der 2 ♀♀ „*parietum*" vom Bithyn. Olymp ist das eine *parietinus* (L.) ♀, das andere *triphaleratus* (SAUSS.) ♀, dagegen ist 1 ♀ von Eskischehir richtig bestimmt.

[3]) Canad. Entom., **61**, 1929, S. 266.

[4]) Siehe S. 169 Fußnote 1.

Über Parasiten dieser Art sind mir keine sicheren Nachweise bekannt geworden.[1])

2. *Ancistrocerus claripennis* Thoms. 1874

Vespa quadrata n. sp. — Panzer, Faun insect. German. VI. 1799, P. 63, T. 3, ♀. Loc. typ.: Nürnberg („habitat in hortis nostris haud infrequens"). Typus nicht erhalten.
Ancistrocerus claripennis n. sp. — Thomson, Hym. Scand. III. 1874, S. 76, n. 9, ♀ ♂. Loc. typ.: Schweden. Typen: coll. auct. (M. Lu.).
Ancistrocerus claripennis Thoms. ♀ var. *subrenimacula* n. var. — Blüthgen 1938 b, S. 283. Loc. typ.: Bromberg. Typus: coll. m.
Ancistrocerus quadratus (Panz.) — Blüthgen 1949, S. 90.

Die *Vespa quadrata* Panz. kann m.E. nur auf *claripennis* ♀ bezogen werden, und ich habe deshalb 1949 die Benennung der Art danach geändert. Da es aber dem inzwischen vom Kopenhagener Kongreß 1953 beschlossenen Präscriptionsgesetz entspricht, den alten, überdies gut gewählten Namen *claripennis* bestehen zu lassen, so führe ich diesen hiermit wieder ein.

Die Verbreitung dieser Art in Europa entspricht im wesentlichen der von *parietum*, jedoch fehlt sie in England und Irland. Die größte Verbreitungsdichte scheint sie im Norden, z. B. in Finnland, aber auch schon im Nordosten des Gebietes (bei Rossitten: A. Möschler brfl.) zu erreichen. Auch in den Alpen kommt sie häufiger vor. Aus Südeuropa stehen mir nur wenige Daten zur Verfügung: Vallée d'Aspe (Basses Pyrén.): 1 ♂ (coll. M. Klein); Gargano (Mittelitalien): 2 ♀♀ 1 ♂ M. Bologna; Syrakus: 1 ♀ (coll. R. Meyer); Elbasan (Albanien): 1 ♀ (coll. L. Mader). Aus Osteuropa sah ich 1 ♀ von Werzchov (Ukraine) in M. Kr. und 1 ♀ von Serpuchow in coll. E. Jaeger; Atanassov 1942 verzeichnet *claripennis* aus den bulgarischen Gebirgen.

Die auffällige Tatsache, daß bei dieser Art sowohl ♂♂ mit graulich glashellen als auch ♂♂ mit distal braun gefleckten Vorderflügeln vorkommen, bedarf weiterer Untersuchung, vor allem in der Richtung, ob das auch bei Nestgeschwistern der Fall ist. (Ich selbst habe noch nicht Gelegenheit gehabt, ein Nest zu kontrollieren.) ♂♂ mit hellen Flügeln habe ich nur aus dem Nordosten (A. Möschler leg.), von dort aber auch solche mit gebräuntem Flügelende.

♀♀ mit ± entwickelter gelber Zeichnung des Mittelsegments (aberr. *subrenimacula*) können auf dieses Merkmal hin leicht mit *renimacula* ♀ verwechselt werden, was auch schon geschehen ist; im übrigen ist aber die Unterscheidung sehr einfach. Von solchen ♀♀ habe ich eins hier bei Naumburg gefangen und besitze ich je eines von Bromberg (Typus), Zoppot (Timm leg.) und Berlin-Buch (Kl. Zimmermann leg.), außerdem sah ich je eines von Halle (S.) („Jägerberg", leg. coll. O. Taschenberg), Bensheim (M. Fr.), Wüstegiersdorf in Schlesien (coll. O. Michalk) und Fünfhausen bei Harburg (coll. F. W. Kettner). Das sind gegen die große Masse normal gefärbter ♀♀ doch so verschwindend wenige Individuen, daß ich diese Form jetzt nicht mehr als Varietät, sondern als Aberration auffassen möchte.

Die Imagines traf ich an Scrophularia, Veronica spec. und Silene otites; genannt werden noch verschiedene Umbelliferen, Rubus u. a.

Bei A. Möschler nistete *claripennis* in ausgelegten Schilfstengeln; W. Wagner (1920) fand einen Zellenkomplex zwischen zusammengerollten alten Tapeten, E. Valkeila (brfl.) Nester in einem Fensterspalt und in Löchern in Kiefernborke. Nach E. Valkeila tragen in Finnland die ♀♀ sowohl Kleinschmetterlingsraupen als auch Chrysomelidenlarven ein. Im übrigen ist über die Biologie dieser Art m. W. nichts bekannt, auch über ihre Parasiten nicht. Da ich am 17. 7. (26) eine Anzahl frischer ♂♂ fand, scheint auch *claripennis* 2 Generationen zu haben.

---

[1]) J. Noskiewicz hat in Kuntze & Noskiewicz 1938, S. 352, für Mielnica a. Dnjestr den *Pseudoxenos Schaumii* S. Saund. als Parasiten von *parietum* genannt. Ob die Determination des Wirts richtig war, bedarf der Überprüfung.

Zusatz

J. BONDROIT hat 1943 S. 111/113 nach einem einzigen ♀ belgischer Herkunft (Auderghem, 8. 1942, dans un sablon) eine neue Art *Anc. Verhaereni* beschrieben, die im Profil des 2. Sternits, in der Form der Schulterecken, im Profil des Mittelsegments und in der dunklen Färbung der Geißelunterseite *claripennis* ♀ gleichen und sich von diesen so unterscheiden soll:

„Thorax un pleu plus parallèle, à ponctuation sensiblement plus fine; angle du sommet de la plaque postérieure du segment médiaire bien plus étroit; flancs du segment médiaire ridés longitudinalement; le 1er tergite n'est pas plus finement ponctué que celui de *claripennis*; au gastre les sternites sont plus densément ponctués ainsi que les côtés du premier tergite; tête et thorax maculés comme *claripennis*, sauf qu'il manque le point jaune entre l'oeil et l'antenne et que la tache des mésopleures est plus forte; uns bande jaune sur les 4 premiers tergites, plus épaisse sur les 2 premiers; jaune des pattes sans teinte rousse; ailes enfumées de gris vers la cellule radiale. 9 mm."

Ich habe den Typus oder Stücke, auf welche die Beschreibung gepaßt hätte, noch nicht gesehen und mir deshalb noch kein Urteil über diese Art bilden können[1]). Vorsorglich habe ich sie aufgenommen, da sie auch im behandelten Gebiet vorkommen könnte.

3. *Ancistrocerus renimacula* (LEP. 1841)

?*Vespa aucta* n. sp. — FABRICIUS, Ent. Syst. II. 1793, S. 1793, S. 272, n. 69, ♂. Loc. typ.: Kiel. Typus: M. Ko.

Odynerus renimacula n. sp. — LEPELETIER, Hist. nat. Ins. Hymén, II, 1841, S. 654, n. 37, ♀ ♂. Loc. typ.: Oran. Verbleib der Typen nicht bekannt.

!*Odynerus (Ancistrocerus) longispinosus* n. sp. — SAUSSURE, Étud. fam. Vespid., III. 1856, S. 213, n. 102, ♂. Loc. typ.: Algerien. Typus: M. P.

Ancistrocerus renimacula (LEP.) ♀ var. *bistrigata* n. var. — BLÜTHGEN 1938 a, S. 35, n. 3. Loc. typ.: Bozen. Typus: coll. m.

!*Ancistrocerus liliae* n. sp. — A. GIORDANI SOIKA, Bull. Soc. Venez. St. Natur, 6 (1952), 1953, S. 28 ♀, S. 31 ♂. Loc. typ.: Marokko. Standort der Typen nicht genannt (sie befinden sich teils in coll. auct., teils in M. Lau.).

Nach Mitteilung von K. FAESTER (Kopenhagen) hat eine kürzlich vorgenommene Untersuchung des Typus der *Vespa aucta* ergeben, daß es sich um 1 ♂ von *renimacula* handele. Ob die Identifizierung richtig ist, was mir aus verschiedenen Gründen nicht unbedenklich erscheint, kann hier auf sich beruhen, denn jedenfalls würde der Verdrängung des seit über 115 Jahren in ständigem Gebrauch befindlichen Namens *renimacula* durch den „ausgegrabenen" Namen „*auctus* (F.)" das vom Kopenhagener Kongreß 1953 beschlossene Präskriptionsgesetz entgegenstehen.

Diese Art läßt sich an den bauchig erweiterten Schläfen und der winzigen Behaarung der Tergite vom 2. an sofort von unseren übrigen *Ancistrocerus*-Arten der *parietum*-Gruppe unterscheiden; hinzu kommen die gelben Mittelsegmentsflecken, die beim ♀ stets, beim ♂ häufig vorhanden sind. Auch deutsche Stücke sind reich gelb gezeichnet, (noch reicher als *claripennis*), jedoch fehlt den ♀♀ zumeist der gelbe Fleck auf dem 6. Tergit, den südeuropäische Individuen häufig haben; bei den ♀♀ nimmt die gelbe Zeichnung des Hinterschildchens dessen ganze Hinterseite ein, so daß sie unten bogenförmig begrenzt ist, also plankonvexe Form hat, während sie bei *claripennis* ♀ unten quer abgeschnitten ist und ein Querband bildet. In Italien erhält das ♀ gelegentlich 2 kurze gelbe Längsstriche auf dem Mesonotum (var. *bistrigata* BLÜTHG. 1938); vom ♂ sah ich diese Färbung bisher erst bei einem Stück von Molina di Quosa (Valle del Serchio, Prov. Pisa) des Mus. Bologna. Das ♂ variiert in der Entwicklung der ± weit ausgezogenen spitzen Pronotumecken ungefähr ebenso wie *gazella* ♂.

Renimacula ist eine mediterrane Art, deren Verbreitungsgebiet Südeuropa und Nordafrika einnimmt und im Osten über Kleinasien, Syrien und Palästina bis Mittelasien (Aschabad: 1 ♀ M. Mü.) reich t

[1]) Am 15. 4. 58 hatte ich dank der freundlichen Vermittlung von Dr. ERICH SCHMIDT (Bonn) und dem kollegialen Entgegenkommen von Dr. A. COLLART (Institut Royal des Sciences Natur. de Belgique, Brüssel) die Möglichkeit, den Typus zu untersuchen. Es handelt sich um ein etwas atypisches ♀ von *Ancistr. gazella* (PANZ.) mit etwas aufgetriebenem Hinterleib und etwas deformiertem 1. Tergit.

Sie ist auch in Mitteleuropa heimisch. Ihr Vorkommen im Untersuchungsgebiet, soweit es bekannt ist, bietet ein sehr unzusammenhängendes Bild, dessen Deutung noch offenbleiben muß. Ich kenne *renimacula* von folgenden Orten: Naumburg (2 ♀♀), Goseck (1 ♂), Steigra oberhalb Karsdorf (1 ♀) (alle 4 coll. m.); „Weinberg" bei Artern (1 ♀ coll. A. PETRY); Bodenwerder a. Weser (1 ♀ 1 ♂ leg. P. EIGEN); um Berlin (M. B.); Zoppot (Kurgarten, 7 ♀♀, leg. P. TIMM, davon 4 coll. m.); Baden (LEININGER 1951); Pfalz (Leistadt: 1 ♀ ZIRNGIEBL leg.; Westheim: 1 ♀ 3 ♂♂ Mus. Augsburg); Kahl a. Main (1 ♀ coll. L. BALLES); Zeil a. Main (1 ♂ M. Bamberg); München (Isar-Auen: 1 ♀ M. Mü.); Abensberg (1 ♀, E. STÖCKHERT leg., coll. m.). Ungewiß ist, ob die von J. D. ALFKEN 1914 gemeldeten Stücke von Bremen richtig bestimmt waren; ob sie noch vorhanden sind, ist mir nicht bekannt.

Aus dem übrigen Mitteleuropa sah ich Stücke aus der ČSSR (Brumovice: 1 ♀ coll. ZAVADIL; Lidakovice: 1 ♂ M.Pr.; Nikolsburg: ♂♂ coll. m.); aus der Umgebung von Wien (Mödling; Bisamberg; Hundsheimer Berg bei Deutsch-Altenburg); aus Galizien (Rawa ruska bei Lemberg: ♀♀ coll. A. TAUBERT); von Subotica (Batschka): ♂♂ leg. A. TAUBERT; aus Ungarn (Simontoryna: ♀♀, FR. PILLICH leg.). Aus Osteuropa besitze ich ♀♀ aus Macedonien (Doiran und Skoplje) und 1 ♀ 2 ♂♂ von Cherson (Ukraine) und sah solche aus der Krim (♀ aus dem Otuzytal und ♂ von Karadagh in coll. E. JAEGER); ATANASSOV (1942) führt *renimacula* für Bulgarien an.

Imagines traf ich an Reseda lutea und Torilis; A. TAUBERT (Subotica) erwähnte Lycium. Nach Notizen an einigen algerischen Stücken des M. Kr. nistet *renimacula* „in Lehm", also wohl in Löchern in Lehmwänden. Dazu paßt, daß ich hier 2 ♀♀ an Fenstern des Oberlandesgerichtsgebäudes fing, an die sie sich verirrt hatten. Wenn aber J. FAHRINGER (1922 S. 187) mitgeteilt hat, FR. TÖLG habe im Bulghar Dagh ein ♀ auf lehmigem Boden „mit der Herstellung des Schornsteins beschäftigt" gesehen, so ist zwar 1 ♀ der coll. FAHRINGER mit der Herkunftsangabe „Bulghar Dagh, Ende Juni" tatsächlich *renimacula*, aber es hat unzweifelhaft ein Beobachtungsirrtum vorgelegen. H. BYTINSKI-SALZ erhielt aus einem alten Nest entweder eines *Sceliphron* oder einer *Chalicodoma* einige *renimacula*. Weiteres ist über die Lebensweise nicht bekannt geworden.

Sehr wahrscheinlich hat diese Art im Süden 2 Generationen. Ob das auch im Untersuchungsgebiet der Fall ist, bedarf noch der Ermittlung.

4. *Ancistrocerus gazella* (PANZ. 1789).[1])

Vespa Gazella n. sp. — PANZER, Faun, Insect. German. V. 1789, P. 10, T. 10, ♂. Loc. typ.: Österreich. Typus nicht erhalten.

Ancistrocerus pictipes n. sp. — THOMSON, Hym. Scand. III. 1874, S. 78, n. 10, ♀ ♂. Loc. typ.: Mittel- und Südschweden. Typen: coll. auct. (M. Lu.).

Ancistrocerus Gazella (PANZ.) n. comb. — BLÜTHGEN 1938 b, S. 283, Fußnote 1.

Nicht *Gazella* (PANZ.) THOMSON 1874 = *ichneumonideus* (RATZ.).

Über die Deutung der *Vespa Gazella* PANZ. siehe BLÜTHGEN 1938 b, S. 283, Fußnote 1.

Diese Art, die kleinste in ihrer Gruppe, ist im Gebiet wohl allenthalben zu finden und nicht selten, so daß sich die Mitteilung von Fundorten erübrigt.

Auch im übrigen Mitteleuropa scheint das der Fall zu sein. In Nordeuropa ist sie (nach THOMSON 1874) in Süd- und Mittelschweden ziemlich selten. Aus Finnland und aus England ist sie noch nicht nachgewiesen. In Holland (nach WILCKE 1952) und Belgien (nach J. BONDROIT 1943) ist sie weit verbreitet und häufig. Für Frankreich verzeichnet sie BERLAND 1928 nicht (offenbar hat er sie mit *parietum* vermengt, denn das, was er als „var. *gazella* PANZER" von Korsika meldet, ist zweifellos *gazelloides gazelloides* GUIGLIA 1945), aber ich habe Stücke aus Südfrankreich (Carpentras: 2 ♀♀ coll. P. M. F. VERHOEFF) gesehen. Auch in Südeuropa sonst ist *gazella* verbreitet: so in Spanien und Portugal (BLÜTHGEN 1953 c, 1956 a); aus Italien sah ich ihn aus Mus. Bologna von Lido Venezia (1 ♀), Zocca (Prov. Modena) (1 ♀ 1 ♂), Sestola (Appen. Modenese) (1 ♀), Pontecorvo (2 ♀♀), Livorno (1 ♀), Empoli (1 ♀),

---

[1]) Ein weiteres Synonym ist *Ancistrocerus Verhaereni* BONDR. 1943, siehe S. 167, Fußnote 1.

Rimini (1 ♀ mit reicher gelber Zeichnung), Ronzano (zahlreiche ♀♀ ♂♂), Lido di Roma (1 ♀, reich gelb gezeichnet), Emilia (Grizzana) (1 ♂), ferner aus dem Süden 2 ♂♂ von Spongano (Apulien) (M.B.) und ♀ ♂ von Syracus (coll. R. MEYER). In Osteuropa findet sich *gazella* in Bulgarien (ATANASSOV 1942), in der Ukraine (Woroschilowsk bei Lugansk: 2 ♀♀ 2 ♂♂ coll. J. HEINRICH), im Kaukasus (wo ?): 1 ♂ M. Kr. Auch in Marokko ist *gazella* gefunden worden: Tetuan, 1 ♀ coll. DE ANDRADE; Tanger, ♀♀ M. P. Madeira (Encumiada, 1100 m): 1 ♀ M.P.

In der Färbung ist *gazella* sowohl regional wie auch individuell sehr veränderlich. Das gilt auch für die Populationen im Untersuchungsgebiet: Im Norden und in höheren Lagen beschränkt sich die Bindenzeichnung der ♀♀ auf die vorderen 4 Tergite, wozu gelegentlich eine Makel auf dem 5. Tergit tritt (*pictipes* THOMS.). Die Populationen im mittleren Gebiet und in Süddeutschland sind gemischt aus ebenso gefärbten Stücken und solchen mit stärker entwickelter Zusatzpigmentierung, bei denen auch das 5. Tergit eine Binde hat und das 6. einen gelben Fleck erhalten kann. Bei derartig reicher gezeichneten Stücken pflegen auch die übrigen Zeichnungselemente extensiver entwickelt zu sein: So kann die Scheibe des 1. Tergits fast bis zur Querkante gelb sein, vorn mitten mit einem kleinen viereckigen oder halbrunden Ausschnitt, auf dem Kopfschild kann die gelbe Pigmentierung die schwarze bis auf einen Fleck oben mitten verdrängen, die Schildchenflecke können sich zu einer breiten, mitten nur linear unterbrochenen Querbinde erweitern, und die Binde des Hinterschildchens (die bei der *pictipes*-Färbung stark schrumpfen oder ganz fehlen kann) ist breit; bei südeuropäischen Individuen kann sogar auf dem Mittelsegment gelbe Zeichnung auftreten (1 ♀ von Zocca [Modena] Montetortore, 1.—20. 8. 1935, M. Bologna, mit gelbem Strich auf der Schrägleiste der rechten Mittelsegmentseitenwand). Bei den ♂♂ fehlt gelbe Zeichnung häufig auf den Mesopleuren und dem Hinterschildchen, seltener auch auf dem Schildchen, und dann ist meistens auch die Pronotumbinde zu 2 kleinen Flecken geschrumpft oder auch diese fehlen; am Hinterleib ist in der Regel eine Tergitbinde mehr als beim ♀ vorhanden.

Individuell sehr veränderlich ist beim ♂, in geringerem Maße auch beim ♀, die Entwicklung der scharfspitzigen Pronotumecken zu ± stark schräg nach vorn ausgezogenen Zähnen.

Die Imagines besuchen namentlich Umbelliferen, ferner Solidago canadensis, Polygonum spec., Himbeeren, Symphoricarpus. Ich sah wiederholt, wie ♀♀ dieser Art die Blütenröhren von Phlox-Blüten durch den Kelch oder oberhalb dieses durchbissen, um zum Nektar zu gelangen.

Auch diese Art nistet in vorhandenen Hohlräumen: So fand A. HOHNDORF ein Nest in einem Brombeerzweig (LEININGER 1951), bei A. MÖSCHLER bauten ♀♀ in Schilfstengeln; ich sah 1 ♀ in einer Gußblase eines eisernen Verandagitters, ein anderes in einem Käferfraßloch eines Brettes, ein drittes in einem Loch im Mörtel zwischen 2 Backsteinen nisten und fand ein Nest in einem alten *Gymnomerus*bau in einem Hollunderstämmchen[1]).

Gazella hat 2 Generationen im Jahr. A. MÖSCHLER erhielt Anfang August die Imagines aus einem Schilfnest vom Mai desselben Jahres. Das wird durch folgende Daten bestätigt: Ich fing hier am 28. 5. (40) und 9. 6. (41) ganz frische ♂♂; sah am 6. 6. (50) ein ♀ sein Nest schließen, das ich dann — ohne es unter Kontrolle gehalten zu haben — am 21. 7. (50) offen und leer fand; traf am 16. 8. (52) ein ♀, am 19. 8. (29) 3 ♀♀ 1 ♂, alle 5 ganz frisch, auf Solidago, am 25. und 28. 8. (41) ebenfalls frische ♀♀; in einem anderen Jahr (51) ♂♂ am 10. und 11. 7., am 11. 7. auch 1 ♀.

Über die Art des Larvenfutters kann ich nichts Genaues mitteilen. Als Schmarotzer beobachtete ich in einem Falle eine Form von *Chrysis ignita* (L.) und eine „Trabanten-

[1]) G. GRANDI hat (irrtümlich *Anc. parietum* [L.] zugeschrieben) ein in einem Schilfstengel angelegtes Nest und die Morphologie der Ruhelarve beschrieben (Boll. Ist. Entom. Univ. Bologna, **9**, 1937, S. 256 bis 259; cf. ibid. **22**, 1957, S. 314).

fliege" (*Pachyophthalmus signatus* MEIG.); ein Nest, das einige abgestorbene *gazella*-Puppen enthielt, ergab auch eine Schlupfwespe *Hemiteles bindentulus* THOMS. (H. BISCHOFF det.).

Fälle von Stylopisation sind bei dieser *Ancistrocerus*-Art besonders häufig, auch bei deutschen Stücken; um welche *Pseudoxenos*-Art es sich dabei handelt, habe ich nicht ermittelt.[1]) Die befallenen Individuen erleiden häufig eine Formänderung des Hinterleibes.

b) *parietinus*-Gruppe

5. *Ancistrocerus ichneumonideus* (RATZ. 1844)

Odynerus quadricinctus (F.) — HERRICH-SCHAEFER, Faun. Insect. German., 1839, P. 173, S. 24; 1841, P. 176, T. 15, ♀. (Nicht *quadricinctus* [F. 1793]).
Vespa (Odynerus) ichneumonidea n. sp. — RATZEBURG, Forstinsekten III, 1844, S. 52, n. 5, T. 4, Fig. 7, ♂. Loc. typ.: Eberswalde. Typus vernichtet.
Ancistrocerus Gazella (PANZ.) — Thomson, Hym. Scand. III, 1874, S. 80; ♀ ♂. (Nicht *Gazella* [PANZ. 1789]).
Ancistrocerus Thomsoni n. sp.[2]) — BLÜTHGEN 1938 b, S. 283, n. 5, ♀ ♂.
Ancistrocerus ichneumonideus (RATZ.) — BLÜTHGEN 1949, S. 90.

Das ♂ dieser Art war von RATZEBURG durchaus kenntlich beschrieben und abgebildet worden. Trotzdem verkannten sie spätere Autoren: KOHL 1879 bezog sie auf eine *Oplomerus*-Art, und DALLA TORRE stellte nach dem Vorgang von SAUSSURE 1852 im Cat. Hym. 1894 den Namen als Synonym zu *Odynerus Rossii* LEP. 1841. Damit verschwand der Begriff *ichneumonideus* aus dem Schrifttum, bis ich ihm 1949 wieder zur Geltung verhelfen konnte.

Obwohl diese Art durch THOMSON (unter dem Namen „*Gazella* Pz.") gut gekennzeichnet war, wurde sie in der Folgezeit allgemein mit *scoticus* vermengt und ging mit diesem unter dem Namen „*trimarginatus* ZETT.", auch in den Museumssammlungen.

Die Veränderlichkeit dieser Art ist sehr gering: Beim ♀ erhält das Schildchen ziemlich selten 2 kleine gelbe Punkte; bei 1 ♀ von 43 Exemplaren hat der Kopfschild links einen gelben Punkt, bei einem einzigen ♀ zeigt er einige versprengte gelbe Fleckchen (Intersex ?); die Flecke der Mesopleuren können ausnahmsweise ± stark schrumpfen, bei Kümmerwuchs sogar fehlen; die Schienen können wenig oder mehr geschwärzt sein. Beim ♂ fehlen Pleuralflecke wohl stets; die Schulterecken können abgestumpft rechtwinklig, aber auch spitzwinklig und scharfeckig sein, sind aber niemals zahnartig ausgezogen.

RATZEBURG hatte den Holotypus aus einer Kiefernharzgalle des Zünslers *Retinia resinella* (L.) erhalten. Auch im M. Hamburg befanden sich verschiedene Stücke, die aus solchen Gallen zum Vorschein gekommen waren. Man kann also wohl annehmen, daß *ichneumonideus* regelmäßig in alten Harzgallen dieser Art nistet. Da aber im M. Hamburg 1 ♀ vorhanden war, das den Vermerk „aus Föhren" trug, scheint er gelegentlich auch andere Höhlungen, wie Käferfraßlöcher in Holz, anzunehmen. (Nachforschungen in dieser Richtung sind wünschenswert!)

E. VALKEILA fing kürzlich in Finnland 1 ♀, das eine kleine Chrysomelidenlarve trug (brfl. Mitt.). Welcher Art das Larvenfutter ist, das die deutschen Populationen verwenden, ist noch nicht bekannt.

Da (nach E. ENSLIN 1918)[3]) DEGEER berichtet hat, er habe aus einer Galle von *Retinia resinella* eine Goldwespe erhalten, wird man vermuten können, daß diese bei *ichneumonideus* parasitiert hatte.

[1]) Vielleicht ist es *Ps. Schaumii* S. SAUND., vgl. S. 166. Fußnote 1.

[2]) Zur Benennung von *Anc. Gazella* „PANZ." THOMSON; l. c. von mir unrichtig als „nom. nov." bezeichnet.

[3]) „Aus dem Leben der Goldwespen" (Ent. Z., **22**, S. 5). ENSLIN nimmt dort an, Wirt der Goldwespe sei wahrscheinlich *Passaloecus brevicornis* A. MOR. gewesen, aber damals war noch nicht bekannt, daß nicht nur diese kleine Grabwespe, sondern auch *ichneumonideus* das Nest in Harzgallen unterbringt.

Wahrscheinlich hat auch diese Art 2 Generationen im Jahr. Die Imagines hat man auf Thymus, Matricaria, Vicia Cracca und Umbelliferen angetroffen.

Ichneumonideus hat eine eigenartige Verbreitung, die sich aus seiner Lebensweise erklärt: im Gebiet ist er bisher nur da gefunden worden, wo die Kiefer (Pinus silvestris L.) bodenständig ist, scheint aber solchen Gegenden nirgends zu fehlen. Er lag mir vor aus dem Memelgebiet (Schreitlaugken); ferner von Rossitten, Perwelk, Caporner Heide bei Königsberg, Klein-Guja; Zoppot; Posen (Bromberg); aus dem mittleren Ostseebereich (A. R. PAUL 1943; Glowe auf Rügen); Brandenburg (Bellinchen, Buch, Tegel, Zechlin, Woltersdorf, Gr. Schulzendorf, Luchsee bei Brandt, Triglitz); Nordwestdeutschland (Brundorfer Heide bei Bremen, Haake bei Hamburg); aus Mitteldeutschland (Zeithain, Elsterwerda, Mühlberg/Elbe, Torfhaus in der Dübener Heide, Mosigkauer Heide und Oranienbaum bei Dessau, Dölauer Heide bei Halle/Saale, Ronneburg bei Gera); Schlesien (Altheide); Süddeutschland (Mombach bei Mainz, Darmstadt, Kahl/Main, Erlangen, Umgegend vom Bamberg [TH. SCHNEID 1941], Abensberg).

Aus Mitteleuropa sonst sah ich Stücke von Brünn (M.Pr.) und aus Kärnten (Hermagor: M.B.). Nord- und Osteuropa: Skandinavien (THOMSON nennt die Insel Öland, in M. Lu. befinden sich auch Stücke aus Schonen [Åhus, Ystad] und Småland [Slättö] und in coll. KL. ZIMMERMANN solche aus Korsberga, Sm.); Finnland (nach E. VALKEILA bei Vanaja, Taipalsaari und Hattula); Lettland (Borkowitz und Wezkukkul: M.B.); Polen (Bialowies: M.B.). Aus Südeuropa ist mir *ichneumonideus* nur aus den Pyrenäen (Valle de Ordesa: M.B. und M.Fr.) vorgekommen.

6. *Ancistrocerus trifasciatus* (MÜLL. 1776)

Vespa trifasciata n. sp. — O. F. MÜLLER, Zool. Dan. Prodr., 1776, S. 163, n. 1894, ♀ ♂. Loc. typ.: Dänemark. Verbleib des Typus?

Vespa trifasciata n. sp. — FABRICIUS, Mant. Insect. I., 1787, S. 290, n. 46, ♀. Loc. typ.: Kopenhagen. Typus: M. Ko.

Odynerus trimarginatus n. sp. — ZETTERSTEDT, Insect. Lappon. I, 1838, S. 456, n. 4, ♀ ♂. Loc. typ.: Lappland. Typen: M. Lu. (coll. auct.).

Odynerus tricinctus n. sp. — HERRICH-SCHAEFFER, Faun. Insect. Germ., 1839, P. 173, S. 20; 1841, P. 176, T. 10, ♀. Loc. typ.: nicht genannt. (Regensburg ?). Typus vernichtet.

Ancistrocerus trifasciatus (F.) — THOMSON 1874, S. 68, n. 5, ♀ ♂.

Ancistrocerus trifasciatus (MÜLL.) var. *Moeschleri* n. var. — BLÜTHGEN 1938 b, S. 284 ♀. ♂. Loc. typ.: Klein-Guja und Launingken. Typen: coll. m.

Die Färbung dieser Art ist ziemlich veränderlich. Als Nominatfärbung des ♀ sind Kopfschild, Stirnmitte, Fühlerschäfte, Mesopleuren, Schildchen und die Hinterleibsabschnitte vom 4. an als total schwarz und die Schienen ohne Einschränkung als gelb angegeben. Sie entspricht etwa der Normalfärbung schwedischer ♀ ♀ bei THOMSON 1874. Aber schon in Nordeuropa können die Stirnmitte, der Kopfschild oder auch Mesopleuren und Schildchen gelbe Flecke und das 4. Tergit eine seitlich abgekürzte Binde erhalten;[1]) umgekehrt kann die Binde des 3. Tergits bis auf Reste oder ganz wegfallen. Die Schaftunterseite kann durchweg schwarz oder distal gerötet sein.

Auch die Beinfärbung des ♀ ist sehr wechselnd: Häufig sind die Schienen ausgedehnt schwefelgelb gefärbt, aber diese Färbung kann den Mittel- und Hinterbeinen bis auf geringe Reste oder völlig fehlen, während die Innenseite der Schienen I wohl immer gelb gestreift ist. Die Kombination des Wegfalls der 3. Tergitbinde mit (beim ♀) extremer Schwärzung der Beine (var. c ♀ und var. n. ♂ bei THOMSON) habe ich 1938 b S. 284 var. *Moeschleri* benannt.

---

[1]) Auf diese 4 bindige Form ist von SAUSSURE 1856 S. 211 und von mir 1938b S. 284 irrtümlich die *Vespa quadricincta* F. 1793 (loc. typ.: Kiel) bezogen worden. Siehe dazu S. 148.

Für das ♂ wird von THOMSON 1874 und von EDW. SAUNDERS 1896 als besonders kennzeichnend eine Schwärzung der Schienenbasis der Hinterbeine hervorgehoben. Diese ist aber bei ♂♂ aus Deutschland zumeist ganz gering und unauffällig oder überhaupt nicht entwickelt. Der Hinterleib kann 3½ bis 5½ Tergitbinden haben.
Aberr. ♂: 1 ♂ von Naumburg mit total schwarzem Fühlerschaft; außerdem ist der Kopfschild an der Basis und seitlich schwarz gerandet (coll. m.).
Die oben erwähnten Variationen treten auch bei den deutschen Populationen auf.

Trifasciatus hat eurosibirische Verbreitung. Er erstreckt sein Gebiet von Irland und England ostwärts über Skandinavien und Finnland, wo er bis zum hohen Norden vordringt, Osteuropa, Sibirien, Jakutien (KOSTYLEV 1932) bis zum Fernen Osten (1 ♂ von Lutschan und 1 ♀ von Sedanka in Mus. Stockholm: teste GUSSAKOVSKIJ) und zur Mandschurei (Charbin 4 ♀♀, Erzendjandsy 1 ♂: M. B.).

In Mitteleuropa kommt er wohl überall vor. Im Untersuchungsgebiet ist er im allgemeinen nicht selten. Die spärlicher gelb gezeichneten Stücke sind namentlich dem Norden und bergigen Gegenden eigen, aber nicht ausschließlich, sondern sie treten, wie schon oben erwähnt wurde, auch in derselben Population mit reicher gefärbten auf. So erhielt ich aus einem hiesigen Nest neben 5 ♂♂ mit 3½ 1 ♂ mit 4½ und 1 ♂ mit 5½ Tergitbinden. Die var. *Moeschleri* scheint außer im Nordosten (westlich bis Zoppot) auch im Gebirge vorzukommen (1 ♀ aus dem Erzgebirge zwischen Flöha und Falkenau, leg. coll. COHRS).

Westeuropa bewohnt *trifasciatus* von Holland bis Frankreich. Aus der Iberischen Halbinsel ist er noch nicht nachgewiesen. (Was DUSMET 1909 S. 166 unter diesem Namen als von v. SCHULTHESS so bestimmt verzeichnet hat, ist unzweifelhaft *triphaleratus* [SAUSS.]). Auch aus Italien ist er noch nicht bekannt.[1]) ATANASSOV (1942) verzeichnet ihn für Bulgarien nicht. In Nordafrika fehlt *trifasciatus*, anscheinend auch in Kleinasien.

Imagines traf ich auf Heracleum, Sium latifolium, Petersilie, Solidago canadensis, Polygonum spec. Die ♀♀ nisten in hohlen Brombeer- oder Hollunderstämmen, alten Eichengallen (auch Wurzelgallen) und in Käferfraßgängen in Kiefernborke oder Holz. Bei mir nehmen sie alljährlich ausgelegte Schilfhalme und hohle Polygonum- und Umbelliferenstengel an. Sie versorgen die Zellen mit Räupchen von Kleinschmetterlingen, z. B. holte in einem Jahr ein ♀ als Beute ausschließlich solche von *Gracilaria syringella* F. von einem in unmittelbarer Nähe stehenden Fliederstrauch. E. VALKEILA fand in Finnland in den Nestern auch Spannerraupen (z. B. von *Eupithecia sobrinata*), außerdem aber auch die Larve verschiedener Chrysomeliden. Parasit ist eine Form von *Chrysis ignita* (L.). Stylopisation tritt anscheinend selten auf, denn ich kenne nur 3 Fälle: 1 ♂ von Stettin (Buchheide), 1 ♀ von Jena (coll. m.) und 1 ♀ von Naumburg (coll. m.). Um welche *Pseudoxenos*-Art es sich handelt, weiß ich nicht.

Trifasciatus erscheint gewöhnlich Mitte Mai, in zeitigen Jahren auch früher (aus einem Nest vom Vorjahr schlüpften am 17. 4. [52] die ersten ♂♂ und am 26. 4. [52] das erste ♀). Daß diese Frühjahrsgeneration als Ruhelarven überwintert hat, ist bekannt (siehe ENSLIN 1921 S. 284). Noch nicht geklärt ist aber, ob diese Ruhelarven die unmittelbaren Nachkommen der vorjährigen Frühjahrsgeneration waren oder ob sie von einer Zwischengeneration stammten, ob also eine oder zwei Generationen im Jahr auftreten. ♀♀, die nach ihrem völlig frischen Erhaltungsstand erst kaum geschlüpft sein konnten, fing ich wiederholt im Spätsommer, z. B. am 30. 8. (57) und am 8. und 9. 9. (39), ebensolche ♂♂ am 3. 9. (51) und 9. 9. (39), und dazu passen folgende Daten: Am 15. 8. (56) sah ich 1 ♀ sein Nest in einem Tonkinstab schließen und 2 Tage später dasselbe ♀ ein neues Nest in einem Schilfstengel mit Raupen versorgen, und ein anderes ♀, das ich am 15. 8. (56) noch beim Eintragen von Beute beobachtet hatte, 3 Tage danach den Nestverschluß herstellen. Aber anderseits haben die ♀♀ eine auffallend lange Lebensdauer — ich werde darüber an anderer Stelle berichten, — und aus Nestern, die aus dem Juli (54) stammten, erschienen die Imagines erst in der zweiten Hälfte des Mai 55. Eine abschließende Beurteilung ist hiernach noch nicht möglich.

[1]) Nachträglich lagen mir aus Istit. Entomol. Bologna je 1 ♂ von Val Genova (Trento) und aus dem Abruzzen-Nationalpark vor.

7. *Ancistrocerus parietinus* (L. 1761)

Vespa parietina n. sp. — LINNAEUS, Faun. suec. Ed. 2ª, 1761, S. 184, n. 1679, ♀. Loc. typ.: Schweden. Typus nicht vorhanden.
Sphex domestica n. sp. — CHRIST, Naturgesch. d. Insekt., 1791, S. 273, T. 26, Fig. 7, ♀. Loc. typ.: Kronberg (Taunus). Typus nicht erhalten.
Odynerus parietinus (L.) n. comb. — CURTIS, Brit. Entom. III, 1826, S. 137, n. 9, T. 137, ♀.
Odynerus affinis n. sp. — HERRICH-SCHAEFFER, Faun. Insect. Germ., P. 173, 1839, T. 24, ♀. Loc. typ.: Nürnberg. Typus vernichtet.
Ancistrocerus parietinus (L.), — THOMSON 1874, S. 70, n. 6, ♀ ♂.
Odynerus (Ancistrocerus) thuringiacus n. sp. — BLÜTHGEN 1937 S. 40, ♂ = *parietinus* (L.) ♂ forma monstr. (oplomerocephalica) *thuringiacus* (BLÜTHG. 1937). Loc. typ.: Mühlhausen (Thür.). Typus: coll. m.

Die Veränderlichkeit dieser großen Art ist in beiden Geschlechtern gering. Beim ♀ beschränkt sie sich im wesentlichen auf die Ausdehnung der gelben Pigmentierung des 1. Tergits: In der Regel hat dieses eine Endbinde und 2 nicht bis zur Querkante reichende Seitenbinden, die breiter als die Endbinde sind und mit dieser einen Winkel von meist weniger als 90° bilden; die Seitenbinden können sich aber nach innen verbreitern, und zwar gelegentlich so weit, daß sie nur einen viereckigen bis halbrunden Ausschnitt von weniger als ⅓ Tergitbreite übrig lassen; umgekehrt können die Seitenbinden auch schrumpfen. Kopfschild und Mesopleuren haben beim ♀ regelmäßig gelbe Zeichnung; höchst selten fehlt diese (1 ♀ von Naumburg coll. m.). Beim ♂ sind Schildchen und Mesopleuren nur selten und in geringem Umfang gelb gefleckt, das 1. Tergit hat in der Regel nur eine seitlich verschmälerte Endbinde und nur gelegentlich Seitenbinden, und es sind außer 4½ oder 5½ Tergitbinden auf dem 2. bis 6. Sternit Endbinden vorhanden, die auf dem 2. bis 5. oder auch auf dem 6. doppelt gebuchtet sind.

Im Gebiet fehlt *parietinus* wohl nirgends, ist aber nicht als häufig zu bezeichnen. Dasselbe scheint für Mitteleuropa im übrigen zu gelten.

In Skandinavien kommt er nach THOMSON 1874 in ganz Schweden, aber nicht häufig vor; in Finnland findet er sich bis zum Norden nicht selten (FORSIUS & NORDSTRÖM 1923), für Nordosteuropa verzeichnet ihn F. MORAWITZ 1895 nur für die Umgebung von Leningrad und Petrosawodsk. In Westeuropa ist er in England verbreitet (zahlreiche Fundorte bei EDW. SAUNDERS 1896), in Holland häufig, aber nicht überall (WILCKE 1952), in Belgien nicht häufig und nur stellenweise vorkommend (BONDROIT 1943), in Frankreich (BERLAND 1928) ziemlich selten und nicht überall, im Süden fehlend. Aus der Iberischen Halbinsel ist mir noch kein Nachweis bekannt, auch nicht aus Italien. Dagegen fand ihn L. MADER auf der Insel Krk.

Nach Osten reicht sein Verbreitungsgebiet über Südosteuropa (in M. Kr. ♀ von Orenburg und ♀ ♂ von Spassk), Sibirien (♀ ♀ aus West- und aus Ostsibirien, ohne genauere Angabe, in derselben Sammlung) bis zum Fernen Osten (Sedanka: 2 ♀ ♀ M. St., teste GUSSAKOVSKIJ) und über Macedonien (Treska-Schlucht bei Skoplje; Nikola-Tal), Bulgarien (ATANASSOV 1942), die Krim (Karadagh: KOSTYLEV 1928), Kleinasien (Bithyn. Olymp. 1 ♀ coll. J. FAHRINGER) bis Semirjetschensk (Djarkent: 1 ♂ coll. m.). In Nordafrika kommt er nicht vor.

Diese Art nistete bei mir wiederholt in Schilfinternodien (einmal in einem alten Bau von *Megachile centuncularis* [L.]) und im Spalt zwischen zwei Fensterflügeln, in 2 aufeinander folgenden Jahren im Schloß eines im Zimmer stehenden Kleiderschrankes und einmal in einem Loch im Mörtel zwischen 2 Ziegelsteinen. Die Nester, die ich geöffnet habe, enthielten manchmal gleich-, manchmal sehr verschiedenartige Kleinschmetterlingsraupen; in einem Falle habe ich einige davon (aus derselben Zelle) identifizieren lassen: es waren Raupen von *Chimabacche phryganella* HB. (E. M. HERING det.), *Pandemis dumetana* TR. und *Orchips rosana* L. (B. SWATSCHEK det.). Nach E. VALKEILA (brfl.) verwendet *parietinus* in Finnland aber auch Chrysomelidenlarven. Die Nester werden stark von Dipteren heimgesucht: Ich fand in einem Nest *Macronychia agrestis* FALL. (O. KARL det., der mir mitteilte, daß auch *Macronychia polydon* MEIG. als Schmarotzer von *parietinus* bekannt sei), und ein Nest in einem Fensterspalt, das am 9. 7. (40) freigelegt wurde, enthielt in seinen 6 Zellen nur noch einige Räupchen und viele große und kleine Fliegentönnchen, aber keine Wespenlarve. Außerdem fing ich in einem Falle 2 ♀♀ einer Form von *Chrysis ignita* (L.), die vor dem Eingang zum Nest lauerten.

In einer Zelle des in dem Schrankschloß angelegten Nestes lag ein totes ♀ der Schlupfwespe *Mesostenus gladiator* Scop. (H. Bischoff det.).

Ungeklärt ist noch, ob auch diese Art 2 Generationen im Jahre hat. Ein Nest, das am 13. 5. (46) durch Öffnen des Fensters, in dessen Spalt es gebaut war, zerstört wurde, war 10 cm lang und enthielt 25 braune Kleinschmetterlingsräupchen, war also bald fertig, und es ist wenig wahrscheinlich, daß die Entwicklung der Brut zu Vollinsekten erst ein Jahr später abgeschlossen worden wäre. Aber G. Müller (Klein-Furra) schrieb mir, aus einem am 20. 6. (30) bloßgelegten Nest von *parietinus* (ebenfalls in einem Fensterspalt), das bei 7 cm Länge in 4 besetzten von 5 gleich-großen Zellen je Zelle 18 bis 20 Wicklerraupen und Junglarven enthalten habe, seien die Imagines erst am 6. 6. (31) geschlüpft. Ein Schilfnest, das ich am 9. 9. (41) untersuchte, enthielt in 11 Zellen (die beiden untersten etwa 15 mm, die übrigen nur etwa 10 mm lang) erwachsene Larven, die in der Zeit vom 28. 5. bis 2. 6. (42) 9 ♂♂ und am 4. und 5. 6. (42) 2 ♀♀ ergaben.

Forma monstr. (oplomerocephalica) *thuringiacus* (Blüthg. 1937)

Außer dem Holotypus ist kein weiteres Stück dieser pathologischen Form von *parietinus* ♂ im Schrifttum erwähnt oder mir sonst bekannt geworden.

8. *Ancistrocerus a. antilope* (Panz. 1789)

Vespa Antilope n. sp. — Panzer, Faun. insect. Germ. V. 1798, P. 53, T. 9, ♀. Loc. typ.: Österreich. Typus nicht erhalten.

!*Odynerus pictus* n. sp. — Curtis, Brit. Entom. 3, 1826, explic. T. 137, p. (2), ♂. Loc. typ.: England (im Sammlungskatalog ist als Fundort genannt „S^o^. Cover or Coverhithe". Typus: M. Mb. (Nicht *pictus* „Curt." auct. = *oviventris hibernicus* Blüthg. 1937 var. *rufipes* Blüthg. 1938.)

Odynerus (*Ancistrocerus*) *capra* n. sp. — Saussure, Rev. & mag. zool. (2) 9, 1857, S 273 ♀ ♂. Loc. typ.: USA und Canada. Typen: M. G.

Ancistrocerus Antilope (Panz.) — *Thomson* 1874, S. 73, n. 7, ♀ ♂.

(Weitere Synonyme nach R. Bohart 1951 S. 893: *Ancistrocerus nearcticus* Cam. 1906 und *Ancistrocerus lecontei* Cam. 1908.).

Diese Art hat holoarktische Verbreitung. Die nordamerikanische Form wurde von Saussure als eigene Art (*capra*) beschrieben, unterscheidet sich aber von der eurasiatischen durch nichts, so daß ihr Name heute als Synonym von *antilope* gilt (Blüthgen 1951 c S. 159, Bohart 1951 S. 893). Von ihr hat man 2 Unterarten (*navajo* Beq. 1925 und *spenceri* Beq. 1943) abgetrennt, so daß damit eine Unterart *a. antilope* entstanden ist.

Das Vorkommen der typischen Unterart in Europa hat subboreoalpinen Charakter. Sie tritt in Nordeuropa und in den Alpen am häufigsten auf, besiedelt im Gebiet namentlich den Norden, die Mittelgebirge und höhere Lagen, findet sich aber als Seltenheit auch anderwärts. Die Mitteilung einzelner Fundorte erübrigt sich deshalb.

Im übrigen Mitteleuropa scheint ihre Verbreitung ungefähr ebenso zu sein. In Westeuropa kommt sie in England, Irland, Holland, Belgien und Frankreich vor. Im Norden reicht ihr Verbreitungsgebiet von Skandinavien über Finnland, wo sie nach Forsius & Nordström (1923) im ganzen Lande bis in den hohen Norden „ziemlich häufig" ist, Osteuropa (Leningrad; Mytistschi bei Moskau; Kasan: 2 ♀♀ M. Kr.; Spassk bei Orenburg: 1 ♀ ebenda; Kaukasus: 1 ♀ ebenda), Sibirien (Krasnojarsk: F. Morawitz 1895; 1 ♀ von „Sib. occ." in M. Kr.), Altai (F. Morawitz 1895) bis zur Mandschurei (1 ♀ von Charbin coll. m.). Aus Kleinasien kenne ich nur 1 ♀ von Pendik am Marmarameer (coll. J. Fahringer) In Nordafrika kommt *a. antilope* nicht vor.

Durch ihre Größe und ihr allgemeines Aussehen hat diese Art viel Ähnlichkeit mit *parietinus*, hat aber merklich gestrecktere Kopfform (ähnlich *trifasciatus*) und ist vor allem unverkennbar an der Glättung und dem Glanz der Seitenwände und der Rückwand des

Mittelsegments, das ♂ außerdem an dem distal auffällig breiten 7. Hinterleibssegment, gegebenenfalls auch an der gelben Zeichnung des 7. Sternits und am ± ausgedehnten Besatz des Mittelsegments mit Milben. Diese Symbiose ist sehr interessant: Ich fand sie vorliegend bei den weitaus meisten ♂♂, die ich untersucht habe, und — was bemerkenswert ist — auch bei 1 ♂ amerikanischer Herkunft des M. B., dagegen fast nie (nur in 2 oder 3 Fällen) bei einem ♀, auch nicht bei solchen aus demselben Nest mit milbenbesetzten ♂♂, und noch nie bei einer anderen *Ancistrocerus*-Art. Ihr Wesen ist m.W. ungeklärt, sie scheint auch überhaupt noch nicht beachtet worden zu sein, bevor ich 1943 S. 156 auf sie aufmerksam machte.[1])

In der Nominatfärbung hat das ♀ keine Zeichnung auf Schildchen und Mesopleuren und nur 3½ Tergitbinden, die des 1. Tergits seitlich verschmälert und ohne zusätzliche Flecke. So pflegen auch die ♀♀ aus dem Norden des Gebietes, den Alpen und wohl auch sonst aus höheren Lagen überwiegend auszusehen. Diese Zeichnung kann im Norden des Verbreitungsgebietes noch stärker schrumpfen, indem der Streifenrest des 4. Tergits entfällt, und bei solchen Stücken kann auch die gelbe Zeichnung des Kopfschildes stark vermindert sein oder überhaupt fehlen. Im übrigen Verbreitungsgebiet ist die gelbe Pigmentierung in der Regel reicher: Schildchen- und Mesopleuralflecke sind vorhanden, die Binde des 4. Tergits ist vollständig, und es kann dann zusätzlich ein Bindenstreifen oder ein Fleck auf dem 5. und außerdem ein Fleck auf dem 6. Tergit hinzutreten; auf dem 1. Tergit tritt beiderseits vor der Binde ein mit dieser verbundener ± unregelmäßig geformter, aber nicht zu einer Seitenbinde erweiterter Fleck auf. Die Pronotumflecke des ♀ können wie bei *parietinus* hinten entweder ausgezackt oder gerade abgeschnitten oder stumpfwinklig bis bogenförmig begrenzt sein. Nebengesichtsflecke sind bei reicher gelb gezeichneten ♀♀ in der Regel vorhanden, wenn auch oft nur punktförmig. Die Unterseite des Fühlerschaftes ist schmal goldgelb.

1 ♀ von Forchheim coll. m. (E. Stöckhert leg. 5. 6. 17) hat aberrante Zeichnung: Die gelbe Zusatzpigmentierung ist allgemein sehr reich entwickelt, der Kopfschild größtenteils gelb, die Tergitbinden breit, die des 1. Tergits vorn doppelt geschweift und am Seitenrande breit nach vorn bis über ½ der Scheibenlänge erweitert, und das 2. Tergit hat vor der Binde beiderseits einen isolierten, unregelmäßig geformten, gelben Fleck.

Beim ♂ fehlt der Stirnfleck (ob immer?), das Pronotum hat eine schmale bis lineare Querbinde, die bei norddeutschen Stücken häufig zu 2 Flecken schrumpft oder ganz fehlen kann; es sind 5—6 Sternitbinden vorhanden, und es kann auch das 7. Sternit gelb gefleckt, ausnahmsweise (1 ♂ von Öderan, leg. coll. Cohrs) total gelb sein.[2])

Antilope hat anscheinend nur eine Generation, die ab Ende Mai erscheint, und nistet in alten Hymenopterenbauten in Lößwänden oder Fachwerkgebäuden, in Fraßgängen von Bockkäfern oder Holzwespen in Holz, auch in Schilfinternodien (so bei A. Möschler). Ein sehr interessantes frei gebautes Nest hat P. Mayer-Grüter 1937 beschrieben und abgebildet[3]): es bestand aus 3 langen, zylindrischen Mörtelröhren, in denen die Zellen untergebracht waren; sie waren im Winkel eines T-Eisens teils neben-, teils übereinander parallel angeordnet und zum Schluß mit einer gemeinsamen Mörteldecke überzogen worden.

Als Larvenfutter werden Raupen von Kleinschmetterlingen eingetragen, so nach Curtis (1826) und E. Valkeila (brfl.) von *Crambus*arten, nach Malyshev (1911 S. 28) von Wicklerarten, nach Mauvezin (siehe P. Maréchal 1949 S. 9) von Rosenwicklern, nach E. Valkeila (brfl.) von *Cidaria coerulata*. In Nordamerika hat man festgestellt, daß

[1]) Siehe aber S. 176, Fußnote 3.

[2]) So auch schon Lepeletier 1841 S. 650: „♂. anus subtus luteus".

[3]) Mitt. Schweiz. Ent. Ges., 17, S. 24, 25.

a. antilope ♀ die Raupen der Hesperide *Epargyreus tityrus* jagte[1]). Anderseits hat aber ASHMEAD 1894[2]) mitgeteilt, man habe beobachtet, daß *capra* (= *a. antilope*) die Larven der auf Lärchen lebenden Blattwespenart *Nematus Erichsoni* HART. eingetragen habe. Und E. VALKEILA fand in Finnland wiederholt in den Nestern auch Chrysomelidenlarven (brfl.).

Über die Lebensweise nearktischer Populationen hat neuerdings K. W. COOPER berichtet[3]).

Nach WESTWOOD und SCHENCK ist *Chrysis ignita* (L.) auch bei dieser *Ancistrocerus*-Art Schmarotzer.

s. scoticus-Gruppe

9. *Ancistrocerus nigricornis* (CURT. 1826)

?*Vespa sexpunctata* n. sp. — CHRIST, Naturgesch. d. Insekt., 1791, S. 241, T. 22, Fig. 6, ♀. Loc. typ.: Kronberg (Taunus). Typus nicht erhalten.

!*Odynerus nigricornis* n. sp. — CURTIS, Brit. Entom. III, 1826, S. 137, n. 8, ♀. Loc. typ.: Oxford. Typus: M. Mb. (coll. auct.).

Odynerus callosus n. sp. — THOMSON, Opusc. entom., **2**, 1870, S. 87, n. 11, ♀ ♂. Loc. typ.: Schweden. Typen: coll. auct. (M. Lu.).

Ancistrocerus callosus (THOMS.) n. comb. — THOMSON 1874, S. 61, n. 1.

Ancistrocerus nigricornis (CURT.) n. comb. — BLÜTHGEN 1938 b, S. 284

Forma monstr. (oplomerocephalica) *excisus* (THOMS.):

!*Odynerus excisus* n. sp. — THOMSON, Opusc. entom. **2**, 1870, S. 87, n. 12, ♀ ♂. Loc. typ.: Schonen (Skåne). Typen: coll. auct. (M.Lu.).

Ancistrocerus excisus (THOMS.) n. comb. — THOMSON 1874, S. 64, n. 2.

Odynerus (*Ancistrocerus*) *excisus* THOMS. ♀ ♂ — MARÉCHAL 1932, S. 264—268, 2 Taf., 9 Fig.

Diese Art ist von Irland und England ostwärts über Skandinavien (in Schweden nach THOMSON 1874 im Süden und ziemlich selten), Finnland (im Süden und in der Mitte nicht selten: FORSIUS & NORDSTRÖM 1923), Osteuropa (nach F. MORAWITZ 1895 „von Petersburg bis Transkaukasien und Semipalatinsk"), Westsibirien (1 ♀ von Irkutsk in M. Kr.) bis Jakutien (KOSTYLEV 1932) und zum Fernen Osten (Tschita am Amur: 1 ♀ coll. KL. ZIMMERMANN) verbreitet. In Holland ist sie (nach J. WILCKE 1952) häufig, aber nicht überall vorkommend, in Belgien (nach J. BONDROIT 1943) gemein, in Frankreich (nach BERLAND 1928) überall ziemlich häufig. Aus Spanien verzeichnet sie DUSMET (1909) nur für die Sierra de Moncayo und die Sierra de Guadarrama; GINER MARI (1941) nennt Torrente und Valencia; aus B. M. lagen mir ♀♀ vor von Boltana (Prov. Huesca), Sarvise (Prov. Huesca) und La Granje (Prov. Segovia). Aus Italien kenne ich außer dem Alpengebiet und den diesem benachbarten Gebieten nur Gargano (1 ♀ Mus. Bologna) und La Sila (Calabrien): 1 ♂ M. B.

In Mitteleuropa ist *nigricornis* wohl überall zu finden.

Im Untersuchungsgebiet ist diese Art nach meinen Erfahrungen im allgemeinen die häufigste *Ancistrocerus*-Art. Trotzdem ist sie hier in der Färbung wenig veränderlich.

Im Gebiet haben die ♀♀ folgende Zeichnung: auf dem Kopfschild fast immer 2 Basal- oder auch 2 Endflecke, die letzteren verschmelzen nicht selten miteinander, gelegentlich auch mit den ersteren; Nebengesichtsflecke sind in der Regel vorhanden, wenn auch oft nur punktförmig; am Thorax sind

---

[1]) Canad. Ent., **61**, 1929, S. 265 f.

[2]) Psyche, **7**, 1894, S. 77.

[3]) „Biology of Eumenine Wasps: I. The Ecology, Predation and Competition of *Ancistrocerus antilope* (PANZER)", Trans. Amer. Ent. Soc., **79**, 1953, S. 13—35.

Nach Niederschrift des Manuskripts erhielt ich vom Autor außer dieser Arbeit, die ich dadurch kennen lernte, auch ihre Fortsetzung „Venereal transmission of Mites by Wasps pp." (ibid., **80**, 1955, S. 119 bis 174, 7 Fig.). Aus diesen beiden hervorragenden Veröffentlichungen, deren Studium ich jedem nur empfehlen kann, ist mitzuteilen:

1. *A. antilope* (PANZ.) hat in Nordamerika 2, gelegentlich auch 3 Generationen im Jahr.

2. Die in gesetzmäßiger Symbiose mit ihr lebende Milbe ist **1942** von J. COORMAN nach belgischem Material als *Ensliniella trisetosa* beschrieben und **1954** von ihm einer neuen Gattung *Kennethiella* als Genotypus zugewiesen worden. Ihre Deutonymphen halten sich zunächst nur auf den ♂♂ der Wespe, und zwar auf deren Mittelsegment auf, siedeln dann teilweise auch in das Innere des Hinterleibs in „Milbenkammern" über und unter dem Phallus über (bis zu weit über 200 Individuen) und dringen während der Kopula von da in das Abdomen des Wespen-♀ ein, wo sie sich in „Milbenkammern" am Genitale festsetzen.

außer der Pronotumbinde 2 Schildchenflecke und Flecke der Mesopleuren fast immer, 2 kleine Flecke auf der Rückseite des Hinterschildchens gelegentlich vorhanden; 5 Tergitbinden, deren erste seitlich in scharfem Winkel weit nach vorn erweitert ist; 6. Tergit nie gelb gefleckt, mehrere Sternite gebändert. Im Nordosten (Rossitten) tritt bereits häufig die Schrumpfung der gelben Pigmentierung in den Variationen auf, die THOMSON 1874 S. 61/62 aus Schweden als var. a bis i ♀ beschrieben hat: es sind nur 4 Tergitbinden vorhanden; auf dem Schildchen oder den Mesopleuren oder auf beiden entfällt die gelbe Zeichnung, Nebengesichtsflecke sind nicht entwickelt oder winzig (manchmal nur einseitig vorhanden); die Pronotumbinde ist linear, oft seitlich stark abgekürzt, sie kann ausnahmsweise sogar fehlen; die Seitenbinden des 1. Tergits sind stark verkleinert oder fehlen ganz; die Flügelschuppen sind häufig fast ganz oder total schwarz. Die Unterseite der Fühlergeißel ist bei deutschen ♀♀ meistens ± ausgedehnt gelbbraun gefärbt, bei melanistischen Stücken aber schwarz, höchstens am 2. Glied gebräunt.

Veränderlich ist bei den ♀♀ auch die Färbung der Schienen: Sie kann hellgelb, ohne Spur dunkler Streifung auf II und III und nur ganz geringer auf I, sein, oder aber I und II haben auf der Innenseite dunkelbraune Längsstreifen und III daselbst am Ende einen oben durch einen dunkelbraunen Schrägstreifen begrenzten rostgelben Fleck; sie entspricht jeweils dem Gesamtbild der Zeichnungsart.

Bei den ♂♂ überwiegen die Individuen mit geflecktem Schildchen; gelbe Zeichnung der Mesopleuren ist sehr selten; Stücke ohne Seitenbinden auf dem 1. Tergit sind auch in Mittel- und in Süddeutschland zu finden; die Zahl der Binden beträgt für die Tergite 6—4 und für die Sternite 5—3. Aberration: 1 ♂ aus der Dölauer Heide bei Halle (S.) (6. 8. 50, H. KÖLLER leg.) coll. m. mit großem gelbem Fleck auf dem 7. Sternit, auch im übrigen reich gelb gezeichnet (breite, 2mal gebuchtete Binden auf Sternit 2—6, die Seitenbinden des 1. Tergits vorn nach innen gebogen, mit Mesopleurenflecken).

Forma monstr. (oplomerocephalica) *excisus* (THOMS. 1870)

Außer der Typenserie sind mir von dieser pathologischen Form von *nigricornis* bisher vom ♀ kein weiteres Stück, vom ♂ 10 Exemplare bekannt geworden, von denen ich 1 von E. STÖCKHERT erhielt, 2 selbst fing und die übrigen in Bestimmungssendungen auffand. Ihre Fundorte sind: Ziegenort bei Stettin 1 ♂ (♀ bei A. R. PAUL 1943 ist Druckfehler); Buckow bei Berlin (C. SCHIRMER leg.) 1 ♂, coll. m.; Wannsee bei Berlin (W. WEYRAUCH leg.) 1 ♂, coll. m.; Naumburg/Saale 2 ♂♂; Geisenheim (in der Pflanzenschutzstation am Fenster, E. SCHMIDT leg.) 1 ♂, coll. m.; Hornberg (Schwarzwald) (W. STRITT leg.) 1 ♂ (nicht ♀, wie es bei LEININGER 1951 infolge Druckfehlers heißt), coll. H. LEININGER; Schönbüch bei Achern (Baden) 1 ♂, ibid.; Künaberg (Baden) 1 ♂ (HOHNDORF leg.), ibid.; Umgebung von Linz/Donau (1 ♂, coll. H. PRIESSNER).

Keines von diesen 10 ♂♂ gleicht dem anderen in der Art der Ausbildung der *excisus*-Merkmale des ♂, und die Unterschiede können, wie ich schon 1944 a hervorgehoben habe, sogar sehr erheblich sein: So kann der Ausschnitt des Kopfschildes sehr schmal (doppelt so tief wie breit) bis breit (halb so tief wie breit) sein, und an den Oberkiefern ist die Form der Bezahnung und die Form und Tiefe der Zahnlücke sehr wechselnd. Das beweist, daß die Ursachen der Entstehung dieser pathologischen Form sich bei den einzelnen Individuen ganz verschiedenartig auswirken können.

BERLAND hat 1928 für „*excisus* THOMS." 7 Fundorte aus Westfrankreich (vom Norden bis zu den Pyrenäen) verzeichnet; die Nachprüfung der Determinationen dürfte zweckmäßig sein.

Die Imagines von *nigricornis* besuchen Umbelliferen, Reseda-Arten, Solidago canadensis, Polygonum spec., Symphoricarpus u. a. m. Ich beobachtete auch bei dieser Art ♀♀, die in derselben Weise wie die ♀♀ von *gazella* (siehe oben S. 169) die Blütenröhren von Phloxblüten aufbissen, um zum Nektar zu gelangen.

Die ♀♀ nisten in vorhandenen Höhlungen in Holz, Stein oder Metall und in hohlen, dürren Pflanzenstengeln. Bei mir wurden jahrelang (abwechselnd mit *gazella* und *Osmia coerulescens* [L.]) Gußblasen eines eisernen Verandagitters dazu benutzt, und obwohl dieses Gitter im Sommer durch die Sonnenbestrahlung so heiß zu werden pflegt, daß man es nicht anfassen kann, und Regen es nicht erreicht, kamen die Bruten stets aus. Außerdem wurden

Schilfinternodien und Polygonumstengel angenommen. Als Larvenfutter dienen Kleinschmetterlingsraupen; E. SCHMIDT fand in Geisenheim in den Nestern größtenteils die des Grünen Knospenwicklers (*Argyploce variegana*) und die des Roten Knospenwicklers (*Tmetocera ocellana*). Auch in Finnland nimmt *nigricornis* Tortricidenraupen (E. VALKEILA brfl.).

Als Schmarotzer nennt ALFKEN 1914 *Chrysis ignita* (L.), VAN LITH 1954 *ignita ignita* (L.) sensu LINSENMAIER 1951. Sehr geschädigt wird die Brut durch Fliegenmaden. So fand ich in einem Schilfnest, das am 19. 5. 1946 vom ♀♀ geschlossen war und am 4. 7. 46 1 ♀ *nigricornis* ergab, in den übrigen 6 Zellen Fliegenkokons, aus denen die Imagines erst im nächsten Jahr (ab 3. 5.) schlüpften; es handelte sich um *Pachyophthalmus signatus* MEIG. (B. HERTING det.).

Nigricornis hat, wie bereits bekannt ist, im Jahr 2 Generationen, und zwar (wohl als einzige unserer Eumenidenarten) in der Folge, daß im zeitigen Frühjahr (gewöhnlich im April, in günstigen Jahren schon Ende März) ♀♀ erscheinen, die in befruchtetem Zustand überwintert hatten, aus den von diesen angelegten Nestern kommen ♀♀ ♂♂ im Juni bis Mitte Juli hervor, die jungen ♀♀ bauen alsdann Nester, die ab Mitte August bis in den September wiederum beide Geschlechter ergeben, von denen die ♀♀ nach Kopulation beliebige Winterverstecke aufsuchen (nach E. T. NIELSEN 1932 S. 122 Erdlöcher; E. STÖCKHERT fand am 23. 2. 1919 in einem ausgenagten 6 cm tiefen Gang in Kiefernborke 3 ♀♀ beisammen), während die ♂♂ alsbald absterben.

10. *Ancistrocerus dusmetiolus* (STRD. 1914)

Odynerus (*Ancistrocerus*) *sociabilis* n. sp. — DUSMET n. sp. — DUSMET, Mem. Soc. Españ. Hist. nat., 2, 1903, S. 173, n. 5, ♀ ♂. Loc. typ.: Rivas (Spanien). Typen: coll. auct. (M. Ma.). (Homonym von *Odynerus sociabilis* PERKINS 1899).

Odynerus dusmetiolus nom. nov. — E. STRAND, Arch. Naturg. 80, A, 1914, S. 163.

Odynerus alius n. sp. — KOSTYLEV, Arch. Mus. Zool. Univ. Moscou, 1, 1934, (1935), S. 135, ♀ ♂. Loc. typ.: Isfara (Turkestan). Typen: M. Mo.

Odynerus (*Ancistrocerus*) *dusmetiolus* STRD. — MARÉCHAL 1932, S. 269 ff, 2 Taf., 8 Fig.

Diese Art, die bis zur Klarstellung durch P. MARÉCHAL l. c. allgemein mit *excisus* THOMS. verwechselt wurde und unter diesem Namen in den älteren deutschen Faunenverzeichnissen erscheint, ist unter den Arten mit vorn eingekrümmter Profillinie des 2. Sternites an ihrer geringen Größe, den stumpfen Pronotumecken beim ♀, am Mangel gelber Zeichnung auf dem Schildchen (in der Regel), Hinterschildchen und Mesopleuren, und häufig an der sternartigen Form des schwarzen Ausschnitts der gelben Zeichnung des 1. Tergits gut erkennbar; das 5. Tergit des ♀ ist (wie das 6.) schwarz oder es hat einen gelben Querfleck. Beim ♂ sind die Pronotumecken rechtwinklig oder schwach spitzwinklig, aber nie zahnartig ausgezogen.

Dusmetiolus ist im Gebiet weit verbreitet und erreicht hier im Norden den mittleren Ostseebereich (R. A. PAUL 1943) und weiter östlich Zoppot und Koliebken (P. TIMM leg) sowie Nordwestdeutschland. Er scheint in diesen Grenzen überall heimisch zu sein, wo natürliche Lößwände oder alte Lehmfachwerkbauten vorhanden sind und ihm Nistgelegenheit bieten. Von der Nennung der sehr zahlreichen mir bekannten deutschen Fundorte sehe ich deshalb ab.

Im übrigen Mitteleuropa ist *dusmetiolus* ebenfalls verbreitet. Insbesondere kenne ich ihn aus der ČSSR (Pouzdřany: coll. ŠNOFLÁK; Javornik und Syrova: M. Pr.) und aus der Umgebung von Wien (coll. FAHRINGER).

Aus Osteuropa, Finnland, Skandinavien, England und Irland ist er noch nicht gemeldet. In Holland nach J. WILCKE (1952) und J. P. VAN LITH (1953) sehr selten (nur 3 Funde), in Belgien nach J. BONDROIT (1943) nicht sehr selten, in Frankreich nach BERLAND (1928) selten und nur im Süden. Spanien (loc. typ.). Aus Italien, vom Balkan und aus Osteuropa sowie aus Nordafrika noch nicht gemeldet. In Asien hat man ihn in Turkestan (loc. typ. *alius*; 1 ♂ von Buchara und 1 ♀ von Taschkent in M. B., weitere Fundorte bei KOSTYLEV l. c.) und in Afghanistan (Herat: 1 ♀ M. Karlsruhe) gefunden; sicher reicht sein Verbreitungsgebiet dort noch weiter.

Diese Art, die nach den mir bekannt gewordenen Fangdaten ab Mitte Mai erscheint, hat wohl nur eine Generation. Die ♀♀ nisten anscheinend ausschließlich in vorhandenen Hohlräumen (wohl vorzugsweise alten Hymenopterennestern) in natürlichen und künstlichen Lehmwänden, sie geraten bei der Suche nach solchen Nistplätzen häufig an die Fenster. Weiter ist m.W. über ihre Lebensweise bisher nichts bekannt, auch nichts über Brutschmarotzer. J. BONDROIT hat (1943 S. 113) von einem stylopisierten ♂ aus Belgien berichtet.

11. *Ancistrocerus o. oviventris* (Wesm. 1836)

Odynerus (*Ancistrocerus*) *oviventris* n. sp. — WESMAEL, Bull. acad. Sci. Belg., **3**, 1836, S. 45, ♀ ♂. Loc. typ.: Belgien. Typen: coll. auct. (M. Brüssel).

Odynerus constans n. sp. — HERRICH-SCHAEFFER, Faun. insect. Germ. 1839, P. 173, S. 25; 1841, P. 176, T. 11; ♀. Loc. typ.: nicht genannt (Regensburg ?). Typus vernichtet.

Odynerus viduus n. sp. — HERRICH-SCHAEFFER, ibid., 1839, P. 173, S. 28; 1841, P. 176, T. 13, ♂. Loc. typ.: nicht genannt (Regensburg ?). Typus vernichtet.

Durch die Abtrennung der Unterart *oviventris hibernicus* (siehe dazu hinten S. 235 Anm. 12) ist eine Unterart *ov. oviventris* (WESM.) entstanden.

Während ssp. *hibernicus* (mit var. *rufipes*) bisher nur aus Irland, England, Skandinavien, Finnland und Nordosteuropa nachgewiesen ist[1]), ist der übrige Teil Eurasiens, — in Nordafrika kommt *oviventris* nicht vor, — von der typischen Unterart besiedelt. In Finnland scheinen sich beide Subspecies zu überschneiden.

Im Gebiet fehlt *o. oviventris* wohl überall da nicht, wo ihm das Vorhandensein von Felsen oder losem Gestein oder steinernem Bauwerk (von Grenzsteinen angefangen) die Anbringung der Nester ermöglicht. Von der Mitteilung der mir bekannten oder glaubhaft veröffentlichten Fundorte sehe ich deshalb ab.

Entsprechend ist die Verbreitung im übrigen Mitteleuropa. In Holland ist *o. oviventris* nach J. WILCKE (1952) „algemeen", im Belgien nach J. BONDROIT (1943) überall sehr häufig, in Frankreich nach L. BERLAND (1928) ziemlich häufig, namentlich im Gebirge.

Auf der Iberischen Halbinsel scheint er auf die Gebirge beschränkt zu sein. Spanien: DUSMET nennt 1909 einige Orte Cataloniens; Valle de Ordesa (Pyr.): 1 ♀ M. Fr.; Puerto El Paular: 1 ♀ M. Lau.; Sarvise (Prov. Huesca): 1 ♀ B. M.; Ponferrada (Prov. Leon): 2 ♂♂ B. M. Portugal: Vale de Gaio: 1 ♀ coll. de Andrade; Umgebung von Lissabon (Cascais, Cezimbra): 2 ♀♀ ibid. Aus Italien kenne ich bisher nur einige Stücke aus Sizilien, die ich 1955 c als subsp. *siculus* beschrieben habe.

Auf der Balkanhalbinsel ist *o. oviventris* verbreitet: Bulgarien (ATANASSOV 1942; Banderica: 1 ♂ coll. ZAVADIL); Mazedonien (Treskaschlucht bei Skoplje: coll. m.) 1♀ von Orenburg befindet sich in M. Kr.. Aus dem Kaukasus verzeichnet ihn F. MORAWITZ 1895 für Gudaur. Aus Asien ist er von Transbaikalien (1 ♀ coll. KL. ZIMMERMANN), aus der Mandschurei (Station Chalassu: 1 ♂ M. B.) und aus dem Fernen Osten (Tigrovaja: 1 ♀ M. Sto., teste GUSSAKOVSKIJ) bekannt geworden.

Die Veränderlichkeit innerhalb der Populationen aus dem Untersuchungsgebiet ist gering: Beim ♀ kann sich die gelbe Pigmentierung auf dem Kopfschild so ausdehnen, daß dieser fast ganz gelb ist; sehr selten ist er total schwarz; sehr selten fehlt die gelbe Zeichnung der Mesopleuren. Beim ♂ treten gelbe Flecke auf den Mesopleuren und auf dem Schildchen sehr selten auf (ersteres bei 1 ♂ von Thüngersheim und 1 ♂ von Marseille, coll. m.); gelegentlich ist die Bindenzeichnung des Hinterleibes auf die ersten 3 Tergite und auf Spuren einer linearen Binde auf dem 4. Tergit beschränkt (1 ♂ von Gambach/Main, coll. m.). Bei beiden Geschlechtern ist die Dimensionierung des 1. Tergits (Verhältnis der Länge zur Breite) veränderlich.

Oviventris baut Mörtelnester, die das ♀ in Vertiefungen von Gestein anbringt. Hierüber ist wiederholt berichtet worden. Ich beschränke mich darauf, auf die Darstellungen zu verweisen, die E. T. NIELSEN 1932 S. 143 ff (für *o. hibernicus*) und L. MICHELI 1930 S. 46 (für *o. oviventris*) gegeben haben. Die Nester sind in der Regel sehr hart und haften fest

[1]) In Deutschland erscheint mir ihr Vorkommen ausgeschlossen.

an ihrer Unterlage (so auch E. T. NIELSEN 1932 S. 147), jedoch fand ich einmal eines, das ein sehr mürbes, bröckeliges Gefüge hatte (wohl deshalb, weil es an dieser Örtlichkeit nur lehmige Erde ohne Sand oder Steinsplitterchen als Baustoff gab). Wenn J. D. ALFKEN (1914 S. 302) angegeben hat, *oviventris* niste „in altem Holz", so steht diese Beobachtung im Widerspruch zu denen aller anderen Autoren und läßt (auch im Zusammenhang mit der weiteren Mitteilung „besonders häufig in den Gärten der Stadt Bremen auftretend") nur den Schluß zu, daß ein taxonomischer Irrtum vorlag.

Als Larvenfutter dienen in der Regel Kleinschmetterlingsraupen (E. T. NIELSEN 1932 S. 143; L. MICHELI l. c.; Eichenwicklerraupen: BISCHOFF 1927 S. 358). Aber B. E. BOUWMAN hat (nach MARÉCHAL 1949 S. 9) in Holland beobachtet, daß Rüsselkäferlarven eingetragen wurden, und E. VALKEILA schrieb mir, er habe in Finnland in den von ihm untersuchten Nestern als Beute Chrysomelidenlarven gefunden. L. MICHELI hat l. c. die Larven von *oviventris* beschrieben.

Imagines traf ich an Trifolium minus, Euphorbia cyparissias und Silene otites, genannt sind ferner Symphoricarpus, Cotoneaster (J. WILCKE), Rubus und Lotus corniculatus (L. BALLES 1934). *Oviventris* scheint nur eine Generation zu haben. Am 8. 5. (43) sah ich an einem Nest im Freien das erste ♂ dieser Brut schlüpfen, aber die Hauptflugzeit beginnt nach den mit vorliegenden Fangdaten gegen Ende Mai. Daten, die das Auftreten einer 2. Generation wahrscheinlich machen könnten, sind mir nicht bekannt.

Als Schmarotzer haben E. T. NIELSEN und L. MICHELI Chrysis *ignita* (L.), VAN LITH (1953) *Chrysis ignita impressa* SCHCK. (sensu W. LINSENMAIER 1951), M. MÜLLER *Chrysis ruddii* SHUCK. und E. T. NIELSEN *Melittobia acasta* (WALK.) genannt.

12. *Ancistrocerus sc. scoticus* (CURT. 1826)

!*Odynerus scoticus* n. sp. — CURTIS, Brit. Entom. III, 1826, S. 137, n. 4, ♀. Loc. typ.: Schottland. Typus: M. Mb. (coll. auct.).

!*Odynerus albotricinctus*[1]) n. sp. — ZETTERSTEDT, Ins. Lappon. I, 1838, S. 457, n. 5, ♂. Loc. typ.: Lapponia Norwegica. Typus: coll. auct. (M. Lu.).

Odynerus (*Ancistrocerus*) *trimarginatus* „ZETT." auct. (SAUSSURE pr. p., SCHENCK 1861, THOMSON 1874, E. SAUNDERS 1896, v. SCHULTHESS 1897, BERLAND 1928), nicht *trimarginatus* ZETT. (= *trifasciatus* [MÜLL.]).

Ancistrocerus scoticus (CURT.) — BLÜTHGEN 1938 b S. 285.

Durch Abtrennung der ssp. *iberogallicus* BLÜTHG. 1956[2]) ist eine ssp. *scoticus* (CURT.) entstanden.

Die typische rein rostrote Beinfärbung, die das ♀ von *sc. scoticus* in England, Nordeuropa und Nordasien trägt, haben in Deutschland nur die Norden heimischen Populationen. Im übrigen deutschen Verbreitungsgebiet erhält sie eine ± entwickelte Aufhellung in rostgelb, teilweise mit gelber Tönung, bis zu gelb mit rostgelber Zeichnung. Die Zeichnung von *sc. scoticus* ist gelb; eine von ZETTERSTEDT unter dem Namen *albotricinctus* als Art beschriebene Form mit weißer Zeichnung — eine Parallele zu *oviventris hibernicus* ist auf Skandinavien (Lappland: loc. typ.; Vickleby auf Öland: 1 ♀ vom 6. 7. 46 in M. Lu.) und die irischen und schottischen Inseln beschränkt und in Deutschland nicht zu erwarten.

Die Veränderlichkeit der Färbung deutscher Stücke ist sehr gering: Beim ♀ kann die Oberkieferbasis gelb gefleckt sein oder nicht; Nebengesichtsflecke können vorhanden sein oder fehlen; das Schildchen kann sehr selten 2 gelbe Punkte erhalten, die Pronotumbinde stark schrumpfen. Beim ♂ kann das 4. Tergit eine lineare, beiderseits ± abgekürzte Binde tragen.

---

[1]) Im Cat. Hym. IX S. 51 und S. 171 ist dieser Name in „*albotrinctus*" verstümmelt.

[2]) BLÜTHGEN 1956a S. 8 ff.

Sc. scoticus hat eurosibirische und in Europa boreoalpine Verbreitung. Im behandelten Gebiet kommt er vor in den Diluvialsandgebieten des Nordens von Rossiten (Möschler 1939) über Danzig (Schüddelkau: 1 ♀ P. Timm leg., coll. m.), Zoppot (Kurgarten: 3 ♀♀, P. Timm leg.), ehemaliges Pommern (R. A. Paul 1943), Mecklenburg (Neubrandenburg: 1 ♀ M. Hamburg), um Berlin (Buch: 1 ♂ leg. coll. Kl. Zimmermann), die Umgebung von Lübeck (Oldesloe: 1 ♂) und von Hamburg (Geesthacht: 1 ♂; Borstel: 1♀) (Wagner 1938) bis Schleswig (Schleimünde: 7 ♀♀ 2 ♂♂, M. Kiel), ebenso in den Sandgegenden Süddeutschlands (Kahl: 1 ♀ leg. coll. Eigen; Abensberg: 1 ♂ leg. E. Stöckhert, coll. m.), im übrigen im Gebirge: Harz (Eckerloch bei Schierke: 1 ♂ leg. A. Petry, coll. m.), Thüringen (ohne nähere Angabe, wohl aus dem Thüringer Wald stammend: 1 ♀ M.B.), Odenwald (Oberabtsteinach: 1 ♂ leg. coll. Eigen), Sauerland (Siegen: H. Wolf leg.), Erzgebirge (Hirtenstein bei Satzung: 1 ♂ leg. coll. A. Reichert), Riesengebirge (ohne genauere Angabe: 1 ♀ M. Prag), Alpen (Garmisch: 1 ♀ M. Halle), aber auch in Gebirgsnähe: Marburg/Lahn (1 ♂ leg. H. Wolf), Retzbach/Main (1 ♂) und Thüngersheim/Main (1 ♀ 1 ♂) (leg. J. Heinrich, coll. m.).

In Mitteleuropa im übrigen ist *sc. scoticus* in der Schweiz zuhause (v. Schulthess 1897), sicher auch im Alpengebiet Österreichs; 1 ♀ aus Südmähren (Čejkovice) befindet sich in coll. Zavadil. In Westeuropa kommt er in England und Schottland vor (E. Saunders 1896), aus Holland hat J. Wilcke (1952) einige Nachweise, aus Belgien J. Bondroit einen einzigen Fund mitgeteilt; für Frankreich vgl. L. Berland 1928, ferner 1 ♀ von Puy de Sancy (Auvergne) leg. coll. H. Wolf und 1 ♂ aus dem Vallée d'Aspe (B. P., coll. M. Klein). Aus den Zentralpyrenäen (ohne nähere Angabe) 1 ♀ in M. Mü.

Ob das, was Dusmet 1935 von Moncayo (Prov. Zaragoza), Biescas (Prov. Huesca) und Valle de Ordesa (Prov. Huesca) als „*trimarginatus*" gemeldet hat, zu *scoticus* gehört, bleibt nachzuprüfen.

In Nordeuropa besiedelt *scoticus* Skandinavien bis hoch in den Norden, ebenso Finnland. Von dort erstreckt sich sein Verbreitungsgebiet ostwärts über Jakutien (Kostylev 1932) bis Kamtschatka (Elisovo: M. St., teste Gussakovskij) und in die Mandschurei (1 ♀ von Chulan, coll. m.). Für Bulgarien hat ihn Atanassov 1942 nicht genannt. F. Morawitz (1895) hat ihn für den Kaukasus (Passanaur) und für Semipalatinsk verzeichnet.

Diese Art nistet normalerweise in Hohlräumen, auch in solchen ungewöhnlicher Art wie in Höhlungen von Schlackenbrocken auf Bergwerkshalden (H. Wolf brfl.). Bei A. Möschler (Rossitten) benutzten ♀♀ ausgelegte Schilfhalme. E. Valkeila fand ein Nest in der Steilwand einer Sandgrube und eins in einem Fraßgang in der Borke einer Kiefer (brfl.). Curtis erhielt (lt. Vermerk in seinem Sammlungskatalog) Imagines aus Zellen, die er in Ritzen einer Brücke gefunden hatte. Auch bei dieser Art kommen ausnahmsweise Freibauten vor: über ein kuppelförmiges Mörtelnest, das eine Zelle enthielt, habe ich 1951 c S. 163 berichtet.

E. Valkeila fand in den Nestern als Beute Chrysomelidenlarven (brfl.). Man wird annehmen können, daß bei uns auch *scoticus* im Regelfalle Kleinschmetterlingsraupen einträgt.

A. Möschler konnte bei seinen Zuchten feststellen, daß 2 Generationen im Jahre (in der Art wie bei *parietum*) sich folgen.

Weiter ist über die Lebensweise dieser Art noch nichts bekannt.

20. Gattung ***Parastenancistrocerus*** Blüthg. 1938

Generotypus: *Odynerus (Ancistrocerus) transitorius* F. Mor. 1867. (Blüthgen 1938d S. 444)

Von dieser Gattung kommt eine Art, und zwar der Generotypus, in Mitteleuropa vor.

Parastenancistrocerus tr. transitorius (F. Mor. 1867)

Odynerus (Ancistrocerus) transitorius n. sp. — F. Morawitz, Horae soc. ent. Ross., 4, 1867, S. 117, n. 7, ♀ ♂. Loc. typ.: Gouvern. Saratov (Sarepta). Typen: M. L. (coll. auct.).

Odynerus (Ancistrocerus) lobatus n. sp. — ED. ANDRÉ, Natural. Sicil., 2, 1883, S. 329,♀. Loc. typ.: „Südeuropa Caucasus, Griechenland, Sizilien".[1]) Standort der Typen nicht bekannt.
Odynerus lobatus ED. ANDRÉ — ED. ANDRÉ, Spec. Hymén. Europe, 1884, S. 667, (♀)♂.
Stenancistrocerus (Parastenancistrocerus) transitorius (F. MOR.) — BLÜTHGEN 1938 d, S. 444, n. comb.

Diese ponto-mediterrane Art zerfällt in mehrere Unterarten. Die typische Unterart erreicht von Südosteuropa (loc. typ.) her über den Balkan Ost-Ungarn, wo sie bei Kisujszállás aufgefunden worden ist. (Die in M. Bu. befindlichen Belegstücke lagen mir vor und konnten mit Topotypen des M. B. von Sarepta verglichen werden.)

Die gelbe Zeichnung umfaßt beim ♀ am Kopf 2 Flecke in den Basalwinkeln des Kopfschilds, die selten fehlen, Stirnfleck, Schläfenflecke und die Fühlerschäfte größtenteils, am Thorax eine unterbrochene Pronotumbinde, eine ± breite Querbinde des Schildchens, die fehlen kann, Flecke auf dem oberen Abschnitt der Mesepisterna und beiderseits auf dem Mittelsegment sowie die Flügelschuppen, am Hinterleib Endbinden der Tergite 1—5 (auf 1 seitlich etwas vorgreifend, auf 2 mit den Scheibenflecken verbunden), eine Binde des 2. Sternits und Seitenflecke auf dem 3. und 4. Sternit. Beim ♂ sind am Kopf gelb der ganze Kopfschild, die Oberlippe, der Stirnkiel nebst Stirnfleck, vom Kopfschild bis in die Sinus reichende Orbitalbinden und der größte Teil der Oberkiefer (alles übrige wie beim ♀).

Über die Lebensweise dieser Art ist noch nichts bekannt.

21. Gattung *Jucancistrocerus* BLÜTHG. 1938

Generotypus: *Odynerus (Ancistrocerus) jucundus* MOCS. 1883. (BLÜTHGEN 1938 c S. 442)

Von den 3 bisher bekannten Arten dieser Gattung (*jucundus* [MOCS. 1883], *ornatus* [ANDRÉ 1884] und *nagustifrons* [KOSTYLEV 1940]) kommt nur *jucundus* in Europa vor, und zwar auch im östlichen Mitteleuropa.

Jucancistrocerus j. jucundus (MOCSARY 1883).

! *Odynerus (Ancistrocerus) jucundus* n. sp. — A. MOCSARY, Magy. Akad. Termész. Értek, 13, 1883, S. 49 n. 63 ♀♂. Loc. typ.: Ungarn. Typen: M. Bu.

Diese Art ist schon durch die Skulptur des Mesonotums und die siebartige Punktierung der Flügelschuppen von allen anderen mitteleuropäischen Eumeniden unverkennbar verschieden; hinzu kommen die Form und die Skulptur des 1. Hinterleibssegmentes und die Art der blaßgelben Zeichnung, insbesondere die Scheibenflecke des 2. Tergits und (beim ♀) die runden Flecke der Kopfschildbasis. Größe: 9—10 mm.

Sie ist in Ungarn anscheinend weit verbreitet (L. MÓCZÁR 1937 S. 22; ich kenne sie auch von Simontornya), erreicht nach den bisherigen Feststellungen im Westen die Umgebung von Wien (Bisamberg: 2 ♀♀ coll. ST. ZIMMERMANN) und ist ferner aus folgenden Gegenden bekannt geworden: Slowakei (ZAVADIL 1951), Ost-Galizien (NOSKIEWICZ 1930), Jugoslawien (Egri Palanka: 1 ♀ M. B.), Bulgarien (ATANASSOV 1942).

In Klein- und Vorderasien, Transkaukasien und Turkestan wird die typische Unterart durch die kräftig gelb und reicher gezeichnete Unterart *jucundus deceptor* (MORICE 1921) ersetzt, die von ihrem Autor unter dem Namen *Nortonia deceptrix* beschrieben wurde.

J. NOSKIEWICZ fand *j. jucundus* "häufig an Kalk- und Lößwänden". Er fliegt ab Ende Juni und besucht (nach ZAVADIL) Achillea- und Conium-Blüten. Mehr ist mir bisher über die Lebensweise nicht bekannt geworden.

22. Gattung *Odynerus* LATREILLE 1802[2])

Generotypus: *Vespa muraria* LINNAEUS 1758 (WESTWOOD 1840)

Syn.: *Symmorphus* WESMAEL 1836 (Acad. Sci. Belg. Bull. 3, p. 45)

Generotypus: *Vespa sinuata* F. 1793 (*bifasciata* L. sensu WESMAEL 1836) (ASHMEAD 1902)[3])

Protodynerus SAUSSURE 1856 (Étud. fam. Vespid., 3, p. 186) (Ersatzname für *Symmorphus*).

Diese auf die paläarktische und die nearktische Zone beschränkte Gattung ist von den übrigen paläarktischen Eumeninae durch eine Anzahl körperlicher Merkmale (insbes. durch die stark entwickelte, grob gegitterte Mesopleuralnaht, im männlichen Geschlecht ferner

[1]) Aus der Beschreibung (Eingang und letzter Absatz) ergibt sich, daß ihr sizilianische Stücke des ♀ zugrunde lagen.

[2]) Wegen des gültigen Gattungsnamens siehe hinten S. 228 Anm. 4

[3]) Siehe hierzu BLÜTHGEN 1938 b, S. 274 Fußnote 2.

durch die normale Form der Fühlerendglieder und das Vorhandensein von Tyloiden, d. h. Rhinarien in Form linearer Längsschwielen auf der Rückseite der 4 oder 5 letzten Geißelglieder) und durch die Spezialisierung des Beuteinstinktes isoliert.

Die Arten haben anscheinend nur eine Generation. Die ♀♀ nisten in beliebigen vorhandenen Hohlräumen wie alten Hymenopterennestern in Lehmwänden, Käferfraßgängen in totem Holz, hohlen Pflanzenstengeln oder alten *Lipara*gallen. Als Larvenfutter verwenden die meisten *Odynerus*-Arten Chrysomelidenlarven. Die Imagines besuchen besonders die Blüten von Umbelliferen, von Symphoricarpus und Scrophularia. Enslin beobachtete einmal 1 ♀ von *O. murarius*, wie es eine Larve von *Melasoma populi* kaute und aufzehrte (brfl. Mitt.).

Schmarotzer sind Goldwespen, Schlupfwespen und gewisse Erzwespen (*Eurytoma*- und *Melittobia*-Arten). Fälle von Stylopisation sind noch nicht bekannt geworden.

Im nachstehenden Bestimmungsschlüssel sind die Arten der 3 Untergattungen zusammengefaßt.

Schlüssel

(Wenn nichts anderes gesagt ist, sind ein meist doppelter Stirnfleck und Schläfenflecke vorhanden).

1. Thorax oben und unten außer kurzer, sehr dichter, straffer, brauner Unterbehaarung mit dichter, ± langer, weicher, welliger, blonder Behaarung, die auch Stirn, Scheitel und Schläfen einnimmt; Tergit 1, Sternit 1 und Sternit 2 mit ähnlicher, aber spärlicher und kürzerer, blasser Zusatzbehaarung. Schulterecken, von oben gesehen, abgerundet rechtwinklig. 2.

   Thorax, Scheitel, Schläfen und Tergit 1 nur mit sehr kurzer, bürstenartig dichter und straffer, brauner Behaarung, Stirn mit längerer solcher. Scheitelgruben der ♀♀ ungefähr so groß wie ein Nebenauge, rund, ihr Abstand voneinander etwa so breit wie der der hinteren Nebenaugen. Parapsidenfurchen auch vorn scharf ausgeprägt; Querkante des 1. Tergits deutlich entwickelt. 7.

2. Querkante des 1. Tergits schwach entwickelt und durch die grobe, dichte Punktierung verdeckt, so daß sie nur von hinten gesehen und nur seitlich bemerkbar ist; Scheibe des 1. Tergits ohne scharfe Seitenkante. Parapsidenfurchen nur auf der hinteren Hälfte des Mesonotums vorhanden. ♀: Die 2 rundlichen, tiefen, sehr dicht braun behaarten Scheitelgruben, von denen jede die Größe des von den Nebenaugen umschlossenen Raumes hat, sind voneinander nur durch einen sehr schmalen Zwischenraum getrennt und außen in Richtung nach dem oberen Augenende flach furchig ausgezogen (Abb. 26). ♂: Die Geißelglieder (von vorn gesehen) merklich länger als ihre größte Dicke, das Endglied (von unten gesehen) um ½ länger als breit. ♀ 14—17 mm, ♂ 9—13 mm.
   1. *Odynerus* (*Odynerus*) *murarius* (L.) 3.

   Die Querkante des 1. Tergits ist deutlich entwickelt und setzt sich als erhabene Kante längs den Seiten der Scheibe nach den Seitenwinkeln des Tergitendes hin fort. Parapsidenfurchen bis zum Pronotum durchgehend. ♀: Die 2 Scheitelgruben sind nur so groß wie ein Nebenauge, rund und voneinander durch einen Abstand getrennt, der etwa so breit wie der der hinteren Nebenaugen ist. ♂: Geißelglieder kürzer, das 6. und 7. (von vorn gesehen) nicht oder nur wenig länger als dick, das Endglied (von unten gesehen) wenig länger als breit. 4.

3. ♀: Fühlerschaft total schwarz; Schildchen in der Regel nicht oder sehr gering gelb gezeichnet; Stirnfleck und Mesopleuralflecke häufig nicht vorhanden; auch dem Kopfschild kann gelbe Zeichnung fehlen; Tergitbinden ± schmal, auf dem 5. Tergit seitlich ± abgekürzt oder überhaupt fehlend. ♂: Schildchen nicht gelb gefleckt.
   1a. *Odynerus* (*Odynerus*) *m. murarius* (L.).

♀: Fühlerschaft unterseits ± ausgedehnt gelb; Schildchen stets mit 2 ± ansehnlichen gelben Flecken; Stirnfleck und Mesopleuralflecke stets vorhanden; Kopfschild mit gelber Basalbinde; Tergitbinden breit, auch auf dem 5. Tergit vorhanden. ♂: Schildchen mit 2 gelben Flecken (jedoch häufig ohne solche).

1b. *Odynerus* (*Odynerus*) *murarius nidulator* (SAUSS.).

4. ♀♂: Nur das 1., 2. und 4. Tergit mit gelber Endbinde (das 3. Tergit höchstens mit einzelnen winzigen, unsymmetrischen gelben Flecken); nur Sternit 2 mit dreieckigen Seitenflecken, die entlang dem rostgelb durchscheinenden Endsaum des Sternits durch einen vollständigen oder mitten unterbrochenen linearen Bindenstreifen verbunden sein können; beim ♂ kann auch Sternit 4 kleine Seitenflecke haben. Fühlerschaft total schwarz oder (beim ♂) unterseits an der Basis in geringer Ausdehnung gelb gezeichnet; Schildchen nicht oder sehr gering gelb gefleckt. 5.

♀♂: außerdem wenigstens noch das 3. Tergit mit ± entwickelter Binde. ♀ 11—16 mm ♂ 10—12 mm. 6.

5a. ♀: Schenkelenden II und III, Schienen und Basitarsen gelb, Schienen I innen, II und III an der Spitze rostgelb, I und II oder auch III innen schwarzbraun gestreift, die übrigen Tarsenglieder II und III braun.

Kopfschildbasis mit breiter gelber Binde; Stirn- und Schläfenflecke stets vorhanden; Fühlerschaft schwarz oder unterseits an der Basis oder ausgedehnter, aber schmal, gelb gezeichnet; Schildchen schwarz oder mit 2 punktförmigen bis mäßig großen gelben Flecken; oberer Abschnitt der Mesepisterna und Flügelschuppen (diese vorn und hinten) gelb gefleckt; die Seitenflecke des 2. Sternits können durch eine lineare Binde verbunden sein.

Scheibe des 1. Tergits im Verhältnis zur Breite kürzer (47:80:95)[1]), Querkante (von vorn gesehen) mitten im stumpfen Winkel etwas nach unten gezogen; Basis reichlich grob punktiert; Scheibe mit kräftiger bis grober, ± tiefer, vorn mitten zum Teil ineinanderfließender Punktierung, deren mäßig glänzende Zwischenräume ± gehoben (schwach wulstig) sind. Tergit 2 im Raum der Endbinde und die folgenden

5b. ♀: Schenkel und Schienen II und III schwarzbraun, Kniee und Schienenbasis rostgelb, Schienenspitzen schmal rostbraun, Schienen I braun, vorn und innen rostgelb, teilweise gelb; Tarsen trübe rostgelb, teilweise gebräunt.

Kopfschild i. R. total schwarz, selten an der Basis mitten mit 2 kleinen Punktflecken; Stirn- und Schläfenflecke sehr klein oder fehlend; Fühlerschaft nicht gelb gezeichnet; Schildchen stets total schwarz; oberer Abschnitt der Mesepisterna und Flügelschuppen nicht gefleckt; Seitenflecke des 2 Sternits ohne Verbindung.

Scheibe des 1. Tergits im Verhältnis zur Breite länger (47:60:80)[1]), Querkante mitten gleichmäßig verlaufend; Basis schwächer punktiert, mitten ausgedehnt punktlos; Punktierung der Scheibe schwach, nur etwa $^2/_3$ so stark wie bei der Vergleichsart, flach, überwiegend ± zerstreut, vorn mitten nicht oder nicht wesentlich dichter, die Zwischenräume eben, dicht punktuliert, schwach und seidig glänzend. Tergit 2

[1]) Die erste Zahl bezeichnet (hier wie bei den entsprechenden Dimensionen der übrigen Arten) die Länge der Scheibe von der Mitte der Querkante bis zum Ende, die 2. Zahl die Breite der Querkantenpartie und die 3. die distale Breite (alles von oben gesehen).

Tergite ziemlich dicht, kräftig, flach, grübchenartig punktiert.

Punktierung des Pronotums grob, mäßig dicht, hinten zerstreuter, die Zwischenräume stark glänzend. Die schwächere Grundpunktierung und die etwas stärkere, hinten zerstreute, vorn dichtere Überpunktierung — beides im Vergleich mit *alternans* — stechen deutlich voneinander ab. Mesopleuren stark glänzend, mit starker, zerstreuter Punktierung, die feine Zwischenpunktulierung auf dem oberen Abschnitt sehr spärlich, auf dem unteren dicht.

Gesicht kürzer, Stirn auch oben sehr dicht kräftig punktiert.

(Gesicht = 80:87; Kopfschild = 34:43; Ausschnitt = 17,5:20:3,5.)

11—16 mm.

♂: Tergite 2ff. distal sehr deutlich dicht und kräftig flach punktiert; die Fläche von 2 wegen weitläufigerer und mikroskopischer Punktulierung ± kräftig glänzend; Skulptur des 1. Tergits wie beim ♀.

Pro- und Mesonotum stark glänzend, poliert und ± spärlich punktuliert, vorn mit grober und dichter, nach hinten zu immer schwächerer, und weitläufiger Punktierung, Mesopleuren stark und ± zerstreut punktiert, ± spärlich punktuliert, stark glänzend.

Gesicht etwas breiter (62:68), Kopfschild kürzer (25:28), Ausschnitt = 9,5:10:1,5; Endglied der Fühlergeißel kaum länger als breit (7:6); Kopfschild, Oberkiefer, Stirn, Fühlerschaft und Beine ± wie bei *alternans*; Tyloiden 10—12 gelb oder bräunlich bis dunkel.

10—12 mm.

2. *Odynerus* (*Symmorphus*) *crassicornis arcticus* (Sauss.) var. *baltica* Blüthg.

distal und die folgenden Tergite mit spärlicher, ziemlich schwacher, oberflächlicher Punktierung.

Punktierung des Pronotums viel schwächer, dadurch weitläufiger erscheinend, die Zwischenräume mit fettigem, leicht blaugrauem Ton. Die deutlich etwas kräftigere Grundpunktierung und die etwas schwächere, zerstreute Überpunktierung — beides im Vergleich mit der anderen Art — stechen viel weniger voneinander ab. Mesopleuren matter, ihre Punktierung viel schwächer und oberflächlicher, die Punktulierung auf dem oberen Abschnitt meist reichlicher.

Gesicht deutlich länglicher; Punktierung der Stirn etwas schwächer, oben ziemlich zerstreut:

(Gesicht = 70:71; Kopfschild = 49:55; Ausschnitt = 14:16:3.)

10—13 mm.

♂: Tergite 2ff. distal in der Regel nur mit zerstreuter, ganz verloschener Punktierung; die Fläche von 2 wegen dichterer und deutlicher Punktulierung nur schwach und seidig glänzend; Punktierung des 1. Tergits etwas stärker und viel dichter als beim ♀.

Punktierung von Pro- und Mesonotum merklich schwächer (vorn nur kräftig), die Punktulierung dichter, die Fläche durch mikroskopische Feinskulptur oft mit fettigem, blaugrauem Ton; Mesopleuren kräftig und ziemlich dicht punktiert, ± dicht punktuliert, bläulich mattiert.

Gesicht runder (79:88), Kopfschild länger (23:22), Ausschnitt = 7:8,5:2; Endglied der Fühlergeißel deutlich länger als breit (9:7); Kopfschild gelb, rings schwarz, Oberkiefer vorn mitten gelb; Stirnfleck nicht vorhanden; Fühlerschaft schwarz; Tyloiden 8—12 oder 9—12 gelb; Schienen gelb, hinten dunkel gestreift, Basitarsen gelb, die übrigen Glieder rostgelb, ± gebräunt.

8—11 mm.

3. *Odynerus* (*Symmorphus*) *alternans* (Zett.)

6a. ♀: Fühlerschaft wenigstens auf der unteren Hälfte (häufig größtenteils) gelb; Basalbinde des Kopfschilds sehr breit, nicht selten dieser bis auf einen schmalen Saum der freien Endpartie völlig gelb.

Flecke des Pronotums groß, häufig seine Vorderhälfte einnehmend und längs des Mesonotums linear nach hinten verlängert.

Oberer Abschnitt der Mesepisterna ausgedehnt gelb, Schildchenflecke groß.

Flügelschuppen gelb, ein Mittelfleck und der lineare Saum rostgellb.

Tergite 1—5 mit Binde, 6 nicht selten mit gelbem Fleck, die Binde des 1. Tergits häufig breit (bis ½ der Scheibe), die des 2. breit und doppelt gebuchtet;

Sternit 2 mit breiter, 3—5 mit schmaler, dreimal gebuchteter Binde.

♂: Tergite 1—6 mit Binde; Pronotumflecke gut entwickelt; Stirnfleck in der Regel vorhanden; Schildchen mit oder ohne Flecken; Tergite 1—6 mit Binde.

2. *Odynerus* (*Symmorphus*) *cr. crassicornis* (Panz.).

♀: 6b. Fühlerschaft total schwarz oder nur an der Basis wenig gelb gefleckt; extreme Ausdehnung der gelben Zeichnung der Kopfschildbasis kommt nicht vor.

Flecke des Pronotums klein bis mäßig groß, viel weniger als seine Vorderhälfte einnehmend.

Zeichnung der Mesepisterna und des Schildchens weniger ausgedehnt.

Flügelschuppen rostbraun, nur vorn und hinten gelb gefleckt.

Nur das 1.—4. Tergit mit Binde, das 6. nie gelb gefleckt, die Binden der vorderen Tergite merklich schmaler.

Sternit 2 mit linear verbundenen, 3 und 4 mit isolierten Seitenflecken, oder 3 und 4 ohne solche.

♂: Tergite 1—5 mit Binde; Pronotumflecke klein bis punktförmig oder überhaupt fehlend; kein Stirnfleck; Schildchen nicht gefleckt; nur Tergite 1—5 mit Binde.

2. *Odynerus* (*Symmorphus*) *crassicornis arcticus* (Sauss.).

7. Konturen des 2. Tergits und 2. Sternits im Profil vorn scharf winklig gebrochen (Abb. 25). Körperform sehr gestreckt; Pronotumecken scharf zugespitzt; Mittelsegment, von oben gesehen, so lang wie das Hinterschildchen, im Profil schwach abschüssig; Querkante des 1. Tergits stark entwickelt; Mesopleuralnaht breit, tief, stark krenuliert. Punktierung von Stirn, Scheitel und Pronotum grob, tief, ± fingerhutartig dicht, die linearen Zwischenräume punktuliert; Punktierung des Mesonotums vorn noch stärker, sehr dicht, hinten wie die der Stirn und mäßig dicht, die glänzenden Zwischenräume mäßig dicht punktuliert, Schildchen spärlich, Hinterschildchen runzlig dicht punktiert; unterer Abschnitt der Mesepisterna zerstreut bis sehr zerstreut punktiert, die polierten Zwischenräume spärlich punktuliert; Scheibe von Tergit 1 mit grober, tiefer, vorn dichter, hinten ziemlich zerstreuter Punktierung, die Zwischenräume teils etwas wulstig, Tergit 2 mit zerstreuter, vorn kräftiger und tiefer, nach hinten zu stark an Größe abnehmender und flacher Punktierung, die Zwischenräume sehr obsolet punktuliert, glänzend, mit etwas fettigem Schein; Sternit 2 mikroskopisch chagriniert, stark glänzend, seitlich mit stärkerer Feinskulptur und matter, mitten sehr spärlich, seitlich zerstreut kräftig, distal wenig schwächer, punktiert.

Zeichnung gelb: Stirn- und Schläfenflecke vorhanden; Pronotum mit breiter, mitten unterbrochener, seitlich bis in die Schulterspitzen reichenden Binde; Schulterbeulen hinten gefleckt; Schildchen hinten mit schmaler, gebogener, mitten linear unterbrochener und seitlich abgekürzter Binde; oberer Abschnitt der Mesepisterna mit großem Fleck; 1. und 2. Tergit und 2. Sternit mit breiter, auf dem 1. Tergit fast die halbe Scheibe einnehmender, Tergit 4 mit schmaler, seitlich abgekürzter Binde; Schenkel I außen am Ende gefleckt, Schienen gelb, innen braun gestreift, III auch außen am Ende dunkel; Tarsen rostgelb.

♀: Gesicht länger als breit, nach unten nicht stärker als nach oben verschmälert, Kopfschild im Profil im oberen ⅓ mäßig, im übrigen sehr wenig gewölbt, mit quer abgeschnittenem, breitem Ende, seine Fläche ziemlich zerstreut kräftig punktiert, spärlich punktuliert, glänzend. Fühlerschaft schwarz. 9—10 mm.

♂: Gesicht rundlich, Kopfschild an der Basis ungewöhnlich schmal, da die unteren Augenlappen einander stark genähert sind (ihr Abstand an der Kopfschildbasis nur so breit wie die Länge des 2. Geißelgliedes); letztes Geißelglied um ¼ länger als breit. Kopfschild total gelb, linear gelblich gläsern gesäumt; Oberkiefer ausgedehnt gelb; Fühlerschaft gelb, oben schwarz gestreift, Geißelglied 12 fast völlig, 11 ausgedehnt rostgelb, Tyloiden teils gelb; Hüften II vorn gelb, Schenkel I und II außen distal hellgelb (I zu ½, II weniger ausgedehnt). Tergite 3—6 am Ende mitten gelb gefleckt. 8—9 mm.

10. *Odynerus (Koptodynerus) declivis* (HTTG.)

Konturen des 2. Tergits und 2. Sternits im Profil gleichmäßig konvex, nur ist letzteres in der Regel vorn etwas stärker gebogen als hinten. Kopf und Thoraxoberseite mit feiner Punktierung; soweit gröbere Punkte hinzutreten, sind diese wenigstens auf der Thoraxoberseite zerstreut und unregelmäßig verteilt. 8.

8. Außer dem 1., 2. und 4. Tergit noch das 3. oder auch das 5. mit gelber Zeichnung (Binden oder Flecken). Pronotum beim ♀ in der Regel, beim ♂ häufig, Schildchen beim ♀ wohl stets gelb gefleckt. Pronotumecken ± dornenartig ausgezogen; Mesonotum sehr dicht fein punktiert, matt. 9.

Nur das 1. und 2. oder auch das 4. Tergit mit Bindenzeichnung (das 3. Tergit bei normalen Stücken also nie gelb gezeichnet); wenn auch das 3. Tergit eine gelbe Binde hat, ist das Mesonotum deutlich glänzend und zerstreut ± grob punktiert. 10.

9a. ♀♂: Fühlerschaft unten wenigstens teilweise gelb, nur äußerst selten total schwarz; Pronotumflecke in der Regel groß, häufig bis auf die Schulterdornen erstreckt. Körper auch im übrigen reich gelb gezeichnet (ungefähr in der Ausdehnung wie bei *cr. crassicornis*, jedoch beim ♀ Tergit 6 nie gelb gefleckt und Tergit 5 häufig ohne Binde).

Schulterdornen lang und spitz.

Oberer Abschnitt der Mesepisterna mit äußerst feiner, aber deutlicher, vorn sehr dichter, nach hinten zu zerstreuterer Punktulierung, hinten auch mit weitläufiger, kräftigerer (aber noch schwacher) Punktierung, stark glänzend; unterer Abschnitt mit reichlicher sehr feiner, ganz oberflächlicher Punktulierung und zerstreuter, ziemlich schwacher Punktierung, glänzend; Mesepimeren mit deutlich glänzenden Punktzwischenräumen.

Mittelbrust vorn scharfkantig gerandet (vgl. Ziff. 11).

Scheibe des 1. Tergits viel kürzer als vorn breit, nach vorn mäßig verschmälert (♀ 42:54:71), die Kontur der Querkante, von vorn gesehen, ungefähr drittelkreisförmig, mitten schmal stumpfwinklig eingesenkt, die Seiten-

9b. ♀♀♂: Fühlerschaft stets völlig schwarz; die Pronotumflecke (wenn vorhanden) erreichen den Seitenrand des Pronotums nicht, erstrecken sich also nie bis auf die Schulterdornen. Körper weniger reich gezeichnet.

Schulterdornen kürzer und stumpfer.

Oberer Abschnitt der Mesepisterna mit reichlicher bis dichter, unterer Abschnitt mit zerstreuterer, starker Punktierung, deren Zwischenräume ± dicht sehr fein punktuliert sind, die Flächen je nach der Dichte der Punktulierung nur ± schwach glänzend; Mesepimeren sehr dicht flach punktiert, die Zwischenräume chagriniert, glanzlos.

Mittelbrust vorn abgerundet.

Scheibe des 1. Tergits merklich länger als vorn breit, nach vorn kräftig verschmälert (♀ 44:42:63), die Kontur der Querkante, von vorn gesehen, ähnlich wie bei *elegans*, aber mitten nicht eingesenkt und häufig mehr rundlich

kanten der Basis schwach entwickelt, die seitlich stumpfer gerandete Scheibe im Profil vorn hinter der Querkante nur ganz wenig eingesenkt. Tergit 2 ff. am Ende mit unregelmäßig verteilter kräftiger, flacher Punktierung, die von der feinen Punktulierung stark absticht.

♀: Kopfschildausschnitt 7,5:12:1; 2. Geißelglied länger (14:8).

Schienen III goldgelb, nur am Ende der Innenseite braun gezeichnet.

9—12 mm.

♂: Kopfschildausschnitt 6:7:1; Endglied der Geißel so lang wie breit (9:9).

Pronotum, Mesopleuren und Schildchen in der Regel gelb gefleckt.

7—12 mm.

4. *Odynerus* (*Symmorphus*) *elegans* (WESM.).

trapezförmig, Seitenbegrenzung der Basis scharfkantig, geradlinig, die seitlich scharfkantig gerandete Scheibe im Profil hinter der Querkante kräftig eingesenkt. Tergit 2 ff. am Ende ohne wesentlich kontrastierende Punktierung (2 nur ganz seitlich mit zerstreuten Punkten, die etwas stärker als die Punktulierung, aber noch sehr schwach sind).

♀: Kopfschildausschnitt 7:10:1,5; 2. Geißelglied kürzer (9,5:8).

Schienen III braun, nur ihre Basis (⅓ bis fast ½) und die äußerste Spitze rostgelb.

7—11 mm.

♂: Kopfschildausschnitt 6,5:7:1,5; Endglied der Geißel etwas länger als breit (8:7).

Pronotum. Mesopleuren und Schildchen nur äußerst selten gelb gefleckt.

7—10 mm.

5. *Odynerus* (*Symmorphus*) *mutinensis* (BALD.).

10. Pronotumecken, von oben gesehen, schräg nach vorn zahn- oder dornenartig ausgezogen. 11.

Pronotum, von oben gesehen, seitlich abgerundet oder mit sehr kleinen, rechtwinkligen, aber nicht zahn- oder dornenartig ausgezogenen Ecken.

Scheibe des 1. Tergits in der Regel mindestens so lang wie vorn breit, mit geradlinigen Seiten nach vorn ± stark verschmälert; Ende von Tergit 2 ff. ohne Überpunktierung; Gestalt sehr gestreckt; Mittelsegment um etwa die Länge des Hinterschildchens horizontal nach hinten vorspringend, seine Rückwand seitlich und oben scharf umkantet, mit mikroskopischer Feinskulptur, nicht punktiert, glänzend. Kopfschild des ♀, Pronotum, Schildchen und Flügelschuppen beider Geschlechter in der Regel ohne, sehr selten mit punktförmiger, Mesepisterna ohne gelbe Zeichnung[1]); Stirnfleck kann fehlen; Fühlerschaft schwarz, beim ♂ aber nicht selten unterseits an der Basis gelb gefleckt; Geißelfglieder 7 und 8 beim ♂ kürzer als dick. 15.

11. 2.—4. Tergit am Ende (mindestens im Raume der gelben Binde) zerstreut bis dichter, deutlich, kräftig und flach grübchenartig punktiert. Die Epicnemienkanten setzen sich als scharfe Leisten am Vorderrande der Mittelbrust bis zu deren Mitte fort, indem sie geradlinig schräg nach hinten zusammenlaufen und miteinander einen stumpfen Winkel bilden, dessen Scheitel den erhöhten Längsgrat, der die Mittelbrust mitten durchzieht, vorn berührt. Mesonotum mit einheitlicher, sehr dichter, hinten feiner, aber tiefer, nach vorn zu allmählich an Stärke zunehmender (vorn mitten ziemlich kräftiger) Punktierung, in der Regel ohne zusätzliche Überpunktierung vorn und ohne Zwischenpunktierung. Oberer Abschnitt der Mesepisterna mit äußerst feiner, aber deutlicher, auf der vorderen Hälfte sehr dichter, nach hinten zu zerstreuter Punktulierung, hinten auch mit weitläufiger, schwacher Punktierung, poliert, stark glänzend; unterer Ab-

[1]) BERLAND erwähnt zwar (als einziger Autor) das gelegentliche Vorkommen gelber Pleuralflecke bei *allobrogus* (= *bifasciatus*), mir sind aber derartige Stücke noch nicht zu Gesicht gekommen.

schnitt poliert, unregelmäßig zerstreut und mäßig kräftig punktiert, dazwischen reichlich punktuliert; Mesepimeren glänzend, dicht kräftig punktiert, mit spärlicher, feiner Zwischenpunktulierung. Metapleuren matt, chagriniert und ± obsolet quer nadelrissig, obsolet fein punktiert.

Färbung sehr veränderlich, in der Regel reich gelb und Fühlerschaft ± ausgedehnt gelb. ♀ 9—12 mm, ♂ 7—12 mm. (Im übrigen siehe oben bei Ziff. 9.)

4. *Odynerus* (*Symmorphus*) *elegans* (WESM.).

Tergite 2 ff. am Ende nur mit schwacher (*debilitatus*) oder ohne Zusatzpunktierung (höchstens mit vereinzelten feinen Pünktchen). Mittelbrust vorn quer nicht scharf gerandet. Mesonotum wenigstens auf der vorderen Hälfte mit ± deutlich von der Grundpunktierung abstechender gröberer Überpunktierung. Skulptur der Mesopleuren anders. Gelbe Zeichnung sparsamer, Fühlerschaft in der Regel nicht gelb gezeichnet. 12.

12. Mesonotum ohne Lupe matt, mit gleichmäßiger, feiner, tiefer, sehr dichter Punktierung (sehr ähnlich der von *elegans*, aber nach vorn zu nicht stärker werdend) und auf der vorderen Hälfte mit zerstreuter, ± kräftiger Überpunktierung, die (außer ganz vorn mitten) von der Grundpunktierung nur wenig absticht.

Oberer Abschnitt der Mesepisterna mit dichter, unterer mit zerstreuter, starker, tiefer Punktierung, die Zwischenräume dicht, fein und tief punktuliert, die Flächen wenig glänzend; Mesepimeren runzlig dicht punktiert, glanzlos. Metapleuren fast glanzlos, chagriniert, dicht mikroskopisch obsolet punktiert oder auch obsolet nadelrissig.

♀: Pronotum und Schildchen in der Regel, Kopfschildbasis und Mesopleuren häufig gelb gefleckt. 7—11 mm.

♂: Thorax schwarz, sehr selten das Schildchen oder die Mesopleuren, ganz ausnahmsweise auch das Pronotum gelb gefleckt. Kopfschild in der Regel mitten ± ausgedehnt gelb gefleckt, selten total schwarz. 7—10 mm.

♀ ♂: Die Binde des 4. Tergits kann fehlen, so daß nur 2 Tergitbinden vorhanden sind. Scheibe von Tergit 1 deutlich länger als vorn breit (beim ♀ 44:42:63).
(Im übrigen siehe oben bei Ziff. 9.)

5. *Odynerus* (*Symmorphus*) *mutinensis* BALD. Form *sinuatissimus* (RICH.)

Mesonotum ± glänzend, mit mäßig dichter bis ziemlich zerstreuter, winziger, oberflächlicher Punktulierung und sehr ungleichmäßig verteilter, ± weitläufiger, teils dichterer, kräftiger bis ziemlich grober Punktierung, die mit der Punktulierung stark kontrastiert. Pronotum dicht, grob und tief punktiert. Mesopleuren glänzend, weitläufig mikroskopisch und oberflächlich punktuliert, der obere Abschnitt spärlich, der untere wenig dichter, kräftig punktiert; Mesepimeren dicht oder zerstreuter punktiert, mit glänzenden Zwischenräumen. Scheibe von Tergit 1 kürzer als vorn breit. Pronotum oder Schildchen beim ♀ nur ausnahmsweise, beim ♂ anscheinend nie gelb gezeichnet. ♀ 8—10 mm, ♂ 7—9 mm. 14.

14a. Die grobe Punktierung des Mesonotums erstreckt sich, unregelmäßig verteilt, auf den Seiten bis zum Schildchen.

Scheibe des 1. Tergits nicht viel kürzer als vorn breit und nach vorn kräftig verschmälert (43:49:66 beim ♀); die Kontur der oberen Kante der Basis

14b. Die grobe Punktierung des Mesonotums verschwindet auf der hinteren Hälfte oder nimmt daselbst stark an Größe ab.

Scheibe des 1. Tergits viel kürzer als vorn breit und nach vorn merklich weniger verschmälert (40:55:65 beim ♀); die Kontur der oberen Kante der Basis desselben Tergits verläuft, von vorn gesehen, mitten schmal quer (gerade oder etwas gebogen), beiderseits davon steil abgeschrägt (Abb. 59); Scheibe mit

Abb. 59. *Odynerus debilitatus* (SAUSS.): obere Kontur der Basis des 1. Tergits. (Original)

schwacher, mäßig dichter (Zwischenräume überwiegend größer als die Punkte) Punktierung und ihrer ganzen Länge nach deutlich eingesenkter Längsfurche.

Tergite 2 ff. distal, namentlich seitlich, mit zerstreuter schwacher, aber deutlicher Punktierung.

Schulterdornen länger.

Punktierung des Gesichts viel schwächer (nur kräftig), sehr dicht, auf der Stirn unten mitten runzlig dicht.

Unterer Abschnitt der Mesepisterna mit ziemlich schwacher und sehr spärlicher Punktierung und kaum angedeuteter, spärlicher Punktulierung; Mesepimeren glänzend, mit kräftiger, meist zerstreuter Punktierung. Metapleuren glatt, glänzend, kaum erkennbar fein punktuliert und sehr spärlich punktiert.

♀: Gesicht rundlich (73:78). Beim Kopfschild liegt (im Profil) die stärkste Krümmung mitten, von da verläuft die Kontur nach unten ganz flach konkav; Ausschnitt so breit wie der Abstand der Fühlergruben, flach konkav (11,5:11,5:2,5).

Pronotum anscheinend nie, Mesopleuren in der Regel, Schildchen ab und zu, Kopfschildbasismitte häufig gelb gefleckt.

Bindenzeichnung des 4. Tergits (wenn vorhanden) wie bei *connexus*, häufig aber fehlend; Sternit 2 mit Binde.

Färbung der Schienen wie bei *connexus*, aber die Aufhellung der Schienenbais meistens ausgedehnter und mehr rötlichgelb; Basitarsus III in der Regel rostgelb, seine Spitze und die kleinen Glieder III rötlich-braun, selten wie bei *connexus* gefärbt.

♂: Gesicht queroval; Kopfschildausschnitt so breit wie der Abstand der Fühlergruben.

Fühlergeißel merklich kürzer und distal dicker (7. und 8. Glied viel kürzer als dick), Endglied (von unten gesehen) $^2/_3$ so lang wie breit (5:7).

Kopfschild gelb, an der Basis und seitlich ± ausgedehnt schwarz. Kein Stirnfleck. Oberkiefer

bildet, von vorn gesehen, einen ziemlich gleichmäßigen flachen Bogen (Abb. 58); Scheibe mit grober, sehr dichter (die ± gehobenen Zwischenräume überwiegend

Abb. 58. *Odynerus connexus* (CURT.): obere Kontur der Basis des 1. Tergits. (Original)

kleiner als die Punkte) Punktierung und breiter, aber flacher und undeutlicher Längsvertiefung.

Tergite 2 ff. distal spärlich und ganz undeutlich punktiert.

Schulterdornen kürzer.

Punktierung des Gesichts grob, mäßig dicht, die manchmal sehr spärlich, manchmal dichter punktulierten Zwischenräume ± glänzend.

Unterer Abschnitt der Mesepisterna mit kräftiger, dichterer Punktierung und dichterer, deutlicher Punktulierung; Mesepimeren dicht kräftig punktiert. Metapleuren fast glanzlos, chagriniert und dicht winzig punktiert.

♀: Gesicht etwas länger als breit (72:68); Kopfschildprofil in der oberen Hälfte flach, kaum gebogen, in der unteren Hälfte kräftig bucklig; von vorn gesehen biegt sich dieser Buckel gleichmäßig gegen den linearen, schwach eingedrückten Endsaum ein, der am Ende in ganzer Breite, aber nur unmerklich konkav ausgerandet (fast quer abgeschnitten) ist und beiderseits einen etwas gekielten, sehr kurzen Zahn trägt; Ausschnitt breiter als der Abstand der Fühlergruben (15:13:1).

Pronotum sehr selten, Kopfschildbasis, Mesopleuren und Schildchen anscheinend nie gelb gefleckt.

Tergit 4 mit schmaler, mitten unterbrochener, seitlich ± abgekürzter gelber Binde; Sternit 2 mit Seitenflecken.

Schienen dunkelbraun, I innen, II oder auch III an der Basis (in geringer Ausdehnung) rostgelb; Tarsen III schwarzbraun, unterseits hellbraun.

♂: Gesicht rund; Kopfschildausschnitt merklich breiter als der Abstand der Fühlergruben, ganz flach konkav (10:8:1).

Fühlergeißel gestreckter und distal schlanker (7. und 8. Glied deutlich länger als dick), Endglied (von unten gesehen) merklich länger als breit (9:7)

Kopfschild größtenteils gelb. Stirndoppelfleck vorhanden (immer ?). Oberkiefer nur vorn mitten vorn (ausgedehnt) und außen mitten hellgelb. Fühlerschaft an der Bais unten manchmal gelb gefleckt; Geißelglieder 9—12 mit ± breiten orange Tyloiden.

Pronotum und Schildchen ohne, oberer Abschnitt der Mesepisterna mit oder ohne gelbe Zeichnung.

Tergit 4 manchmal mit geringer gelber Zeichnung; Sternit 2 mit unterbrochener Binde.

Schienen I und II und etwa die Basalhälfte von III weißlichgelb, I außen, II hinten braunschwarz gestreift; Basitarsen I—III (oder auch das 2. Tarsenglied von II und III) weißlichgelb, ihre Spitzen und die kleinen Tarsenglieder rostgelb.

6. *Odynerus* (*Symmorphus*) *debilitatus* (SAUSS.).

15a. ♀ 10—13 mm, ♂ 9—11 mm. Zeichnung zitronengelb.

Sternit 2 mitten ausgedehnt stark emailartig glänzend und (ohne Punktulierung) sehr spärlich mit äußerst feinen, haartragenden Pünktchen besetzt, nur seitlich dicht sehr fein punktiert, seitlich vorn mit zerstreuter, kräftiger Überpunktierung.

Das Ruhelager der Schenkel I ist nur vor dem unteren Abschnitt der Mesepikantig abgesetzt, der obere Abschnitt verstreicht vorn gegen die Propleuren in gleichmäßiger flacher Konvexität.

Die obere Kante der Basis des 1. Tergits ist schwach entwickelt, eine Seitenkante der Scheibe nicht ausgebildet, die Scheibe ist im Profil hinter der Kante nicht eingedrückt, ihr Ende nur schwach geschwollen.

Die leistenartigen Seitenkanten des oberen Teiles der Rückwand des Mittelsegments sind viel schwächer entwickelt.

Mesonotum mit gemischter (mäßig dichter, feiner, vorn auch mit zerstreuter, stärkerer, aber noch schwacher) Punktierung, außer ganz vorn ohne Kontrast; Pronotumlappen mit gemischter (feiner, flacher, und ziemlich kräftiger, mäßig dichter) Punktierung.

Mesopleuren (namentlich der obere Abschnitt hinten) mit spärlicher Punktulierung, ihre Punktierung merklich schwächer und noch weitläufiger als bei *fuscipes*, die Fläche glänzend; Mesepimeren glanzlos, runzlig dicht sehr fein punktuliert, sehr dicht schwach punktiert und quergestrichelt.

gelb gefleckt. Fühlergeißelglieder 11 und 12 mit total, 10 mit ausgedehnt orange Unterseite, 9 mit breitem orange Tyloid.

Thorax total schwarz (ganz ausnahmsweise der obere Abschnitt der Mesepisterna gelb gefleckt).

Tergit 4 (immer ?), ganz ausnahmsweise auch Tergit 3, mit einer seitlich abgekürzten und mitten schmal unterbrochenen Binde; Sternit 2 mit Seitenflecken.

Beinfärbung ungefähr ebenso.

7. *Odynerus* (*Symmorphus*) *connexus* (CURT.).

15b. ♀ 8—9 mm, ♂ 7—8 mm. Zeichnung hellgelb bis weißlich.

Sternit 2 auch mitten sehr dicht und sehr deutlich punktuliert, schwach und seidig glänzend, seitlich vorn mit kräftiger und ziemlich dichter, im übrigen mit sehr zerstreuter, feiner, nicht haartragender Punktierung.

Die Epicnemialkante des Ruhelagers der Schenkel I zieht sich über den oberen Abschnitt der Mesepisterna (hinter dessen vorderstem Drittel) bis zu den Propleuren hoch.

Die obere Kante der Basis des 1. Tergits ist stark entwickelt, leistenartig hochgezogen, auch Seitenkanten der Scheibe scharf ausgebildet, die Scheibe im Profil hinter der Kante kräftig zusammengezogen, ihr Ende deutlich geschwollen.

Die Seitenkanten der Rückwand sind stark entwickelt.

Mesonotum mit sehr dichter, winziger Punktulierung und kräftiger, sich von ihr scharf abhebender, unregelmäßig verteilter, zerstreuter bis sehr zerstreuter, Pronotum mit dichter, ziemlich grober Punktierung.

Mesopleuren auf gleichmäßig sehr dicht und sehr fein punktuliertem, seidig mattem Grunde zerstreut kräftig punktiert; Mesepimeren ziemlich glänzend, mit noch zarterer Grundskulptur und zerstreuter, unregelmäßiger Punktierung.

Stirn auf der unteren Hälfte und im Sinus mit flacher, feiner, sehr dichter Punktierung, die im Sinus unauffällig mit etwas stärkerer gemischt ist.

♀: Gesicht queroval (85:87).

Kopfschild bis in die Ausschnittecken gewölbt (dick), der etwa viertelkreisförmige Ausschnitt merklich schmaler als der Abstand der Fühlergruben (11,5:14), seine Ecken wenig spitzer als 90°, sein Ende zwischen diesen flach ausgehöhlt, ohne eingedrückten Saum, die Fläche emailartig glänzend, im Basaldrittel ziemlich zerstreut fein, seitlich runzlig dicht und winzig, mitten zerstreut und unregelmäßig ziemlich kräftig punktiert.

Scheibe von Tergit 1 durchschnittlich so lang wie vorn breit (50:50), nach vorn schwächer verschmälert (50:69), ihre Fläche chagriniert, schwach und fettig glänzend, sehr dicht winzig punktuliert und ± zerstreut, schwach (hinten etwas stärker und dichter) flach punktiert, die Zwischenräume nicht gehoben; die Mittelfurche kurz, linear scharf eingeritzt.

Normalfärbung: ohne oder mit Stirndoppelfleck; Thorax total schwarz (sehr selten 2 Punkte auf dem Schildchen); 1. und 2. Tergit mit vollständiger, 2. Sternit mit vollständiger oder mitten unterbrochener Binde; Schienen I rostbraun, vorn ± gelb, außen schwarz, II und III schwarz mit bräunlich rostgelber Basis, Tarsen rostbraun, Basitarsus III häufig ± ausgedehnt rostgelb.

♂: Endglied der Fühlergeißel, von unten gesehen, $^2/_3$ so lang wie breit (5:7), halbrund. Gesicht queroval; Kopfschild ähnlich wie beim ♀, Ausschnitt merklich schmaler als der Abstand der Fühlergruben (11:12,5), konkav (3).

Pronotumecken etwas spitzer als 90°.

Stirn oben runzlig dicht punktiert, glanzlos.

Tergit 1 gröber und dichter als beim ♀ punktiert.

Kopfschild zitronengelb, an Basis und Seiten ± breit schwarz; Oberkiefer vorn ausgedehnt gelb; ohne Stirnfleck; an der Fühlergeißel die Tyloiden des 9. und 10. Gliedes, die Unterseite des 11. (ausgedehnt) und 12. Gliedes (total) rötlichgelb; 1., 2. oder auch 4. Tergit mit Binde, 2. Sternit mit Binde

Stirn auf der unteren Hälfte mit grober, tiefer, dichter Punktierung, die sich von der Grundskulptur stark abhebt.

♀: Gesicht deutlich länger als breit (69:68).

Kopfschild distal nicht dick, der Ausschnitt so breit wie der Abstand der Fühlergruben (9:9), mit kurzen, rechtwinkligen Ecken, zwischen diesen nicht konkav vertieft, sondern mit bandartig sehr schmal querüber etwas eingedrücktem Saum, insoweit nur sehr fein chagriniert, die Fläche im übrigen glänzend, auf der Basalhälfte gleichmäßig sehr dicht sehr fein, aber sehr deutlich, auf der Endhälfte flacher und weniger dicht punktiert, auf der Endhälfte außerdem mit dichter, grober Punktierung.

Scheibe von Tergit 1 viel länger als vorn breit (41:29), nach vorn stark verschmälert (29:53) (Abb. 60), ihre Fläche mit dichter, grober (im

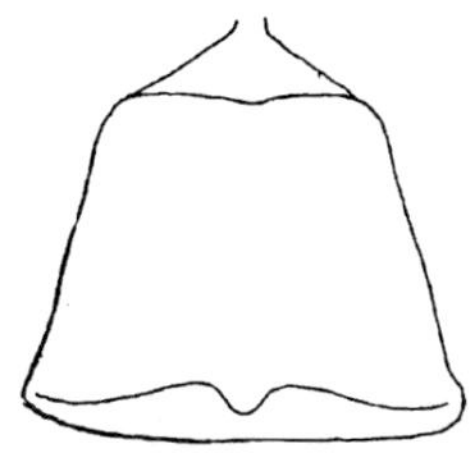

Abb. 60. *Odynerus fuscipes* (H.-Sch.) ♀: 1. Tergit. (Original)

Verhältnis etwa so grob wie bei *crassicornis*), aber flacher und unscharfer Punktierung, deren Zwischenräume unregelmäßig gehoben sind, die länglichen Punktgruben sehr oberflächlich punktuliert; die Mittelfurche kurz, linear.

Färbung: Stirndoppelfleck vorhanden (immer ?); Thorax schwarz; 1., 2. und 4. Tergit mit vollständiger (auf 4 schmalerer und mitten linear unterbrochener) Binde; Sternite 2 und 4 mit Seitenflecken; Beine total schwarzbraun, nur Schienen I vorn teilsweise rostgelb.

♂: Endglied der Fühlergeißel deutlich länger als breit (8:7,25), halbelliptisch, Gesicht rundlicher (58:61); Kopfschildausschnitt deutlich breiter als der Abstand der Fühlergruben (7,5:6,5), rundlich stumpfwinklig (1,25).

Pronotumecken rechtwinklig.

Stirn oben mit zerstreuter, grober Punktierung, mit undeutlich punktulierten, mäßig und fettig glänzenden Zwischenräumen.

Punktierung des 1. Tergits wie beim ♀.

Kopfschild weißlich-gelb, an der Basis und seitlich schwarz, der Ausschnitt linear braun gesäumt; Oberkiefer vorn mitten weißgelb gefleckt; ohne oder mit Stirnfleck; Fühlergeißel mit schwach gebräunter Unterseite des 12. Gliedes, im übrigen total schwarz; Hinterleibszeichnung wie beim ♀;

oder Seitenflecken; Beine schwarz, Kniee, Schienen I und II (innen schwarz gestreift) und die Basalhälfte sowie die Spitze von III und die Basitarsen hellgelb, die Spitze der letzteren und die kleinen Tarsenglieder rostgelb, distal dunkler.

9. *Odynerus* (*Symmorphus*) *bifasciatus* (L.).

Beine schwarz, Kniee rotbraun, Schienen I und II weißlich-gelb, hinten (I der Länge nach und breit, II ausgedehnt) dunkelbraun gestreift, III nur an der Basis weißlich-gelb oder total braunschwarz, Basitarsen weißlich-gelb, II und III am Ende braun, die kleinen Tarsenglieder dunkelbraun

8. *Odynerus* (*Symmorphus*) *fuscipes* (H.-Sch.).

1. Untergattung *Odynerus* Latreille 1802

Subgenerotypus: *Odynerus murarius* (Linnaeus 1758).

Diese Untergattung, zu der auch der ostasiatische *Odynerus foveolatus* (Guss. 1933) gehört, ist in Europa nur durch die Art *murarius* vertreten. Diese zerfällt in 2 Unterarten: *m. murarius* (L.) aus Nordeuropa und *m. nidulator* Sauss., der das übrige Europa besiedelt. Wegen ihrer Unterschiede, die auf die Zeichnung beschränkt sind, wird auf den Bestimmungsschlüssel verwiesen.

1 a. *Odynerus m. murarius* (L. 1758)

Vespa muraria n. sp. — Linnaeus, Syst. nat. Ed. 10ª, 1758, S. 573 n. 5, ♀. Loc. typ.: Schweden. Typus nicht vorhanden[1]).
Odynerus murarius (L.) ♀ ♂ — C. G. Thomson, Opusc. ent., 2, 1870, S. 90, n. 22.

Die typische Färbung (♀) hat an Kopf und Thorax nur 2 Flecke auf dem Pronotum, am Hinterleib nur 4 Tergitbinden gelb, entspricht also der von Thomson 1874 S. 82 bezeichneten var. e schwedischer ♀♀. Sie wird aber schon in Schweden durch Hinzutreten weiterer gelber Pigmentierung abgewandelt (vgl. Thomson l. c. var. a, b, c des ♀).

Diese nordische Form scheint im Gebiet auf den äußersten Nordosten beschränkt zu sein, obgleich Stücke dieser Färbung hin und wieder auch im Bereich der ssp. *nidulator* auftreten: so 1 ♀ von Bensheim (M. Fr.), 1 ♀ von Westensee bei Kiel (M. K.) und (nach v. Schulthess 1887) in der Schweiz.

1 b. *Odynerus m. nidulator* (Sauss. 1856)

Odynerus (*Protodynerus*) *nidulator* n. sp. — Saussure, Etud. fam. Vespid. III. Masar. & suppl., 1856, S. 189, n. 81, ♀. Loc. typ.: Süd- und Mitteleuropa. Typus: M. P.

Stücke von *murarius* ♀ in der Färbung dieser Subspecies kommen im Gebiet auch im Bereich der ssp. *murarius* nicht selten vor, z. B. erhielt ich solche aus Rossitten von A. Möschler. Dasselbe gilt nach F. Morawitz 1867 S. 111 Anm. für die Umgebung von Leningrad; siehe auch var. c ♀ bei Thomson l. c.

Aberration: 1 ♀ von Banderica (Bulgarien) mit 2 kleinen gelben Flecken vorn auf dem Mesonotum (coll. W. Zavadil). Siehe Blüthgen 1940a S. 11.

Odynerus murarius ist im Gebiet wohl überall zu finden, wenn er auch, wie die meisten Lehmwespenarten, nirgends eigentlich häufig zu sein scheint.

In England fehlt er anscheinend; in Holland ist er selten (Wilcke 1952). Für Nord- und Mittelschweden nennt Thomson ihn selten. In Finnland beschränkt sich sein Vorkommen auf den Süden und die Mitte bis zum 62° 30′ Breitengrad (Forsius & Nordström 1923). Für Osteuropa siehe F. Morawitz 1895, S. 487/488; in M. Kr. befinden sich 1 ♀ von Spask und 1 ♀ leg. Dybowski, also wohl aus dem Amurgebiet, beide zur ssp. *murarius* gehörend. In Polen bei Opatów (Drogoszewski 1934). Bulgarien (Atanassov 1942, ferner bei Banderica, vgl. oben).

Über die Verbreitung in Südeuropa ist wenig bekannt; in Spanien scheint er sehr selten und nur im Gebirge vorzukommen (Dusmet verzeichnet nur 2 ♀♀ von Albarracin und 1 ♂ von Escorial). In Nordafrika fehlt er, und aus Kleinasien ist mir noch kein Fund bekannt geworden.

[1]) Siehe S. 27, Fußnote 1.

Diese Art nistet in alten Hymenopterennestern in Lehmwänden, in Käferfraßgängen in Holz und in Schilfstengeln von Dachbedeckungen und trägt die Larven von *Melasoma populi* (L.) ein. Nach MALYSHEV 1911 hat jede Zelle ihren eigenen Boden und Deckel, so daß sich also zwischen je 2 Zellen ein freier Raum befindet. Nach den Beobachtungen von AURIVILLIUS 1886, ADLERZ 1907 und MALYSHEV 1911 tarnt das ♀ bei Nestern, die in Holz oder in Schilfhalmen untergebracht sind, den Mörtelverschlußpfropfen außen mit einer dünnen Schicht von Holzteilchen („Wespenpapier"). E. T. NIELSEN hat hierzu 1937, S. 96f., mitgeteilt: Wenn der Nesteingang in einem rotgetünchten Balken war, überzog das ♀ die graue „Wespenpapier"-Schicht noch mit roten Holzteilchen; ADLERZ hat beobachtet, daß in einigen solcher Fälle auch schon das „Wespenpapier" mit roten Teilchen durchsetzt war.

Schmarotzer sind *Chrysis iris* CHRIST (*nitidula* auct., nec F.) und *Chrysis longula* AB., vielleicht auch *Chrysis fulgida* L., und einige Fliegen: *Anthrax sinuata* MEIG. und *Pachyophthalmus signatus* MEIG.

2. Untergattung *Symmorphus* WESMAEL 1836

Subgenerotypus: *Odynerus sinuatus* (F.) = *mutinensis* BALD. (ASHMEAD 1902)
Protodynerus SAUSSURE 1856, S. 186, nom. nov.

Diese Untergattung ist in sich wenig einheitlich, sondern morphologisch vielgestaltig: *crassicornis* und *alternans* passen nach Größe, Art der Behaarung und Zeichnung nicht zu den übrigen Arten, sondern viel besser zu *murarius*; *elegans* ist durch die Mesosternalkante vom Rest der Arten, isoliert; *fuscipes* ist das durch die Ausdehnung der Epicnemialkante; *bifasciatus* hat ebenfalls sein eigenes Gepräge.

2. *Odynerus* (*Symmorphus*) *crassicornis* (PANZER 1796)

Vespa crassicornis n. sp. — PANZER, Faun. Insect, German. 5, 1798, P. 53, T. 8, ♀. Loc. typ.: „aus Österreich". Verbleib des Typus unbekannt.[1])
Odynerus crassicornis (PANZ.) ♂ — WESMAEL, Monogr. Odyn. Belgique, 1833, S. 39, n. 6.

Diese Art zerfällt in zwei Unterarten, die eine Parallele zu den Unterarten von *murarius* bilden: *cr. arcticus* in Nordeuropa und Nordasien und *cr. crassicornis* im übrigen Verbreitungsgebiet der Art.

2a. *Odynerus crassicornis arcticus* SAUSS. 1856

! *Odynerus* (*Protodynerus*) *arcticus* n. sp. — SAUSSURE, Étud. fam. Vespid., III. Masar. & suppl., 1856, S. 189, n. 82, ♀. Loc. typ.: Schweden. Typus (als „*Od. septentrionalis*" vom Autor bezettelt): M. St.
Odynerus (*Protodynerus*) *Herrichianus* n. sp. — SAUSSURE, ibid., S. 191, n. 85, ♂. Loc. typ.: Regensburg. Verbleib des Typus unbekannt (coll. HERRICH-SCHAEFFER ist vernichtet).[2])
Odynerus crassicornis (PANZ.) var. *baltica* n. var. — BLÜTHGEN 1937, S. 39, ♀. Loc. typ.: Launingken a. Angerapp. Typus: coll. m.

Diese durch den ± starken Ausfall der gelben Zusatzpigmentierung gekennzeichnete Unterart besiedelt Nordeuropa, Osteuropa (Orenburg, Spask: M. Kr.) und Nordasien und beschränkt sich im Untersuchungsgebiet auf den Nordosten. Jedoch treten in diesem Raum gelegentlich einzelne Stücke dieser Färbung, sogar der extrem dunklen var. *baltica*,

---

[1]) Daß die Abbildung des Typus ebenso gut auf *murarius nidulator* wie auf *crassicornis* in der Auffassung aller späteren Autoren paßt, habe ich 1938b S. 274 bemerkt; die Darstellung der Pronotumzeichnung entspricht sogar dem Regelfall bei ersterem.

[2]) Nach der Beschreibung in Verbindung mit der Herkunft des Typus erscheint es mir sicher, daß es sich um ein kleines Exemplar von *cr. arcticus* ♂ gehandelt hat. Das ♀ von Kleinfurra coll. m., das ebenfalls ein sehr kleines Stück ist (10 mm), paßt durchaus zu diesem ♂.

auch im Verbreitungsgebiet der typischen Unterart auf: 1 ♀ von Winningen (Mosel) (coll. W. AERTS), 1 kleines ♀ von Kleinfurra bei Sondershausen (9. 6. 35, G. MÜLLER leg., coll. m.), 1 ♂ var. *baltica* von Zeithain (Sachsen) (coll. COHRS).

2b. *Odynerus cr. crassicornis* (PANZER)

kommt anscheinend wohl überall vor.

Sein Verbreitungsgebiet reicht von England bis zur Mandschurei (1 ♀ von Charbin in M. B.). In Holland ist er nach WILCKE 1952 ziemlich selten. Aus Spanien ist er bisher nur aus den Gebirgen des Nordens gemeldet (Villa Rutis [Coruña] und Cortellas [Orense]). Aus Italien sah ich erst 1 Exemplar (♂) von Cascine (Florenz) (leg. coll. L. CERESA) sowie aus Istit. Entomol. Bologna 1 ♀ von Cavalese (Südtirol) und 1 ♀ von Granaglione bei Bologna. Weitere Fundorte: Slowenien (Pischenca-Tal: 1 ♂ M. B.); Rumänien (Herkulesbad: 1 ♀ 3 ♂ ♂, coll. K. DORN); Kleinasien (Bithyn. Olymp [jetzt Uludag]: 1 ♀, coll. FAHRINGER; Bulghar Dagh: 1 ♀, coll. idem); Taschkent: 1 ♀ M. Kr.; Iskanderkul (F. MORAWITZ 1895); Südsibirien (Krasnojarsk: F. MORAWITZ 1895); aus Nordost-Afghanistan (Achmede Dewane) brachte J. KLAPPERICH eine Anzahl ♀ ♀ einer durch etwas abweichende Skulptur gekennzeichneten Form mit. In Nordafrika und in Palästina fehlt *crassicornis* augenscheinlich.

Aberration: Das oben erwähnte ♀ von Granaglione hat auf dem Mesonotum etwas vor der Mitte an den Parapsidenfurchen je 1 kurze gelbe Längslinie (genau wie das S. 193 genannte aberrante ♀ von *murarius nidulator*).

Diese Art nistet in Käferfraßgängen in altem Holz, in Schilfinternodien oder ähnlichen Höhlungen.

Durch die Literatur wird immer noch die ersichtlich auf einer Verwechslung mit *Oplomerus spinipes* (L.) beruhende Angabe J. LICHTENSTEINS weitergeschleppt, *crassicornis* trage Rüsselkäfer-(*Phytonomus*-)larven ein[1]), während ihm tatsächlich Larven von *Melasoma populi* (L.) — nach einer alten Beobachtung von WESTWOOD (1840 S. 241) und meinen eigenen Feststellungen — und *Melasoma saliceti* (WSE.) — ein ♀ mit einer solchen wurde von A. MOLITOR (Perchtoldsdorf) erbeutet, R. KORSCHEFSKY det. — als Beute dienen. Im Juli 1955 nistete in von mir ausgelegten Schilf- und Tonkinstabstücken 1 ♀ *crassicornis*: die von mir am 28. 7. geöffnete oberste Zelle enthielt denn auch (außer dem, wie üblich, an einem kurzen Fädchen aufgehängten, etwa 2,25 mm langen und 0,75 mm dicken, zylindrischen, kaum etwas gebogenen, blaß gelblichweißen Ei) 4 *Melasoma*-Larven in verschiedenen Altersstadien (von 7—9 mm Länge). Der Verschlußpfropfen war aus Mörtel aus schwach sandiger Gartenerde gefertigt, etwa 8 mm dick, außen ohne „Wespenpapier"-Überzug, zwischen ihm und dem Abschluß der obersten Zelle ein leerer Raum von 23 mm Länge. Das 1. der 3 von demselben ♀ hergestellten Nester ergab am 28. 6. 1956 3 ♀ ♀, während die später angelegten übrigen 2 Nester am 16. und 18. 6. nur ♂ ♂ gebracht hatten.

Die Imagines besuchen Umbelliferen und Scrophularia nodosa.

Schmarotzer ist *Chrysis fulgida* L., sehr wahrscheinlich auch *Chrysis ignita* (L.). Was sonst noch an Goldwespen in der Literatur genannt wird, bedarf der Bestätigung.

3. *Odynerus* (*Symmorphus*) *alternans* (ZETT. 1838)

! *Odynerus angustatus* n. sp. — ZETTERSTEDT, Insect. Lappon. I. 1838, S. 457, n. 7, „♀" (recte ♂ !). Loc. typ.: Bossekop, W. Finmark (Norweg. Lappland). Typus: M. Lu.

! *Odynerus alternans* n. sp. — ZETTERSTEDT, l. c., S. 457, n. 8, ♀. Loc. typ.: Alteidet, W. Finmark (Norwegen). Typus: M. Lu.

! *Odynerus* (*Protodynerus*) *Suecicus* n. sp. — SAUSSURE 1856, S. 190, n. 83, ♀. Loc. typ.: Schweden. Typus: M. St.

[1]) Sogar noch von J. WILCKE 1952 S. 233 (unzweifelhaft aus BERLAND 1928 S. 23 übernommen, dessen Gewährsmann offensichtlich v. SCHULTHESS 1887 S. 35 gewesen war, dessen Angabe wiederum aus ED. ANDRÉ 1884 S. 668 stammte).

Odynerus laeviventris n. sp. — THOMSON, Skandinaviens Hymenoptera, III. Vespa Lin., Lund 1874, S. 86, n. 3, ♀ ♂. Loc. typ.: Schweden (Westergöthland und Öland). Typen: M. Lu.

Synonymie: BLÜTHGEN 1938a S. 39, 1942a S. 67.

Nachdem ich durch Untersuchung des Typus von *angustatus* festgestellt hatte, daß dieser vom Autor irrtümlich für ein ♀ gehalten war und nicht, wie von THOMSON, AURIVILLIUS u. a. und früher auch von mir angenommen, artgleich mit *Odynerus sinuatus* (F.) ♀, sondern das ♂ von *alternans* ist, habe ich 1943 S. 151 den Namen *angustatus* zur Bezeichnung dieser Art eingeführt. Ich halte es aber, schon um Verwirrung zu vermeiden, jetzt doch für richtiger, der Art den Namen *alternans* zu belassen, zumal es (gegenüber einer weitverbreiteten Annahme) eine „Seitenpriorität" nicht gibt (R. RICHTER 1948 S. 144).

Nach den bisher bekannten Fundorten handelt es sich um eine Art mit eurosibirischer und (in Europa) boreoalpiner Verbreitung. Ihr Vorkommen im Untersuchungsgebiet beschränkt sich auf den Norden und einige Mittelgebirge; aus den Alpen ist sie mir noch nicht bekannt geworden. Fundorte: Rossitten 1 ♀ 1 ♂ (MÖSCHLER, coll. m.); Stolp i. P. (1 ♂: O. KARL leg., coll. m.); bei Berlin (ohne nähere Angabe: 1 ♂ M. B., GERSTÄCKER leg.; Finkenkrug: ♀ ♀ K. HEYN leg., M. B.); Mecklenburg (1 ♀ ohne nähere Angabe, FR. KONOW leg., also wohl von Fürstenberg, coll. v. SCHULTHESS); Schlesien (1 ♀ ohne genaueren Fundort, wahrscheinlich aus dem Riesengebirge, im Ent. Institut in Halle/Saale).

Übriges Mitteleuropa: Jütland (Horsens), Seeland (Tisvilde) und andere Orte in Dänemark (E. T. NIELSEN 1932); Holland (ein Einzelfund: WILCKE 1952); Österreich („Bucklige Welt": 1 ♂ coll. L. MADER); Tatra (ZAVADIL 1951 S. 86); Transsilvanische Alpen (Herkulesbad: 1 ♂, leg. K. DORN, coll. m.). Nordeuropa: Norwegen (loc. typ.); Schweden (nach THOMSON 1874 in Westergöthland und Öland selten); Finnland (bis 66°, zerstreut und selten: FORSIUS & NORDSTRÖM 1923 S. 3); Lettisches Gebiet (Wezkukkul: BISCHOFF 1925 S. 305); Polen (Chwoinik bei Bialowieza: idem); Osteuropa (Udelnaja bei Leningrad: F. MORAWITZ 1895; Mytistshi bei Moskau: 1 ♂, G. KOSTYLEV leg., coll. E. JAEGER). Nördliches Asien: Westsibirien (ohne nähere Angabe): 1 ♀ 1 ♂ M. Kr.; Amurgebiet: 1 ♂ von Nikolajewsk ebenda; Mandschurei: Charbin ♀ ♂ M. B., Erzendjanzsy 1 ♀ (ALIN leg., coll. m.); Yakutien: Aldan-Gebiet (KOSTYLEV 1932); Kamtschatka: Elisovo (GUSSAKOVSKIJ 1933).

Lebensweise: Die Stücke von Finkenkrug stammen aus einem Nest, das sich in Rüsternholz befand. E. T. NIELSEN (1932 S. 99/102) fand Nester in Dachschilfhalmen, sie hatten keine leeren Räume zwischen den einzelnen Zellen, und diese enthielten je 12—15 Larven von *Phyllodecta vulgatissima* (L.) und (weniger häufig) *Ph. vitellinae*; die Larven verfertigen einen Wandkokon. Er beobachtete als Schmarotzer *Chrysis ignita* (L.), *Melittobia acasta* WALK. und eine Tachine. Die Imagines besuchen Umbelliferen.

4. *Odynerus* (*Symmorphus*) *elegans* WESM. 1833

? *Odynerus gracilis* n. sp. — BRULLÉ, Expéd. sci. Morée, Zool. I, 1832, S. 362, n. 802, ♂; T. 50 Fig. 3. Loc. typ.: Wald von Koubeh (Morea). Typus: M. P.

Odynerus elegans n. sp. — WESMAEL, Monogr. Odynèr. Belgique, 1833, S. 43, n. 7, ♀ ♂. Loc. typ.: Belgien. Typen: coll. auct. ?

Die schon von älteren Autoren (SCHENCK 1861 S. 40; ED. ANDRÉ 1886, Cat. syn., S. 31; v. SCHULTHESS 1887) und neuerdings wieder von O. W. RICHARDS (1937 S. 103) und von J. BONDROIT (1943 S. 107) angezweifelte Artgleichheit von *elegans* mit *gracilis* ist in der Tat nicht unbedenklich. Wenn man die Beschreibung und namentlich die Abbildung von *gracilis* vergleicht, erscheint sie sogar ausgeschlossen, denn letztere stellt eine Eumenide ohne Schulterdornen, mit (einschließlich der Flügeldecken) total schwarzem Thorax und einheitlich kräftig geschwärzten Flügeln dar. Aber andererseits hat BERLAND, der den Typus vor sich hatte, die Artgleichheit (1928 S. 23/24) angenommen. Es wird zur Klarstellung nötig sein, den Typus zu untersuchen, was jene Zweifler leider unterlassen haben. Da er mir nicht zugänglich ist, muß ich die Frage offen lassen und ziehe es vor, den Namen *elegans* anzuwenden.

Diese Art ist in der im Gebiet am weitesten verbreiteten reichen gelben Zeichnung, die sich auf dem Pronotum bis in die Schulterspitzen erstreckt und auch beim ♀ den Fühlerschaft ± einnimmt, sofort von den übrigen kleinen Arten dieser Untergattung zu unterscheiden. Aber die Färbung ist veränderlich, insbesondere reichen die Pronotumflecken nicht immer bis in die Schulterecken[1]), und im Norden (schon im Ostseegebiet in Odernähe und im Nordosten) sind häufig beim ♀ nur 4 Tergitbinden ausgebildet, und von diesen ist die des 3. Tergits oft mitten ± breit unterbrochen oder sie fehlt völlig, so daß nur 3 Binden vorhanden sind. Solche Stücke, welche die Zugehörigkeit zu *mutinensis* BALD. vortäuschen, lassen sich jedoch unschwer an ihren Struktur- und Skulpturmerkmalen identifizieren.

Die Imagines saugen an Scrophularia nodosa, Umbelliferen und (nach ALFKEN 1914) an Jasione und Vicia cracca. Ich sah ♀♀ Bohrlöcher in Holzpfosten untersuchen. Laut P. MARÉCHAL (1949 S. 9) hat H. MANEVAL mitgeteilt, das ♀ trage Larven von *Melasoma populi* (L.) ein (Ann. Soc. ent. France **101**, 1932, S. 104/105). Diese Beobachtung bedarf m. E. der Bestätigung.[2])

Diese Art hat in Europa von allen *Odynerus*-Arten die weiteste Verbreitung: Im Untersuchungsgebiet kommt sie wohl überall vor (im Nordosten vielfach in der dunklen Phase, siehe oben), ist aber nirgends häufig.

Dasselbe gilt auch für das übrige Mitteleuropa (einschl. Dänemarks), England, Holland, Belgien, Frankreich, die Iberische Halbinsel und Italien; stellenweise ist sie dort häufiger (BERLAND 1928, DUSMET 1909). In Nordeuropa ist *elegans* nach THOMSON 1874 in Mittel- und Südschweden „ziemlich selten“, aus Finnland ist er von FORSIUS & NORDSTRÖM 1923 nicht gemeldet, im Baltikum verschiedentlich gefunden (BISCHOFF 1925 S. 305), für Osteuropa von F. MORAWITZ 1895 nur von Charkow, Sarepta und Pjatigorsk genannt.

Ferner ist diese Art nachgewiesen aus Bulgarien (Sozopol: 1 ♂ coll. ZAVADIL; ATANASSOV 1942 S. 228); Attika (2 ♂♂ M. B.); Kleinasien (Uludag, 1500 m: 1 ♀ der dunklen Phase mit schwarzen Schulterspitzen, sehr geringer gelber Zeichnung der Schaftunterseite und rudimentärer Binde des 3. Tergits, coll. H. BYTINSKI-SALZ; Namrum: 1 ♂ leg. H. SEIDENSTÜCKER, coll. E. ENSLIN; Eriwan nach F. MORAWITZ 1895); Palästina (Jerusalem, Scopusberg: 1 ♀ mit sehr ausgedehnter gelber Zeichnung, insbes. auf dem Hinterschildchen, leg. TENENBAUM, coll. KL. ZIMMERMANN); Transkaukasien (Borshom: F. MORAWITZ ibid.); West-Pamire (Maz: 1 ♀ M. B.).

5. *Odynerus* (*Symmorphus*) *mutinensis* (BALD. 1894)

Vespa sinuata n. sp. — FABRICIUS, Entom. system. II. 1793, S. 270, n. 62, ♀. Loc. typ.: Kiel. Typus: M. K. (Homonym von *Vespa sinuata* GEOFFROY in FOURCROY, Entom. Paris II, 1785, S. 438, n. 19.)

Odynerus (*Protodynerus*) *sinuatus* (F.) v. *mutinensis* n. var. — BALDINI, Atti Soc. Modena (3) **13**, 1894, S. 78/79, ♀ ♂. Loc. typ.: Umgegend von Modena. Standort der Typen: mir nicht bekannt.

Symmorphus sinuatissimus nom. nov. für *sinuatus* (F.) — O. W. RICHARDS, Trans. R. ent. Soc. London, **83**, 1935, S. 162.

Odynerus bifasciatus (L.) bei WESMAEL 1833, LEPELETIER 1841, F. MORAWITZ 1895.

Odynerus angustatus ZETT. bei THOMSON 1874, BLÜTHGEN 1938.

BALDINI hat, wie er in seiner Beschreibung der Form *mutinensis* ausdrücklich gesagt hat, die Bezeichnung „var.“ im Sinne nicht einer „semplice variazione“ sondern einer „propria varietà“ gebraucht, also in der Bedeutung einer Subspecies.[3]) Wenn, wie unbedenklich angenommen werden kann, diese Form in der Tat zu *sinuatus* (F.) gehört, hat der Name *mutinensis* die Priorität vor dem Ersatznamen *sinuatissimus* O. W. RICHARDS (Art. 27, 11 JRZN). Infolgedessen wird dieser zum Synonym von *mutinensis*, und seine nomenklatorische Verwendbarkeit hängt davon ab, ob zwischen den beiden Formen Unterschiede bestehen, die ihre Trennung als Subspecies rechtfertigen würden. In dieser Richtung vermag ich noch nicht Stellung zu nehmen, da über die Verbreitung der *mutinensis*-Form noch keine genügende Klarheit besteht. Diese ist seit ihrer Beschreibung nicht wieder gemeldet worden. Ob die Stücke von *sinuatissimus*, die G. GRANDI 1954 S. 222 von Casinalbo und Vignola bei Modena und von Miramare bei Forli verzeichnet hat, die *mutinensis*-Zeichnung besitzen, ist nicht mitgeteilt.

---

[1]) Ein solches ♂ von Spask im M. Kr. ist von EVERSMANN als „*Gazella* PANZ.“ und von F. MORAWITZ als „*crassicornis* Pz. ♂ var.“ bestimmt worden.

[2]) G. GRANDI (Ann. Accad. ital. Sci. forest., **4**, 1956, S. **414**) hat mitgeteilt, als Beute habe er die Larven des Rüsselkäfers *Cionus hortulanus* GEOFR. vorgefunden.

[3]) In dieser Auffassung befinde ich mich in Übereinstimmung mit D. Guiglia (Genova), die ich konsultiert habe.

So gezeichnete Stücke (♀ ♂ mit 5 Tergitbinden, die letzte davon schmaler als die vorhergehenden und seitlich verkürzt) sind mir noch nicht vorgekommen, insbesondere nicht aus Deutschland, wohl aber nicht selten eine Übergangsform, bei der das 3. Tergit gelbe Zeichnung in wechselndem Ausmaß besitzt, so daß 4 Binden vorhanden sein können.

Auch im übrigen ist die gelbe Färbung deutscher Stücke recht veränderlich: Beim ♀ fehlen manchmal die gelben Flecke des Pronotums, häufig die gelbe Zeichnung des Kopfschildes, seltener die des Schildchens oder der Mesopleuren; nicht selten fehlt beiden Geschlechtern die Binde des 4. Tergits, so daß der Hinterleib nur 2 Binden aufweist (auf solche Stücke haben frühere Autoren die *Vespa bifasciata* L. bezogen); beim ♂ können ausnahmsweise gelbe Flecke auf dem Pronotum oder dem Schildchen oder den Mesopleuren auftreten, andererseits kann aber die schwarze Umrandung des Kopfschilds das Gelb der Mitte bis auf geringe Spuren oder total verdrängen. Stets aber ist die Artzugehörigkeit an der Skulptur der Mesopleuren und des Mesonotums leicht zu ermitteln.

Aberrationen: Tergit 2 vorn beiderseits mit isoliertem, ± pilzförmigem, gelbem Scheibenfleck (♂). Hiervon sah ich 2 Individuen: 1 ♂ von Berlin (Bouché leg.) M. B., 1 ♂ von Luzern-Ebikon (coll. E. Enslin), bei dem überdies das Pronotum und das Schildchen gelb gefleckt sind, und 1 ♂ von Ronzano bei Bologna (Ist. Ent. Bologna) mit einfachen (runden) Flecken des 2. Tergits (nebst 2 Schildchenflecken). Bemerkenswert ist, daß das ♂ von Ebikon aus einem Nest stammt, dessen übrige Insassen normale Färbung hatten (vgl. Blüthgen 1952c, S. 350).

Diese Art, deren Imagines ihre Nahrung namentlich Umbelliferenblüten entnehmen, nistet in dürren hohlen Pflanzenstengeln, Dachschilf, *Lipara*-Gallen und Käferfraßgängen in Holz und trägt Blattkäferlarven ein, z. B. solche von *Phyllodecta vulgatissima* (L.). Die Nestanlage ist u. a. von E. Enslin beschrieben worden (1921 S. 279f.). Die Larve verfertigt nach Enslin, E. T. Nielsen und meinen Beobachtungen einen Freikokon.

Schmarotzer sind *Chrysis brevidens* Tourn. und einige Schlupfwespen (*Nematopodius formosus* Grav., *Hoplocryptus confector* Grav., *Hoplocryptus dubius* Tschbg.).

1 ♀ coll. m. von Naumburg (Saale) ist auf der Rückwand des Mittelsegments mit 6 großen Eiern einer Tachinide belegt.[1])

Die Verbreitung dieser Art in der Form (ssp. oder var. ?) *sinuatissimus* reicht über das ganze Untersuchungsgebiet und Mitteleuropa.

Ferner besiedelt sie Westeuropa (einschließlich Irlands und Englands), Nordeuropa, ostwärts über Sibirien (Krasnojarsk: F. Morawitz 1895), Yakutien (Kostylev 1932), bis in die Mandschurei (Charbin: 2 ♂ ♂, Maoerschan: 1 ♀, diese in M. B.; Erdaochajlinche: ♂ ♂ M. Bo.) und das Ussurigebiet (Sutschan: Gussakovskij 1933 S. 109). Aus der Iberischen Halbinsel ist sie nur aus den Gebirgen Nordspaniens (Katalonien und Orense) von Dusmet gemeldet. Aus Nordafrika und Kleinasien ist sie noch nicht nachgewiesen. In M. Kr. fand ich 1 ♀ von Taschkent (mit vollständiger Binde auf Tergit 3) mit der Determination „*O. Herrichianus*, det. Ed. André“.

Es handelt sich nach allem um eine Art mit vorwiegend eurosibirischer Verbreitung.

6. *Odynerus* (*Symmorphus*) *debilitatus* (Sauss. 1856)

!*Odynerus* (*Protodynerus*) *debilitatus* n. sp. — Saussure, Etud. fam. Vespid. III. Masar. & suppl., 1856, S. 194, n. 88, ♀ ♂. Loc. typ.: bei Genf. Typen: coll. auct. (M. G.).

Über diese Art herrschte bis 1938 noch viel Unklarheit, zumal sie von v. Schulthess 1887 mit *connexus* (Curt.) („*bifasciatus* L.“) vereinigt und 1930 (im Schmiedeknecht) von diesem in ungenügender Weise abgegrenzt worden war. Auch Berland (1928) hat offenbar beide Arten vermengt. Diese lassen sich aber an den im Bestimmungsschlüssel bezeichneten Merkmalen leicht auseinanderhalten.

---

[1]) Siehe „Eggs of unknown insect deposited on the body of Sphecoid wasps“ von Marcus W. R. de V. Graham in Entom. Monthl. Mag., 86, 1950, S. 348/351.

Die unzureichende Kenntnis über *debilitatus* ist wohl auch der Grund, daß dieser als eine sehr seltene Art galt. Tatsächlich ist er im Gebiet weit verbreitet, auch im mittleren Ostseegebiet (PAUL 1943) kam er einzeln vor. In Nordwestdeutschland scheint er häufiger zu sein (WAGNER 1938 und 1940).

Weitere mitteleuropäische Fundorte: Holland (WILCKE 1952 S. 234, VAN LITH 1953 S. 232); Belgien (CRÈVECOEUR 1948); Frankreich (die von BERLAND 1928 S. 24 für „*bifasciatus* L." genannten Orte werden in der Hauptsache *debilitatus* betreffen); Schweiz (loc. typ.: Planchamp [Vaud] coll. P. M. F. VERHOEFF); Österreich („Bucklige Welt": 2 ♀♀, coll. L. MADER; Innsbruck: 1 ♀ M. Mü.; Graz: 1 ♀ coll. FAHRINGER; Ossiach: 1 ♀ M. W.); Böhmen (Prachatitz: 1 ♀; Celakovice: 1 ♀; Kelc: 1 ♀; Rajhrad: 1 ♀ — M. Pr.); Mähren (Brünn: 1 ♀; Tisnov: 4 ♀♀ 1 ♂; Pouzdřany: 1 ♀ 1 ♂ — M. Pr.; Hranice: 1 ♀; Mikuluvka: 3 ♀♀ — coll. W. ZAVADIL); Slowakei (Parkán: 1 ♂, M. Pr.).

Sonstige Fundorte: Cajnica (Bosnien): 1 ♀ coll. FAHRINGER; Aluschta (Krim): 1 ♂ coll. E. JAEGER. Aus Nordeuropa kenne ich nur 2 Funde, nämlich 1 ♀ von Veckholm (Uppland, Schweden in M. Lu. und 1 ♀ von Spalle (lettisches Gebiet) in M. Bremen.

Aus Südeuropa, Nordafrika und Asien ist *debilitatus* noch nicht nachgewiesen.

Diese Art nistet in alten Hymenopterennestern in Löß- und Lehmfachwerkwänden, — deshalb verirren sich die ♀♀ häufig an Zimmerfenster, — aber auch in Dachschilf und in Käferfraßgängen in Holz (CRÈVECOEUR 1948, WILCKE l. c., VAN LITH l. c.). E. HEIDENREICH fand einmal bei Dessau den Wurzelerdballen eines umgestürzten Baumes von zahlreichen ♀♀ besiedelt. CRÈVECOEUR hat festgestellt, daß als Larvenfutter Räupchen der Eichenblattminiermotte *Tischeria complanella* HÜBN. eingetragen wurden. Diese Beobachtung ist von J. P. VAN LITH l. c. bestätigt worden, der auch andere Kleinschmetterlingsraupen vorfand (Nepticulidae, Gracilariidae). VAN LITH nennt als Schmarotzer *Chrysis brevidens* TOURN. und *Melittobia acasta* WALK.; nach ALFKEN (1914) parasitiert *Nematopodius formosus* GRAV. auch bei dieser *Odynerus*-Art. J. P. VAN LITH machte die Beobachtung, daß von 2 Larven desselben Nestes die eine sich zeitlich normal zur Imago entwickelte, die andere dagegen „überlag", d. h. erst ein Jahr später ihre Entwicklung vollendete (brfl. Mitt.).

7. *Odynerus* (*Symmorphus*) *connexus* (CURT. 1826)

! *Odynerus connexus* n. sp. — CURTIS, Brit. Entom. III. 1826, S. 137, n. 17, ♂. Loc. typ.: Hampstead. Lectoholotypus: M. Mb.

Odynerus bifasciatus (L.) — SAUSSURE 1856 S. 193; v. SCHULTHESS 1887 S. 39 (pr. p.); E. SAUNDERS in Entom. Monthl. Mag. **38**, 1902, S. 106; O. W. RICHARDS 1937.

Diese von SAUSSURE und den späteren Autoren irrtümlich für die *Vespa bifasciata* gehaltene Art ist in Deutschland erst an wenigen Stellen gefunden und anscheinend überall selten. Ich selbst fing bei Naumburg (Saale) in 30 Jahren erst 4 ♀♀ und sah Stücke folgender Herkunft: Jena (R. MEYER); Kosackenstein bei Frankenhausen/Kyffhäuser (1 ♀, EIGEN leg.); Halle (S.) (2 ♀♀, Ent. Inst. Halle); Zwickau (1 ♀, desgl.); Sondra bei Gotha (1 ♂, coll. G. JÄNNER); Zeithain (1 ♀, leg. coll. COHRS); Groß-Schulzendorf (Kreis Teltow) (2 ♀♀, M. B.); Hochzehren (Kr. Marienwerder) (1 ♀, coll. A. MÖSCHLER); Klein-Guja (Kr. Angerburg) (1 ♀, desgl.); Bremen (1 ♀, M. Hamburg); Wollah und Oyten bei Bremen (je 1 ♀: M. Bremen); bei Köln (2 ♀♀ 1 ♂, leg. W. AERTS); Darmstadt (1 ♀, R. MEYER leg., coll. m.); Eberstadt (2 ♂♂, leg. H. WOLF); Karlsruhe (1 ♀, coll. HOHNDORF); Wutachtal (Baden) (1 ♀, leg. STRITT); Erlangen (1 ♀, M. B.); Albach bei Tegernsee (1 ♀, M. Mü.).

Übriges Mitteleuropa: Dänemark: Frederiksvaerk auf Seeland (2 ♀♀, leg. JOERGENSEN, coll. m.); Schweiz: Genf (coll. SAUSSURE); Südmähren: Mikuluvka (1 ♀, coll. ZAVADIL). Westeuropa: Holland (WILCKE 1952 S. 233); England (loc. typ; Tostock bei Bury St. Edmunds, W. Suffolk, nach E. SAUNDERS l. c.); Frankreich (Montpellier: 1 ♀, M. Kr.). Südtirol (Pinzolo, Val di Genova: G. GRANDI 1954). Sonst ist mir *connexus* nicht aus Südeuropa bekannt geworden, auch nicht aus Nordafrika und aus Asien.

Aberr. 1 ♂ von Eberstadt (s. o.) hat auf dem oberen Abschnitt der Mesepisterna einen gelben Punkt und auf dem 3. Tergit (wie auf dem 4.) eine schmale, seitlich abgekürzte und mitten unterbrochene Binde.

P. JOERGENSEN fand diese Art, deren Imagines besonders Umbelliferenblüten besuchen, in Dachschilf nistend (Entom. Meddel., 22, 1942, S. 320ff.). Sie wird aber, wie die anderen *Odynerus*-Arten, auch beliebige sonstige Hohlräume benutzen. Was die Art der Beutetiere betrifft, so haben Autoren für *connexus* (= *bifasciatus* SAUSS. et auct.) die Angaben übernommen, die den echten *bifasciatus* (L.) (*allobrogus* [SAUSS.]) betreffen, so BERLAND 1928 und WILCKE 1952. Tatsächlich trägt *connexus*, wie JOERGENSEN ermittelt hat, die Larven des Blattkäfers *Zeugophora subspinosa* F. und die Räupchen der Motte *Gracilaria stigmatella* F., die beide in den Blättern der Espe (Populus tremula) minieren, ein. Die Larve verfertigt nach JOERGENSEN einen Wandkokon (so auch schon E. T. NIELSEN 1932 für „*bifasciatus* L.").

Über Schmarotzer ist mir noch nichts bekannt geworden; sie werden vermutlich dieselben sein wie bei den übrigen kleinen *Odynerus*-Arten.

8. *Odynerus* (*Symmorphus*) *fuscipes* (HERRICH-SCHAEFFER 1938)

Odynerus fuscipes n. sp. — HERRICH-SCHAEFFER, Faun. Insect. German., 1938, H. 154, n. 18, ♀ ♂. Loc. typ. (♀): München. Typus vernichtet.
Odynerus fuscipes H.-SCH. — THOMSON 1874, S. 94, n. 7, ♀ ♂.
Symmorphus karelicus n. sp. — F. MORAWITZ, Horae Soc. ent. Ross., **29**, 1895, S. 490, ♂. Loc. typ.: Terijoki (Finnland). Typus: coll. auct. (M. L.)[1])

Es handelt sich um eine Art von eurosibirischer und zugleich streng boreoalpiner Verbreitung. Im behandelten Bereich ist sie bisher nur im Voralpengebiet Bayerns aufgefunden worden: loc. typ.; am Starnbergersee zwischen Ambach und St. Heinrich (1 ♂ M. Mü.) und bei Starnberg (1 ♀, leg. E. STÖCKHERT, coll. m.).[2]) Die Angaben von R. DITTRICH 1921 (Breslau, Botan. Garten, 1 ♀) und K. SCHIRMER 1915 (Buckow bei Berlin, 2 ♀♀) beruhen sicher auf Fehlbestimmungen, wie sich das bereits für eine Meldung ALFKENS (1914, S. 301: Hülsen bei Bremen, 1 ♀), die in Wahrheit *Microdynerus exilis* betraf, ergeben hat (WAGNER 1938, S. 110).

Sonstige Verbreitung: Schweden (THOMSON erhielt sie von der Insel Öland); Finnland (nach FORSIUS & NORDSTRÖM „einige Male in Süd- und Mittelfinnland bis 63° 30′ gefunden"; ich sah 1 ♀ von Karislojo, J. SAHLBERG leg., und 1 ♂ von Impilaks, FORSIUS leg.; E. VALKEILA traf sie bei Vanaja nahe Hämeenlinna; Terijoki: loc. typ. von *karelicus*); Osteuropa (in M. Kr. 1 ♀ von Spask und einige ♀ ♂ von Orenburg [davon 1 ♀ 1 ♂ von F. MORAWITZ als „*bifasciatus* var. ♀" bestimmt]); Sibirien (nach F. MORAWITZ bei Minussinsk und Irkutsk; wahrscheinlich gehört der Fundort „Urkan" von 3 ♂♂ M. Kr. auch dorthin). Das sind bisher die einzigen sicheren Nachweise. F. KOHL hat zwar *fuscipes* von Kufstein, Bruneck (Südtirol) und Klausen gemeldet (1879, S. 76), aber die Belegstücke bedürfen der Überprüfung.

Lebensweise: E. VALKEILA (Hämeenlinna) erhielt 1 ♀ 1 ♂ aus einer alten Schilfgalle von *Lipara lucens* und fand als Larvennahrung Rüsselkäferlarven (brfl. Mitt.).

9. *Odynerus* (*Symmorphus*) *bifasciatus* (L. 1761)

Vespa bifasciata n. sp. — LINNAEUS, Faun. Suec. Ed. 2ª, 1761, S. 419, n. 1683, ♀. Loc. typ.: Schweden. Typus nicht vorhanden.[3])
! *Odynerus bifasciatus* (L.) var. a ♂ — ZETTERSTEDT, Insect. Lappon. I. 1838, S. 457 n. 6.
Odynerus (*Protodynerus*) *Allobrogus* n. sp. — SAUSSURE, Étud. fam. Vespid. III. Masar. & suppl. 1856, S. 191, n. 84, ♀. Loc. typ.: Savoyen. Typus: coll. auct. (M. G.)

[1]) Genauere Einzelheiten über den Typus verdanke ich Dr. VL. POPOV (Leningrad).
[2]) Dieses ♀ ist von v. SCHULTHESS als „*allobrogus* Sss" bestimmt worden.
[3]) Siehe S. 27 Fußnote 1 und BLÜTHGEN 1938b S. 275 Fußnote 1.

Odynerus (*Symmorphus*) *allobrogus* SAUSS. ♂ — SCHENCK 1861, S. 39. Loc. allotyp.: Österreich. Standort des Allotypus: nicht bekannt.

Die *Vespa bifasciata* L. ist nur von THOMSON 1874, AURIVILLIUS 1918 und FORSIUS & NORDSTRÖM 1923 richtig gedeutet, von WESMAEL u. a. auf *sinuatus* (F.), von SAUSSURE, v. SCHULTHESS 1887, BERLAND 1928 u. a. auf *connexus* CURT. bezogen worden.

Wegen der regelmäßigen Färbung wird auf den Bestimmungsschlüssel verwiesen.

Aberrationen: 1 ♀ mit gelbem Punkt auf dem Pronotum vorn links (Oberstdorf im Allgäu: coll. m.); 1 ♀ mit derselben Zeichnung und außerdem 2 Punkten auf dem Pronotum vorn rechts (St. Peter im Riesengebirge: coll. R. DITTRICH); 1 ♀ mit 3 kleinen, unsymmetrischen gelben Flecken auf dem 4. Tergit links (Südtirol, ohne nähere Angabe: coll. P. EIGEN); 1 ♀ mit schmaler, seitlich abgekürzter, mitten unterbrochener Binde auf dem 4. Tergit (Stolp i. Pom., 3. 8. 21, coll. O. KARL; von THOMSON 1874 auch aus Schweden als var. b des ♀ gemeldet).

Auch diese Art hat boreoalpine und eurosibirische Verbreitung.

Aus dem behandelten Gebiet lag sie mir (außer aus den Alpen und ihrem Vorland) aus folgenden Gegenden vor: Aus dem Norden von Rossitten (MÖSCHLER 1939), Groß-Raum (Mus. Königsberg), Stolp (O. KARL leg., coll. m.), Berlin (ohne genauere Angabe) 2 ♀♀, BOUCHÉ leg., M. B. Aus folgenden Mittelgebirgen: Harz (Ilsenburg: 1 ♂, Sachsa 8 ♂♂ 3 ♀♀, O. TASCHENBERG leg., Zool. Inst. Halle; Thale: 3 ♀♀, K. DORN leg., coll. DORN und coll. m.; Andreasberg: 1 ♂, TH. MEYER leg., coll. WAGNER, Hamburg; Thalmühle: 1 ♀, A. PETRY leg, coll. m.); Erzgebirge (Zöblitz b. Olbernhau: 1 ♂, W. HEINITZ leg., coll. m.; Pockau-Tal bei Pobershau: 1 ♀ 22. 8. 54, coll. R. KRIEGER; Geising: 1 ♀, coll. H. MAERTENS); Waldenburger Gebirge (Sattelwald: 2 ♀♀, coll. R. DITTRICH); Riesengebirge (Hain: 1 ♀ desgl.; ohne nähere Angabe: 1 ♀ M. Pr.); Eulengebirge (Wartha: 1 ♂, coll. K. HEDWIG). DITTRICH führt 1921 an schlesischen Fundorten ferner an: Breslau, das Heidelgebirge, das Warmbrunner Tal und Moisdorf (Kr. Jauer); ich hatte keine Gelegenheit, die Richtigkeit der Bestimmung nachzuprüfen. Ob die von KRIEGER (1894 S. 142) gemeldeten Funde von 1 ♀ bei Rothental (bei Olbernhau) und von 2 ♂♂ 3 ♀♀ bei Schirgiswalde (Oberlausitz) wirklich diese Art betreffen, wird sich nicht mehr feststellen lassen, aber die Bestimmungen werden wohl richtig gewesen sein, denn in der Sammlung von † H. MÜLLER (Dresden) sah ich 1 ♂ *bifasciatus* mit der Herkunftsangabe „Roth. 3. 6. 95", das nach der Art der Etikette von KRIEGER gesammelt war und von Rothenthal gestammt haben dürfte. Aus dem Thüringer Wald und dem Schwarzwald ist *bifasciatus* noch nicht nachgewiesen worden.

In Nordeuropa ist diese Art weit verbreitet: „In Nord- und Mittelschweden ziemlich allgemein, in Schonen nur im Norden" (THOMSON 1874), in Finnland „sehr häufig, bis Lappland" (FORSIUS & NORDSTRÖM 1923), im Baltikum (BISCHOFF 1925), im Norden Osteuropas (F. MORAWITZ 1867 und 1895). Im Alpengebiet allgemein verbreitet und ± häufig, westlich bis zu den Pyrenäen (Luz [Ht.-Pyr.]: BERLAND; Valle de Ordesa: DUSMET 1935), östlich bis zur Hohen Tatra (Schmecks: 1 ♀, leg. E. SCHMIDT, coll. m.), Cibins-Gebirge (Hohe Rinne: 1 ♀ M. Mü.), Rila-Gebirge (Tscham-koria: ATANASSOV 1942). In Dänemark, England und Holland fehlt *bifasciatus* anscheinend. Der Fundort Miramare bei Forli (S.O. Bologna) bei GRANDI 1954 erscheint mir zweifelhaft. In coll. FAHRINGER steckte 1 ♀ mit der Herkunftsangabe Pola. In Nordasien über Sibirien (Minussinsk: F. MORAWITZ 1895) bis Yakutien (KOSTYLEV 1932). In Nordafrika fehlend.[1])

Diese Art nistet in Käferfraßgängen in altem Holz (v. SCHULTHESS 1887) und in Dachschilf (AURIVILLIUS 1888, MALYSHEV 1911 S. 19). Nach GUTBIER 1915 tarnt das ♀ den Eingangsverschluß in derselben Weise wie *Od. murarius* (siehe oben S. 194). Als Beute dienen Blattkäferlarven, und zwar solche von *Phyllodecta vulgatissima* und *vitellinae* (AURIVILLIUS

[1]) J. M. DUSMET hat zwar 1928 („Eos", 4. S. 100 1 ♀ *allobrogus* aus Tunis gemeldet, aber die Richtigkeit dieser Herkunft des richtig bestimmten Belegstücks, das ich am 12. 4. 1961 sah, ist nicht verbürgt, zumal die Etikette „Túnez, SANTSCHI" von DUSMET geschrieben ist.

l. c.) sowie die schwarzen, borstigen Larven von *Agelastica alni* (L.) (nach Fr. Kohl 1879 von Gredler beobachtet; 1 ♀ von Spalle im lettischen Gebiet) [Mus. Hamburg] hatte an der Nadel eine ebensolche Larve, mit der es vermutlich erbeutet worden war); E. Valkeila nannte mir auch *Melasoma.*

Schmarotzer sind nach Gutbier l. c. *Chrysis ignita* (L.), nach St. Zimmermann 1949 mit ziemlicher Sicherheit *Chrysis obtusidens* Duf. & Perris (*käufeli* Zimm.) und *Chrysis brevidens* Tourn. (*sparsepunctata* Zimm.), ferner *Melittobia acasta* Walk. (*Audouini* Boh.).

3. Untergattung *Koptodynerus* Blüthgen 1943

Subgenerotypus: *Symmorphus declivis* Harttig (Blüthgen 1943b, S. 152)

10. *Odynerus* (*Koptodynerus*) *declivis* (Harttig 1932)

Symmorphus declivis n. sp. — G. Harttig, Mitt. Dtsch. ent. Ges., 3, 1932, S. 73/75, ♀ ♂. Loc. typ.: Podčetrtek (Slowenien). Holotypus: coll. auct.

Diese eigentümliche Art wurde erst vor etwa 30 Jahren von Dr. E. Jaeger in geringer Individuenzahl bei Podčetrtek entdeckt. Später fand er bei Vellach in Kärnten (nach dem Paulič-Sattel zu) 1 ♀ (brfl. Mitt.). Neuerdings wurde *declivis* auch in Italien angetroffen (1 ♀ bei Castel Porziano bei Rom, leg. A. Mochi: Giordani Soika 1942 S. 58).

Das ist alles, was man über die Verbreitung dieser wahrscheinlich ostmediterranen Art bisher weiß.[1]) Ihre Lebensweise ist unbekannt.

23. Gattung **Eumenes** Latr. 1862

Generotypus: *Vespa coarctata* Linnaeus 1758 (Latreille 1810)

Der Umfang der Gattung *Eumenes* Latr. wird auf die Arten mit stufenartig eingedrücktem Ende des 2. Tergits beschränkt; diesen ist außerdem eine ± deutliche, ± dichte Punktierung nicht nur des 1., sondern auch des 2. Tergits eigen. Die im Gebiet vorkommenden 2 Arten mit normal gebautem 2. Tergit fallen in die Gattungen *Katamenes* (Nr. 24) und *Delta* (Nr. 25). Diese wurden bisher — neben *Eumenes* s. str. und anderen — als Untergattungen von *Eumenes* geführt, sind aber trotz allgemeiner Ähnlichkeit von den eigentlichen *Eumenes*-Arten im Körperbau so scharf geschieden, daß man sie m. E. richtiger als eigene Gattungen betrachtet.

v. Schulthess hat 1913 eine Untergattung *Eumenidion* der Gattung *Eumenes* mit *Eum. coarctatus* (L.) als Subgenerotypus aufgestellt, die mit der Untergattung *Eumenes* zusammenfällt.

Von den zahlreichen, z. T. sehr schwer unterscheidbaren paläarktischen Arten kommen in Mitteleuropa 7 vor. Darüber, daß sich diese Zahl möglicherweise noch erhöhen kann, vgl. bei *pomiformis* (Ziff. 5) und *pedunculatus* (Ziff. 6).

Die ♀♀ errichten aus Mörtel urnenförmige Zellen; bei einigen Arten werden diese, wenn sie unmittelbar nebeneinander liegen, nachträglich mit einer Mörtelschicht überzogen. Als Larvenfutter dienen Schmetterlingsraupen. (Siehe dazu Abb. 65.)

Schrifttum: Blüthgen 1938c S. 470—495.

Bestimmungsschlüssel

(Die Form des Postpetiolus gibt kein zuverlässiges Kriterium ab, da sie bei allen Arten individuell veränderlich ist.)

1. Schläfen mit winzig kurzer Behaarung, deren Länge nicht größer als die Breite der Schläfenflecke ist; die einzelnen Härchen sind am Ende etwas nach unten gebogen. Das 1. Tergit erscheint im Profil kahl, weil die kurze, straffe Behaarung auf dem Petiolus fast ganz, auf dem Postpetiolus völlig der Tergitoberfläche angedrückt ist. ♀ 12—17 mm, ♂ 10—15 mm. 7. *Eumenes dubius sareptanus* Ed. André var. *germanica* Blüthg.

   Schläfen mit langer, ± ungleichmäßiger Behaarung, die etwa so lang wie die der Stirn ist. Das 1. Tergit trägt wenigstens teilweise deutlich abstehende Behaarung. 2.

[1]) Aus M. Bu. sah ich nachträglich 1 ♀ von Örszentmiklós bei Gödöllö (K. Sajó leg. 5. 6. 23) und 1 ♀ von Bükkszentkereszt im Bükk-Gebirge (10. 5. 48).

2. Tergit 2 im Profil mit sehr entwickelter, aufgerichteter Behaarung, die mindestens auf der Basalhälfte des Tergits so lang wie die des Postpetiolus ist. 3.

Tergit 2 im Profil mit ganz kurzer, angedrückter oder höchstens ganz vorn mit aufgerichteter Behaarung. Oder, wenn diese über das ganze Tergit hin schräg gehoben ist, ist sie viel kürzer als die des Postpetiolus. Behaarung des Kopfschilds im Profil ± kurz, sehr fein und in der Regel von gleichmäßiger Länge. 5.

3. Die Behaarung des 2. Tergits nimmt nach dem Ende zu allmählich, aber stark an Länge ab. Kopfschild im Profil im oberen Teil mit langer, struppiger, nach unten zu mit stark an Länge abnehmender, abstehender Behaarung. Punktierung des 2. Tergits individuell sehr veränderlich: in der Regel auf dem größten Teil der Scheibe spärlich, fein, ganz oberflächlich und kaum bemerkbar, und nur an der Basis seitlich und auf der Endpartie der Scheibe stärker entwickelt, in anderen Fällen erstreckt sich eine an Stärke und Dichte wechselnde, grübchenartige, sehr deutliche Punktierung über die ganze Fläche des Tergits. Pronotumbinde anscheinend nie unterbrochen; Mesonotum nie gelb gefleckt; Mittelsegment beim ♀ in der Regel auf den Seitenfelder mit rundem Fleck, beim ♂ anscheinend niemals gelb gezeichnet; Sternite 4ff. beim ♀ stets, 3 in der Regel ohne gelbe Zeichnung; Schienen III bei beiden Geschlechtern nie schwarz gefleckt, sondern nur verwaschen rostgelb gezeichnet; Tarsen III beim ♀ rostgelb bis rostrot, beim ♂ gelb (jedes Glied an der Spitze dunkler), nur das Krallenglied beim ♀ braun, beim ♂ rostgelb bis braun, Flügel schwach bräunlich-grau getrübt, Radialzelle ohne braunen Wisch. ♀ 13—17 mm; ♂ 11—15 mm. 5. *Eumenes pedunculatus* (Panz.).

Die Behaarung des 2. Tergits hat über das ganze Tergit einheitliche Länge. Punktierung des 2. Tergits stets deutlich und ± dicht. Die Pronotumbinde kann unterbrochen oder seitlich ± stark abgekürzt sein; das Mesonotum kann vorn 2 punkt- bis kommaförmige gelbe Flecke haben; Schienen III bei beiden Geschlechtern am Ende ausgedehnt braun-schwarz gefleckt oder gestreift; Tarsen III beim ♀ oben schwarzbraun, unten gelb-braun, selten der Basitarsus heller, beim ♂ die letzten 2 oder 3 oder 4 Glieder schwarz-braun, die vorhergehenden gelb bis rostbraun. 4.

4. Behaarung braun (mit blasseren Haarspitzen), auf dem Kopfschild und auf dem 2. Sternit lang und struppig, auf letzterem kaum kürzer als auf dem 2. Tergit. Flügel stark gebräunt, Radialzelle mit einem noch dunkleren Wisch. Gestalt gedrungener; Gesicht (ohne Kopfschild) rundlicher (beim ♀ Länge : Breite = 71 : 80,5, beim ♂ = 67 : 77; beim ♀ POL : OOL = 14 : 17). Fühlergeißel merklich kürzer: beim ♀ Glied 2 = 22,5 : 10; 3 = 15 : 10; 4 = 14 : 10,5; beim ♂ Glied 2 = 24 : 9,75; 3 = 16 : 10; 4 = 15 : 11.

Die gelbe Zeichnung ist dunkler (ungefähr goldgelb) und spärlich: Beim ♀ sind Kopfschild, Schildchen und Mittelsegment häufig, die Tergite vom 4. und die Sternite vom 3. an in der Regel, das 3. Tergit häufig, total schwarz; die Pronotumbinde kann unterbrochen sein, dem Postpetiolus fehlen häufig Scheibenflecke; Mesonotum äußerst selten mit gelben Punktflecken. Beim ♂ sind Schildchen und Mittelsegment stets, die Mesopleuren in der Regel, das Hinterschildchen häufig ohne Zeichnung, die Pronotumbinde ist stets rudimentär (in 4 Flecke aufgelöst, von denen die innere oder die äußeren fehlen können) oder sie fehlt völlig; Scheibenflecke des 1. Tergits fehlen, die des 2. Tergits können zu Punkten schrumpfen; Tergit 3ff. schwarz oder das 3. und 4. oder nur das 3. oder auch das 5. mit abgekürzter Binde, Sternite 2—5 oder 2—6 in der Regel gelb gezeichnet, wovon das 3. Sternit ausgenommen sein kann. Die Schienen des ♀ sind ± rostgelb überlaufen; beim ♂ besteht die dunkle Zeichnung des Endes der Schienen III in einem keilförmigen Streifen auf der Innenseite, die vorderen Tarsenglieder III sind rostgelb bis rostbraun. ♀ 12—15 mm, ♂ 11—13 mm.

1. *Eumenes c. coarctatus* (L.).

Behaarung blond, auf dem Kopfschild kurz und gleichmäßig (die Haare etwas nach unten gekrümmt), auf dem 2. Sternit kurz und spärlich. Flügel schwach gebräunt, Radialzelle mit einem sehr schmalen dunkleren Wisch. Gestalt gestreckter, Gesicht oben breit, nach unten kräftig verschmälert (beim ♀ Länge:Breite = 79:92; beim ♂ = 79:88; beim ♀ POL:OOL = 23:17). Fühlergeißel sehr gestreckt: beim ♀ Glied 2 = 29:10,5; 3 = 17:11,5; 4 = 15:12; beim ♂ Glied 2 = 29: 10; 3 = 18:10,5; 4 = 16:11.

Die Zeichnung ist hellgelb und viel reichlicher: Beim ♀ hat der Kopfschild anscheinend stets eine Basalbinde oder ausgedehntere Zeichnung; Pronotumbinde nie unterbrochen; Mesonotum häufig mit 2 punkt- bis kommaförmigen Flecken (var. *bimaculata* André); Schildchen häufig mit 2 kleinen bis sehr entwickelten Flecken; Mittelsegment anscheinend stets oben oder auch unten mit je 2 Flecken, die beiderseits zu einem breiten Streifen zusammenfließen können; Postpetiolus in der Regel mit 2 Scheibenflecken, die ebenso wie die Endbinde sehr entwickelt sein können, 3. und 4. Tergit mit breiter, gebuchteter, seitlich in der Regel nicht abgekürzter Binde, 5. mit einem Querfleck, seltener mit einer ähnlichen Binde, Sternite 3 und 4, seltener nur 3, mit schmaler Binde, die mitten unterbrochen sein kann. Beim ♂ ist die Pronotumbinde meistens vollständig, selten doppelt unterbrochen, Schildchen und Mittelsegment in der Regel, Hinterschildchen nicht selten ungefleckt; Mesonotum äußerst selten mit (sehr kleinen) Punktflecken; Postpetiolus sehr häufig ohne Scheibenflecke, 3.—5. Tergit und 3.—6. Sternit mit Binde. Schienen des ♀ fast rein gelb, beim ♂ besteht die dunkle Zeichnung des Endes der Schienen III aus einem ansehnlichen Flecken auf der Außenseite, der sich längs der Hinterkante der Schiene etwas nach oben erweitert, die vorderen Tarsenglieder III sind gelb mit rostgelber Spitze. ♀ 13—17 mm, ♂ 12—16 mm.

2. *Eumenes p. papillarius* (Christ).

5. Endsaum des 2. Tergits durchscheinend gelb. Fühlergeißel des ♀ auf der Unterseite der 2 oder 3 letzten Glieder mit einem von der dunklen übrigen Fläche scharf abgesetzten rostgelben Längsstreifen; beim ♂ sind außer dem Endglied das vorletzte Glied in der Regel völlig und ein Streifen auf der Unterseite des dritt- oder auch viertletzten rostgelb gefärbt. Färbung der Schenkel, soweit sie nicht schwarz sind, und beim ♀ die Schienen rein gelb, nirgends rostgelb oder rostrot; Schenkel bei ♀ ♂ auf der Innenseite, III bis zur Spitze, II zu $^3/_4$, I zu $^1/_2$, schwarz; beim ♀ Schienen III am Ende (nebst einem anschließenden kurzen Streifen der Innenseite) in der Regel, Oberseite der Tarsen III stets schwarz- bis kastanienbraun gefärbt, die Unterseite der letzteren rostgelb; beim ♂ Schienen III gelb, am Ende höchstens blaß rostgelb gezeichnet, die vorderen Glieder der Tarsen III gelb, die Basitarsen häufig am Grunde, die 2 oder 3 letzten Glieder regelmäßig braun. Segment 1 stark verlängert (Verhältnis seiner Länge, in der Sehne zwischen seiner Anheftungsstelle und dem Sternitende gemessen, zur Länge des 2. Sternits im Profil beim ♀ = 65:50), Postpetiolus sehr schmal; Tergit 2 seitlich stark zusammengedrückt, im Profil sehr stark gewölbt, aber am Ende der Scheibe sehr deutlich flach konkav eingedrückt; sein gelber Endsaum ist kürzer als die Höhe des kräftig verdickten Scheibenendes. Gesicht des ♀ auffallend kurz und breit (65,5:79), regelmäßig queroval, Kopfschild ebenfalls kurz (30:30), mit breitem Ausschnitt (12:10:3); beim ♂ ist das ebenfalls regelmäßige Queroval im Verhältnis zur Länge etwas weniger breit. Körperzeichnung hellgelb, in der Regel sehr reich; Kopfschild des ♀ total gelb oder mitten mit rundlichem schwarzen Fleck, seltener schwarz mit gelben Basal- oder auch Endflecken. Tergit 2 nur ganz an der Basis und in der Einsenkung des Scheibenendes mit deutlicher, aber sehr kurzer, abstehender Behaarung; Kopfschild beim ♀ mit dichter Behaarung von knapp mittlerer gleichmäßiger Länge, oben manchmal mit einigen längeren Haaren. ♀ 12—15 mm, ♂ 10—14 mm. 3. *Eumenes m. mediterraneus* Kriechb.

Endsaum des 2. Tergits schwarzbraun. Fühlergeißel des ♀ distal niemals rostgelb gestreift, beim ♂ nur der Fühlerhaken oder auch die Unterseite des vorletzten Gliedes rostgelb. Schenkel in der Regel viel weniger ausgedehnt, oft nur an der Basis schwarz, der gelbe Rest ± ausgedehnt rostgelb oder rostrot getönt; Färbung der Schienen und Tarsen anders. Segment 1 relativ merklich kürzer, Postpetiolus in der Regel viel weniger schmal; Tergit 2 nicht oder ganz gering seitlich zusammengedrückt, im Profil weniger kugelig gewölbt und am Ende der Scheibe kaum oder ganz wenig eingedrückt. Gesicht beider Geschlechter nicht queroval, sondern länglicher und nach unten stärker als nach oben verschmälert, mit längerem Kopfschild. 6.

6. Fühlergeißel, ähnlich wie bei *p. papillarius*, sehr lang: beim ♀ Glied 2 = 30:10; 3 = 18:11; 4 = 17:12; beim ♂ Glied 2 = 30:10; 3 = 19:10,25; 4 = 18:11. Gesicht oben breit, mit flach gewölbtem Scheitel, nach unten kräftig verschmälert, Kopfschildausschnitt mit breit zahnartigen, etwas nach außen gebogenen Ecken (Abb. 61). Kopfschild des ♀ auf der Endhälfte in der Regel mit derselben ziemlich kräftigen und sehr deutlichen Punktierung wie auf der Basalhälfte; Mittelsegment mit ziemlich kräftiger, tiefer, sehr dichter Punktierung, deren lineare Zwischenräume deutlich glänzen. Tergit 2 mit kurzer, aber deutlicher, schräger Beborstung; Sternite 3—6 des ♂ mit kurzer, aber deutlicher, dichter Behaarung. Sternite 3ff. beim ♀ in der Regel ohne Zeichnung, selten 3 mit einer sehr schmalen, mitten unterbrochenen Binde, beim ♂ 3—5 mit Binde, 6 mit Querfleck; Tergite 3 und 4 bei beiden Geschlechtern mit Binde, 5 mit Querfleck. Beim ♀ Schienen III (in derselben Ausdehnung wie die dunkle Zeichnung bei *p. papillarius* ♀) heller oder dunkler rostrot gezeichnet, Tarsen III heller oder dunkler rostrot, auf der Oberseite in der Regel braun bis dunkelbraun. Gestalt langgestreckt (ähnlich *p. papillarius*). ♀ 13—17 mm, ♂ 12—16 mm. 4. *Eumenes s. subpomiformis* Blüthg.

Abb. 61. *Eumenes subpomiformis* Blüthg. ♀: Kopfschild. (Blüthgen 1938)

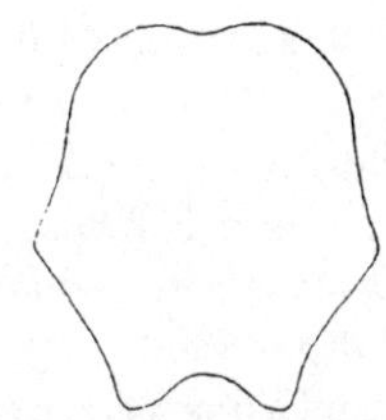

Abb. 62. *Eumenes pomiformis* (F.) ♀ (Holotypus): Kopfschild. (Blüthgen 1938)

Fühlergeißel merklich kürzer: beim ♀ (Lectoholotypus) Glied 2 = 25:10; 3 = 14,5:10,5; 4 = 14:11; beim ♂ Glied 2 = 26:9,5; 3 = 16:10; 4 = 15:11. Gesicht in der Regel rundlicher, ungefähr wie bei *pedunculatus*, selten der Form von *subpomiformis* angenähert; Kopfschildausschnitt mit dreieckigen, nicht nach außen gebogenen Ecken (Abb. 62). Kopfschild des ♀ auf der Endhälfte (auf der Grundpunktulierung) mit schwacher, ± undeutlicher Punktierung; Punktierung des Mittelsegments meistens schwächer, in der Regel ohne Glanz auf den Zwischenräumen. Beborstung des 2. Tergits winzig. Färbung stark veränderlich. Gestalt weniger gestreckt; Größe im Durchschnitt merklich geringer. ♀ 12—15 mm, ♂ 10—14 mm. 6. *Eumenes p. pomiformis* (F.).

1. *Eumenes c. coarctatus* (L. 1758)

Vespa coarctata n. sp. — Linnaeus, Syst. natur. Ed. 10ª, I, 1758, S. 573, n. 9, ♀. Loc. typ.: Europa. Typus nicht vorhanden (Blüthgen 1938c S. 48 unten).

Vespa coronata n. sp. — Panzer, Faun. Insect. German., VI, 1799, P. 64, T. 12, ♂. Loc. typ.: Nürnberg. Typus nicht vorhanden.

Eumenes coarctata (L.) n. comb. — Latreille, Hist. natur. Insect. III, 1802, S. 360.

! *Eumenes atricornis* n. sp. — Fabricius, Syst. Piez., 1804, S. 289, n. 17, ♀. Loc. typ.: Österreich (Megerle). Holotypus (Torso): M. K.

Eumenes coarctata (L.) ♀ ♂ — Thomson 1874, S. 35, n. 1.

Eumenis mediterranea var. *Neesi* n. var. ♂ — Kriechbaumer, Ent. Nachr. **5**, 1879, S. 88, ♂. Loc. typ.: Ragusa. Typus nicht ermittelt (Blüthgen 1943 S. 302).

Wegen Deutung der *Vespa coarctata* L. siehe Blüthgen 1938c S. 480/482 und hinten S. 235 Anm. 13.

Durch Abtrennung der Subspecies *coarctatus detonsus* Blüthg. 1943 (Nordiran) und *coarctatus ibericus* Blüthg. 1956 (Südspanien) ist die Subspecies *c. coarctatus* (L.) entstanden.

Diese ist durch die lange dunkle Behaarung des 2. Sternits so unverkennbar gekennzeichnet, daß ihre Verwechslung mit anderen europäischen *Eumenes*-Arten ausgeschlossen wird.

Die Färbung deutscher Stücke ist veränderlich: ♀♀ mit gering entwickelten oder ganz ausfallenden Zeichnungselementen auf Kopf, Thorax und Tergit 1 überwiegen, es kommen aber auch gelegentlich Stücke mit so reich entwickelter Zeichnung dieser Körperteile vor, wie sie vom Südhang der Alpen bekannt sind, z. B. 1 ♀ von Berlin-Buch und 1 ♀ von Darmstadt coll. m.

Die Verbreitung von *c. coarctatus* in Europa hat boreoalpinen Charakter: Er besiedelt einerseits Nordeuropa, anderseits das Alpengebiet, westlich bis in die Pyrenäen (Val de Ordesa), östlich bis in die Gebirge der Balkanhalbinsel. Seine Verbreitung im Untersuchungsgebiet ist ungenügend erforscht. Die älteren Faunenverzeichnisse sind unbrauchbar, da sie aus der Zeit stammen, als „*coarctatus*" noch ein Sammelbegriff war. Ich habe Stücke aus folgenden Gegenden gesehen: aus dem Norden von Zoppot (1 ♀ 1 ♂, P. TIMM leg.), Bromberg (coll. KL. ZIMMERMANN), aus der Stettiner Umgebung (A. R. PAUL 1943), Berlin-Buch (KL. ZIMMERMANN leg.), Schwerin (WAGNER 1941); dagegen fehlen Nachweise aus dem Nordosten und aus Nordwestdeutschland. Aus den mittleren und süddeutschen Diluvialsandgebieten, so bei Bamberg (SCHNEID 1941), Erlangen (STÖCKHERT leg.), Haag a. Amper (coll. m.), Abensberg (desgl.), Kahl (P. EIGEN leg.), Darmstadt (R. MEYER leg.), Karlsruhe (LEININGER 1951). Aus ± bergigen Gegenden von Thale am Harz (K. DORN leg.), Dillenburg (H. WOLF leg.), Burgen a. Mosel (P. EIGEN leg.), Hagnau am Bodensee (PAUL leg.), ferner siehe LEININGER 1951. Im Elsaß fand ihn M. KLEIN bei Straßburg-Rupprechtsau und bei Bischenberg. Aus Schlesien lag er mir vor von Nimkau, Wartha und Saalberg. Hier im mittleren Saaletal scheint *c. coarctatus* zu fehlen.

Noch spärlicher sind die Belege für das übrige Mitteleuropa, die mir zur Verfügung standen: Leipa (ČSSR) 1 ♀ (Mus. Hamburg); Deutsch-Altenburg a. d. Donau (M. B. und coll. L. MADER); Innsbruck und Umgegend (coll. E. PECHLANER, in Anzahl); Plöckengebiet und Mölltal (L. MADER); Schweiz (Zürich, Grono, Sierre: coll. v. SCHULTHESS); Slovenien (Podčetrtek: leg. E. JAEGER); Transsilvanische Alpen (Herkulesbad: 1 ♂ coll. K. DORN).

Über die Lebensweise dieser Art war bisher nichts bekannt. Angaben, die mit Sicherheit auf *coarctatus* bezogen werden konnten, waren nicht zu meiner Kenntnis gelangt; was an solchen vorliegt, betrifft offensichtlich andere Arten, namentlich *pedunculatus* (PANZ.). Jetzt teilte mir E. VALKEILA mit, das ♀ baue das Nest in Vertiefungen von Steinen und verkleide es mit großer Geschicklichkeit; bisweilen habe er auf Steinen auch urnenförmige Einzelzellen angetroffen. Beute seien Raupen, z. B. solche von *Eupithecia satyrata* HB.

Phänologie: LEININGER 1951 verzeichnet ♂♂ einerseits vom 7. 5. (28) und anderseits vom 13. 8. (27); es handelt sich bei letzterem, das ich sah, um ein frisches Stück. Ich besitze ein ganz frisches ♂ vom 1. 10. (22) aus Bayern. Danach tritt diese Art in 2 Generationen im Jahr auf. Zur Frühjahrsgeneration gehören 1 ♂ von Buch aus dem Juni, die von A. R. PAUL 1941 gemeldeten 2 ♂♂ von Podejuch vom 3. 6. 39, das ganz frische ♀ von Thale vom 16. 6. (53) und 1 ♂ von Sierre c. m. vom 19. 5. (85), zur 2. Generation 1 ♂ von Bachmühlen vom 26. 7 (41) (A. R. PAUL 1941) und die große Menge des Materials, das mir vorlag und ab August bis Anfang Oktober gesammelt war. Unter schwedischen Stücken aus M. St. befanden sich ♂♂ einerseits vom 19. 6. und anderseits vom 14. 8. und ♀♀ vom 7. 7. und vom 23. 9.: also auch dort 2 Generationen. Das Material aus Podčetrtek, das ich sah, umfaßte nur Stücke der 2. Generation: ♂♂ ab 13. 8. (32), ♀♀ vom 2. 9. (32) (ganz frisch) bis 2. 10. (31) (ziemlich abgeflogen)

(Am besten geben über die Generationsfolge Auskunft die Fangdaten der ♂♂, die ja nur eine sehr beschränkte Lebensdauer haben, während diese sich bei den ♀♀ durch eine Verzögerung im Ablauf des Brutinstinktes, z. B. durch anhaltende ungünstige Witterung, welche den Nestbau und die Nestversorgung hindert, sehr verlängern kann.)

2. *Eumenes p. papillarius* (CHRIST 1791)

Sphex papillaria n. sp. — CHRIST, Naturg. d. Insect., 1791, S. 325, T. 32, F. 10, ♂. Loc. typ.: Kronberg (Taunus). Typus nicht erhalten.

Eumenes bimaculatus n. sp. — ED. ANDRÉ, 1884, S. 645, ♀. Loc. typ.: Südeuropa. Verbleib des Typus nicht bekannt.

Eumenes papillarius (CHRIST) n. comb. — BLÜTHGEN 1938c S. 484.

Auch diese Art ist (an ihrer Größe, der gestreckten Gestalt, den langen Fühlergeißeln, an der borstigen Behaarung des 2. Tergits und an der Färbung der Schienen III und Tarsen III) leicht kenntlich.

Die infolge der Abtrennung der ssp. *monticola* BLÜTHG. 1956 entstandene typische Unterart ist im Gebiet weit verbreitet, auch im Nordwesten einschließlich Schleswigs (Husum) und der ostfriesischen Inseln (Borkum) und im Ostseeraum unmittelbar östlich der Oder (A. R. PAUL 1943), während sie weiter ostwärts noch nicht nachgewiesen war. Da sie anscheinend keine besonderen ökologischen Bindungen hat — nur scheint sie das Gebirge zu meiden, — und sie mir deshalb aus sehr vielen Teilen des Gebietes bekannt geworden ist, erübrigt sich die Mitteilung der Fundorte.

Auch im übrigen Mitteleuropa ist *p. papillarius* eine gewohnte Erscheinung. Dasselbe gilt für Frankreich, Belgien und Holland. In England und Skandinavien fehlt er. In Finnland scheint er nach einer Notiz von E. VALKEILA vorzukommen. Eine im lettischen Gebiet bei Wezkukkul aufgefundene Form mit extremer Schrumpfung der gelben Zusatzpigmentierung habe ich 1938c, S. 485, als var. *baltica* („var." im Sinne von ssp. zu verstehen) beschrieben. Das Verbreitungsgebiet der Art erstreckt sich nach mir bekannten Funden östlich über die Ukraine bis in das Wolgagebiet (Sarepta) und den Südural (Orenburg) und durch Macedonien (Treskaschlucht; Doiran; Berg Dub) und Kleinasien bis in die Gegend von Adana und Eriwan.

Die durch die Entwicklung von 2 punkt- bis kommaförmigen gelben Flecken vorn auf dem Mesonotum gekennzeichnete, beim ♀ nicht selten, beim ♂ ausnahmsweise vorkommende var. *bimaculata* ANDRÉ tritt im ganzen Verbreitungsraum der ssp. *papillarius* zwischen normal gefärbten Stücken auf.

Imagines fand ich an den Blüten von Symphoricarpus, Rhamnus cathartica und Himbeeren; andere nennen Calluna, Allium porrum, Frangula alnus, Peucedanum oreselinum und besonders Epilobium angustifolium. Die gelblich-grauen Zellen sind der Größe der Art entsprechend geräumig, flach urnenförmig, bald mit kurz ovalem Grundriß, etwa 14 bis 16 mm lang bei geringerer Breite und Höhe, bald mehr rundlich. Sie werden in lockerem Verband, jede für sich, in größerer Zahl (KRIECHBAUMER fand einmal 13 Stück beisammen) an Holzplanken, Holzklaftern (FR. PILLICH brfl.), sonstigem Holz (BISCHOFF 1927 S. 212 Abb. 91), hinter Fensterläden (FRIESE, Ent. Nachr. 1895, und KRIECHBAUMER, Ent. Nachr. 1879 S. 1 und 309) angeheftet; mehrfach hat man sie in Bienenstöcken gefunden (CHRIST 1791; SCHIRMER 1915 S. 154), in den Falten einer aufgezogenen Fensterjalousie (ALFKEN 1914 S. 300) oder denen einer Fenstergardine (J. LICHTENSTEIN nach ED. ANDRÉ 1884 S. 627, bei *bipunctis* SAUSS.), und einen besonders merkwürdigen Fall teilte mir KL. ZIMMERMANN (Berlin) mit: Während er in den Dünen am Fluß Ssosch (nördl. Ukraine) ein Sonnenbad nahm, hatte ein ♀ dieser Art — das Belegstück lag mir vor — damit begonnen, auf seiner am Boden liegenden Reithose eine Zelle zu bauen.

Die Nester werden mit Spanner-Raupen versorgt (KRIECHBAUMER a. a. O.). FRIESE erhielt aus einer der Zellen (siehe oben) die Schlupfwespe *Mesostenus gladiator* (SCOP.).

Phänologie: Aus Brutzellen, die KRIECHBAUMER am 23. 8. 78 eingetragen hatte und von denen damals bereits einige schon die erwachsenen Larven enthalten hatten, schlüpften die Imagines erst ab Mitte Juli 79 (Ent. Nachr., 5, 1879, S. 1 u. S. 309; Belegstücke in M. Mü.: 1 ♂ 21. 7. 79, 1 ♂ 26. 7. 79, 1 ♀ var. *bimaculata* 24. 7. 79) . Ich muß annehmen, daß sich die Entwicklung zur Imago verzögert hatte, denn das wird durch folgende Fangdaten wahrscheinlich gemacht: ♂♂ fing ich bei mir im Garten von Ende Mai bis Anfang Juli (frühestens am 29. 5. [47], meistens in der Zeit vom 20.—28. 6. [38], einen Nachzügler am 4. 7. [52]); A. R. PAUL verzeichnet für das Gebiet östlich der unteren Oder als frühesten Termin den 6. 6. (37); LECLERQ nennt den 3. 6. (45), 8. 6. (45) und 10. 6. (45); ich besitze 1 ♂ von Subotica (Batschka) vom 29. 5. (23). 1 ♀ fing ich am 29. 5. (40); 1 ♂ von Simontornya (Ungarn) datiert vom 12. 5. (34).

Dagegen müssen wohl folgende Stücke zu einer 2. Generation gehören: 1 ♂ aus meinem Garten vom 17. 7. (51); 1 ♀ 1 ♂ von Buch vom 23. 8. (32), beides frische Stücke; 1 ♂ von Herrenwald (Elsaß) vom 23. 8. (25); 1 ♂ von Karlsruhe vom 12. 8. (27); 1 ♀ von Geisenheim vom 31. 8. (21); ♀♀ von Podčetrtek vom 28. 8. (37) (frisch) und vom 7. 9. (32) (frisch); ♂♂ von Plitvice (Kroatien) vom 9. bis 11. 8. (52); ♂♂ ab 7. 8. (43) und ♀♀ vom 17. 8. (43) von Subotica; LECLERQ nennt für ♂♂ 7. 8. (95), 10. 8. (71) 11. 8. (95 und 41), für ♀♀ 4. 8. (38), 10. 8. (71), 11. 8. (41), 18. 8. (95) und 27. 8. (40).

Anderseits habe ich von Borkum (F. STRUVE leg.) ♂♂ vom 10. 7. (40) und 24. 7. (40), beide nicht mehr ganz frisch, und vom 14. 7. (40) (frisch) und ganz frische ♀♀ vom 10., 13. und 14. 7. (40). Die Frage der Generationsfolge von *p. papillarius* bedarf hiernach noch der weiteren Erforschung.

3. *Eumenes m. mediterraneus* KRIECHB. 1879.

! *Eumenis Mediterranea* n. sp. — KRIECHBAUMER, Ent. Nachr. 5, 1879, S. 85, ♀ ♂. Loc. typ. (Lectoholotypus): Dalmatien. Lectoholotypus: M. Mü.
Eumenes m. mediterraneus KRIECHB. — BLÜTHGEN 1943c S. 301. (Wegen der vom Autor l. c. benannten vermeintlichen Varietäten dieser Art var. *Heri* ♂ und var. *Neesi* ♂ siehe BLÜTHGEN 1943c S. 302.)

Diese an den im Bestimmungsschlüssel genannten Merkmalen leicht kenntliche Art ist im Mediterrangebiet weit verbreitet und hat eine Anzahl von Unterarten gebildet (BLÜTHGEN 1938c S. 487, 488). Die typische Unterart, die ich **1943**c gekennzeichnet habe, ist in Mitteleuropa bisher nur in der Südschweiz (Tessin), am Neusiedlersee (1 ♀ von Neusiedel, M. B.) und nach L. MÓCZÁR 1938 in Ungarn aufgefunden worden. In Deutschland ist sie kaum zu erwarten.[1])

Über ihre Lebensweise ist m. W. noch nichts bekannt geworden. Es kann angenommen werden, daß auch diese Art 2 Generationen im Jahre hat.

4. *Eumenes s. subpomiformis* BLÜTHG. 1938

Eumenes subpomiformis n. sp. — BLÜTHGEN 1938c S. 479/80, 494/95, ♀ ♂. Loc. typ.: Huben (Tirol). Typen: M. B.

Durch Abtrennung der ssp. *crassipunctatus* BLÜTHG. 1956 (1956 a S. 3) ist die ssp. *subpomiformis* entstanden. Diese hat submediterrane Verbreitung. Im Untersuchungsgebiet ist der nördlichste Punkt ihres Vorkommens das mittlere Saaletal (wo ich sie in den Steinbrüchen am „Himmelreich‘ bei Saaleck und CHR. COHRS am „Burgschädel" bei Dornburg fand) und das untere Unstruttal (Steigra oberhalb Karsdorf). Südlich des Thüringer Waldes ist sie aus Franken (vereinzelt in der Umgebung von Bamberg; bei Thüngersheim, Retzbach, Karlstadt: J. HEINRICH & P. EIGEN leg.), aus Niederbayern (Thaldorf, Weltenburg a. d. Donau: E. STÖCKHERT leg.; Erlau bei Passau: M.Mü.), aus Baden (LEININGER 1951; Jhringen und Wasenweiler: M.B.), aus dem Elsaß (Bischenberg: M. KLEIN leg.; Kaysersberg: M.Mü. 1 ♂), aus Westdeutschland (Dillenburg: H. WOLF; Boppard, Burgen a.d. Mosel, Kreuzberg a.d. Ahr: P. EIGEN) nachgewiesen. 1 ♀ von Wartha (NO. von Glatz) lag mir aus Mus. Breslau vor.

Verbreitung im übrigen Mitteleuropa: Tirol: Innsbruck und Umgebung (coll. E. PECHLANER), Mayrhofen (CHR. COHRS leg.), Huben (loc. typ.); Niederösterreich: Plank a. Kamp (M. W.), bei Wien (coll. PECHLANER); Hackelsberg (M.B.). Schweiz (namentlich im Wallis und Tessin).

In Nordeuropa, England, Holland und Belgien fehlt *subpomiformis*; aus Frankreich kenne ich ihn nur aus dem Süden.

In Südeuropa reicht sein Verbreitungsgebiet von Portugal bis zur Balkanhalbinsel und erstreckt sich weiter bis nach Kleinasien. In Nordafrika scheint er zu fehlen.

Diese Art ist durch die gestreckte, aber kräftige Gestalt, die Gesichtsform, die langen Fühlergeißeln und (namentlich das ♀) durch die Form der Kopfschildecken gut gekennzeichnet und kann mit den anderen deutschen Arten nicht verwechselt werden. Ich fing 1 ♀ an Reseda lutea; über ihre Lebensweise ist sonst noch nichts bekannt.

Phänologie: Anscheinend hat auch diese Art zwei Generationen. Zur 1. gehören: Burgen a. d. Mosel 1 ♂ 6. (30), Thüngersheim 1 ♂ 20. 6. (38), Retzbach 1 ♂ 22. 6. (41), Jöhlingen 1 ♂ 29. 6. (31), Thaldorf 1 ♂ 29. 6. (38), Jöhlingen 1 ♂ 3. 7. (31), Naumburg 1 ♂ 3. 7. (44); Naumburg 1 ♀ 7. 6. (22), Bischenberg 1 ♀ 27. 6. (37) — zur 2.: Thaldorf 1 ♂ 8. 8. (37), Karlstadt 1 ♂ 14. 8. (38), Bischenberg 1 ♂ 15. 8. (39), Thaldorf 1 ♂ 20. 8. (38), Ettlingen 1 ♂ 9. (46); Karlstadt 1 ♀ 15. 8. (49), Pforzheim 1 ♀ 26. 9. (29). Ob

[1]) Nachträglich erfuhr ich von Herrn M. KLEIN (Strasbourg-Robertsau), daß er 1 ♀ bei Straßburg gefangen habe; ich möchte annehmen, daß es sich um ein verschlepptes Stück handelt.

1 ♂ von Weltenburg a. d. Donau vom 20. 7. (38), 1 ♀ von Naumburg vom 16. 7. (45) (frisch) und 1 ♀ von Naumburg vom 7. 8. (48) (älter) aus der 1. oder ob sie aus der 2. Generation stammen, muß ich offen lassen. Von außerdeutschem Material coll. m. gehören 1 ♀ von Herkulesbad (23. 6. 32) und 1 ♀ von Taormina (20. 5. 22) zu einer 1. und 1 ♀ von Susten (27. 8. 86), 1 ♀ von Sierre (6. 9. 87), 1 ♀ von Lugano (9. 1912) sowie 1 ♂ von Abrunhosa (Portugal) vom 28. 10. (49) zu einer 2. Entwicklungsfolge.

5. *Eumenes p. pomiformis* (F. 1781)

! *Vespa pomiformis* n. sp. — FABRICIUS, Spec. Insect. I, 1781, S. 467, n. 58, ♀. Loc. typ. (Lectoholotypus): (Italien. Dr. ALLIONI). Lectoholotypus: M. K.

? ! *Eumenes lunulata* n. sp. — FABRICIUS, Syst. Piez., 1804, S. 290, ♀. Loc. typ.: Österreich (MEGERLE). Typus: M. K. Abb. 63, 64.

Eumenes pomiformis (F.) ♂ — BLÜTHGEN 1938c S. 492/3.

(Im Cat. Hym. von DALLA TORRE 1894 S. 29 werden als Synonyme von *pomiformis* verzeichnet *Vespa globulosa* FOURCR. 1785, *Vespa histrio* VILL. 1789, *Vespa globosa* WALCK. 1802 und *Eumenes marginata* HÖV. 1826. Ob typisches Material dieser Arten noch vorhanden ist, ist mir nicht bekannt geworden; ohne solches ist der Versuch ihrer Enträtselung ein aussichtsloses Beginnen.)

Über das Verhältnis von *lunulatus* F. zu *pomiformis* habe ich 1938 c S. 491 geschrieben. J. de BEAUMONT unterrichtete mich vor einiger Zeit davon, er habe zwischen diesen beiden Arten folgende Unterschiede herausgefunden:

pomiformis	*lunulatus*
♀ ♂: bei Stücken, bei denen die Scheibenflecke des 2. Tergits mit der Endbinde verschmolzen sind, treffen sie diese seitlich am äußersten Ende. Die Behaarung des Kopfschildes ist überall kurz und angedrückt.	♀♂ : bei Stücken, bei denen die Scheibenflecke des 2. Tergits mit der Endbinde verschmolzen sind, treffen sie diese mindestens um ihre Breite vor dem äußersten Ende der Binde. Die Behaarung des Kopfschildes ist (namentlich beim ♀) im oberen Teil ± aufgerichtet.
♂: Der Fühlerhaken hat auf der Basalhälfte seiner Oberseite eine mikroskopische aufrechte Behaarung.	♂: Fühlerhaken daselbst kahl.
Das 7. Sternit hat auch mitten eine haartragende Punktierung, die Haare sind aufgerichtet.	Das 7. Sternit ist mitten unpunktiert, die Behaarung ist angedrückt.

Der Formenkreis des *pomiformis-lunulatus* bedarf infolgedessen einer umfangreichen und zeitraubenden Neubearbeitung, für die im gegenwärtigen Rahmen kein Raum war.[1])

Ich muß mich deshalb auf folgendes beschränken: Was in Deutschland, in Österreich und in Ungarn vorkommt, gehört, wie ich schon 1938c S. 491 mitgeteilt habe, der Färbung nach zu *lunulatus*. Aus Deutschland sind bisher nur folgende Fundorte bekannt geworden: aus dem mittleren Saaletal der Steilhang oberhalb der „Saalhäuser“ bei Kösen (1 ♀ 1 ♂ coll. m.), die alten

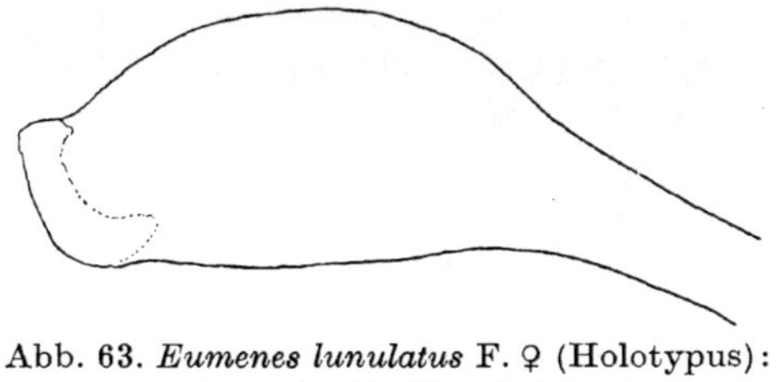

Abb. 63. *Eumenes lunulatus* F. ♀ (Holotypus): 1. Tergit im Profil. (Original)

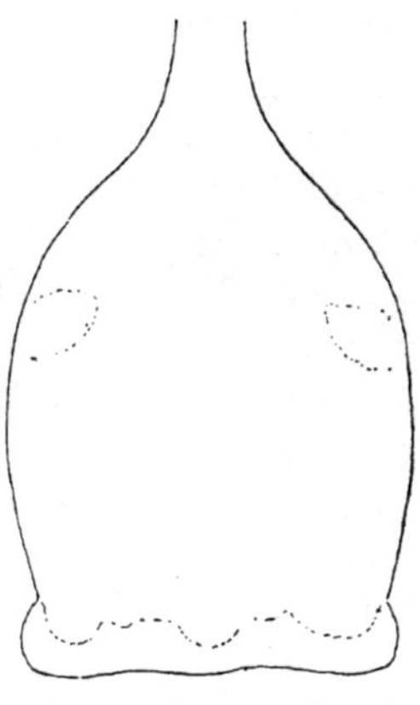

Abb. 64. *Eumenes lunulatus* F. ♀ (Holotypus): 1. Tergit von oben. (Original)

[1]) Der Name *Eumenes lunulata* F. 1804 ist kein Objektives, sondern nur ein Subjektives Homonym von *Vespa lunulata* VILLERS 1789, also an sich legitim, aber solange ungültig und nicht verwendbar, als *Vespa lunulata* VILLERS in der Gattung *Eumenes* steht (R. RICHTER 1948 S. 196ff.). Welcher Name als Ersatz für ihn einzutreten hat, lasse ich hier auf sich beruhen.

Steinbrüche am „Himmelreich“ bei Saaleck (2 ♀♀ coll. m.), die „Kernberge“ bei Jena (2 ♀♀ 1 ♂ coll. m., O. MICHALK leg.), Jena (1 ♀ coll. m., 1 ♂ coll. KL. ZIMMERMANN); außerdem nur noch Erlangen (1 ♂ coll. m., E. STÖCKHERT leg.).

Über die Lebensweise von *pomiformis* und von *lunulatus* ist noch nichts sicher bekannt. Zwar hat man wiederholt über den Nestbau von „*pomiformis*“ und die von diesem als Larvenfutter verwendeten Raupen (Spanner, Eulen, Kleinschmetterlinge u. a.) berichtet, so namentlich P. CHRÉTIEN in verschiedenen Veröffentlichungen; aber man weiß nicht, was die Autoren im Einzelfalle unter „*pomiformis*“ verstanden haben.

6. *Eumenes p. pedunculatus* (PANZ. 1799) (Abb. 71)

Vespa pedunculata n. sp. — PANZER, Faun. Insect. German. 6, 1799, p. 63 T 8, ♀. Loc. typ.: Schweiz (JURINE), Nürnberg. Typus nicht erhalten.
Eumenes atricornis F. ♀ ♂ — THOMSON 1874, S. 37 (einschl. var. e ♀).[1])
Eumenes pedunculatus (PANZ.) — BLÜTHGEN 1938b, s.

Durch Abtrennung der Unterart *turanus* BLÜTHG. (1943c, S. 302) ist eine Unterart *pedunculatus* entstanden.

W. HELLÉN hat 1944 S. 10, 11 aus Lappland und Südostfinnland zwei neue *Eumenes*-Formen beschrieben, die er „*pedunculata* (PANZ.) ♀ var. *lapponica*“ und „*pedunculata* (PANZ.) ♀ var. *punctata*“ benannt hat; von beiden lag ihm nur je 1 Stück vor. Ich habe noch nicht die Gelegenheit gefunden, mir über sie ein Urteil zu bilden und ferner, nachzuprüfen, ob sie etwa auch im Untersuchungsgebiet vorkommen.

Die große Individualverschiedenheit in der Form des Postpetiolus und in der Stärke und Dichte der Punktierung namentlich des 2. Tergits, die bei den deutschen *Eumenes*-Arten auch innerhalb einer und derselben Population auftreten kann, ist besonders *pedunculatus* eigen: Der Postpetiolus ist in der Regel breit und nach vorn verbreitert, er kann aber auch schmal und parallelseitig sein; die Punktierung des 2. Tergits ist zumeist mitten ± ausgedehnt spärlich, zart und oberflächlich, häufig kaum angedeutet, aber die stärkere und deutliche der Seiten und der Endpartie kann sich ± dicht auch über die Mittelfläche erstrecken. Zwischen diesen Extremen finden sich in verschiedener Kombination gleitende Übergangsformen.

Eum. pedunculatus ist im Gebiet weit verbreitet. Er bevorzugt augenscheinlich Diluvialsandgegenden, namentlich Kiefernheiden mit Calluna, und ist deshalb in den Sandgebieten von Nord- bis Süddeutschland überall zu Hause und meist häufig. Gegenden mit anderer geologischer Beschaffenheit fehlt er in der Regel. Hier bei Naumburg, wo er eine sehr seltene Erscheinung ist, bin ich ihm außer in der Buntsandsteinregion einige Male auch auf Muschelkalk „(Himmelreich“ bei Saaleck) begegnet; P. EIGEN und J. HEINRICH fanden ihn ebenfalls auf Muschelkalk (Thüngersheim a. Main). Fundorte, deren Bodenart mir nicht bekannt ist, sind Hückeswagen, Ohligs, Boppard und Burgen a.d. Mosel (coll. EIGEN); im Kaiserstuhl ist *pedunculatus* weit verbreitet (M.B.).

Aus dem übrigen Mitteleuropa kenne ich ihn aus der Schweiz, von Innsbruck (E. PECHLANER), Mödling bei Wien (c. m.), Oberweiden (coll. MADER) und Ungarn. Bei Podčetrtek (Slovenien) ist er häufig (E. JAEGER leg.). In Nordeuropa kommt er in Skandinavien, Finnland und im lettischen Raum (Wezkukkul: M. B.) vor. In England ist er die einzige *Eumenes*-Art. Ebenso ist er in Holland und Belgien zu Hause. Aus Südeuropa sah ich bisher nur Stücke aus der Sierra Nevada (Südspanien) (M. Lau.), Meran (M. B.), Piemont.

Imagines traf ich an den Blüten von Veronica chamaedrys, Senecio vernalis, Himbeeren und Reseda lutea; aus dem Schrifttum und aus Vermerken auf den Fundortzetteln mir

---

[1]) Diese var. e habe ich in „Opusc. Ent.“ 24, 1958, S. 13, mit dem Namen var. *turaniformis* belegt (Typus: M. Lu.).

eingesandter Stücke sind ferner zu nennen Veronica spicata, Geranium, Thymus, Melilotus, Erigeron, Aster linosyris, Angelica, Tanacetum, Cirsium und namentlich Epilobium angustifolium.

Der Nestbau ist neuerdings mehrfach der Gegenstand der Untersuchung und der Festhaltung im Lichtbild gewesen. Ganz hervorragend ist die von mir schon oben S. 10 erwähnte Bilderreihe in „Aus der Heimat", 62, 1954, Tafeln 11—16, die in 12 Einzelbildern den Ablauf der Errichtung einer Einzelzelle vom Beginn bis zum Abschluß einschließlich der Versorgung der Zelle wiedergibt. Der Begleittext schildert eingehend die Verhaltensweise der ♀♀. Häufig werden 2—3 Zellen eng aneinandergefügt (eine gute Photographie zeigt „Kosmos" 1936 Heft 5) und wohl auch noch mit einer einheitlichen Mörtelschicht überzogen, so daß sie wie ein grau verwittertes Stück Hundekot aussehen (siehe K. Schirmer 1915 S. 154 und E. Enslin in „Kosmos" 1920 S. 114 Abb. 6; auch ich fand ein solches Konglomerat von 2 Zellen an Heidekraut bei Stolp). Die Zellen werden niedrig über dem Boden an Calluna-Ästchen, Kiefernnadeln, Grashalmen und dgl., nach M. Müller (Dtsch. Ent. Z. 1923 S. 631) aber auch einzeln in Vertiefungen an Grenzsteinen[1]) angebracht. Als Larvenfutter werden Spannerraupen eingetragen; G. Olberg fand in seinem Beobachtungsgebiet immer nur die des Heidekrautspanners *Ematurga* verwendet.

J. D. Alfken erhielt aus einer Zelle die Schlupfwespe *Acroricnus stylator* Thunb. (*macrobates* Grav.). M. Müller nennt als Schmarotzer ferner *Chrysis ignita* (L.), R. Forsius für Finnland als Parasit von „*coarctatus*" (also entweder *coarctatus* oder *pedunculatus*, da nur diese 2 Arten aus Finnland sicher bekannt sind) *Chrysis Ruddii* Shuck.

Abb. 65. *Eumenes pedunculatus* (Panz.)♀. (G. Olberg phot.)

Phänologie: Ich fand im Ostseegebiet östlich der Oder am 12. 5. (18) 1 ♂ und am 18. 5. (18) 1 ♂ 1 ♀ und anderseits dort am 11. 9. (19) 1 ♀ am soeben fertiggestellten Nest. Einige gleichartige Daten aus Schrifttum und von mir eingesehenen Sammlungen: Klein-Guja: frische ♂♂ vom 18. 5. (37) und 30. 5. (36) einerseits und vom 20. 8. (33) anderseits; A. R. Paul 1943 östlich der unteren Oder: ♂♂ vom 6. 6. und vom 27. 8., ♀♀ vom 14. 6. und vom 8. 9.; H. Leininger 1951 (Baden): ♂♂ vom 4. 5. (31) und 24. 5. (33) sowie vom 8. 8. (19), 14. 8. (32), 21. 8. (35) und 28. 9. (29); J. Leclerq 1953 (Belgien): ♂♂ vom 16. 5. (43), 7. 6. (75) sowie vom 30. 7. (45) und 25. 8. (43); Podčetrtek (Slovenien, E. Jaeger leg.): ♂♂ vom 12. 5. (35) und 30. 5. (33) sowie vom 31. 8. (33), ♀♀ vom 28. 4. (34), 16. 5. (32) und 23. 5. (34) sowie vom 23. 7. (31) (frisch), 13. 8. (31) und 8. 9. (32). Hiermit stimmt überein, daß R. Krieger (1894) aus 2 Zellen von „*Eum. atricornis* (F.) Thoms." erst am 20. und 21. 8. die Imagines erhielt. (Daß dieses Nest aus demselben Jahre stammte, ist sicher, denn solange, wie geschehen, kann sich die Entwicklung von der Ruhelarve zum fertigen Insekt nicht verzögert haben, daß das Nest aus dem Vorjahre hätte stammen können.)

Ich halte es hiernach für bewiesen, daß *pedunculatus* 2 Generationen im Jahr hat.

7. *Eumenes dubius sareptanus* Ed. André 1884 var. *germanica* Blüthg. 1938 (Abb. 66)

Eumenes dubia n. sp. — Saussure, Étud. fam. Vespid. I, 1852, S. 32, n. 3, ♀ ♂. Loc. typ.: Südfrankreich. Standort der Typen: M. P. (coll. Lepeletier).

[1]) Falls diese Beobachtung Müllers nicht in Wahrheit *c. coarctatus* (L.) betrifft, vgl. vorn bei diesem.

Eumenes sareptanus n. sp. — Ed. André, Spec. Hymén. Europ. II, 1884, S. 638, ♀. Loc. typ.: Sarepta. Standort des Typus nicht bekannt[1].)

Eumenes pomiformis F. forma *insolata* nov. — M. Müller, Dtsch. Ent. Z. 1923, S. 627. Herkunft: Mark Brandenburg. Belegstücke in M. B.

Eumenes dubius sareptanus Ed. André (n. stat.) — Blüthgen 1938c S. 463, 469.

Eumenes dubius sareptanus Ed. André var. *germanica* n. var. — Blüthgen 1938c S. 469. Loc. typ.: Wasenweiler (Kaiserstuhl). Typen: M. B.

Eumenes dubius erleidet im osteuropäisch-westsibirischen Steppengebiet die dort für viele Eumenidae gesetzmäßige Abänderung der gelben Pigmentierung in elfenbeinweiße und beim ♀ der gelben Beinfärbung in rostrote. Diese Unterart, die außerdem eine um die Hälfte längere und auch dichtere Behaarung des Thorax, insbesondere des Mesonotums, als bei der typischen Unterart aufweist, hat Ed. André unter dem Namen *sareptanus* als Art beschrieben. Sie erstreckt ihr Verbreitungsgebiet westlich bis Mitteleuropa und die nördlichen Gegenden Südeuropas und findet sich stellenweise auch in Klein- und Mittelasien, nimmt aber daselbst wieder gelbe Färbung der Zusatzpigmentierung an und variiert beim ♀ in der Farbe der Beine von rostrot bis rostgelb, teilweise mit gelben Partien.

Im Untersuchungsgebiet scheinen schwefelgelbe Pigmentierung und rostrote Beinfarbe der ♀♀ auf den nördlichen und mittleren Raum beschränkt zu sein, während satteres Gelb der Zeichnung und bei den ♀♀ die Aufhellung der Beinfärbung im Süden vorherrschen.

Diese Art ist an der Besonderheit ihrer Behaarung, insbesondere an der der Schläfen, untrüglich zu erkennen. Der Umfang der gelben Pigmentierung ist auch bei ihr individuell sehr veränderlich, auch die Tergitskulptur kann wechseln; bei den ♂♂ können Orbitalstreifen vorhanden sein oder fehlen und rostgelbe Färbung der Unterseite der Fühlergeißeln ausgedehnt oder kaum entwickelt sein.

Abb. 66. *Eumenes dubius sareptanus* André v. *germanica* Blüthg. ♀. (G. Olberg phot.)

Dieser *Eumenes* bevorzugt Diluvialsandgebiete. Er ist nachgewiesen aus dem Nordosten (Zoppot: 1♀ coll. Timm; Rummelsburg und Tempelburg: A. R. Paul 1943), Posen (Bromberg: coll. Kl. Zimmermann), Brandenburg (Buch, Königswusterhausen, Gr. Machnower Weinberg), Mecklenburg (Waren: 1♀ leg, H. Köller), Sachsen (Zeithain: leg. Chr. Cohrs), im Fläming (Niemegk: G. Olberg), um Halle (Lettin, Trotha: coll. m.; Salzmünde: 1 ♀ Mus. Halle), aus Franken (Schneid 1941; Kahl, Thüngersheim, Retzbach: leg. P. Eigen & P. Heinrich), aus Baden (Leininger 1951).

Aus dem übrigen Mitteleuropa kenne ich ihn aus der Südschweiz (Wallis), Südmähren (Čejč: coll. Zavadil), Österreich (bei Wien: Stammersdorf, Donau-Auen), Ungarn (Simontornya), der Batschka (Subotica), Nordserbien (Paračin).

In Nordeuropa, in England, Holland und Belgien fehlt diese Art. Blütenbesuch der Imagines: Epilobium angustifolium, Veronica spicata und Melilotus werden genannt. Die Brutzellen fand M. Müller „Mitte August an der Südostseite eines Grenzsteines, in einer flachen Vertiefung ohne Zwischenräume unregelmäßig und dicht beisammen gehäuft, so daß sie beim Abheben meist vereinigt blieben" (1931 S. 71), wie auch früher schon so (1923 S. 625). G. Olberg beobachtete und photographierte ein ♀ beim Bau einer Einzelzelle, die

[1]) Vielleicht befindet er sich in coll. v. Radoszkovski (M. Kr.). Ich habe aus dieser seinerzeit nur die Gattung *Odynerus* (im Sinne der früheren Autoren) durchgesehen.

auf einem Vorsprung hoch an einer vertikalen Lößwand angebracht wurde („Tierfotografie", 1955, S. 131, 5 Abb.). Der Mörtel einiger Zellen, die ich sah, war von viel feinerer Struktur als derjenige der *pedunculatus*-Zellen, seine Farbe rötlich braungrau.

M. MÜLLER erhielt aus einigen Zellen die Schlupfwespe *Acroricnus stylator* THUNB.

Phänologie: Die mir zur Verfügung stehenden Daten sprechen dafür, daß 2 Generationen im Jahr entstehen. LEININGER 1951 nennt für die ♂♂ einerseits den 30. 5. und anderseits die Zeit vom 15. bis 31. 8., für die ♀♀ den 30. 5. und die Zeit vom 11. 8. ab. Bei Buch fing KL. ZIMMERMANN ♂♀ am 10. 6., anderseits ein frisches ♂ am 25. 8. (35). Aus Subotica habe ich ♂♂ vom 11. 5. (34), 15. 5. (35), 17. und 22. 5. (21), anderseits frische ♀♀ vom 12. 8. (30), 18 und 20. 9. (38). Bei Lyon fing A. WOLF 1 ♂ am 1. 6. (43) und 1 ♀ am 16. 10. (43). O. TASCHENBERG erhielt aus einer Zelle von Salzmünde die Imago (♀) am 8. 8. ; es erscheint mir sicher, daß die Zelle aus demselben Jahre stammte, zumal M. MÜLLER (1923 S. 626) die Dauer der Sommerentwicklung bei günstiger Witterung im ganzen auf kaum mehr als 40 Tage angibt. Wenn M. MÜLLER einmal aus einem Mitte August eingetragenen Nestkomplex die Imagines erst ab 5. 7. des nächsten Jahres erhalten hat (1931 S. 72), so handelt es sich ohne Zweifel um eine Verzögerung der Entwicklung infolge unbekannter Ursachen.

24. Gattung ***Katamenes*** MEADE WALDO 1910

Generotypus: *Katamenes Watsoni* M. W. 1910 (= *dimidiatus* BRULLÉ 1832 ♂ var. nach A. GIORDANI SOIKA 1949)

Von dieser Gattung kommen in Europa nur 3 Arten vor: *Sichelii* (SAUSS. 1852) in der typischen Unterart, *arbustorum* (PANZ.) und *sesquicinctus* (WEBER 1801) in den beiden Unterarten *sesquicinctus* var. *taurica* (SAUSS. 1856) und *dimidiatus* (BRULLÉ 1832).

Der circummediterrane *arbustorum* besiedelt Süd- und Mitteleuropa sowie Madeira in der typischen Unterart, Nordafrika und Südsizilien in der ssp. *algirus* (SCHULZ 1905 ♀) (*Debeaumonti* G. S. 1949 ♂) und den ostmediterranen Raum (westlich bis Mazedonien) in der ssp. *flavigularis* BLÜTHG. 1951.

Was die Verbreitung von *a. arbustorum* in Mitteleuropa betrifft, so hat SCHENCK (1861 S. 31) 1 ♂ gesehen, das aus Thüringen (wo ?) stammen sollte; das Belegstück ist in seiner Sammlung nicht vorhanden, die Nachprüfung der Richtigkeit der Herkunft also nicht möglich. In der Zoolog. Staatssammlung in München steckt 1 ♂, das einen gedruckten Zettel „Bamberg, coll. FUNK" trägt, aber auch hier ist die Herkunft nicht verbürgt, zumal FUNK auch in Südeuropa gesammelt hat (vgl. z. B. Ent. Nachr. 1892 S. 100). Das einzige sonst aus Deutschland bekannt gewordene Stück[1]) ist 1 ♂, das ich von J. HEINRICH (Aschaffenburg) bekam, der es nach seiner Angabe bei Karlstadt am Main am 11. 6. 1934 erbeutet hat. (Er schrieb mir, er halte es für möglich, daß es sich um ein zufällig eingeschlepptes Stück handele.)

Dagegen ist *a. arbustorum* in Österreich (loc. typ. !) um Wien, z. B. bei Mödling, Deutsch-Altenburg und Hainburg, nicht selten. Ferner kommt er in Ungarn (z. B. bei Budapest), in der Slowakei und in der Südschweiz (v. SCHULTHESS 1887), aber auch im Engadin (DE BEAUMONT 1947) vor. Im übrigen reicht sein Verbreitungsgebiet von Dalmatien durch Südeuropa bis Spanien und Madeira (1 ♀ von Funchal M. B.).

Katamenes arb. arbustorum (PANZ. 1799)

Vespa arbustorum n. sp. — PANZER, Faun. Ins. German. VI, 1799, P. 63, T. 5, ♀. Loc. typ.: Österreich. Typus nicht erhalten.

Eumenes Amedei n. sp. — LEPELETIER, Hist. natur Ins. Hymén. II. 1841, S. 598, n. 2 (nur „spec. ♀" und „var. ♂"). Loc. typ.: Montpellier. Standort der Typen: mir nicht bekannt.

Eumenes tabida n. sp. — EVERSMANN, Bull. soc. natur. Moscou, 27, 1854, S. 199, ♂. Loc. typ.: „Die südlichen nackten Vorgebirge des Urals". Typus: coll. auct. (M. L.).

---

[1]) Die Fundortangabe „Karlsruhe, Freiburg" in R. KUNTZE & J. NOSKIEWICZ 1938, S. 382, beruht auf einer Verwechslung mit *Delta unguiculatus* (VILL.).

Bei dieser Art erstreckt sich die zitronengelbe Zusatzpigmentierung auf dieselben Zeichnungselemente wie bei reich gezeichneten Stücken der *Eumenes*-Arten. Bei ♀ ♂ fehlen aber nicht selten die Scheibenflecke auf dem 1. Tergit, beim ♂ manchmal auch die auf dem 2. Tergit, und ferner kommen ♂ ♂ mit ungeflecktem Schildchen vor. Der Kopfschild ist bei beiden Geschlechtern gelb, beim ♀ häufig oben in wechselnder Weise schwarz gefleckt, beim ♂ manchmal mit geringer schwarzer Zeichnung; die Fühlerschäfte sind gelb, oben mit keilförmigem, schwarzbraunem Streifen, die Unterhälfte der Geißeln ist, von der dunklen Oberseite scharf abgesetzt, bräunlich organe. Grösse: ♀ 18—20 mm, ♂ 15—18 mm.

Über den Blütenbesuch der Imagines liegen mir keine Angaben vor. (Atanassov 1941 nennt für Bulgarien, also für ssp. *flavigularis*, Euphorbia). Die einzelnen Zellen haben nach den darüber vorliegenden Berichten urnenförmige Gestalt, oben am Zugangsloch mit einem trichterförmigen Fortsatz; sie sind reichlich mit Steinchen besetzt, die aus dem Mörtel herausstehen, und die Trichteröffnung soll ebenfalls mit einem solchen abgedeckt werden. Im Gegensatz zu vielen *Eumenes*-Arten, die auch den Boden der Zellen aus Mörtel fertigen, hatte in dem von J. H. Fabre geschilderten Fall das ♀ als Zellenboden das Substrat, d. h. die Oberfläche des Steines, verwandt und nur die Zellenwände gemauert (vgl. die Wiedergabe der Fabreschen Zeichnung bei Ed. André 1884 Tafel 37 Fig. 13). In einem anderen Falle hatte jedoch das ♀ auch den Zellenboden selbst hergestellt (Fahringer 1922 S. 214). Wenn das ♀ neben der 1. Zelle noch weitere Zellen errichtet hat, überzieht es diese ganze Anlage mit einer einheitlichen Mörteldecke.

Als Larvenfutter dienen Raupen beliebiger Schmetterlinge: von Wicklern und Spannern (Fahringer l. c.), aber auch von Tagfaltern, Hesperiden und Eulen (P. Chrétien in Ann. Soc. ent. France, 1896, Bull., S. 410/411).

Als Schmarotzer hat man mehrfach die Goldwespe *Stilbum calens* (F.) beobachtet (Chrétien l. c. und K. Hammer laut L. Mader, Ent. Nachr. Bl. 1939, S. 103), Chrétien ferner die Mutillide *Dasylabris maura* (L.).

25. Gattung ***Delta*** Bequaert 1925.[1])

Generotypus: *Eumenes maxillosus* (Deg. 1773) (Bequaert 1925).

Wegen der Autorschaft siehe hinten S. 235 Anm. 14.

Von dieser artenreichen, namentlich in den Tropen verbreiteten Gattung kommt in Europa nur eine Art, *unguiculatus*, vor, der aus dem Mediterrangebiet auch die Schweiz und durch die „Burgundische Pforte“ Südwestdeutschland besiedelt hat.

Delta u. unguiculatus (Vill. 1789)

Vespa unguiculata n. sp. — Villers, C. Linnaei Entom. III, 1789, S. 202, n. 40, ♀. Loc. typ.: Südfrankreich.

Verbleib des Typus nicht bekannt.

Vespa coangustata n. sp. — Rossi, Faun. Etrusca, II, 1790, S. 84, n. 863, T. 4 f. 10, ♀. Loc. typ.: Italien („in hortis“). Verbleib des Typus nicht bekannt.

Sphex cursor n. sp. — Christ, Naturgesch. d. Insekt., 1791, S. 314, T. 31, f. 6, ♀. Loc. typ.: ? Typus nicht erhalten.

Sphex lapicida n. sp. — Christ, l. c., S. 318, T. 32, f. 5, ♂. Loc. typ.: „Ist einheimisch.“ Typus nicht erhalten.

Vespa dumetorum n. sp. — Panzer, Faun. Insect. German., VI, 1799, P. 63, F. 4, ♂ (mit weiblichen Fühlerenden!). Loc. typ.: ? („habitat in dumetis“). Typus nicht vorhanden.

1) Nach Zool. Rec. 92 (1955) hat L. Zirngiebl. in Mitt. Pollichia 3, 1953, S. 173, für *Eumenes unguiculatus* (Vill.) eine Gattung *Erinys* aufgestellt. Dieser Name ist ein Synonym von *Delta*.

Eumenes Olivieri n. sp. — LEPELETIER, Hist. natur. Insect. Hymén. II, 1841, S. 596, n. 1. (für „*Vespa infundibuliformis* (F.)“ OLIVIER 1791, nec *Vespa infundibuliformis* F. vera).
Eumenes „*unguiculus*“ (sic!) VILL. bei SAUSSURE 1856 S. 130, SMITH 1857, ANDRÉ 1884, v. SCHULTHESS 1887, F. MORAWITZ 1895 u. a.

Im ostmediterranen Raum ihrer Verbreitung tritt bei dieser Art eine ausgedehnte Verfärbung der bei der typischen Färbung schwarzen Teile der Grundpigmentierung in Rot (Zimtrot) ein, u. a. wird das Mesonotum überwiegend bis total rot (ohne oder mit gelber Zeichnung). Daraufhin sind einige Unterarten abgetrennt worden, so *aschabadiensis* (RAD. 1893 ♀) von Aschabad (als Art beschrieben), *sporadensis* (v. SCHULTH. 1929 ♀) von Rhodus (als var. bezeichnet) und *libanicus* G. S. 1941 ♂ vom Libanon (vom Autor 1941 als var. beschrieben, 1952 als ssp. bezeichnet)[1]).

Die typische Unterart kann schon wegen ihrer Größe — sie ist mit 20—26 mm beim ♀ und 16—20 mm beim ♂ weitaus die größte mitteleuropäische Eumenide — mit keiner anderen deutschen Art aus dieser Familie verwechselt werden; von den ihr im Körperbau ähnlichen *Eumenes*-Arten und von *Katamenes a. arbustorum* unterscheidet sie sich überdies in ihrer Regelfärbung sofort durch die ausgedehnte Rötung der Grundpigmentierung.

Die hauptsächlichen Färbungseinzelheiten deutscher Stücke sind: Rot sind beim ♀ Pronotum, Schildchen, Hinterschildchen, Flügelschuppen, manchmal Kommaflecke auf dem Mesonotum, häufig der obere, manchmal auch teilweise der untere Abschnitt der Mesepisterna, das Mittelsegment seitlich, der Postpetiolus des 1. Tergits ± ausgedehnt und 2 große, hinten gerundet begrenzte, nicht selten zu einer breiten, hinten ausgeschnittenen Binde verschmelzende Basalflecke des 2. Tergits. Beim ♂ entfällt diese Rötung auf dem Pronotum, den Mesopleuren, dem Mittelsegment und häufig auch auf dem Schildchen und dem Hinterschildchen; Stücke, denen sie auch dem 1. Tergit (oder auch dem 2. größtenteils bis ganz) fehlt, bilden die var. *Huberti* (SAUSS. 1852) (als Art beschrieben), die auch in den deutschen Populationen zusammen mit normal gefärbten ♂ ♂ vorkommt. Die goldgelbe Zusatzpigmentierung erstreckt sich am Kopf auf den Kopfschild, den Stirnfleck, Bindenstreifen der inneren Orbiten und ± ausgedehnt auf die Unterseite der Fühlerschäfte; auf dem Pronotum kann sie fast die ganze Fläche (außer ganz hinten) einnehmen, aber auch bis zu 2 kleinen Flecken vorn mitten schrumpfen, auf dem Mesonotum kann sie (gelegentlich nur einseitig) die roten Kommaflecke überdecken, und auf dem Hinterleib bildet sie eine lineare Endbinde des 1. Tergits, sehr breite, vorn geradlinig begrenzte Binden auf dem 2.—5. (♀) oder 2.—6. (♂) Tergit und schmalere, vorn doppelt gebuchtete Binden auf den entsprechenden Sterniten und häufig außerdem Flecke auf dem Endtergit und dem Endsternit. Die Oberkiefer sind beim ♀ rostrot, beim ♂ schwarz, die Unterseite der Fühlergeißeln bräunlich orange, die Beine rostrot mit ± geschwärzter Schenkelbasis und gebräunten Tarsen.

Diese Unterart kommt in Baden von Konstanz über Istein, Freiburg, Achern, Bühl, Rastatt, Karlsruhe bis Graben vor (LEININGER 1951), in der Pfalz bei Neustadt a.d. Haardt, Landau und Westheim (STELLWAAG brfl., Belegstücke coll. m.). Im Elsaß hat man sie bei Monsheim (bei Zabern), Oberehnheim, Rosheim und Straßburg gefunden (M. KLEIN brfl.).

Sonst ist, außer in der Schweiz (v. SCHULTHESS 1887), diese Unterart in Mitteleuropa nicht heimisch. In Südeuropa ist sie von Portugal bis Dalmatien zu finden. Ob die den Balkan (insbes. Bulgarien: ATANASSOV 1942), die Krim (F. MORAWITZ 1895), Armenien (KOSTYLEV 1929) und Kleinasien (FAHRINGER 1922) besiedelnden Populationen von *unguiculatus* zu ihr oder ob sie zu einer anderen Unterart gehören, habe ich nicht geprüft.

Die Imagines hat man an den Blüten von namentlich Allium porrum, von Brombeeren, Fenchel, Petersilie und Eryngium saugend angetroffen. Die ♀ ♀ bringen ihre großen Mörtelnester, die denen von *Chalicodoma parietina* (GEOFFR. in FOURCR.) sehr ähneln sollen, vertikal an Steinen, z. B. an Hausmauern, an; sie enthalten mehrere mit vertikaler Längsachse nebeneinander angeordnete langovale Zellen. Als Larvenfutter werden Schmetterlings- insbes. Spannerraupen eingetragen (FAHRINGER 1922).

Als Schmarotzer ist in Südeuropa (Insel Krk) von L. MADER die Goldwespe *Stilbum calens* (F.) beobachtet worden (Ent. Nachr.-Bl., **13**, 1939, S. 102). E. PERRIS fand als solchen *Chrysis ignita* (L.) (Ann. Soc. ent. France, 1849, 185—194).

[1]) Das mir vorliegende Material rechtfertigt die Annahme, daß *libanicus* nur eine Färbungsvariante von *sporadensis* ist und daß dieser seinerseits mit *aschabadiensis* zusammenfällt.

2. Unterfamilie *Discoelünae* (Thoms. 1874) Ashmead 1902

Wegen der Stellung dieser Unterfamilie im System vgl. S. 236 Anm. 15.
Sie ist im Gebiet nur durch die

Gattung *Discoelius* LATREILLE 1809

Generotypus: *Vespa zonalis* PANZ. 1801 (LATREILLE 1810)

vertreten.

Von den 6—7 bisher bekannten paläarktischen Arten kommen in Europa nur 2 vor: *zonalis* (PANZ.) und die von L. MADER unter dem Namen *Priesneri* beschriebene. Diese wurden noch von SCHENCK 1861, THOMSON 1874 und v. SCHULTHESS 1887 nicht unterschieden. Erst 1894 erkannte F. MORAWITZ, daß es sich um 2 selbständige Arten handelte, bezog aber irrtümlich *zonalis* auf die wirklich neue Art, während die vermeintlich neue Art, die er *Naryschkini* nannte, mit *zonalis* identisch war.

Beide Arten kommen im Gebiet vor. Sie leben im lichten Wald, namentlich an Waldrändern, oder in geeignetem Gelände in der Nähe von Wald, wo es Holz mit Käferfraßgängen gibt, die Nistgelegenheit bieten. Sie erscheinen in Mitteldeutschland ab Mitte Mai; ihre Flugzeit dauert etwa einen Monat, aber man findet noch Anfang September Individuen, so daß es nicht ganz ausgeschlossen erscheint, daß 2 Generationen im Jahre vorkommen. Hierzu sind weitere Beobachtungen erwünscht.

Die ♀♀ nisten gewöhnlich in Käferfraßgängen in totem oder lebendem Holz; bei A. MÖSCHLER (Rossitten) benutzten beide Arten auch von ihm ausgelegte Schilfstengel.

Über den Nestbau von *zonalis*, insbesondere über die Verwendung von pflanzlichem Baustoff (ganzer und zerkauter Blattstücke), hat zuerst B. E. BOUWMAN 1910 berichtet[1]), dann A. GUTBIER 1915[2]), der das Nest allerdings einem „*Odynerus* spec.“ zuschrieb. Neuerdings hat P. M. F. VERHOEFF 1932[3]) den Untersuchungsbefund an 2 Nestern von *zonalis* mitgeteilt: Das ♀ hatte die Scheidewände zwischen den einzelnen Zellen des Linienbaues errichtet, indem es einige Blattstückchen anhäufte und diese an der Wand der Neströhre mit „Blattzement“ befestigte, worauf es meistens die ganze Querwand mit einer Schicht desselben Zements bedeckte, manchmal jedoch so dünn, daß die Nerven des zuletzt angebrachten Blattstückchens noch sichtbar waren. Ein in einem Schilfstengel untergebrachtes Nest von *zonalis* aus Rossitten, das ich von A. MÖSCHLER bekam, ließ folgendes ersehen: Als Zellenverschlüsse waren Pfropfen aus länglichen Abschnitten von Birkenblättern von (in trockenem Zustand) 9—11 mm Länge und 3—4 mm Breite hergestellt, die anscheinend locker konzentrisch ringförmig (die äußerste Lage der Schilfwand anliegend) geschichtet waren; nach außen (oben) folgte auf diesen Pfropfen eine harte, stabile, napfförmige Querwand von etwa 1 mm (rings etwas mehr) Stärke, die unten (nach dem Pfropfen zu) ein rundes Blattstück zeigt, oben (außen) aus stark verleimten zerkauten Blatteilen von (trocken) brauner Farbe („Blattzement“) besteht und rings mit der Schilfwand fest und dauerhaft verbunden ist; die den Pfropfen bildenden Blattabschnitte waren mit ihren der Querwand zugekehrten Rändern an diese, die äußerste Schicht an die Halmwand anzementiert. (In diese Zementdeckel hatten die schlüpfenden Imagines ein Loch genagt, um ins Freie zu gelangen; dabei waren auch die Blattpfropfen ± zerstört oder in Unordnung gebracht worden.)

Bei einem anderen mir von A. MÖSCHLER eingesandten Nest von *zonalis*, das sich in einem Stück berindeten Fichtenholzes befand, war auf dem Eingangsverschluß, der aus einer dünnen Schicht Paste von grüner Farbe[4]) bestand, ein an den intakten Rippen kenntlicher Blattabschnitt angebracht, der wiederum außen einen dünnen Überzug braunen „Wespenpapiers“ aus Fichtenrindenpartikeln trug.

Das Larvenfutter besteht aus Kleinschmetterlingsraupen. Der „Nutzen“, den diese Wespen dadurch bringen, wenn es sich um schädliche Schmetterlingsarten wie z. B. den Eichenwickler oder den „Heuwurm“ handelt, fällt allerdings bei ihrer Seltenheit nicht ins Gewicht.

---

[1]) De lev. Nat. **15**, 1910, S. 96.

[2]) Horae Soc. ent. Ross., **41**, 1915, S. 54: „Terriers simples, linéaires dans les roseaux des toits; cloisons en lambeaux de feuilles, enduites à leur surface de pâte végétale; les intervalles entre les cellules comblés par des entassements de lambeaux pareils.“

[3]) Tijdschr. v. Ent., **86**, **1943**, S. XXXIXf.

[4]) Das Nest war noch frisch.

Die Larve von *zonalis* verfertigt einen zylindrischen, 13 mm langen und 3,5 mm dicken blaßbraunen Freikokon mit gerippt-runzeliger Oberfläche, der der Zellenwand dicht anliegt.

Auf beide Arten sind als Schmarotzer spezialisiert *Chrysis fasciata* OL. (nach L. MADER) und *Chrysis brevitarsis* THOMS. (nach Beobachtungen von mir und J. P. VAN LITH). Ferner sah ich ein *Priesneri*-♀ hatnäckig von 2 grauen „Trabantenfliegen“[1]), deren Artzugehörigkeit ich nicht habe feststellen lassen, verfolgt. 1 ♂ *zonalis* von hier hat auf den Sterniten eine dichte Schicht von Milben.

Fälle von Stylopisation sind m.W. noch nicht bekannt geworden.

Die Imagines sind leicht kenntliche Tiere, deren Gattungszugehörigkeit auch von weniger Geübten kaum verkannt werden dürfte.

Bestimmungsschlüssel

♀♂

Parapsidenfurchen nur hinten entwickelt.

Unterer Abschnitt der Metapleuren glatt, glänzend, mäßig dicht kräftig und tief punktiert.

Mesonotum, Schildchen, Scheitel, Stirn und Kopfschild mit dichter, schärfer ausgeprägter und ± geradlinig verlaufender

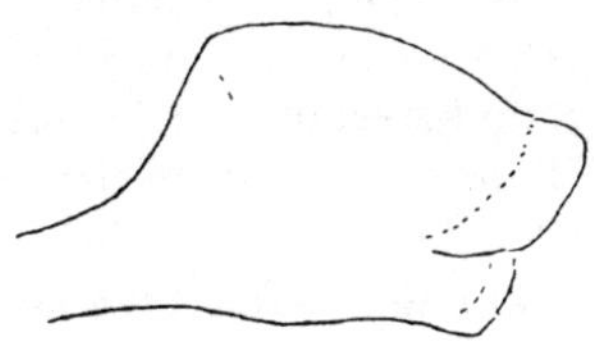

Abb. 69. *Discoelius priesneri* MAD. ♂: 1. Tergit. (Original)

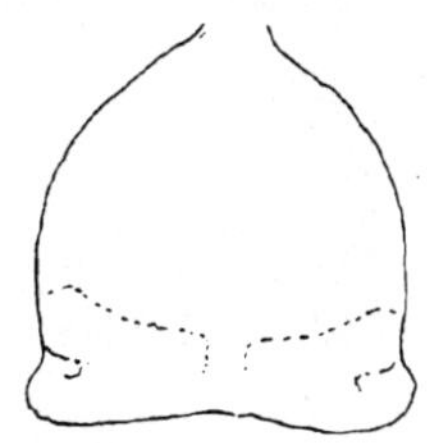

Abb. 70. *Discoelius priesneri* MAD. ♀: 1. Tergit von oben.

erhabener Längsstreifung, gegen die die zerstreute und schwächere Punktierung stark zurücktritt.

Postpetiolus (Abb. 69, 70) merklich kürzer (Länge zur Breite, von oben gesehen

♀♂

Parapsidenfurchen bis zum Pronotum durchgehend.

Unterer Abschnitt der Metapleuren dicht mikroskopisch netzartig chagriniert, seidig matt, ziemlich zerstreut und ganz oberflächlich punktiert.

Mesonotum, Schildchen usw. mit ziemlich weitläufiger, flacher und unregelmäßig geschlängelter, erhabener Längsrunzelung, die

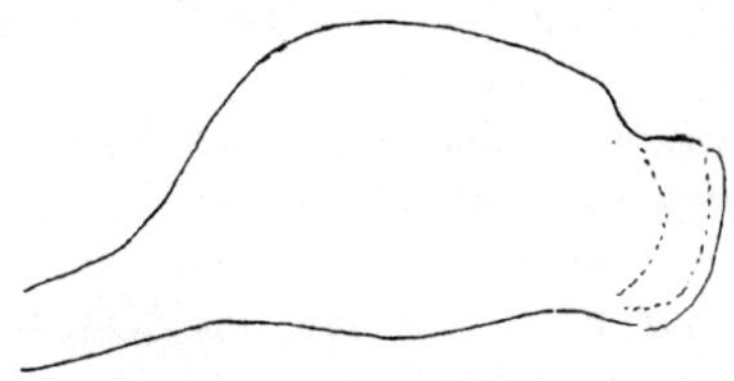

Abb. 67. *Discoelius zonalis* (PANZ.) ♂: 1. Tergit. (Original)

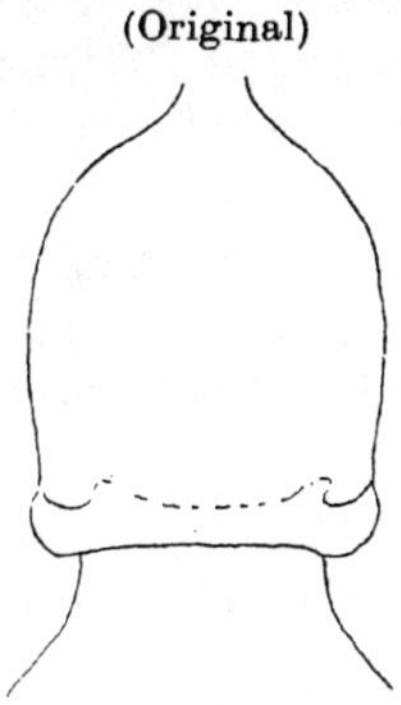

Abb 68. *Discoelius zonalis* (PANZ) ♀: 1 Tergit von oben (Original)

viel weniger ins Auge fällt als die überall deutliche, dichte, ziemlich kräftige Punktierung.

Postpetiolus (Abb. 67, 68) länglicher (62:45) im Profil vorn mit flacherer und

[1]) Siehe S. 76, Fußnote 2.

= 62:55), im Profil vorn viel steiler und mehr geradlinig abgestutzt, die horizontale Fläche vor dem Endwulst flach quer eingedrückt, hier mitten mit einem runden Grübchen, ihre Punktierung ziemlich grob, nicht mit feinerer gemischt, beim ♀ sehr dicht, beim ♂ ± runzlig dicht; Tergit 2 mit an der Basis sehr dichter, kräftiger Punktierung, die aber merklich schwächer und flacher als die des Postpetiolus ist.

Gesicht kürzer (84:101); Stirnprofil sehr schwach gewölbt; Scheitel breiter, mitten nur sehr schwach gebogen; Schläfen bauchig (Hinterkopf, von oben gesehen, so breit wie die Augenpartie).

Kopfschildendpartie trapezförmig, mit gerade abgeschnittenem Ende, das beiderseits mit den ebenfalls geradlinigen freien Seiten einen stumpfen Winkel bildet, ohne gekerbten eingedrückten Endsaum.

Beine kürzer und gedrungener, Basitarsus I um wenig mehr als die Hälfte länger als breit.

Pronotum beiderseits und Mesopleuren häufig gelb gefleckt; Hinterschildchen nicht selten mit gelben Flecken oder (seltener) mit gelber Binde; Binde des Kopfschildendes oben konkav begrenzt.

Beborstung des Körpers (namentlich auf dem Mesonotum und den Tergiten auffällig) merklich spärlicher, auch blasser.

♀

Stirn nicht selten beiderseits (über der Fühlerbasis) mit gelbem Punkt oder rundem Fleck; Tarsen häufig rotbraun bis rostbraun.

♂

Fühlergeißel (Abb. 72) viel kürzer (Glied 2 = 19:10,5; 3 = 14:12; 4 = 12:12). POL merklich < OOL.

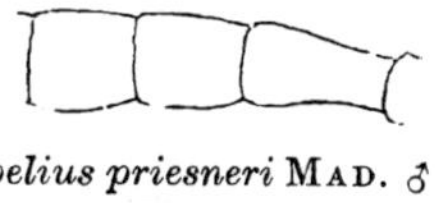

Abb. 72. *Discoelius priesneri* Mad. ♂: Fühlerbasis. (Original)

Fühlerschaft unten schmal gelb oder rostgelb; Oberkiefer nur mit einem gelben Fleck.

Schenkel I und II außen distal gelb gefleckt; Schienen (wenigsten I und II) und

flach gebogener Abdachung, die horizontale Fläche vor dem wulstigen Ende mit kräftigem, tiefem Quereindruck, ihre Punktierung ziemlich zerstreut, schwach und mit noch feinerer gemischt, nur seitlich gröber; Tergit 2 an der Basis mit dichter, feiner Punktierung, die kaum schwächer, teilweise sogar stärker als die des Postpetiolus ist.

Gesicht länglicher (89:100); Stirnprofil stärker gewölbt; Scheitel schmaler, höher und gleichmäßig rund gewölbt; Schläfen nicht bauchig (Hinterkopf, von oben gesehen, schmaler als die Augenpartie).

Kopfschildendpartie abgerundet, der Endsaum in schmalem Streifen eingedrückt und durch nebeneinanderliegende kräftige Punkte gekerbt.

Beine gestreckter und schlanker, Basitarsus I reichlich doppelt so lang wie breit.

Pronotum und Mesopleuren niemals, Hinterschildchen nur ausnahmsweise gelb gefleckt; Binde des Kopfschildendes oben nicht ausgeschnitten, öfters zu einem rundlichen Fleck reduziert.

Beborstung viel dichter und auch dunkler.

♀

Stirn selten so gezeichnet; Tarsen braunschwarz.

♂

Fühlergeißel (Abb. 71) lang, schlanker (Glied 2 = 25:12; 3 = 22:11,5; 4 = 20:12). POL = oder > OOL.

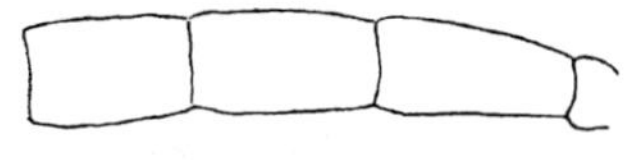

Abb. 71. *Discoelius zonalis* (Panz.) ♂: Fühlerbasis. (Original)

Fühlerschaft in der Regel nicht gelb gestreift; Oberkiefer vorn größtenteils gelb.

Schenkel II außen distal etwas gelb gezeichnet; Schienen in der Regel (außer

Basitarsen in der Regel größtenteils gelb (nur ausnahmsweise wie bei *zonalis*), Tarsenglieder 2—5 rostgelb, teilweise gebräunt.

♀ 13—15 mm, ♂ 9—14 mm.

2. *Discoelius Priesneri* MADER.

häufig I innen) nicht gelb gezeichnet; Tarsen braunschwarz.

♀ 13—17 mm, ♂ 9—15 mm.

1. *Discoelius zonalis* (PANZ.).

1. *Discoelius zonalis* (PANZER 1801)

Vespa zonalis n. sp. — PANZER, Fauna Ins. Germ. VII, 1801, H. 81, n. 18, ♀. Loc. typ.: Nürnberg. Typus verschollen.

Discoelius Naryschkini n. sp. — F. MORAWITZ in SILANTJEW, Fauna des Balachov'schen Kreises des Gouv. Saratow, 1894, p. 163, ♀; Horae Soc. ent. Ross. **29**, 1895, p. 412, ♂. Loc. typ.: Gouv. Saratow. Standort des Typus: mir nicht bekannt.

Bei der typischen Färbung des ♀ beschränkt sich die gelbe Zeichnung auf Flecken auf dem Kopfschildende und an der Oberkieferbasis, auf eine schmale Endbinde des 1. und eine breitere des 2. Tergits sowie eine Linie an den Schienen I außen. So gefärbt ist die große Mehrzahl deutscher ♀♀; häufig kommt eine schmale Endbinde des 2. Sternits hinzu, die mitten schmal oder breiter unterbrochen sein und zu dreieckigen Seitenflecken schrumpfen kann; manchmal ist die Unterkante des Fühlerschaftes in geringer Ausdehnung linear gelb gestreift. ♀♀ deutscher Herkunft mit ungefleckten Oberkiefern oder mit gelber Zeichnung des 3. Tergits sind mir noch nicht vorgekommen. Beim ♂ kann die gelbe Zeichnung des Kopfschildes dessen Endhälfte einnehmen, aber auch zu einem kleinen rundlichen Flecken schrumpfen; der Fühlerschaft ist anscheinend stets total schwarz, an den Oberkiefern ist die Basis der Außenseite nicht gelb gefleckt, dagegen die Vorderseite in der Regel ausgedehnt gelb (nur äußerst selten kommen Stücke mit total schwarzen Oberkiefern vor); manchmal haben auch die Schienen II außen einen gelben Streifen, und auf dem 3. Tergit tritt äußerst selten eine lineare, seitlich abgekürzte und mitten unterbrochene gelbe Endbinde auf. Nie habe ich bei beiden Geschlechtern die gelbe Kopfschildzeichnung oben konkav ausgerandet gefunden, sie ist oben entweder quer abgeschnitten oder abgerundet.

Lebensweise: V. AUDOUIN hat beobachtet, daß ♀♀ von *zonalis* die Räupchen des Weinschädlings *Clysia ambiguella* (HB.) („Heuwurm") eintrugen. Die ♀♀, die bei A. MÖSCHLER in Schilfinternodien nisteten, suchten von Brennesseln die Raupen des Zünslers *Syllepta ruralis* (SCOP.) ab (brfl. Mitt.). H. HEDICKE (1922) fand 1 ♀ an Veronica spicata.

Die Entwicklung vom Ei bis zur Imago hat P. HAVERHORST in De Lev. Nat., 29, 1924, S. 180 geschildert.

Verbreitung: Diese Art ist anscheinend über das ganze Gebiet verbreitet, aber wohl seltener als *Priesneri*. Die Literaturangaben vor 1938 sind nicht zuverlässig, da sich in einer ganzen Reihe von Fällen herausstellte, daß sie *Priesneri* betrafen.

Dasselbe gilt in noch höherem Maße für die übrigen Fundorte. Ich sah *zonalis* von Tabor (Böhmen): 1 ♀ M. Pr.; von Comana (Vlasca, Rumänien): 1 ♀ M. B.; von Lenkoran (Aserbeidschan): 1♀ M. Mü.; von Meran: 1 ♀ M. Mü.; von Spanien (ohne genauere Herkunft): 1 ♂ coll. SAUSSURE (M. G.) (Allotypus von *Dufourii*). Für die Schweiz haben ihn v. SCHULTHESS 1887 und J. DE BEAUMONT 1951 (Chambrelien bei Neuchâtel), für „ganz Frankreich selten" BERLAND 1928, für Spanien (El Pardo bei Madrid) DUSMET 1935, für Holland J. WILCKE 1952, für Ungarn L. MÓCZÁR 1938, für Bulgarien (Vrana) ATANASSOV 1942, für Osteuropa (Minsk, Charkow, Saratow) F. MORAWITZ 1895, für den Altai (Ulbinsk) derselbe Autor gemeldet. Die schwedischen Fundorte (THOMSON 1874) betreffen mindestens überwiegend *Priesneri*. Der von SICKMANN 1894 mitgeteilte Fund von 1 ♀ bei Kalgan[1]) entfällt, da es sich nach meiner Feststellung um *Disc. manhurianus* YASUMATSU 1934 handelt.

[1]) Zool. Jb., Syst., 8, 1894, S. 228. Siehe dazu BLÜTHGEN 1956b S. 72.

2. *Discoelius Priesneri* MADER 1936

? *Discoelius Dufourii* n. sp. — LEPELETIER, Hist. nat. Insect, Hymén II, 1841, p. 605, ♀. Loc. typ.: Saint-Sever (Landes). Standort des Typus: nicht ermittelt.

Discoelius Dufourii LEP. (♀, nicht ♂) — SAUSSURE, Étud. fam. Vespid., I. Eumén., 1852, p. 27, n. 5, ♀.

Discoelius Priesneri n. sp. — L. MADER, Ent. Zeitschr. 1936, p. 261, ♀. Loc. typ.: bei Wien (Lobau). Holotypus: coll. auct.

Discoelius Priesneri MADER ♂ (neu) — BLÜTHGEN, Mitt. Ent. Ges. Halle (S.) **16**, 1938, p. 29f. Loc. allotyp.: Waldstetten. Allotypoid: M. B.

Die von mir 1938 l. c. S. 31f. erörterte Frage, was *Discoelius Dufourii* sein könne, insbes. die Möglichkeit der Artgleichheit von *Disc. Priesneri* mit ihm, hat noch nicht geklärt werden können, da der Typus bisher nicht auffindbar war. „*Discoelius Dufourii* LEP." in BERLAND 1928 ist identisch mit *Priesneri*.

Lebensweise: Die ♀♀ einer von mir bei Naumburg/Saale durch 4 Jahre kontrollierten Kolonie, die einen alten Kirschbaum besiedelte, trugen hauptsächlich Raupen des Eichenwicklers (*Tortrix viridana* L.) ein. Diese Kolonie sank infolge einer Massenvermehrung des Schmarotzers *Chrysis brevitarsis* THOMS., die schon bestand, als ich jene entdeckte, von mindestens 8—10 ♀♀ im Jahre 1943 auf 5—6 ♀♀ im folgenden und je 2—3 ♀♀ in den beiden nächsten Jahren ab, obwohl ich insgesamt 7 ♂♂ 15 ♀♀ der Goldwespe abfing. (Im Winter 1946/47 wurde der Kirschbaum geschlagen.) Die Imagines hat man auf Pseucedanum palustre (A. R. PAUL 1943) und Solidago canadensis (M. KLEIN brfl.) angetroffen.

Verbreitung: Diese Art lag mir vor aus dem Nordosten (Schreitlaugken, Rossitten, Tempelburg, Polchow bei Stettin), Brandenburg (Biesdorf bei Wriezen, Brieselang bei Nauen), von Brandis bei Leipzig, aus der Mosigkauer Heide bei Dessau, aus dem Leinaforst bei Altenburg, von Naumburg (Saale), Blankenburg (Thür.) und Erfurt; aus Bayern von Erlangen (von E. STÖCKHERT 1919 als „*zonalis*" gemeldet), Hellmitzheim (E. ENSLIN brfl., von ihm 1922 als „*zonalis*" erwähnt), Schleching, Forstenrieder Park, aus Württemberg von Waldstetten, aus dem Elsaß von Straßburg und von Marienthal bei Hagenau, aus Westdeutschland aus dem Kottenforst bei Bonn und von Jülich. A. C. W. WAGNER nennt den Harz (ohne nähere Angabe) und den Sachsenwald. Ferner betreffen folgende Literaturangaben für *zonalis* in Wahrheit *Priesneri*: Neustadt-Eberswalde, Weilburg und Dillenburg (SCHENCK 1861).

Sonstige Verbreitung: Südfinnland (nach E. VALKEILA 1953)[1]); Schweden (die Angabe THOMSONS „Schonen bis Norrland" betrifft mindestens zum Teil *Priesneri*); Frankreich (St. Sever [Landes]; Nyons [Drôme]: BERLAND 1928 für „*Dufourii*"); Schweiz (Genf, Engadin); Italien (Meran, Neapel); Österreich (loc. typ.: Dornbach: MADER l. c.); Ungarn (L. MÓZCÁR 1938)[2]); Slovenien (Podčetrtek); Süden Osteuropas (ohne nähere Angabe: coll. PALLAS, M. B.); Nordkaukasien (Pjatigorsk: F. MORAWITZ 1895 als „*zonalis*"); Nordiran (Masanderan: 1 ♀ M. B.; Rudbar: 1 ♂ coll. m.). Aus Dänemark, Holland, Belgien, der Iberischen und der Balkanhalbinsel ist *Priesneri* noch nicht nachgewiesen, in England fehlt er anscheinend. In Nordafrika und Palästina kommt er nicht vor.

---

[1]) Ann Ent. Fenn. **19**, 1953, p. 200/201.

[2]) Fragm. faun. Hungar., **1**, 1938, p. 20 (als „*Dufouri*" bezeichnet).

III. Familie **Masaridae**

Von den zu dieser Familie gehörende Unterfamilien sind nur die Masaridinae und diese nur durch die Gattungen *Ceramius* LATR., *Paraceramius* SAUSS., *Jugurtia* SAUSS., *Quartinia* ED. ANDRÉ und *Celonites* LATR. in Europa vertreten. Hiervon erstreckt nur *Celonites* mit einer einzigen Art sein Verbreitungsgebiet nordwärts bis Mitteleuropa.

Gattung ***Celonites*** LATREILLE 1802

Generotypus: *Masaris apiformis* FABR. 1793 = *Vespa abbreviata* VILLERS 1789

Die ungewöhnlichen körperlichen Eigentümlichkeiten der zu dieser Gattung gehörenden Wespen haben einige alte Autoren nicht erkennen lassen, daß es sich um Faltenwespen handelte: ROSSI stellte 1790 *abbreviatus* wegen der Hinterleibsform und der Fähigkeit, sich zur Kugel zusammenzurollen, zu den Goldwespen, und OLIVIER reihte im gleichen Jahre dieselbe Art wegen der Fühlerform bei der Blattwespengattung *Cimbex* ein.

Unklarheit hat lange über die Lebensweise der *Celonites*-Arten bestanden. Man nahm an, sie seien Schmarotzer bei anderen Hymenopteren. Noch SAUSSURE 1854 und SCHENCK 1864 waren dieser Meinung. Erst 1869 wies J. LICHTENSTEIN nach, daß *Celonites abbreviatus* eigene Nester anlege, deren zylindrische 1 bis 1,5 cm lange, aus sehr feinem Mörtel hergestellte Zellen „bout à bout" an trockenen Zweigen befestigt und mit weißlichem Honig versorgt würden.[1]) 1875 teilte er mit, daß *Celonites Fischeri* SPIN. dieselbe Lebensweise habe. Trotzdem vertrat noch 1926 H. FRIESE die Ansicht, die Körperform und die Fähigkeit, sich zusammenzukugeln, spreche doch für eine schmarotzende Lebensweise der *Celonites*-Arten „nach Art der Chrysiden".[2])

Celonites abbreviatus (VILLERS 1789)

Vespa abbreviata n. sp. — VILLERS in C. Linnaei Entom. III. 1789, p. 281 n. 38, ♀. Loc. typ.: Südfrankreich. Standort des Typus: mir nicht bekannt.

Chrysis dubia n. sp. — ROSSI, Faun. Etrusca, II. 1790, p. 77, n. 849, T. 7 Fig. 10 u. 11 ♂. Loc. typ.: „in hortis" (Pisa ?). Standort des Typus: mir nicht bekannt.

Cimbex vespiformis n. sp. — OLIVIER, Encycl. method. Insect. V. 1790, p. 772 n. 16, ♀. Loc. typ.: Frankreich (bei Paris); Italien. Standort des Typus unbekannt.

Masaris apiformis n. sp. — FABRICIUS, Entom. system. II, 1793, S. 284, n. 2, ♀. Loc. typ.: Italien. Typus: M. K.

Die Ausdehnung der gelben Pigmentierung ist sowohl regional wie individuell veränderlich.

Die Originalbeschreibung von *abbreviatus* betrifft (wegen Fehlens gelber Abzeichen am Kopf und des Vorhandenseins von nur 5 Tergitbinden) unzweifelhaft 1 ♀. Ein ♀ mit der

[1]) Ann. Soc. ent. France, 4 (9), 1869, Bull., p. XXIX, mit Abb. einer solchen Nestanlage. Letztere ist von ED. ANDRÉ 1884 in „Species des Hymenoptères d'Europe" auf Tafel 38 Fig. 11 kopiert worden.

[2]) „Die Bienen, Wespen, Grab- und Goldwespen" in „Die Insekten Mitteleuropas, insbes. Deutschlands" von Dr. CHR. SCHRÖDER, Stuttgart, Frankh, 1926, S. 125, 135.

vom Autor angegebenen Kopffärbung („caput nigrum, clypeo rufo", also ohne Spur gelber Zeichnung) habe ich bisher weder gesehen noch im Schrifttum erwähnt gefunden. Als Normalfärbung des ♀ gilt gewöhnlich die von OLIVIER für *Cimbex vespiformis* genannte, die ebenfalls nur auf ein ♀ paßt: gelb sind am Kopf nur 1 Fleck auf der Kopfschildbasis und je 1 Fleck auf der Stirn neben dem oberen Augenlappen, am Thorax eine ausgedehnte Pronotumzeichnung, ein Fleck auf dem Schildchen und je 1 solcher auf dem oberen Teil der Mesopleuren; die Tergitbinden sind nicht unterbrochen. Das ♂ zu diesem ♀ hat häufig die von ROSSI für *Chrysis dubia* beschriebene Zeichnung.

Eine Population, deren ♀♀ auf dem Kopfschild, auf der Stirn neben dem oberen Augenende, auf den Schläfen und dem Mesonotum keine gelbe Zeichnung, nur Spuren einer Pronotumbinde und doppelt unterbrochene Tergitbinden haben, hat A. MOCSARY 1877[1]) mit dem Namen var. *hungarica* belegt.

Die hiesigen und die mir aus anderen Gegenden Deutschlands bekannt gewordenen Stücke halten in der Ausdehnung der Zeichnung ungefähr die Mitte zwischen der für *vespiformis* OL. typischen und der der var. *hungarica*, indem beim ♀ der Kopfschild, die Schläfen (in der Regel) und das Mesonotum ungefleckt und die Binden des 3.—5. (oder auch die des 2.) Tergits doppelt unterbrochen, aber 2 Stirnflecke und eine ± gut entwickelte, doppelt unterbrochene Pronotumquerbinde vorhanden sind; von den Pronotumlängsbinden sind nur hinten Spuren vorhanden, oder auch diese fehlen; die Mesopleuralflecke sind ± klein und können ebenfalls entfallen; Sinusflecke sind nicht vorhanden. Beim ♂ sind der Kopfschild, die Oberlippe, auf der Stirn beiderseits ein von der Fühlerbasis zum oberen Augenlappen ziehender ± breiter Schrägstreifen und meist ein Fleck der Oberkieferbasis gelb, außerdem hat auch das 6. Tergit eine doppelt unterbrochene Querbinde; im übrigen gleicht die Zeichnung der des ♀, nur kann gelegentlich ein kleiner gelber Fleck in den Augenbuchten auftreten. Größe: 7—9 mm.

Bei Populationen des Oberengadins und der Walliser Hochalpen tritt an die Stelle der gelben Pigmentierung elfenbeinweiße (var. *engadinensis* SCHULTHESS 1923: loc. typ. Sils-Baseglia „im Steinbruch unterhalb Platz").[2]) Diese Färbung findet sich auch in den Transsilvanischen Alpen (bei Herkulesbad: Prolas-Schlucht und Mosoroni, H. MAERTENS leg. 11. und 19. 8. 33, coll. m.). Die Allgäuer Population (siehe unten) hat aber nach Mitteilung von E. ENSLIN gelbe, jedoch ± geschrumpfte Zeichnung.

Lebensweise: Die Imagines besuchen hier Calamintha acinos, Origanum vulgare, Thymus, Echium, Erodium cicutaria; H. FRIESE nennt Sedum reflexum, v. SCHULTHESS Teucrium montanum, E. ENSLIN Brunella grandiflora, M. KLEIN Ballota. Die Art des Anflugs an die Blüten ist nach meinen Beobachtungen eigenartig und erinnert sehr an die Biene *Anthidium strigatum* (PANZ.): aus behutsamer Annäherung verhält die Wespe ein Stück vor dem Blütenstand einen Augenblick, um dann jäh zuzustoßen. Gern setzen sich die Tiere wie *Osmia*-♂♂ auf heiß besonnte flache Steine oder kahlen Erdboden. Im Fangnetz verfallen sie, wie bekannt, sofort in Akinese, d. h., sie „stellen sich tot", indem sie sich nach Goldwespenart zusammenkugeln (wobei die Fühler nach unten geklappt, die zusammengezogenen Beine in ihren Ruhelagern an den Thorax gedrückt und die gefalteten Flügel in den Spalt zwischen Thorax und dem 1. Segment geklemmt werden) und geraume Zeit bewegungslos verharren. In derselben Stellung schlafen sie, um einen Grashalm gerollt (BISCHOFF 1927, S. 62, Abb. 29).

Die Flugzeit beginnt Ende Juni, meist erst gegen Mitte Juli, ausnahmsweise (1930) fand ich schon am 29. Mai einige ♂♂.

---

[1]) Termesz. Füzet., **1**, 1877, p. 90 n. 6.

[2]) Beitr. u. Kenntn. der Land- und Süßwasserfauna Deutsch-Südwestafrikas, Hym. VI., Vespidae, **1923**, p. 139.

Die Nester müssen sehr schwer zu finden sein, wohl nur durch Zufall. Mir ist es nicht gelungen, und meines Wissens ist seit LICHTENSTEIN bisher erst einmal wieder eines entdeckt worden, und zwar von F. FAHRINGER, der es so beschreibt: „Es bestand aus 4 Tönnchen (aneinander gekitteten Lehmzellen von etwa 5 mm Länge und 2,5 mm Breite) die an der inneren Rinde eines morschen Baumes angeklebt waren."[1])

Schmarotzer ist nach DU BUYSSON *Chrysis versicolor* SPIN. Das wird dadurch wahrscheinlich gemacht, daß diese Goldwespe von FRIESE an einem der damaligen Hauptfundorte des *Celonites* in hiesiger Gegend („Wilhelmsburg" bei Bad Kösen) gefunden worden ist. Ich sah am 24. 8. 1944 hier an der Stelle, wo *Celonites* fliegt, eine Goldwespe, die augenscheinlich *versicolor* war; leider entkam sie mir.

Verbreitung: Im Untersuchungsgebiet ist diese Art bisher nur aus dem Süden und einigen klimatisch bevorzugten Gegenden des mittleren Bereiches nachgewiesen, wo sie im mittleren Saaletal die Nordgrenze ihres Vorkommens erreicht. H. FRIESE (1883) hat sie hier bei Kösen („nicht selten") und eimal bei Goseck gefunden. Ich habe sie nur in alten Steinbrüchen am „Himmelreich" bei Saaleck angetroffen und nur in geringer Individuenzahl. SCHMIEDEKNECHT fand sie am Kesselberg bei Blankenburg (Thür.). Das sind bisher die einzigen Nachweisungen nördlich vom Thüringer Wald. Dem Kyffhäuser scheint *Celonites* zu fehlen, auch A. PETRY hat ihn dort nicht gefunden. Aus Süddeutschland ist er mir bekannt geworden aus dem Maingebiet (Karlstadt: E. ENSLIN 1922; Retzbach: J. HEINRICH leg.), aus dem Fränkischen Jura (Eichstätt und Pappenheim: E. STÖCKHERT leg.), von Zeegendorf (SCHNEID 1941), Treuchtlingen (G. SEIDENSTÜCKER leg.), Thaldorf bei Kelheim (Donau) (E. STÖCKHERT leg.), aus Südbaden (Achkarren im Kaiserstuhl, Neuenburg am Rhein: K. STROHM leg.), von Oberehnheim bei Straßburg (M. KLEIN leg.), aus dem Allgäu (Oytal bei Oberstdorf: E. ENSLIN 1922). R. DITTRICH 1921 hat *Celonites* von Liegnitz gemeldet.

Sonstiges Vorkommen: Süd- und südliches Mitteleuropa, Süden Osteuropas, Kaukasus, Kleinasien, Nordafrika; fehlt in Belgien, Holland und England.

---

[1]) Arch. Naturgesch. 88, 1922, A, p. 185.

ZUSAMMENFASSUNG

Aus Deutschland sind bisher 81 Faltenwespen-Arten aus 26 Gattungen nachgewiesen, davon 6 in je 2 Unterarten, nämlich:

Vespinae.

1. Gattung *Vespa* L.: 1. *crabro* L. in den Unterarten *cr. crabro* L und *crabro germana* (CHRIST).
2. Gattung *Dolichovespula* ROHW.: 2. *m. media* (RETZ.); 3. *n. norwegica* (F.); 4. *saxonica* (F.); 5. *s. sylvestris* (SCOP.).
3. Gattung *Pseudovespula* Bisch.: 6. *a. adulterina* (BUYSS.); 7. *omissa* (BISCH.).
4. Gattung *Paravespula* BLÜTHG.: 8. *vulgaris* (L.); 9. *g. germanica* (F.); 10. *r. rufa* (L.);
5. Gattung *Vespula* Thoms.: 11. *austriaca* (PANZ.).

Polistinae.

6. Gattung *Polistes* LATR.: 12. *g. gallicus* (L.); 13. *nimpha* (CHRIST); 14. *biglumis bimaculatus* (GEOFFR. in FOURCR.).
7. Gattung *Sulcopolistes* Blüthg.: 15. *atrimandibularis* (ZIMM.).

Eumeninae.

8. Gattung *Oplomerus* Westw.: 16. *sp. spinipes* (L.); 17. *alpinus* (SCHULTH.); 18. *poecilus* (SAUSS.); 19. *m. melanocephalus* (GMEL.); 20. *reniformis* (GMEL.); 21. *simillimus* (F. MOR.).
9. Gattung *Gymnomerus* Blüthg.: 22. *laevipes* (SHUCK.) in den Unterarten *l. laevipes* (SHUCK.) und *l. scandinavus* (SAUSS.).
10. Gattung *Nannopterochilus n. gen.*: 23. *ph. phaleratus* (PANZ.).
11. Gattung *Alastor* Lep.: 24. *atropos* LEP.; 25. *Biegelebeni pannonicus* BLÜTHG.
12. Gattung *Pseudomicrodynerus* BLÜTHG.: 26. *parvulus* (H.-SCH.).
13. Gattung *Microdynerus* Thoms.: 27. *exilis* (H.-SCH.); 28. *longicollis* F. MOR.; 29. *timidus* (SAUSS.); 30. *nugdunensis* (SAUSS.).
14. Gattung *Leptochilus* SAUSS.: 31. *a. alpestris* (SAUSS.); 32. *tarsatus* (SAUSS.).
15. Gattung *Nannodynerus* BLÜTHG.: 33. *dentisquama* (THOMS.); 34. *picticrus* (THOMS.); 35. *Caroli* n. sp.; 36. *teutonicus* (BLÜTHG.); 37. *orbitalis* (THOMS.); 38. *xanthomelas* (H.-SCH.); 39. *chevrieranus* (SAUSS.).
16. Gattung *Odontodynerus* BLÜTHG.: 40. *d. deflendus* (S. SAUND.).
17. Gattung *Allodynerus* BLÜTHG.: 41. *floricola* (SAUSS.); 42. *d. delphinalis* (GIR.); 43. *Rossii* (LEP.).
18. Gattung *Pseudepipona* DT.: 44. *v. variegata* (H.-SCH.).
19. Gattung *Euodynerus* BLÜTHG.: 45. *D. Dantici* (ROSSI); 46. *d. disconotatus* (LICHT.); 47. *notatus* (JUR.) in den Unterarten *n. notatus* (JUR.) und *notatus pubescens* (THOMS.); 48. *quadrifasciatus* (F.) in den Unterarten *qu. quadrifasciatus* (F.) und *quadrifasciatus simplex* (F.); 49. *egregius unimaculatus* (MAIDL).

20. Gattung *Ancistrocerus* WESM.: 50. *parietum* (L.); 51. *renimacula* (LEP.); 52. *claripennis* (THOMS.); 53. *gazella* (PANZ.); 54. *ichneumonideus* (RATZ.); 55. *trifasciatus* (MÜLL.); 56. *parietinus* (L.); 57. a. *antilope* (PANZ.); 58. *o. oviventris* (WESM.); 59. *sc. scoticus* (CURT.); 60. *dusmetiolus* (STRAND); 61. *nigricornis* (CURT.).
21. Gattung *Odynerus* LATR.: 62. *murarius* (L.) in den Unterarten *m. murarius* (L.) und *murarius nidulator* (SAUSS.); 63. *crassicornis* (PANZ.) in den Unterarten *cr. crassicornis* (PANZ.) und *crassicornis arcticus* (SAUSS.); 64. *alternans* ZETT.; 65. *elegans* WESM.; 66. *mutinensis f. sinuatissimus* (RICH.); 67. *connexus* (CURT.); 68. *debilitatus* (SAUSS.); 69. *fuscipes* H.-SCH.; 70. *bifasciatus* (L.).
22. Gattung *Eumenes* LATR.: 71. *c. coarctatus* (L.); 72. *p. papillarius* (CHRIST); 73. *p. pedunculatus* (PANZ.); 74. *s. subpomiformis* BLÜTHG.; 75. *p. pomiformis* (F.); 76. *dubius sareptanus* ANDRÉ var. *germanica* BLÜTHG.
23. Gattung *Katamenes* M.-W.: 77. *a. arbustorum* (PANZ.).
24. Gattung *Delta* BEQ.: 78. *ung. unguiculatus* (VILL.).

Discoeliinae.

25. Gattung *Discoelius* LATR.: 79. *zonalis* (PANZ.); 80. *Priesneri* MADER.

Masaridinae.

26. Gattung *Celonites* LATR.: 81. *a. abbreviatus* (VILL.).

Aus den übrigen Teilen Mitteleuropas kommen 8 Gattungen, 24 Arten und 3 weitere Unterarten hinzu, nämlich:

Polistinae.

Gattung *Polistes* LATR.: 1. *Bischoffi* (WEYR.); 2. *foederatus* (KOHL).
Gattung *Sulcopolistes* BLÜTHG.: 3. *Semenowii* (F. MOR.); 4. *sulcifer* (ZIMM.).

Eumeninae.

Gattung *Oplomerus* WESTW.: 5. *femoratus* (SAUSS.).
27. Gattung *Paragymnomerus* BLÜTHG.: 6. *spiricornis* (SPIN.).
28. Gattung *Tropidodynerus* BLÜTHG.: 7. *interruptus* (BRULLÉ).
29. Gattung *Pterocheilus* KLUG.: *Pallasii* (KLUG).
Gattung *Nannopterochilus* n. gen.: 9. *phaleratus chevrieranus* (SAUSS.); 10. *phaleratus formosus* (FRIV.).
30. Gattung *Hemipterochilus* BOHART: 11. *bembeciformis terricola* MOCS.).
31. Gattung *Alastorynerus* BLÜTHG.: 12. *a. alastoroides* (F. MOR.).
Gattung *Leptochilus* SAUSS.: 13. *regulus* (SAUSS.); 14. *m. membranaceus* (F. MOR.).
Gattung *Nannodynerus* BLÜTHG.: 15. *punctifrons* (THOMS.); 16. *laticinctus* (SCHULTH.).
Gattung *Odontodynerus* BLÜTHG.: 17. *orbitalis* (H.-SCH.).
Gattung *Pseudepipona* DT.: 18. *augusta* (F. MOR); 19. *l. lativentris* (SAUSS.).
32. Gattung *Parodontodynerus* BLÜTHG.: 20. *e. ephippium* (KLUG).
Gattung *Euodynerus* BLÜTHG.: 21. *Dantici iberogallicus* BLÜTHG.; 22. *curictensis* BLÜTHG. 23. *p. posticus* (H.-SCH.).
33. Gattung *Parastenancistrocerus* BLÜTHG.: 24. *tr. transitorius* (F. MOR.).
34. Gattung *Jucancistrocerus* BLÜTHG.: 25. *j. jucundus* (MOCS.).
Gattung *Odynerus* LATR.: 26. *declivis* (HARTT.).
Gattung *Eumenes* LATR.: 27. *m. mediterraneus* (KRIECHB.).

Insgesamt sind also aus 34 Gattungen 105 Arten und $6 + 3 = 9$ weitere Unterarten erörtert.

Anmerkungen zur Klassifikation, Synonymie und Nomenklatur

1. Vespinae

Über die Einteilung des Vespinae in Gattungen bestehen verschiedene Auffassungen: THOMSON zerlegte 1869 die Gattung *Vespa* LINNAEUS (in ihrem von LATREILLE 1810 eingeschränkten Umfang) in 2 Untergattungen: *Vespa* für die Hornisse und *Vespula* für alle übrigen in Schweden einheimischen Vespinae. SCHMIEDEKNECHT stellte dann 1881 für *Vespa* (*Vespula*) *austriaca* (PANZ.) eine weitere Untergattung *Pseudovespa* auf. ASHMEAD erhob 1902 *Vespula* zur Gattung, indem er (mit dem manchen USA-Autoren eigenen Mangel an Fingerspitzengefühl) *Vespa austriaca* zum Genotypus bestimmte und damit *Pseudovespa* zum Synonym von *Vespula* machte. 1916 teilte ROHWER sodann *Vespula* in 2 Untergattungen auf: *Vespula* für die kurzköpfigen und *Dolichovespula* für die langköpfigen Arten. 1904 hatte DALLA Torre für die Hornissen die Gattung *Macrovespa* begründet, die automatisch ein Synonym von *Vespa* L. (im Sinne von LATREILLE 1810) wurde. 1931 wies BISCHOFF die langköpfigen Kukkukswespen *adulterina* und *omissa* einer neuen *Vespula*-Untergattung *Pseudovespula* zu. Um die Aufteilung der Vespinae abzuschließen, stellte BLÜTHGEN 1938 für die sozialen kurzköpfigen *Vespula*-Arten die Untergattung *Paravespula* auf und zerlegte er 1943 *Dolichovespula* in die Untergattungen *Dolichovespula, Boreovespula* und *Metavespula* und *Paravespula* (unter Erhebung zur Gattung) in die Untergattungen *Paravespula* und *Allovespula*. (Siehe hierzu BLÜTHGEN 1938 a S. 287 ff und 1943 b S. 149).

Nun ist allerdings nicht zu verkennen, daß die Vespinae (von der Kopfbildung abgesehen) im allgemeinen einen sehr einheitlichen Körperbau haben. Es ist deshalb, so betrachtet, diskutabel, wenn neuerdings (1944 S. 336) J. DE BEAUMONT wieder nur eine einzige Gattung *Vespa* bestehen lassen will, der er die Gattungen *Dolichovespula, Pseudovespula, Paravespula* und *Vespula* als Untergattungen unterordnet, wobei die Untergattungen *Boreovespula, Metavespula* und *Allovespula* zu Gruppen absinken. Dagegen vermag ich mich mit der von D. GUIGLIA 1948 eingeführten Klassifikation nicht zu befreunden, die 3 Gattungen annimmt: *Vespa, Dolichovespula* (mit den Untergattungen *Dolichovespula, Metavespula* und *Boreovespula* [mit *Pseudovespula* als Synonym]) und *Vespula* (mit den Untergattungen *Vespula* [mit *Allovespula* als Synonym] und *Paravespula*). Die Vereinigung der Kuckuckswespen mit ihren Wirtswespen in einer und derselben taxonomischen Einheit erscheint mir nicht richtig: Die Sachlage ist dieselbe wie bei dem Verhältnis zwischen den Hummelgattungen *Bombus* LATR. und *Psithyrus* LEP., denn die morphologischen Verschiedenheiten zwischen Wirt und Schmarotzer sind in beiden Fällen einander durchaus gleichwertig. Wer die Auffassung von D. GUIGLIA teilt, muß mit logischer Notwendigkeit *Psithyrus* wieder in die Gattung *Bombus* zurückversetzen. Das ist aber, soweit ich sehe, bisher noch niemals zur Erörterung gestellt oder befürwortet worden; im Gegenteil ist die Gattung *Psithyrus* von den Forschern, die sich ihrem Spezialstudium gewidmet haben, in immer steigendem Maße in Untergattungen aufgespalten worden, so daß jetzt fast eine jede ihrer Arten der Träger eines eigenen Subgenus ist.

Noch stärker rückschrittlich als die Einteilung der Vespinae, die D. GUIGLIA vornimmt, ist diejenige, die R. BOHART 1951 S. 875, 877 anwendet. Sie beruht auf J. BEQUAERT 1930[1]), mit dem er auf THOMSON zurückgreift und nur 2 Einheiten *Vespa* und *Vespula* bestehen läßt, wobei für *Vespula* nur 2 Untergattungen *Vespula* (mit *Paravespula* und *Allovespula* als Synonymen) und *Dolichovespula* (mit *Boreovespula, Metavespula* und *Pseudovespula* als Synonymen) anerkannt werden. Mir scheint, daß die Unterschiede, die in der Kopfform zwischen den Hornissen und den übrigen Vespinae bestehen, qualitativ

[1]) „On the generic and subgeneric Divisions of the Vespinae", Bull. Brookl. Ent. Soc., **25**, 1930, S. 59 ff.

nicht wesentlich bedeutsamer sind als diejenigen, die *Dolichovespula* und *Paravespula* trennen, und gewiß nicht gewichtigere Kriterien abgeben als die morphologischen Merkmale, durch die sich die Kuckuckswespen von den sozialen Vespinae so einprägsam unterscheiden. Wer den Gang der Klassifikation rückwärts einschalten will, könnte eher zu dem Vorschlag gelangen, eine Gattung *Vespa* mit den Untergattungen *Vespa, Dolichovespula* und *Paravespula* und eine Gattung *Vespula* mit den Untergattungen *Vespula* und *Pseudovespula* aufrechtzuerhalten.

Ich habe es vorgezogen, bei meiner alten Einteilung zu beharren.

2. Polistinae: Gattung *Polistes* LATR.

Zufällig erhielt ich nachträglich Einblick in eine Arbeit von JEAN LECLERCQ (Liège) mit dem Titel „Données pour l'étude géographique des Polistinae (Hym. Vespidae) d'Europe" (Bull. Inst. R. Sci. Natur. Belgique, **31**, 1955, n. 62). Der Verfasser gibt darin die mitteleuropäischen und mediterranen Fundorte von 230 Exemplaren der Arten *Pol. biglumis bimaculatus, Pol. associus* (12 Ex.), *Pol. gallicus, Pol. nimpha, Pol. omissa* (22 Ex.) und *Sulcopolistes Semenowii* (1 Ex.) aus der Sammlung des Institutes an. Er sagt „Ce qui est étonnant, c'est qu'on peut trouver au même moment et dans le même site, des individus appartenant incontestablement à une espèce et des individus appartenant incontestablement à une autre (par exemple les *Polistes nimpha* et *gallicus* cités plus loin de Castries, Port de Bouc, Menton, Pavie, etc.). On en arrive a penser que les espèces de *Polistes* sont des entités statistiquement significatives, bien caractérisées par leur type moyen et par un type extrême, mais admettant une minorité d'individus transitoires. Ces variations ne paraissent pas pouvoir être mises en relation avec l'habitat, certaines populations doivent être relativement hétérogènes, et il n'est pas exclu qu'il y ait hybridation au moins dans certaines localités."

Ich vermag nicht einzusehen, was Erstaunliches daran sein soll, daß man Angehörige einer *Polistes*-Art in Gemeinschaft mit solchen einer anderen *Polistes*-Art antreffen kann. Hier bei Naumburg kann man an Stellen, wo sich die beiderseitigen Biotope berühren oder überschneiden, sehen, daß auf einer und derselben Pastinakstaude ☿☿ ♂♂ von *gallicus* mit solchen von *biglumis bimaculatus* ihrer Nahrung nachgehen. In Süddeutschland gibt es vielerorts Gegenden, wo alle drei im Untersuchungsgebiet auftretende Arten (*gallicus, nimpha* und *biglumis bimaculatus*) vorkommen, und es liegt auf der Hand, daß man da an bestimmten Örtlichkeiten Individuen der drei Arten zusammenfliegend antreffen kann. Das ist doch ein ganz natürlicher Vorgang. Jedenfalls ist das gemeinsame Vorkommen von zwei oder mehr Arten an einer und derselben engsten Stelle sicher nichts, was geeignet wäre, die von LECLERCQ aufgestellten Hypothesen zu stützen. Im übrigen fehlt es an jeder durch nachprüfbare konkrete Tatsachen belegten Begründung für diese.

3. Eumeninae.

L. MÓCZÁR hat 1937 in seiner Doktordissertation ein neues System für die in Ungarn vertretenen paläarktischen Arten der Gattung *Odynerus* LATR. (s. l.) aufgestellt (1937 S. 15, 16; in der deutschen Übersetzung 1938 S. 602, 603). Und zwar hat er diejenigen Arten, deren ♂♂ ihm im Bau des Kopulationsorganes eine gewisse ± ausgeprägte Ähnlichkeit aufzuweisen schienen, in Gruppen zusammengefaßt, die er als Untergattungen bewertete und für die er teils neue Namen einführte, teils bereits vorhandene Namen, jedoch unter „Emendation" der alten Gattungsdiagnosen, verwandte. Die Kennzeichnung dieser Subgenera und ihre Unterscheidung voneinander ist lediglich auf ein allgemeines Schema der männlichen Kopulationsanhänge abgestellt.

MÓCZÁR unterscheidet:

1. Subgen. *Symmorphus* WESM. mit der „berichtigten Diagnose":

> „Spina longa, bene evoluta, magnitudine organi copulationis aequans. Lamina superior et lamina inferior valvae internae inter se subaequales. Lamina superior elongata, triangularis, lamina inferior dilatata."

In dieser Untergattung hat er die *Odynerus*-Arten, die *Ancistrocerus*-Arten (mit Ausnahme von *antilope* [PANZ.]), einige *Leptochilus*-Arten (*L.* [*Euleptochilus*] *limbiferus* [F. MOR.], *L.* [*Lionotulus*] *alpestris* [SAUSS.] und *L.* [*Lionotulus*] *tarsatus* [SAUSS.]), *Pseudomicrodynerus parvulus* (H.-SCH.), die *Microdynerus*-Arten *exilis* (H.-SCH.) und *nugdunensis* (SAUSS.), den *Odynerus aurantiacus* MOCS. (= *Pseudepipona augusta* [F. MOR.]), den *Odynerus minutus* (F.) (wohl = *Nannodynerus dentisquama* [THOMS.]) und 3 weitere *Nannodynerus*-Arten vereinigt.

2. Subgen. *Delphinaloides* nov. mit der Kennzeichnung:

> „Spina modice longa, lamina superior ovalis, minor quam lamina inferior. Pili laminae inferioris inferiora versus directi."

Hierher hat er die Arten *Od. graphicus* SAUSS. (was er darunter verstanden hat, ist unklar)[1]), *Od. Rossii* LEP. und *Od. delphinalis* GIR. (2 *Allodynerus*-Arten) gestellt.

3. Subgen. *Lionotus* SAUSS. mit der „berichtigten Diagnose":

„Lamina superior ante apicem aut subito attenuata aut sulcata apicibus plusminusque interiora versus directis, laminae superiores et laminae inferiores inter se subaequales."

Hierher hat er die Arten *Od. egregius* H.-Sch., *Od. Dantici* (ROSSI), *Od. quadrifasciatus* (F.) mit der „Varietät" *nigripes* H.-SCH., *Od. quadrifasciatus innumerabilis* SAUSS. — alles *Euodynerus*-Arten —, den *Odynerus floricola* SAUSS.[2]) (also eine *Allodynerus*-Art) und den *Odyn. fastidiosissimus* SAUSS. (eine *Nannodynerus*-Art) gezogen.

4. Subgen. *Méhelyella* nov. mit der Kennzeichnung:

„Lamina superior appendicibus membranaceis instructa. Lamina inferior multo maior quam lamina superior, saepissime dente pilosa."

Diese Untergattung umfaßt die Arten *Od. transitorius* F. MOR. (= *Parastenancistrocerus transitorius* [F. MOR.]), *Odynerus parvulus* LEP. (= *Odontodynerus deflendus* [S. SAUND.]) mit den Varietäten var. *ruthenicus* F. MOR. und var. *orbitalis* H.-SCH. (= *Odontodynerus orbitalis* [H.-SCH.]) und *Od. ephippium* (KLUG) (= *Parodontodynerus ephippium* [KLUG]).

5. Subgen. *Hoplopus* WESM. mit der „berichtigten Diagnose":

„Spina longa, sed lamina superior valvae internae parum evoluta, multo minor quam apud genera supra descripta. Lamina inferior inferius dilatata. Subgenus hoc characteribus subgeneris *Méhelyellae* et subgeneris *Odyneri* (s. str.) commixtis."

Hierher stellt MÓCZÁR die Arten *Od. Herrichii* SAUSS. (= *Pseudepipona variegata* [H.-SCH.]) und *Od. luteolus* LEP. (= *Cephalochilus grandis* [LEP.] ♂, aber das von ihm erwähnte einzige ♂ des vermeintlichen *luteolus*, das er untersucht hat, erwies sich bei seiner Überprüfung durch mich als ♂ von *Nannopterochilus phaleratus* [PANZ.]).

6. Subgen. *Odynerus* LATR. s. str. mit folgender Kennzeichnung:

„Spina parva, apex saepissime incisura instructus. Lamina superior valvae internae parva, lamina inferior optime evoluta et nigro suffusa."

In dieser Untergattung wird *Od. antilope* (PANZ.) (= *Ancistrocerus antilope* [PANZ.]) mit den *Oplomerus*-Arten der Untergattungen *Oplomerus, Spinicoxa* und *Paragymnomerus*, dem *Od. rubripes* ANDRÉ (= *Odontodynerus orbitalis* [H.-SCH.]), *Od. laevipes* SHUCK. (= *Gymnomerus laevipes* [SHUCK.]) und *Od. interruptus* (BRULLÉ) (= *Tropidodynerus interruptus* [BRULLÉ]) vereinigt.

Dieser Einteilung der Gattung *Odynerus* LATR. (s. l.), die, wie ihr Autor erwähnt, die Zustimmung seines Lehrers L. v. MÉHELY gefunden hatte, kann nur historische Bedeutung beigemessen werden.

L. MÓCZÁR erhält seine Einteilung anscheinend selbst nicht mehr aufrecht, denn er hat in seiner Arbeit „Beiträge zur Kenntnis der Hymenopterenfauna Siebenbürgens" (Fragm. Faun. Hungar., **10, 1947**, fasc. **3**, S. **90**) die Arten *Euodynerus notatus* (JUR.) var. *nigripes* (H.-SCH.), *Hoplomerus spinipes* (L.) und *Ancistrocerus antilope* (PANZ.) unter diesen Namen aufgeführt, nachdem er bereits an anderer Stelle (Fragm. Faun. Hungar., **10, 1947**, fasc. 2) den *Microdynerus nugdunensis* (SAUSS.) so bezeichnet hatte.

4. Gattung *Oplomerus* WESTWOOD 1840.

1. Der legitime Name dieser Gattung ist, wie ich im Gegensatz zu meiner bisherigen Ansicht ermittelt habe, nicht *Hoplomerus* AGASSIZ 1846, sondern *Oplomerus* WESTWOOD 1840. WESMAEL hatte, als er 1836 (S. 45) die von ihm 1833 für die *spinipes*-Gruppe aufgestellte, aber nicht mit einem Namen belegte Einheit der Gattung *Odynerus* mit der Benennung *Oplopus* als Untergattung einführte, übersehen, daß dieser Name bereits 1832 von LAPORTE-CASTELNAU für eine Käfergattung (Scarab. Rutel.) vergeben worden war. Statt des also als Objektives Homonym unzulässigen Namens *Oplopus* WESM. gab WESTWOOD 1840 dieser Einheit, die er zur Gattung erhob, den Namen *Oplomerus*, indem er *Odynerus spinipes* (L.) zum Genotypus bestimmte. Der Name *Oplomerus* ist nun, wie entgegen O. W. RICHARDS (1937 S. 128) und R. BOHART (1951 S. 887) festzustellen ist, **kein** Homonym von *Oplomerus* DEJEAN 1833 (oder 1834) (Col. Tenebr.), da dieser ein nomen nudum war (siehe „Nomenclator animalium generum et subgenerum", 4, 1933, S. 2370) und deshalb als illegitim, „totgeboren" (R. RICHTER, 1948, S. 188) kein Prioritätsrecht hatte, denn „was nomenklatorisch keine Existenz hat, kann auf die Nomenklatur keine Wirkung ausüben" (RICHTER, S. 178, 156). Die Emendation des Namens *Oplomerus* in *Hoplomerus* durch AGASSIZ (1846 S. 185) ergab als orthographische Variante lediglich ein Objektives

[1]) Ich habe nachträglich festgestellt, daß es sich um *Allodynerus floricola* (SAUSS.) handelt.

[2]) Nachträglich habe ich festgestellt, daß es sich um *Nannodynerus difficilis* (F. MOR.) handelt.

Synonym von *Oplomerus* (R. RICHTER, S. 125). Allerdings hat sich *Hoplomerus* anstelle von *Oplomerus* im Schrifttum durchgesetzt und die Originalschreibung verdrängt, insbesondere haben die führenden Systematiker C. G. THOMSON, F. MORAWITZ und G. KOSTYLEV diesen Namen zur Bezeichnung der Gattung ständig gebraucht. Trotzdem gilt die Regel des Art. 19 JRZN, und da eine Emendation nur von der Internat. Kommission ausgesprochen werden kann, können auch „Emendations-Namen aus älterer Zeit, die anstelle des ursprünglichen, obwohl gültigen Namens allgemein gebräuchlich geworden sind, nur durch eine Suspension der Regeln, also insbesondere des Art. 19, legalisiert werden" (vgl. R. RICHTER, S. 125).

Weitere Synonyme sind die Namen *Hoplopus* AGASSIZ 1846 (emend. pro *Oplopus* WESM.), *Epiponus* SAUSSURE 1875 (pro *Epipona* LATREILLE 1802) und *Euepipona* DALLA TORRE 1904.

2. Nun hat auf den Antrag des Committee on Generic Nomenclature of the R. Entomolog. Society of London vom Jahre 1937 (siehe O. W. RICHARDS, S. 86/87) der Internat. Kongreß für Zoologie in Paris 1948 unter Suspension des Art. 25 JRZN die *Vespa spinipes* LINNAEUS 1758 zum Genotypus der Gattung *Odynerus* LATREILLE 1802/03 bestimmt. (Wegen der Vorgeschichte dieser Vorgänge nehme ich Bezug auf meine Erörterungen in „Konowia" **16**, 1937, H. 3/4 [1938] S. 291 ff. und in Dtsch. Ent. Zeitschr. 1938 S. 182 ff.). Wenn dieser Beschluß gültig und rechtswirksam wäre, würde der Name *Oplomerus* zum Synonym von *Odynerus* LATR. werden und die Gattung mit dem letzteren Namen zu bezeichnen sein. Die Beschlüsse des illegitimen Pariser Kongresses sind indessen in ihrer Gesamtheit formell ungültig zustandegekommen und deshalb als nichtig zu behandeln (siehe die zutreffenden Darlegungen in „Senckenbergiana" **33**, 1952, S. 193 unter A.). Der Antrag des Committee on Generic Nomenclature ist also materiell bisher noch nicht gültig beschieden worden, und es bleibt abzuwarten, ob künftig jene vom Pariser Kongreß offenbar auf Grund einseitiger Informierung beschlossene, sachlich nicht gerechtfertigte Genotypusänderung bestätigt werden wird oder nicht. Bis dahin hat jedenfalls der Name *Oplomerus* WESTWOOD die Priorität.

5. Gattung *Pterocheilus* KLUG.

1. FR. KLUG hat bei der Veröffentlichung des Gattungsnamens *Pterocheilus* in diesen 3 Arten: *Pallasii* n. sp. ♀, *interruptus* n. sp. ♂ und *phaleratus* (PANZ. 1797) ♂ — er kannte von ihnen nur ein Geschlecht[1]) — in dieser Reihenfolge eingeschlossen, ohne eine von ihnen als Gattungstypus zu bezeichnen[2]). Das tat erst W. H. ASHMEAD 1902[3]), indem er *Pallasii* zum Lectogenerotypus bestimmte, nachdem schon C. F. BINGHAM 1897 diese Art als den Typus der Gattung genannt hatte.[4])

2. Am 12. 7. 1939 teilte mir J. BEQUAERT (Boston) folgendes mit:

> „I recently had to consult E. BLANCHARD, Hist. des Insectes, 1840. In this book types are designed for a number of genera. One of them is *Pterochilus*, the type of which is designated as *P. phaleratus* (PANZER), not *P. pallasii* KLUG, as ASHMEAD did."

Ob er hierzu etwas veröffentlicht hat, ist mir nicht bekannt. Seine Auffassung ist von R. BOHART 1940 in seiner Revision der nearktischen *Pterocheilus*-Arten übernommen[5]) und 1951 in „Hymenoptera of America North of Mexico" S. 904 beibehalten worden.

Sie trifft jedoch nicht zu. Ich habe schon 1939[6]) und mit ausführlicher Begründung 1955[7]) zu ihr Stellung genommen und glaube, für Leute, die logisch zu denken vermögen und davon auch Gebrauch machen wollen, überzeugend dargelegt und bewiesen zu haben, daß BLANCHARD überhaupt nicht die

---

[1]) KLUG hat das Geschlecht, in dem die 3 Arten ihm vorlagen, zwar nicht expressis verbis bezeichnet, aber es ergibt sich aus der von ihm genannten Anzahl der sichtbaren Hinterleibssegmente (für *Pallasii* 6, für *interruptus* und *phaleratus* je 7).

[2]) „*Pterocheilus*, eine neue Insektengattung aus der Klasse der Piezaten", Beitr. z. Naturk., **1**, 1805, S. 143 ff.

[3]) Canad. Ent., **34**, 1902, S. 208.

[4]) Hierauf machte mich kürzlich Dr. J. VAN DER VECHT (Leiden) aufmerksam. BINGHAM vermerkt in „Fauna of Brit. India, Hymenoptera I", 1897, S. 373 in der Tat bei der Gattung *Pterochilus* KLUG: „Type, *P. pallasii*, KLUG". Ob „BINGHAM 1897" für die Bestimmung von Generotypen überhaupt anzuerkennen ist, kann aus Gründen, deren Erörterung sich hier erübrigt, recht zweifelhaft sein, obwohl es durch O. W. RICHARDS 1937 für die Gattungen *Leptothorax* MAYR (S. 124) und *Tachysphex* KOHL (S. 129) geschehen ist. Es ist indessen belanglos, ob BINGHAM oder ob ASHMEAD als der legitime Autor der gleichlautenden Generotypusauswahl zu gelten hat, denn wesentlich ist nur diese selbst.

[5]) Ann. Ent. Soc. Amer., **33**, 1940, S. 162—208.

[6]) Mitt. Ent. Ges. Halle (S.), **17**, 1939, S. 11.

[7]) Mitt. Zool. Mus. Berlin. **31**, 1955, S. 79 ff.

Absicht gehabt haben kann, in jenem Werk nomenklatorische Genotypenbestimmungen vorzunehmen, daß er das auch nicht getan hat und daß beides insbesondere für seine Bemerkung gilt, auf die sich die USA-Autoren berufen:

„Nous n'avons rien à dire du genre Ptérochile; il est établi sur quelques espèces ressemblants beaucoup à des Odynères; personne n'a encore été assez heureux pour pouvoir étudier leurs habitudes. Le type du genre est la Ptérochile ceinturée (*Pt. phalerata*), qui habite la France, l'Allemagne, etc."

(Zusätzlich mag noch ein Argument mehr für meine Ansicht erwähnt werden: Wenn Blanchard jene Absicht gehabt hätte, würde er sicherlich dem damaligen Brauch gemäß die vom Autor an erster Stelle genannte Art, also *Pallasii*, zum Lectogenerotypus bestimmt haben, zumal, wie wir sehen werden, die Gattungsdiagnose in ihrer Gesamtheit dem nicht entgegengestanden hätte. Vgl. auch Art. 30 III s. JRZN).

Die Bestimmung eines Lectogenerotypus für die Gattung *Pterocheilus* stand also jedem folgenden Autor offen, und es behielt sein Bewenden bei der vom ersten von ihnen vorgenommenen Auswahl (Art. 30 II g JRZN.).

Die von Ashmead (oder von Bingham) getroffene Lectotypusbestimmung (*Pallasii* Klug) war mithin zulässig und ist legitim und bindend.

3. Man könnte nun zunächst der Meinung sein, Ashmead (oder Bingham) hätte wohler daran getan, nicht *Pallasii*, sondern *interruptus* oder *phaleratus* als Generotypus auszuwählen, und zwar aus folgenden Erwägungen:

Klug hat als den „wesentlichen Charakter" der Gattung *Pterocheilus* lediglich die Beschaffenheit der Labialtaster bezeichnet, die er so kennzeichnet:

„Palpi postici longiores, articulis aequalibus, primo clavato, nudo, reliquis utrinque valde pectinatis",

(wobei er es hier unterlassen hat, die Anzahl der Tasterglieder — 3 — anzugeben).

Wegen der Mundteile im übrigen nimmt er Bezug auf die Abbildungen Taf. 3 Fig. 1 und 2, zu denen er folgende Erläuterung gibt:

„Palpen 4, nicht ganz von gleicher Länge. Die vorderen[1]) etwas kürzer als die hinteren . . . haben 5 Glieder . . ., die beiden letzten etwas kürzer als die übrigen . . . Die hinteren[2]) länger, stärker und dreigliederig, die Glieder unter sich von gleicher Länge, das 1. keulförmig . . ., das 2. umgekehrt keulförmig, auf beiden Seiten mit langen, steifen, etwas nach einwärts gekrümmten Haaren dicht besetzt. Das letzte Glied . . . etwas kürzer als die beiden ersten, . . . ebenfalls auf beiden Seiten mit langen, bis um die Spitze herumlaufenden, etwas gekrümmten Haaren versehen."

Diese Beschreibung sowohl der Kiefer- als auch der Labialtaster paßt von den 3 genannten Arten nur auf *interruptus* ♂ und *phaleratus* ♂, und die Figuren 1 und 2 lassen auch ohne weiteres erkennen, daß ihnen eines von diesen ♂ ♂ als Modell gedient hat. *Pallasii* hat dagegen 6gliedrige Kiefertaster, und die Lippentaster des ♀ haben (namentlich das 3. Glied) wesentlich andere Form als die in Fig. 2 dargestellten und auch andere Behaarung.

Ferner sagt Klug S. 146 vom Bau der Zunge (Fig. 2):

„fünfmal so lang wie ihr Basalteil, schnurförmig, zylindrisch rund, auf der inneren Seite seicht gefurcht, und endigt sich in 2 nicht unbeträchtlich lange, von einander abweichende Spitzen."

Eine so geformte Zunge haben aber nur *interruptus* ♂ und *phaleratus* ♂, während die Zunge von *Pallasi* ♀ viel kürzer und breiter ist und ihre distalen beiden Äste ebenfalls breit sind und am Ende ein längliches braunes Chitinplättchen tragen, so daß sie nicht als „Spitzen" bezeichnet werden können.

Auf der anderen Seite enthält indessen die Gattungsbeschreibung eine Reihe von Einzelheiten, die weder auf *interruptus* ♂ noch auf *phaleratus* ♂, sondern nur auf *Pallasii* ♀ passen, so namentlich:

1. das Kopfschildende wird als „ausgerandet" bezeichnet (S. 146),
2. die Oberkiefer haben außer der Spitze noch 4 Zähne (S. 146),
3. die Fühlergeißel hat nur 11 Segmente: ein „kleines, kugelförmiges Gelenk" (das Wendeglied) und 10 weitere Glieder (S. 147),
4. die Schienen der Vorderbeine sind „auf ihrer ganzen Fläche mit kurzen Dornen bewaffnet" (S. 149).

(Es fällt auf, daß Klug diese Unstimmigkeiten nicht zum Bewußtsein gekommen zu sein scheinen, daß er vor allem nicht bemerkt hat, daß *interruptus* und *phaleratus* eine aus 12, überdies anders als bei *Pallasii* ♀ geformten Gliedern bestehende und am Ende gerollte Fühlergeißel haben. [*Phaleratus* ♂ ist zwar bei Panzer mit weiblichen Fühlern abgebildet, aber nach der Fassung seiner Beschreibung durch Klug ist anzunehmen, daß es diesem in natura bekannt war.] Wenn er in der Gattungsbeschreibung an anderer Stelle [S. 148] sagt: „Ringe hat der Hinterleib 6 bis 7", so scheint er sich auch nicht darüber klar gewesen zu sein, daß der Unterschied in der Anzahl der Hinterleibsringe lediglich ein Geschlechtsmerkmal war, denn andernfalls hätte er doch wohl — was nicht geschehen ist — in den Diagnosen der 3 Arten das Geschlecht bezeichnet und dafür die vorerwähnte Angabe in der Gattungsbeschreibung unterlassen. Man muß sich bei alledem vergegenwärtigen, daß 1805 die Taxonomie der Faltenwespen noch in den ersten Anfängen steckte. Das gilt auch für Klug: Daraus, daß er die Gattung *Pterocheilus* nur in Ver-

[1]) Kiefertaster.

[2]) Labialtaster.

gleich mit den Gattungen *Crabro* und *Vespa* stellt und von *Pter. interruptus* sagt, er sei von der Größe der „*Vespa spinipes* F.", kann man schließen, daß ihm 1805 noch nicht bekannt geworden war, daß LATREILLE 1802 von *Vespa* L. die Gattung *Odynerus* abgetrennt und als deren „exemple" die *Vespa spinipes* F. bezeichnet hatte.)

Es steht also fest, daß KLUG's Gattungsbeschreibung zwar teilweise nur auf *interruptus* ♂ und *phaleratus* ♂ paßt, in anderen, nicht weniger wesentlichen Teilen dagegen nur auf *Pallasii* ♀, während die von ihm als „wesentlicher Charakter" der Gattung hingestellte Beschaffenheit der Labialtaster (was deren Zahl und ihre Ausrüstung mit reichlicher langer Behaarung betrifft) sowie weitere Teile der allgemeinen Gattungsbeschreibung für alle 3 Arten Gültigkeit haben.

Auf jeden Fall bleibt die Tatsache bestehen, daß KLUG bei Aufstellung der Gattung *Pterocheilus* in diese die Art *Pallasii*, und zwar als führende Art, eingeschlossen hat, und darauf allein kommt es im Rahmen des Art. 30 II g JRZN entscheidend an.[1])

4. Die Definition des aufstellenden Autors, die KLUGsche Gattungsdiagnose, war also von vornherein ungenügend und dadurch teilweise unrichtig, indem sie die Zahl und das Längenverhältnis der Kiefertasterglieder nur von 2 der von ihm in die Gattung eingeschlossenen 3 Arten angab, die sehr abweichenden Verhältnisse bei der dritten Art jedoch unberücksichtigt ließ. Nach dem Bekanntwerden des ♂ dieser 3. Art (*Pallasii*) ergab sich dann eine weitere Unrichtigkeit aus der Beschaffenheit seiner Lippentaster, die nach Größenverhältnis und Behaarung durchaus verschieden von denjenigen von *phaleratus* ♂ und *interruptus* ♂ sind.

Die Gattungsdiagnose bedurfte deshalb insoweit der Berichtigung, und ASHMEAD (oder BINGHAM) hätten diese vornehmen sollen, als sie *Pallasii* als Generotypus auswählten; dabei wäre die Diagnose grundsätzlich auf diesen abzustellen gewesen. (Vgl. R. RICHTER 1948 S. 155.)

Da diese Maßnahme unterblieben ist, hole ich sie hiermit nach und formuliere folgende berichtigte Diagnose der Gattung *Pterocheilus* KLUG:

Maxillarpalpen sechsgliedrig, beim ♂ viel kürzer als die Labialpalpen; letztere dreigliedrig, stark entwickelt, das 3. Glied beim ♀ breit elliptisch, ebenso wie das 2. beiderseits, das 3. auch an der Spitze, dicht und lang bewimpert, beim ♂ dagegen sehr viel schwächer ausgebildet, linear geformt und sehr sparsam und kurz behaart. Fühlergeißel beim ♀ mit 11, beim ♂ mit 12 Gliedern, beim ♂ am Ende zu einer unvollständigen Spirale gerollt. Kopfschild ausgerandet. Oberkiefer des ♂ mit einer die Basalhälfte der Innenkante einnehmenden Kauleiste, mit einem von dieser durch eine schmale flache Einkerbung getrennten rundlich vorspringenden Zahn und dem lang ausgezogenen Endzahn. Beim ♀ 2 kleine Scheitelgruben vorhanden. Mittelsegment ohne Höcker oder Zähne. Beim ♂ die Sternite 2—5 am Ende mitten mit dicht geschlossener, angedrückter Haarfranse.

6. Gattung *Nannopterochilus* n. gen.

Da die Art *phaleratus* (PANZ.) (mit der *interruptus* KLUG zusammenfällt) wegen ihrer sehr abweichenden körperlichen Merkmale nicht mehr in die vorstehend umgrenzte Gattung *Pterocheilus* KLUG paßt, begründe ich für sie und ihr die morphologisch gleich — oder nahestehenden, bisher zu *Pterocheilus* gestellten Arten die neue Gattung *Nannopterochilus* n. gen. mit *Pterocheilus phaleratus* (PANZ.) als Generotypus, indem ich diese so kennzeichne:

Maxillarpalpen fünfgliedrig; Labialpalpen dreigliedrig, beim ♀ stark entwickelt, das 3. Glied aber schmal, bandförmig, mit fast geraden Seiten nach dem Ende zu schwach verschmälert, das 2. und 3. Glied beiderseits, das 3. auch an der Spitze, dicht und lang bewimpert, beim ♂ fast ebenso stark wie beim ♀ ausgebildet und ähnlich behaart. Fühlergeißel wie bei *Pterocheilus*. Kopfschild mit breitem, gerade abgeschnittenem oder ganz wenig ausgerandetem Ende. Oberkiefer des ♂ mit normal gebauter, vierzähniger Innenkante. Beim ♀ 2 kleine Scheitelgruben vorhanden. Mittelsegment wie bei *Pterocheilus*. Beim ♂ Sternitbehaarung wie bei *Pterocheilus*.

7. Gattung *Hemipterochilus* „FERTON" BOHART 1940

1. G. KOSTYLEV hat 1940 (Bull. soc. ent. Moscou, S. Biol., **49**, S. 153) für die Gruppe des *Pterocheilus bembeciformis* (F. MOR.) eine Untergattung der Gattung *Pterocheilus* mit dem Namen *Pseudopterochilus* aufgestellt. Dieser Name ist illegitim, weil er ein Objektives Homonym von *Pseudopterochilus* PERKINS 1901 (Ent. Monthl. Mag., **37**, S. 266) ist und ferner, weil der Autor keinen Subgenerotypus bezeichnet hat (Art. 25 c 3, Art. 6 JRZN).

2. Für diesen Namen hat zur Bezeichnung der *bembeciformis*-Gruppe der Name *Hemipterochilus* BOHART 1940 einzutreten.

[1]) In der Beurteilung dieses Fragenkomplexes befand ich mich, wie ich hervorheben möchte, in Übereinstimmung mit R. RICHTER † (Frankfurt/Main) und dem von diesem konsultierten O. KRAUS (ebenda), lt. Brief vom 16. 9. 1956.

a) J. BEQUAERT hat 1918 (Bull. Amer. Mus. Nat. Hist., **39**, S. 194) erwähnt, FERTON habe 1910 (Ann. Soc. ent. France, **78** [1909], S. 419) eine neue Gattung *Hemipterochilus* begründet. Das trifft jedoch nicht zu: FERTON hatte bei der Beschreibung der Lebensweise des *Pterocheilus chevrieranus* nur gesagt: „À un centimètre de profondeur se trouvait une cellule horizontale renfermant 5 chenilles identiques, de taille relativement grande, dont 4 au moins étaient allongées, et non pas enroulées comme celles de l'*Hemipterochilus terricola* Mocs. et de la plupart des Odynères." Nichts läßt erkennen, daß er beabsichtigt habe, mit dem Namen *Hemipterochilus* eine neue systematische Einheit zu belegen. Man muß sich vergegenwärtigen, daß FERTON sich nur ganz ausnahmsweise als Systematiker betätigt hat. Die Belegstücke der Insekten, deren Biologie er beobachtet hatte, ließ er sich von bekannten Systematikern bestimmen, namentlich von J. PÉREZ und von R. DU BUYSSON. Man wird in der Annahme nicht fehlgehen, daß ihm von einem seiner Helfer, wahrscheinlich von DU BUYSSON, Exemplare von *Pterocheilus bembeciformis terricola* Mocs. als „*Hemipterochilus terricola*" bestimmt worden waren und daß er in der Annahme, dies sei der gültige Name der Art, diese l. c. unter ihm aufgeführt hat. Wenn der Name *Hemipterochilus* von ihm selbst geschaffen worden wäre und er ihn l. c. veröffentlicht hätte, um ihn als Namen für die durch die Art *terricola* Mocs. charakterisierte neue Gattung einzuführen, so hätte er unzweifelhaft das unzweideutig zum Ausdruck gebracht, mindestens durch den Zusatz „nov. gen." (vgl. hierzu auch R. RICHTER 1948 S. 134 unten).

Die bloße Anführung des Namens *Hemipterochilus* durch FERTON — ohne die Absicht, ihn als den einer neuen systematischen Einheit einzuführen — war nomenklatorisch bedeutungslos.

In Übereinstimmung mit meinen Ausführungen 1939 a S. 12 muß ich deshalb aufrecht erhalten, daß es eine Gattung *Hemipterochilus* FERTON 1910 nicht gibt. Wer der Urheber dieses Namens gewesen ist (und vermutlich beabsichtigt hatte, ihn künftig zu veröffentlichen) ist nicht bekannt; wahrscheinlich war es DE BUYSSON, vielleicht auch J. PÉREZ.

b) Ebensowenig hat J. DUSMET ein Subgenus *Hemipterochilus* der Gattung *Pterocheilus* KLUG aufstellen wollen, wenn er in dem Bericht über seine 45jährige Hymenopterenjagd in Spanien (Mem. Soc. ent. Españ., Mem. 4ª, 1935, S. 50) den *Pterochilus grandis* LEP. (= *Cephalochilus grandis* [LEP.]) unter dem Namen „*Pterochilus* (*Hemipterochilus*) *grandis* LEP. var. *hispanicus* MED." verzeichnet hat. (Im übrigen würde der Name wegen Nichtbefolgung des Art. 30 c 1 JRZN illegitim gewesen sein.)

c) Nun hat R. BOHART in einer Überschau über die nearktischen *Pterochilus*-Arten (Ann. ent. Soc. Am., **33**, 1940, S. 162—208) in den Schlüssel für die Untergattungen (S. 168) auch *Hemipterochilus* „FERTON" aufgenommen mit der Kennzeichnung: „Maxillary palpus six segmented, male labial palpus much more slender and less hairy than that of female; apical half of 3ᵈ segment of labial palpus constricted in both sexes and bare; front face of pronotum with 2 oblique pits; female mandible five toothed; male antenna rolled apically." Seine Diagnose dieser Untergattung lautet:

„Subgenus *Hemipterochilus* FERTON. (Type *Odynerus terricola* MOCSARY, Pl. II figs. 13, 22)
(*Hemipterochilus* FERTON, 1909. Ann. Soc. Ent. Fr., 77: 572.)
Medium to large *Pterocheilus*. Maleantenna coiled apically and 13-segmented. Labial palpus 3-segmented, the last segment with its apical half in both sexes constricted and bare. Maxillary palpus 6-segmented. Female mandible 5-toothed.
Hemipterochilus occurs in Europe and includes such species as *invasor* DUSMET, *terricola* (MOCSARY), *bembeciformis* MORAWITZ, and *nudiventris* MORAWITZ."

Zu seiner Annahme, FERTON habe 1909 eine Gattung *Hemipterochilus* aufgestellt, ist BOHART wahrscheinlich durch den Irrtum BEQUAERTS bestimmt worden. Da er den Namen für legitim gehalten hat, hat er natürlich eine neue Untergattung desselben Namens nicht begründen wollen. Es fragt sich, wie der Vorgang nomenklatorisch zu bewerten ist. Die Veröffentlichung enthält sämtliche nach Art. 25 JRZN erforderlichen Elemente, und es fehlt nur der Wille, diese taxonomische Einheit als neue einzuführen. Es entspricht aber wohl den Belangen der Stabilität der Namen, anzunehmen, daß BOHART latent den Willen gehabt habe, die Gattung *Hemipterochilus* unter allen Umständen aufrechtzuerhalten, wenn auch nur mit dem Range einer Untergattung. Dann ist der Name als legitim zu behandeln, aber als sein Autor ist nicht FERTON, sondern BOHART zu zitieren, da erst dieser die Voraussetzungen für seine nomenklatorische Existenz gesetzt hat (Art. 21 JRZN), und zwar mit dem Datum 1940 (vgl. R. RICHTER 1948 S. 132).

d) Ferner ist die Gattungsdiagnose zu ändern: Zu der *bembeciformis*-Gruppe gehören nämlich auch
   a) Arten, bei deren nicht erst die Endhälfte des 3. Lippentastergliedes, sondern das ganze Glied von der Basis an grätenförmig geformt ist (z. B. *aberrans* [F. MOR.]), und solche, bei denen das 3. Glied total kahl ist;
   b) Arten, bei denen ♂♂ die Oberkiefer über dem vorletzten Zahn einen Ausschnitt (Zahnlücke) haben: *notula* [LEP.] und *bicoloricornis* [G.S.].

Die Diagnose bedarf schließlich folgender Ergänzung: Parapsidenfurchen in der Regel hinten deutlich entwickelt. Mittelsegment ohne Zahn- oder Höckerbildung. Beim ♀ 2 Scheitelgruben vorhanden.

Beim ♂ die Vorderfläche der Oberkiefer (längs der Außenkante und längs der Zahnreihe) von linearen Leisten begrenzt. Geißelglieder 9—11 (oder einige davon) bei den ♂ ♂ der meisten zu dieser Gattung gehörigen Arten ± gelb (von den dunklen Endgliedern stark abstechend). Behaarung der Schläfen, der Thoraxoberseite und der Hinterleibstergite winzig. Sternite der ♂ ♂ ohne geschlossene Borstenbinden oder sonstige ungewöhnliche Sexualbehaarung.

3. Unrichtig ist es in jedem Falle, wenn GIORDANI SOIKA 1951 in einer Studie „Vespidi transadriatici" (Mem. Biogeogr. Adriat., 2, 1951, S. 33—41, Ist. Stud. Adriat. Venezia) S. 41 die Art *Pterocheilus bembeciformis* (F. MOR.), und zwar nach der Herkunft des Belegstückes (Gagliano del Capo) unzweifelhaft in der ssp. *terricola* (MOCS.), in die Untergattung *Megapterocheilus* BOHART 1940 gestellt hat, denn diese Kombination wird durch die Diagnosen der von BOHART angenommenen Untergattungen ausgeschlossen, die *bembeciformis* in die Untergattung *Hemipterochilus* „FERTON" verweisen, als deren Subgenerotypus er überdies bezeichnet ist.

4. Die Gattung umfaßt bisher folgende 10 Arten: *bembeciformis* (F. MOR. 1867) in der typischen und in der Unterart *terricola* (MOCS. 1883); *invasor* (DSM. 1909); *aberrans* (F. MOR. 1885); *punctiventris* (F. MOR. 1885); *nudiventris* F. MOR. 1895, ♂; *rubrosignatus* (ED. ANDRÉ 1884, ♀) (= *nudiventris* F. MOR. ♀ ?); *hohlbecki* (KOST. 1934); *moricei* (SCHULT. 1923); *notula* (LEP. 1841, ♂, nec ♀) (*anormodontus* [KOST. 1940]) und *bicoloricornis* (G.S. 1951).

8. Subgenus *Méhelyella* MÓCZÁR.

Bei Aufstellung dieser Untergattung (siehe S. 228 Anm. 3) hat der Autor es unterlassen, gemäß der Mußvorschrift des Art. 25 c 3 in Verb. mit Art. 6 JRZN den Subgenerotypus zu bezeichnen. Deshalb war der Name *Méhelyella* illegitim und nomenklatorisch nicht vorhanden; auch die Auswahl eines Lectotypus war nicht möglich (R. RICHTER 1948 S. 36). Nachdem der Pariser Kongreß 1948 diese Möglichkeit zugelassen hatte, hat R. BOHART 1951 S. 898 als Typus von „*Méhelyella* MÓCZÁR 1937" die Art *Odynerus parvulus* LEP. bestimmt und zugleich diese Einheit der typischen Untergattung der Gattung *Stenodynerus* SAUSS. als Synonym untergeordnet. Wäre auf diesem Wege die Untergattung *Méhelyella* mit dem Datum 1937 nachträglich wirksam entstanden, so würde *Odontodynerus Blüthg.* 1938 zum Synonym geworden sein. Diese Voraussetzung entfällt jedoch: Der Beschluß des illegitimen „Internationalen" Kongresses von Paris war an sich schon ungültig und wirkungslos (siehe dazu auch R. RICHTER in Senckenbergiana **33**, 1952, S. 74, dritt- und vorletzten Absatz), und außerdem ist er durch den Kopenhagener Internationalen Zoologen-Kongreß von 1953 ausdrücklich aufgehoben worden. Es könnte sich deshalb höchstens fragen, ob etwa eine Einheit „*Méhelyella* BOHART 1951" entstanden sei (R. RICHTER 1948 S. 156 oben), aber diese wäre jedenfalls ein Synonym von *Odontodynerus* BLÜTHG. 1938.

9. Subgenus *Delphinaloides* MÓCZÁR.

Auch bei Aufstellung dieser Untergattung (1937 S. 15, 30) hat MÓCZÁR vergessen, einen Subgenerotypus zu bestimmen. R. BOHART hat das 1951 S. 888 nachgeholt und *Odynerus delphinalis* GIR. als Lectotypus ausgewählt, indem er gleichzeitig die Einheit „*Delphinaloides* MÓCZÁR 1937" als Synonym zu *Rygchium* SPIN. stellte. Hierfür gilt entsprechend, was ich oben in Anm. 8 für *Méhelyella* ausgeführt habe: Eine Untergattung „*Delphinaloides* MÓCZÁR 1937" existiert nicht, eine Untergattung „*Delphinaloides* BOHART 1951" würde Synonym von *Allodynerus* BLÜTHG. 1937 sein.

10. Gattung *Pseudepipona* D. T.

1. Die Gattung *Pseudepipona* wird von O. W. RICHARDS 1937 (S. 103, 128) und von R. BOHART 1951 (S. 887) mit SAUSSURE als Autor und dem Jahr 1856 als Datum der Aufstellung sowie dem Zusatz „type (monobasic) = *Odyn. herrichii* SAUSS. 1856" geführt. Diese Ansicht steht nicht mit den bisher geltenden Vorschriften der JRZN im Einklang: SAUSSURE hat 1856 S. 309 weder eine Gattung noch eine Untergattung dieses Namens aufgestellt, sondern eine „Division" der Untergattung „*Epipone* SHUCK. (*Oplopus* WESM.)" mit dem Namen *Pseudepipona* belegt. Die JRZN kennen keine Kategorien zwischen Untergattung und Art und gewähren solchen infolgedessen auch keine nomenklatorischen Rechte; sie sind für die Nomenklaturregeln nicht vorhanden (vgl. R. RICHTER 1948 S. 90). Sie können diese Rechte erst dadurch erlangen, daß sie unter Beobachtung der für die Aufstellung von Gattungen (und Untergattungen: Art. 6 JRZN) in Art. 25 vorgeschriebenen Erfordernisse ausdrücklich zu Gattungen oder Untergattungen erhoben werden. Es tritt auch nicht etwa ein automatisches Aufrücken einer „Division" in den Rang einer Untergattung ein, wenn die Untergattung, der die „Division" untergeordnet ist, zur Gattung aufgewertet wird. Vielmehr gilt hier entsprechend genau dasselbe, was R. RICHTER 1948 S. 105 f. über das Aufrücken einer infrasubspecifischen Kategorie, eines quadrinominalen Namens der (ebenfalls von den JRZN nicht anerkannt und für die Nomenklatur nicht vorhanden ist) zu einem

[1]) Bull. zool. Nomenclat. **5** (4—6), 1950, S. 109.

trinonimalen Namen ausführt. Art. 21 JRZN ist nicht anwendbar, er gilt nur für den Bereich der von den JRZN anerkannten Kategorien, also für Art und Gattung; Art. 21 2. Halbsatz paßt nicht, da er ganz anders liegende Fälle im Auge hat, insbesondere vorausgesetzt, daß der betreffende wissenschaftliche Name noch nicht veröffentlicht ist.

Ebensowenig wie es also eine „Gattung *Pseudepipona* SAUSS." gibt, sondern nur eine „Division" dieses Namens, gibt es einen „Typus kraft Monotypie" für diese, denn die JRZN kennen nur Genero-, Subgenero- und Speciestypen.

2. Erst dadurch, daß DALLA TORRE im Cat. Hym. Bd. IX (1894) S. 49 *Pseudepipona* SAUSS. als Subgenus aufführte und dadurch zu diesem Rang erhob, erhielt *Pseudepipona* nomenklatorische Existenz als Name eines Subgenus von *Odynerus* LATR. Die Bezugnahme auf SAUSSURE's Veröffentlichung 1856 S. 309 enthielt stillschweigend die Wiederholung der von SAUSSURE gegebenen Definition. Da dieser seiner „Division" nur die Art *Herrichii* (= *Odynerus variegatus* H.-SCH. 1839) zugeteilt hatte, DALLA TORRE übrigens auch nur (S. 72) diese Art zu der Untergattung *Pseudepipona* stellte, ist damit den Erfordernissen des Art. 25 a, 30, I c (i. V. mit Art. 6) genügt.

Autor der Untergattung war aber DALLA TORRE, nicht SAUSSURE. Ihre korrekte Bezeichnung hatte zu lauten: *Pseudepipona* (SAUSS. 1856, Division) D. T. 1894, subgen.

Nun hat DALLA TORRE allerdings 1904 (S. 38, 39) „*Pseudepipona* SAUSS." wieder als „Gruppe" der Untergattung *Hoplomerus* WESTW. bezeichnet. Die Änderung seiner Auffassung über die taxonomische Stellung von *Pseudepipona* ist indessen nomenklatorisch belanglos und kann die 1894 vollzogene Erhebung zum Subgenus nicht hinfällig machen. (DALLA TORRE läßt 1904 S. 39 Fußnote 1 nur 5 Untergattungen von *Odynerus* bestehen: *Ancistrocerus, Hoplomerus, Lionotus, Microdynerus* und *Symmorphus*).

3. O. W. RICHARDS hat, wie bereits erwähnt, 1937 *Pseudepipona* (als Ersatz für *Lionotus*) zur Gattung erhoben und dabei SAUSSURE als Autor bezeichnet. Als solcher kann jedoch nur DALLA TORRE gelten.

11. Gattung *Euodynerus* BLÜTHG.

DALLA TORRE hat 1904 S. 38 mit dem Namen *Euodynerus* eine Gruppe des Subgenus *Lionotus* (*Leionotus*) SAUSSURE 1852 S. 151 (= Subgenus *Odynerus* LATR. nach SAUSSURE 1856 S. 223) belegt, die nach seinem Literaturzitat umfassen sollte, was SAUSSURE 1856 S. 229, 252, 254 als „2. Sektion der Division E (= III. + IV. Division SAUSSURES 1952) = „groupe de l'*Odynerus Dantici*" bezeichnet hatte. Dieser Name hatte als der einer von den JRZN nicht anerkannten Einheit keine nomenklatorische Existenz und deshalb kein Prioritätsrecht. BLÜTHGEN konnte ihn deshalb 1938 für eine neue Gattung verwenden (1938 d S. 277), und nach Art. 21 JRZN gilt er als Autor des Namens *Euodynerus*.

EXKURS

Ein Teil der von mir aufgestellten Gattungen und Untergattungen war bis 1938 in der Untergattung *Lionotus* THOMS. der Gattung *Odynerus* LATR. i.w.S., einige in der Untergattung *Ancistrocerus* WESM. derselben Gattung enthalten. Der Name *Lionotus*, in den THOMSON 1870 den Namen der von SAUSSURE 1852 begründeten Untergattung *Leionotus* emendiert hatte, war an sich ein Objektives Synonym von *Leionotus*, aber da der Name *Leionotus* Sss. 1852 als Objektives Homonym von *Leionotus* KIRBY & SPENCER 1828 illegitim und unzulässig war, trat *Lionotus* für ihn ein, und zwar mit der Autorschaft THOMSON's = *Lionotus* THOMS. 1870 (emend. pro *Leionotus* SAUSS. 1852). Siehe dazu R. RICHTER 1948 S. 125, 126. Nun hatte weder SAUSSURE für *Leionotus* einen Subgenerotypus benannt, noch hatte THOMSON das für *Lionotus* getan. ASHMEAD wählte 1902 als Lectotypus für *Leionotus* SAUSS. die Art *humeralis* HALIDAY 1836, die aber nicht von SAUSSURE der Untergattung *Leionotus* bei ihrer Aufstellung zugeteilt worden war. Ich habe 1938 („Konowia", S. 277, Anm. 1) die Wahl von *humeralis*, die automatisch auch für *Lionotus* THOMS. galt, als nomenklatorisch wirksam bezeichnet, indem ich mich auf die Richtigkeit der von DALLA TORRE im Cat. Hym. 1894, S. 73, angegebenen Synonymie verließ. J. BEQUAERT unterrichtete mich jedoch davon, daß *humeralis* HAL. und *chilensis* LEP. zwar kongenerisch, aber artverschieden seien. R. BOHART hat dann 1951 in „Hym. of America . . ." p. 887 den *Odynerus foraminatus* SAUSS. 1852 zum Subgenerotypus von *Leionotus* SAUSS. bestimmt.

Da die zu *Lionotus* gestellten palaearktischen Eumeniden nicht mit der durch den Typus *foraminatus* bestimmten Gattung *Lionotus* congenerisch sind, habe ich 1938 für sie die Gattung *Euodynerus* (mit *Vespa Dantici* ROSSI 1790 als Generotypus) aufgestellt, die ich gleichzeitig in eine Anzahl von Untergattungen zerlegte, zu denen ich auch *Pseudepipona* SAUSS. 1856 zog[1]). Dabei habe ich allerdings übersehen, daß nach dem Recht der Priorität, das nach Art. 6 JRZN auch für die Untergattungen gilt,

[1]) „Konowia", 16 (1937), Heft 3/4, 1938, S. 277ff.

Pseudepipona den Namen der Gattung zu stellen hatte. Wie mir später bekannt wurde, hatte O. W. RICHARDS bereits 1937 anstelle des Namens *Leionotus* den Namen *Pseudepipona* als Gattungsnamen für diese Eumenidengruppe eingeführt.[1]) In meinem vorerwähnten System von 1938 müßte deshalb *Pseudepipona* als Gattung und *Euodynerus* (nebst den übrigen Untergattungen) als Untergattung eingesetzt werden. Das erübrigt sich indessen, da ich (ebenfalls 1938) die bisherigen Untergattungen zu selbständigen Gattungen erhoben habe.[2])

Im übrigen nehme ich Bezug auf die Bemerkungen bei den einzelnen Gattungen.

12. Zu *Ancistrocerus oviventris* (WESM.).

1937 S. 40 habe ich eine weiß gezeichnete Form von „*Odynerus* (*Ancistrocerus*) *pictus* (CURT.)“ als var. *hibernica* beschrieben. Was ich damals in Übereinstimmung mit EDW. SAUNDERS 1896, L. BERLAND 1928 und O. W. RICHARDS 1937 als *pictus* (CURT.) aufgefaßt hatte, erwies sich, nachdem die Untersuchung des Typus des *Odynerus pictus* CURT. 1826 ♂ ergeben hatte, daß dieser das ♂ von *Anc. antilope* (PANZ.) ist, als eine gültig noch nicht benannte nordische Form von *oviventris* (WESM.), der ich 1938b S. 285 den Namen „*oviventris* (WESM.) var. *rufipes* nom. nov.“ gab. Dieser Vorgang enthielt einen taxonomischen und einen nomenklatorischen Fehler: „var.“ war, wie schon 1937 „var.“ *hibernica*, im Sinne von ssp. gemeint, und so hätte die Bezeichnung richtig lauten müssen, und der Name *rufipes* war tatsächlich kein Ersatz für ein Homonym, sondern die Bezeichnung einer neuen Subspecies. Korrekt hätte es also zu heißen: „*Anc. oviventris* (WESM.) ssp. *hibernicus* BLÜTHG. 1937“ und „*Anc. oviventris* (WESM.) ssp. *rufipes* BLÜTHG. 1938“.

Und kürzlich hat mich J. H. H. YARROW (B. M.) davon unterrichtet, daß in England weiß gezeichnete Stücke (*hibernicus*) und gelb gezeichnete (*rufipes*) in derselben Population gemischt vorkommen. Es handelt sich also nur um eine individuelle Koloritveränderlichkeit, so daß *rufipes* nicht mehr als eigene Subspecies aufrecht erhalten werden kann, sondern in den Rang einer bloßen Färbungsvariation von *hibernicus* zu verweisen ist.

13. Gattung *Eumenes* LATR.

Die Auffassungen darüber, was unter der *Vespa coarctata* L. zu verstehen sei, waren bis 1938 ebenso mannigfaltig wie verworren. Selbst F. MORAWITZ betrachtete 1895 alles, was ihm aus Rußland an *Eumenes* mit stufenförmig abgesetzten Ende des 2. Tergits vorlag, als Varietäten von *coarctatus*, sogar solche extremen Formen wie die von ihm 1873 ohne Benennung beschriebene von Krasnowodsk und die von ihm 1889 mit dem Namen var. *mongolicus* belegte aus der Mongolei; nur *tripunctatus* (CHRIST 1891) nahm er davon aus. v. SCHULTHESS ging darin noch weiter, indem er auch *tripunctatus* mit *coarctatus* vereinigte. Vgl. hierzu BLÜTHGEN 1938c S. 473.

Es ist mir etwas zweifelhaft geworden, ob LINNAEUS nicht doch bei der Beschreibung der *Vespa coarctata* ein ♀ der Art vor sich gehabt hat, für die ich den Namen *pedunculatus* (PANZ.) eingeführt habe, und zwar deshalb, weil er 1746 gesagt hat „margines segmentorum abdominis omnes flavi“, während bei den ♀♀ der von mir als *coarctatus* bezeichneten Art schwedischer Herkunft (nach THOMSON 1874 und nach Belegstücken, die ich sah) und ebenso bei deutschen Stücken die Tergite vom 3. ab in der Regel total schwarz sind, das 3. höchstens einen kurzen gelben Querstreifen und das 4. höchst selten einen kleinen gelben Fleck aufweisen. Ich lasse diese Frage aber auf sich beruhen, weil es zu einer unliebsamen Verwirrung führen würde, wollte man THOMSONS und meine bisherige Deutung der *Vespa coarctata* (L.) abändern, zumal meine Revision (1938c), soweit ich sehen kann, für die Systematik der europäischen *Eumenes*-Arten grundlegend geworden ist.

Bei diesen Erörterungen ist unterstellt, daß LINNAEUS der Beschreibung der *Vespa coarctata* Stücke schwedischer Herkunft zugrunde gelegt habe. Wenn er 1758 als deren Heimat „Europa“ angegeben hat, so erklärt sich das offenbar daraus, daß er das von J. L. FRISCH 1730 S. 17 Taf. 9 dargestellte deutsche Insekt für artgleich mit seinen eigenen Sammlungsstücken gehalten und deshalb die Herkunftsangabe „Schweden“ als unrichtige Beschränkung des tatsächlichen Verbreitungsgebiets vermieden hat.

14. Gattung *Delta* BEQ.

SAUSSURE hatte (1856 S. 130, 143) bei der Gliederung der Gattung *Eumenes* LATR. mit der Bezeichnung „*Delta*“ eine Artengruppe belegt, deren Umfang den Divisionen II und III der Gattung im 1. Teil seines Werks (1852 S. 44, 60) entsprach. Diese Division *Delta* erhob J. BEQUAERT 1925 in seiner Arbeit „The Genus *Eumenes*, LATREILLE, in South Africa, with a Revision of the Ethiopian Species (Hym.)“ (Ann. South Afr. Mus., **23**, S. 483—577) S. 487 zum Rang einer Untergattung, indem er als Sub-

---

[1]) „The generic names of the Brit. Hym. Aculeata“, London 1937.

[2]) Dtsch. Ent. Z., 1938, S. 450ff.

generotypus den *Eumenes maxillosus* (DEG. 1775) (*Vespa maxillosa* DEGEER) bezeichnete und eine kurze Diagnose gab. Wenn er dort als den Autor dieser Untergattung SAUSSURE anführte, so ist das nach der bisherigen Regelung der JRZN nicht richtig: Die Einheit *Delta* hatte als Division keine nomenklatorische Existenz, sie erhielt solche erst durch die unter Beobachtung der Erfordernisse des Art. 25 JRZN von BEQUAERT vorgenommenen Umwandlung in ein Subgenus der Gattung *Eumenes*, und nach Art. 21 JRZN hat BEQUAERT deshalb als der Autor des Namens *Delta* zu gelten, und zwar mit dem Datum 1925 (vgl. R. RICHTER 1948 S. 90, 132, 133).

15. Unterfamilie Discoeliinae (THOMSON 1874) ASHMEAD 1902.

C. G. THOMSON begründete 1874 für die Gattung *Discoelius* LATR. eine „Tribus Discoeliina" der „Sectio Solitariae" der Familie Vespidae. Da diese „Sectio" nicht den Rang einer Unterfamilie hatte, kam der Tribus Discoeliina als der Familie nächstfolgender Kategorie die Bedeutung einer Unterfamilie zu, nur war gemäß Art. 4 JRZN die Endung -ina in -inae zu ändern (vgl. R. RICHTER 1948 S. 82). Das ist 1902 durch ASHMEAD geschehen.[1])

Die USA-Autoren BEQUAERT[2]) und BRADLEY und A. GIORDANI SOIKA haben die Gattung *Discoelius* in die von BEQUAERT 1919 aufgestellte Unterfamilie Zethinae gestellt. Diese ist von ihrem Autor folgendermaßen charakterisiert und von den Eumeninae unterschieden worden:

> „Mandibles short, obliquely truncate and toothed at the apex, folding above each other underneath the clypeus or very slightly crossing. Middle tibiae with 1 or 2 apical spurs: Zethinae.
> Mandibles ± elongate, beak-like or crossing each other in a X, always distinctly produced beneath the inferior margin of the clypeus. Middle tibiae with 1 apical spur: Eumeninae."

Diese Kriterien treten aber in der Praxis manchmal sehr viel weniger plastisch in Erscheinung, denn die Form der Oberkiefer ist bei den Eumeninae sehr vielgestaltig und entspricht in gewissen Fällen (z. B bei den Gattungen *Alastorynerus* BL. und *Gymnomerus* BL.) dem für die Zethinae angegebenen Schema, während umgekehrt die Gattung *Pareumenes* SAUSS. mit der Untergattung *Nortonia* SAUSS., die von denselben Autoren zu den Zethinae gestellt wird, von diesem Schema durchaus abweicht. Ich glaube, daß die Oberkieferform der Zethinae (ebenso wie die ihr gleichende der Raphiglossinae) eine Anpassung an die Lebensweise der zu diesen Unterfamilien gerechneten Wespen darstellt, die zum Nestbau pflanzliches Material verwenden und verarbeiten, insbes. (*Discoelius*) Blattabschnitte abtrennen und z. T. zerkauen müssen. (Man vergleiche die Oberkieferbildung bei den Bienengattungen *Osmia* LATR. und *Megachile* LATR., deren ♀♀ dieselbe Arbeit zu leisten haben!)

Auf jeden Fall erscheint es mir befriedigender, THOMSON zu folgen.

---

[1]) Canad. Entomologist, **34**, 1902, p. 204, 205.

[2]) Bull. Amer. Mus. Nat. Hist., **39**, (1918), p. 13ff.

VERZEICHNIS DER GATTUNGEN UND UNTERGATTUNGEN

(Synonyme und ungültige Namen sind eingeklammert.)

VERZEICHNIS DER ART- UND INFRASPEZIFISCHEN NAMEN

(Synonyme, Homonyme oder sonst ungültige Namen sind eingeklammert)

VERZEICHNIS DER ABGEKÜRZTEN MUSEUMSNAMEN

B. M. = Brit. Museum (Nat. History), London.
M. B. = Zool. Museum der HUMBOLDT-Universität in Berlin.
M. Bo. = Forschungsinstitut und Museum ALEXANDER KOENIG, Bonn.
M. Bu. = Ungar. Naturwissensch. Museum, Budapest.
M. Fr. = SENCKENBERGische Naturforsch. Gesellschaft, Natur.-Museum, Frankfurt/Main.
M. G. = Muséum d'Histoire Naturelle de Genève, Genf (coll. DE SAUSSURE).
M. K. = Zoolog. Institut der Universität Kiel, Kiel (coll. FABRICIUS).
M. Ko. = Universitetets Zoolog. Museum, Kopenhagen (coll. FABRICIUS).
M. Kr. = Musée Physiographique de l'Academie Polonaise des Sciences, Krakau (coll. v. RADOSZKOVSKI).
M. Lau. = Musée Zoolog. de Lausanne, Lausanne.
M. Le. = Zoolog. Institut der Akademie der Wissenschaften, Leningrad (coll. F. MORAWITZ, coll. EVERSMANN).
M. Lu. = Lunds Universitets Zoolog. Institution, Lund (coll. THOMSON).
M. Ma. = Museo Nacional de Ciencias Naturales, Madrid (coll. DUSMET).
M. Mlb. = The National Museum, Melbourne (coll. CURTIS).
M. Mo. = Universitätsmuseum, Moskau.
M. Mü. = Zoolog. Sammlung des Bayrischen Staates, München.
M. O. = University Museum, Hope Dept. of Entomology, Oxford (coll. S. SAUNDERS, coll. F. D. MORICE).
M. P. = Muséum National d'Histoire Naturelle, Paris.
M. Pr. = Národni Museum v Praze, Prag.
M. St. = Naturhistoriska Riksmuseum, Stockholm.
M. W. = Naturhistor. Museum, Zoolog. Sammlung, Wien.
M. Z. = Eidgen. Technische Hochschule, Entom. Institut, Zürich (coll. v. SCHULTHESS).

BENUTZTES SCHRIFTTUM[1])

1. Systematik

Beaumont, J. de: Les Guêpes (*Vespa* L. s. l.) de la Suisse. — Bull. Soc. Vaud. Sci. Natur., **62, 1944,** S. 329—362, Taf. 1—3 (französ.).

Bequaert, J.: The Genus *Ancistrocerus* in North America (with a partial key to the species). — Trans. Amer. Ent. Soc., **51,** 1925, S. 57—117 (engl.).

Bequaert, J.: The color forms of the common Hornet, *Vespa crabro* L. — Konowia, **10,** 1931, S. 101 — 109 (engl.).

Bequaert, J.: A tentative Synopsis of the Hornets and Yellow-jackets of America. Ent. Amer., **12,** 1932, S. 71—138 (mit Abb.) (engl.).

Bequaert, J.: Additions and corrections to the revision of North American Vespinae (Ent. Amer., 1932) — Bull. Brookl. Ent. Soc., **30,** 1935, S. 119—124 (engl.).

Berland, L.: Faune de France 19: Hyménoptères vespiformes II. Paris 1928. S. 1—95, 195 Abb. (franz.).

Berland, L.: Les *Polistes* de France. — Ann. Soc. ent. France, **91,** 1942, S. 135—148, 13 Abb. (franz.).

Białynicki-Birula, A.: Ein Beitrag zur Kenntnis der paläarktischen *Hoplomerus*-Arten. — Bull. Acad. Sci. URSS. 1926, S. 885—906.

Birula, A.: Über die russischen Wespen und ihre geographische Verbreitung. — I: Arch. Naturgesch., **90,** A., 12 (1924), S. 88—102. II: Ann. Mus. Zool. Acad. Sci. URSS **28,** 1927, S. 72—82. III: Ann. Mus. Zool. Acad. Sci. URSS **31,** 1930 (1931), S. 291—339. — [1930[a]]. IV: Zool. Anz. **87,** 1930, S. 127—143. — [1930[b]].

Bischoff, H.: Eine bisher verkannte und eine neue Art der Gattung *Vespa* aus der mitteleuropäischen Fauna. — Mitt. Dtsch. ent. Ges., **2,** 1931, S. 6—7. — [1931[a]].

Bischoff, H.: Zur Kenntnis der Gattung *Pseudovespa.* — S.-B. Ges. naturf. Freunde, 16. 12. 1930, (1931), S. 329—346, 5 Fig. (16 Abb.). — [1931[b]].

Bischoff, H.: Was ist *Vespa tripunctata* Schenck (1861)? — Mitt. Dtsch. ent. Ges., **2,** 1931, S. 66. — [1931[c]].

Blüthgen, P.: Neue oder verkannte paläarktische oder für Deutschland neue Faltenwespen. — Mitt. Ent. Ges. Halle a. S., **15,** 1937, S. 37—44. — [1937[a]].

Blüthgen, P.: Beiträge zur Kenntnis der paläarktischen Eumeniden. — Mitt. Ent. Ges. Halle a. S., **16,** 1938, S. 29—35. — [1938[a]].

Blüthgen, P.: Systematisches Verzeichnis der Faltenwespen Mitteleuropas, Skandinaviens und Englands. — Konowia, **16,** 1937, H. 3/4, (1938), S. 270—295. — [1938[b]].

Blüthgen, P.: Beiträge zur Kenntnis der paläarktischen Eumeniden. — Dtsch. Ent. Z., **1938,** S. **434 — 496.** — [1938[c]].

Blüthgen, P.: Weitere Beiträge zur Kenntnis der paläarktischen Eumeniden. — Mitt. Ent. Ges. Halle a. S., **17,** 1939, S. 10—13. — [1939[a]].

Blüthgen, P.: Weitere Beiträge zur Kenntnis der paläarktischen Faltenwespen. — Mitt. Ent. Ges. Halle a. S., **18,** 1940, S. 8—11. — [1940[a]].

Blüthgen, P.: *Euodynerus curictensis* n. sp. — Mitt. Kgl. Naturw. Inst. Sofia, **13,** 1940, S. 210, 4 Abb. — [1940[b]].

[1]) Die Werke von Ed. André (1883—1886), H. de Saussure (1852—1856) und der noch älteren Autoren habe ich ausgelassen, indem ich insoweit auf den „Catalogus Hymenopterorum hucusque descriptorum systematicus et synonymicus" von Dalla Torre, Bd. IX, Leipzig (Engelmann) 1894, verweise.

BLÜTHGEN, P.: Die Untergattungen *Hoplomerus* s. str. und *Monoplomerus* der Gattung *Hoplomerus* WESTW. — Arch. Naturgesch., B, n. F., **10**, 1941, S. 305—344, 26 Abb. — [1941a].

BLÜTHGEN, P.: Zur Kenntnis der deutschen Feldwespen. — Stettin. Ent. Ztg., **102**, 1941, S. 242—247. — [1941b].

BLÜTHGEN, P.: Neue paläarktische Faltenwespen. — Mitt. Zool. Mus. Berlin, **25**, 1942, S. 300—322, 8 Abb. — [1942a].

BLÜTHGEN, P.: Über paläarktische Faltenwespen. — Mitt. Dtsch. Ent. Ges., **11**, 1942, S. 41/42. — [1942b].

BLÜTHGEN, P.: Taxonomische und biologische Notizen über paläarktische Faltenwespen. — Stettin. ent. Ztg., **104**, 1943, S. 149—158. — [1943a].

BLÜTHGEN, P.: Die europäischen Polistinen. — Arch. Naturgesch., n. F., **12**, 1943, S. 94—129. — [1943b].

BLÜTHGEN, P.: Neue paläarktische *Eumenes*-Arten oder Rassen. — Mitt. Münchn. Ent. Ges., **33**, 1943, S. 297—306. — [1943c].

BLÜTHGEN, P.: Artmerkmale oder Monstrositäten bei gewissen Faltenwespen? — Mitt. Dtsch. Ent. Ges., **12**, 1944, S. 31—34. — [1944a].

BLÜTHGEN, P.: Neues oder Wissenswertes über mitteleuropäische Aculeaten und Goldwespen. — SCHILDER's Beitr. tax. Zool., **1**, 1949, S. 77—100 (S. 90).

BLÜTHGEN, P.: Neue oder bemerkenswerte paläarktische Faltenwespen aus der Zool. Staatssammlung in München. — Mitt. Münchn. Ent. Ges., **41**, 1951, S. 166—201. — [1951a].

BLÜTHGEN, P.: Die *Euodynerus*-Arten des Balkans. — Boll. Soc. Ent. Ital., **81**, 1951, S. 66—76. — [1951b].

BLÜTHGEN, P.: Weitere neue oder bemerkenswerte paläarktische Faltenwespen aus der Zool. Staatssammlung in München. — Mitt. Münchn. Ent. Ges., **42**, 1952, S. 1—19. — [1952a].

BLÜTHGEN, P.: Die Eumeniden-Gattung *Allodynerus* BLÜTHG. 1938. — Zool. Anz., **150**, 1953, S. 50—59. — [1953a].

BLÜTHGEN, P.: Über *Leptochilus* (*Lionotulus*) *alpestris* (SAUSS.). — Mitt. Münchn. Ent. Ges., **43**, 1953, S. 316—318. — [1953b].

BLÜTHGEN, P.: Portuguese and Spanish wasps. — Mem. Estud. Mus. Zool. Univ. Coimbra, 1953, n. 218, S. 1—23. — [1953c]. (engl.).

BLÜTHGEN, P.: Die Färbungsveränderlichkeit bei *Hoplomerus* (*Hoplom.*) *melanocephalus* (GMELIN 1790). — Zoolog. Anz., **155**, 1955, S. 49/50. — [1955a].

BLÜTHGEN, P.: Untersuchungen über paläarktische Eumenidae: II. Die Untergattung *Megalastor* BLÜTHG. der Gattung *Alastor* LEP. (mit 17 Abb.), III. Zur Kenntnis der paläarktischen *Pterocheilus*-Arten. — Mitt. Zool. Mus. Berlin, **31**, 1955, S. 59—103. — [1955b].

BLÜTHGEN, P.: 5 neue Eumeninae aus Italien. — Boll. Soc. Entom. Ital., **85**, 1955, S. 153—158. — [1955c].

BLÜTHGEN, P.: Portuguese and Spanish wasps, II. — Mem. Estud. Mus. Zool. Univ. Coimbra, 1956, n. **240**, S. 1—22. [1956a, engl.].

BLÜTHGEN, P.: Über einige *Polistes*-Arten der Zool. Staatssammlung in München. — Nachr.-Bl. Bayer. Entomologen, **5**, 1956, S. 81—86. — [1956c].

BLÜTHGEN, P.: Neue oder erwähnenswerte „Eumenidae" aus Italien und Nord-Afrika aus dem Istituto di Entomologia della Università di Bologna und aus dem Musée Zoologique de Lausanne. — Boll. Ist. Ent. Univ. Bologna, **21**, 1956, S. 313—318. — [1956b].

BLÜTHGEN, P.: Untersuchungen über paläarktische Eumenidae: III. Zur Kenntnis der paläarktischen *Pterocheilus*-Arten, IV. Die Untergattungen *Alastor* LEP. und *Parastalor* BLÜTHG. der Gattung *Alastor* LEP. — Mitt. Zool. Mus. Berlin, **32**, 1956, S. 117—149. — [1956d].

BLÜTHGEN, P.: Oplomerocephalie, eine pathologische Erscheinungsform bei gewissen Eumeniden (Hym., Dipl.) — Zool. Anz., **160**, 1958, S. 36—38 [1958].

BONDROIT, J.: Catalogue des Vespides des environs de Bruxelles. Ann. Soc. R. Zool. Belgique, **74**, 1943, S. 106—124 (franz.).

FRIESE, H. & SCHULTHESS, A. v.: Neue Hymenopteren aus paläarktisch Afrika und Asien. — Konowia, **2**, 1923, S. 282—292, 4 Abb.

GUIGLIA, D.: Descrizione di un nuovo *Ancistrocerus* della Sardegna e note per una revisione delle specie del gruppo dell' *A. parietum*. — Mem. Soc. Ent. Ital., **24**, 1945, S. 84—90, 8 Abb. (ital.).

GUIGLIA, D.: Le Vespe d'Italia. — Mem. Soc. Ent. Ital., **27**, 1948, fasc. suppl., S. 5—84, mit Abb. (ital.).

GUIGLIA, D. & CAPRA, F.: Rassegna delle Vespe Italiane. — Mem. Soc. Ent. Ital., **12**, 1933, S. 163—179 (ital.).

HARTTIG, G.: Eine neue paläarktische *Symmorphus*-Art. — Mitt. Dtsch. ent. Ges., **3**, 1932, S. 73—75.

HELLÉN, W.: Die in Finnland gefundenen Formen der Gattung *Eumenes* F. — Notul, Ent., **20**, 1944, S. 10—11.

JAEGER, E.: Über *Polistes associa* KOHL. — Prirodosl. Razpr., **2**, 1933, S. 57—60, 12 Abb.

MADER, L.: Beitrag zur Kenntnis der Hymenopteren: I. — Ent. Z. & Internat Ent. Z., **50**, 1936, S. 261—263, S. 275 —276.

MARÉCHAL, P.: Sur deux espèces d'Odynères couramment confondues *O.* (*Ancistrocerus*) *excisus* THS. et *dusmetiolus* STRD. — Bull. Ann. Soc. Ent. Belgique, **72**, 1932, S. 263—272, 2 Taf. (XIV u. XV) (franz.).

MÓCZÁR, L.: Rendszertani tanulmany a hazai kürtös darazsakrol (*Odynerus* LATR.). — Fol. ent. hungar., **3**, 1937, S. 1—63, 6 Taf. (ungar.).

MÓCZÁR, L.: Systematische Studien über die *Odynerus*-Arten des historischen Ungarn (Taf. V—X) — Festschr. f. E. STRAND, **4**, 1938, S. 590—627. (Gekürzte deutsche Übersetzung der vorgenannten Arbeit).

MORAWITZ, F.: Über *Vespa austriaca* PANZER und 3 neue Bienen. — Bull. soc. natur. Moscou, **37**, 1864, S. 439—445.

MORAWITZ, F.: Übersicht der im Gouvernement von Saratow oder um St. Petersburg vorkommenden *Odynerus*-Arten. — Horae soc. ent. Ross., **4**, 1866/67, S. 109—144.

MORAWITZ, F.: Ein Beitrag zur Hymenopteren-Fauna des Oberengadins. — Horae soc. ent. Ross., **5**, 1868, S. 39ff.

MORAWITZ, F.: Eumenidarum species novae. — Horae soc. ent. Ross., **19**, 1885, S. 135—181.

MORAWITZ, F.: Materialien zu einer Vespidenfauna des Russischen Reiches. — Horae soc. ent. Ross., **29**, 1895, S. 407—493.

SAUNDERS, EDW.: The Hymenoptera aculeata of the British Islands. London 1896, S. 149—171 (engl.).

SAUNDERS, EDW.: *Odynerus bifasciatus* LINN., an addition to the list of British Hymenoptera. — Ent. monthl. Mag., (2) **12** (38), 1902, S. 106 (engl.).

SCHENCK, A.: Beschreibung der Nassauischen Arten der Familie der Faltenwespen. — Jb. Ver. Naturk. Nassau, **9**, 1853.

SCHENCK, A.: Die deutschen Vesparien. — Jb. Ver. Naturk. Nassau, **16**, 1861, S. 1—136.

SCHULTHESS, A. v.: Fauna insectorum Helvetiae: Hymenoptera, Fam. Diploptera LATR. (Vespida auct.). 132 S., 2 Taf., Schaffhausen (Rothermel) 1887 (S. 1—48) und 1897 (S. 49ff.).

SCHULTHESS, A. v.: Beitrag zur Kenntnis der Gattung *Alastor* LEP. Konowia, **4**, 1925, S. 57—65, 195—209, 257—263, 9 Abb.

SCHULTHESS, A. v.: Beiträge zur Kenntnis nordafrikanischer Hymenopteren. — Eos, Rev. Españ. Ent., **4**, 1928, S. 65—92, 3 Abb.

SCHULTHESS, A. v., in SCHMIEDEKNECHT, O.: Die Hymenopteren Nord- und Mitteleuropas mit Einschluß von England, Südschweiz, Südtirol und Ungarn. 2. Aufl., Jena (Fischer) 1930, Abschnitt XXXII: Fam. Vespidae, S. 564—593, 5 Abb.

THOMSON, C. G.: Opuscula entomologica, **2**, Lund 1870. Skandinaviens Hymenoptera, 3, S. 1—94, (*Vespa* LIN.), Lund 1874 (lat. und schwed.).

WEYRAUCH, W.: Zur Systematik und Biologie der Kuckuckswespen *Pseudovespa, Pseudovespula* und *Pseudopolistes*. — Zool. Jb., Abt. Syst., **70**, 1937, S. 244—290.

WEYRAUCH, W.: Zur Systematik und Biologie der paläarktischen Polistinen. — Arb. phys. angew. Entom. Berlin-Dahlem, **5**, 1938, S. 273—278.

WEYRAUCH, W.: Zur Systematik der paläarktischen Polistinen auf biologischer Grundlage. — Arch. Naturgesch., Abt. B u. F, **8**, 1939, S. 145—197, mit Abb.

WILCKE, J.: De Nederlandse Metselwespen. — De lev. Natuur, 1952, S. 190—199 (7 Fig. mit 34 Einzelabb.), 210—220 (1 Fig. mit 13 Einzelabb.), 233—239 (holländ.).

ZIMMERMANN, KL.: Zur Systematik der palaearktischen *Polistes*. — Mitt. Zool. Mus. Berlin, **15**, 1930, S. 608—621, 3 Abb. (mit 16 Einzelabb.), 5 Karten.

ZIMMERMANN, KL.: Studien über individuelle und geographische Variabilität paläarktischer *Polistes* und verwandter Vespiden. — Z. Morph. Okol. d. Tiere, **22**, 1931, S. 173—230, 28 Abb. (mit vielen Einzelabb.), 1 Taf.

2. Nomenclatur und Synonymie

BLÜTHGEN, P.: vgl. unter Systematik [1938[b]].

BLÜTHGEN, P.: Nochmals: Was ist Generotypus der Gattung *Odynerus* LATR. ? — Dtsch. Ent. Z., 1938, S. 182—185. — [1938[d]].

BLÜTHGEN, P.: Beiträge zur Kenntnis der paläarktischen und einiger äthiopischer Faltenwespen. — Veröff. Dtsch. Kolon. u. Übersee-Mus., **2**, 1939, S. 233—167, 6 Abb. — [1939[b]].

BLÜTHGEN, P.: Weitere Beiträge zur Kenntnis der paläarktischen Faltenwespen. — Mitt. Kgl. Naturw. Inst. Sofia, **15**, 1942, S. 61—67. — [1942[c]].

BLÜTHGEN, P.: Weitere Beiträge zur Kenntnis der paläarktischen Faltenwespen. — Mitt. Münchn. Ent. Ges., **41**, 1951, S. 158—163. — [1951[c]].

BLÜTHGEN, P.: Der gültige Artname für *Pseudepipona Herrichii* Sss. — Nachr.-Bl. Bayer. Entomologen, **1**, 1952, S. 29. — [1952[b]].

BLÜTHGEN, P.: Weitere Beiträge zur Synonymie der paläarktischen Faltenwespen. — Mitt. Münchn. Ent. Ges., **44/45**, 1954/1955, S. 397—417, 2 Abb. — [1955[d]].

BLÜTHGEN, P.: 5. Beitrag zur Synonymie der paläarktischen Faltenwespen. — Dtsch. Ent. Z., n. F., **3**, 1956, S. 70—73. — [1956[e]].

MUESEBECK, C. F. W. & KROMBEIN, KARL V. & TOWNES, HENRY K.: Hymenoptera of America North of Mexico, Synoptic Catalog. 1420 S. Washington, 1951. (Fam. Vespidae: S. 875—907) (engl.).

RICHTER, R.: Einführung in die Zoologische Nomenklatur durch Erläuterung der Internationalen Regeln. 2. Aufl., 252 S., Frankfurt a. M. (W. Kramer) 1948.

3. Biologie

ADLERZ, G.: Jaktagelser öfver solitära getingar. — Ark. Zool., **3**, 1906, n. 17, (1907), S. 1—64, (schwed.).

AURIVILLIUS, CHR.: Bidrag till kännedomen om vara solitära getingars lefnadssätt. — Svensk. Vet. Akad. Handl., **12**, Abt. IV., n. 5, 1886, S. 1—13, 2 Abb. (schwed.).

BISCHOFF, H.: Biologie der Hymenopteren. — 598 S., 224 Abb., Berlin (J. Springer) 1927 (Biolog. Studienbücher von W. SCHOENICHEN, Bd. V.).

BLÜTHGEN, P.: Taxonomische und biologische Notizen über paläarktische Faltenwespen. — Siehe oben [1943[a]].

BLÜTHGEN, P.: Weitere Beiträge zur Kenntnis der paläarktischen Faltenwespen. — Siehe oben [1951[c]] S. 163—165.

BLÜTHGEN, P.: Zur Brutbiologie von *Euodynerus* (*Pareuodynerus*) *posticus* (H.-SCH.). — Anz. Schädlingskunde, **24**, 1951, S. 153/154. — [1951[d]].

BLÜTHGEN, P.: Zur Brutbiologie von *Microdynerus timidus* (Sss.). — Zool. Anz., **151**, 1953, S. 102/103. — [1953[d]].

CHRÉTIEN, P.: Nouvelles observations sur les Hymenoptères ravisseurs de Chenilles. — Bull. Soc. Ent. France, 1896, S. 410—412, (franz.).

ENSLIN, E.: Beiträge zur Kenntnis der Hymenoptera I (1. Nestbau von *Microdynerus helvetius* SAUSS.; 2. pp.) — Arch. Naturgesch. **88**, 1922, A, S. 127—132, 3 Abb. — [1922[a]].

ENSLIN, E.: Beiträge zur Kenntnis der Hymenopteren II (3. Biologie von *Symmorphus sinuatus* F.; 4. Biologie von *Ancistrocerus trifasciatus* F.) — Dtsch. Ent. Z., 1921, S. 279—285, 5 Abb.

ENSLIN, E.: Beiträge zur Kenntnis der Hymenopteren III. (5. pp.; 6. Über Parasiten des *Hoplopus laevipes* SHUCK. — Dtsch. Ent. Z., 1923, S. 181—186).

ENSLIN, E.: *Lionotus delphinalis* GIR., eine für Deutschland neue Faltenwespe und ihre Biologie. — Konowia, **1**, 1922, S. 241—253, 6 Abb. — [1922[b]].

ENSLIN, E.: Die Bewohner der Brombeerstengel. — Entom. Jb. 1933, S. 1—15.

ESCHERICH: Die Forstinsekten Mitteleuropas. Berlin (Parey) 1942. Bd. V. S. 488—491.

GRANDI, G.: Contributi alla conoscenza degli Imenotteri aculeati (ital.): XIII. — Boll. Lab. Ent. Bologna, **7**, 1934, S. 4—9, 4 Abb. XV. — Boll. Ist. Ent. Univ. Bologna, **8**, 1935, S. 28—43, 6 Abb., 1 Taf. XVI. — ibid., **9**, 1937, S. 253—280, 22 Abb. XXVI. — ibid. **20**, 1954, S. 98—117, 8 Abb.

GUTBIER, A.: Essai sur la classification et sur developpement des nids des guêpes et des abeilles. — Horae soc. ent. Ross., **41**, 1915, S. 1—37 (franz.).

HÖPPNER, H.: Weitere Beiträge zur Biologie nordwestdeutscher Hymenopteren: V. *Odynerus* (*Microdynerus*) *exilis* H.-S. — Allg. Z. Entom., **7**, 1902, S. 180—184.

HÖPPNER, H.: Zur Biologie der Rubus-Bewohner: III. *Eurytoma rubicola* GIR. und ihre Wirte. — ibid., **9**, 1904, S. 163ff., Abbild.

HÖPPNER, H.: Zur Biologie der Rubus-Bewohner. — Z. wiss. Ins. Biol., **6**, 1910, S. 164—166.

HÖPPNER, H.: Beitr. zur Biologie niederrheinischer Rubus-Bewohner. — Verh. Naturh. Ver. pr. Rheinl. Westf., **66**, 1909, (1910), S. 265—275, 7 Fig.

JANET, CHR.: Études sur les Fourmis, les Guêpes et les Abeilles: X. Sur *Vespa media*, *V. silvestris* et *V. saxonica*. — Mém. Soc. Acad. Oise, **16**, 1895, S. 28—58, 9 Fig. (franz.).

JOERGENSEN, P.: Biological Observations on some solitary Vespides.—Ent. Medd. **22**, 1942, S. 299—335, 23 fig. (engl.).

LITH, H. P. VAN: De Nederlandse Metselvespen, enkele aanvullende gegevens over verspreiding en biologie. — De lev. Natuur, **12**, 1953, S. 231—233 (holländ.).

LITH, H. P. VAN: *Hoplomerus* (*Hoplomerus*) *spinipes* (L.) en *Hoplomerus* (*Spinicoxa*) *reniformis* (GMEL.). — Ent. Ber. **16**, 1956, S. 259—263, 2 Abb. (holländ.).

LITH, J. P. VAN: Biologie van *Melittobia acasta* WALKER (Hym. Chalc.) — Tijd. Entom., **98**, 1955, (holländ.). S. 29—42

MALYSHEV, S. J.: Zur Biologie der *Odynerus*-Arten und ihrer Parasiten. — Horae Soc. ent. Ross., **40**, 1911, S. 1—58, Abbild.

MARÉCHAL, P.: Sur les proies des *Odynerus*. — Pub. Nat. Hist. Gen. Limburg, **2**, **1949**, S. 5—12 (franz.).

MICHELI, L.: Note biologiche e morfologiche sugli Imenotteri II. — Mem. Soc. Ent. Ital., **9**, **1930**, S. 46—54, 3 Fig. (ital.).

MÓCZÁR, A.: Beobachtungen über den Nestbau einiger *Odynerus*-Arten. — Zool. Anz., **125**, 1939, S. 70—80, 24 Abb.

MOLITOR, A.: Beobachtungen, den „Ortssinn" und Nestbau der Vespiden betreffend. — Zool. Anz. **126**, 1939, S. 239—245, 1 Abb.

NIELSEN, E. T.: Sur les habitudes des Hyménoptères aculéates solitaires: II (Vespidae etc.) — Ent. Medd., **18**, 1932, S. 84—174 (90—157), 28 Abb. (franz.).

UTTENDÖRFFER, O.: Die Ernährung der deutschen Raubvögel und Eulen. — Neudamm (Neumann) 1939.

VERHOEFF, C.: Beiträge zur Biologie der Hymenopteren. — Zool. Jb., Syst. etc., **4**, 1892, S. 480. — [1892[a]].

VERHOEFF, C.: Biol. Beobachtungen, bes. über *Odynerus parietum*. — Berl. Ent. Z., **37**, 1892, S. 467. — [1892[b]].

WEYRAUCH, W.: siehe oben unter Systematik.

4. Faunistik

a) nur Deutschland betreffend:

ALFKEN, J. D.: Verzeichnis der Faltenwespen (Vespiden) Nordwestdeutschlands. — Abh. Natur. Ver. Bremen, **23**, 1914, S. 296—304.

BLÜTHGEN, P.: Beiträge zur Kenntnis der Hymenopterenfauna des Saaletals. — Stettin. ent. Ztg., **85**, 1925, S. 137—172 (167—168).

BLÜTHGEN, P.: 1. Nachtrag hierzu: ibid. **90**, 1929, S. 79—88 (83—84).

BLÜTHGEN, P.: 2. Nachtrag hierzu: ibid. **98**, 1937, S. 232—239 (236—237, 239). — [1937[b]].

BLÜTHGEN, P.: Neue oder für Deutschland neue Bienen und Wespen und neue deutsche Fundorte einiger Arten. — Mitt. Dtsch. Ent. Ges., **12**, 1944, S. 24—31 (30—31). — [1944[b]].

DITTRICH, R.: Verzeichnis der bisher in Schlesien aufgefundenen Hymenopteren. IV: Diploptera LATR. (Vespidae aut.) J.-H. Ver. schles. Ins.-kunde, **13**, 1921, S. 25—28.

ENSLIN, E.: Über Bienen und Wespen aus Nordbayern. — Arch. Naturgesch., **88**, 1922, A, S. 234—248 (247—248).

FRIESE, H.: Beitrag zur Hymenopterenfauna des Saalthals. — Z. f. Naturwiss., **56**, 1883, S. 185—218 (205—207).

HEDICKE, H.: Die Hymenopterenfauna des Gr.-Machnower Weinbergs bei Mittenwalde (Mark). — Dtsch. Ent. Z., 1922, S. 249—287 (273—274).

HEDICKE, H.: Das v. KEUDELLsche Naturschutzgebiet Bellinchen a. Oder. (Abschn. Die Tierwelt). Neudamm (J. Neumann) 1927.

KRIEGER, R.: Verzeichnis der bis jetzt in Sachsen aufgefundenen Faltenwespen, Goldwespen und Ameisen. — Ber. Naturf. Ges. Leipzig, **1894**, S. 137—143.

LEININGER, H.: Über Bienen, Grab-, Weg-, Faltenwespen und Ameisen aus dem Badischen Oberrheingebiet. — Beitr. naturk. Forsch. Südwestdeutschland, **10**, 1951, S. 113—136 (119—125).

MEYER, O.: Hymenoptera aculeata der Provinz Posen: Vespidae, Sphegidae, Pompilidae, Sapygidae, Scoliidae. — Dtsch. ent. Z., 1919, S. 145—160 (145—147).

MÖSCHLER, A.: Ostpreußische Faltenwespen. Ein Beitrag zur Hymenopteren-Fauna der Provinz Ostpreußen. — Schr. Phys.-ökon. Ges. Königsberg (Pr.), **71**, 1939, S. 68—78.

PAUL, A. R.: Beiträge zur Kenntnis der Fauna der Sphegiden, Psammochariden, Vespiden und Chrysididen Pommerns: III. Vespidae. — Stettin. Ent. Ztg. **104**, 1943, S. 142—148.

SCHIRMER, K.: Beiträge zur Kenntnis der Hymenopterenfauna der Provinz Brandenburg: IV. Fam. Vespidae. — Arch. Naurgesch., **81**, 1915, A, S. 152—156.

SCHNEID, TH.: Faltenwespen (Vespidae) und Grabwespen (Sphegidae) der Umgebung Bambergs. — Mitt. Münchn. Ent. Ges., **31**, 1941, S. 1004—1053 (1004—1024).

STÖCKHERT, E.: Beiträge zur Kenntnis der Hymenopterenfauna Frankens. — Mitt. Münchn. Ent. Ges., **9**, 1919, S. 1—36 (31—32).

WAGNER, A. C. W.: Die Stechimmen (Aculeaten) und Goldwespen (Chrysididen s. l.) des westlichen Norddeutschlands. — Verh. Ver. naturw. Heimatforsch. Hamburg, **26**, 1937, (1938), S. 94—153 (109—112).

WAGNER, A. C. W.: 2. Nachtrag zum Verzeichnis der Stechimmen des westlichen Norddeutschlands. — Bombus, Nr. 14, 1940, S. 53.

WAGNER, A. C. W.: 3. Nachtrag zum Verzeichnis der Stechimmen des westlichen Norddeutschlands. — Bombus, Nr. 18, 1941, S. 72.

b) nicht Deutschland betreffend:

ATANASSOV, N.: Beitrag zum Studium der Faltenwespen Bulgariens. — Mitt. Bulg. Ent. Ges. Sofia, **12**, 1942, S. 213—233 (bulg., dtsch. Zusammenfassung).

BEAUMONT, J. DE: Liste préliminaire des Hymenoptères Aculéates du Parc National Suisse etc. — Ergebnisse der wissenschaftlichen Untersuchung des Schweiz. Nationalparks, **2** (n. F.), 1947, Aarau (H. R. Sauerländer & Co.), S. 58—73 (71—73).

BEAUMONT, J. DE: Hymenoptères des evirons de Neuchâtel I. — Bull. Soc. Neuchat. Sci. Natur., **74**, 1951, S. 29—39 (38—39) (franz.).

BEAUMONT, J. DE: Hymenoptères récoltés par une mission suisse au Maroc (1947), Vespinae, Polistinae. — Bull. Soc. sci. natur. phys. du Maroc, **35**, 1955, (1956), S. 217—221 (franz.).

BERLAND, L.: siehe oben unter Systematik (1928 und 1942).

BLÜTHGEN, P.: Die Arthropodenfauna von Madeira nach den Ergebnissen der Reise von Prof. Dr. O. LUNDBLAD Juli-August 1935. XXVI. Hymenoptera: Vespidae und Apidae, Genus *Halictus*. — Ark. Zool. **32** B, 1940, S. 1—4 (1—3). [1940[c]].

BLÜTHGEN, P.: Ergänzungen zur Faltenwespen-Fauna der Schweiz. — Mitt. Schweiz. Ent. Ges., **25**, 1952, S. 349—353. — [1952[c]].

CRÈVECOEUR, AD. & MARÉCHAL, P.: Matériaux pour servir à l'établissement d'un nouveau Catalogue des Hymenoptères de Belgique: II. — Bull. Ann. Soc. ent. Belgique, **72**, 1932, S. 61—81 (64—67) (franz.). V. — ibid., **75**, 1935, S. 395—412 (397—399) (franz.).

DROGOSZEWSKI, K.: Neue für Zentralpolens Fauna Akuleaten. — Polsk. Pism. Ent., **13**, 1934, S. 128—129.

DUSMET y ALONSO, J. M.ª: Revisión de los Vespidos y Masáridos de España. — Rev. R. Acad. Ciencias, Madrid, **45**, 1951, S. 159—174 (span.).

FAHRINGER, J.: Hymenopterologische Ergebnisse einer wissenschaftlichen Studienreise nach der Türkei und Kleinasien (mit Ausschluß des Amanusgebirges). — Arch. Naturgesch., **88**, 1922, A, S. 149 bis 222 (185—189).

FAHRINGER, J.: Eine naturwissenschaftliche Studienreise nach der Türkei und Kleinasien. — Wiss. Beil. Jber. II. Dtsch. Realschule Brünn 1912.

FORSIUS, R. & NORDSTRÖM, A.: Zur Kenntnis der Vespiden Finnlands. — Notul. ent., **3**, 1923, S. 1—9.

GUIGLIA, D.: Contributi alla conoscenza della fauna entomologica della Sardegna, Hymenoptera — Mem. Soc. ent. Ital., **17**, 1938, S. 5—14 (6—8) (ital.).

GUIGLIA, D.: Jmenotteri aculeati raccolti dal Sig. L. CERESA nella Grande Sila (Calabria). — Atti Soc. Ital. Sci Natur., **80**, 1941, S. 155—176 (156—160) (ital.).

GUIGLIA, D.: Jmenotteri aculeati raccolti nell' Albania settentrionale dal Dott. F. CAPRA (Eumenidae). — Boll. Soc. Ent. Ital., **76**, 1946, S. 38—42 (ital.).

KOHL, FR., in DALLA TORRE, K. W., & KOHL, FR. FR.: Die Chrysiden und Vesparien Tirols. — Ber. naturw.-med. Ver. Innsbruck, **8**, 1877, (1879), S. 52ff. (68—76).

KOSTYLEV, G.: Materialien zur Kenntnis der Vespidenfauna der östlichen Krim. — Ent. Mitt., **17**, 1928, S. 398—407.

KOSTYLEV, G.: Materialien zur Kenntnis der Vespiden-Fauna Armeniens. — Rev. Russe d'Entom., **23**, 1929, S. 76—82, 3 Abb.

KOSTYLEV, G.: Matériaux pour servir à l'étude de la faune des guêpes solitaires (Vespoidea, Eumeninae de la Yakoutie). — Trav. Inst. Zool. Acad. Sci. URSS., **1**, 1932, S. 143—148 (russ. mit französ. Résumé).

KUNTZE, R. & NOSKIEWICZ, J.: Zarys Zoogeogr. Polsk. Podola, Versuch einer Zoogeographie des Polnischen Podoliens. — Prace Tow. Nauk. Lwów, dz. II, t. 4, 1938, S. 1—538.

LECLERQ, J.: Notes détachées sur les Hyménoptères Aculéates de Belgique, 9—13: Bull. Ann. Soc. Ent. Belgique, **89**, 1953, S. 77—84 (79—84), 1 Karte. (franz.).

MAIDL, F.: Beiträge zur Hymenopterenfauna Dalmatiens, Montenegros und Albaniens. I. Teil: Aculeata und Chrysididae. — Ann. Naturhist. Mus. Wien, **35**, 1922, S. 36—106 (46—55).

Móczár, L.: Faunistische Angaben zur Verbreitung der Vespiden im Karpathen-Becken. I. — Fragm. faun. Hung., 1, 1938, S. 18—22.

Móczár, L.: Adatok a Köszegi-hegység hártyásszárnyú faunájához. (Beiträge zur Kenntnis der Hymenopterenfauna des Köszeger Gebirges.) — Publ. Mus. Gins., 1, 1938, S. 72—86 (80) (ungar. mit dtsch. Auszug).

Noskiewicz, J.: Neue für Polens Fauna und seltenere Hymenopteren. — Polsk. Pism. Ent., 2, 1923, S. 7.

Noskiewicz, J.: Die wichtigsten Ergebnisse meiner Forschungen über die Hymenopterenfauna Podoliens in den Jahren 1932/1935. — ibid., 13, 1934, S. 156, 158—159.

Richards, O. W.: The generic names of British insects, part. 5: The generic names of the British Hymenoptera Aculeata, with a check list of British species. 149 S., London (R. Ent. Soc. London) 1937. (S. 86—87, 102—103, 127—129) (engl.).

Zavadil, V.: K. Rozsireni opylovacu a dravych blanokridilych na Slovensku. — Ent. list. (Fol. ent.), 14, 1951, S. 75—88 (86—87) (tschechisch mit französ. Résumé).

SCHLUSSBEMERKUNG

Der Deutschen Akademie der Wissenschaften zu Berlin gebührt der Dank aller daran Interessierten dafür, daß sie mich durch Erteilung dieses konkreten Forschungsauftrags genötigt hat, unter Zurückstellung anderer dringlicher Arbeiten über die Taxonomie von Faltenwespen und anderen Aculeaten meine Arbeitstätigkeit auf die Schaffung eines neuzeitlichen Bestimmungsbuches für die mitteleuropäischen, insbesondere die deutschen Faltenwespen zu konzentrieren.

Zum Zustandekommen dieser Übersicht hat in weitem Umfang die Unterstützung beigetragen, die mir in einem langen Zeitraum Privatsammler und die Verwalter staatlicher Institute bereitwilligst gewährt haben. Ich will mich darauf beschränken, ihnen allen hiermit meinen aufrichtigen Dank für ihre freundliche Hilfeleistung auszusprechen. Wenn ich davon absehe, hier ihre Namen zu verzeichnen, so bitte ich, das nicht als Unfreundlichkeit zu empfinden: die Namen sind ja aus dem Text ohne weiteres zu ersehen, und für sehr viele von ihnen wäre es ohnehin nur eine Geste, da sie nicht mehr unter den Lebenden weilen.

Für die Vermittlung von Schrifttum schulde ich Dank Herrn Dipl.-Biologen Gerrit Friese (Deutsches Entom. Institut in Berlin-Friedrichshagen) und in besonderem Maße Herrn Prof. Dr. Hans Bischoff, Kustos am Zoolog. Museum der Humboldt-Universität in Berlin a. D.

Herrn Günter Olberg (Niemegk) habe ich für eine Anzahl seiner schönen Aufnahmen zu danken, die beizusteuern er die Freundlichkeit hatte.

Naumburg (Saale), 31. Dezember 1957

Paul Blüthgen

NACHSCHRIFT

Der Druck dieser Arbeit hat sich aus verschiedenen Gründen verzögert. Diese an sich unerwünschte Tatsache hat mir indessen die Möglichkeit gegeben, einige neuere Veröffentlichungen zu berücksichtigen. Leider war das für die Beschlüsse der Internationalen Zoologen-Kongresse von Kopenhagen (1953) und London (1958) nicht möglich, da die durch sie abgeänderte, nunmehr geltende Fassung der IRZN noch nicht vorliegt. Die von mir angewandte Nomenclatur beruht deshalb auf der bis zu dem illegitimen und zu Unrecht als „International" bezeichneten Pariser Zoologen-Kongreß von 1948 geltenden Formulierung der IRZN.

Inzwischen hat nun auch mein Freund Prof. Dr. Hans Bischoff sein Leben beschlossen. Auch für ihn ist mein Dank zur Geste geworden.

Naumburg (Saale), 30. April 1961

Paul Blüthgen

ORTSNAMEN

Angerapp	Węgorapa
Altdamm b. Stettin	Dąbie, Wojewodschaft Szczecin
Altheide	Sierakowo
Bachmühlen	Młyn nad Bierawką
Bellinchen	Bielinek
Bernsee	Breń
Brahnau	Czesko Polskie
Breslau	Wrocław
Bromberg	Bydgoszcz
Danzig	Gdańsk
Glatz	Kłodzko
Gollnow	Goleniów
Hinterpommern	Pomorze
Jägerhof	Księżyce (Szczecin)
Jauer	Jawor
Karlowitz	Karłowice
Klein-Guja, Krs. Angerburg	Szymanowiznapow. Węgorzewo
Königsberg	Kaliningrad/ UdSSR
Körlin	Korlino
Krehlau	Krzelów
Launingken	Ołownik
Liegnitz	Legnica
Lemberg	Lwow
Maxtal b. Bromberg	Maksymilianowo/ Bydgoszcz
Memelgebiet	Njeman/UdSSR
Misdroy	Międzyzdroje
Mirkau	Mirków
Moisdorf	Myślibórz

Mühltal b. Bromberg	Smukała/Bydgoszcz
Nimkau	Miękinia
Oberweiden	Wierzbica Górna
Ostpreußen	Prusy Wschodnie
Ostpommern	Pomorze
Polchow b. Stettin	Szczecin-Pilchowo
Pommern	Pomorze
Posen	Poznań
Riesengebirge	Karkonosze
Rosenberg	Różyny
Rügenwalde	Darłowo
Rügenwaldermünde	Darłowko
Rummelsburg	Miastko
Saalberg	Zachełmie
Seelitz	Żelice
Sellin	Zielin
Schlesien	Śląsk
Schüddelkau	Szadólki
Stettin	Szczecin
St. Peter im Riesengebirge	Św. Piotr w Karkonoszach
Stolp i. Pommern	Słupsk
Tempelburg	Czaplinek
Waldenburger Gebirge (Sattelwald)	Góry Wałbrzyskie
Wartha	Bardo
Westpreußen	Prusy Zachodnie
Wilhelmsruh b. Breslau	Wrocław-Zacisze
Wüstegiersdorf	Głuszyca
Ziegenort b. Stettin	Trzebież
Zoppot	Sopot

ABHANDLUNGEN ZUR LARVALSYSTEMATIK DER INSEKTEN

Herausgegeben von der Deutschen Akademie der Wissenschaften zu Berlin und der Deutschen Akademie der Landwirtschaftswissenschaften zu Berlin

1 HERBERT LORENZ / MANFRED KRAUS: **Die Larvalsystematik der Blattwespen (Tenthredinoidea und Megalodontoidea)**

1957. VIII, 339 Seiten — 435 Seiten — gr. 8° — DM 38,—

Die Publikation ermöglicht erstmalig die Bestimmung der mitteleuropäischen Blattwespenlarven bis zur Art; ein ausführliches Verzeichnis der Wirtspflanzen erleichtert die Bestimmung. Aus der eingehenden morphologisch-systematischen Beschreibung aller Larven ergibt sich eine Auseinandersetzung mit der heutigen Imaginalsystematik der Blattwespen, die sich sicher fruchtbar auf künftige Forschungen über Systematik und Phylogenie dieser Gruppe auswirken wird.

2 KURT WERNER: **Die Larvalsystematik einiger Kleinschmetterlingsfamilien (Hyponomeutidae, Orthoteliidae, Acrolepiidae, Tineidae, Incurvariidae und Adelidae)**

1958. VI, 145 Seiten — 212 Abbildungen — 1 Tabelle — gr. 8° — DM 19,50

Hier werden Bestimmungstabellen und Diagnosen der Larven von vielen Arten und Gattungen einer Gruppe von Kleinschmetterlingsfamilien gegeben, der Gespinstmotten (Hyponomeutidae), Schilfwickler (Orthoteliidae), Halmmotten (Acrolepiidae), echten Motten (Tineidae), Miniersackmotten (Incurvariidae) und Langhornmotten (Adelidae), wobei in der Mehrzahl die augenblickliche systematische Stellung der Gattungen und Unterfamilien kritisch betrachtet wird. Eine in Anlehnung an Gerasimow aufgestellte, verbesserte Bestimmungstabelle gestattet auch die Bestimmung der Familien. Die Gespinstmotten und echten Motten enthalten eine ganze Anzahl von Großschädlingen der Landwirtschaft und Vorratswirtschaft.

3 BERNHARD SWATSCHEK: **Die Larvalsystematik der Wickler (Tortricidae und Carposinidae)**

1958. V, 269 Seiten — 276 Abbildungen — gr. 8° — DM 38,—

In dem Werk werden insgesamt 356 Arten morphologisch-systematisch untersucht: das sind etwa 80% der deutschen Arten. Das nach den Raupen erarbeitete System stimmt weitgehend mit dem von Obraztsow in seinen neuesten Untersuchungen an Imagines aufgestellten System überein; doch bestehen auch jetzt noch zahlreiche Unterschiede zwischen larvaler und imaginaler systematischer Wertung, die zu weiteren Forschungen Anlaß geben sollten.

4 HERBERT BECK: **Die Larvalsystematik der Eulen (Lepidoptera: Noctuidae)**

1960. VI, 406 Seiten — 488 Textfiguren — gr. 8° — DM 68,—

Im vorliegenden Werk hat H. Beck mehr als 250 Arten, d. h. ungefähr die Hälfte der deutschen Großschmetterlingsfamilie der Eulen außerordentlich sorgfältig untersucht. Bestimmungsschlüssel führen bis zu den einzelnen Arten. Durch diese eingehenden larvalmorphologisch-systematischen Betrachtungen erhält die heutige Imaginalsystematik neue Impulse.

5 IVAR HASENFUSS: **Die Larvalsystematik der Zünsler (Pyralidae)**

1960. V, 263 S. — 219 Textfiguren — 2 Tabellen — gr. 8° — DM 39,—

Die vor allem in den Tropen sehr artenreiche Kleinschmetterlingsfamilie der Zünsler (Pyralidae) ist in Mitteleuropa mit über 220 Arten vertreten. Hierher gehören neben wirtschaftlich wichtigen Arten, wie Mehl- und Wachsmotten, Maiszünsler etc., auch die besonders interessanten Schmetterlinge, deren Raupen an das Leben im Wasser angepaßt sind. Im vorliegenden Werk sind etwa 3/4 der deutschen sowie fast 30 mediterrane Arten (insgesamt 194 Arten) sorgfältig untersucht worden.

In Vorbereitung

6 ERNST JOSEF FITTKAU: **Die Tanypodinae (Chironomidae, Dipt.) (Die Tribus Anatopyniini, Macropelopiini und Pentaneurini)**

Bestellungen durch eine Buchhandlung erbeten

AKADEMIE-VERLAG · BERLIN

FSC
www.fsc.org
MIX
Papier | Fördert gute Waldnutzung
FSC® C083411

Zeitfracht Medien GmbH
Ferdinand-Jühlke-Straße 7
99095 Erfurt, Deutschland
produktsicherheit@kolibri360.de